实例操作：使用“Bezier曲线工具”制作碗模型

实例操作：使用“EP曲线工具”制作酒杯模型

实例操作：使用“放样”工具制作花瓶模型

实例操作：使用“附加曲面”工具制作葫芦模型

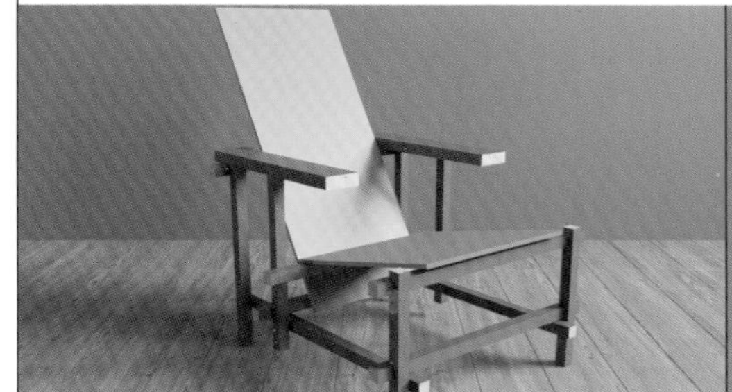

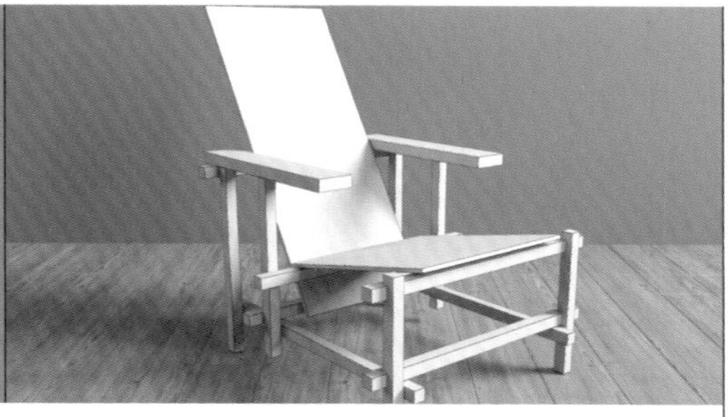

实例操作：制作椅子模型

实例操作：制作石膏模型

实例操作：制作图书模型

实例操作：制作单人沙发模型

实例操作：制作烟灰缸模型

实例操作：制作茶几模型

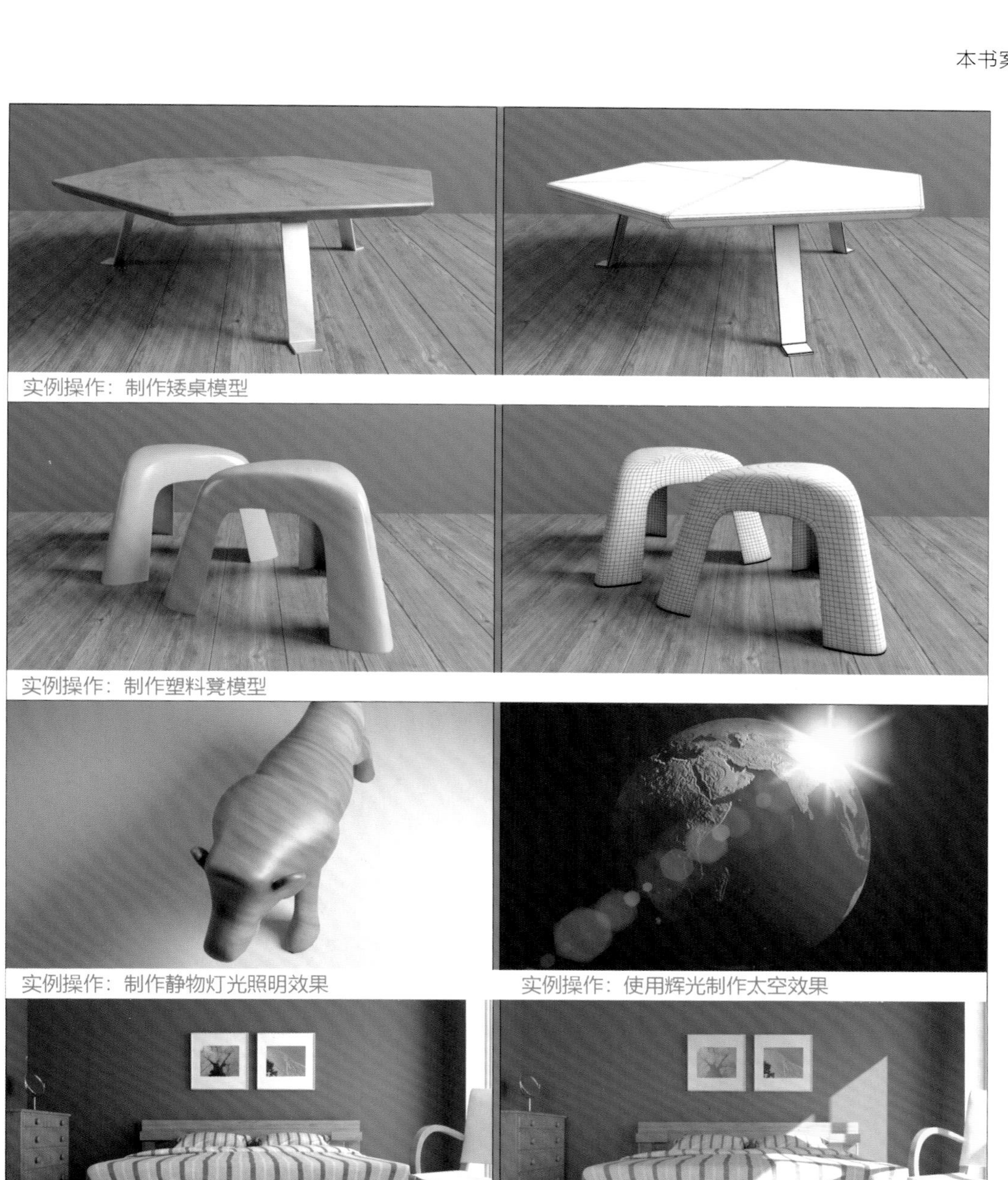

实例操作：制作矮桌模型

实例操作：制作塑料凳模型

实例操作：制作静物灯光照明效果

实例操作：使用辉光制作太空效果

实例操作：制作室内天光照明效果

实例操作：制作室内日光照明效果

实例操作：制作床头灯照明效果

实例操作：制作室外阳光照明效果

实例操作：创建摄影机

实例操作：渲染景深效果

实例操作：制作玻璃材质

实例操作：制作黄铜材质

实例操作：制作水壶材质

实例操作：制作陶瓷材质

实例操作：制作水果材质

实例操作：制作玉石材质

实例实例：使用“平面映射”为图书设置贴图坐标

实例操作：使用“UV编辑器”为图书设置贴图坐标

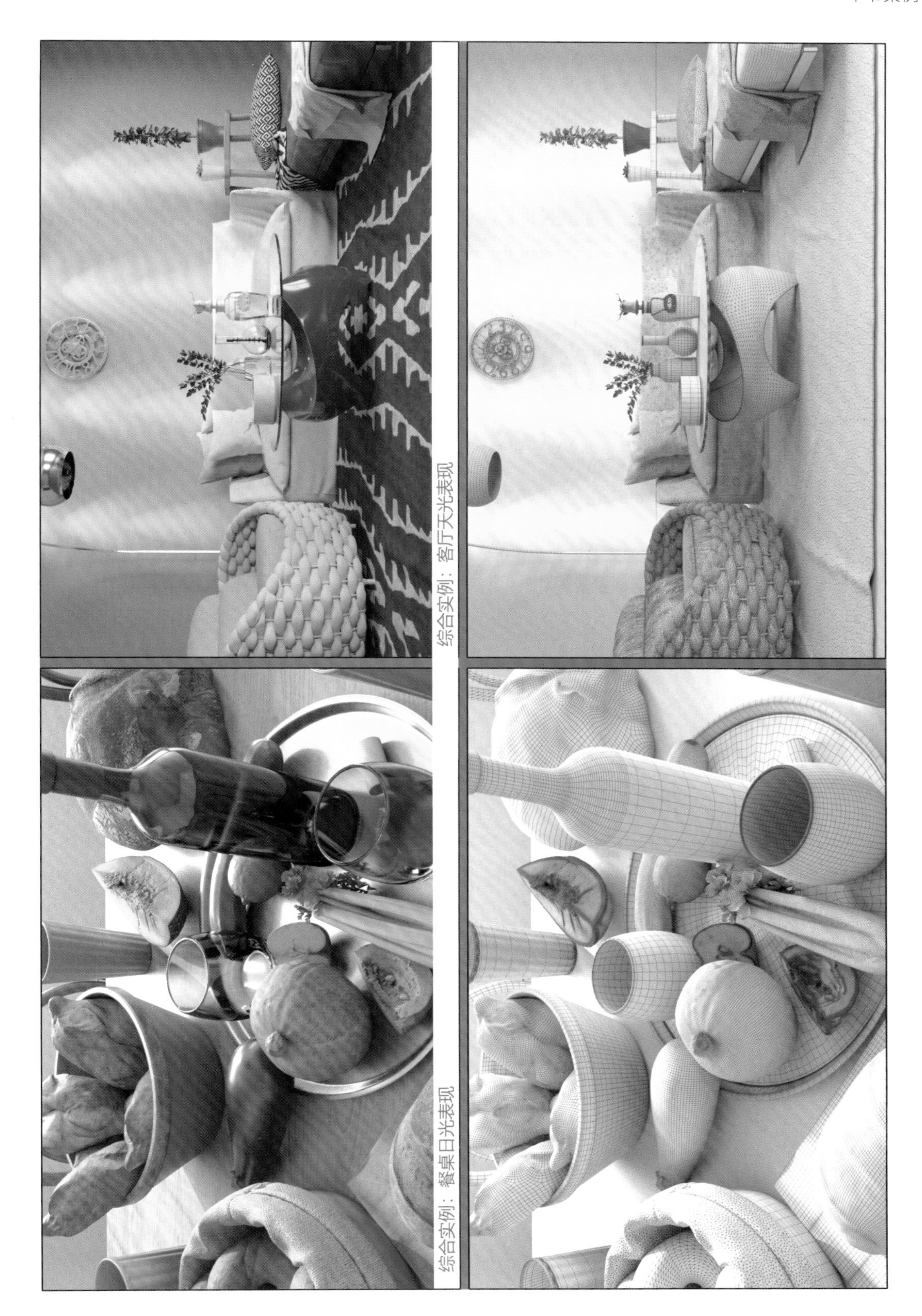

综合实例：客厅天光表现

综合实例：餐桌日光表现

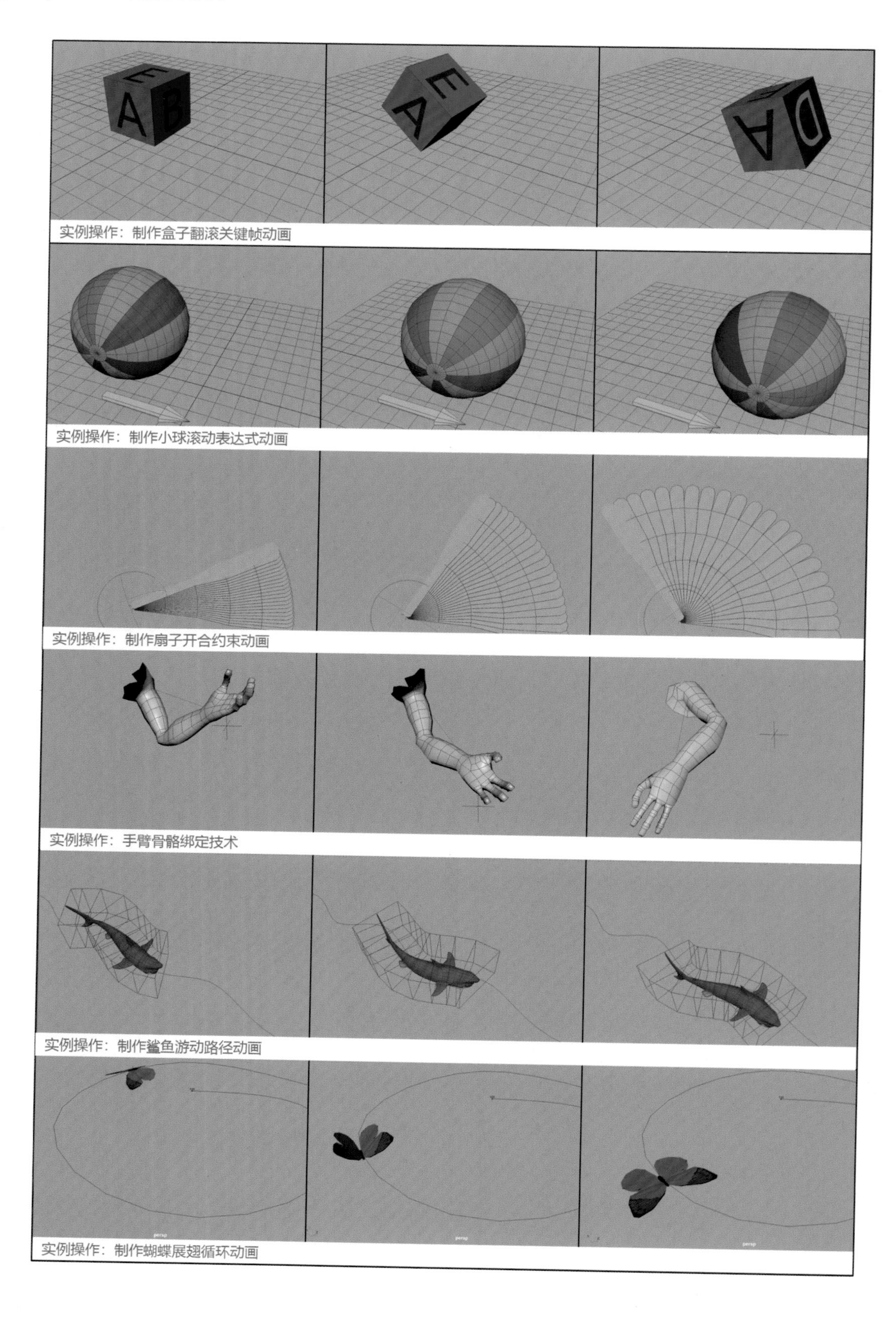

实例操作：制作盒子翻滚关键帧动画

实例操作：制作小球滚动表达式动画

实例操作：制作扇子开合约束动画

实例操作：手臂骨骼绑定技术

实例操作：制作鲨鱼游动路径动画

实例操作：制作蝴蝶展翅循环动画

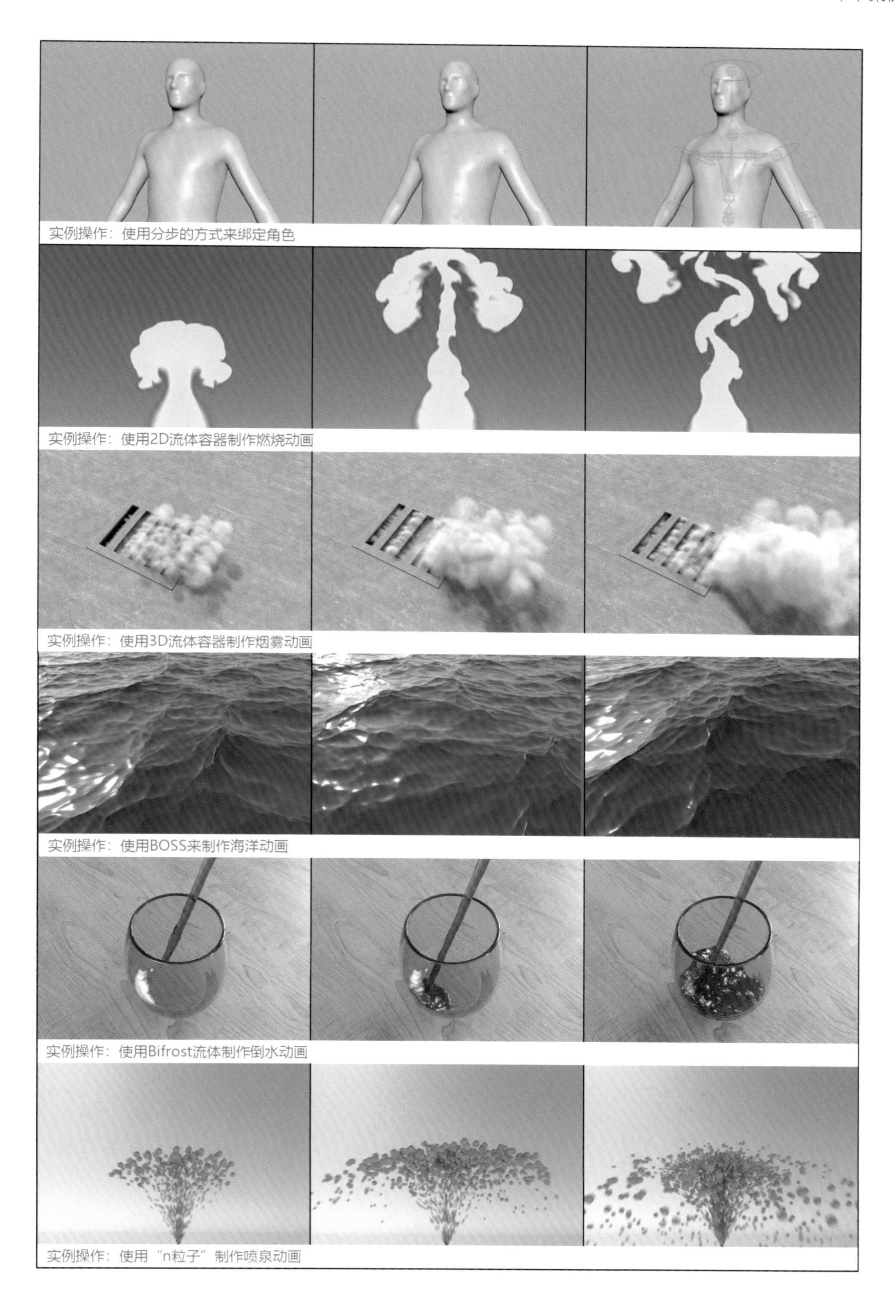

实例操作：使用分步的方式来绑定角色

实例操作：使用2D流体容器制作燃烧动画

实例操作：使用3D流体容器制作烟雾动画

实例操作：使用BOSS来制作海洋动画

实例操作：使用Bifrost流体制作倒水动画

实例操作：使用“n粒子”制作喷泉动画

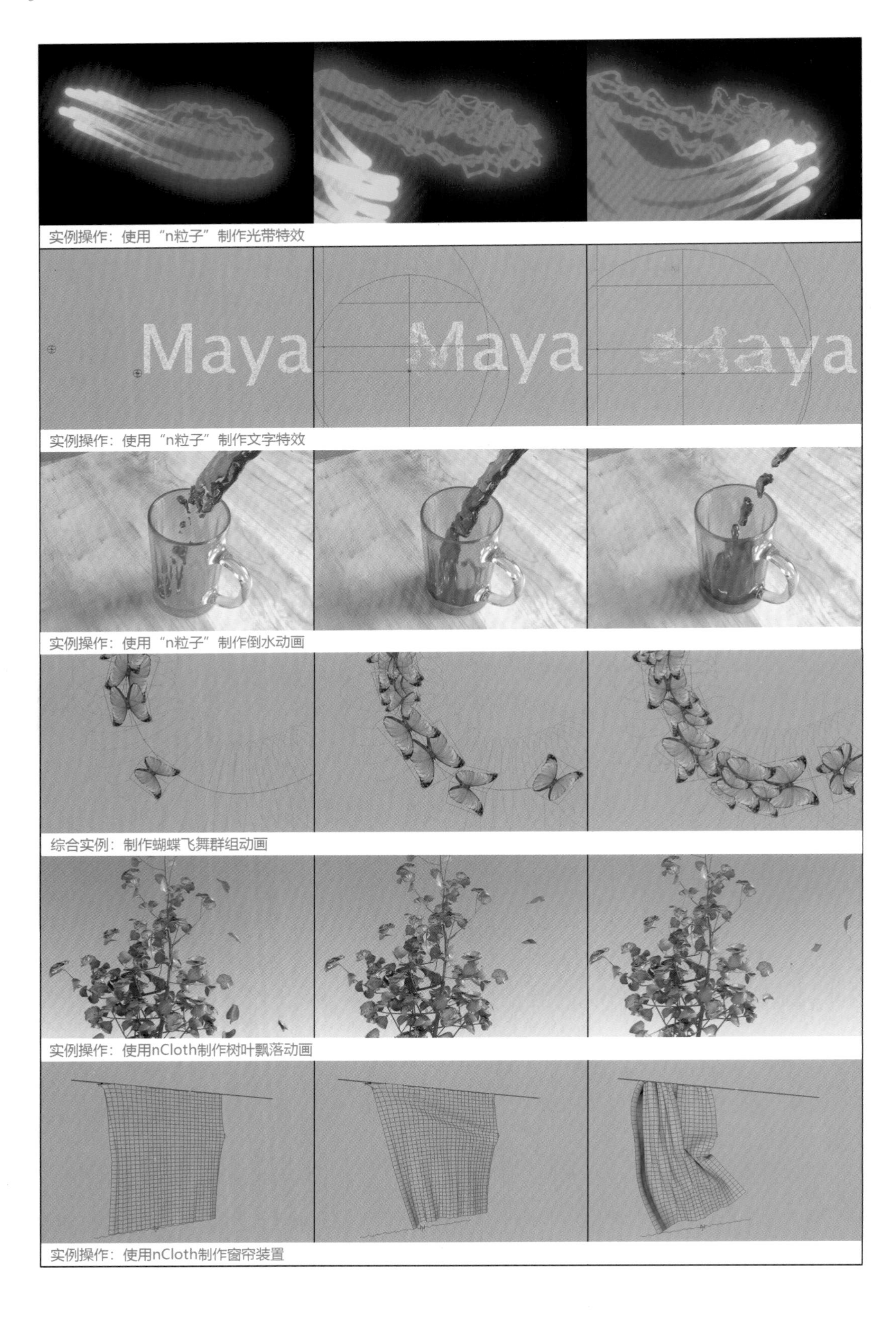

实例操作：使用“n粒子”制作光带特效

实例操作：使用“n粒子”制作文字特效

实例操作：使用“n粒子”制作倒水动画

综合实例：制作蝴蝶飞舞群组动画

实例操作：使用nCloth制作树叶飘落动画

实例操作：使用nCloth制作窗帘装置

从新手到高手

来阳 / 编著

Maya 2020 从新手到高手

清華大學出版社

北京

内 容 简 介

本书是一本讲述如何使用中文版Maya 2020软件来进行三维动画制作的技术书籍。全书共分为12章，包含了Maya软件的界面组成、模型制作、灯光技术、摄影机技术、材质贴图、渲染技术、粒子系统、流体特效等一系列三维动画制作技术。本书结构清晰、内容全面、通俗易懂，各个章节均设计了相对应的实用案例，并详细阐述了制作原理及操作步骤，注重提升读者的软件实际操作能力。另外，本书附带的教学资源内容丰富，包括本书所有案例的工程文件、贴图文件和多媒体教学录像，便于读者学以致用。

本书非常适合作为高校和培训机构动画专业的相关课程培训教材，也可以作为广大三维动画爱好者的自学参考用书。另外，本书内容采用Maya 2020版本进行设计制作，请读者注意。

图书在版编目(CIP)数据

Maya 2020 从新手到高手 / 来阳编著 . —北京：清华大学出版社，2020.9(2024.2 重印)
（从新手到高手）
ISBN 978-7-302-56111-8

Ⅰ . ① M…　Ⅱ . ①来…　Ⅲ . ①三维动画软件　Ⅳ . ① TP391.414

中国版本图书馆 CIP 数据核字 (2020) 第 139126 号

责任编辑：陈绿春
封面设计：潘国文
版式设计：方加青
责任校对：胡伟民
责任印制：宋　林

出版发行：清华大学出版社
网　　址：https://www.tup.com.cn，https://www.wqxuetang.com
地　　址：北京清华大学学研大厦 A 座　　**邮　　编：**100084
社 总 机：010-83470000　　**邮　　购：**010-62786544
投稿与读者服务：010-62776969，c-service@tup.tsinghua.edu.cn
质 量 反 馈：010-62772015，zhiliang@tup.tsinghua.edu.cn
印 装 者：小森印刷霸州有限公司
经　　销：全国新华书店
开　　本：188mm×260mm　　**印　　张：**21.75　　**插　　页：**4　　**字　　数：**695 千字
版　　次：2020 年 11 月第 1 版　　**印　　次：**2024 年 2 月第 6 次印刷
定　　价：99.00 元

产品编号：086000-01

前言

提起Maya，很多朋友曾经问过我，为什么要学习Maya？Maya比3ds Max好在哪里？学生们也时常问我Maya跟3ds Max比起来，哪一个软件更好？在这里我给大家谈谈我自己的看法。

首先为什么要学习Maya？我大学毕业以来的确是一直使用3ds Max在公司里工作的，3ds Max软件的强大功能深深让我着迷，为此我花费了数年时间，在工作中不断提高自己并乐在其中。至于后来为什么要学习Maya？很简单，答案是工作需要。随着数字艺术的不断发展，以及三维软件的不断更新，越来越多的三维动画项目不再仅仅局限于使用一款三维动画软件来进行制作，有些动画镜头如果换一款软件制作可能更加便捷。由于一些项目可能会在两个或者更多不同软件之间进行导入导出操作，许多知名动画公司在三维动画人才的招聘上，也不再只限于精通一款三维软件。所以在工作之余，我开始慢慢接触了Maya软件。不得不承认刚开始，确实有些不太习惯。但是仅仅在几天之后，我便觉得学习Maya软件逐渐得心应手起来。

另一个问题，Maya跟3ds Max比起来，哪一个软件更好？我觉得这个问题对于初学者来说，根本没必要去深究。这两个软件功能同样都很强大，如果一定要对这两款软件进行技术比较，可能只有同时使用过这两款软件很长时间的资深用户，才可以做出正确合理的判断。所以同学们完全没有必要去考虑哪一个软件更强大，还是先考虑自己肯花多少时间去钻研学习比较好。Maya是一款非常易于学习的高端三维动画软件，在模型材质、灯光渲染、动画调试，以及特效制作等各个方面都表现得非常优秀。从我个人角度讲，由于具有多年的3ds Max工作经验，我在学习Maya的时候感觉非常亲切，一点儿也没有在学习另一个全新的三维软件的感觉。

中文版Maya 2020相较于之前的版本来说更加成熟、稳定。尤其是涉及Arnold渲染器的部分，更是充分考虑到了用户的工作习惯，而进行了大量的修改和完善。本书共分为12个章节，分别从软件的基础操作，到中、高级技术操作，都进行了深入讲解。当然，有基础的读者可按照自己的喜好，直接阅读感兴趣的章节来学习。

写作是一件快乐的事情，同时也不是一件孤立的事情，在这几本书籍的出版过程中，清华大学出版社的编辑陈绿春老师做了很多辛勤的工作，在此表示诚挚的感谢。由于作者的技术能力有限，本书难免会有不足之处，还请读者朋友们海涵雅正。

本书的配套素材和视频教学文件请扫描下面的二维码进行下载。如果在下载过程中碰到问题，请联系陈老师，联系邮箱chenlch@tup.tsinghua.edu.cn。

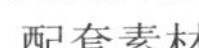
配套素材

视频教学

来阳
2020年8月

目录

第1章 熟悉Maya 2020

第2章 软件基本操作

第3章 曲面建模

第4章 多边形建模

第5章 灯光技术

第6章 摄影机技术

第7章 材质与纹理

第8章 渲染与输出

1.1 Maya 2020概述

随着科技的更新和时代的不断进步，计算机应用已经渗透至各个行业的工作中，它们无处不在，俨然已经成了人们工作和生活中无法取代的重要电子产品。多种多样的软件技术配合不断更新换代的电脑硬件，使得越来越多的可视化数字媒体产品飞速地融入到人们的生活中来。越来越多的艺术专业人员也开始应用数字技术进行工作，诸如绘画、雕塑、摄影等传统艺术学科也都开始与数字技术融会贯通，形成了一个全新的学科交叉创意工作环境。

Autodesk Maya是美国Autodesk公司出品的专业三维动画软件，也是国内应用最广泛的专业三维动画软件之一，旨在为广大三维动画师提供功能丰富、强大的动画工具来制作优秀的动画作品。通过对Maya的多种动画工具组合使用，会使得场景看起来更加生动，角色看起来更加真实，其内置的动力学技术模块则可以为场景中的对象进行逼真而细腻的动力学动画计算，从而为三维动画师节省大量的工作步骤及时间，极大地提高了动画的精准程度。Maya软件在动画制作业界中声名显赫，是电影级别的高端制作软件。尽管其售价不菲，但是由于其强大的动画制作功能和友好便于操作的工作方式，仍然得到了广大公司及艺术家的高度青睐。图1-1所示为Maya 2020的软件启动显示界面。

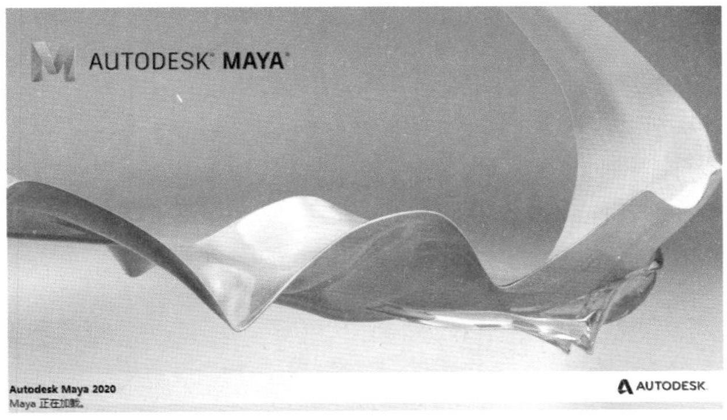

图1-1

Maya 2020为用户提供多种类型的建模方式，配合自身强大的渲染器，可以轻松制作出极为真实的单帧画面及影视作品。下面我们来了解一下该软件的主要应用领域。

1.2 Maya 2020的应用范围

计算机图形技术始于20世纪50年代早期，最初主要应用于军事作战、计算机辅助设计与制造等专业领域，而非现在的艺术设计专业。在20世纪90年代后，计算机应用技术开始变得成熟，随着计算机价格的下降，图形图像技术开始被越来越多的视觉艺术专业人员所关注、学习。Maya 1.0软件于1998年2月由Alias公司正式发布，到了2005年，由于被Autodesk公司收购，Maya软件的全称也随之更名为Autodesk Maya。而在本书中，仍然使用广大用户较为习惯的名称——Maya，来进行讲解。

作为Autodesk公司生产的旗舰级别动画软件，Maya可以为产品展示、建筑表现、园林景观设计、游戏、电影和运动图形的设计人员提供一套全面的 3D 建模、动画、渲染以及合成的解决方案，应用领域非常广泛。比如蓝天工作室出品的《冰川时代》系列三维动画电影，就使用了Maya软件来进行所有场景及角色的建模和动画工作；坂口博信于2001年指导并上映的影片《最终幻想》中也大量使用了Maya软件来辅助影片的制作；2009年上映的《阿凡达》中的虚拟数字场景及角色也使用了Maya软件完成制作；此外，高端用户还可以使用MEL语言编写程序，用以扩展Maya软件功能以适应项目需要，比如《精灵鼠小弟》中就使用了MEL语言来辅助制作主角小老鼠斯图尔特的毛发渲染。图1-2和图1-3所示即为笔者使用该软件制作出来的三维图像作品。

图1-2

图1-3

1.3 Maya 2020的工作界面

安装好Maya 2020软件后，可以通过双击桌面上的图标来启动软件，或者在“开始”菜单中执行Autodesk Maya 2020| Maya 2020命令，如图1-4所示。

图1-4

学习使用Maya 2020时，首先应熟悉软件的操作界面与布局，以便为以后的创作打下基础。图1-5为软件Maya 2020打开之后的界面显示。

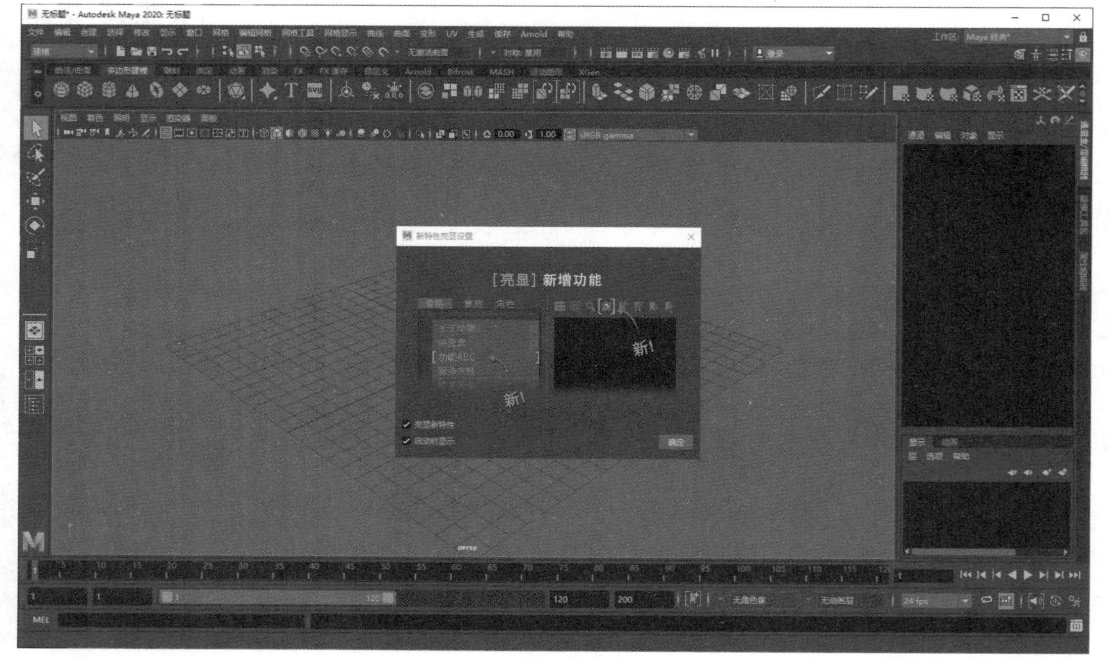

图1-5

1.4　“新特性亮显设置”对话框

安装好Maya 2020后，第一次打开软件，系统会自动弹出“新特性亮显设置”对话框，提示用户软件会以绿色“亮显”的方式来标记新版本的新增功能，这样用户可以非常方便地了解该版本软件的新增功能，如图1-6所示。

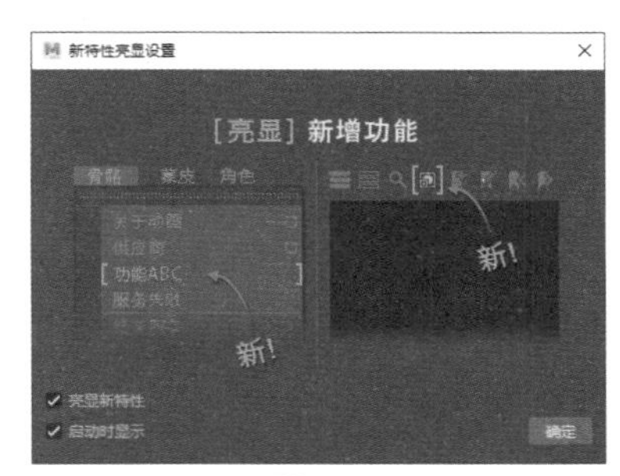

新特性亮显设置
[亮显] 新增功能
新!
新!
确定

图1-6

技巧与提示

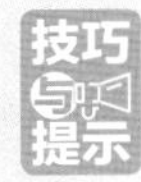

Maya 2020版本相较于之前的版本，增加了很多新功能，用户如不喜欢以“亮显”的方式来突出这些新功能，可以取消勾选“亮显新特性”选项。此外，该功能还可以通过执行菜单栏“帮助”|“新特性”|“亮显新特性”命令来还原，如图1-7所示。

帮助
查找
查找菜单
Autodesk Maya 帮助　F1
新特性
了解
1 分钟启动影片
Maya 教学频道
教程
登录
新特性列表
亮显新特性

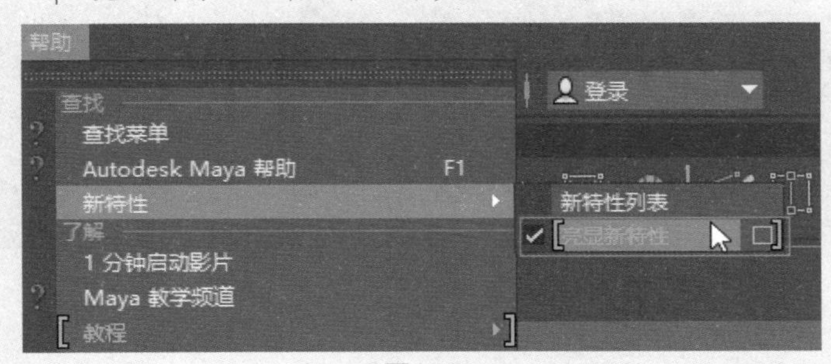

图1-7

1.5　菜单集与菜单

Maya与其他软件的一个不同之处就在于Maya拥有多个不同的菜单栏，这些菜单栏通过“菜单集”来管理并供用户选择使用，有“建模”“绑定”“动画”“FX”“渲染”和“自定义”这6大类，如图1-8所示。

无标题* - Autodesk Maya 2020: 无标题
文件　编辑　创建　选择　修改　显示　窗口　网格
建模
建模
绑定
动画
FX
渲染
自定义...
多边形建模　雕刻　绑定

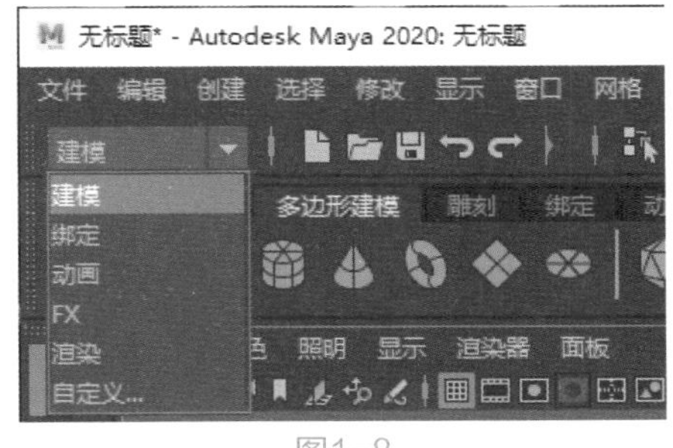

图1-8

当“菜单集”为“建模”选项时，菜单栏显示为如图1-9所示。

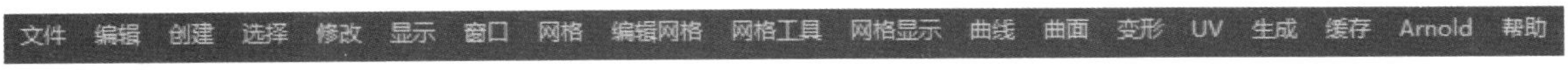

文件　编辑　创建　选择　修改　显示　窗口　网格　编辑网格　网格工具　网格显示　曲线　曲面　变形　UV　生成　缓存　Arnold　帮助

图1-9

当“菜单集”为“绑定”选项时，菜单栏显示为如图1-10所示。

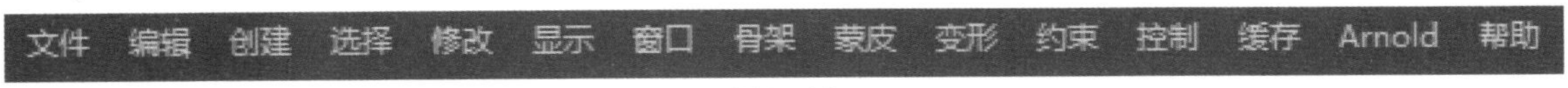

文件　编辑　创建　选择　修改　显示　窗口　骨架　蒙皮　变形　约束　控制　缓存　Arnold　帮助

图1-10

当“菜单集”为“动画”选项时，菜单栏显示为如图1-11所示。

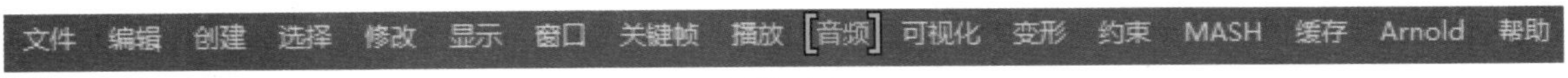

文件　编辑　创建　选择　修改　显示　窗口　关键帧　播放　音频　可视化　变形　约束　MASH　缓存　Arnold　帮助

图1-11

当“菜单集”为“FX”选项时，菜单栏显示为如图1-12所示。

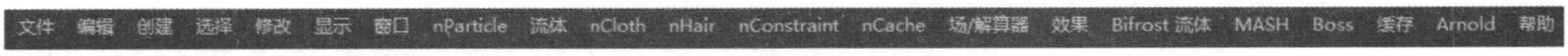

文件 编辑 创建 选择 修改 显示 窗口 nParticle 流体 nCloth nHair nConstraint nCache 场/解算器 效果 Bifrost 流体 MASH Boss 缓存 Arnold 帮助

图1-12

当“菜单集”为“渲染”选项时，菜单栏显示为如图1-13所示。

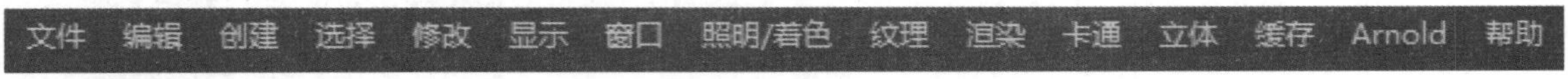

文件 编辑 创建 选择 修改 显示 窗口 照明/着色 纹理 渲染 卡通 立体 缓存 Arnold 帮助

图1-13

当“菜单集”设置为“自定义”选项时，系统会自动弹出“菜单集编辑器”窗口，用户可以将自己常用的一些命令放置于该菜单栏中，如图1-14所示。

菜单集编辑器
编辑 帮助
菜单集:
公用
建模
绑定
动画
FX
渲染
菜单集中的菜单:
照明/着色
纹理
渲染
卡通
立体
全部菜单:
Arnold
Bifrost 流体
Boss
MASH
UV
nCache
nCloth
nConstraint
nHair
nParticle
编辑网格
变形
变形
变形
播放
新建菜单集
移除菜单集
关闭窗口

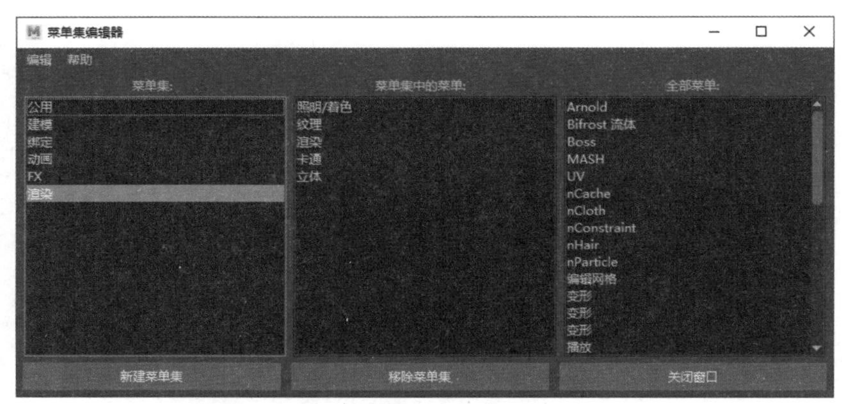

图1-14

技巧与提示

这些菜单栏并非所有的命令都不一样，仔细观察一下，不难发现这些菜单栏的前7个命令和后3个命令是完全一样的。

Maya 2020为菜单栏内的大多数命令都绘制了精美的图标方便用户记忆，如图1-15所示。

用户在制作项目时，还可以通过单击菜单栏上方的双排虚线，将某一个菜单栏单独提取出来，如图1-16所示。

隐藏建模工具包
工具
附加到多边形
连接
折痕工具
创建多边形
插入循环边
生成洞
多切割
偏移循环边
绘制减少权重
绘制传递属性
四边形绘制
雕刻工具
滑动边
目标焊接

图1-15

NURBS 基本体
球体
立方体
圆柱体
圆锥体
平面
圆环
圆形
方形
交互式创建
完成时退出

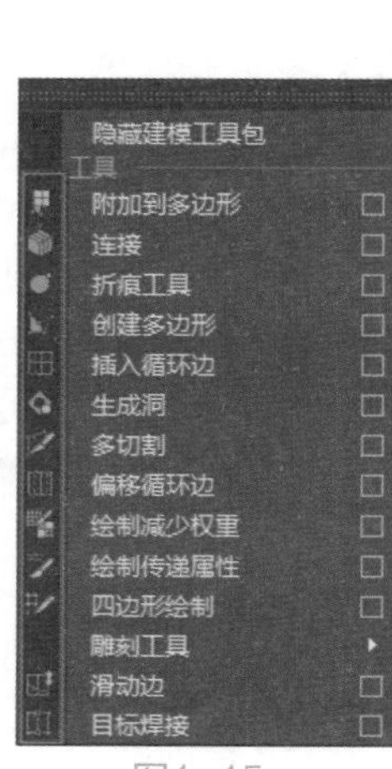

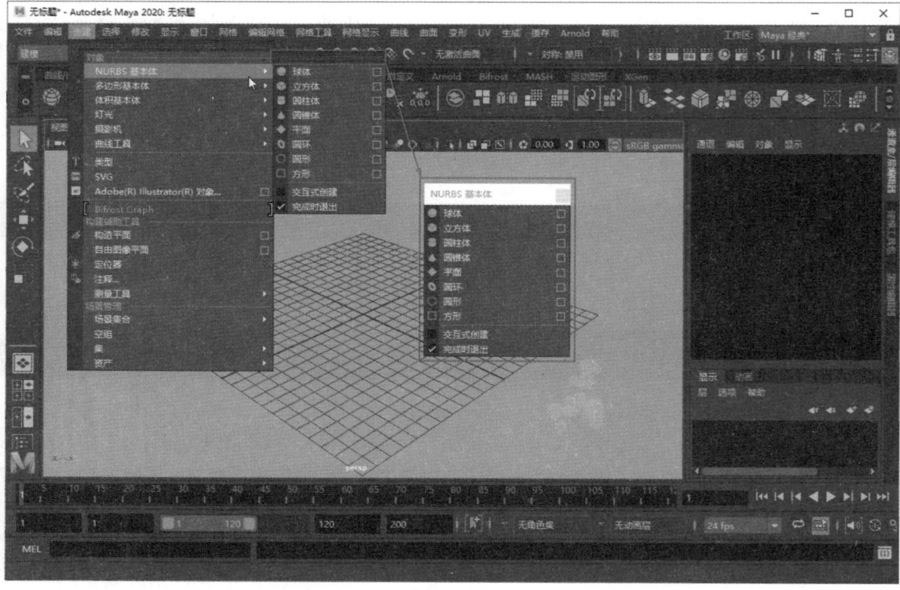

图1-16

1.6 状态行工具栏

状态行工具栏（见图1-17）位于菜单栏下方，包含了许多常用的常规命令图标，这些图标被多个垂直分隔线所隔开，用户可以单击垂直分隔线来展开和收拢图标组。

建模 无激活曲面 登录

图1-17

常用工具解析

- 新建场景：清除当前场景并创建新的场景。
- 打开场景：打开保存的场景。
- 保存场景：使用当前名称保存场景。
- 撤销：撤销上次的操作。
- 重做：重做上次撤销的操作。
- 按层次和组合选择：设置选择场景中组合里的单一对象还是整个组合对象。
- 按对象类型选择：更改选择模式以选择对象。
- 按组件类型选择：更改选择模式以选择对象的组件。
- 捕捉到栅格：将选定项移动到最近的栅格相交点上。
- 捕捉到曲线：将选定项移动到最近的曲线上。
- 捕捉到点：将选定项移动到最近的控制顶点或枢轴点上。
- 捕捉到投影中心：捕捉到选定对象的中心。
- 捕捉到视图平面：将选定项移动到最近的视图平面上。
- 激活选定对象：将选定的曲面转化为激活的曲面。
- 选定对象的输入：控制选定对象的上游节点连接。
- 选定对象的输出：控制选定对象的下游节点连接。
- 构建历史：针对场景中的所有项目启用或禁止构建历史。
- 打开渲染视图：单击此按钮可打开“渲染视图”窗口。
- 渲染当前帧：渲染“渲染视图”中的场景。
- IPR渲染当前帧：使用交互式真实照片级渲染器渲染场景。
- 显示渲染设置：单击此按钮可打开“渲染设置”窗口。
- 显示Hypershade窗口：单击此按钮可打开Hypershade窗口。
- 启动“渲染设置”窗口：单击此按钮将启动“渲染设置”窗口。
- 打开灯光编辑器：单击此按钮可弹出灯光编辑器面板。
- 暂停Viewport2显示更新：单击此按钮将暂停Viewport2显示更新。

1.7 工具架

Maya的工具架根据命令的类型及作用分为多个标签来进行显示，其中，每个标签里都包含了对应的常用命令图标，切换Maya工具架的方式主要有以下两种。

第一种：直接单击不同工具架上的标签名称，即可快速切换至所选择的工具架，如图1-18所示。

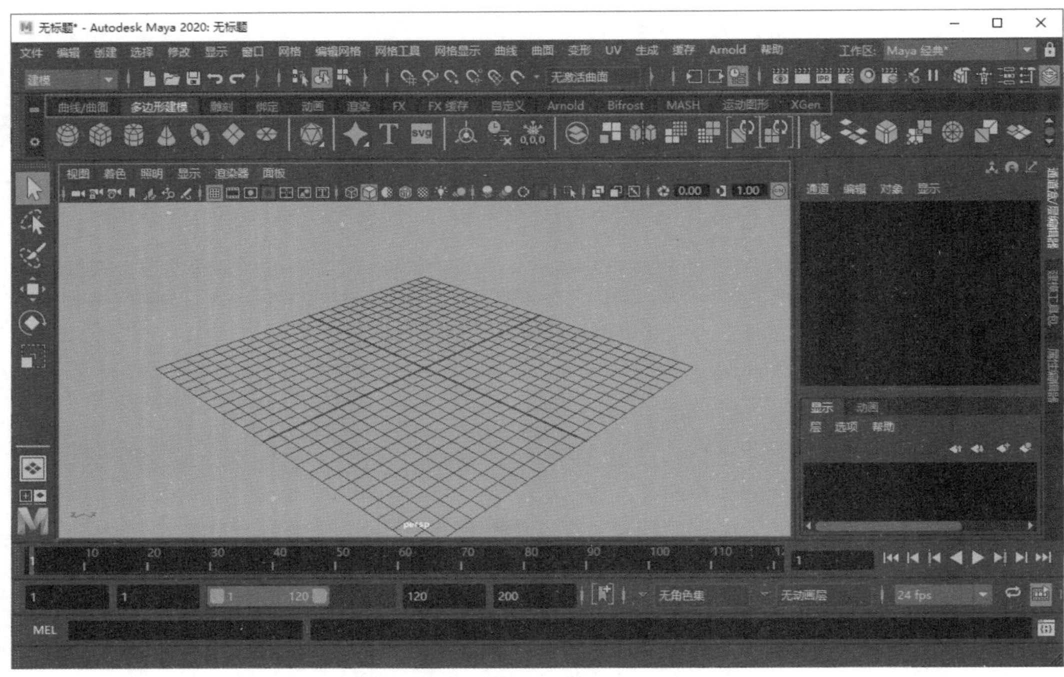

图1-18

第二种：单击工具架左侧的“更改显示哪个工具架选项卡”图标，在弹出的菜单中通过选择不同的工具架名称，即可让Maya软件显示出对应的工具架选项卡，如图1-19所示。

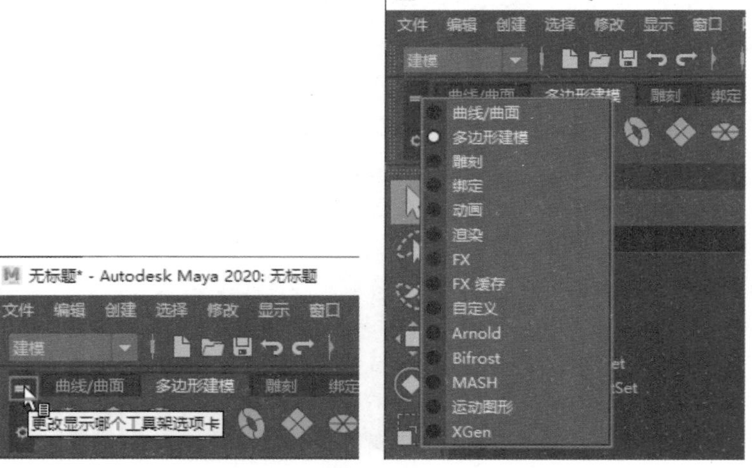

图1-19

1.7.1 “曲线/曲面”工具架

“曲线/曲面”工具架里的命令主要由可以创建曲线、曲面及修改曲面的相关命令所组成，如图1-20所示。

图1-20

1.7.2 “多边形建模”工具架

“多边形建模”工具架里的命令主要由可以创建多边形、修改多边形及设置多边形贴图坐标的相关命令所组成，如图1-21所示。

图1-21

1.7.3 “雕刻”工具架

“雕刻”工具架里的命令主要由对模型进行雕刻操作建模的相关命令所组成，如图1-22所示。

图1-22

1.7.4 “绑定”工具架

“绑定”工具架里的命令主要由对角色进行骨骼绑定以及设置约束动画的相关命令所组成，如图1-23所示。

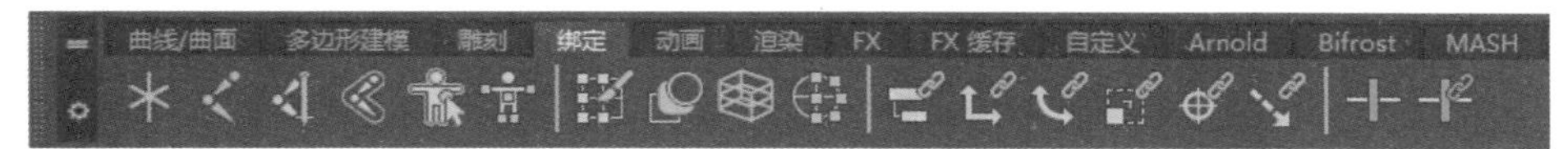

图1-23

1.7.5 “动画”工具架

“动画”工具架里的命令主要由制作动画以及设置约束动画的相关命令所组成，如图1-24所示。

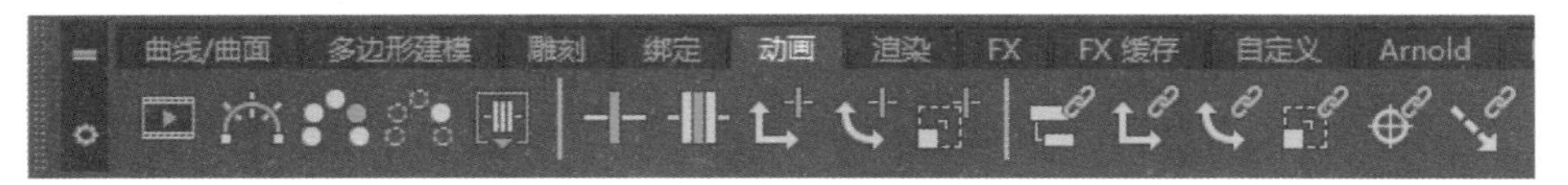

图1-24

1.7.6 “渲染”工具架

“渲染”工具架里的命令主要由灯光、材质以及渲染的相关命令所组成，如图1-25所示。

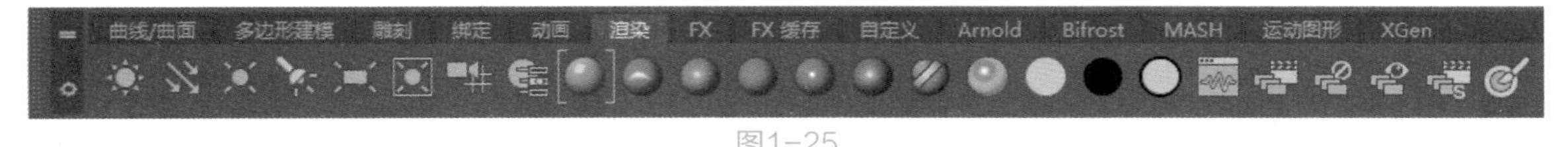

图1-25

1.7.7 “FX”工具架

“FX”工具架里的命令主要由粒子、流体及布料动力学的相关命令所组成，如图1-26所示。

图1-26

1.7.8 “FX缓存”工具架

“FX缓存”工具架里的命令主要由设置动力学缓存动画的相关命令所组成，如图1-27所示。

图1-27

1.7.9 “Arnold”工具架

“Arnold”工具架里的命令主要由设置真实的灯光及天空环境的相关命令所组成，如图1-28所示。

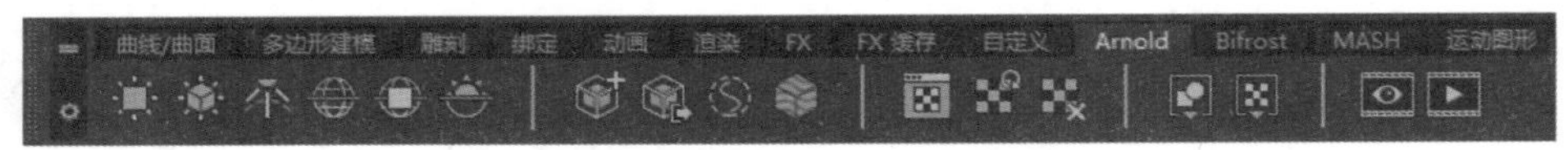

图1-28

1.7.10 “Bifrost”工具架

“Bifrost”工具架里的命令主要由设置流体动力学的相关命令所组成，如图1-29所示。

图1-29

1.7.11 “MASH”工具架

“MASH”工具架里的命令主要由创建MASH网格的相关命令所组成，如图1-30所示。

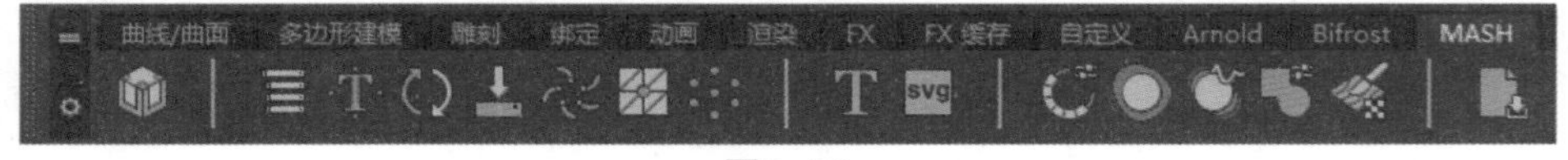

图1-30

1.7.12 “运动图形”工具架

“运动图形”工具架里的命令主要由创建几何体、曲线、灯光、粒子的相关命令所组成，如图1-31所示。

图1-31

1.7.13　“XGen”工具架

“XGen”工具架里的命令主要由设置毛发的相关命令所组成，如图1-32所示。

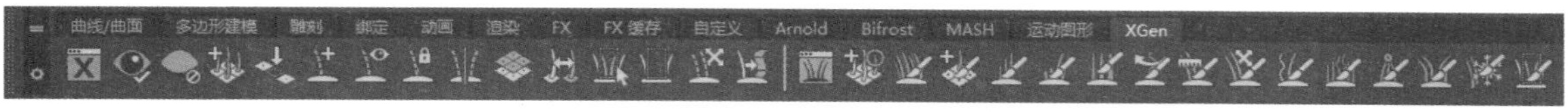

图1-32

1.8　工具箱

工具箱位于Maya界面的左侧，主要为用户提供操作的常用工具，如图1-33所示。

图1-33

常用工具解析

- 选择工具：选择场景和编辑器当中的对象及组件。
- 套索工具：以绘制套索的方式来选择对象。
- 绘制选择工具：以笔刷绘制的方式来选择对象。
- 移动工具：通过拖动变换操纵器移动场景中所选择的对象。
- 旋转工具：通过拖动变换操纵器旋转场景中所选择的对象。
- 缩放工具：通过拖动变换操纵器缩放场景中所选择的对象。

1.9　视图面板

在默认状态下，启动Maya 2020软件后，Maya 2020的操作视图显示为一个“透视”视图，通过单击视图面板左侧的“快速布局”按钮，可以快速更改Maya 2020软件的操作视图布局显示，如图1-34所示。

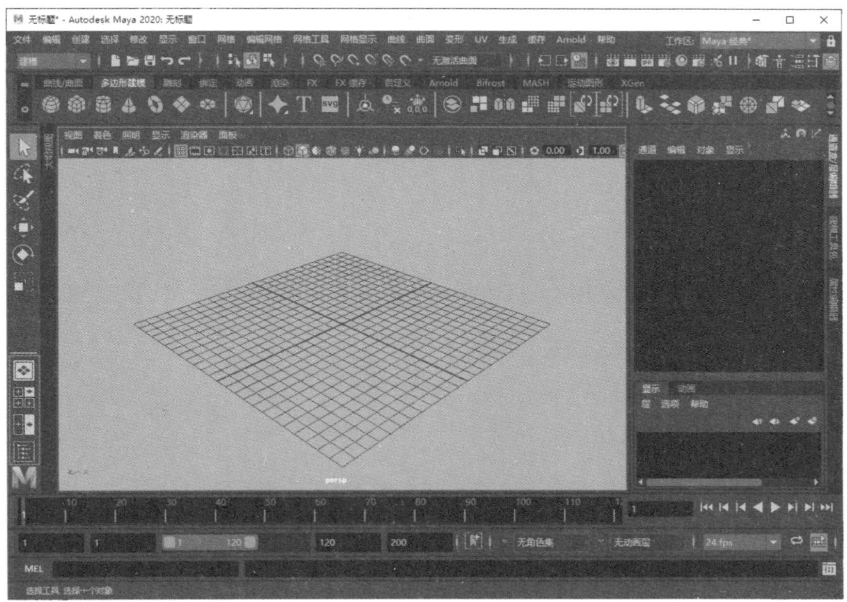

图1-34

1.9.1 “快速布局”按钮

Maya软件有单一视图显示、四视图显示、双视图显示以及大纲视图显示4种方式供用户选择使用，用户可以通过在“快速布局”按钮区域当中单击相对应的按钮来切换操作，如图1-35~图1-38所示。

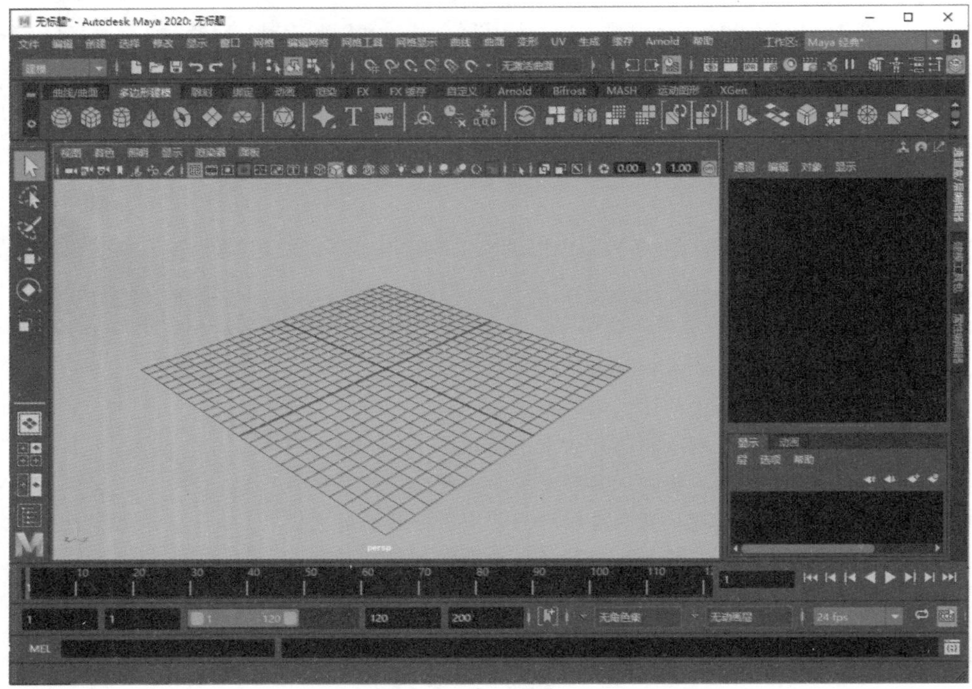

图1-35

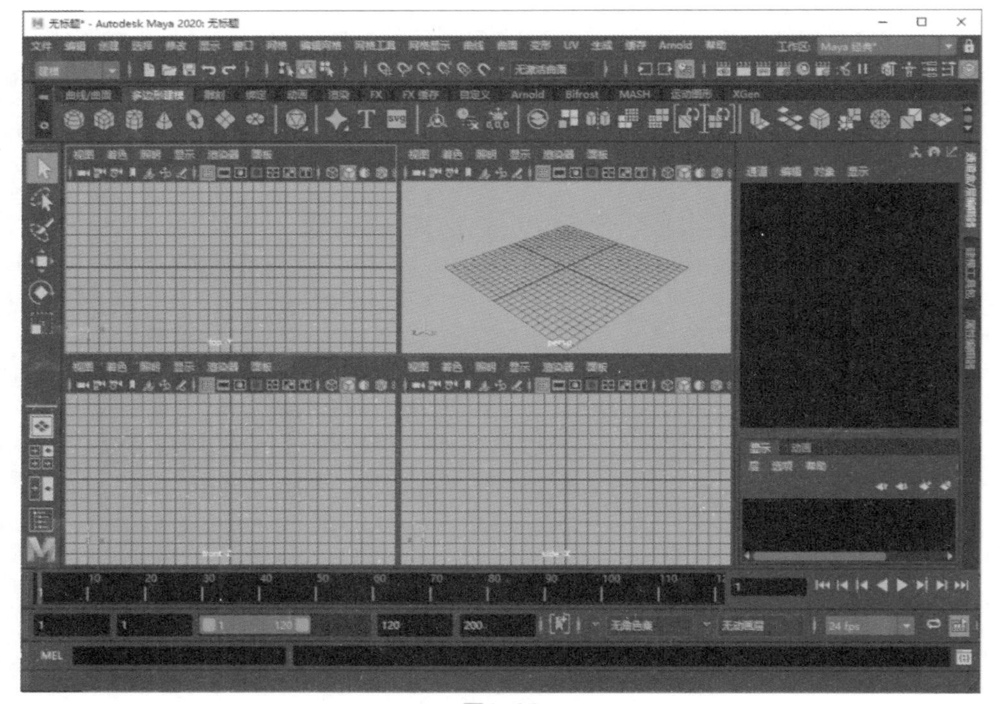

图1-36

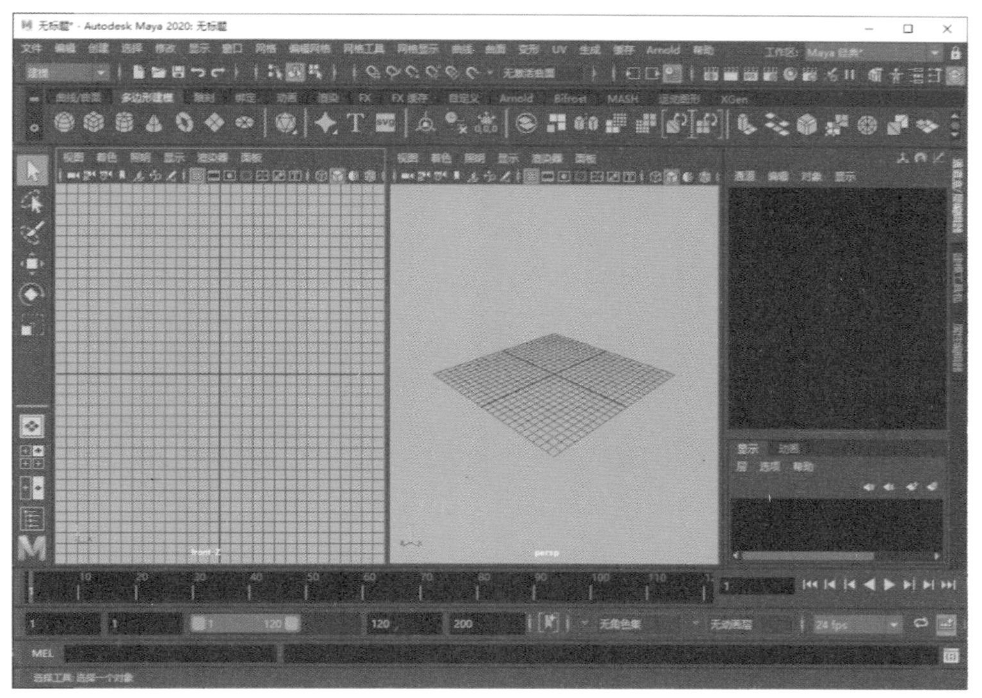

图1-37

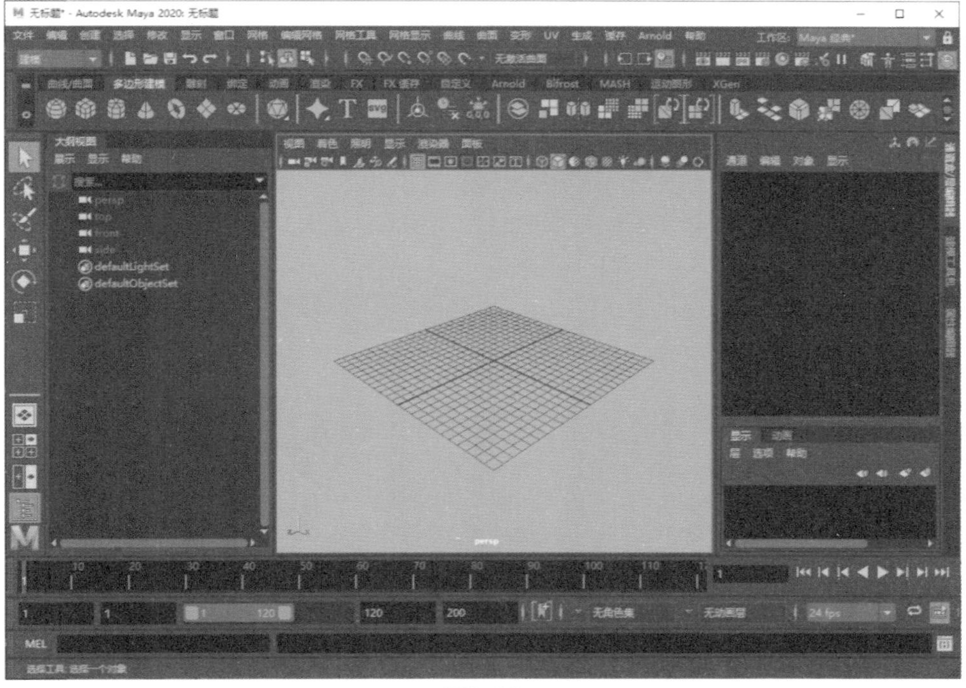

图1-38

1.9.2　“视图面板”工具栏

Maya 2020“视图面板”上方有一条“工具栏”，就是“视图面板”工具栏，如图1-39所示。

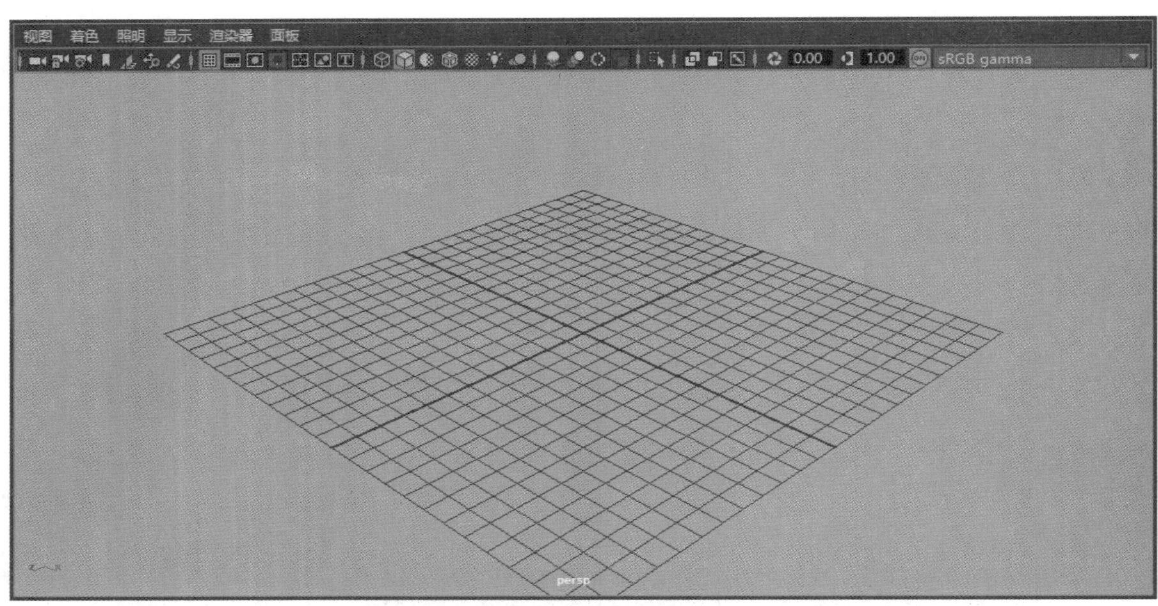

图1-39

常用工具解析

- 选择摄影机：在面板中选择当前摄影机。
- 锁定摄影机：锁定摄影机，避免意外更改摄影机位置引起动画效果更改。
- 摄影机属性：单击此按钮可打开“摄影机属性编辑器”面板。
- 书签：将当前视图设定为书签。
- 图像平面：切换现有图像平面的显示。如果场景不包含图像平面，则会提示用户导入图像。
- 二维平移/缩放：开启和关闭二维平移/缩放。
- 油性铅笔：单击该按钮可打开“油性铅笔”工具栏，如图1-40所示。它允许用户使用虚拟绘制工具在屏幕上绘制图案，如图1-41所示。

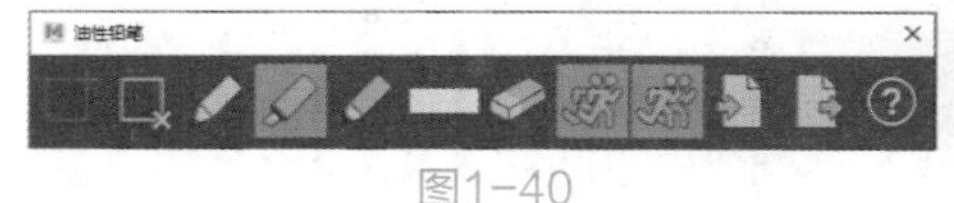

图1-40

图1-41

- 栅格：在视图面板上切换显示栅格，图1-42所示为在Maya视图中显示栅格前后的效果对比。
- 胶片门：切换胶片门边界的显示。
- 分辨率门：切换分辨率门边界的显示，图1-43所示为该按钮按下前后的Maya视图显示结果对比。

图1-42

图1-43

- 门遮罩：切换门遮罩边界的显示，图1-44所示为该按钮按下前后的Maya视图显示结果对比。

图1-44

- 区域图：切换区域图边界的显示。
- 安全动作：切换安全动作边界的显示。
- 安全标题：切换安全标题边界的显示。
- 线框：单击该按钮，Maya视图中的模型呈线框显示效果，如图1-45所示。
- 对所有项目进行平滑着色处理：单击该按钮，Maya视图中的模型呈平滑着色处理效果，如图1-46所示。

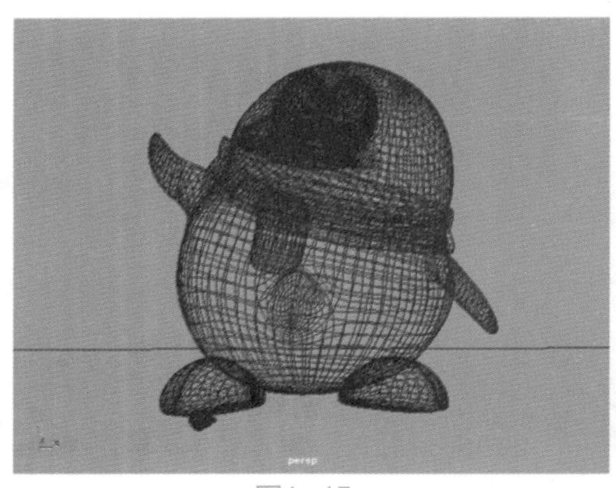

图1-45

图1-46

- 使用默认材质：切换“使用默认材质”的显示。
- 着色对象上的线框：切换所有着色对象上的线框显示。
- 带纹理：切换“硬件纹理”的显示。
- 使用所有灯光：通过场景中的所有灯光切换曲面的照明。
- 阴影：切换“使用所有灯光”处于启用状态时的硬件阴影贴图。
- 隔离选择：限制视图面板以仅显示选定对象。
- 屏幕空间环境光遮挡：在开启和关闭“屏幕空间环境光遮挡”之间进行切换。
- 运动模糊：在开启和关闭“运动模糊”之间进行切换。
- 多采样抗锯齿：在开启和关闭“多采样抗锯齿”之间进行切换。
- 景深：在开启和关闭“景深”之间进行切换。
- X射线显示：单击该按钮，Maya视图中的模型呈半透明度显示效果，如图1-47所示。
- X射线显示活动组件：在其他着色对象的顶部切换活动组件的显示。
- X射线显示关节：在其他着色对象的顶部切换骨架关节的显示。
- 曝光：调整显示亮度。通过减小曝光，可查看默认在高光下看不见的细节。单击图标在默认值和修改值之间切换。
- Gamma：调整要显示的图像的对比度和中间调亮度。增加Gamma值，可查看图像阴影部分的细节。
- 视图变换：控制用于显示的工作颜色空间转化颜色的视图变换。

图1-47

1.10 工作区选择器

“工作区”可以理解为多种窗口、面板以及其他界面选项根据不同的工作需要而形成的一种排列方式，Maya允许用户可以根据自己的喜好随意更改当前工作区，比如打开、关闭和移动窗口、面板和其他UI元素，以及停靠和取消停靠窗口和面板，这就创建了属于自己的自定义工作区。此外，Maya还为用户提供了多种工作区的显示模式，这些不同的工作区在三维艺术家进行不同种类的工作时非常好用，如图1-48所示。

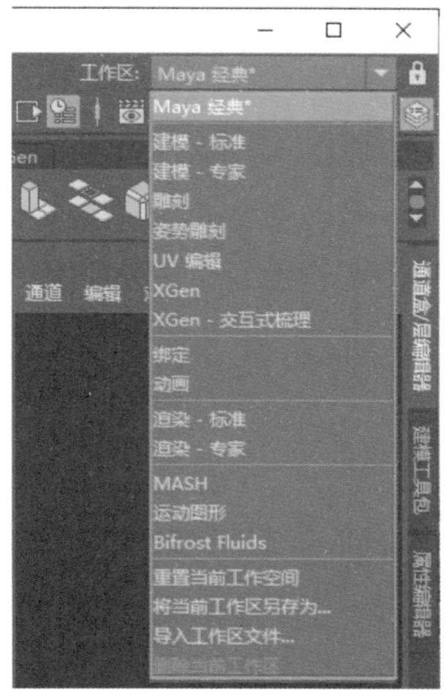

图1-48

1.10.1　“Maya经典”工作区

Maya软件打开的默认工作区即为“Maya经典”工作区，如图1-49所示。

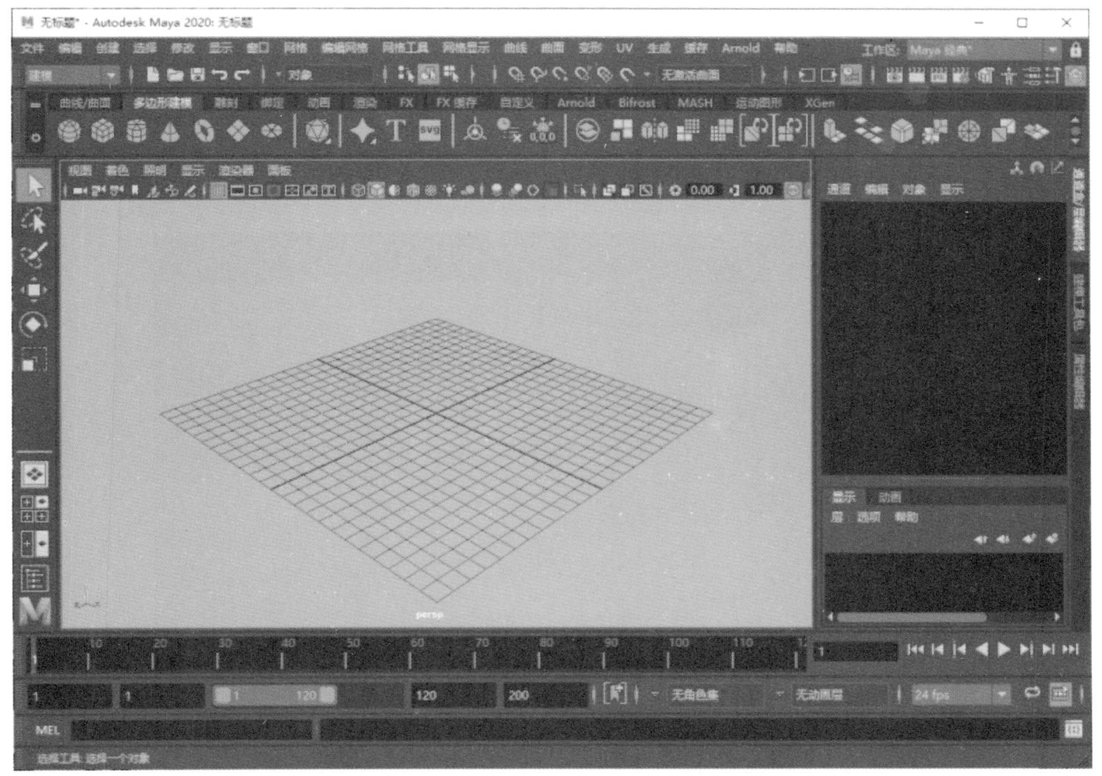
图1-49

1.10.2 “建模-标准”工作区

当Maya软件切换至“建模-标准”工作区后，Maya界面上的“时间滑块”及“动画播放控件”等部分将隐藏起来，这样会使得Maya的视图工作区显示得更大一些，方便了建模的操作过程，如图1-50所示。

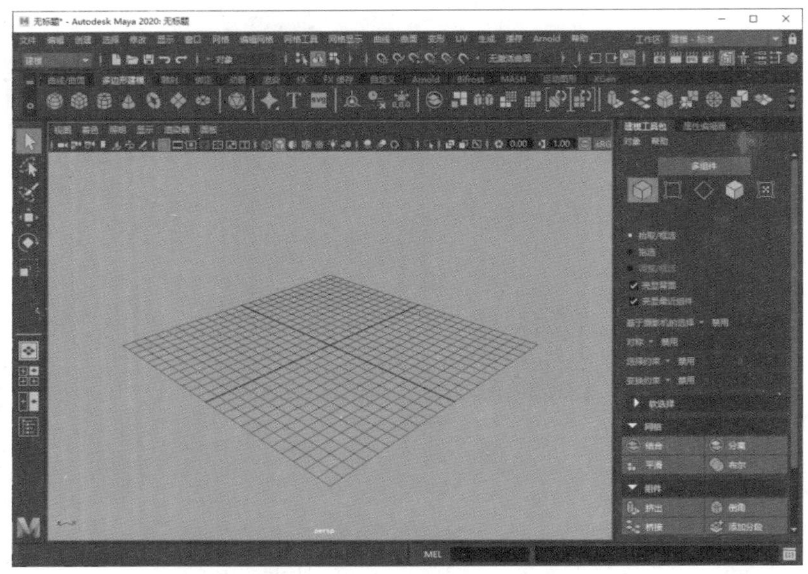

图1-50

1.10.3 “建模-专家”工作区

当Maya软件切换至“建模-专家”工作区后，Maya几乎隐藏了绝大部分的图标工具，这一工作区仅适合对Maya软件相当熟悉的高级用户进行建模操作，如图1-51所示。

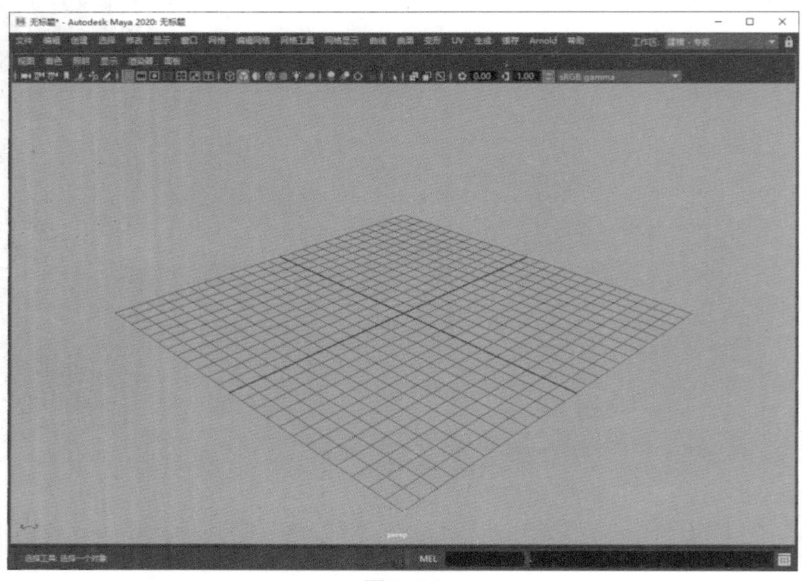

图1-51

1.10.4 “雕刻”工作区

当Maya软件切换至“雕刻”工作区后，Maya会自动显示出雕刻的工具架，这一工作区适合用Maya软件来进行雕刻建模操作的用户使用，如图1-52所示。

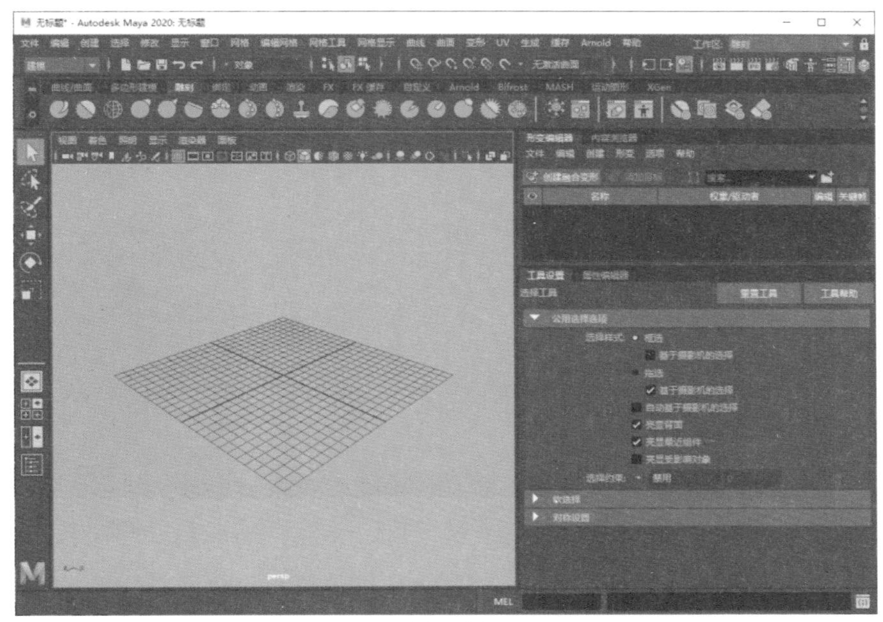

图1-52

1.10.5 “姿势雕刻”工作区

当Maya软件切换至“姿势雕刻”工作区后，Maya会自动显示出雕刻的工具架及姿势编辑器，这一工作区适合用Maya软件来进行姿势雕刻操作的用户使用，如图1-53所示。

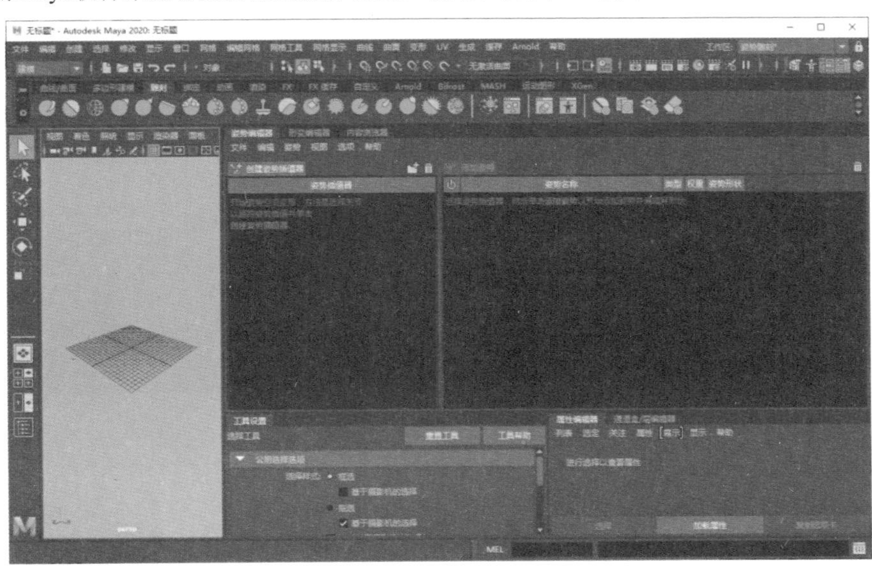

图1-53

1.10.6 “UV编辑”工作区

当Maya软件切换至“UV编辑”工作区后，Maya会自动显示出UV编辑器，这一工作区适合用Maya软件来进行UV贴图编辑操作的用户使用，如图1-54所示。

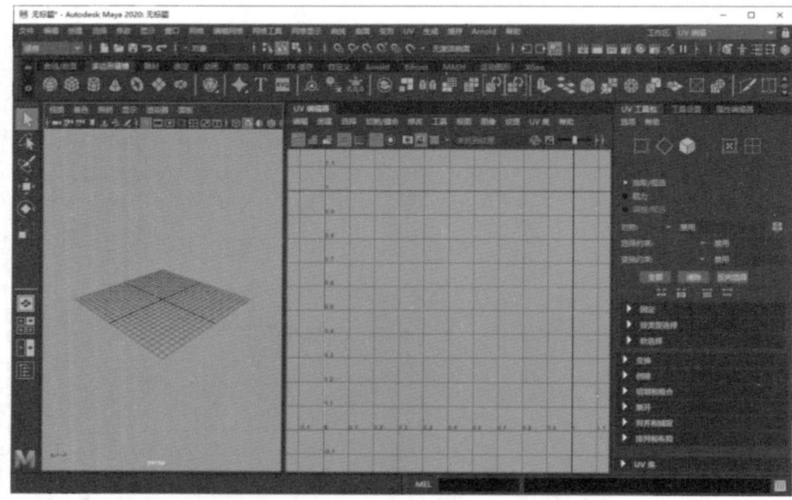

图1-54

1.10.7 XGen工作区

当Maya软件切换至XGen工作区后，Maya会自动显示出XGen工具架以及XGen操作面板，这一工作区适合用Maya软件来制作毛发、草地、岩石等对象，如图1-55所示。

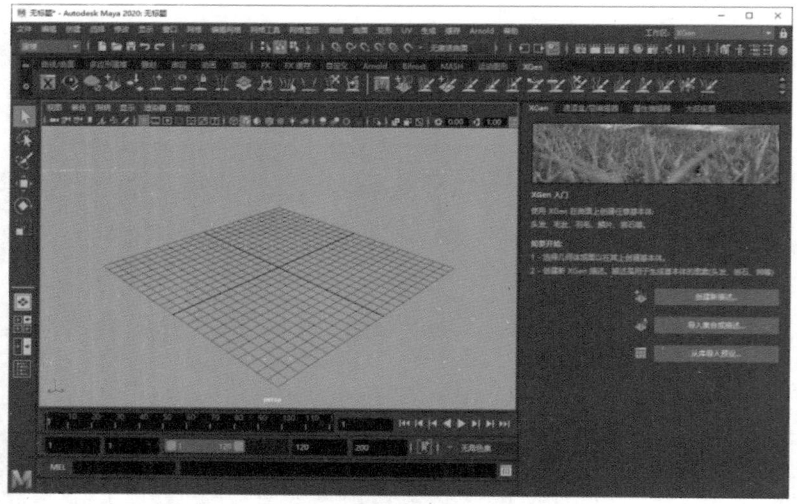

图1-55

1.10.8 “绑定”工作区

当Maya软件切换至“绑定”工作区后，Maya会自动显示出装备工具架以及节点编辑器，这一工作区适合用Maya软件来制作角色装备的用户使用，如图1-56所示。

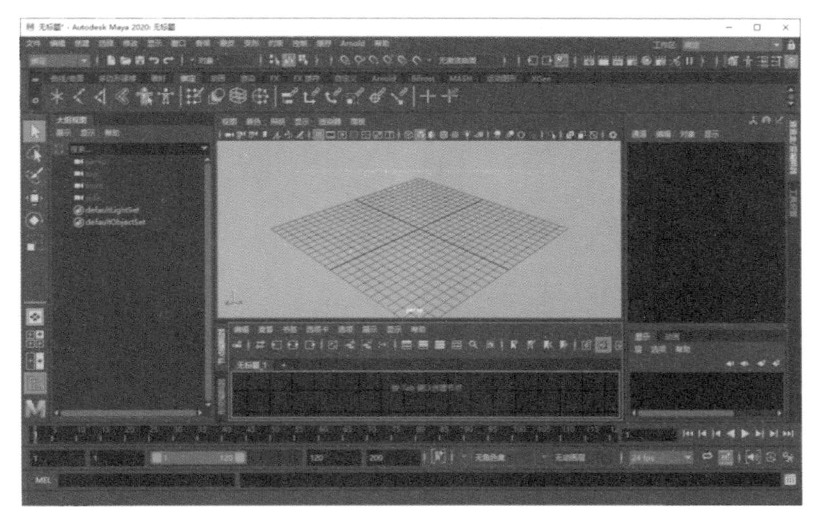

图1-56

1.10.9　"动画"工作区

当Maya软件切换至"动画"工作区后，Maya会自动显示出动画工具架以及曲线图编辑器，这一工作区适合用Maya软件来制作动画的用户使用，如图1-57所示。

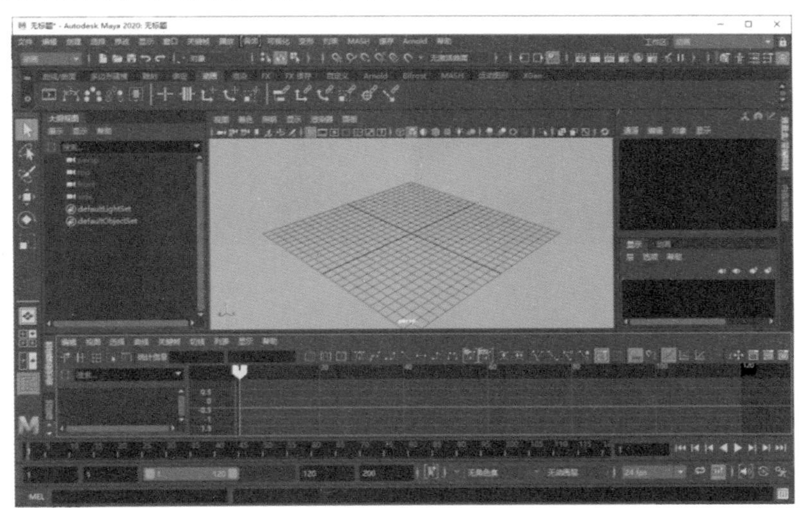

图1-57

1.11　通道盒

"通道盒"位于Maya软件界面的右侧，与"建模工具包"和"属性编辑器"叠加在一起，是用于编辑对象属性的最快速最高效的工具。它允许用户快速更改属性值，在可设置关键帧的属性上设置关键帧，锁定或解除锁定属性以及创建属性的表达式。

"通道盒"在默认状态下是没有命令的，如图1-58所示。只有当用户在场景中选择了对象才会出现相对应的命令，如图1-59所示。

图1-58

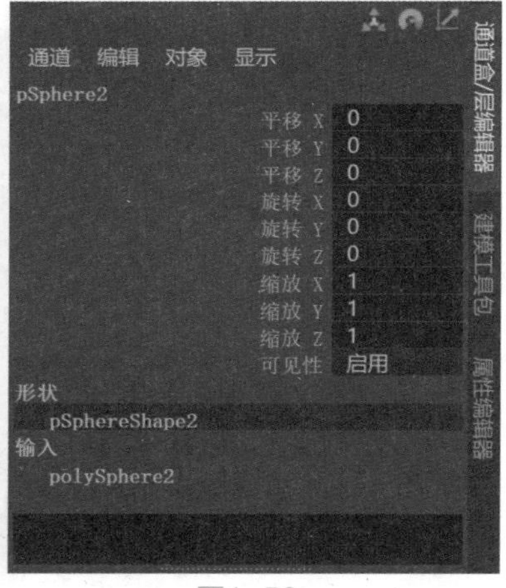

图1-59

“通道盒”内的参数可以通过输入的方式进行更改，如图1-60所示。也可以将鼠标放置于想要修改的参数上，并按住鼠标左键以拖动滑块的方式进行更改，如图1-61所示。

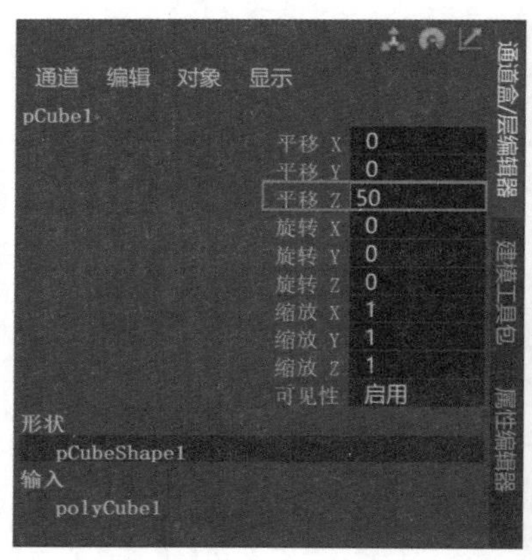

图1-60

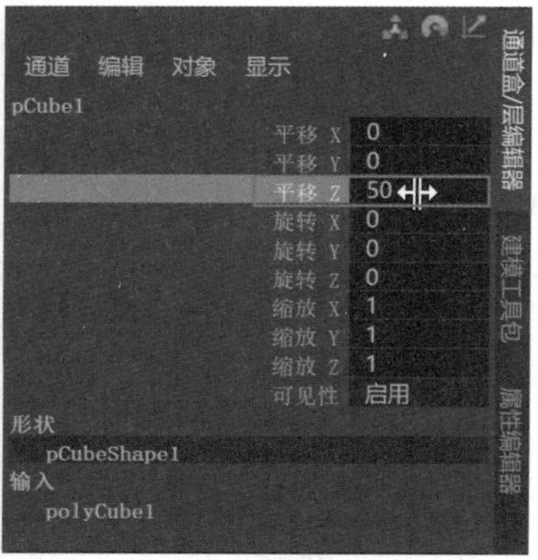

图1-61

1.12 建模工具包

“建模工具包”是Maya为用户提供的一个便于进行多边形建模的命令集合面板，通过这一面板，用户可以很方便地进入到多边形的顶点、边、面以及UV中对模型进行修改编辑，如图1-62所示。

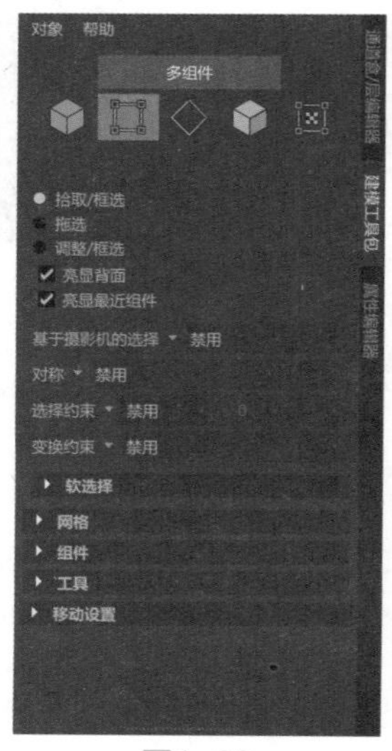

图1-62

1.13 属性编辑器

“属性编辑器”主要用来修改物体的自身属性，从功能上来说与“通道盒”的作用非常类似，但是“属性编辑器”为用户提供了更加全面、完整的节点命令以及图形控件，如图1-63所示。

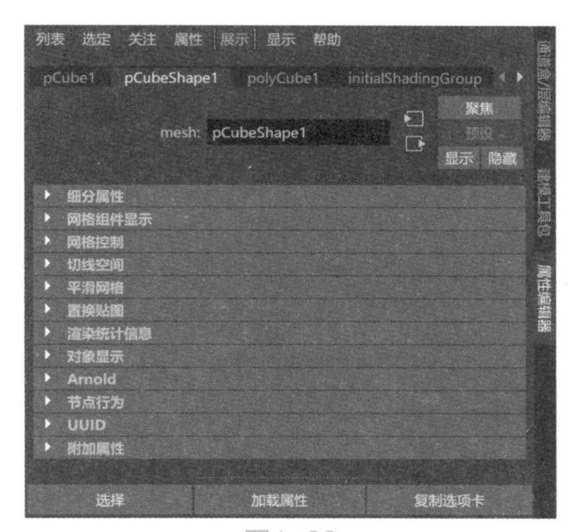

图1-63

技巧与提示 "属性编辑器"内的数值可以按住Ctrl键拖动鼠标左键用于滑动更改。

1.14 播放控件

"播放控件"是一组播放动画和遍历动画的按钮，播放范围显示在"时间滑块"中，如图1-64所示。

图1-64

常用工具解析

- 转至播放范围开头：单击该按钮转到播放范围的起点。
- 后退一帧：单击该按钮后退一个时间。
- 后退到前一关键帧：单击该按钮后退一个关键帧。
- 向后播放：单击该按钮以反向播放。
- 向前播放：单击该按钮以正向播放。
- 前进到下一关键帧：单击该按钮前进一个关键帧。
- 前进一帧：单击该按钮前进一个时间（或帧）。
- 转至播放范围末尾：单击该按钮转到播放范围的结尾。

1.15 命令行和帮助行

Maya软件界面的最下方就是"命令行"和"帮助行"，其中，"命令行"的左侧区域用于输入单个MEL 命令，右侧区域用于提供反馈。如果用户熟悉Maya的 MEL脚本语言，则可以使用这些区域；"帮助行"则主要显示工具和菜单项的简短描述，另外，此栏还会提示用户使用工具或完成工作流所需的步骤，如图1-65所示。

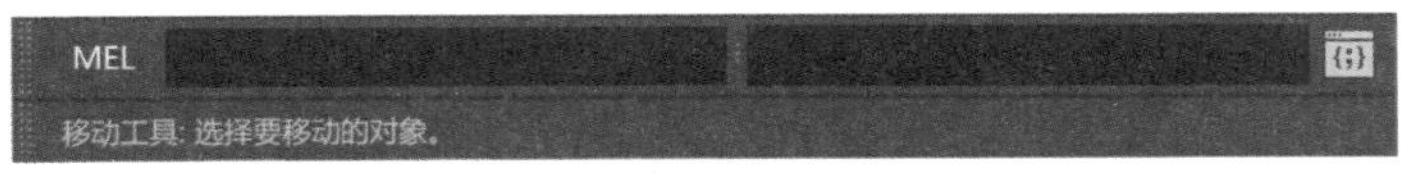

图1-65

第2章 软件基本操作

学习一款新的软件技术，首先应该熟悉该软件的基本操作。幸运的是，相同类型的软件其基本操作总是比较相似的。比如用户如果拥有使用Photoshop的工作经验，那么在学习Illustrator时则会感觉得心应手；同样的，如果之前接触过3ds Max的用户再学习Maya软件，也会感觉似曾相识。事实上，自从Autodesk公司将Maya软件收购以后，便不断尝试将旗下的3ds Max软件与Maya软件进行一些操作上的更改，以确保习惯了一方的用户再使用另一款软件时能够迅速上手以适应项目需要。

在本章中，我们就来分别学习一下Maya软件的对象选择、变换对象、测量工具以及文件存储这4方面操作内容。

2.1 对象选择

在大多数情况下，在Maya的任意物体上执行某个操作之前，首先要选中它们，也就是说选择操作是建模和设置动画过程的基础。Maya 2020为用户提供了多种选择的方式，如“选择”工具、“变换对象”工具以及在“大纲视图”中对场景中的物体进行选择等。

2.1.1 选择模式

Maya的选择模式分为“层次”“对象”和“组件”，用户可以在“状态行”上找到这3种不同选择模式所对应的图标按钮，如图2-1所示。

图2-1

1. 层次选择模式

层次选择模式一般用于在Maya场景中快速选择已经设置成组的多个物体，如图2-2所示。

图2-2

2. 对象选择模式

对象选择模式是Maya软件默认的物体选择模式，不过需要注意的是，在该模式下，选择设置成组的多个物体还是以单个物体的方式进行，而不是一次就选择了所有成组的物体，如图2-3所示。另外，如果在Maya中以按下Shift键进行多个物体的加选时，最后一个选择的物体总是呈绿色线框显示，如图2-4所示。

图2-3

图2-4

3. 组件选择模式

组件选择模式是指对物体的单个组件进行选择，比如我们需要选择一个对象上的几个顶点，那么需要在组件选择模式下进行操作，如图2-5所示。

图2-5

要想取消所选对象，只需要在视口中的空白区域单击鼠标即可。

加选对象：如果当前选择了一个对象，还想增加选择其他对象，可以按住Shift键来加选其他的对象。

减选对象：如果当前选择了多个对象，想要减去某个不想选择的对象，也可以按住Shift键来进行减选对象。

2.1.2　在“大纲视图”中选择

Maya 2020里的“大纲视图”为用户提供了一种按对象名称选择物体的方式，使得用户无须再在视图中单击物体，即可选择正确的对象，如图2-6所示。

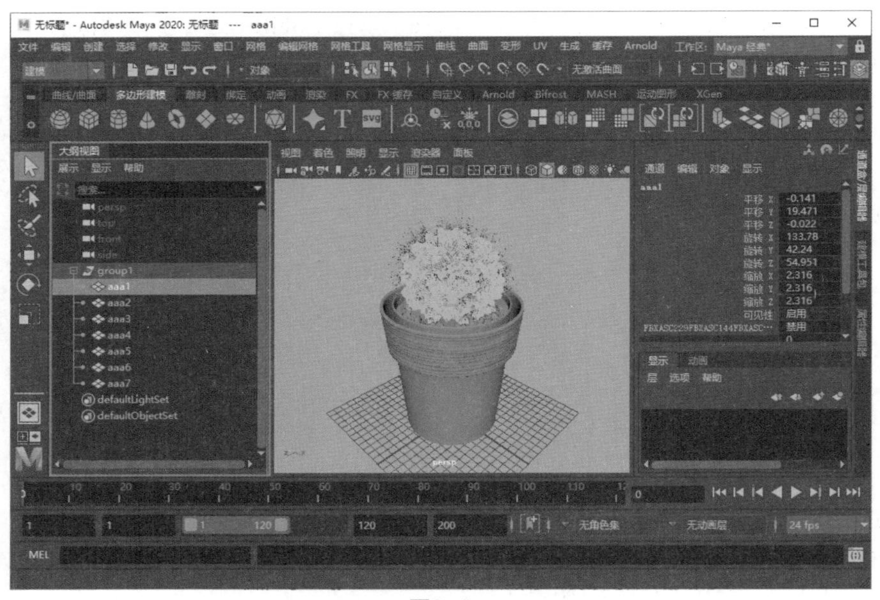

图2-6

如果大纲视图不小心关闭了，可以执行菜单栏“窗口”|“大纲视图”命令，打开“大纲视图”面板，如图2-7所示，或者单击“视图面板”中的“大纲视图”按钮来再次显示“大纲视图”，如图2-8所示。

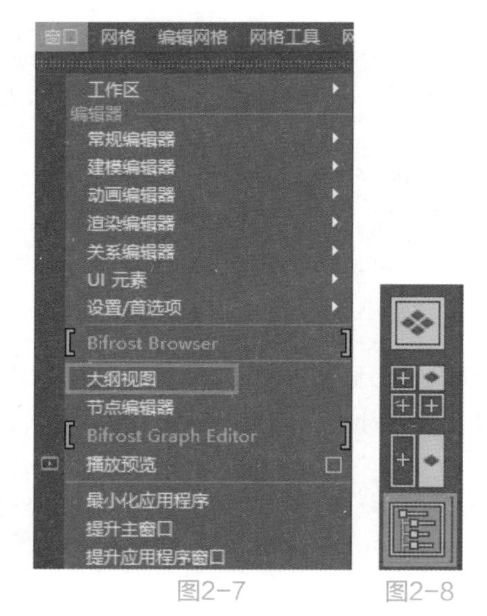

图2-7　图2-8

2.1.3　对象成组

在制作项目时，如果场景中对象数量过多，选择起来会非常困难。这时，可以将一系列同类的模型或者是有关联的模型组合在一起。将对象成组后，可以视其为单个的对象，通过在视口中单击组中的任意一个对象来选择整个组，这样就大大方便了之后的操作。具体操作步骤如下。

（1）选择场景中的多个物体，按下快捷键Ctrl+G，即可创建组。组设置成功的话，系统会在Maya视图的左上方出现“项目分组成功”的提示文本，如图2-9所示。

图2-9

图2-10

（2）在“状态行”上单击“层次选择模式”按钮，如图2-10所示。

（3）在场景中单击组内的任意物体，都可以快速选择整个组合对象，如图2-11所示。

图2-11

2.1.4　软选择

模型师在制作模型时，使用“软选择”功能可以通过调整少点、边或面带动周围的网格结构来制作非常柔和的曲面造型，这一功能非常有助于在模型上创建平滑的渐变造型，而不必手动调整每一个顶点或是面的位置。“软选择”的工作原理是使选择的组件与选择区周围的其他组件保持一个衰减，以此来创建平滑过渡效果。具体操作步骤如下。

（1）选择场景中的平面模型，如图2-12所示。

（2）单击鼠标右键，在弹出的菜单中选择“顶点”组件模式，如图2-13所示。

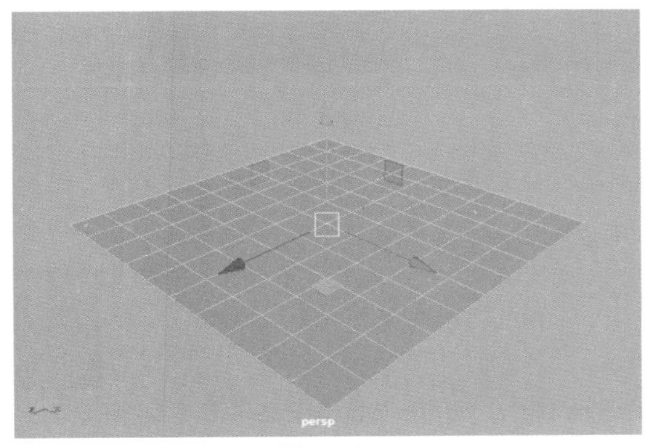

图2-12

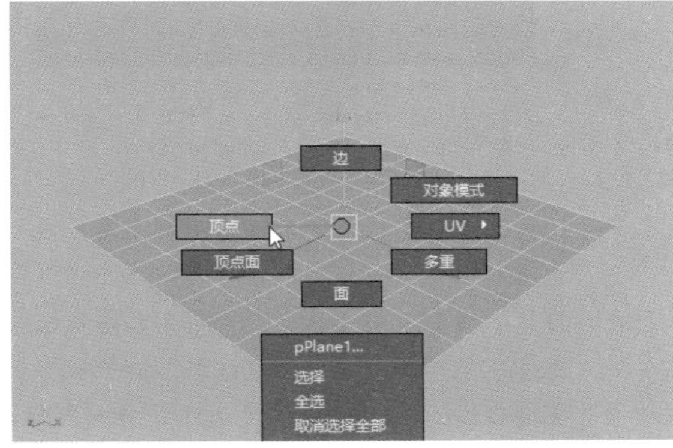

图2-13

（3）选择平面模型上的任意顶点，如图2-14所示。

（4）按下快捷键B，即可打开“软选择”功能，同时，视图上方会弹出“软选择模式已打开，点按b将其关闭”的操作提示，如图2-15所示。

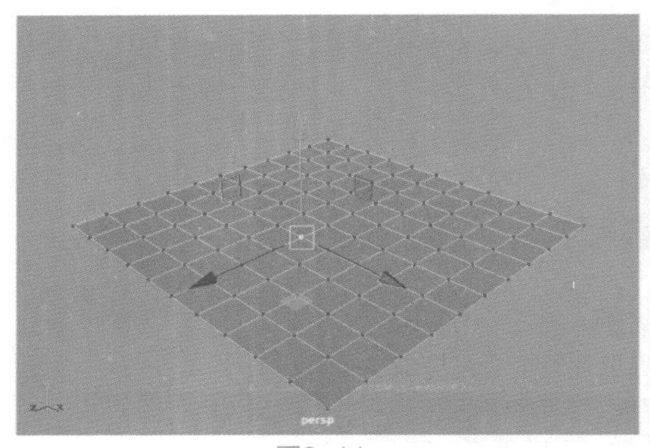

图2-14

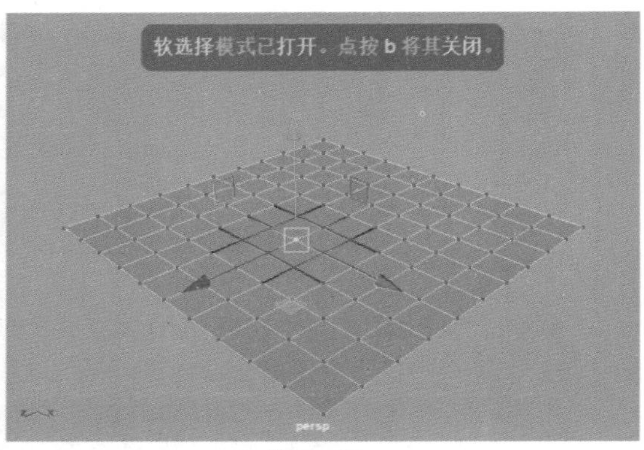

图2-15

（5）在Maya界面上单击“工具设置”按钮，如图2-16所示，打开“工具设置”面板。

图2-16

（6）展开“软选择”卷展栏（见图2-17），即可通过调整该卷展栏内的相关参数来控制软选择的影响范围及影响程度。

“软选择”的命令参数如图2-18所示。

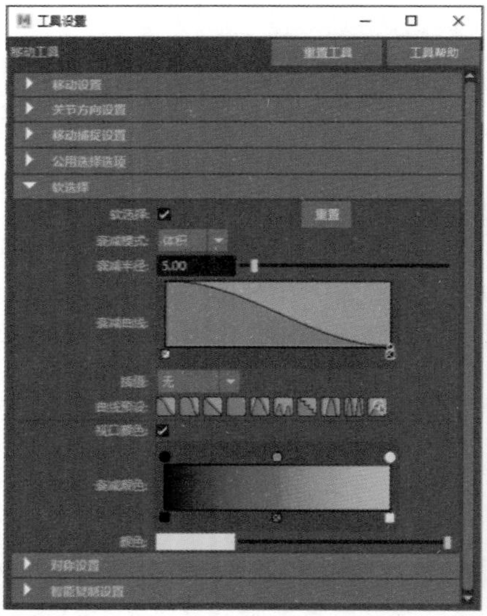

图2-17

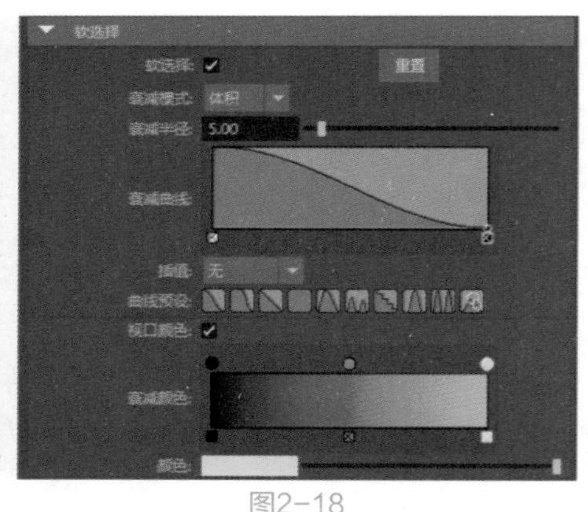

图2-18

常用参数解析

- 软选择：勾选该复选框即可启用“软选择”功能。
- 衰减模式：Maya为用户提供了4种不同的“衰减模式”，分别为“体积”“表面”“全局”和“对象”，如图2-19所示。
- 衰减半径：用于控制“软选择”的影响范围。
- 衰减曲线：用于控制“软选择”对周围网格的影响程度，同时，Maya还提供了多达10种的“曲线预设”供用户选择使用。

图2-19

- 视口颜色：控制是否在视口中看到“软选择”的颜色提示。
- 衰减颜色：用于更改“软选择”的视口颜色，默认是以黑色、红色和黄色这3种颜色来显示网格衰减的影响程度，也可以通过更改衰减颜色来自定义“软选择”的视口颜色，图2-20所示分别为默认状态下的视口颜色显示和自定义的视口颜色显示结果对比。

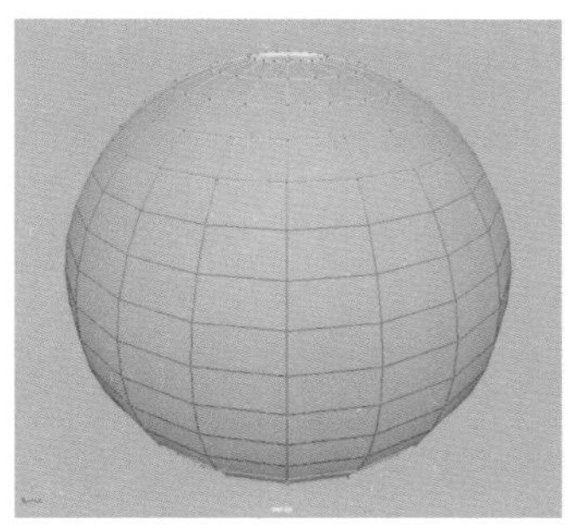

图2-20

- 颜色：用于更改“衰减颜色”上各个色彩节点的颜色。

2.2 变换对象

2.2.1 变换操作切换

Maya的“工具箱”为用户提供了3种用于变换对象操作的工具，分别为：“移动工具”“旋转工具”和“缩放工具”，用户可以单击相应的按钮在场景中进行操作，如图2-21所示。

图2-21

除此之外，用户还可以按下相对应的快捷键来进行变换操作切换。

“移动工具”的快捷键是W。

“旋转工具”的快捷键是E。

“缩放工具”的快捷键是R。

2.2.2 变换命令控制柄

在Maya 2020中，不同变换命令的控制柄显示也都有着明显区别，图2-22~图2-24分别为变换命令是“移动”“旋转”和“缩放”状态下的控制柄显示状态。

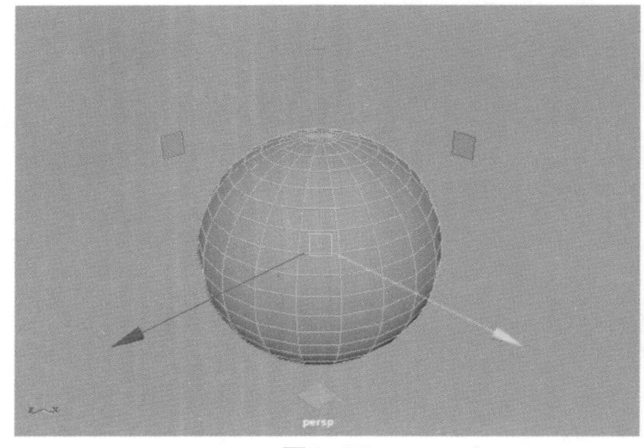

图2-22

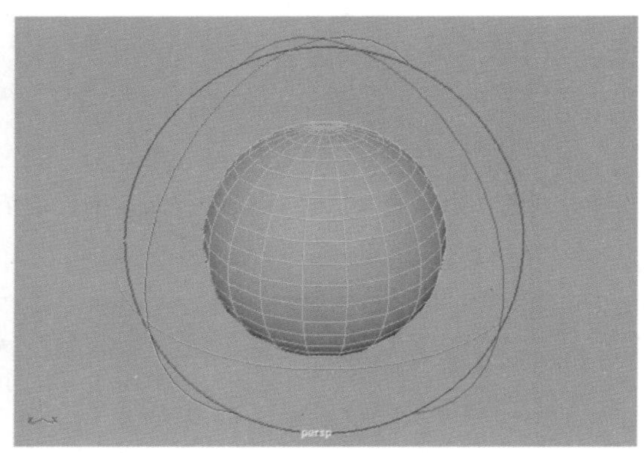

图2-23

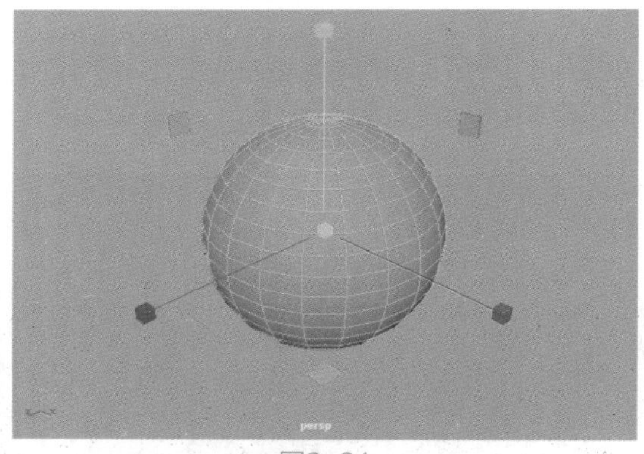

图2-24

当我们对场景中的对象进行变换操作时，可以通过按下快捷键+来放大变换命令的控制柄显示状态；按下快捷键-可以缩小变换命令的控制柄显示状态，如图2-25和图2-26所示。

图2-25

图2-26

2.2.3　复制对象

“复制”命令使用率极高，并且非常方便，Maya提供了多种复制方式供广大用户选择使用。

1. 复制

在制作大型场景时，会经常使用到“复制”命令，比如复制一些路灯、几排桌椅，又或是几棵树。在Maya软件中，可以先在场景中选择好要复制的对象，然后执行菜单栏“编辑”|“复制”命令，如图2-27所示，即可原地复制出一个相同的对象。

复制对象还可以通过按下快捷键Ctrl+D，来进行操作。

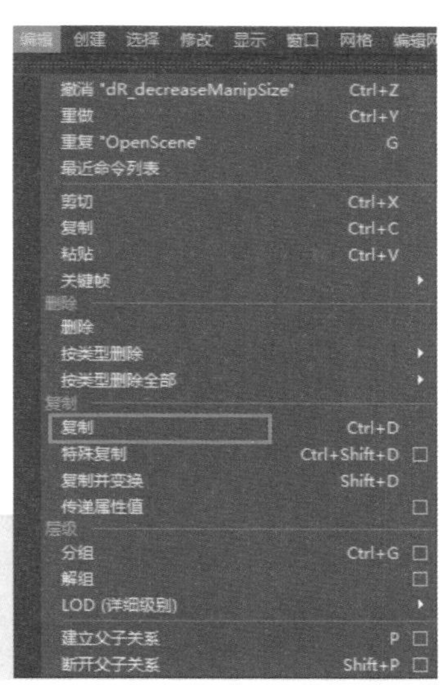

图2-27

2. 特殊复制

使用“特殊复制”命令可以在预先设置好的变换属性下对物体进行复制，如果希望复制出来的物体与原物体属性关联，那么也需要使用此命令。

“特殊复制选项”窗口如图2-28所示。

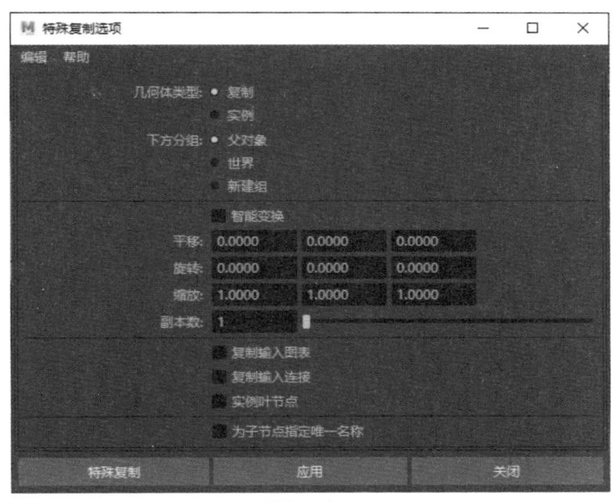

图2-28

常用参数解析

- 几何体类型：选择希望如何复制选定对象。
- 下方分组：将对象分组到“父对象”“世界”或“新建组”对象之内。
- 智能变换：勾选此复选框，当复制和变换对象的单一副本或实例时，Maya 可将相同的变换应用至选定副本的全部后续副本。
- 副本数：指定要复制的物体数量。
- 复制输入图表：勾选此复选框后，可以强制对全部引导至选定对象的上游节点进行复制。
- 复制输入连接：勾选此复选框后，除了复制选定节点，也会对为选定节点提供内容的相连节点进行复制。
- 实例叶节点：勾选此复选框后，对除叶节点之外的整个节点层次进行复制，而将叶节点实例化至原始层次。
- 为子节点指定唯一名称：勾选此复选框后，复制层次时会重命名子节点。

3. 复制并变换

"复制并变换"命令的操作结果有点像3ds Max软件中的"阵列"命令，使用该命令可以快速复制出大量间距相同的物体。具体操作步骤如下。

（1）选择场景中的一个物体，按下快捷键Ctrl+D，对物体进行原地复制，如图2-29所示。

图2-29

（2）使用移动工具对复制出来的对象进行位移变换操作，如图2-30所示。

（3）多次按下快捷键Shift+D，对物体进行"复制并变换"操作，可以看到场景中快速地生成了一排间距相同的物体模型，如图2-31所示。

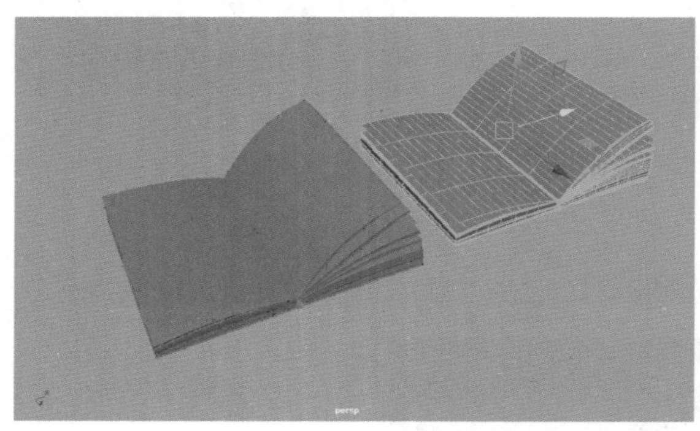
图2-30

图2-31

2.3 测量工具

Maya软件提供了3种用于进行测量的工具，分别是"距离工具""参数工具"和"弧长工具"，如图2-32所示。

2.3.1 距离工具

"距离工具"用于快速测量两点之间的距离，使用该工具，Maya会在两个位置上分别创建一个定位器，以及生成一个距离度量，如图2-33所示。

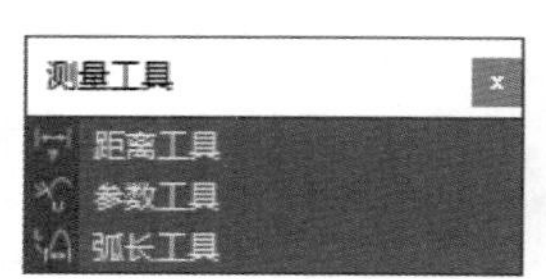

图2-32

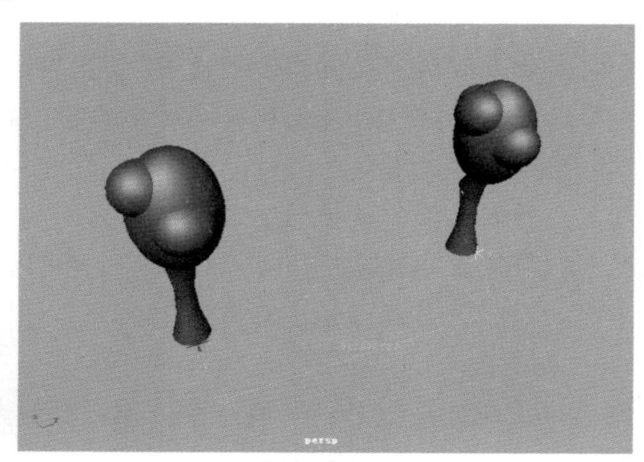
图2-33

2.3.2 参数工具

“参数工具”用来在曲线或曲面上以拖动的方式来创建参数定位器，如图2-34所示。

2.3.3 弧长工具

“弧长工具”用来在曲线或曲面上以拖动的方式来创建弧长定位器，如图2-35所示。

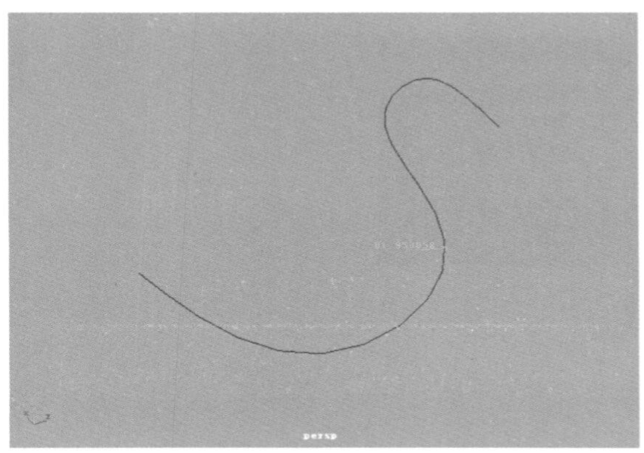

图2-34

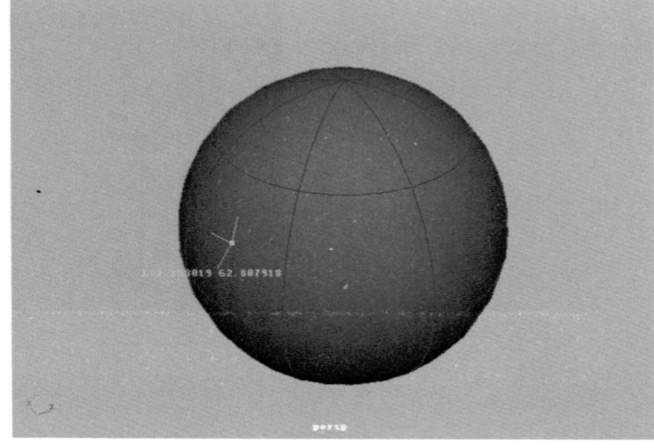

图2-35

2.4 Maya文件存储

2.4.1 保存场景

Maya为用户提供了3种保存文件的途径，下面分别进行介绍。

第一种：单击Maya软件界面上的“保存”按钮，即可完成当前文件的存储，如图2-36所示。

第二种：执行菜单栏“文件”|“保存场景”命令即可保存该Maya文件，如图2-37所示。

图2-36

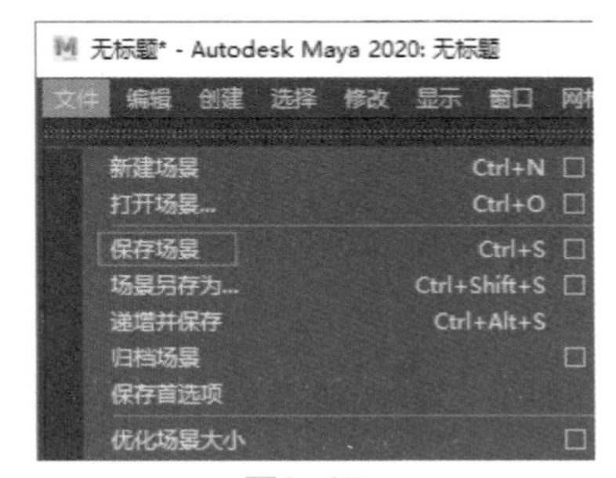

图2-37

第三种：按下快捷键Ctrl+S，可以完成当前文件的存储。

2.4.2 自动保存文件

Maya为用户提供了一种以一定的时间间隔自动保存场景的方法，如果用户确定要使用该功能，需

要预先在Maya的“首选项”对话框中设置保存的路径以及相关参数。执行菜单栏“窗口”|“设置/首选项”|“首选项”命令，如图2-38所示，打开“首选项”对话框。

图2-38

在“类别”选项中，选择“文件/项目”，勾选“自动保存”中的“启用”复选框，即可在下方设置“自动保存目标”“自动保存数”以及“间隔（分钟）”等参数，如图2-39所示。

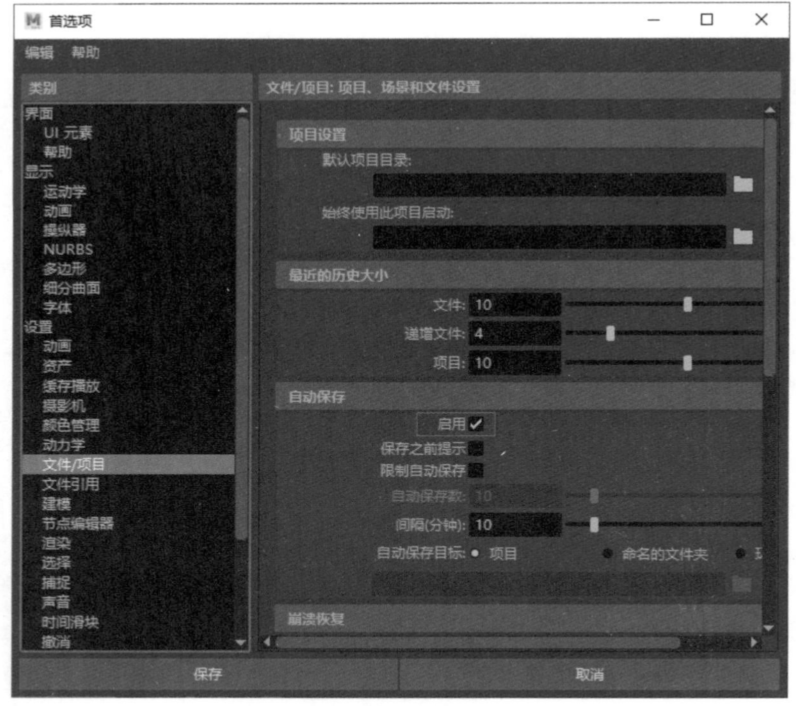

图2-39

2.4.3 保存增量文件

Maya为用户提供了一种叫作“保存增量文件”的存储方法，即以当前文件的名称后添加数字后缀的方式不断对工作中的文件进行存储，具体操作步骤如下。

01 首先将场景文件进行本地存储，然后执行菜单栏“文件”|“递增并保存”命令，如图2-40所示。即可在该文件保存的路径目录下另存为一个新的Maya工程文件，默认情况下，新版本的名称为<filename>.0001.mb。每次创建新版本时，文件名就会递增1。

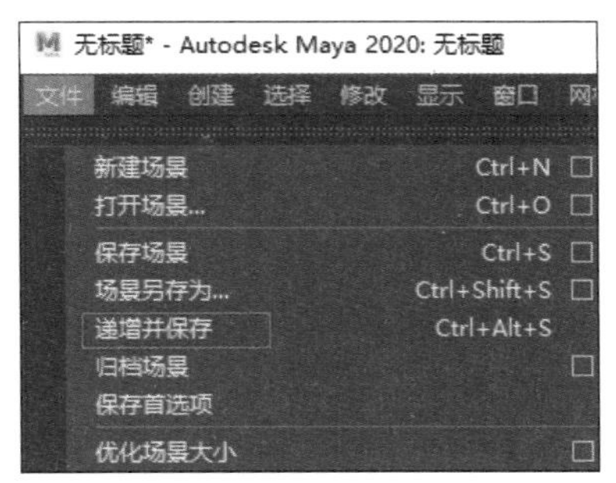

图2-40

02 保存后，原始文件将关闭，新版本将成为当前文件。

保存增量文件的快捷组合键是Ctrl+Alt+S。

2.4.4　归档场景

使用“归档场景”命令可以很方便地将与当前场景相关的文件打包为一个zip文件，这一命令对于快速收集场景中所用到的贴图非常有用。需要注意的是，使用这一命令之前一定要先保存场景，否则会出现错误提示，如图2-41所示。

图2-41

打包的文件将与当前场景文件放置在同一目录下。

3.1 曲面建模概述

曲面建模，也叫作NURBS建模，是一种基于几何基本体和绘制曲线的3D建模方式。其中，NURBS是英文Non-Uniform Rational B-Spline（非均匀有理B样条线）的缩写。通过Maya 2020的“曲线/曲面”工具架中的工具集合，用户有两种方式可以创建曲面模型。一是通过创建曲线的方式来构建曲面的基本轮廓，并配以相应的命令来生成模型；二是通过创建曲面基本体的方式来绘制简单的三维对象，然后再使用相应的工具修改其形状来获得想要的几何形体。

由于 NURBS 用于构建曲面的曲线具有自动平滑特性，因此它对于构建各种有机 3D 形状十分有用。NURBS 曲面模型广泛运用于动画、游戏、科学可视化和工业设计领域。使用曲面建模可以制作出任何形状的、精度非常高的三维模型，这一优势使得曲面建模慢慢成为了一个广泛应用于工业建模领域的标准。这一建模方式同时也非常容易学习及使用，用户通过较少的控制点即可得到复杂的流线型几何形体。

3.2 曲线工具

Maya 2020提供了多种曲线工具为用户使用，一些常用的跟曲线有关的工具可以在“曲线/曲面”工具架上找到，如图3-1所示。

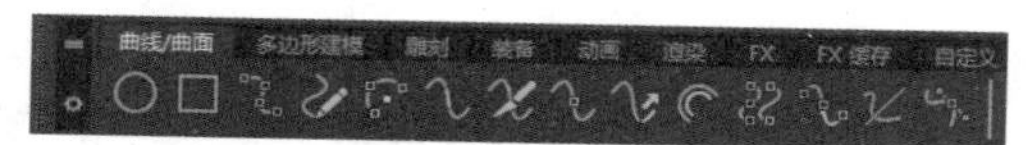

图3-1

3.2.1 NURBS圆形

在“曲线/曲面”工具架中，单击“NURBS圆形”图标，即可在场景中生成一个圆形图形，如图3-2所示。

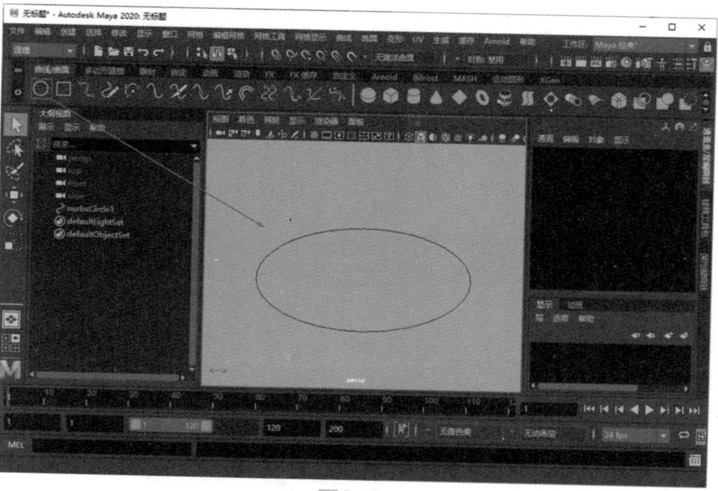

图3-2

默认状态下，Maya软件是关闭用户“交互式创建”命令的，如需开启此命令，需要执行“创建”|“NURBS基本体”|“交互式创建”命令，如图3-3所示。这样就可以在场景中以绘制的方式来创建“NURBS圆形”图形了。

在“属性编辑器”面板中，进入makeNurbCircle1选项卡，在“圆形历史”卷展栏中，可以看到“NURBS圆形”图形的相关参数，如图3-4所示。

图3-3

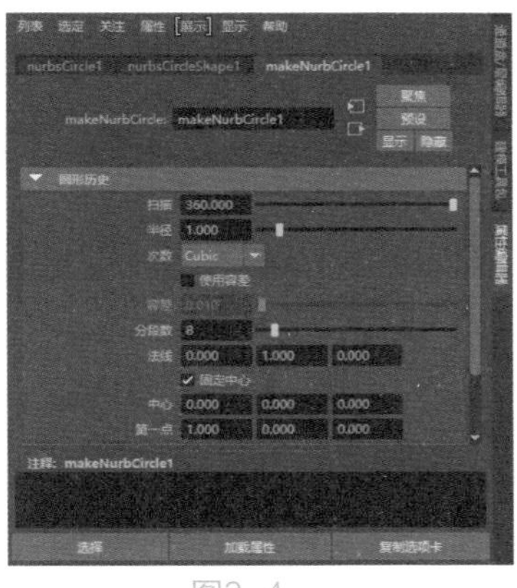

图3-4

常用参数解析

- 扫描：用于设置NURBS圆形的弧长范围，最大值为360，为一个圆形；较小的值则可以得到一段圆弧，图3-5所示为此值分别是180和270所得到的图形对比。

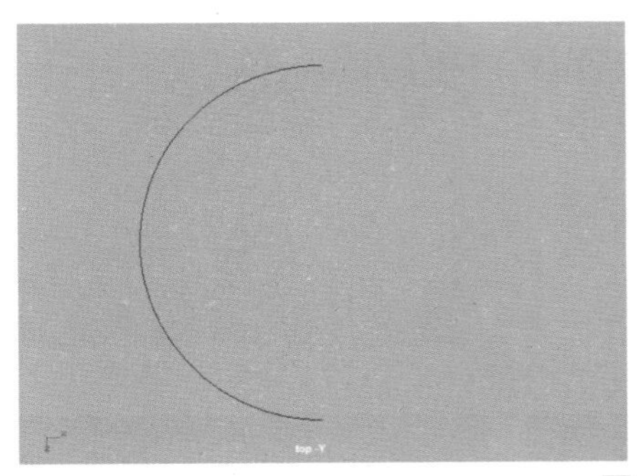

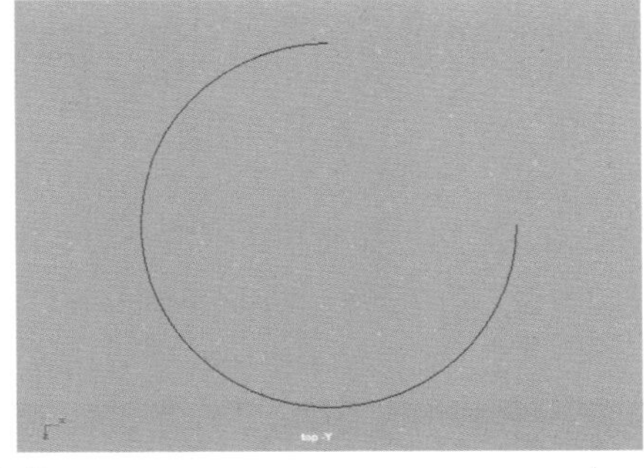

图3-5

- 半径：用于设置NURBS圆形的半径大小。
- 次数：用于设置NURBS圆形的显示方式，有“线性”和“立方”两种选项可选。图3-6所示为“次数”分别是“线性”和“立方”这两种不同方式的图形结果对比。

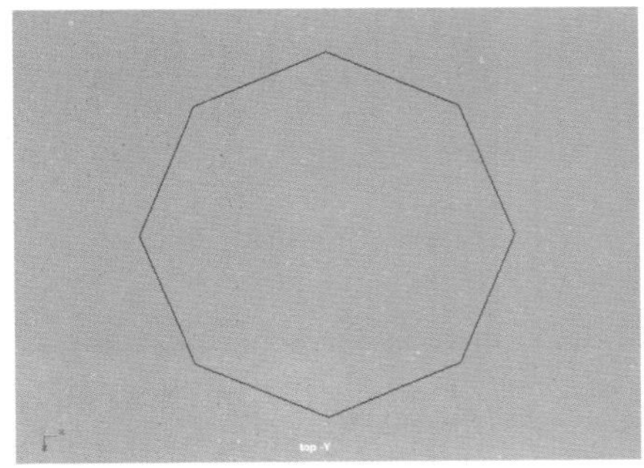

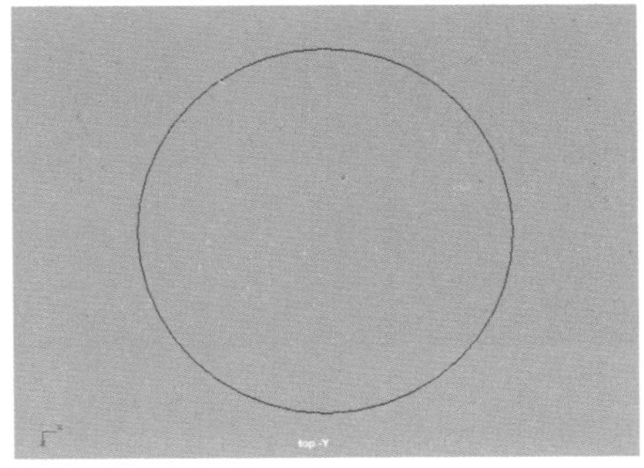

图3-6

- 分段数：当NURBS圆形的“次数”设置为“线性”时，NURBS圆形显示为一个多边形，通过设置“分段数”即可设置边数。图3-7所示为“分段数”分别是3和7时的图形结果对比。

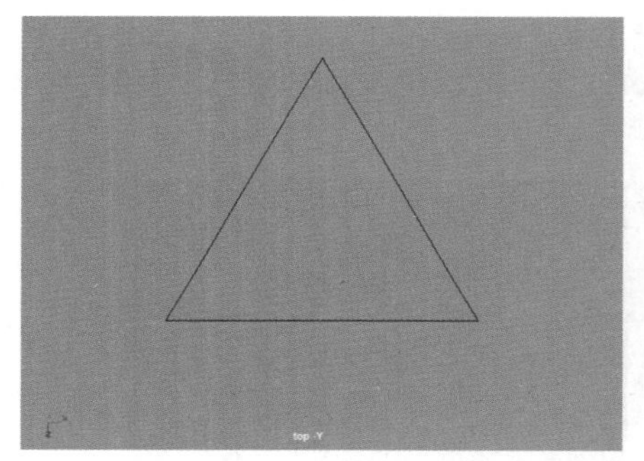
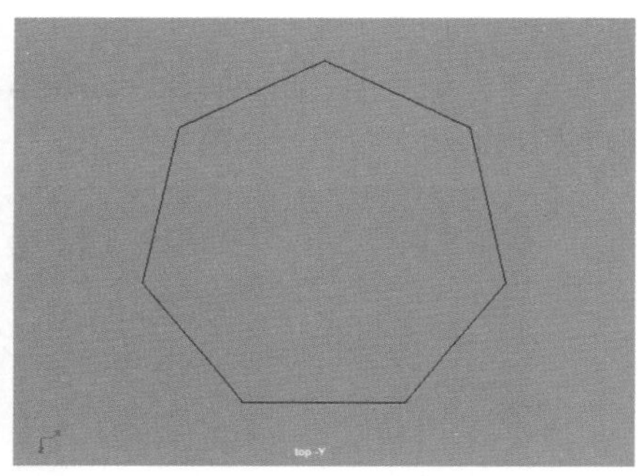

图3-7

“分段数”最小值可以设置为1，但是此值无论是1还是2，其图形显示结果均和3相同。另外，创建出来的“NURBS圆形”对象，如果其“属性编辑器”中没有makeNurbCircle1选项卡时，可以单击图标，打开“构建历史”功能后，再重新创建NURBS圆形，这样其“属性编辑器”面板中就会有该选项卡了。

3.2.2 NURBS方形

在“曲线/曲面”工具架中，单击“NURBS方形”图标，即可在场景中创建一个方形图形，如图3-8所示。

图3-8

在“大纲视图”中，可以看到NURBS方形实际上为一个包含了4条曲线的组合，如图3-9所示。NURBS方形创建完成后，在默认状态下，鼠标选择的是这个组合的名称，所以此时展开“属性编辑器”后，只有一个nurbsSquare1选项卡，如图3-10所示。

图3-9

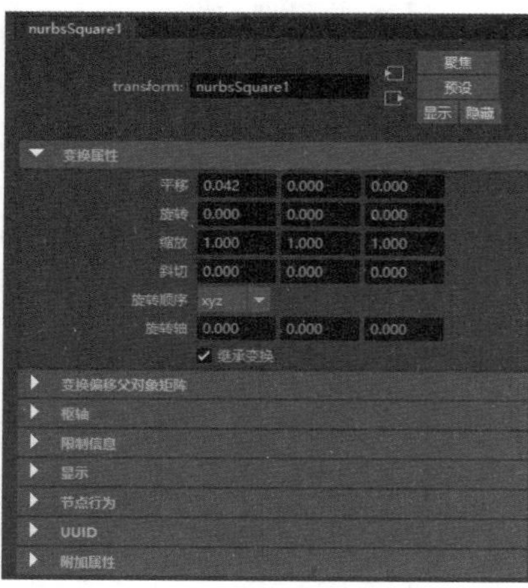

图3-10

在场景中选择构成NURBS方形的任意一条边线，在“属性编辑器”面板中找到makeNurbsSquare1选项卡，展开“方形历史”卷展栏，通过修改该卷展栏的相应参数即可更改NURBS方形的大小，如图3-11所示。

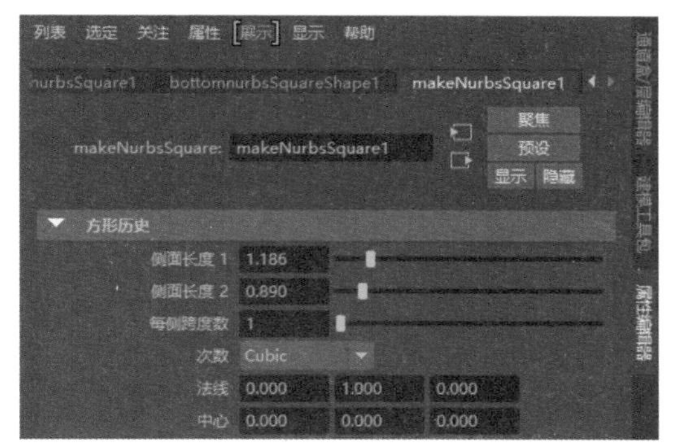

图3-11

常用参数解析

- 侧面长度1/侧面长度2：分别用来调整NURBS方形的长度和宽度。

3.2.3 EP曲线工具

在“曲线/曲面”工具架中，单击“EP曲线工具”图标，即可在场景中以鼠标单击创建编辑点的方式来绘制曲线，如图3-12所示，绘制完成后，需要按下回车键来结束曲线绘制操作。

绘制完成后，在曲线上右击并在弹出的命令中选择“控制顶点”或“编辑点”层级，可以进行曲线的修改操作，如图3-13所示。

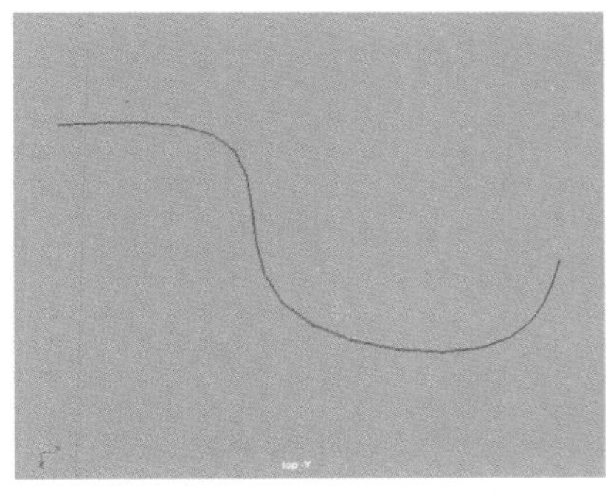

图3-12

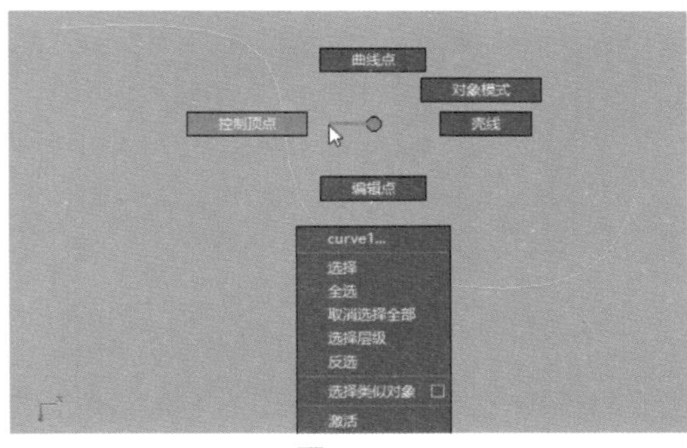

图3-13

在“控制顶点”层级中，可以通过更改曲线的控制顶点位置来改变曲线的弧度，如图3-14所示。在“编辑点”层级中，可以通过更改曲线的编辑点位置来改变曲线的形状，如图3-15所示。

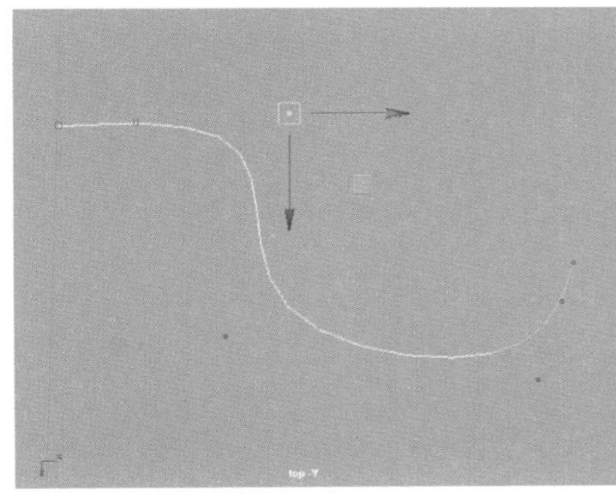

图3-14

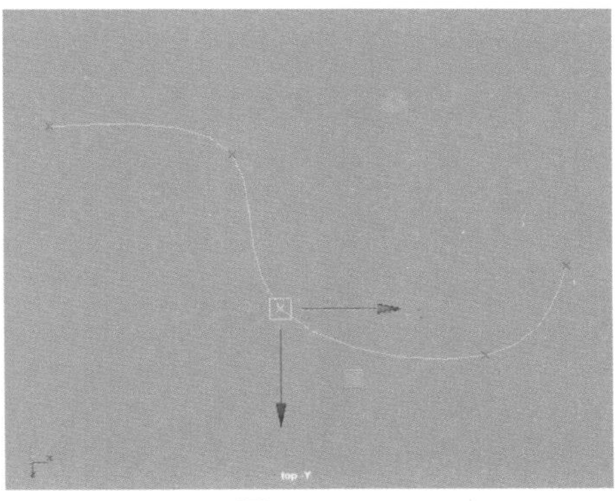

图3-15

在创建EP曲线前，还可以在工具架上双击“EP曲线工具”图标，打开“工具设置”窗口，如图3-16所示。

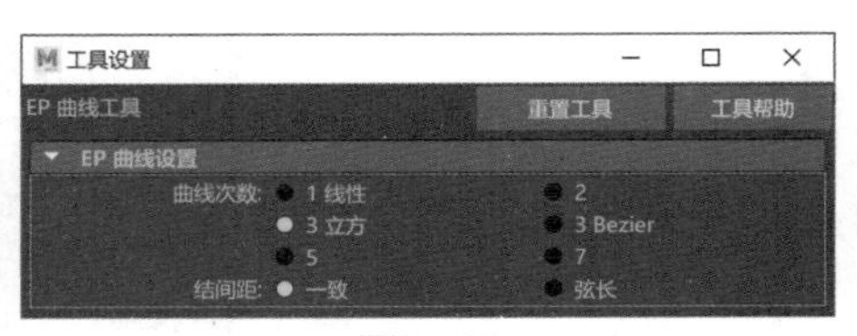

图3-16

常用参数解析

- 曲线次数：值越高，曲线越平滑。默认设置（“3立方”）适用于大多数曲线。
- 结间距：指定Maya如何将U位置值指定给结。

3.2.4 三点圆弧

在“曲线/曲面”工具架中，单击“三点圆弧”图标，即可在场景中以鼠标单击创建编辑点的方式来绘制圆弧曲线，如图3-17所示，绘制完成后，需要按下回车键来结束曲线绘制操作。

3.2.5 Bezier曲线工具

在“曲线/曲面”工具架中，单击“Bezier曲线工具”图标，即可在场景中以鼠标单击或拖动的方式来绘制曲线，如图3-18所示，绘制完成后，需要按下回车键来结束曲线绘制操作，这一绘制曲线的方式与在3ds Max中绘制线的方式一样。

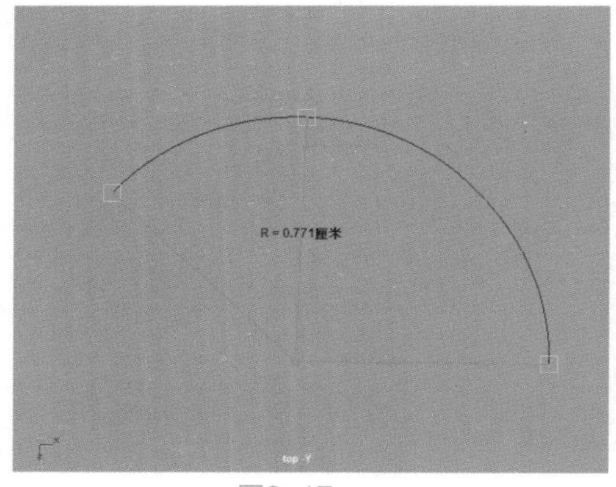

图3-17

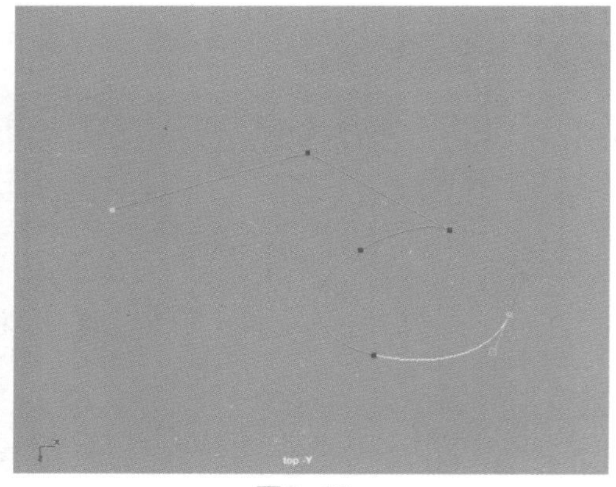

图3-18

曲线绘制完成后，单击鼠标右键，在弹出的命令中，选择进入“控制顶点”层级，可以进行曲线的修改操作，如图3-19和图3-20所示。

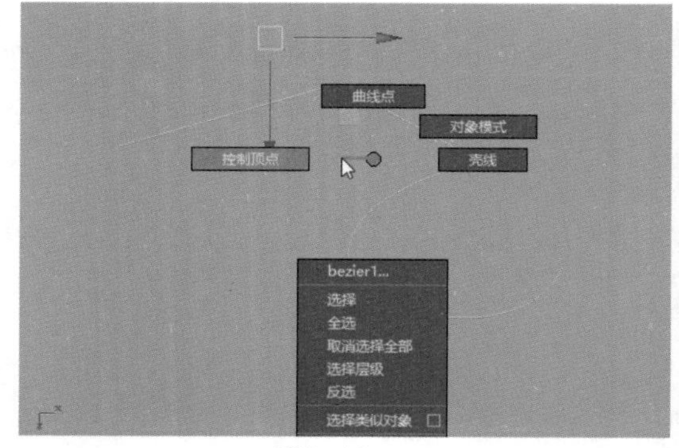

图3-19

图3-20

3.2.6　曲线修改工具

在“曲线/曲面”工具架上，可以找到常用的曲线修改工具，如图3-21所示。

图3-21

常用工具解析

- 附加曲线：将两条或两条以上的曲线附加成为一条曲线。
- 分离曲线：根据曲线的参数点来断开曲线。
- 插入点：根据曲线上的参数点来为曲线添加一个控制点。
- 延伸曲线：选择曲线或曲面上的曲线来延伸该曲线。
- 偏移曲线：将曲线复制并偏移一些。
- 重建曲线：将选择的曲线上的控制点重新进行排列。
- 添加点工具：选择要添加点的曲线来进行加点操作。
- 曲线编辑工具：使用操纵器来更改所选择的曲线。

实例操作：使用“Bezier曲线工具”制作碗模型

本例中我们将使用“Bezier曲线工具”来制作一个碗的模型，图3-22所示为本实例的最终完成效果。

图3-22

01 启动Maya 2020，按住空格键，单击Maya按钮，在弹出的命令中选择右视图，将当前视图切换至右视图，如图3-23所示。

02 在“曲线/曲面”工具架上单击“Bezier曲线工具”图标，在右视图中绘制出碗的侧面线条，如图3-24所示。

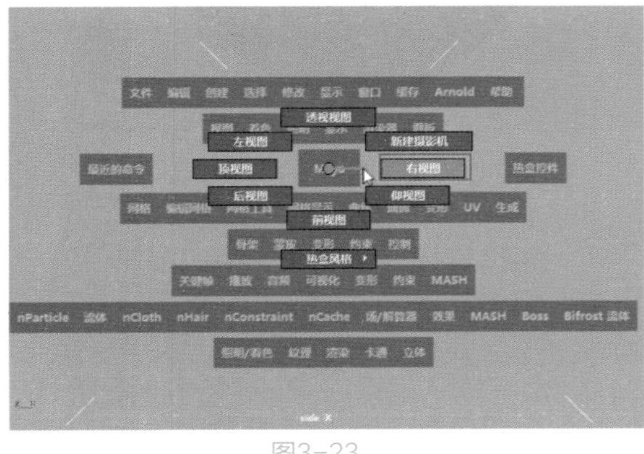

图3-23

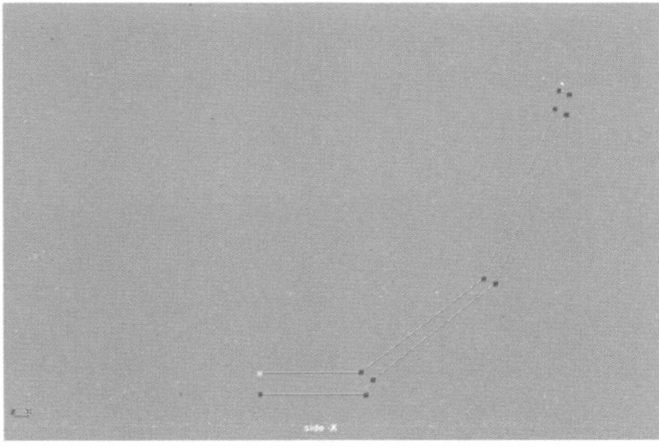

图3-24

03 选择绘制完成的曲线，右击并在弹出的命令中执行“控制顶点”，进入到Bezier曲线的“顶点”子层级，如图3-25所示。

04 框选曲线上的所有顶点，按住Shift键右击并在弹出的命令中执行“Bezier角点”，如图3-26所示。

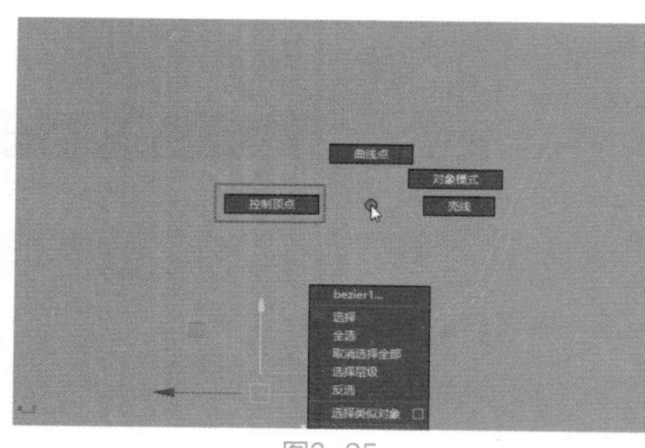

图3-25

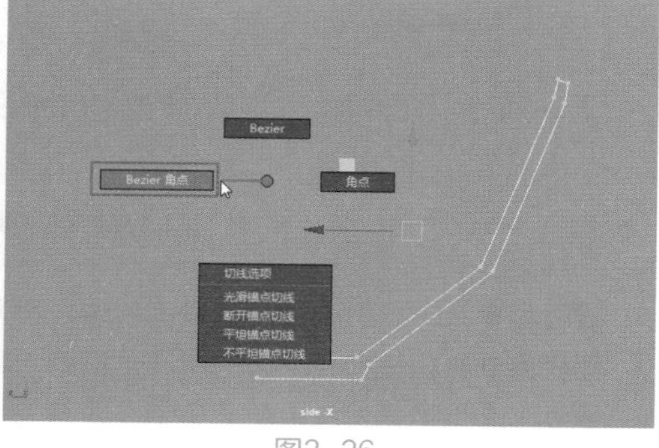

图3-26

05 将选择的顶点模式更改为“Bezier角点”后，可以看到现在曲线上的每个顶点都具有了对应的手柄，如图3-27所示。

06 更改手柄的位置来不断调整曲线的形态，至如图3-28所示，制作出较为平滑的曲线效果。

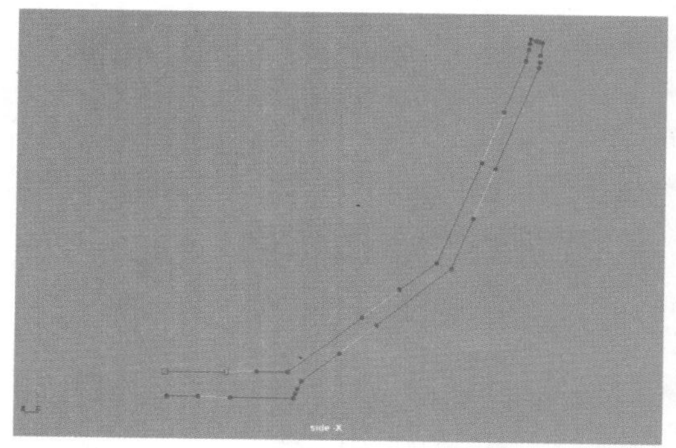
图3-27

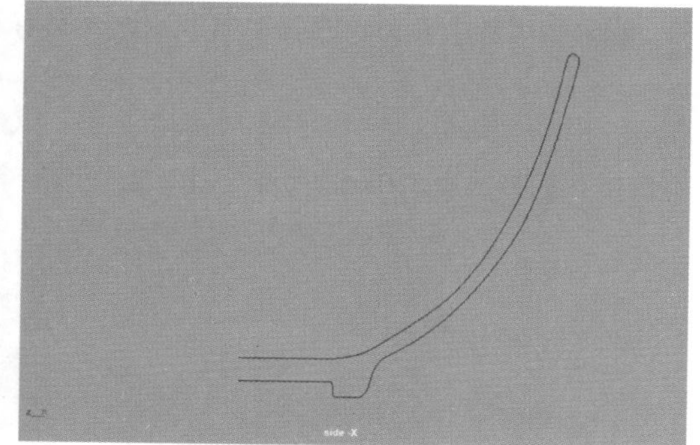
图3-28

07 选择场景中绘制完成的曲线，单击“曲线/曲面”工具架上的“旋转”图标，将曲线转换为曲面模型，如图3-29所示。

08 在默认状态下，当前的曲面模型结果显示为黑色，执行菜单栏“曲面/反转方向”命令，更改曲面模型的面方向，这样就可以得到正确的曲面模型显示结果，如图3-30所示。

09 本实例的最终模型效果如图3-31所示。

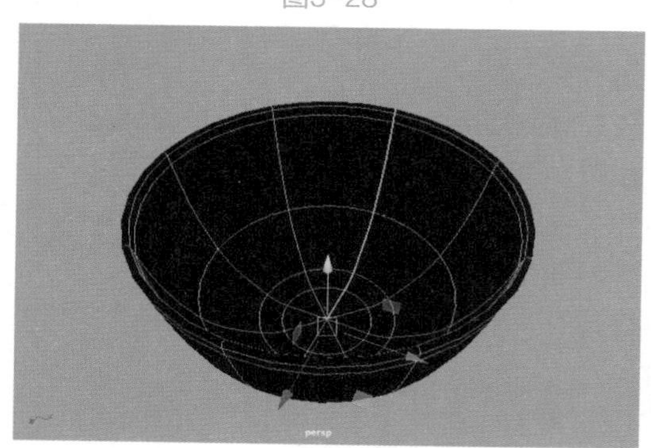
图3-29

图3-30

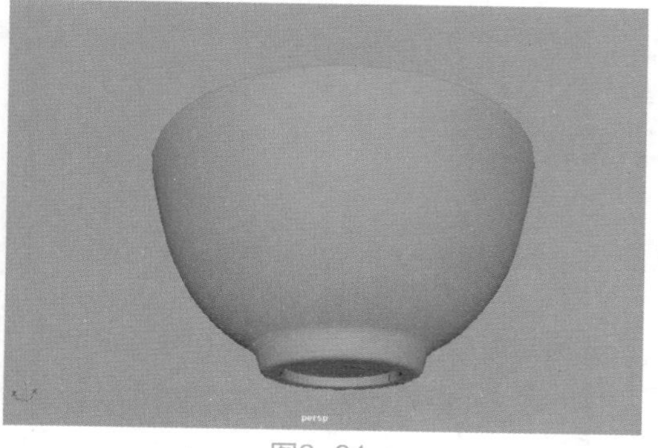
图3-31

实例操作：使用“EP曲线工具”制作酒杯模型

本例将使用“EP曲线工具”来制作酒杯的模型，图3-32所示为本实例的最终完成效果。

图3-32

01 启动Maya 2020，按住空格键的同时单击Maya按钮，在弹出的命令中选择“右视图”，即可将当前视图切换至右视图，如图3-33所示。

02 单击“曲线/曲面”工具架上的“EP曲线工具”按钮，在右视图中绘制出酒杯的侧面图形，绘制的过程中，应注意把握好酒杯的形态。绘制曲线的转折处时，应多绘制几个点以便将来修改图形，如图3-34所示。

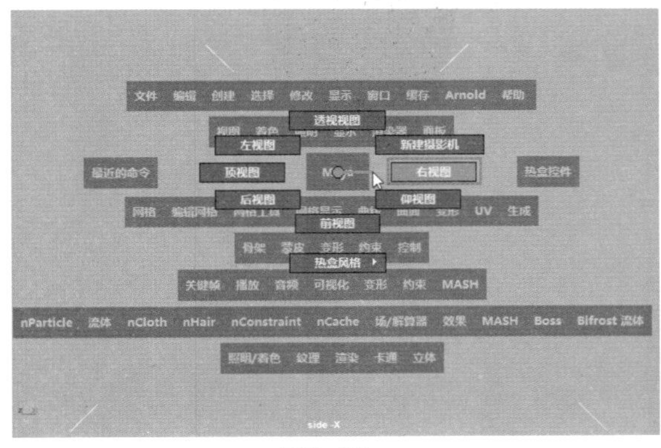

图3-33

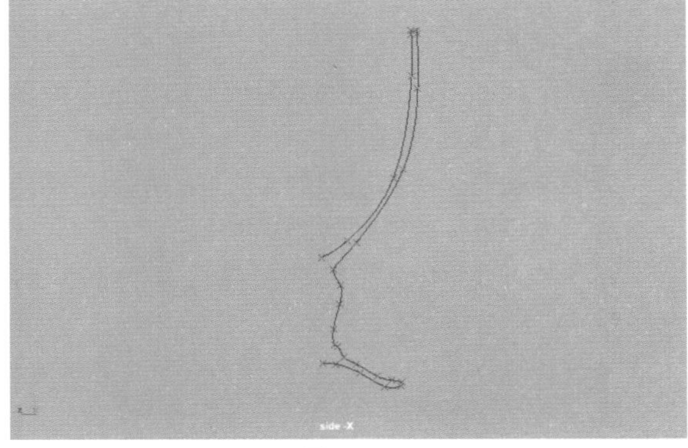

图3-34

03 使用EP曲线工具实际上是很难一次绘制出符合我们要求的曲线的，虽然我们在初次绘制曲线时已经很小心了，但曲线还是会出现一些问题，这就需要我们在接下来的步骤中，学习修改曲线。

04 右击并在弹出的命令中选择“控制顶点”，如图3-35所示。

05 通过调整曲线的控制顶点位置仔细修改杯子的剖面曲线，当选择了一个控制顶点时，该顶点所影响的边呈白色显示，如图3-36所示。

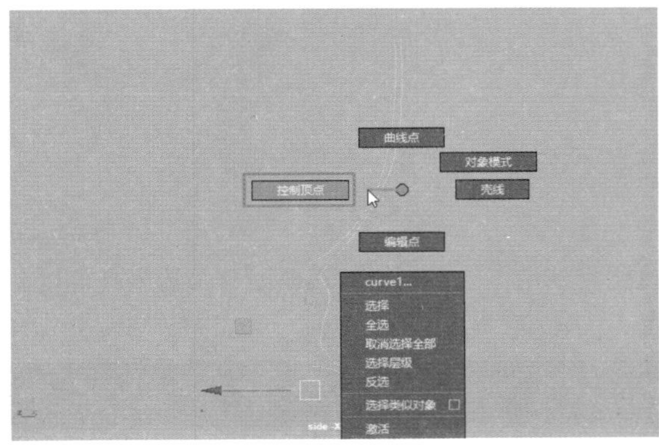

图3-35

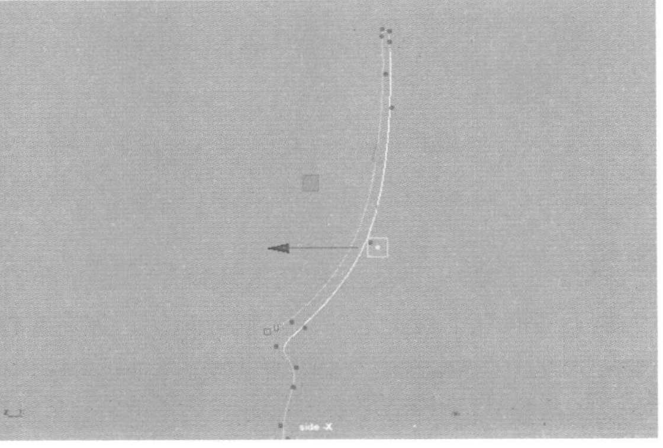

图3-36

06 修改完成后，单击鼠标右键，在弹出的命令中执行“对象模式”，完成曲线的编辑，如图3-37所示。

07 将视图切换至“透视”视图，观察绘制完成的曲线形态，如图3-38所示。

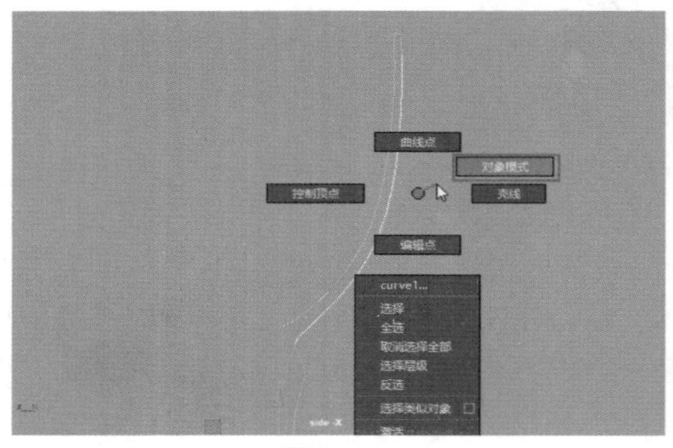

图3-37

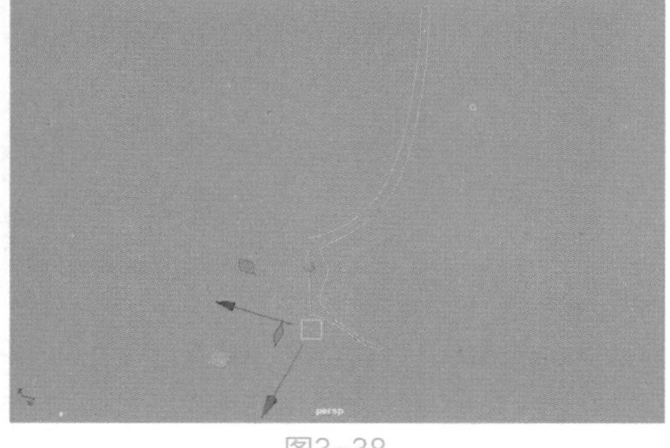
图3-38

08 选择场景中绘制完成的曲线，单击“曲线/曲面”工具架上的“旋转”图标，即可在场景中看到曲线经过“旋转”而得到的曲面模型，如图3-39所示。

09 在默认状态下，当前的曲面模型结果显示为黑色，可以执行菜单栏“曲面”|“反转方向”命令，来更改曲面模型的面方向，得到正确的曲面模型显示结果，如图3-40所示。

10 制作完成后的酒杯模型最终效果如图3-41所示。

图3-39

图3-40

图3-41

3.3 曲面工具

Maya 2020提供了多种基本几何形体的曲面工具供用户使用，一些常用的跟曲面有关的工具可以在“曲线/曲面”工具架上的后半部分找到，如图3-42所示。

图3-42

3.3.1 NURBS球体

在“曲线”|“曲面”工具架中，单击“NURBS球体”图标，即可在场景中生成一个球形曲面模型，如图3-43所示。

在“属性编辑器”面板中，选择makeNurbSphere1选项卡，展开“球体历史”卷展栏，可以看到“NURBS球体”模型的参数，如图3-44所示。

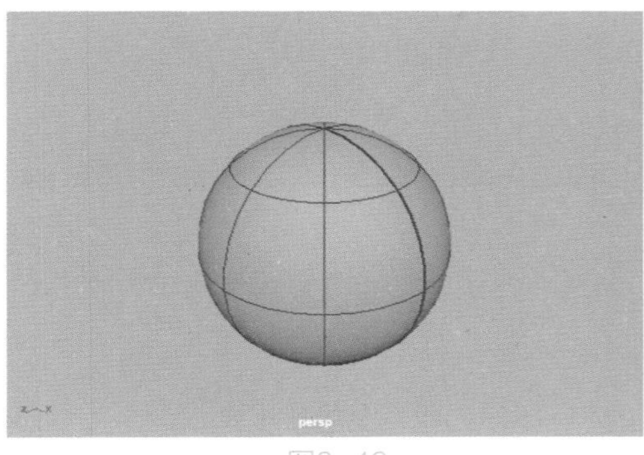

图3-43

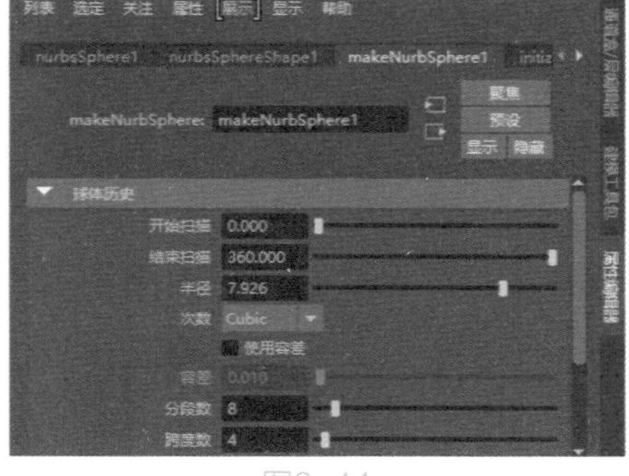

图3-44

常用参数解析

- 开始扫描：设置球体曲面模型的起始扫描度数，默认值为0。
- 结束扫描：设置球体曲面模型的结束扫描度数，默认值为360。
- 半径：设置球体模型的半径大小。
- 次数：有“Linear（线性）”和“Cubic（立方）”两种方式可选，用来控制球体的显示结果，图3-45所示分别为“次数”选择“线性”和“立方”两种方式的NURBS球体的显示结果。

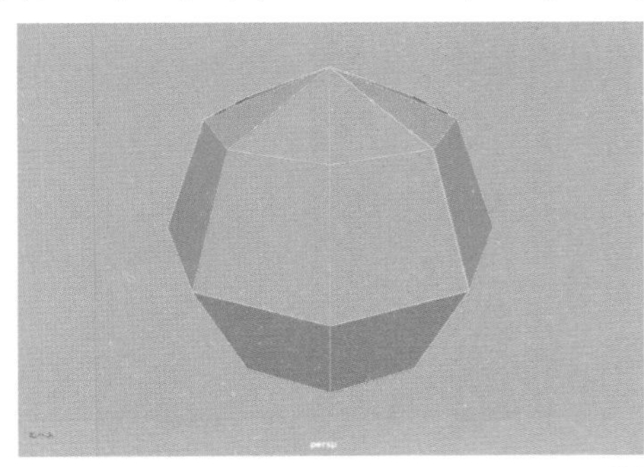

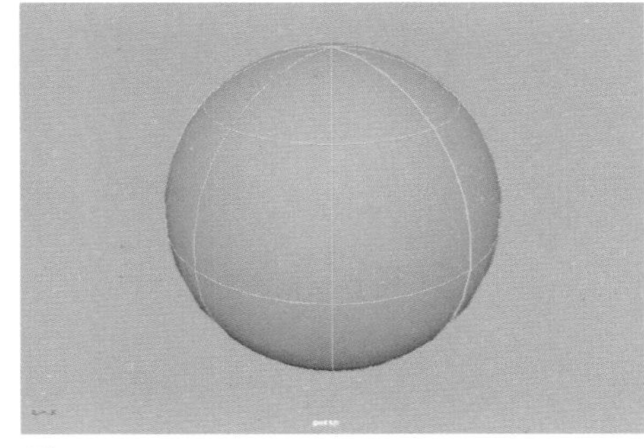

图3-45

- 分段数：设置球体模型的竖向分段，图3-46所示为“分段数”分别是8和16的模型布线结果对比。

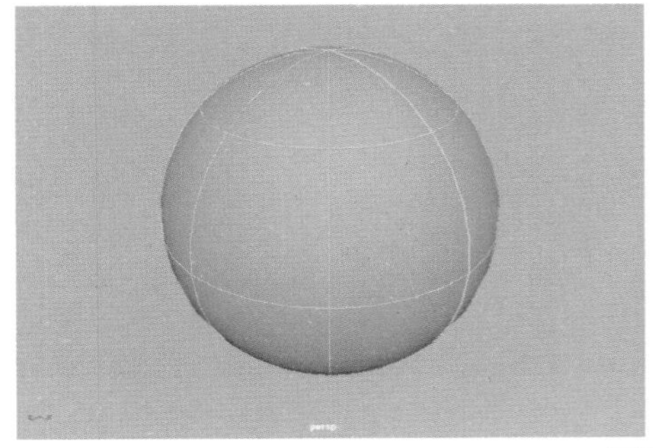

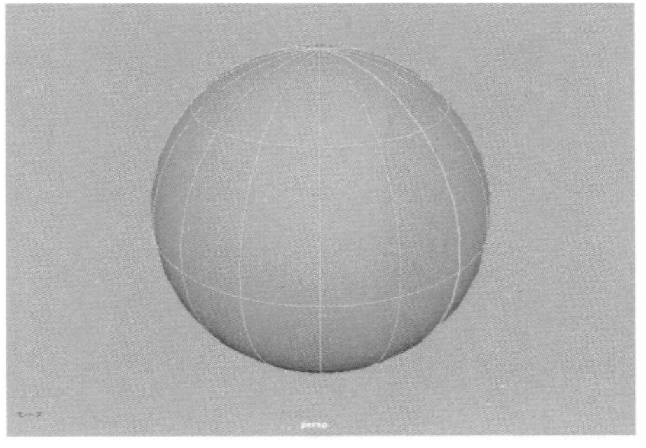

图3-46

- 跨度数：设置球体模型的横向分段，图3-47所示为“跨度数”分别是8和16的模型布线结果对比。

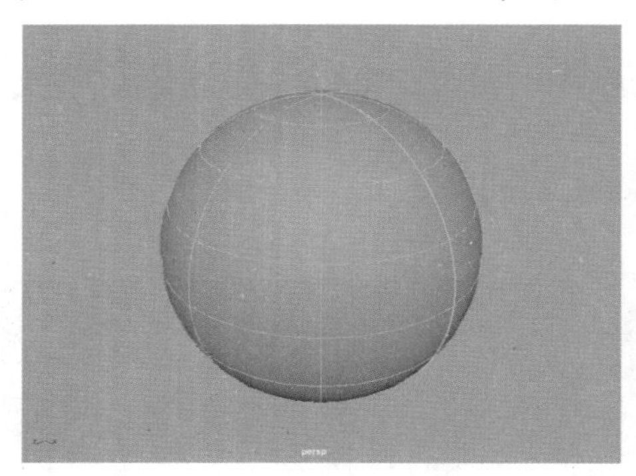
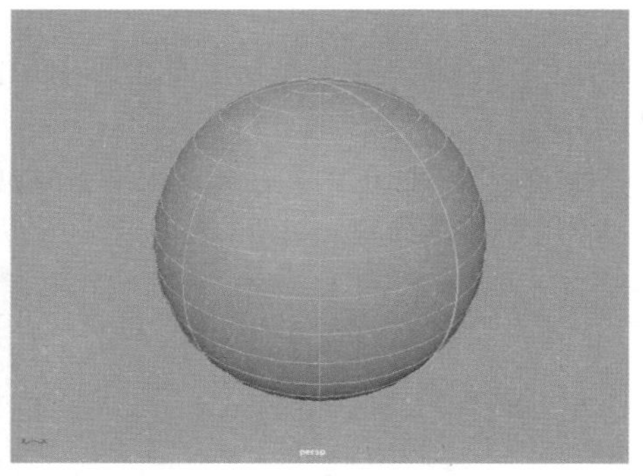

图3-47

3.3.2 NURBS立方体

在“曲线/曲面”工具架中，单击“NURBS立方体”图标，即可在场景中生成一个方形曲面模型，如图3-48所示。

在“大纲视图”中，可以看到NURBS立方体实际上是一个6个平面组成的方体，这6个平面被放置于一个名叫nurbsCube1的组里，如图3-49所示。用户可以在视图中单击选中任意一个曲面来移动它的位置，如图3-50所示。

在场景中选择构成NURBS立方体的任意一个面，在“属性编辑器”面板中找到makeNurbCube1选项卡，展开“立方体历史”卷展栏，修改该卷展栏的相应参数来更改NURBS立方体的大小，如图3-51所示。

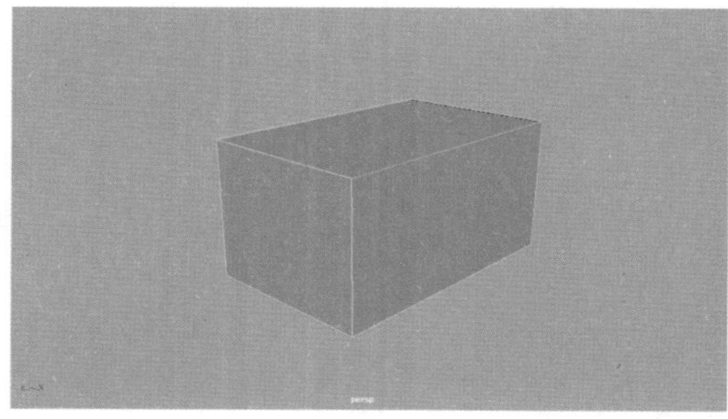

图3-48

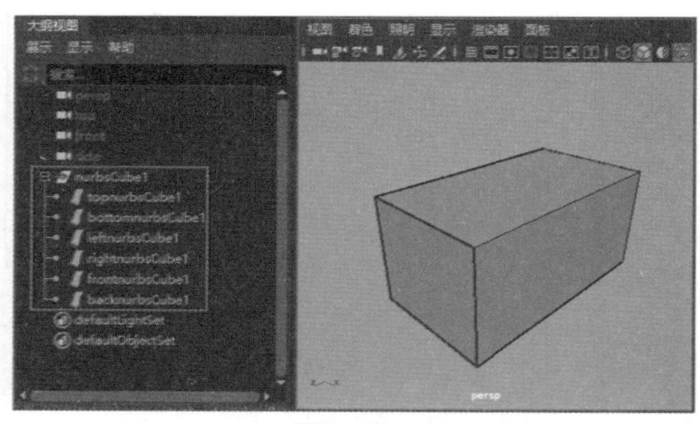

图3-49

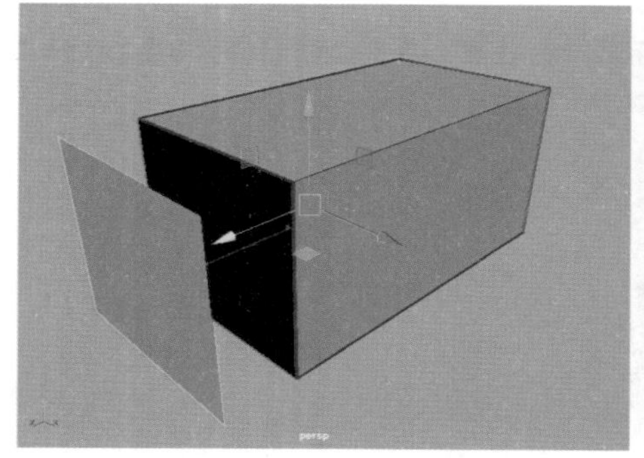

图3-50

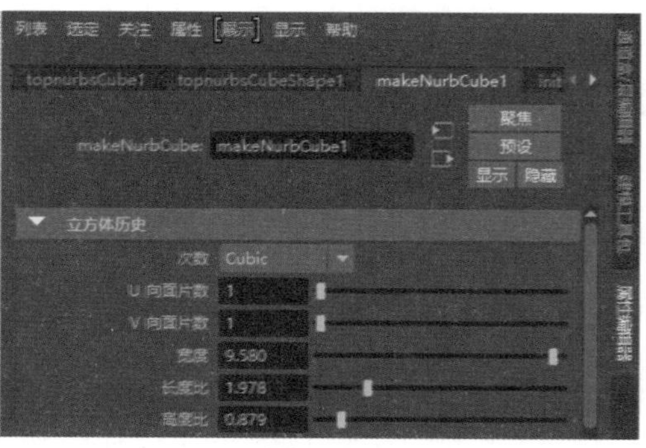

图3-51

常用参数解析

- U向面片数：控制NURBS立方体U向的分段数，图3-52所示为该值分别是1和5的模型显示结果对比。
- V向面片数：用来控制NURBS立方体V向的分段数，图3-53所示为该值分别是1和5的模型显示结果对比。
- 宽度：控制NURBS立方体的整体比例大小。
- 长度比/高度比：调整NURBS立方体的长度和高度。

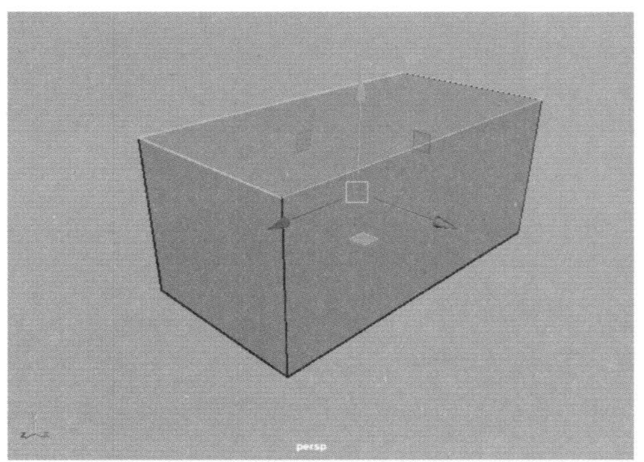
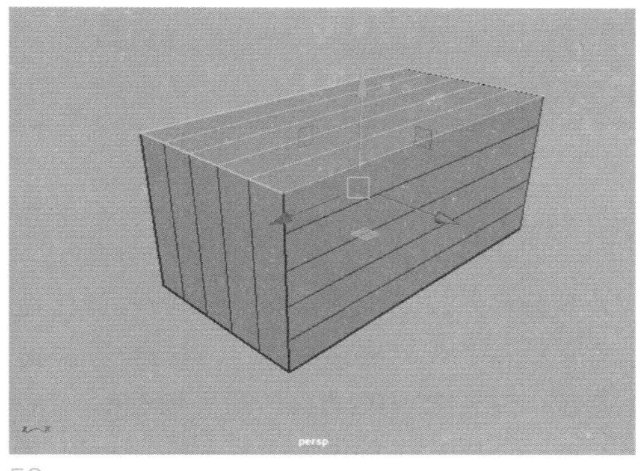

图3-52

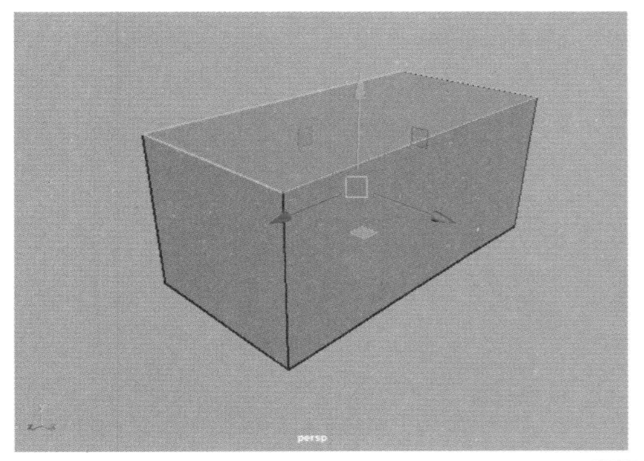
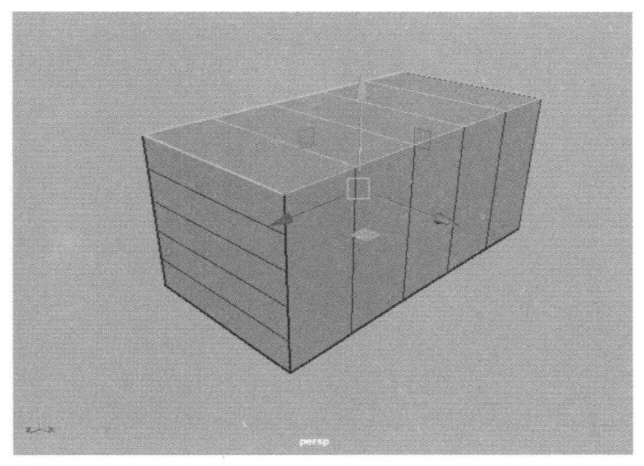

图3-53

3.3.3 NURBS圆柱体

在“曲线/曲面”工具架中，单击“NURBS圆柱体”图标，即可在场景中生成一个圆柱形的曲面模型，如图3-54所示。

在“大纲视图”中，观察NURBS圆柱体，可以看到NURBS圆柱体实际上是由3个曲面对象组合而成，如图3-55所示。

在makeNurbCylinder1选项卡中，展开“圆柱体历史”卷展栏，即可看到NURBS圆柱体的属性，如图3-56所示。

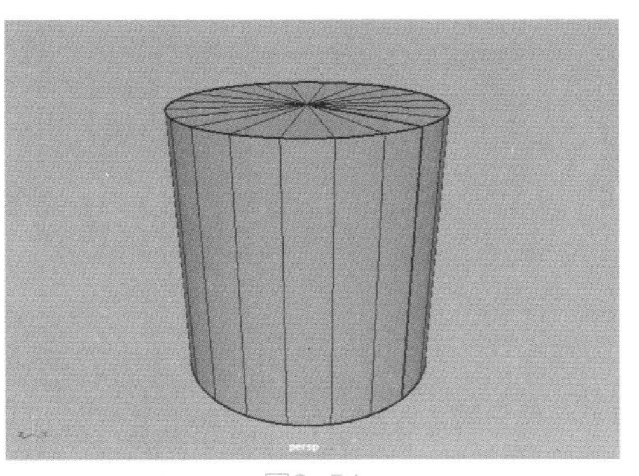

图3-54

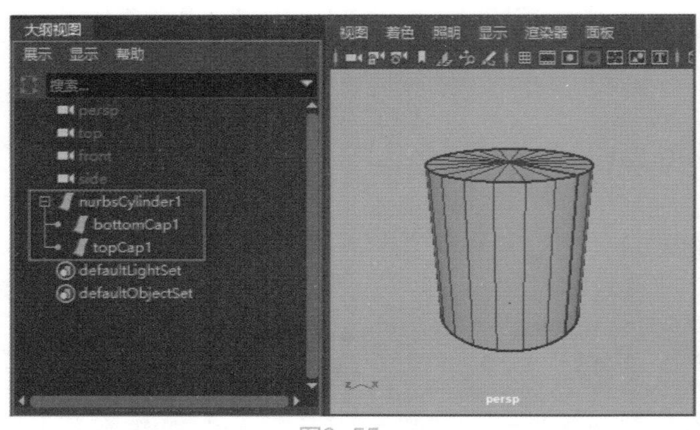

图3-55

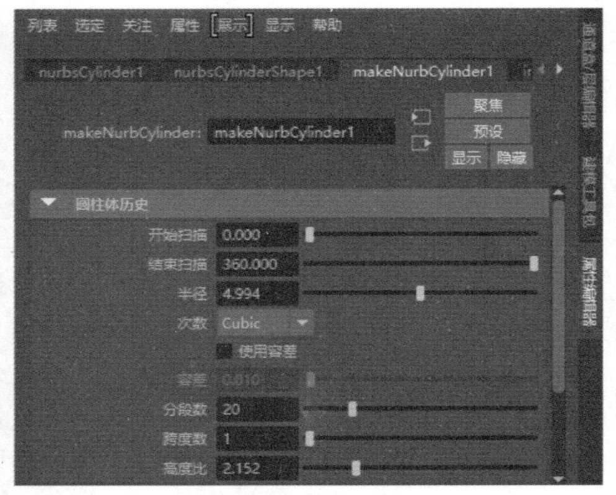

图3-56

常用参数解析

- 开始扫描：设置NURBS圆柱体的起始扫描度数，默认值为0。
- 结束扫描：设置NURBS圆柱体的结束扫描度数，默认值为360。
- 半径：设置NURBS圆柱体的半径大小。注意，调整此值的同时也会影响NURBS圆柱体的高度。
- 分段数：设置NURBS圆柱体的竖向分段，图3-57所示为此值分别是6和20的模型布线结果对比。

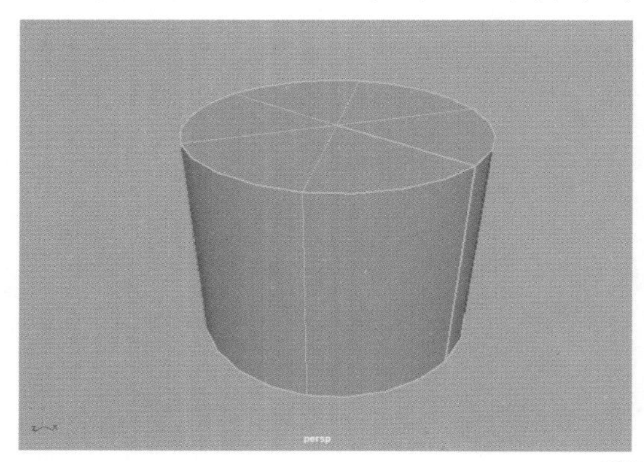

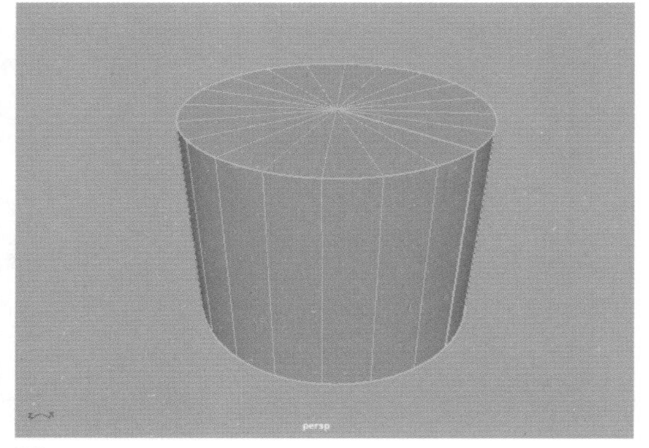

图3-57

- 跨度数：设置NURBS圆柱体的横向分段，图3-58所示为此值分别是2和8的模型布线结果对比。

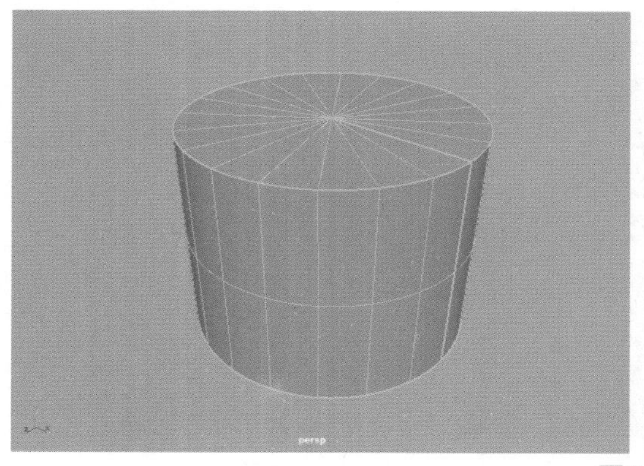

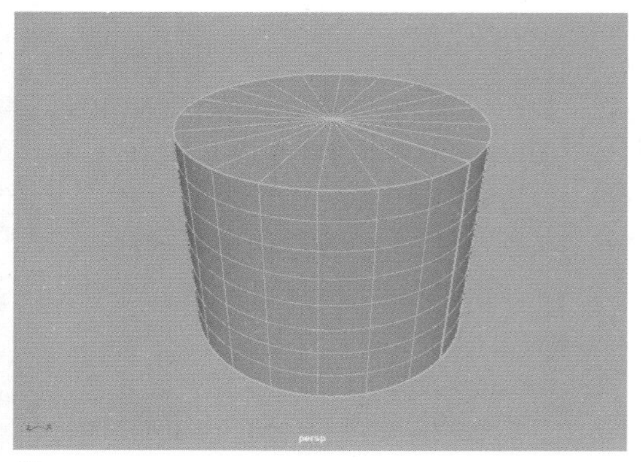

图3-58

- 高度比：调整NURBS圆柱体的高度。

3.3.4　NURBS圆锥体

在“曲线/曲面”工具架中，单击“NURBS圆锥体”图标，即可在场景中生成一个圆锥形的曲面模型，如图3-59所示。

对于NURBS圆锥体，其“属性编辑器”中的参数与NURBS圆柱体很相似，故在这里不再另行讲解。

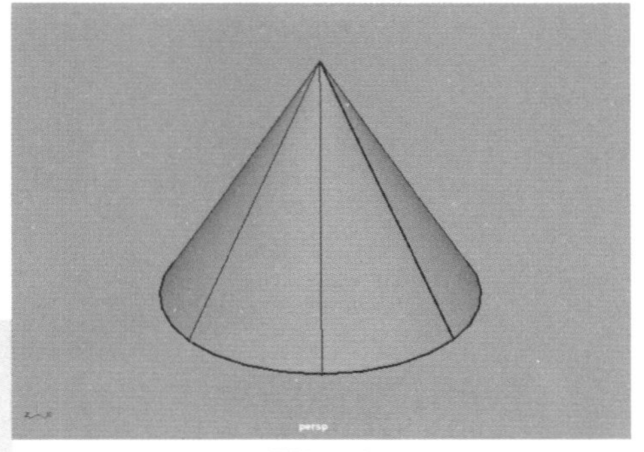

图3-59

3.3.5　曲面修改工具

在“曲线/曲面”工具架上，可以找到常用的曲面修改工具，如图3-60所示。

图3-60

常用工具解析

- 旋转：根据选择的曲线来旋转生成一个曲面模型。
- 放样：根据选择的多条曲线来放样生成曲面模型。
- 平面：根据闭合的曲面来生成曲面模型。
- 挤出：根据选择的曲线来挤出模型。
- 双轨成形1工具：让一条轮廓线沿着两条曲线进行扫描从而生成曲面模型。
- 倒角：根据一条曲线生成带有倒角的曲面模型。
- 在曲面上投影曲线：将曲线投影到曲面上，从而生成曲面曲线。
- 曲面相交：在曲面的交界处产生一条相交曲线。
- 修剪工具：根据曲面上的曲线来对曲面进行修剪操作。
- 取消修剪工具：取消对曲面的修剪操作。
- 附加曲面：将两个曲面模型附加为一个曲面模型。
- 分离曲面：根据曲面模型上所选择的等参线来分离曲面模型。
- 开放/闭合曲面：将曲面在U向/V向进行打开或者封闭操作。
- 插入等参线：在曲面的任意位置插入新的等参线。
- 延伸曲面：根据选择的曲面来延伸曲面模型。
- 重建曲面：在曲面上重新构造等参线以生成布线均匀的曲面模型。
- 雕刻几何体工具：使用笔刷绘制的方式来在曲面模型上进行雕刻操作。
- 曲面编辑工具：使用操纵器来更改曲面上的点。

实例操作：使用“附加曲面”工具制作葫芦模型

本例我们将使用“附件曲面”工具来制作一个葫芦摆件的曲面模型，图3-61所示为本实例的最终完成效果。

图3-61

01 启动Maya 2020软件，在场景中创建出一个NURBS球体模型，如图3-62所示。

02 选择当前的NURBS球体，按下快捷键Ctrl+D，原地复制出一个新的NURBS球体模型，并调整其位置和大小，如图3-63所示。

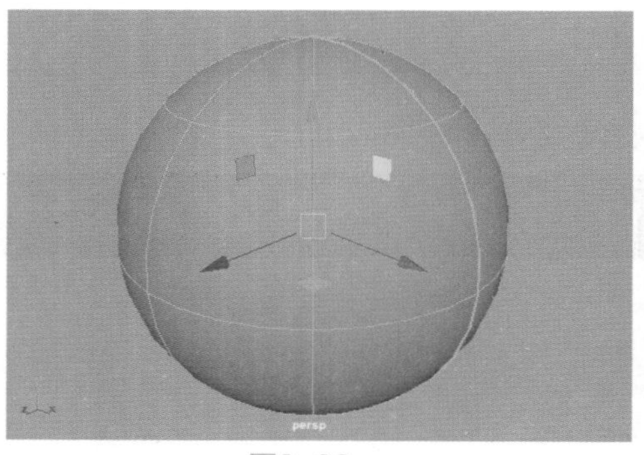

图3-62

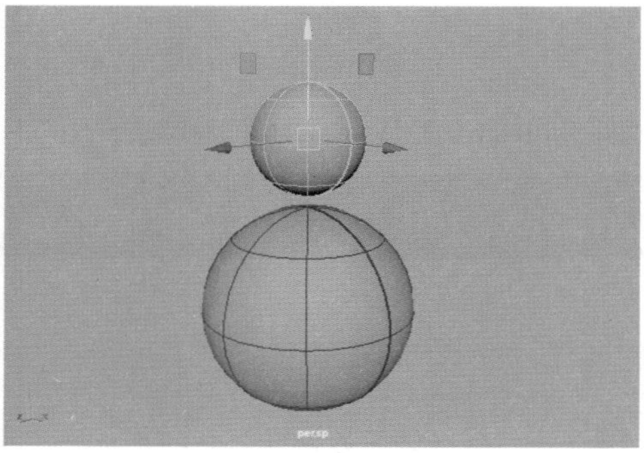

图3-63

03 在场景中的任意位置创建一个NURBS圆柱体，如图3-64所示。

04 在“大纲视图”中，将NURBS圆柱体的层级关系展开，将名称为bottomCap1和topCap1的两个模型选中，按住鼠标中键拖曳至nurbsCylinder1模型的上方，即可将它们之间的层级关系打断，如图3-65所示。

05 在“大纲视图”中选择bottomCap1和nurbsCylinder1这两个模型，将其删除，如图3-66所示。

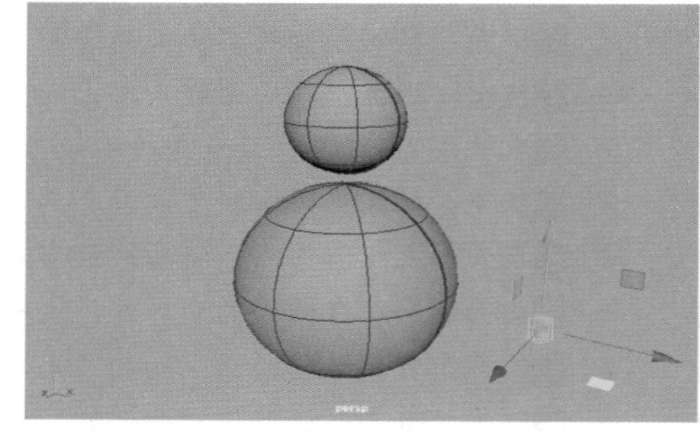

图3-64

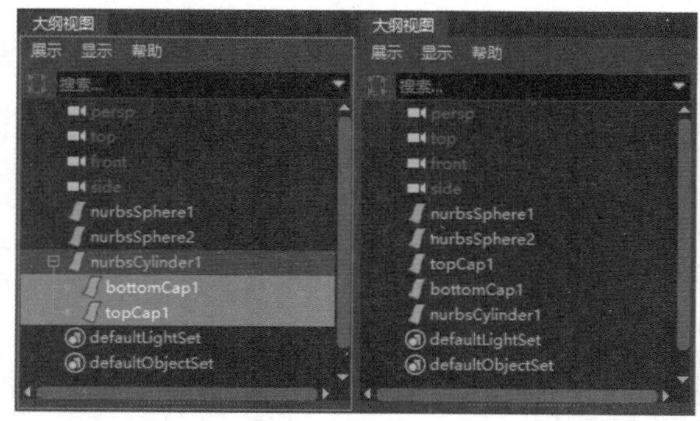

图3-65

图3-66

06 选择场景中名为topCap1的模型，按下Shift键，加选场景中的球体模型，执行菜单栏“修改”|“对齐工具”命令，如图3-67所示。

07 将这两个模型的X轴和Z轴分别进行对齐后，再使用移动工具调整一下topCap1模型Y轴的位置，如图3-68所示。

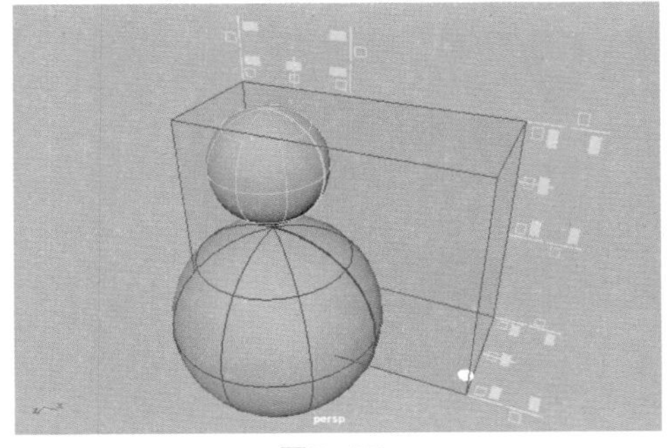

图3-67

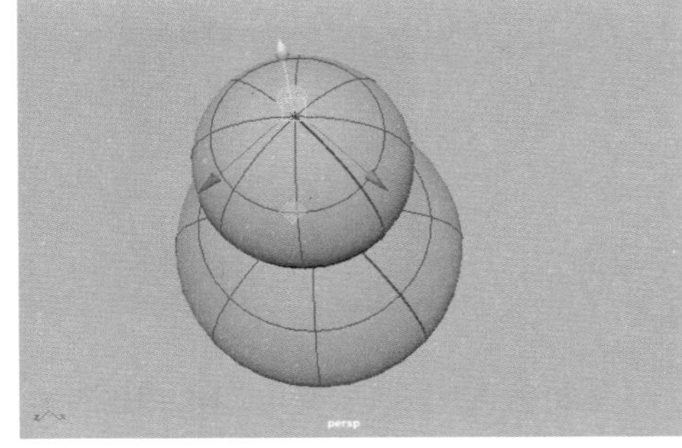

图3-68

08 在“属性编辑器”面板中，展开“圆柱体历史”卷展栏，调整“分段数”的值为8，如图3-69所示。使得topCap1模型的布线结果与下方的NURBS球体一致，如图3-70所示。

09 选择场景中的两个NURBS球体，单击“曲线/曲面”工具架上的“附加曲面”图标，制作出葫芦的基本形体，如图3-71所示。

10 选择NURBS圆柱体的顶面和葫芦形状的曲面，再次进行“附加曲面”操作，即可得到葫芦的完整模型，如图3-72所示。

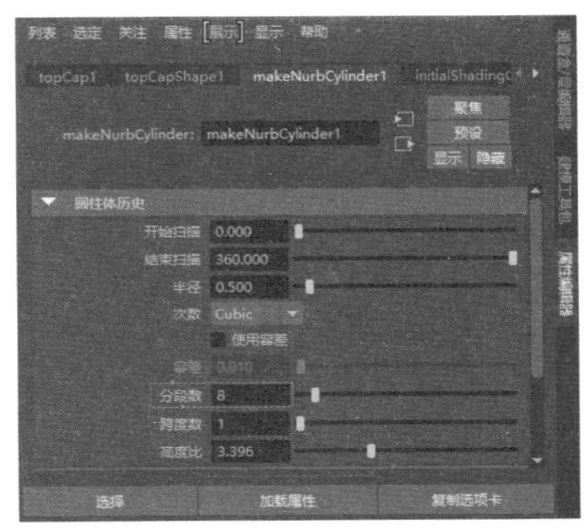

图3-69

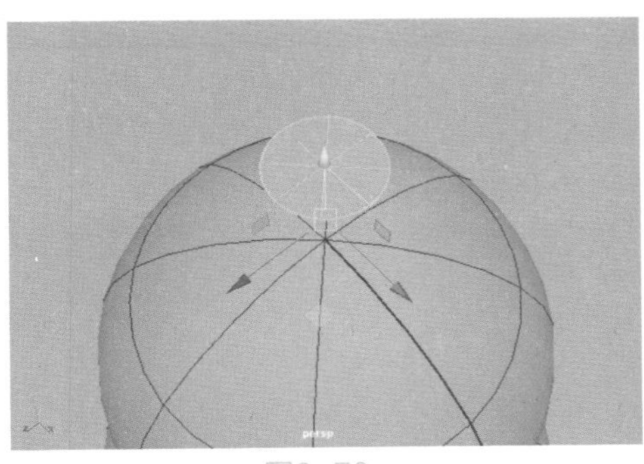

图3-70

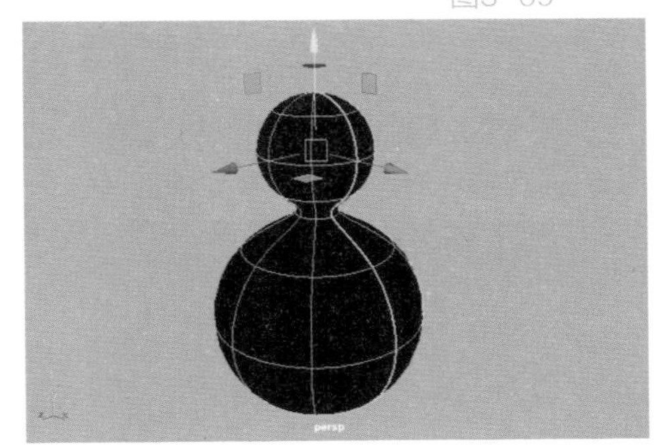

图3-71

11 本实例的最终模型效果如图3-73所示。

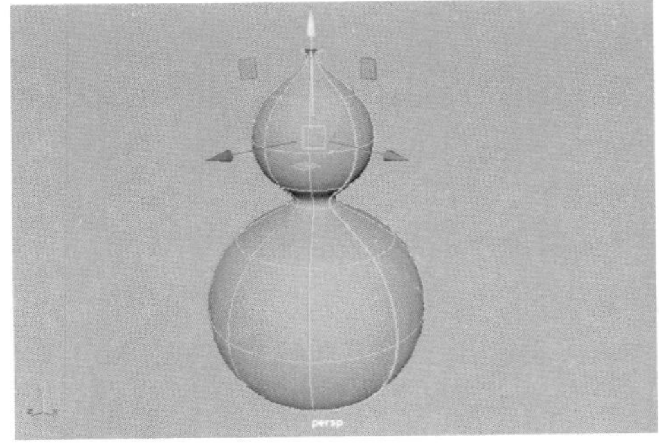

图3-72

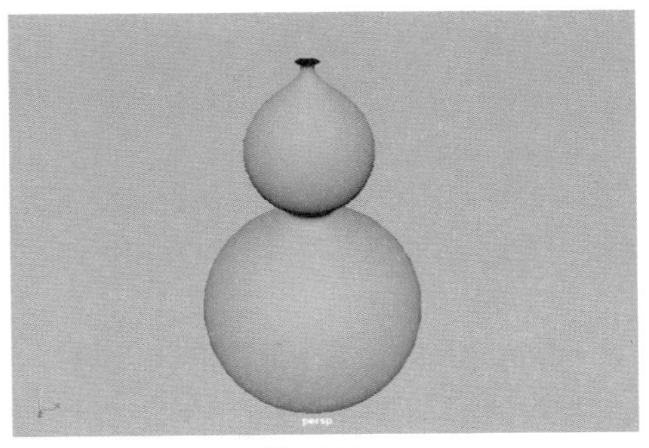

图3-73

实例操作：使用“放样”工具制作花瓶模型

本例中我们将使用“放样”工具来制作一个花瓶的模型，图3-74所示为本实例的最终完成效果。

图3-74

01 启动Maya 2020，在场景中使用“NURBS圆形”工具创建一个圆形，如图3-75所示。

02 在“属性编辑器”面板中，展开“圆形历史”卷展栏，调整“分段数”的值为16，如图3-76所示。

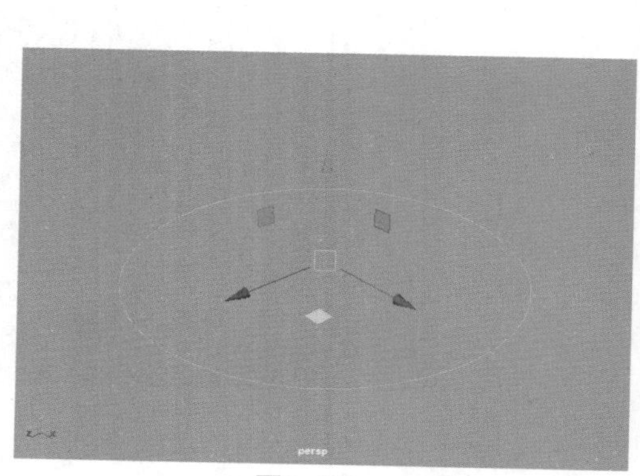

图3-75

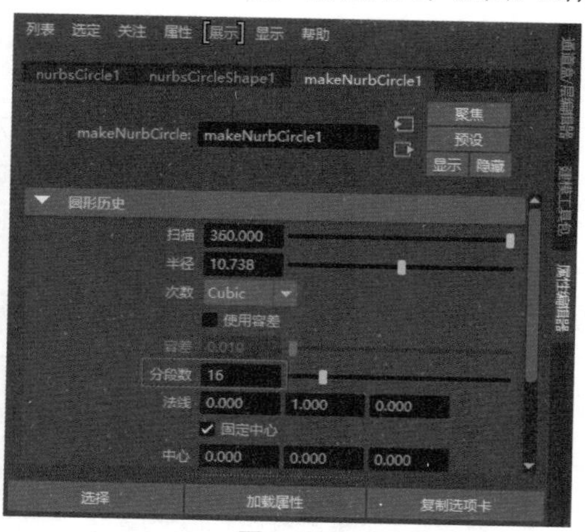

图3-76

03 接下来，按下快捷键Ctrl+D，复制出一个圆形对象，调整其位置，并缩放大小至如图3-77所示。

04 使用相同的方式，制作出一个花瓶的剖面结构，如图3-78所示。

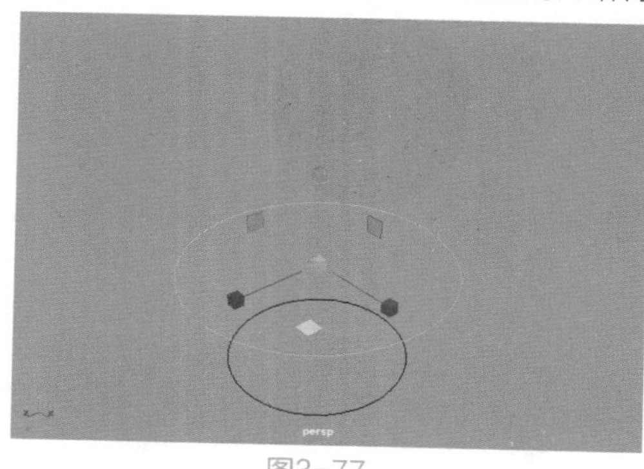

图3-77

图3-78

05 选择图3-79所示的圆形，右击并执行“控制顶点”操作。

06 选择图3-80所示的顶点，对其进行缩放操作，得到图3-81所示的曲线效果。

07 调整完成后，右击并执行“对象模式”命令，完成曲线形态的调整，如图3-82所示。

08 从上至下依次选择好这些图形，单击“曲线”|“曲面”工具架上的“放样”按钮，即可得到一个花瓶的三维曲面模型，如图3-83所示。

09 执行菜单栏“曲面”|“反转方向”命令，来更改曲面模型的面方向，得到正确的花瓶曲面模型显示结果，如图3-84所示。

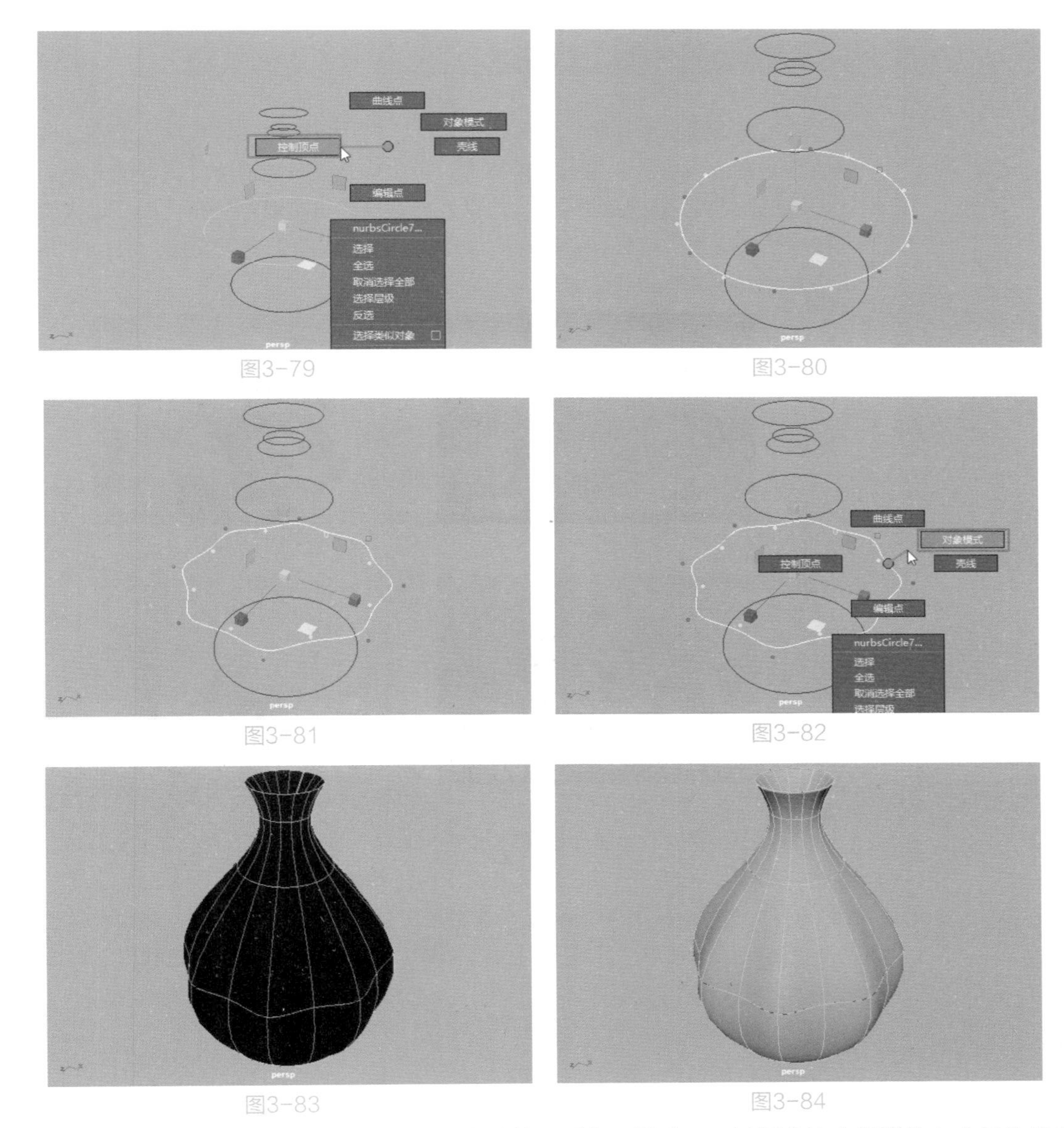

图3-79　图3-80

图3-81　图3-82

图3-83　图3-84

10 生成的曲面模型，其形状仍然受之前所创建的圆形位置影响，可以调整这些圆形的大小及位置来改变花瓶的形状，如图3-85所示。

11 本实例的最终模型完成效果如图3-86所示。

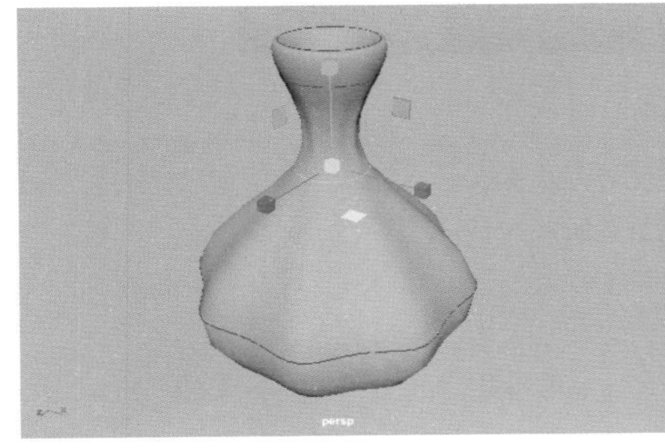

图3-85

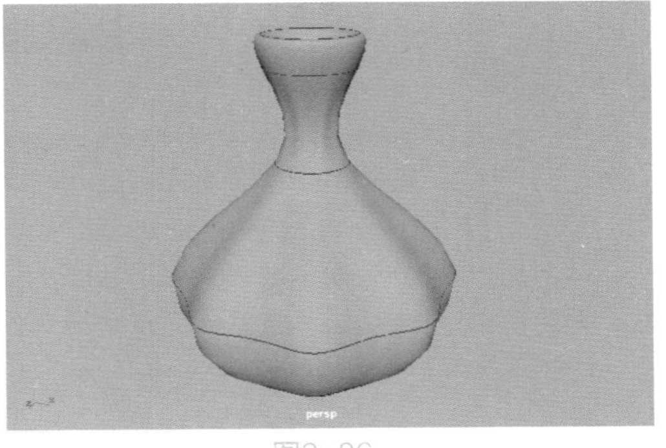

图3-86

第4章 多边形建模

4.1 多边形建模概述

多边形由顶点和连接它们的边来定义，多边形的内部区域称为面，这些要素的命令编辑就构成了多边形建模技术。多边形建模是当前非常流行的一种建模方式，用户通过对多边形的顶点、边以及面进行编辑可以得到精美的三维模型，这项技术被广泛用于电影、游戏、虚拟现实等动画模型的开发制作。图4-1~图4-4所示均为使用多边形建模技术制作完成的三维模型。

图4-1

图4-2

图4-3

图4-4

多边形建模技术与曲面建模技术差异明显。曲面模型有严格的UV走向，编辑起来略微麻烦一些。而多边形模型由于是三维空间里的多个顶点相互连接而成的一种立体拓扑结构，所以编辑起来非常自由。Maya 2020的多边形建模技术已经发展得相当成熟，使用“建模工具包”面板，用户可以非常方便地利用这些多边形编辑命令完成模型的制作。

4.2 创建多边形对象

Maya 2020为用户提供了多种多边形基本几何体的创建按钮，在“多边形建模”工具架上可以找到这些按钮图标，如图4-5所示。

图4-5

常用工具解析

- 多边形球体：创建多边形球体。
- 多边形立方体：创建多边形立方体。
- 多边形圆柱体：创建多边形圆柱体。
- 多边形圆锥体：创建多边形圆锥体。
- 多边形平面：创建多边形平面。
- 多边形圆环：创建多边形圆环。

- 多边形圆盘：创建多边形圆盘。
- 柏拉图多面体：创建柏拉图多面体。
- 超形状：创建多边形超形状。
- T 多边形类型：创建多边形文字模型。
- SVG：使用剪贴板中的可扩展向量图形或导入的SVG文件来创建多边形模型。

此外，还可以按住Shift键，单击鼠标右键，在弹出的菜单中找到创建多边形对象的相关命令，如图4-6所示。

更多的创建多边形的命令可以在菜单“创建”|“多边形基本体”中找到，如图4-7所示。

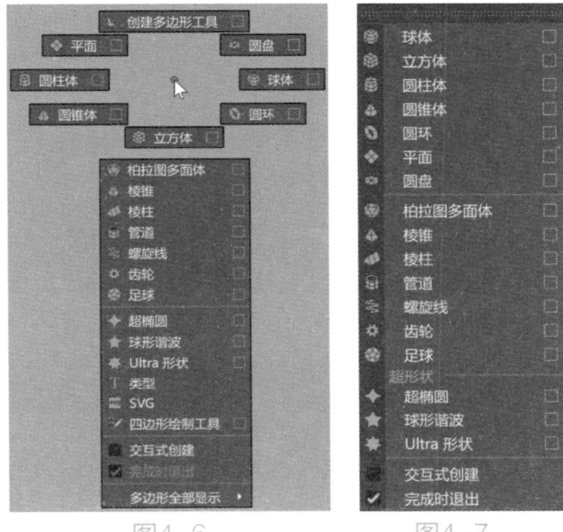

图4-6　　图4-7

4.2.1 多边形球体

在“多边形建模”工具架上单击“多边形球体”图标，即可在场景中创建一个多边形球体模型，如图4-8所示。

在“属性编辑器”面板里的polySphere1选项卡中，展开“多边形球体历史”卷展栏，可以看到多边形球体的命令参数，如图4-9所示。

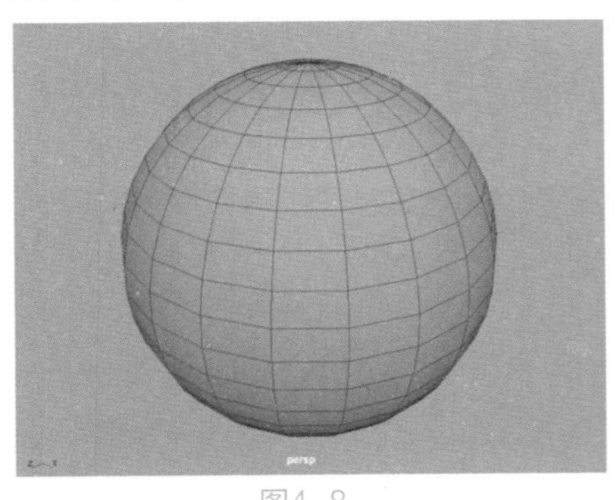

图4-8

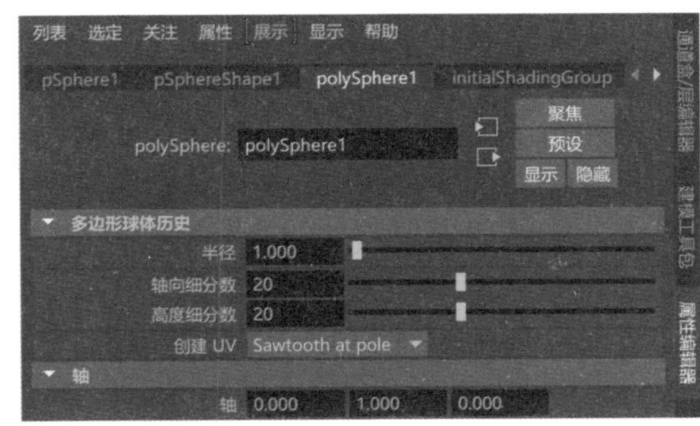

图4-9

常用参数解析

- 半径：控制多边形球体的半径大小。
- 轴向细分数：设置多边形球体轴向上的细分段数。
- 高度细分数：设置多边形球体高度上的细分段数。

4.2.2 多边形立方体

在“多边形建模”工具架上单击“多边形立方体”图标，即可在场景中创建一个多边形长方体模型，如图4-10所示。

在其“属性编辑器”中展开“多边形立方体历史”卷展栏，可以看到多边形立方体的命令参数，如图4-11所示。

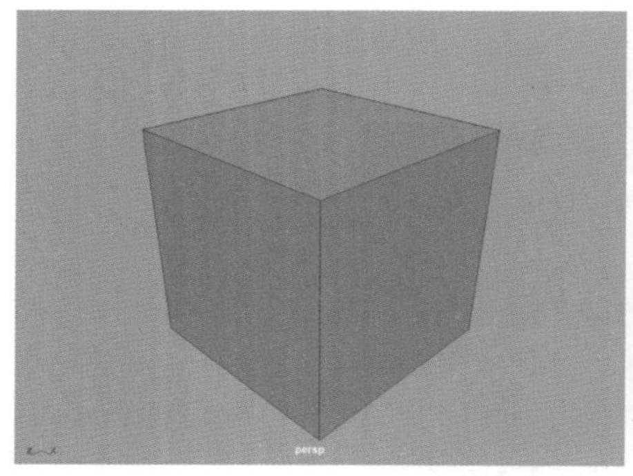

图4-10

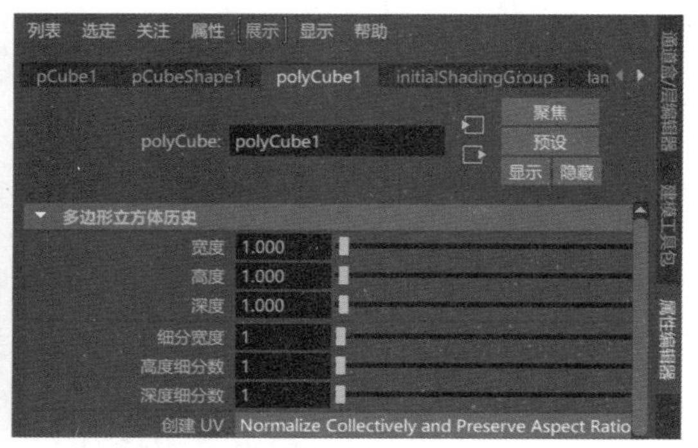

图4-11

常用参数解析

- 宽度：设置多边形立方体的宽度。
- 高度：设置多边形立方体的高度。
- 深度：设置多边形立方体的深度。
- 分段宽度：设置多边形立方体的宽度上的分段数量。
- 高度细分数：设置多边形立方体的高度上的分段数量。
- 深度细分数：设置多边形立方体的深度上的分段数量。

4.2.3 多边形圆柱体

在“多边形建模”工具架上单击“多边形圆柱体”图标，即可在场景中创建一个多边形圆柱体模型，如图4-12所示。

在其“属性编辑器”中，展开“多边形圆柱体历史”卷展栏，可以看到多边形圆柱体的命令参数，如图4-13所示。

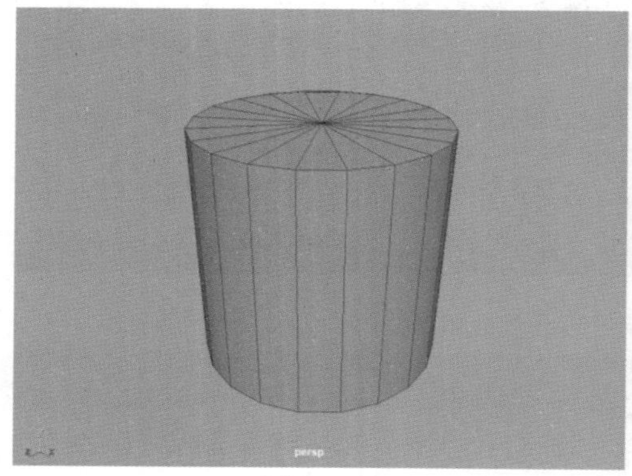

图4-12

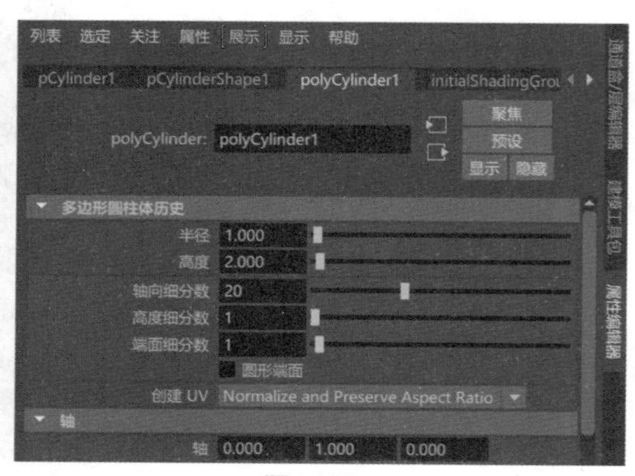

图4-13

常用参数解析

- 半径：设置多边形圆柱体的半径大小。
- 高度：设置多边形圆柱体的高度值。
- 轴向细分数：设置多边形圆柱体的轴向分段数值。
- 高度细分数：设置多边形圆柱体的高度分段数值。
- 端面细分数：设置多边形圆柱体的端面分段数值。

4.2.4 多边形平面

在“多边形建模”工具架上单击“多边形平面”图标，即可在场景中创建一个多边形平面模型，如图4-14所示。

在其“属性编辑器”中展开“多边形平面历史”卷展栏，可以看到多边形平面的命令参数，如图4-15所示。

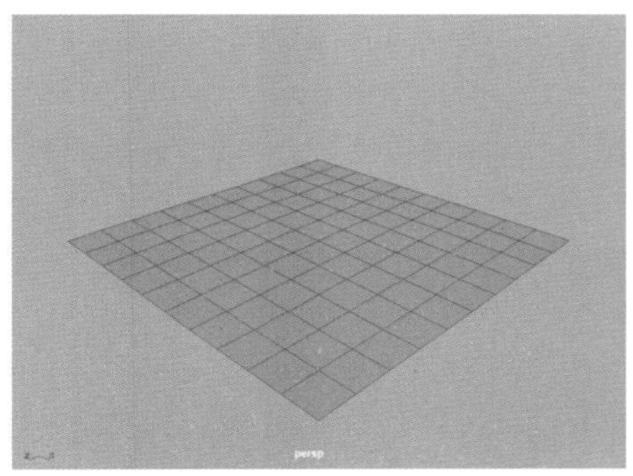

图4-14

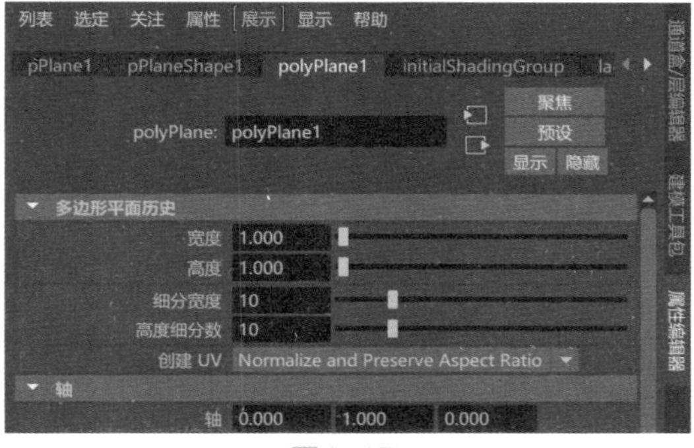

图4-15

常用参数解析

- 宽度：设置多边形平面的宽度值。
- 高度：设置多边形平面的高度值。
- 细分宽度：设置多边形平面的宽度分段数值。
- 高度细分数：设置多边形平面的高度分段数值。

4.2.5 多边形管道

在“多边形建模”工具架上右击“柏拉图多面体”图标，在弹出的菜单中执行“管道”命令，即可在场景中创建一个多边形管道模型，如图4-16所示。

在其“属性编辑器”中，展开“多边形管道历史”卷展栏，可以看到多边形管道的命令参数，如图4-17所示。

常用参数解析

- 半径：设置多边形管道的半径大小。
- 高度：设置多边形管道的高度值。
- 厚度：设置多边形管道的厚度值。

- 轴向细分数：设置多边形管道的轴向分段数值。
- 高度细分数：设置多边形管道的高度分段数值。
- 端面细分数：设置多边形管道的端面分段数值。

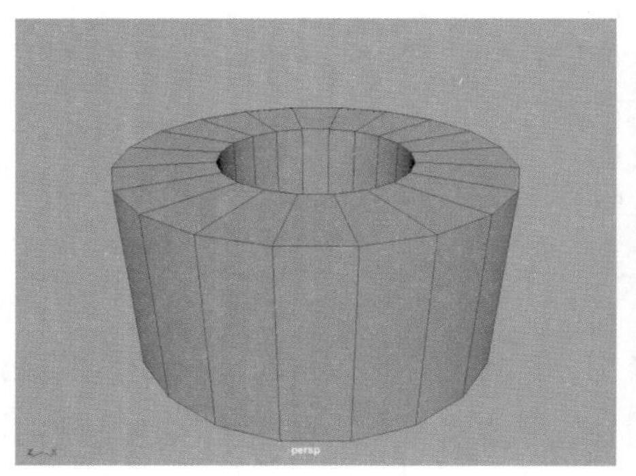

图4-16

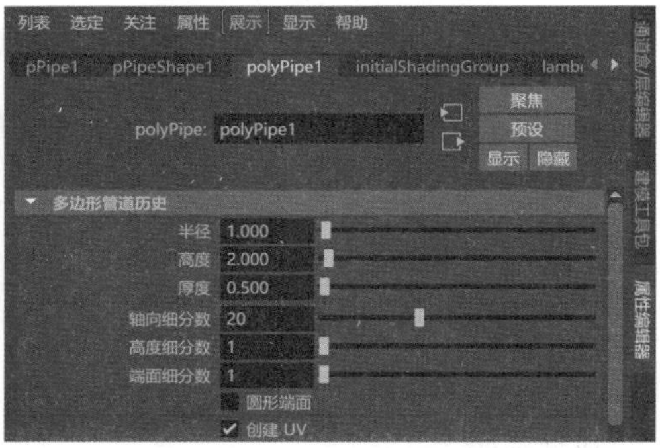

图4-17

4.2.6 多边形类型

使用Maya 2020的“多边形类型”工具可以在场景中快速创建出多边形文本模型，如图4-18所示。在“属性编辑器”中找到type1选项卡，即可看到“多边形类型”工具的设置参数，如图4-19所示。

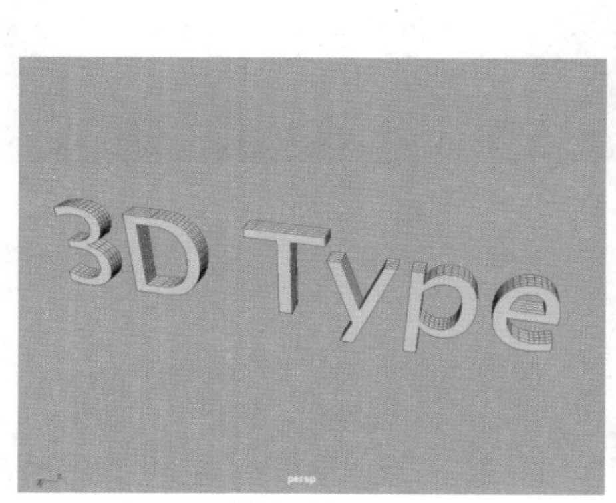

图4-18

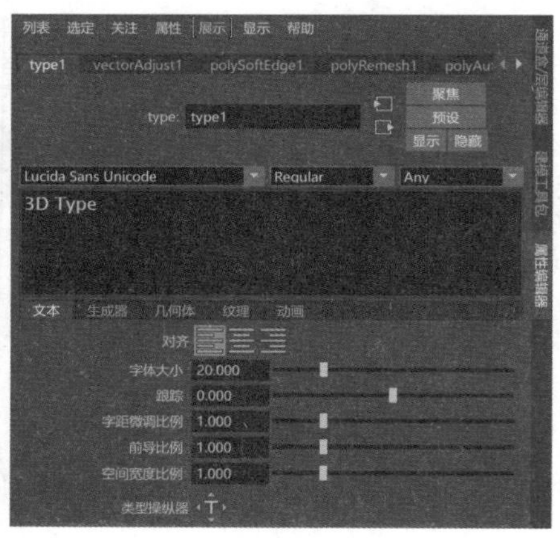

图4-19

常用参数解析

- “选择字体和样式”列表：在该下拉列表中，用户可以更改文字的字体及样式，如图4-20所示。
- “选择写入系统”列表：在该下拉列表中，可以更改文字语言，如图4-21所示。

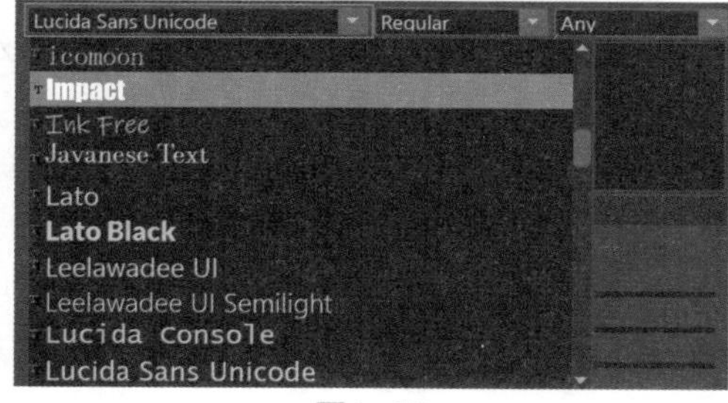

图4-20

图4-21

- "输入一些类型"文本框：该文本框中允许用户随意更改输入的文字。

1. "文本"选项卡

"文本"选项卡中内的命令参数如图4-22所示。

常用参数解析

- 对齐：Maya为用户提供了"类型左对齐""中心类型""类型右对齐"3种对齐方式。
- 字体大小：设置字体的大小。
- 跟踪：根据相同的方形边界框均匀地调整所有字母之间的水平间距。
- 字距微调比例：根据每个字母的特定形状均匀地调整所有字母之间的水平间距。
- 前导比例：均匀地调整所有线之间的垂直间距。
- 空间宽度比例：调整手动空间的宽度。

2. "几何体"选项卡

"几何体"选项卡中主要有"网格设置""挤出""倒角"这3个卷展栏，如图4-23所示。

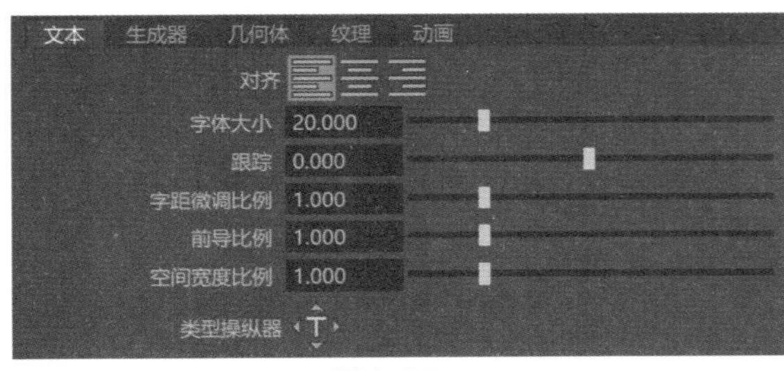

图4-22

图4-23

常用参数解析

①"网格设置"卷展栏

展开"网格设置"卷展栏，可以看到其中还细分出一个"可变形类型"卷展栏，其中的命令参数设置如图4-24所示。

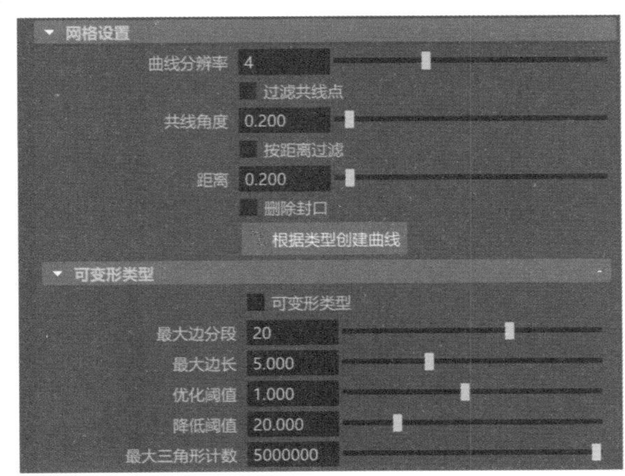

图4-24

- 曲线分辨率：指定每个文字平滑部分处的边数。图4-25所示分别为"曲线分辨率"值是1和6的模型显示结果。
- 过滤共线点：移除位于由"共线角度"所指定容差内的共线顶点，其中相邻顶点位于沿网格宽度或高度方向的同一条边。

- 共线角度：指定启用“过滤共线点”后，某个顶点视为与相邻顶点共线时所处的容差角度。
- 按距离过滤：移除位于由“距离”属性所指定的某一距离内的顶点。
- 距离：指定启用“按距离过滤”后，移除顶点所依据的距离。
- 删除封口：移除多边形网格前后的面。
- 根据类型创建曲线：根据当前类型网格的封口边创建一组NURBS曲线。

图4-25

②“可变形类型”卷展栏

- 可变形类型：根据“可变形类型”卷展栏中的属性，通过边分割和收拢操作三角形化网格。勾选该复选项前后的模型布线结果对比如图4-26所示。
- 最大边分段：指定可以按顶点拆分边的最大次数。图4-27所示为“最大边分段”数值分别是1和15的模型布线结果对比。
- 最大边长：沿类型网格的剖面分割所有长于此处以世界单位指定的长度的边，图4-28所示为“最大边长”值分别是2和15的模型布线结果对比。

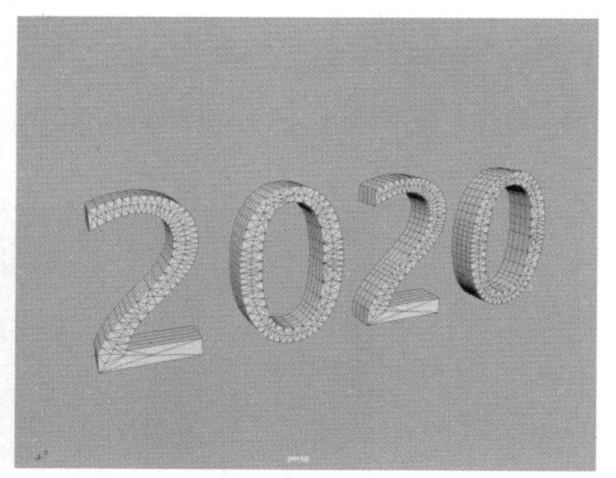

图4-26

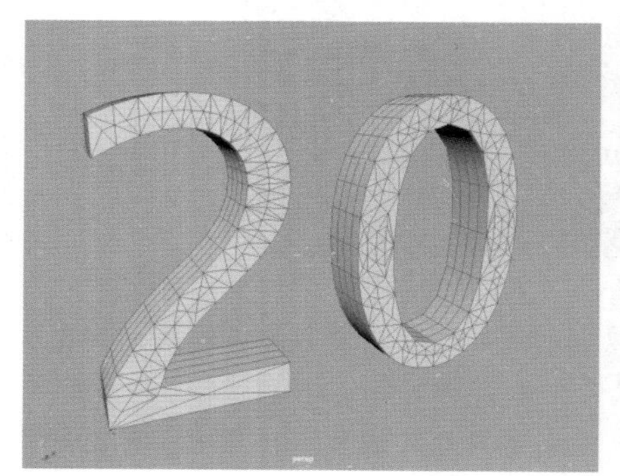

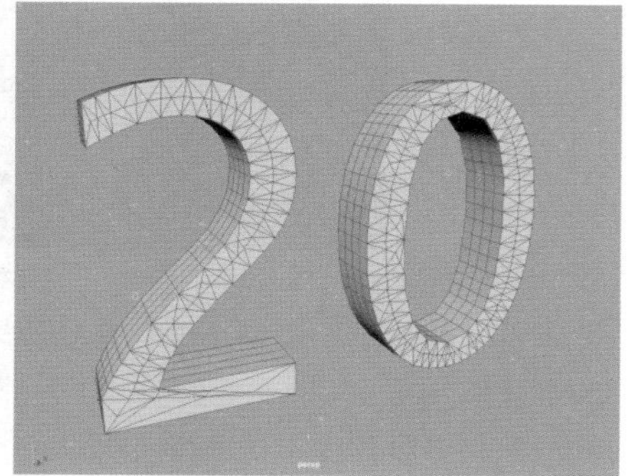

图4-27

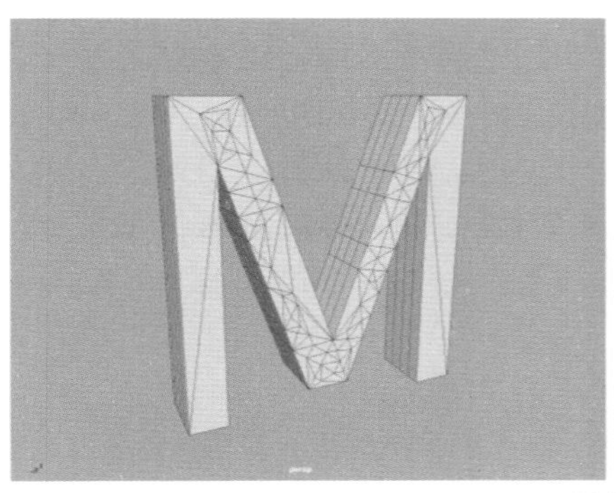
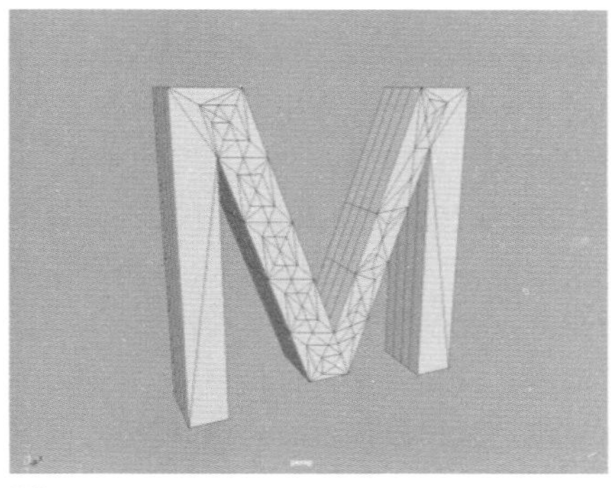

图4-28

- 优化阈值：分割类型网格正面和背面所有长于此处以世界单位指定的长度的边。主要用于控制端面细分的密度。图4-29所示为“优化阈值”值分别是0.5和1.3时的模型布线结果对比。

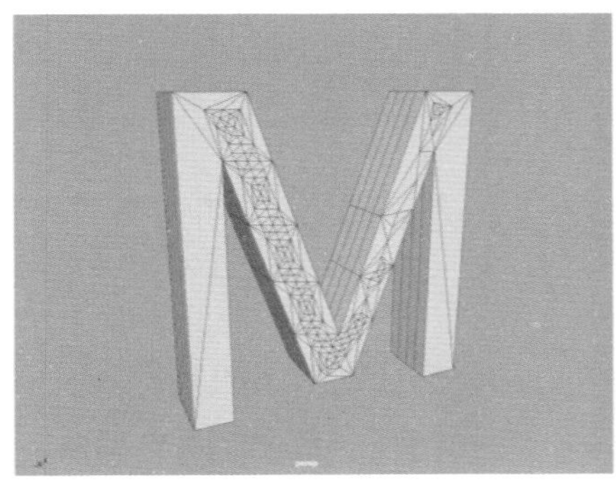
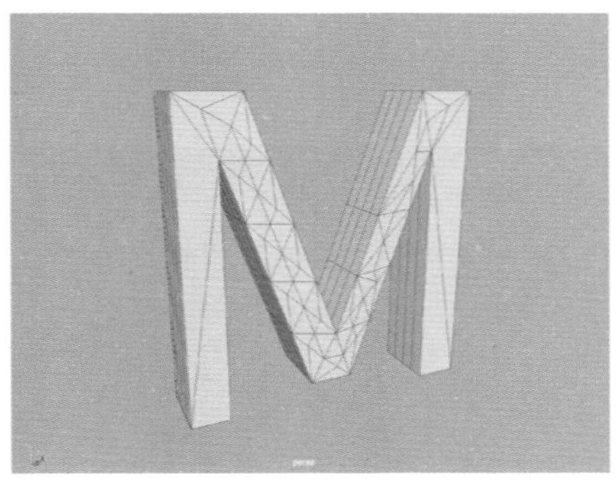

图4-29

- 降低阈值：收拢所有短于此处指定的“优化阈值”百分比的边。主要用于清理端面细分。图4-30所示分别是“降低阈值”值是5和100的模型布线结果对比。

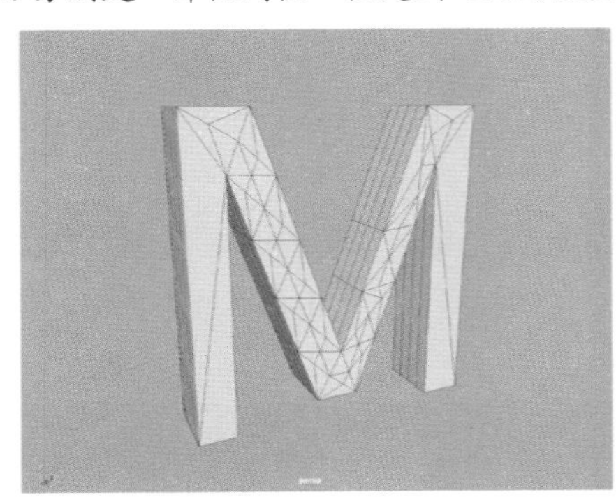
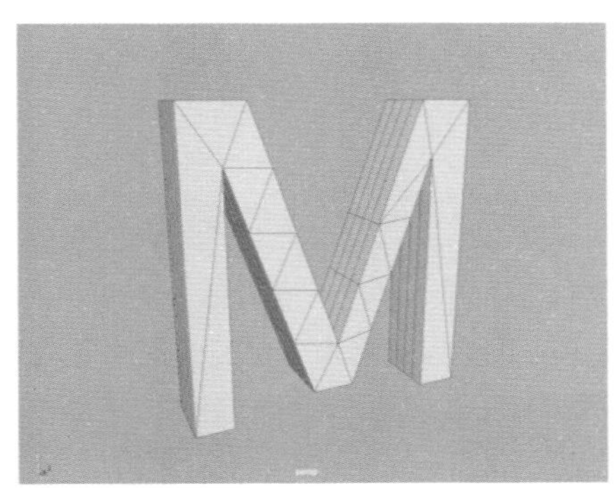

图4-30

- 最大三角形计数：限制生成的网格中允许的三角形数。

③“挤出”卷展栏

展开“挤出”卷展栏，其中的命令参数如图4-31所示。

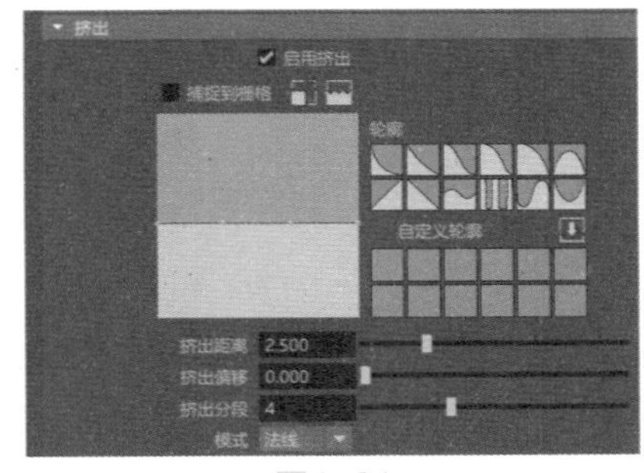

图4-31

常用参数解析

- 启用挤出：启用时，文字向前挤出以增加深度，否则保持为平面。默认设置为启用。
- 捕捉到栅格：启用时，“挤出剖面曲线”中的控制点捕捉到经过的图形点。
- 轮廓：Maya 2020为用户提供了12个预设的图形来控制挤出的形状，如图4-32所示。
- 自定义轮廓：Maya 2020最多允许用户保存 12 个自定义“挤出剖面曲线”形状。
- 挤出距离：控制挤出多边形的距离。
- 挤出偏移：设置网格挤出偏移。
- 挤出分段：控制沿挤出面的细分数。

④“倒角”卷展栏

展开“倒角”卷展栏，可以看到其中还细分出一个“倒角剖面”卷展栏，其中的命令参数如图4-33所示。

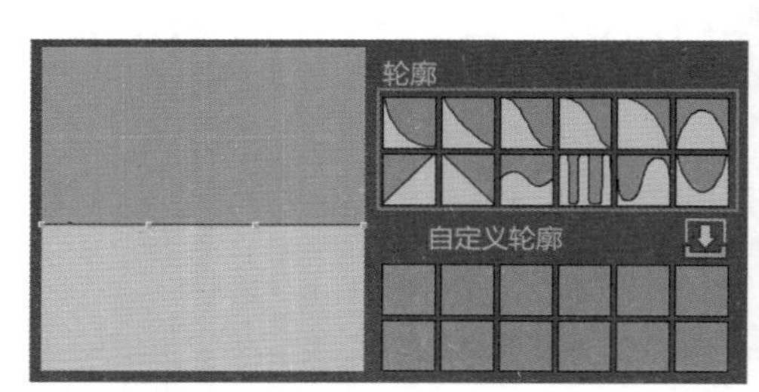

图4-32

图4-33

- 倒角样式：确定要应用的倒角类型。

技巧与提示

“倒角剖面”卷展栏中的命令参数与“挤出”卷展栏中的命令参数非常相似，故不再重复讲解。

实例操作：制作椅子模型

本例中我们将使用“多边形立方体”来制作一个椅子的模型，过程中需要读者把握好椅子模型结构之间的比例关系，图4-34所示为本实例的最终完成效果。

图4-34

01 启动Maya 2020，在场景中创建出一个多边形立方体，如图4-35所示。

02 选择创建出来的长方体模型，按下快捷键Ctrl+D，复制出一个长方体模型，并调整其位置至图4-36所示。

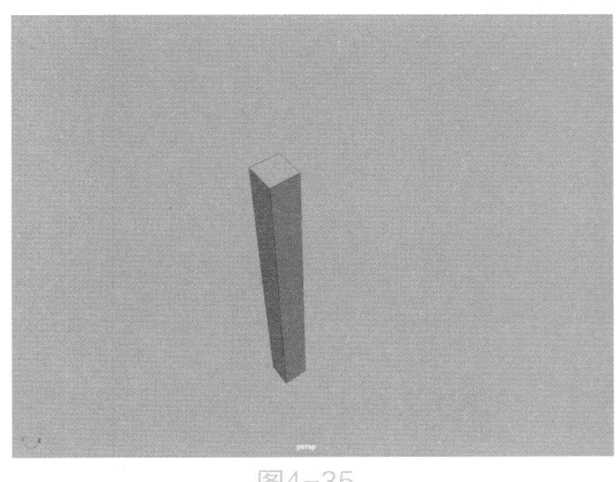
图4-35

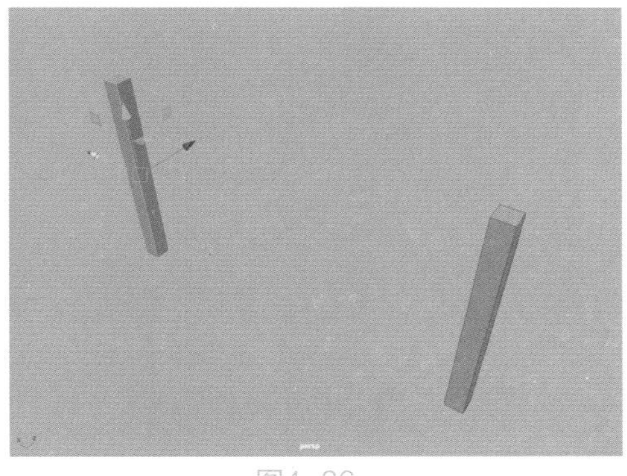
图4-36

03 按住鼠标右键，在弹出的菜单中执行“顶点”命令，调整长方体模型的顶点位置至图4-37所示。

04 选择场景中新复制出来的长方体模型，对其进行复制，并调整其位置至图4-38所示。

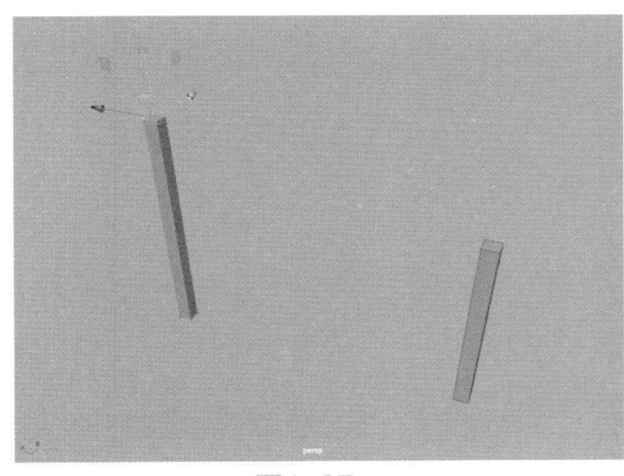
图4-37

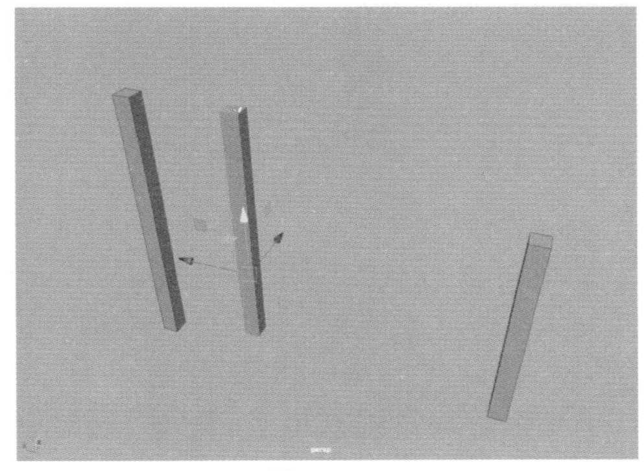
图4-38

05 以相同的方式再次复制一个长方体模型，沿Z轴旋转90度，并调整其位置至图4-39所示。

06 重复以上操作步骤，制作出椅子的支撑结构，如图4-40所示。

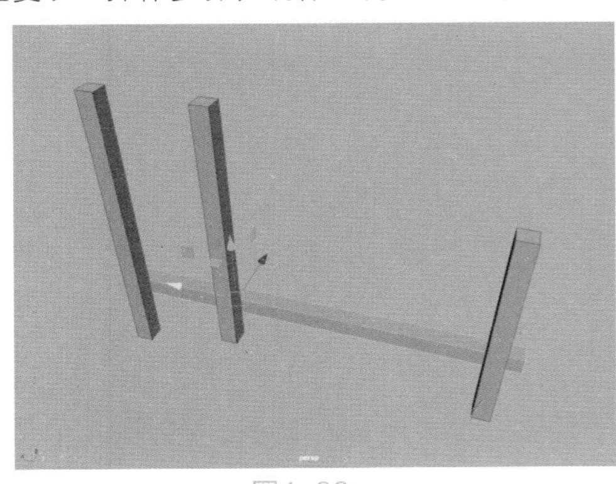
图4-39

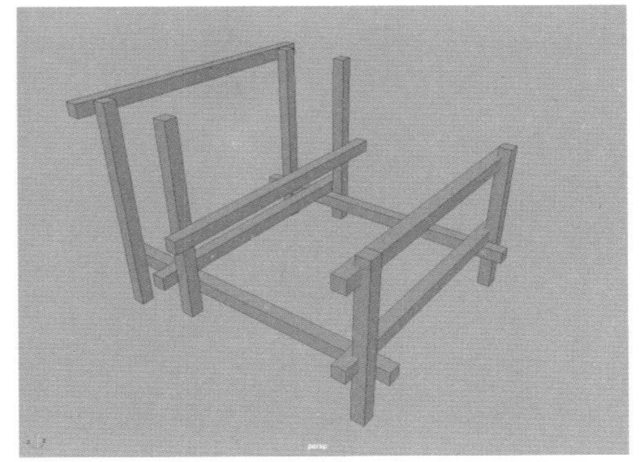
图4-40

07 将场景中的任意长方体模型复制出一个，并调整其“顶点”位置至图4-41所示，制作出椅子的扶手结构。

08 将制作好的扶手模型复制出一个，并调整其位置至图4-42所示，制作出椅子模型另一侧的扶手结构。

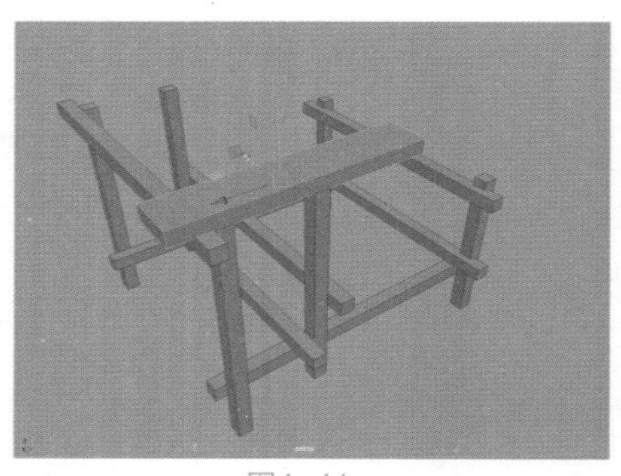
图4-41

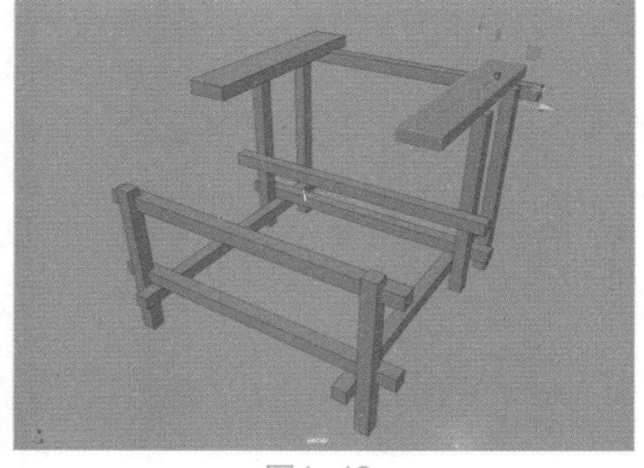
图4-42

09 在场景中再次创建一个长方体模型，并调整其大小和位置至图4-43所示，制作出椅子的座面结构。

10 以相似的步骤制作出椅子的靠背结构，如图4-44所示。

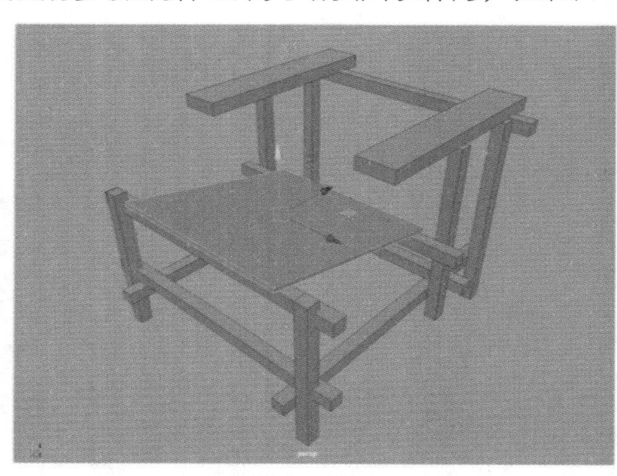
图4-43

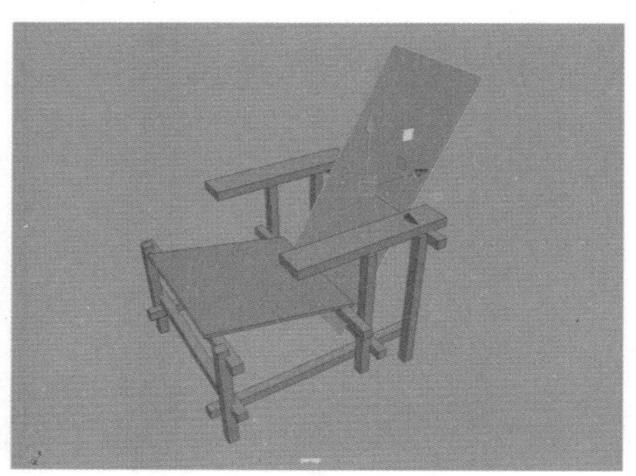
图4-44

11 选择场景中的所有长方体模型，单击“多边形建模”工具架上的“结合”图标，即可将构成椅子模型的多个长方体模型组合为一个整体，如图4-45所示。

12 选择椅子模型，执行菜单栏“编辑”|“按类型删除/历史”命令，可以删除使用“结合”命令在“大纲视图”中生成的大量节点信息。

13 本实例制作完成后的椅子模型效果如图4-46所示。

图4-45

图4-46

对场景中的多个模型使用“结合”命令后，将会在“大纲视图”中生成许多节点信息。随着场景中模型的不断增加，如果不及时清理“大纲视图”，会使得“大纲视图”看起来非常混乱，不利于接下来的工作。

实例操作：制作石膏模型

本例中我们将使用“多边形建模”工具架中的图标来制作一组石膏模型，图4-47所示为本实例的最终完成效果。

图4-47

01 启动Maya 2020软件，单击“多边形建模”工具架中的“多边形圆锥体”图标，在场景中创建一个圆锥体模型，如图4-48所示。

02 在“属性编辑器”面板中，展开“多边形圆锥体历史”卷展栏，设置圆锥体模型的“半径”值为6，“高度”值为12，“轴向细分数”的值为4，如图4-49所示。

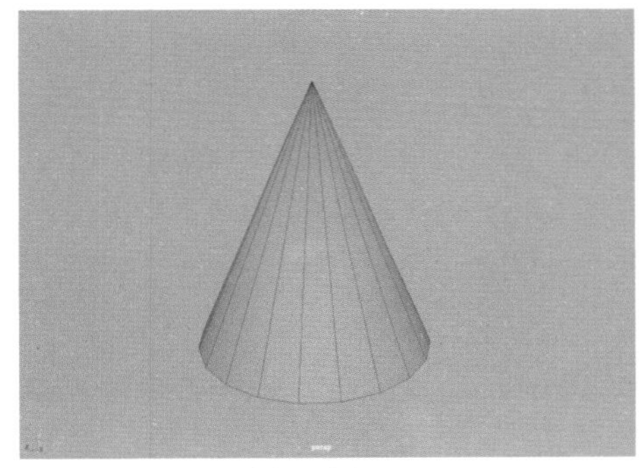

图4-48

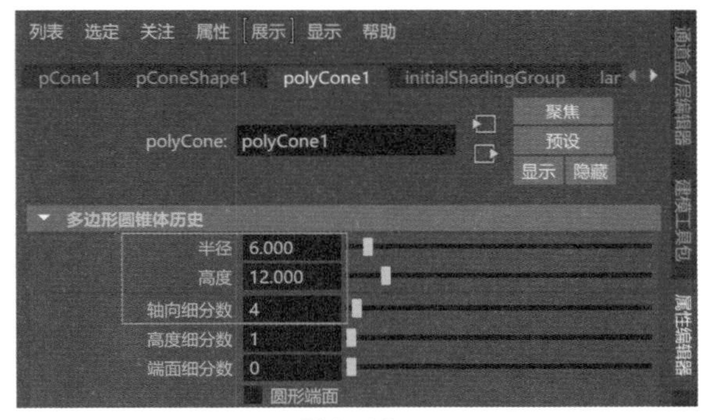

图4-49

03 设置完成后，圆锥体模型的显示结果如图4-50所示。

04 在“多边形建模”工具架上单击“多边形圆柱体”图标，在场景中创建一个圆柱体模型，如图4-51所示。

图4-50

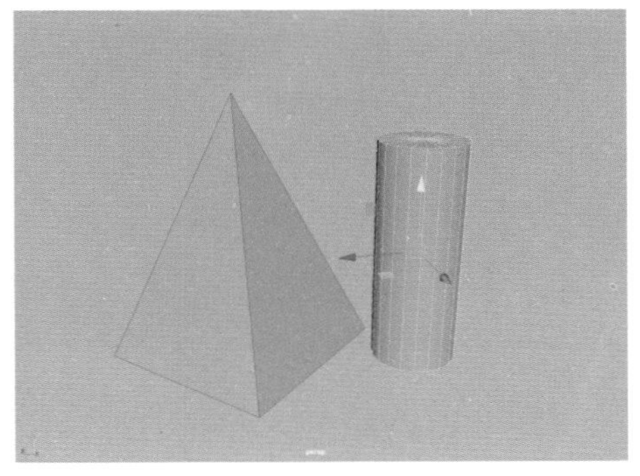

图4-51

05 在“属性编辑器”面板中，展开“多边形圆柱体历史”卷展栏，设置圆柱体模型的“半径”值为2.5，“高度”值为12，“轴向细分数”值为4，如图4-52所示。

06 设置完成后，对圆柱体进行旋转和位移操作，将圆柱体摆放在图4-53所示位置处，制作出十字锥长方柱模型。

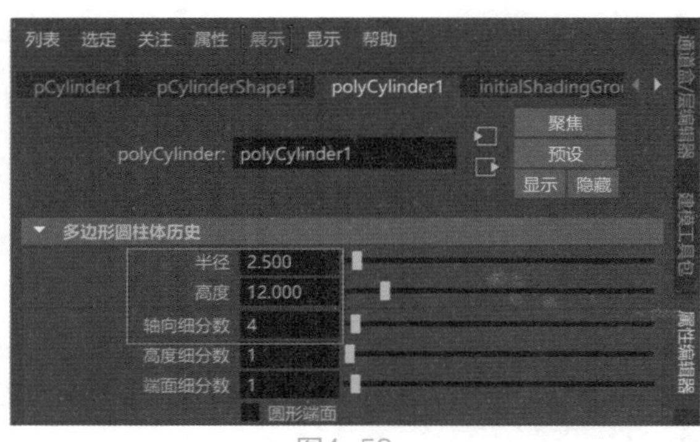

图4-52

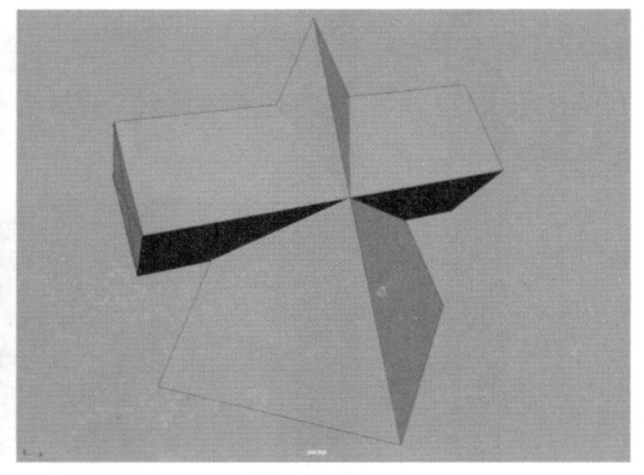
图4-53

07 在“多边形建模”工具架上单击“多边形圆柱体”图标，在场景中再次创建一个圆柱体模型，如图4-54所示。

08 在“属性编辑器”面板中，展开“多边形圆柱体历史”卷展栏，设置圆柱体模型的“半径”值为2.5，“高度”值为10，“轴向细分数”的值为6，如图4-55所示。

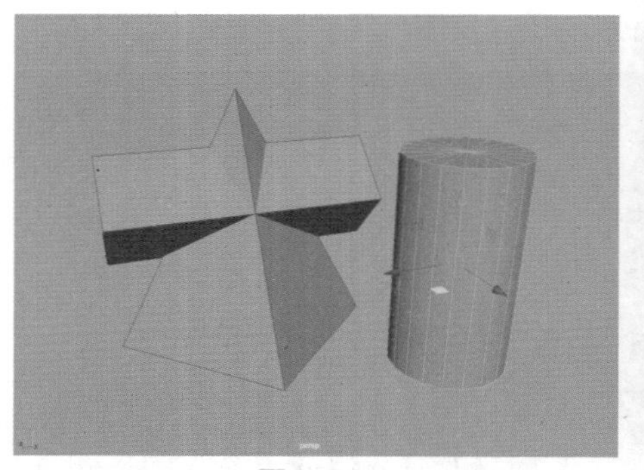
图4-54

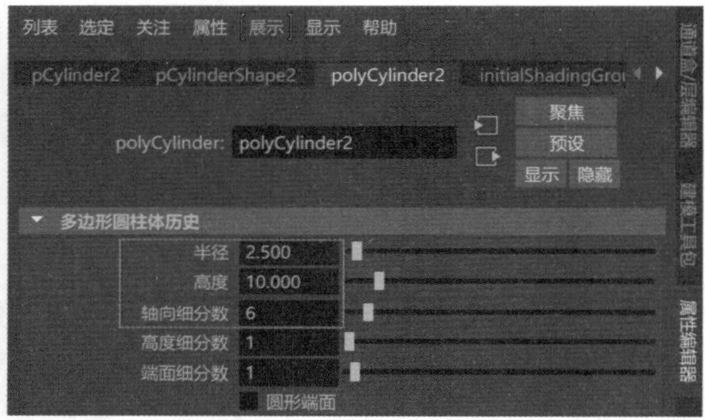

图4-55

09 设置完成后，一个六面柱石膏模型就制作完成了，如图4-56所示。

10 对六面柱石膏模型进行旋转和位移操作，制作完成后的石膏模型效果如图4-57所示。

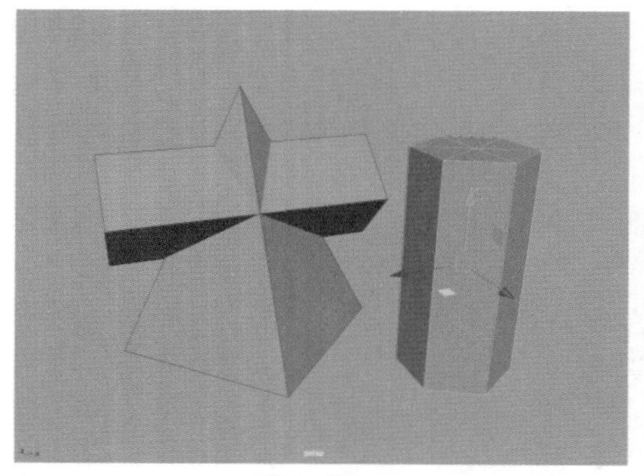
图4-56

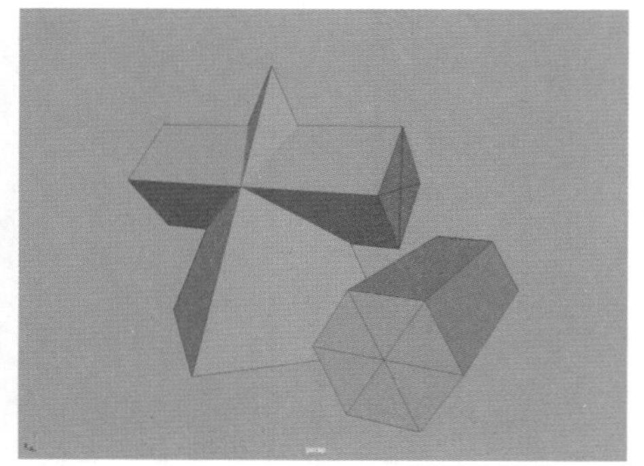
图4-57

4.3 建模工具包

“建模工具包”是Maya为模型师提供的一个快速查找建模命令的工具集合，通过单击“状态行”中的“显示或隐藏建模工具包”按钮，即可以找到建模工具包的面板，或者在Maya 2020工作区的右边，也可以单击“建模工具包”选项卡的名称来显示建模工具包的面板，如图4-58所示。

“建模工具包”包括“菜单”“选择模式”“选择选项”及“命令和工具”这4部分，如图4-59所示。

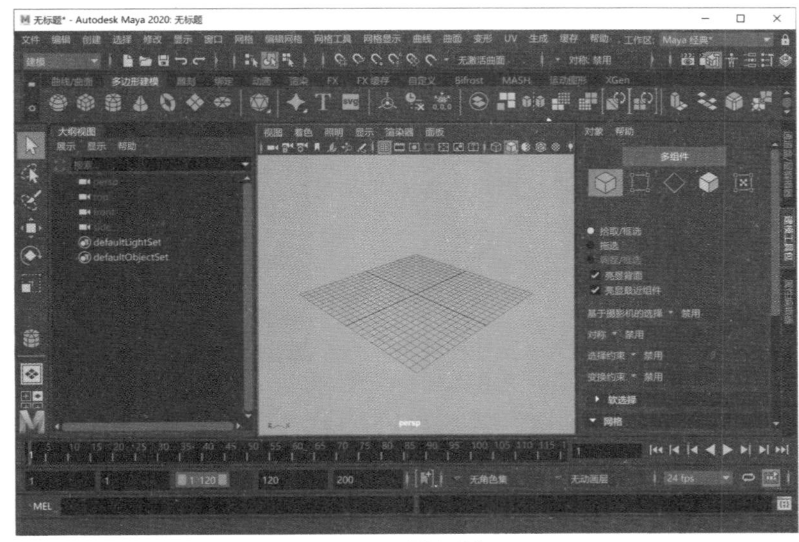

图4-58

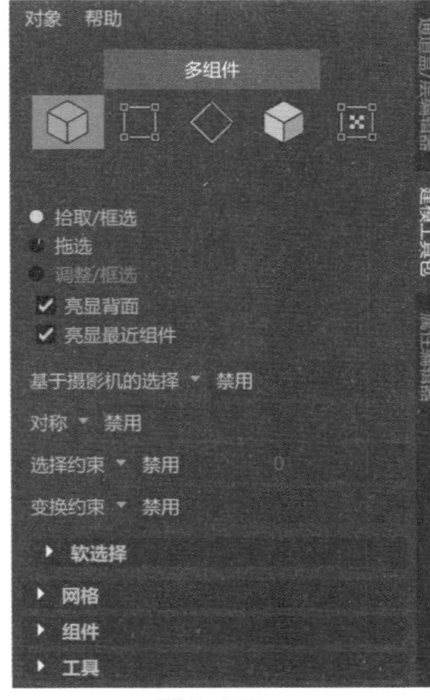

图4-59

4.3.1 多边形选择模式

“建模工具包”的选择模式分为“选择对象”“多组件”和“UV选择”3种。其中，单击“多组件”按钮，可以看到“多组件”又分为“顶点选择”“边选择”和“面选择”3种方式，如图4-60所示。单击对应的工具按钮，用户即可很方便地进入多边形的不同选择模式，来对多边形进行模型编辑建模。

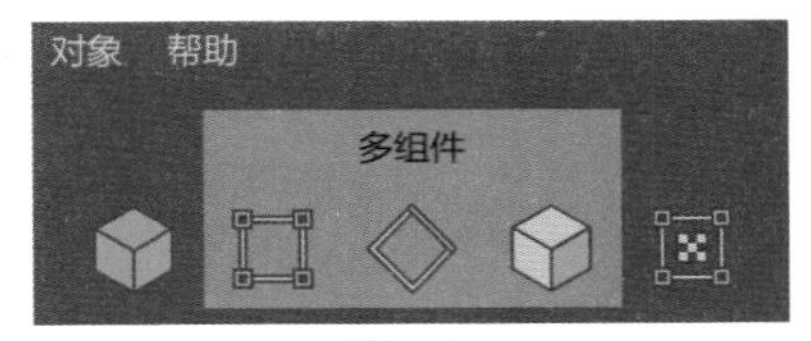

图4-60

对象选择模式的快捷键是：F8。
顶点选择模式的快捷键是：F9。
边选择模式的快捷键是：F10。
面选择模式的快捷键是：F11。
UV选择模式的快捷键是：F12。
按住Ctrl键，单击对应的“多组件”按钮，可以将当前选择转换为该组件类型，如图4-61所示。

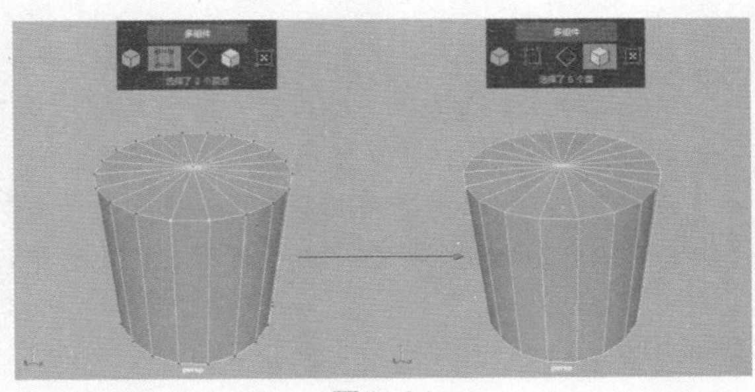
图4-61

4.3.2 选择选项及软选择

“建模工具包”的选择选项位于选择模式按钮的下方，接下来是“软选择”卷展栏，如图4-62所示。

常用参数解析

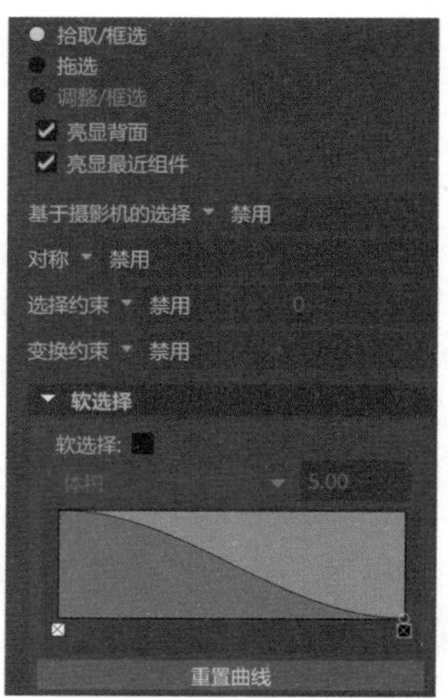

图4-62

- 拾取/框选：在用户要选择的组件上绘制一个矩形框来选择对象。
- 拖选：在多边形对象上按住鼠标左键来进行选择。
- 调整/框选：可用于调整组件进行框选。
- 亮显背面：启用时，背面组件将被预先亮显并可供选择。
- 亮显最近组件：启用时，亮显距光标最近的组件，然后用户可以选择它。
- 基于摄影机的选择：启用该命令后，可以根据摄影机的角度来选择对象组件。
- 对称：启用该命令后，可以以“对象X/Y/Z”及“世界X/Y/Z”的方式来对称选择对象组件。
- 软选择：启用“软选择”后，选择周围的衰减区域将获得基于衰减曲线的加权变换。如果此选项处于启用状态，并且未选择任何内容，将光标移动到多边形组件上会显示软选择预览，如图4-63所示。
- “衰减模式”下拉列表：用于设定“软选择”衰减区域的形状，有“体积”“表面”“全局”和“对象”4种选项，如图4-64所示。

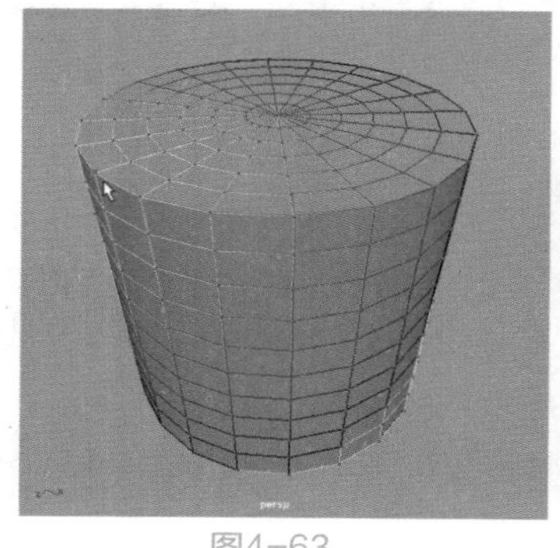
图4-63

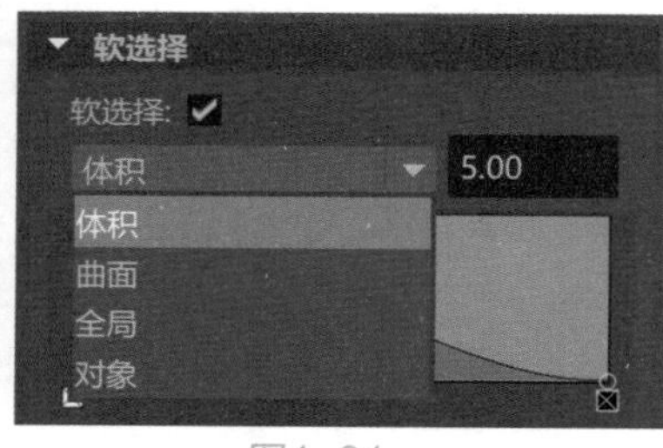

图4-64

- 体积：围绕选择延伸一个球形半径，并逐渐影响球形范围内的所有顶点。
- 表面：当“衰减模式”设定为“表面”时，衰减基于符合表面轮廓的圆形区域。
- 全局：衰减区域的确定方式与“体积”设置相同，只是“软选择”会影响“衰减半径”中的任何网格，包括不属于原始选择的网格。
- 对象：可以使用衰减平移、旋转或缩放场景中的对象，而无须对对象本身进行变形。
- “重置曲线”按钮：用于将所有“软选择”的设置重置为默认值。

4.3.3 多边形编辑工具

多边形编辑工具位于选择选项的下方，其中包括“网格”卷展栏、“组件”卷展栏和“工具”卷展栏，如图4-65所示。

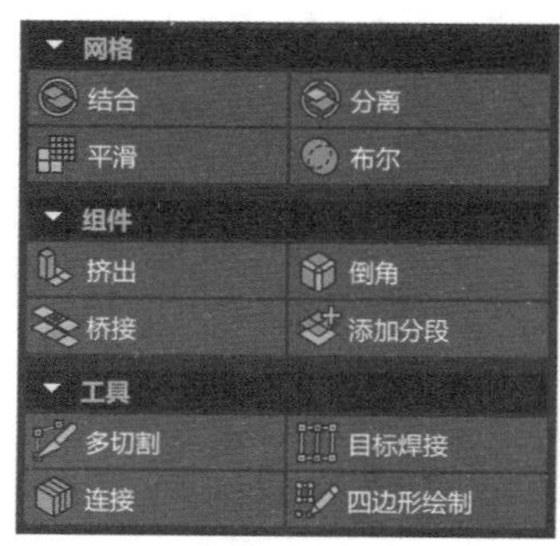

图4-65

常用参数解析

①“网格”卷展栏

- 结合：将选定的网格组合到单个多边形网格中，如图4-66所示。

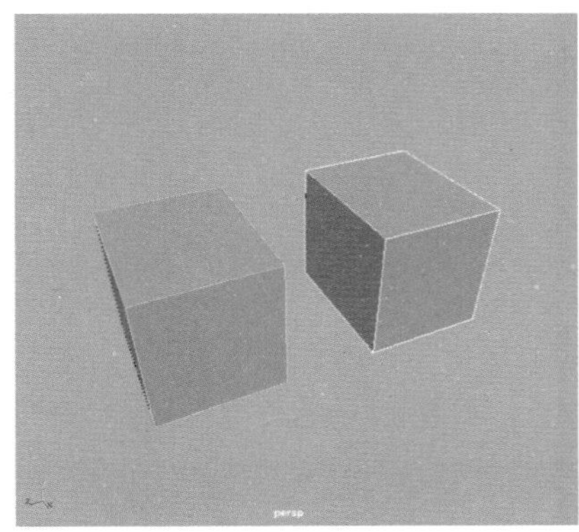

图4-66

- 分离：将网格中断开的壳分离为单独的网格。可以立即分离所有壳，或者首先选择要分离的壳上的某些面，指定要分离的壳，如图4-67所示。

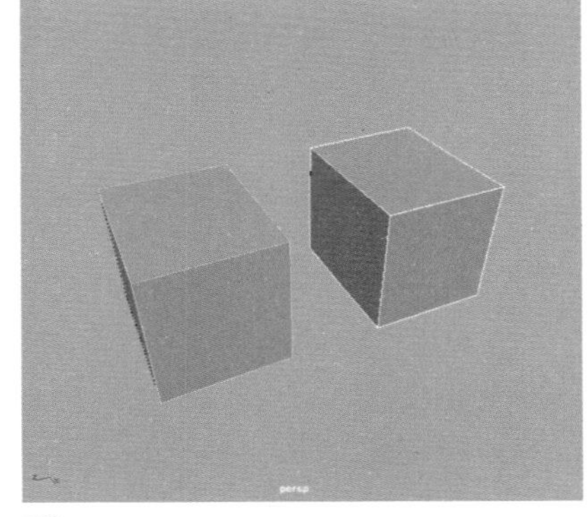

图4-67

- 平滑：通过向网格上的多边形添加分段来平滑选定多边形网格，如图4-68所示。

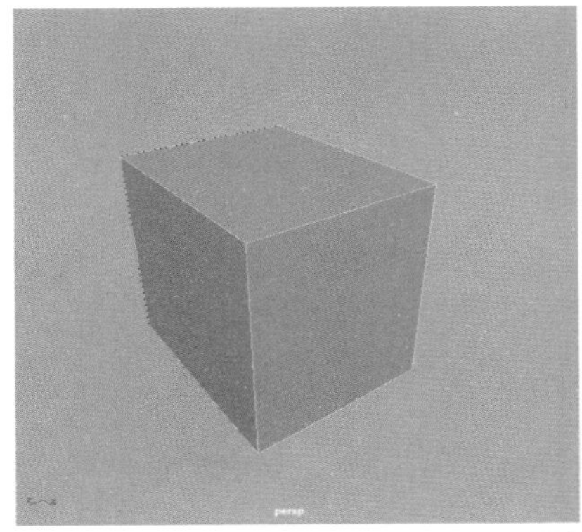
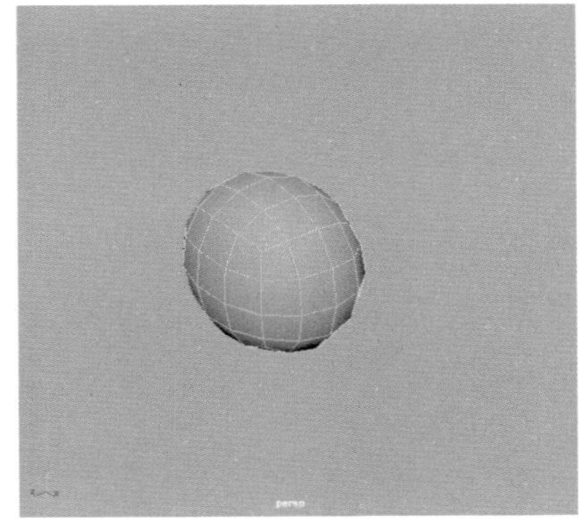

图4-68

- 布尔：执行布尔并集，以组合所选网格的体积。原始的两个对象均保留，并减去交集，如图4-69所示。

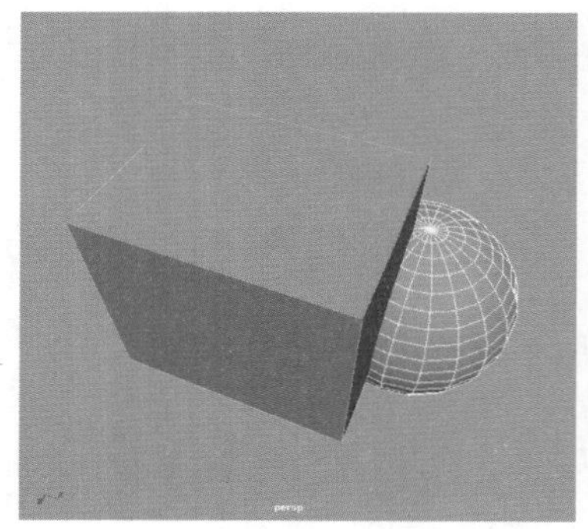
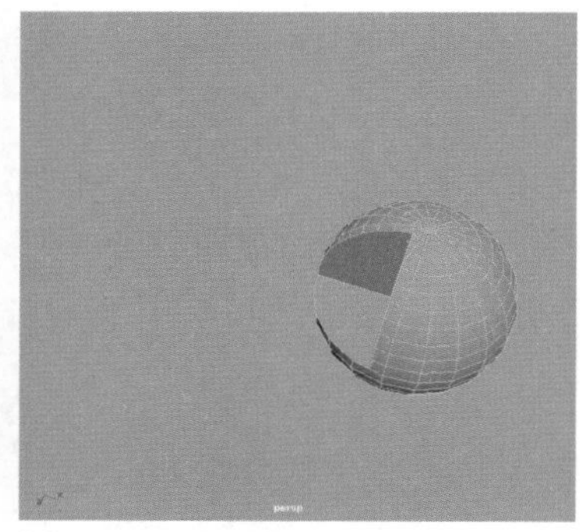

图4-69

②“组件”卷展栏

- 挤出：可以从现有面、边或顶点挤出新的多边形，如图4-70所示。

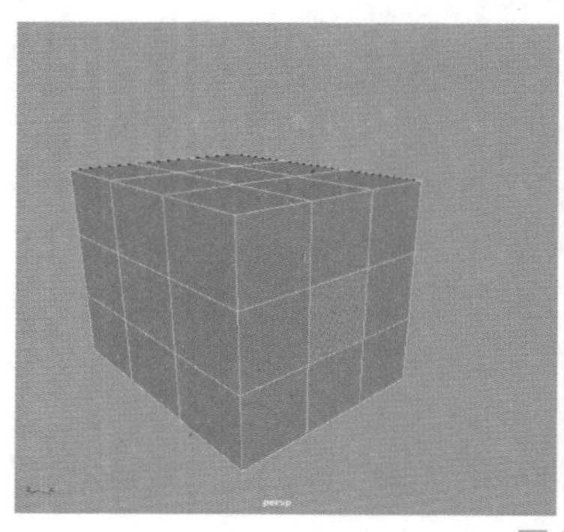
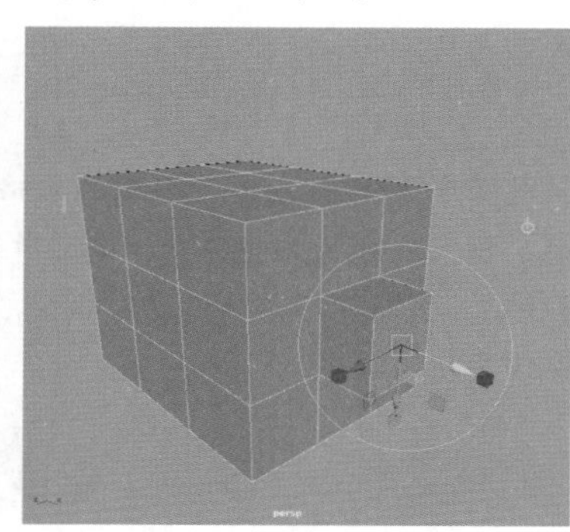

图4-70

- 倒角：可以对多边形网格的顶点进行切角处理，或使其边成为圆形边，如图4-71所示。

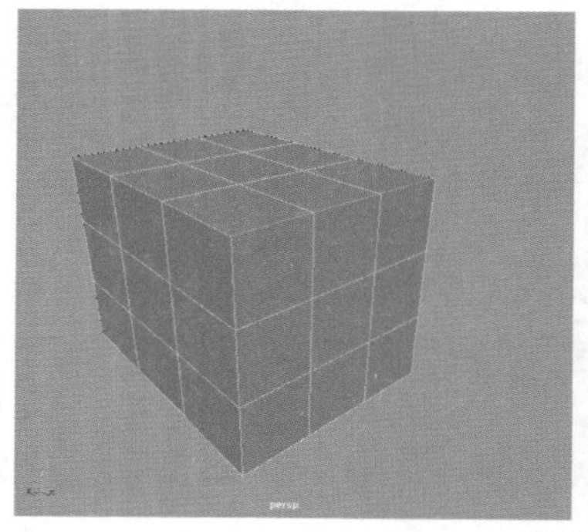
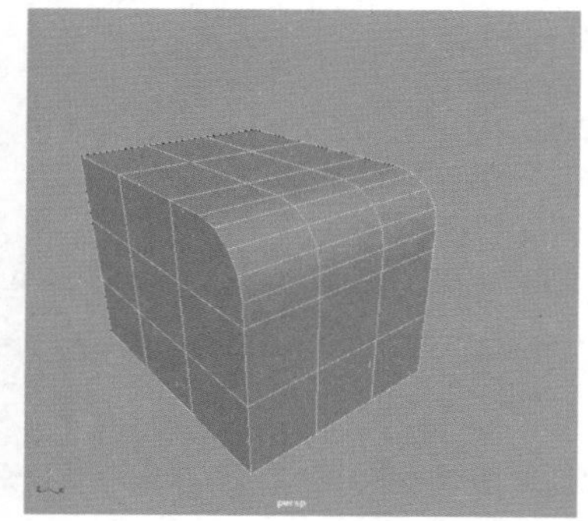

图4-71

- 桥接：可用于在现有多边形网格上的两组面或边之间创建桥接（其他面），如图4-72所示。

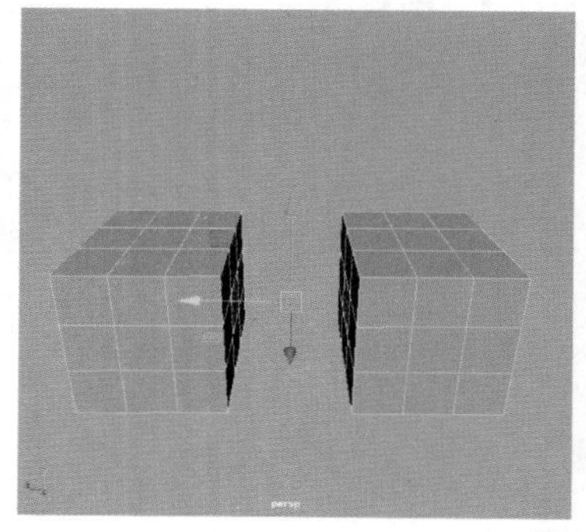
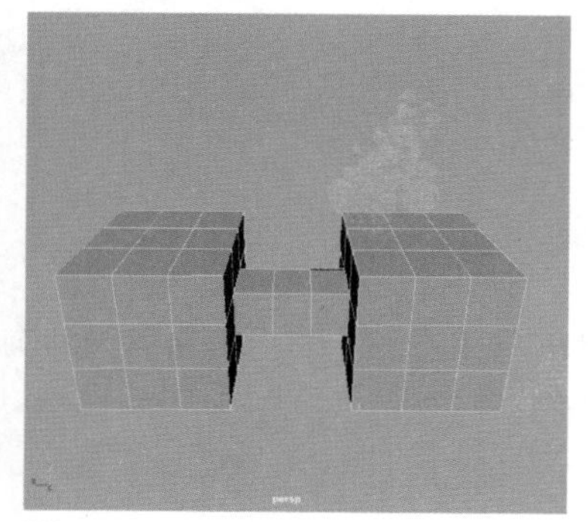

图4-72

- 添加分段：将选定的多边形组件（边或面）分割为较小的组件，如图4-73所示。

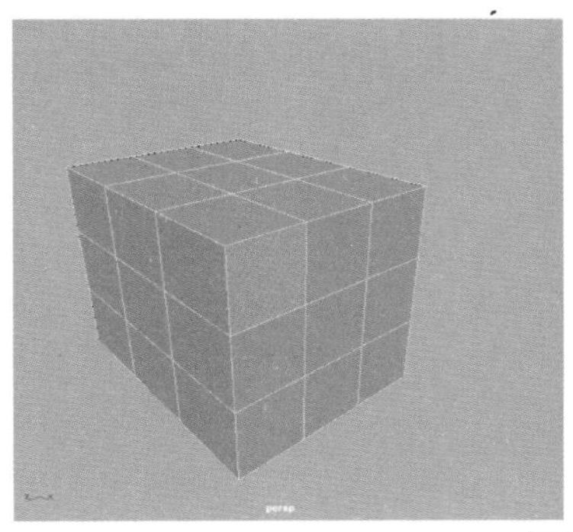
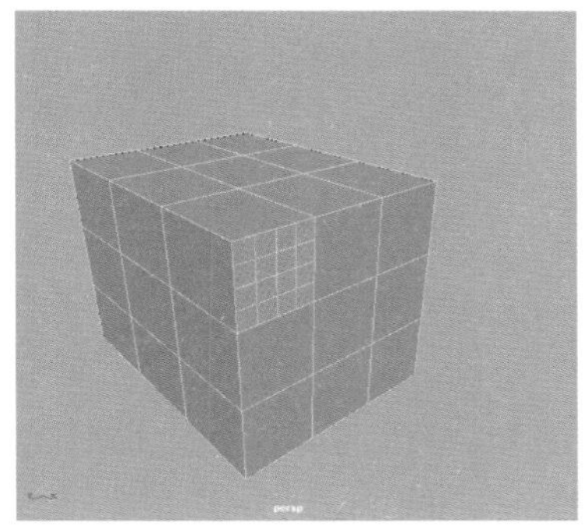

图4-73

③“工具”卷展栏

- 多切割：对循环边进行切割、切片和插入操作，如图4-74所示。

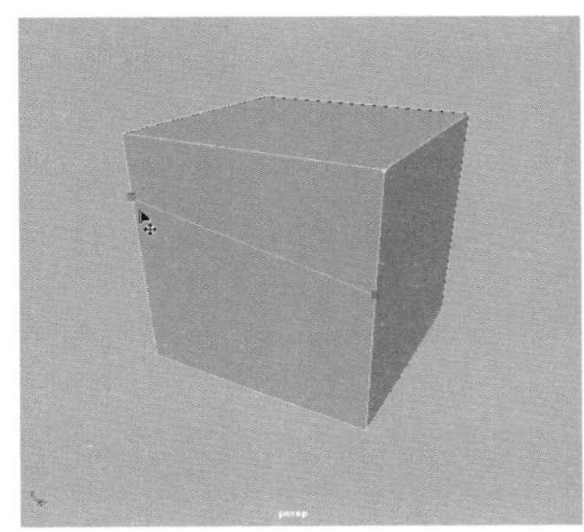
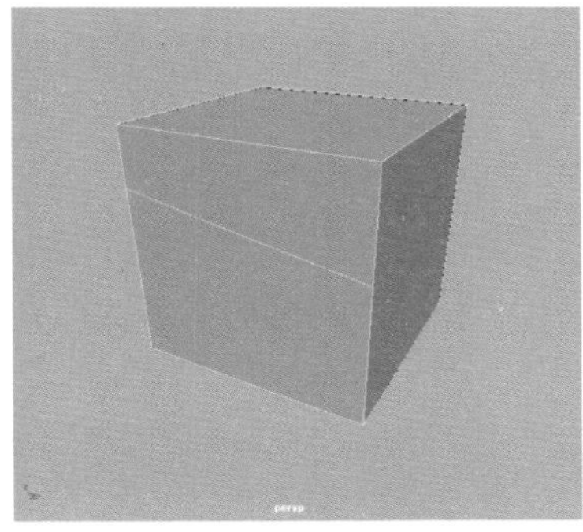

图4-74

- 目标焊接：合并顶点或边，以在它们之间创建共享顶点或边。只能在组件属于同一网格时进行合并，如图4-75所示。

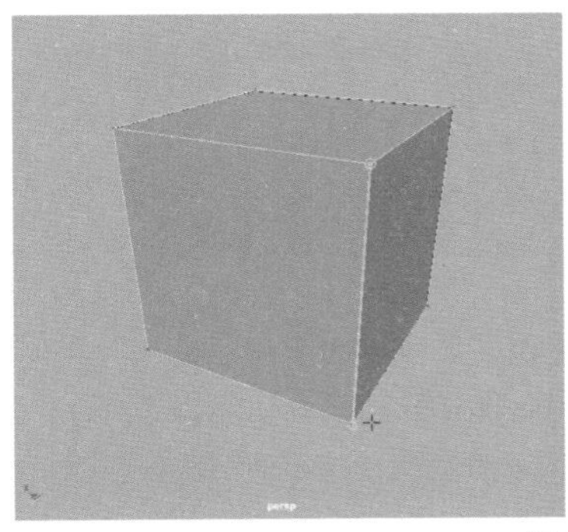
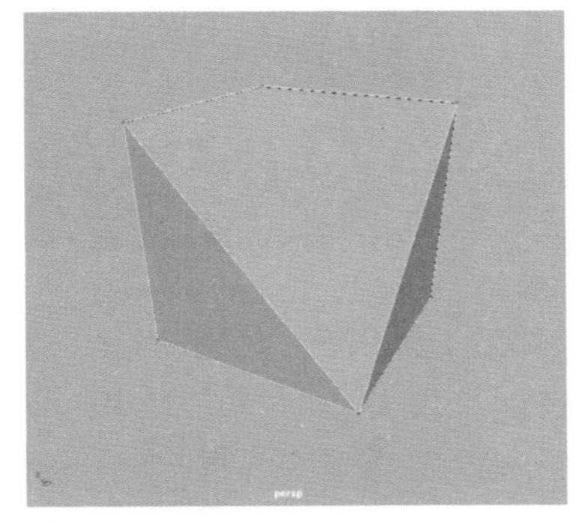

图4-75

- 连接：可以通过其他边连接顶点和/或边，如图4-76所示。
- 四边形绘制：以自然而有机的方式建模，使用简化的单工具工作流重新拓扑化网格。在进行拓扑流程时，可以在保留参考曲面形状的同时，创建整洁的网格，如图4-77所示。

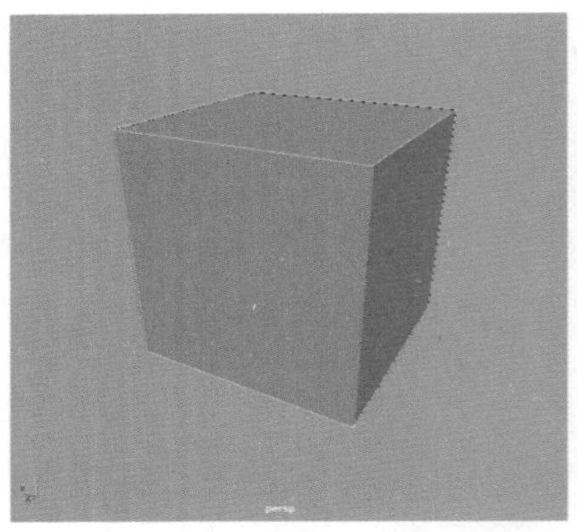

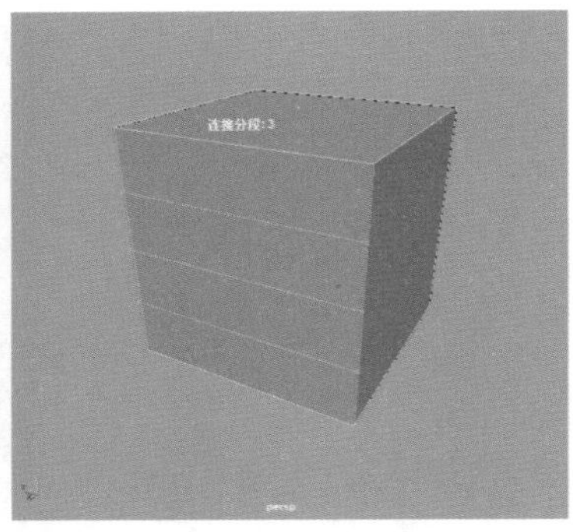

图4-76

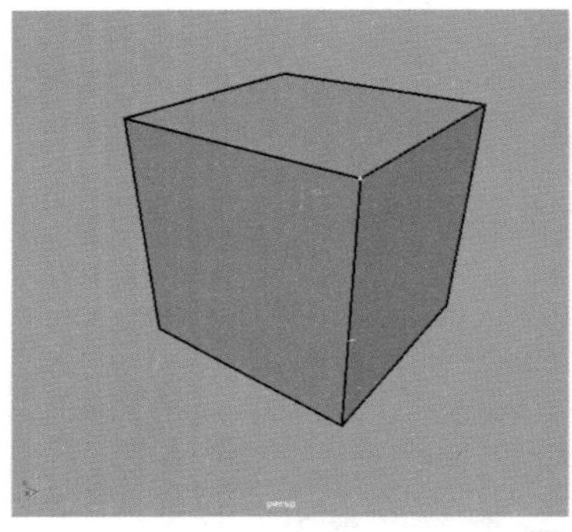

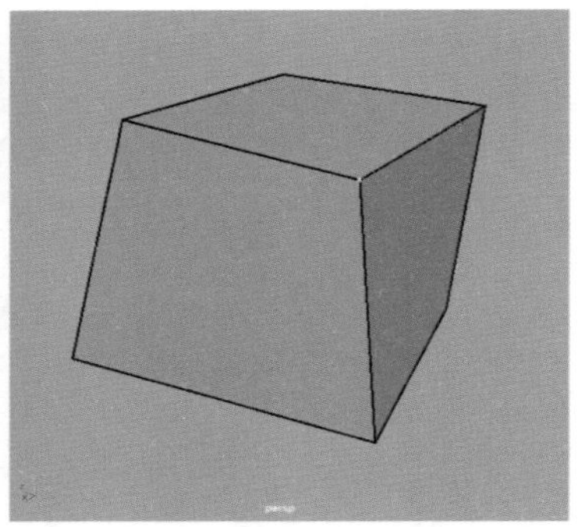

图4-77

实例操作：制作图书模型

使用Maya的“建模工具包”几乎可以制作出任何复杂的三维模型。在本例中，我们就使用“建模工具包”中的命令来制作一个图书的三维模型，图4-78所示为本实例的最终完成效果。

图4-78

01 启动Maya 2020软件，在场景中创建一个长方体模型，如图4-79所示。

02 选择长方体模型，右击并执行“边”命令，选择图4-80所示的4条边线。

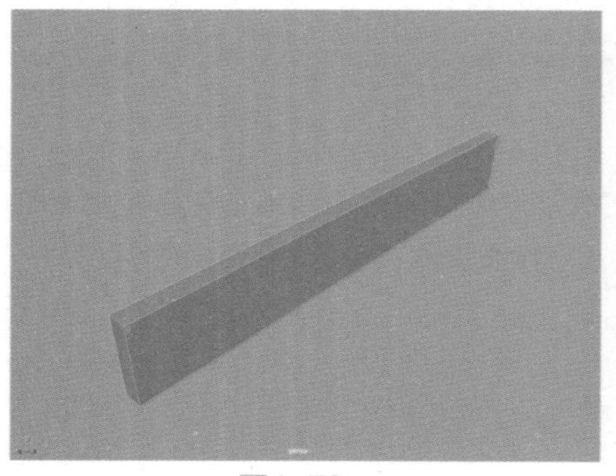

图4-79

图4-80

03 在“建模工具包”面板中，单击“连接”按钮，并设置“连接分段”的值为2，如图4-81所示。

04 使用“缩放”工具微调“连接”按钮所生成的边线位置，如图4-82所示。

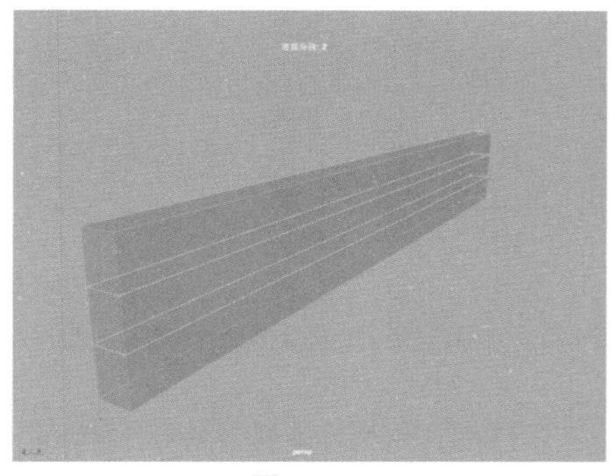
图4-81

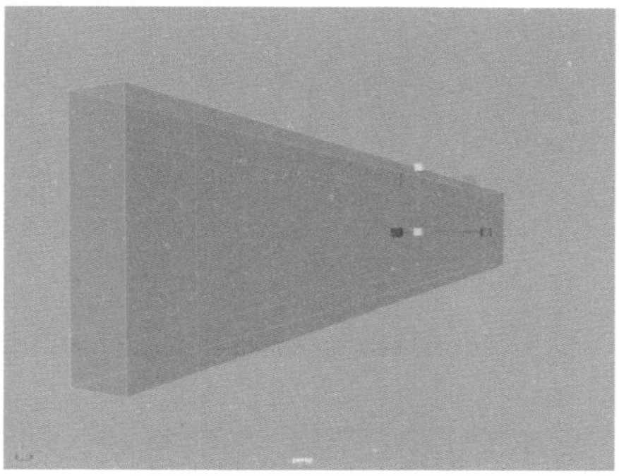

图4-82

05 右击并执行“面”命令，选择图4-83所示的面。

06 在“建模工具包”面板中，单击“挤出”按钮，对所选择的面进行挤出操作，如图4-84所示。

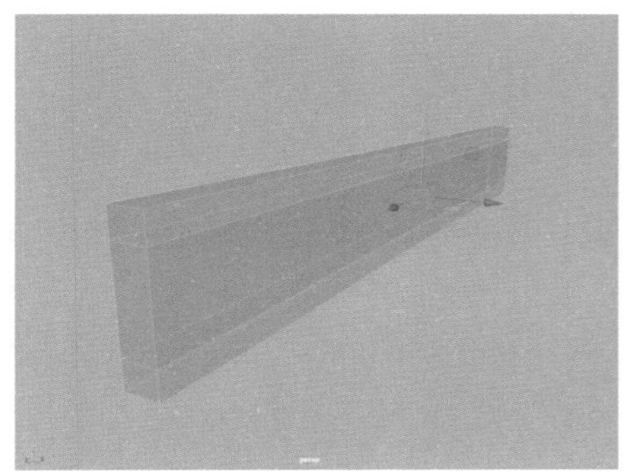
图4-83

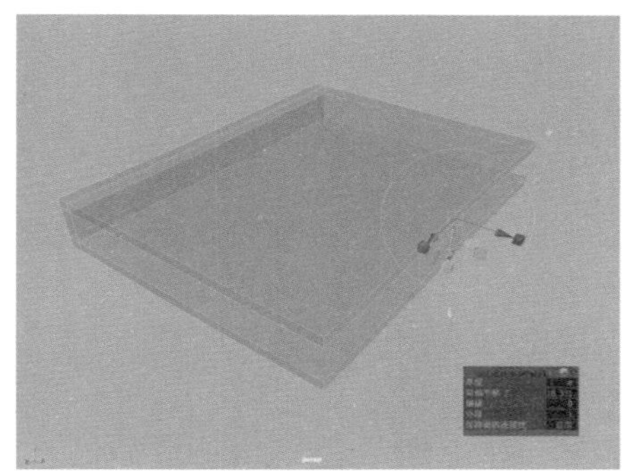
图4-84

07 选择图4-85所示的4条边线，单击“倒角”按钮，制作出图书封皮边角的细节，如图4-86所示。

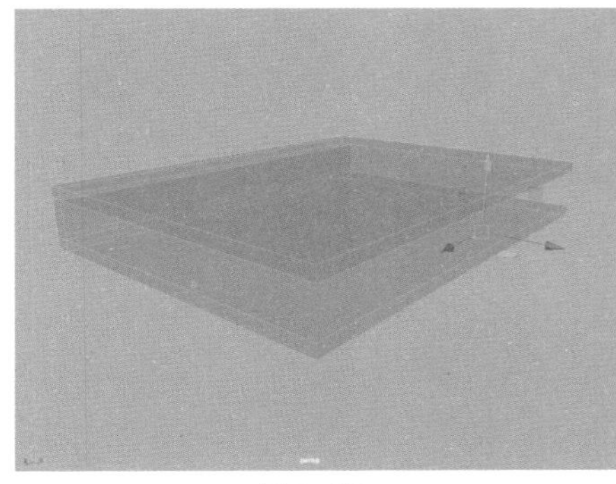
图4-85

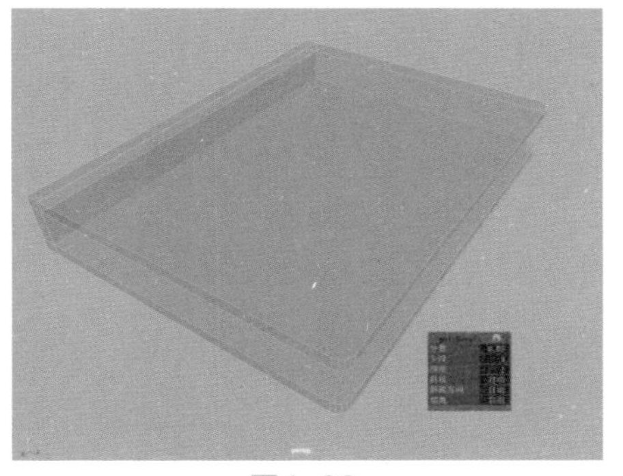
图4-86

08 接下来，制作图书模型的内页结构。选择图4-87所示的两条边线，单击“连接”按钮，并设置“连接分段”的值为2，得到图4-88所示的模型结果。

09 使用“缩放”工具微调“连接”按钮所生成的边线位置，如图4-89所示。

10 选择图4-90所示的面，对其进行“挤出”操作，制作出图书的内页结构，如图4-91所示。

11 最后对模型封皮上的“顶点”进行细微调整，降低图书封皮的厚度，如图4-92所示。

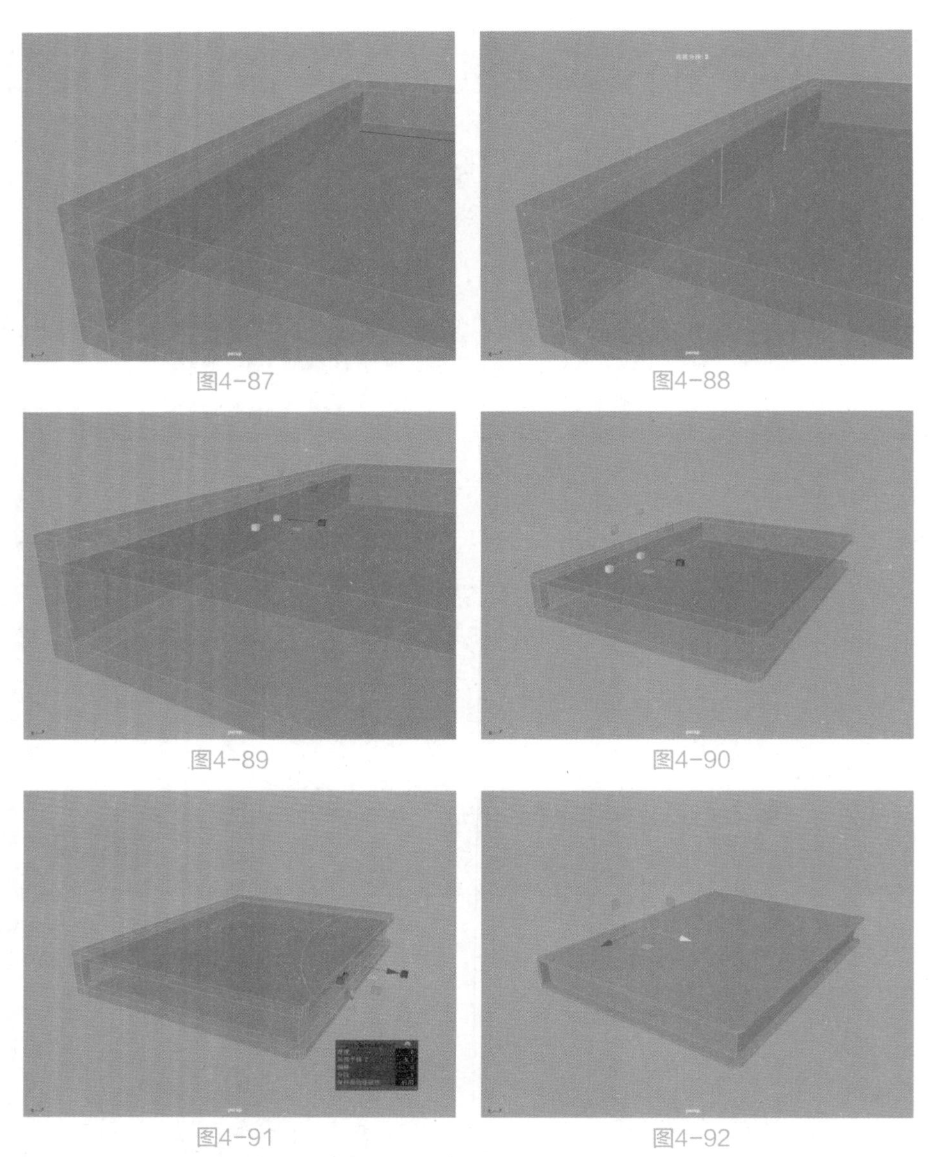

图4-87　图4-88

图4-89　图4-90

图4-91　图4-92

12 本实例的最终模型完成效果如图4-93所示。

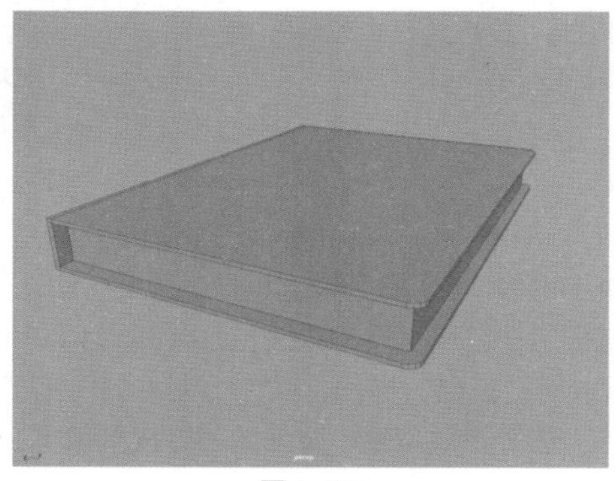

图4-93

实例操作：制作单人沙发模型

在本例中，我们使用“建模工具包”中的命令来制作一个单人沙发的三维模型，图4-94所示为本实例的最终完成效果。

图4-94

01 启动Maya 2020软件，在场景中创建一个长方体模型，如图4-95所示。

02 对创建出来的长方体模型进行复制，并调整位置至图4-96所示，制作出4个沙发腿模型。

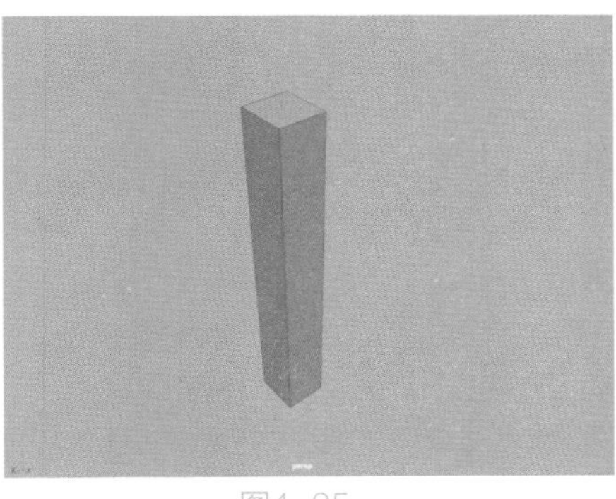

图4-95

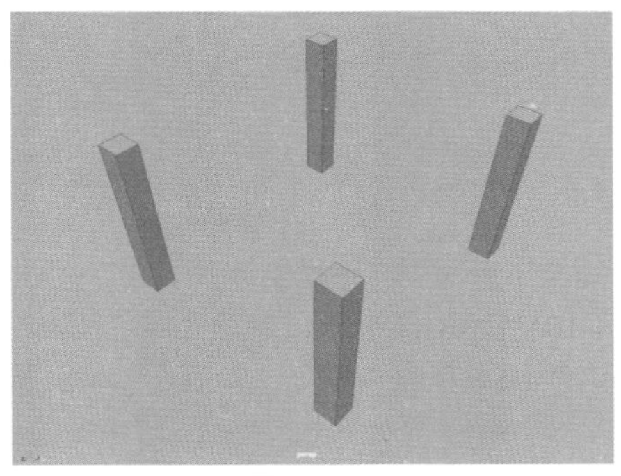

图4-96

03 再次在场景中创建一个长方体模型，并调整其大小和位置至图4-97所示。

04 对该长方体模型进行多次复制，并调整其位置和旋转方向，制作出沙发的支撑结构，如图4-98所示。

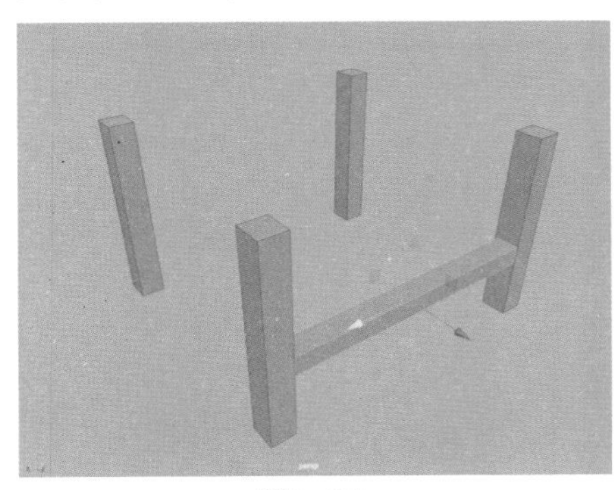

图4-97

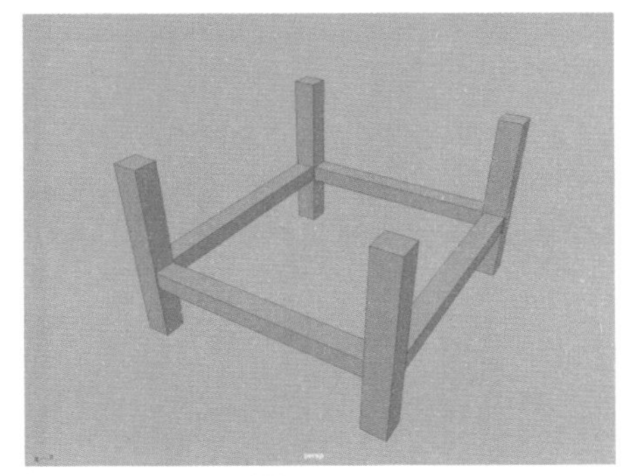

图4-98

05 在图4-99所示场景位置处创建一个长方体模型。

06 选择图4-100所示的4条边线，打开“属性编辑器”面板，单击“连接”按钮，添加图4-101所示的两条边线。

07 使用“缩放”工具对边线的位置进行调整，如图4-102所示。

图4-99

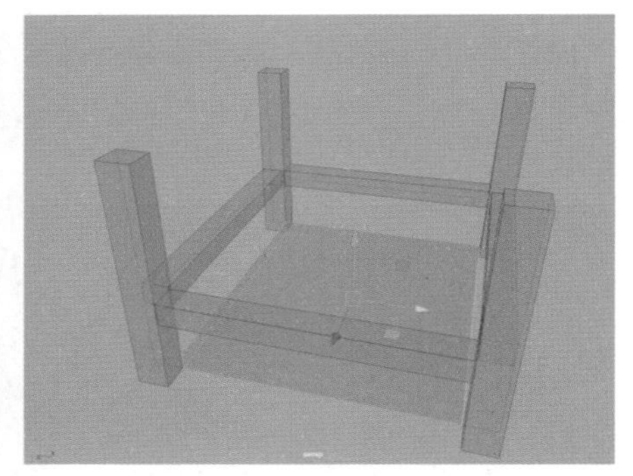
图4-100

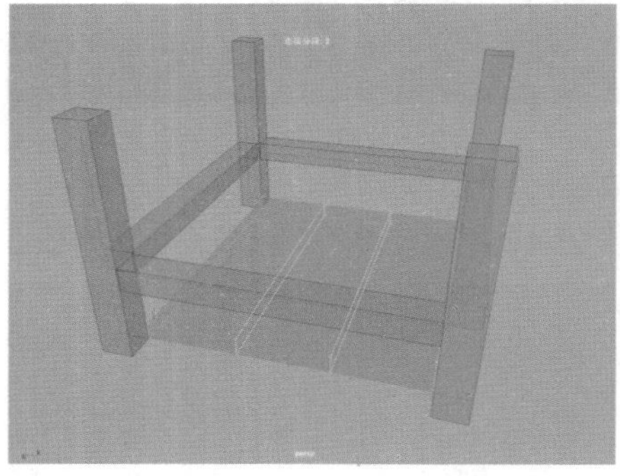
图4-101

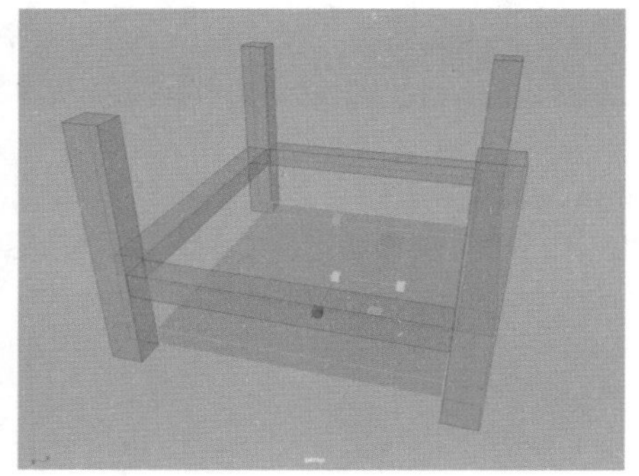
图4-102

08 以相同的操作步骤再次为模型添加边线，如图4-103所示。

09 选择图4-104所示的两个面，对其应用“桥接”命令，制作出图4-105所示的模型效果。

10 在场景中图4-106所示位置处创建一个长方体模型。

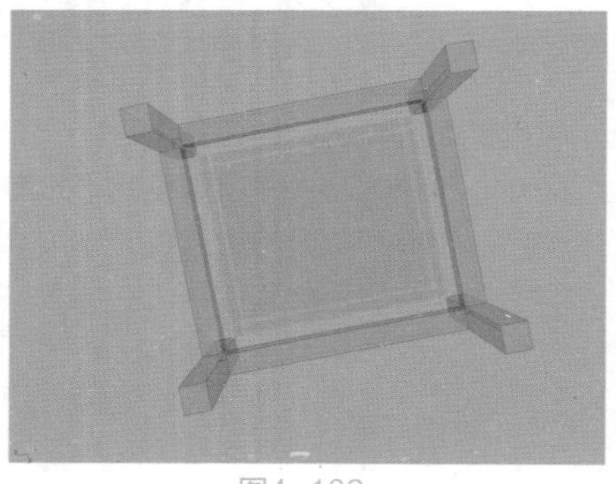
图4-103

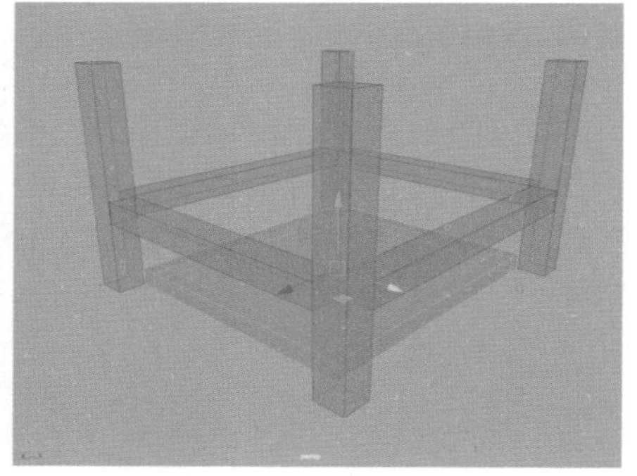
图4-104

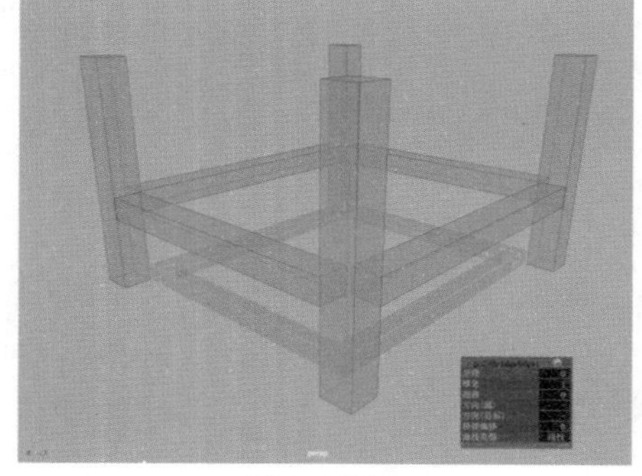
图4-105

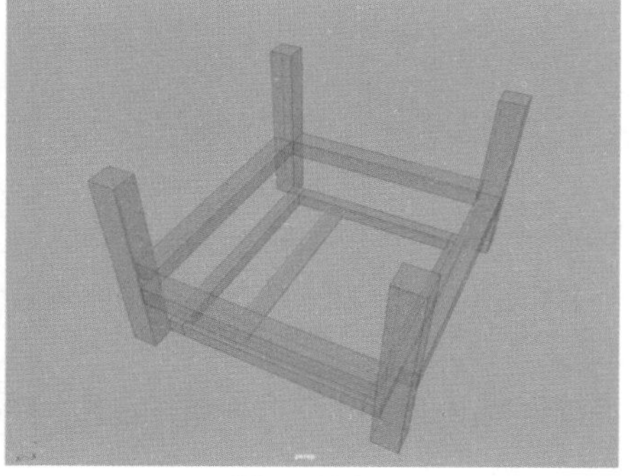
图4-106

11 对该长方体模型进行多次复制，并调整其位置至图4-107所示。

12 对场景中模型的位置进行细微调整，得到图4-108所示的模型效果。

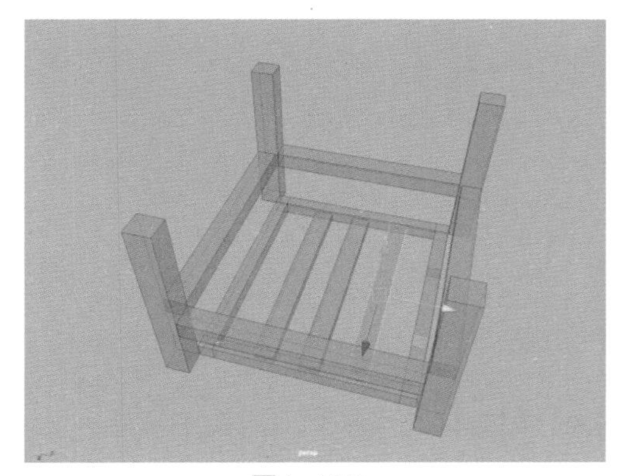
图4-107

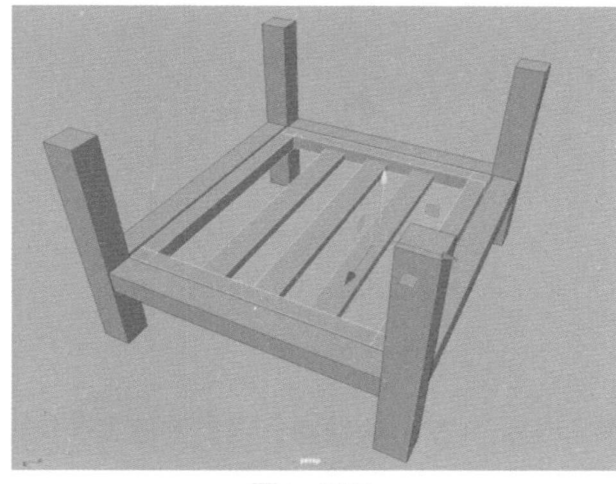
图4-108

13 使用相似的操作步骤分别制作出沙发的扶手结构和其他木制结构，如图4-109所示。

14 接下来，开始制作沙发的坐垫模型，在场景中创建一个长方体模型，设置其大小和位置至图4-110所示。

图4-109

图4-110

15 选择长方体模型的所有边线，应用“倒角”命令，制作出图4-111所示的模型效果，使得长方体模型的边线圆滑一些。

16 按下3快捷键，显示坐垫模型的平滑效果，如图4-112所示。

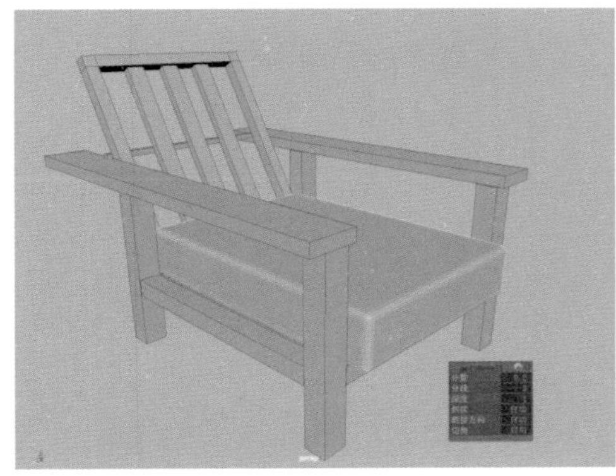
图4-111

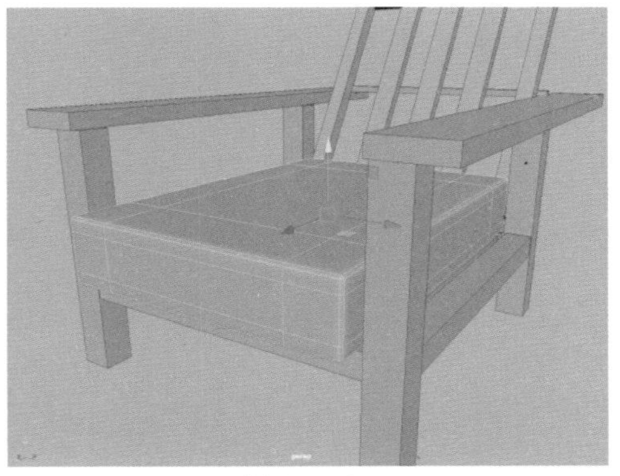
图4-112

17 选择图4-113所示的面，沿Y轴向上略微调整，制作出图4-114所示的模型效果。

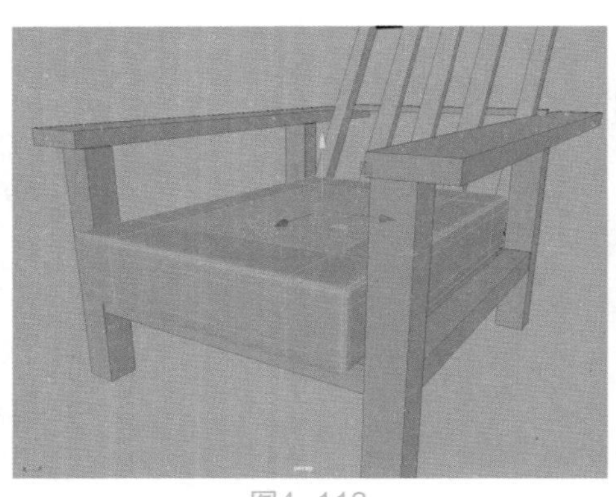
图4-113

图4-114

18 制作完成后，按下1快捷键，恢复到原本的模型状态，如图4-115所示。

19 在“属性编辑器”面板中，单击“平滑”按钮，并设置“分段”的值为2，对坐垫模型进行平滑计算，得到图4-116所示的模型效果。

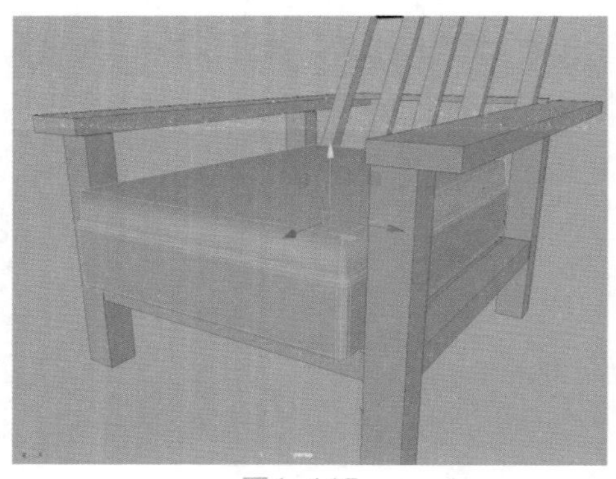
图4-115

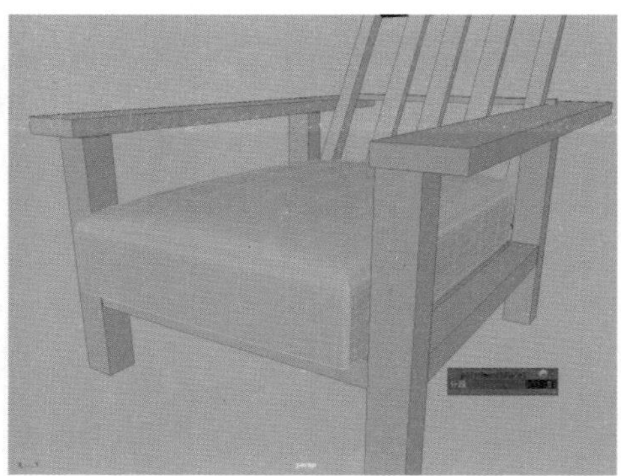
图4-116

20 将制作好的沙发坐垫模型复制出来一个，对其进行旋转和位移操作，制作出沙发的靠背结构，如图4-117所示。

21 本实例的最终模型效果如图4-118所示。

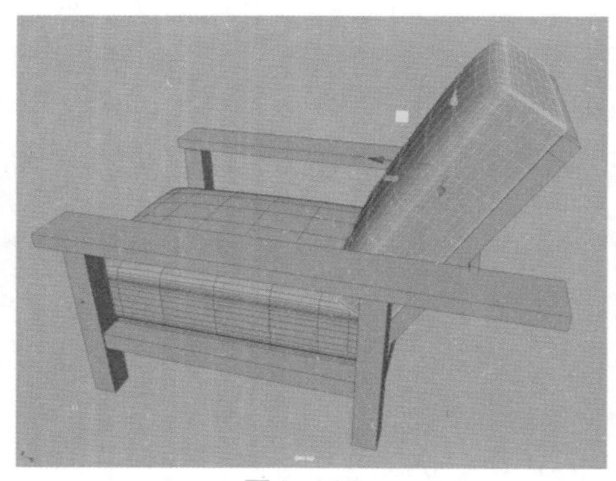
图4-117

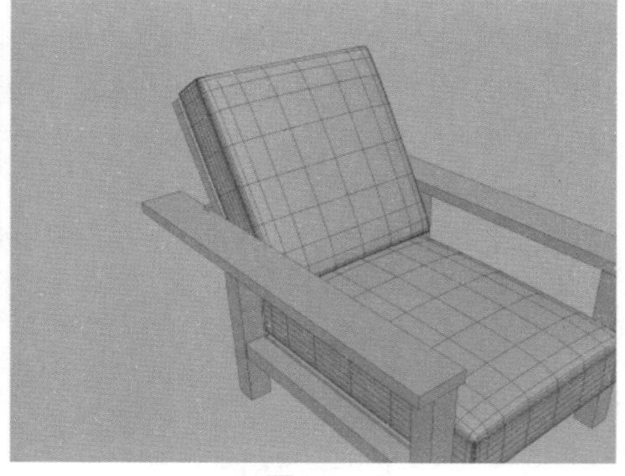
图4-118

实例操作：制作烟灰缸模型

在本例中，我们使用“建模工具包”中的命令来制作一个烟灰缸的三维模型，图4-119所示为本实例的最终完成效果。

图4-119

01 启动Maya 2020软件，在场景中创建出一个圆柱体模型，如图4-120所示。

02 在“属性编辑器”面板中，展开“多边形圆柱体历史”卷展栏，设置“半径”值为6，“高度”值为3，“轴向细分数”值为36，如图4-121所示。

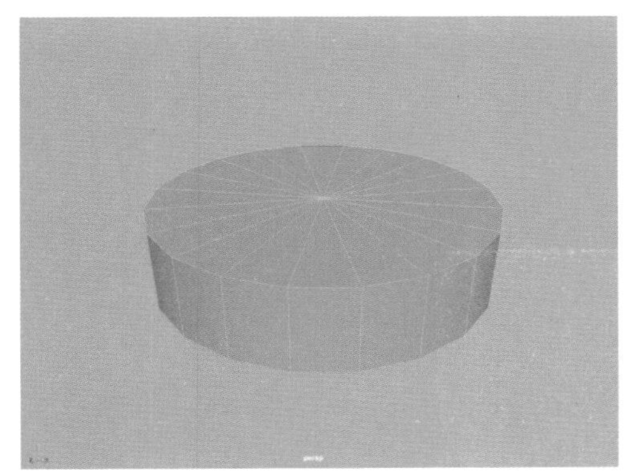

图4-120

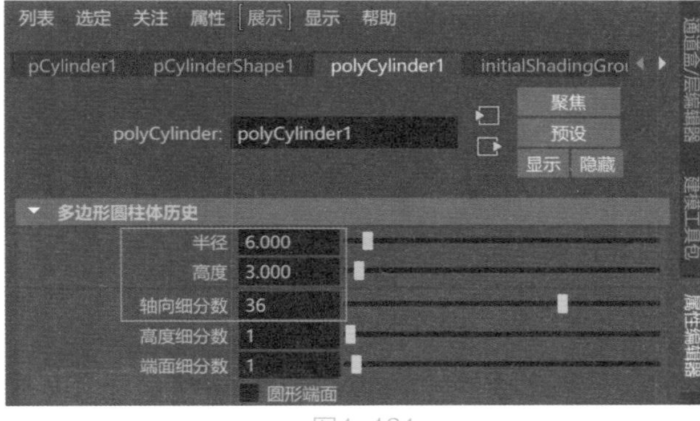

图4-121

03 选择图4-122所示的边线，对其进行“倒角”处理，制作出图4-123所示的模型效果。

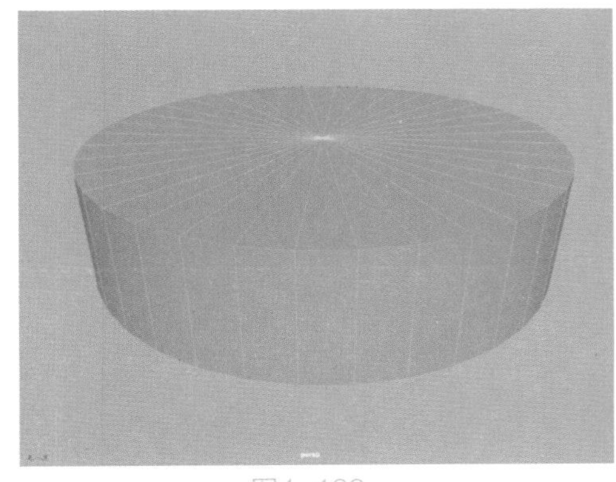

图4-122

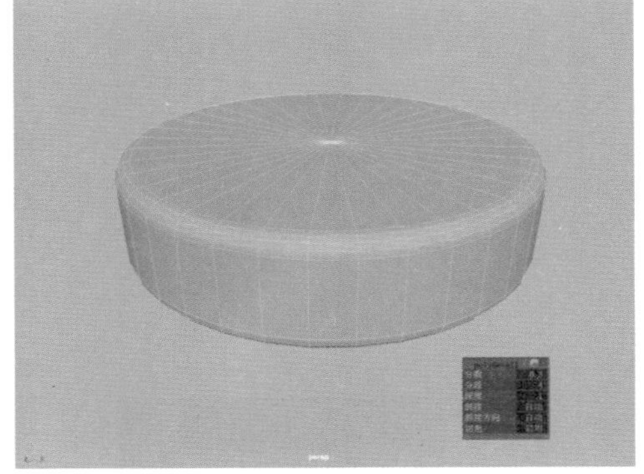

图4-123

04 按下Ctrl+D快捷键，对圆柱体模型进行复制，并对复制出来的圆柱体模型进行缩放和位移操作，如图4-124所示。

05 先选择场景中较大的圆柱体模型，按下Shift快捷键，加选场景中较小的圆柱体模型，单击“网格”卷展栏中的“布尔”按钮，如图4-125所示。

06 将“布尔”的“运算”选项设置为“差集”，即可得到两个模型相减的模型计算效果，如图4-126所示。

07 单击“多边形圆柱体”按钮，在右视图中创建一个圆柱体模型，如图4-127所示。

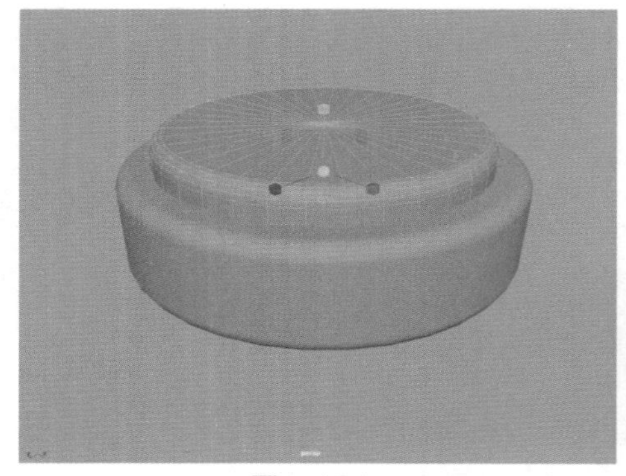

图4-124

图4-125

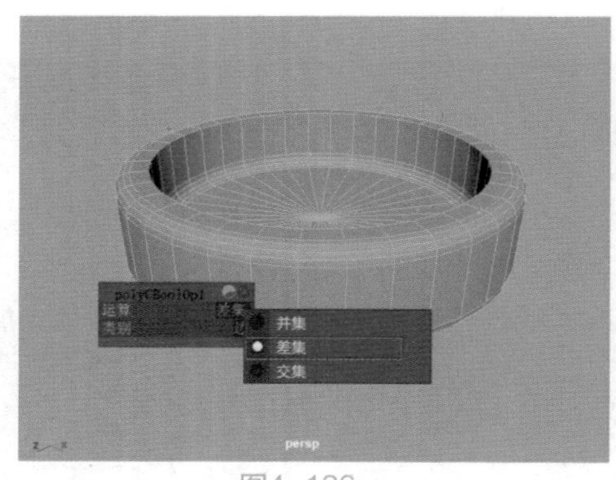

图4-126

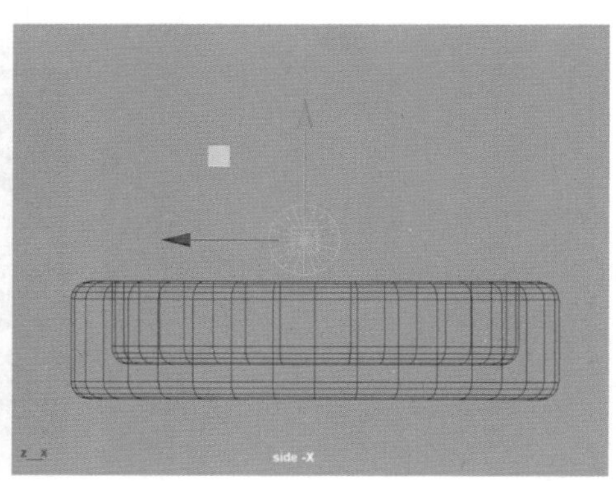

图4-127

08 单击“捕捉到点”按钮，开启Maya软件的“捕捉到点”功能，如图4-128所示。

09 在“透视视图”中，按住D快捷键，将圆柱体模型的坐标轴更改到圆柱体一侧的中心位置，如图4-129所示。

图4-128

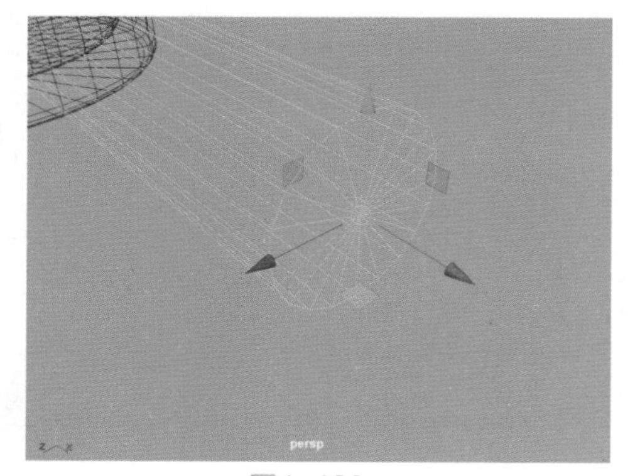

图4-129

10 对圆柱体模型进行复制，并以自身的坐标轴为中心点旋转120度，如图4-130所示。

11 按下Shift+D快捷键，再次得到一个圆柱体模型，如图4-131所示。

12 在“顶视图”中，调整这3个圆柱体模型的位置至图4-132所示位置处。

13 在“透视视图”中，调整模型的高度至图4-133所示位置处。

14 对场景中的圆柱体模型依次执行“布尔”操作，得到一个带有凹槽的烟灰缸模型，如图4-134所示。

15 本实例的最终完成效果如图4-135所示。

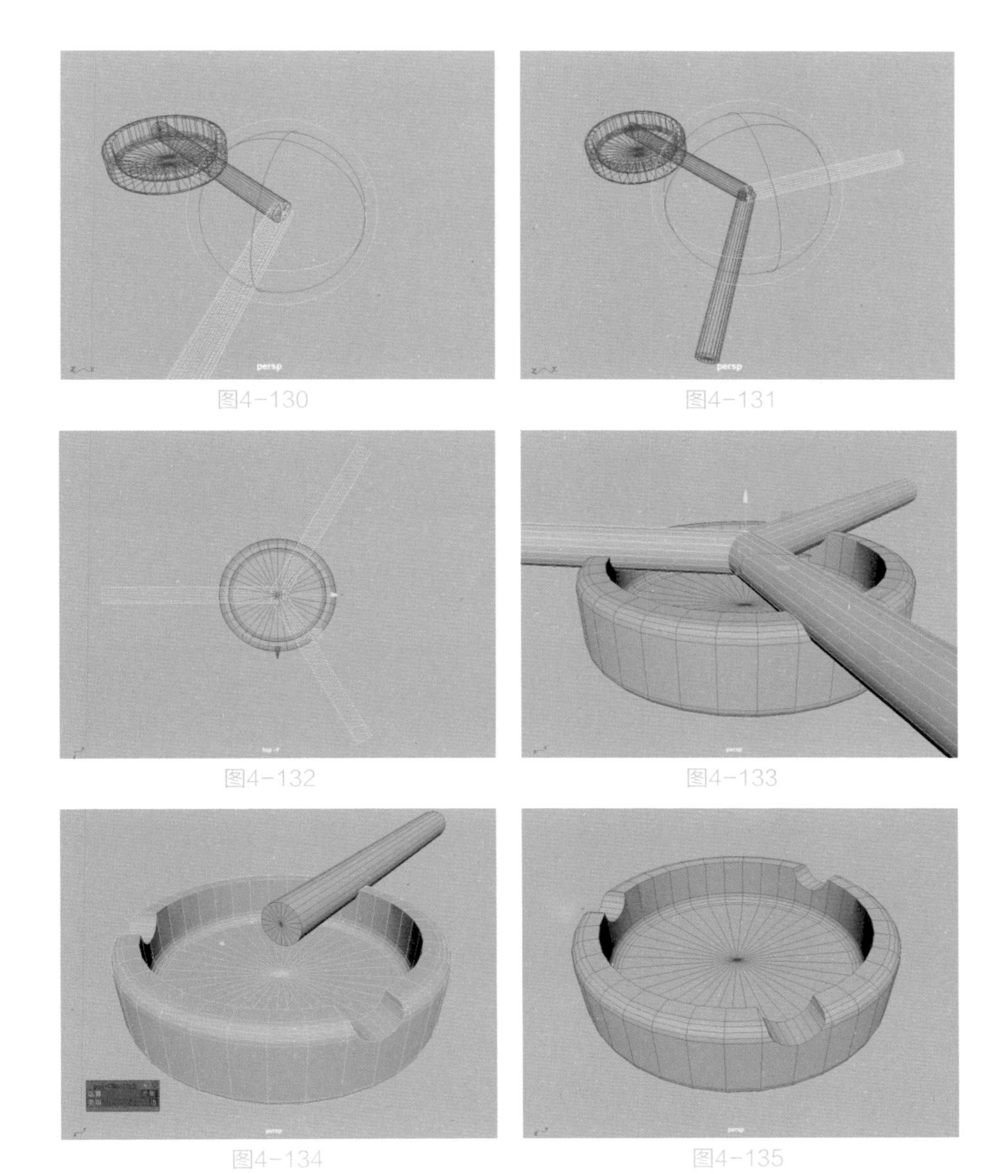

图4-130 图4-131

图4-132 图4-133

图4-134 图4-135

实例操作：制作茶几模型

在本例中，我们使用“建模工具包”中的命令来制作一个茶几的三维模型，图4-136所示为本实例的最终完成效果。

图4-136

01 启动Maya 2020软件，在场景中创建一个多边形长方体，如图4-137所示。

02 在“建模工具包”面板中，单击“边选择”按钮，选择图4-138所示的4条边，并单击“工具”卷展栏内的“连接”按钮。

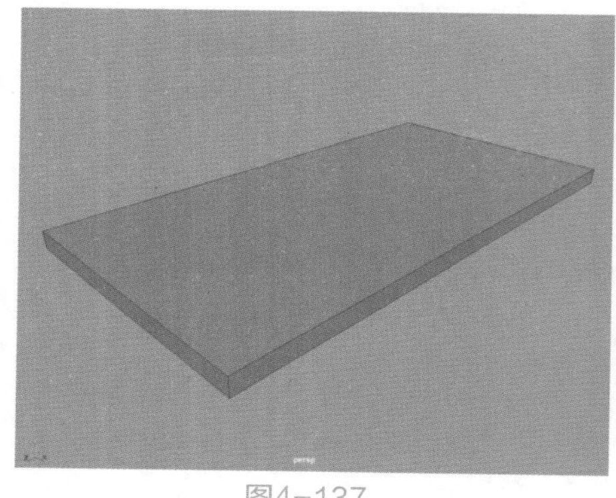
图4-137

图4-138

03 按住鼠标中键并移动鼠标，调整“连接”的“分段”值为2，如图4-139所示。

04 使用“缩放”工具调整边的位置至图4-140所示。

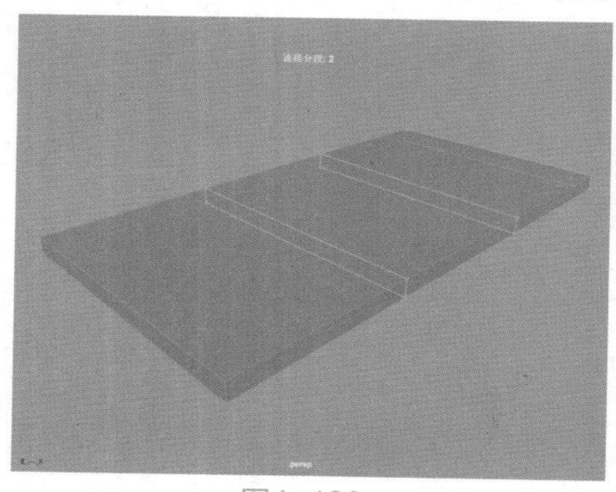
图4-139

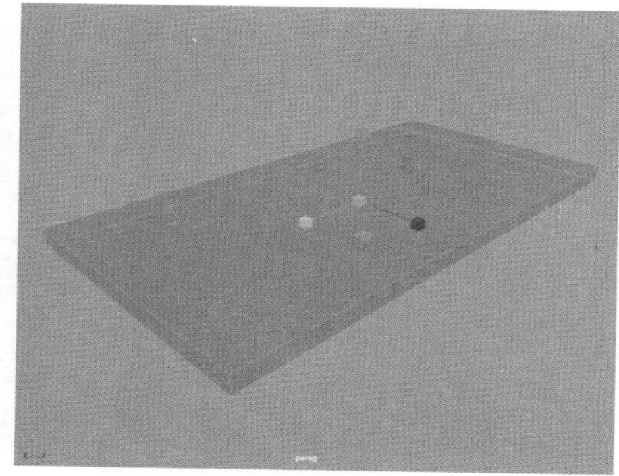
图4-140

05 以相同的方式制作另外一侧的两条边线，制作完成后如图4-141所示。

06 按住Shift键，以双击的方式选中图4-142所示的边组件，单击“组件”卷展栏内的“倒角”按钮，对边进行倒角操作，制作出桌子腿的粗细效果，如图4-143所示。

07 在“面选择”组件中，选择图4-144所示的面，单击“组件”卷展栏中的“挤出”按钮，对所选择的面进行挤出操作，制作出桌腿，如图4-145所示。

08 按下G快捷键，重复上一次操作，对桌腿结构进行2次挤出后，制作出图4-146所示的模型布线效果。

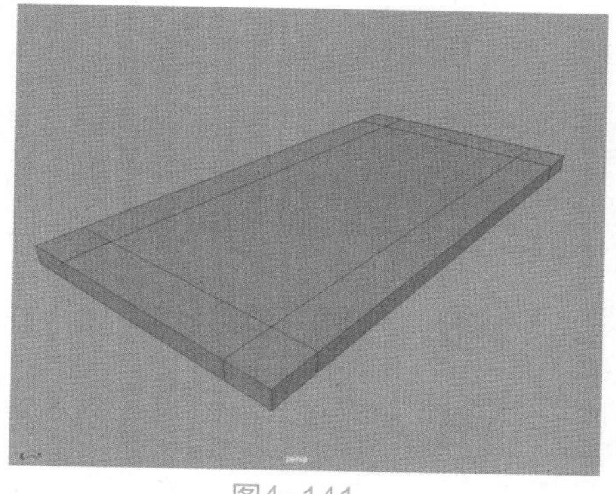
图4-141

图4-142

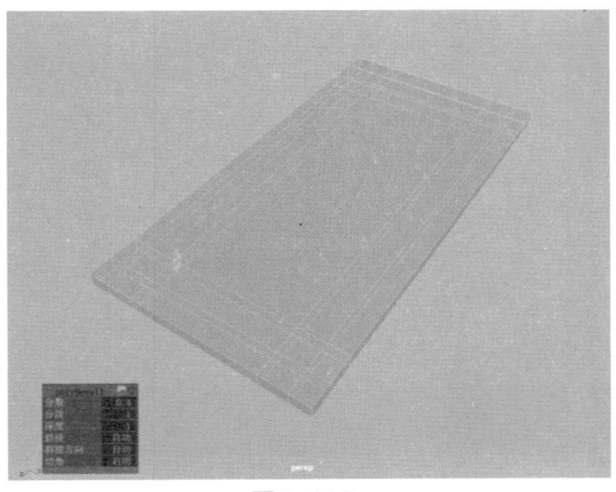

图4-143

图4-144

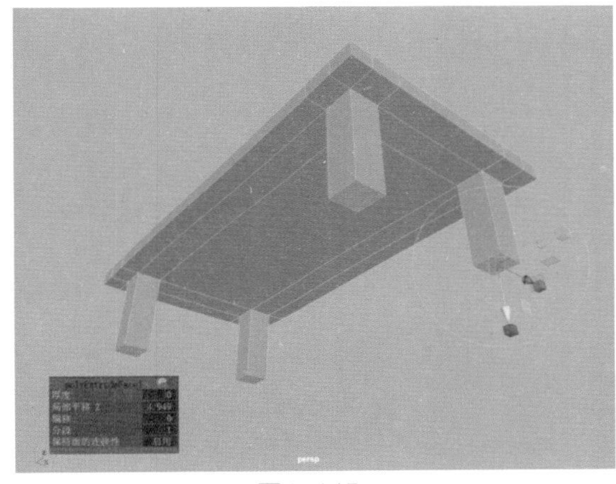

图4-145

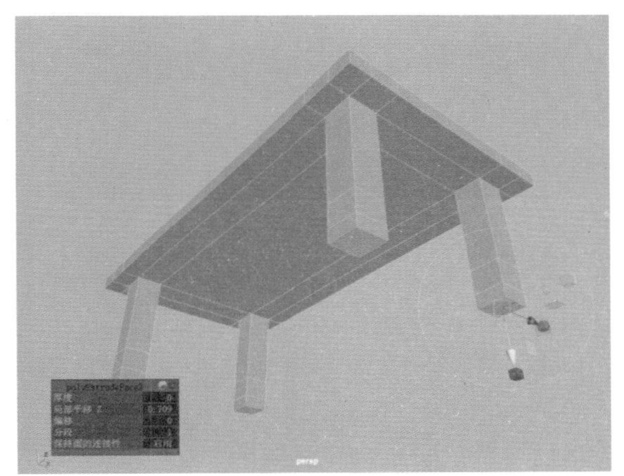

图4-146

09 选择桌腿结构上相对应的面，如图4-147所示。再次单击“组件”卷展栏中的“挤出”按钮，在挤出操纵器上缩放面的大小至图4-148所示。

图4-147

图4-148

10 在桌腿结构上选择两个对应的面后，单击“组件”卷展栏内的“桥接”按钮，即可制作出桌腿上的横梁结构，如图4-149所示。

11 接下来，以相同的方式完成桌腿上的其他细节结构，如图4-150所示。

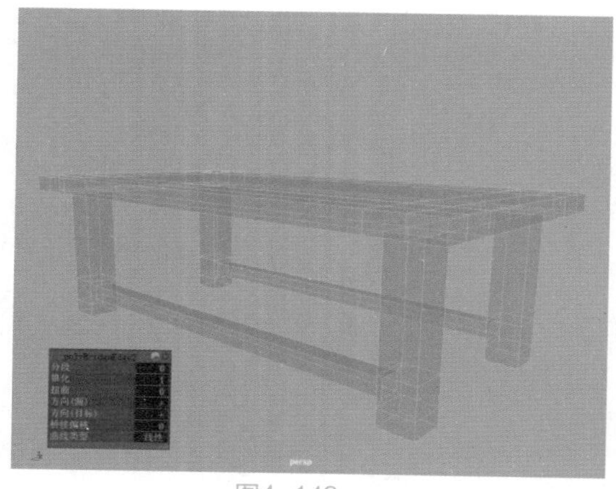

图4-149

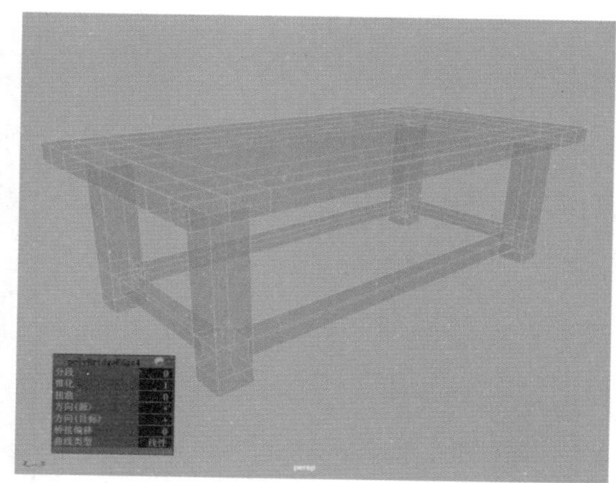

图4-150

12 本例模型的最终完成效果如图4-151所示。

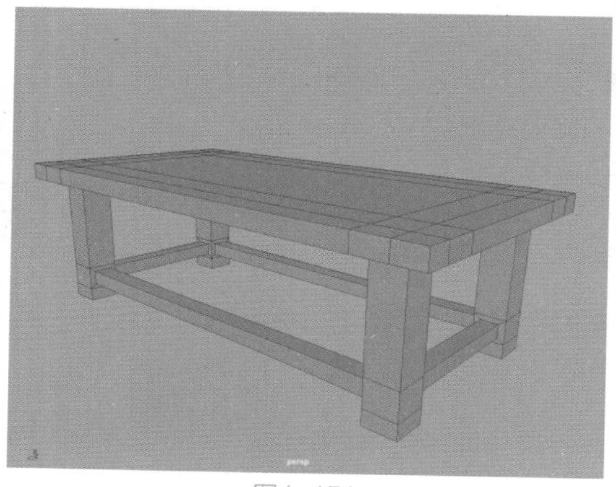

图4-151

实例操作：制作矮桌模型

在本例中，我们使用"建模工具包"中的命令来制作一个茶几的三维模型，图4-152所示为本实例的最终完成效果。

图4-152

01 启动Maya 2020软件，在场景中创建一个多边形长方体，如图4-153所示。

02 在"建模工具包"面板中，单击"顶点选择"按钮，调整长方体的顶点至图4-154所示。

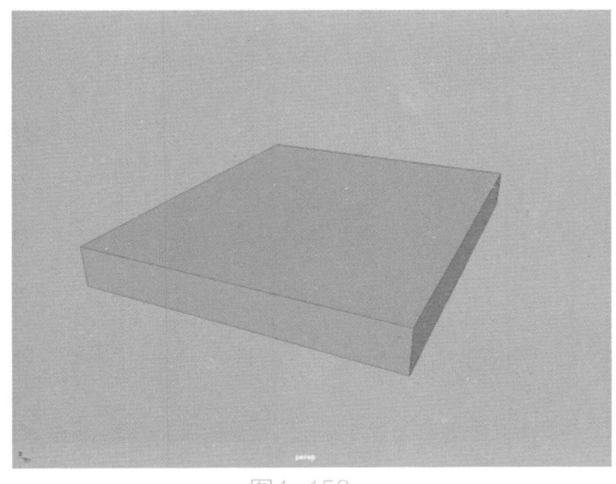

图4-153

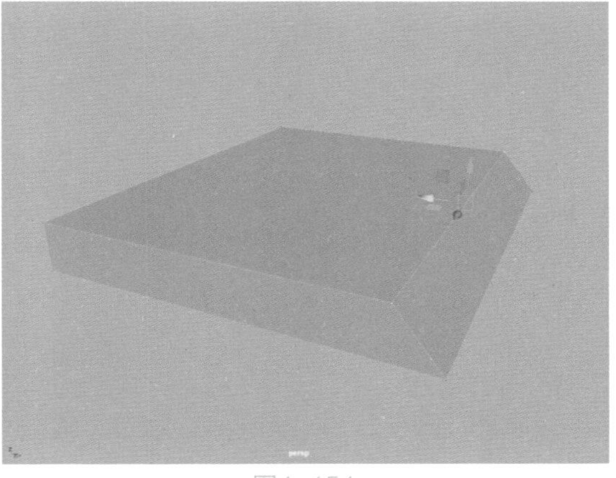

图4-154

03 选择图4-155所示的面，单击“挤出”按钮，将所选择的面挤出成图4-156所示的模型结果。

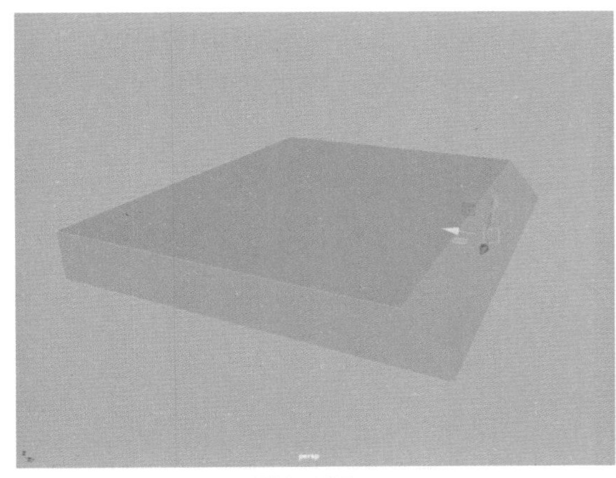

图4-155

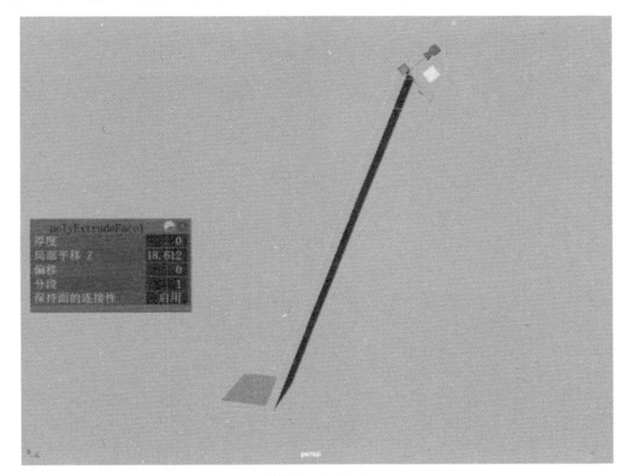

图4-156

04 选择图4-157所示的面，单击“挤出”按钮，将所选择的面挤出成图4-158所示的模型结果。

图4-157

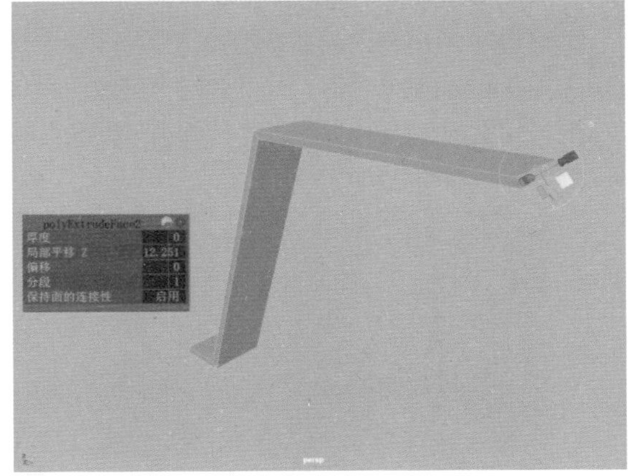

图4-158

05 选择所有的边线，单击“倒角”按钮，制作出图4-159所示的模型结果，使得模型的边角变得圆滑。

06 在“多边形建模”工具架上，单击“镜像”图标，设置“镜像平面旋转Y”的值为-60，得到图4-160所示的模型结果。

图4-159

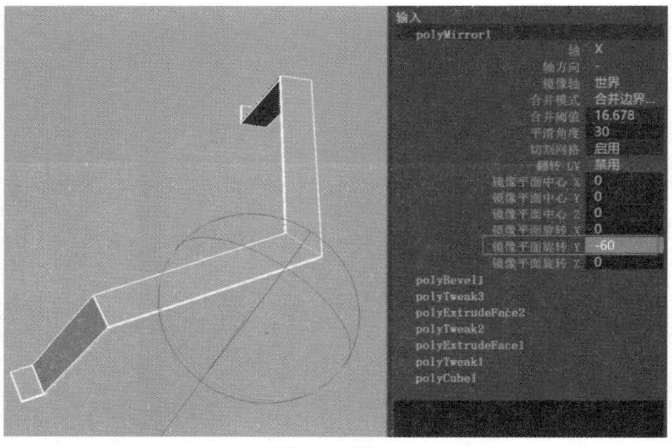

图4-160

07 在“多边形建模”工具架上，再次单击“镜像”图标，设置“镜像平面旋转Y”的值为-120，得到图4-161所示的模型结果。

08 接下来制作桌面结构。在场景中创建一个圆柱体模型，并调整其位置和大小至图4-162所示。

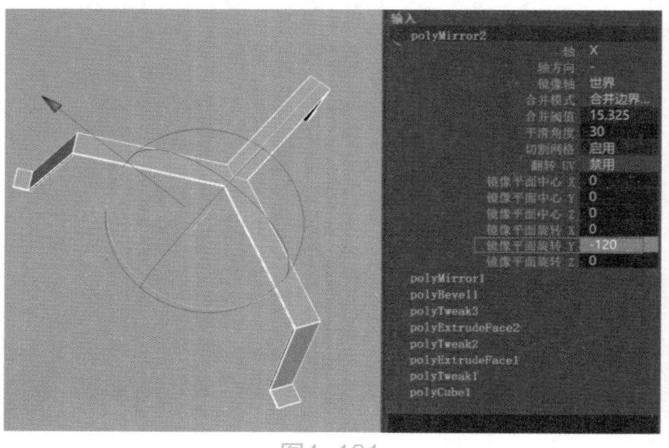

图4-161

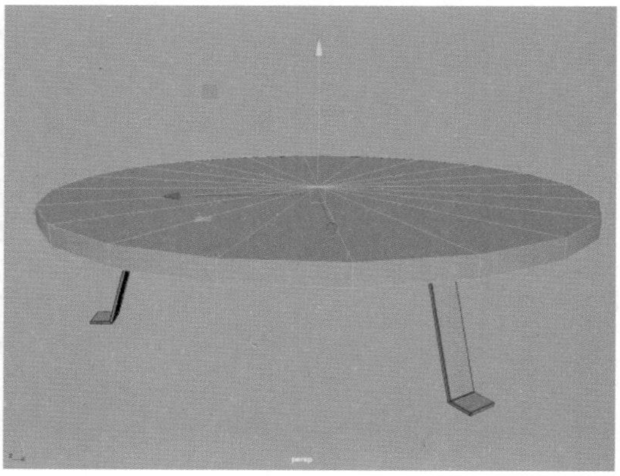

图4-162

09 在“属性编辑器”面板中，展开“多边形圆柱体历史”卷展栏，设置“轴向细分数”的值为6，即可得到图4-163所示的模型结果。

10 选择图4-164所示的面，对其进行“缩放”操作，得到图4-165所示的模型结果。

11 选择桌面模型上的所有边线，单击“倒角”按钮，并设置倒角的“分段”值为3，制作出圆滑的边角效果，如图4-166所示。

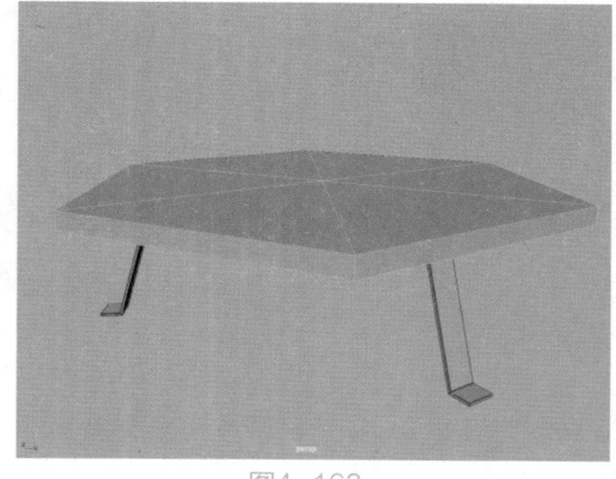

图4-163

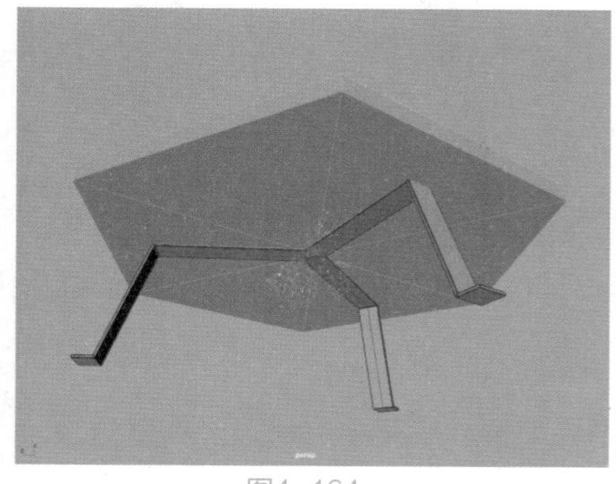

图4-164

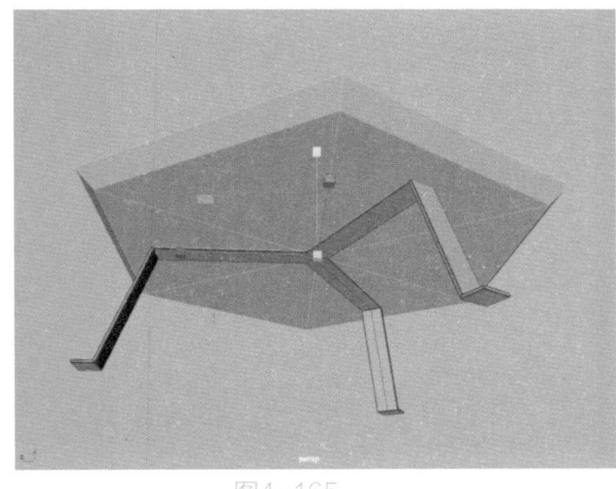

图4-165

图4-166

12 本例模型的最终完成效果如图4-167所示。

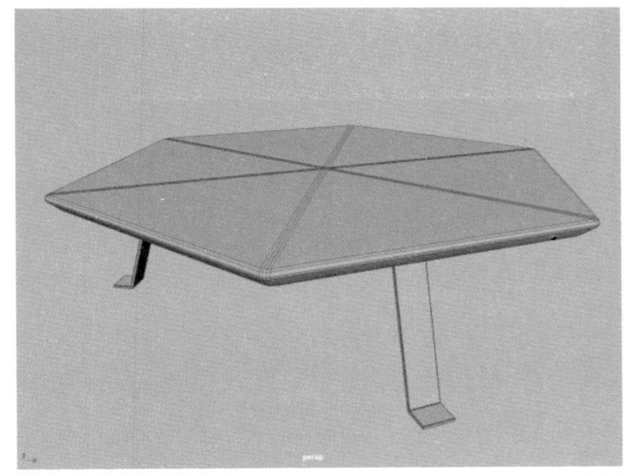

图4-167

实例操作：制作塑料凳模型

在本例中，我们使用“建模工具包”中的命令来制作一个塑料凳的三维模型，图4-168所示为本实例的最终完成效果。

图4-168

01 启动Maya 2020软件，在“多边形建模”工具架上单击“多边形圆柱体”图标，在场景中创建一个圆柱体模型，如图4-169所示。

02 在“属性编辑器”面板中，展开“多边形圆柱体历史”卷展栏，设置圆柱体的“半径”值为10，“高度”值为15，“轴向细分数”为3，如图4-170所示。

03 设置完成后，圆柱体的显示结果如图4-171所示。

04 选择图4-172所示的面，使用“缩放”工具对其进行缩放操作，得到图4-173所示的模型结果。

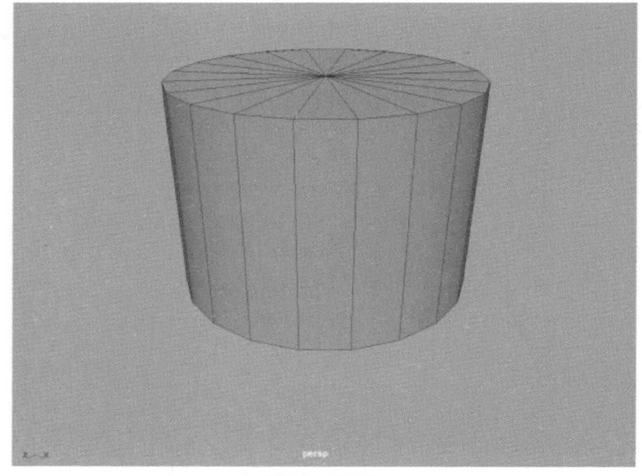

图4-169

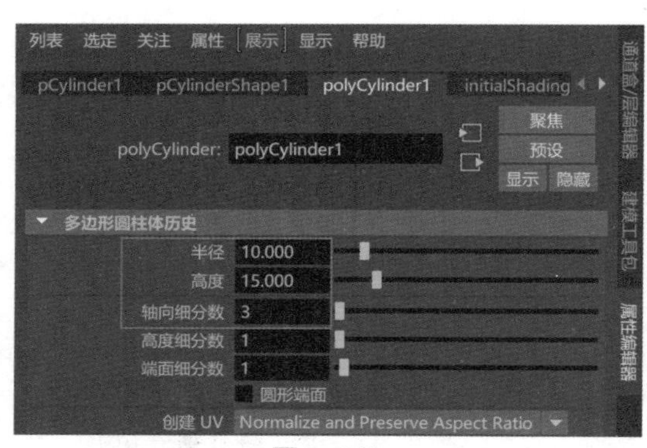

图4-170

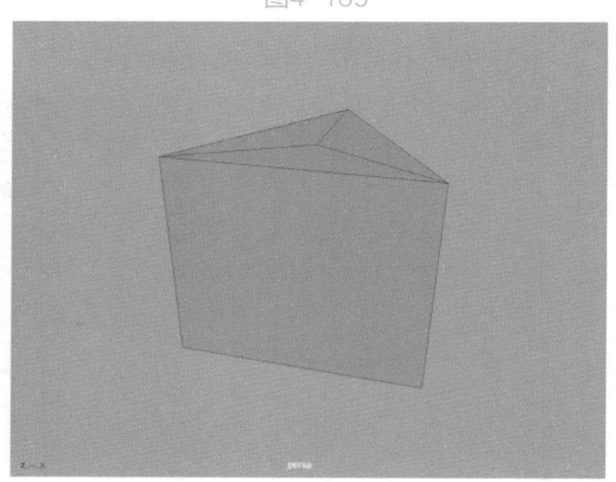

图4-171

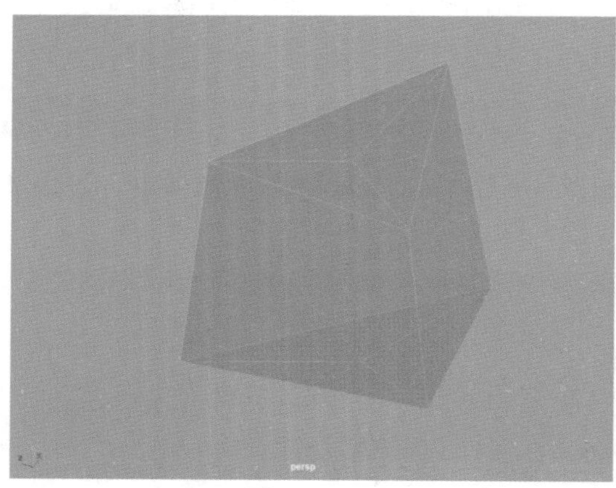

图4-172

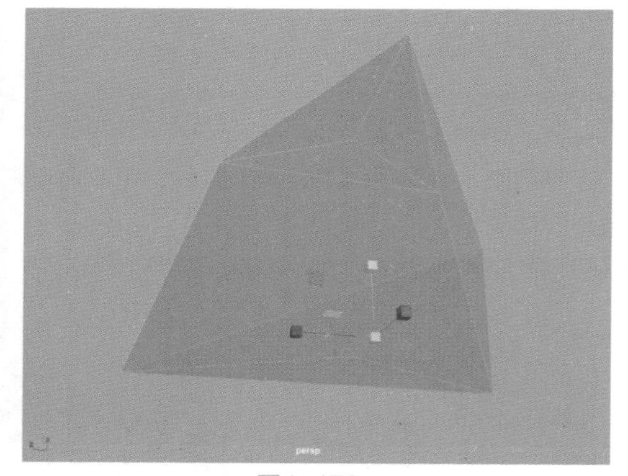

图4-173

技巧与提示

当使用“缩放”工具想对物体的两个轴向（比如X轴和Z轴）同时进行缩放时，需要按住Ctrl快捷键的同时，调整另外一个轴向（Y轴）的手柄。

05 将视图切换至“顶视图”，使用“移动”工具微调模型的形态至图4-174所示。

06 在“透视视图”中，选择图4-175所示的面，对其进行“删除”操作，得到图4-176所示的模型结果。

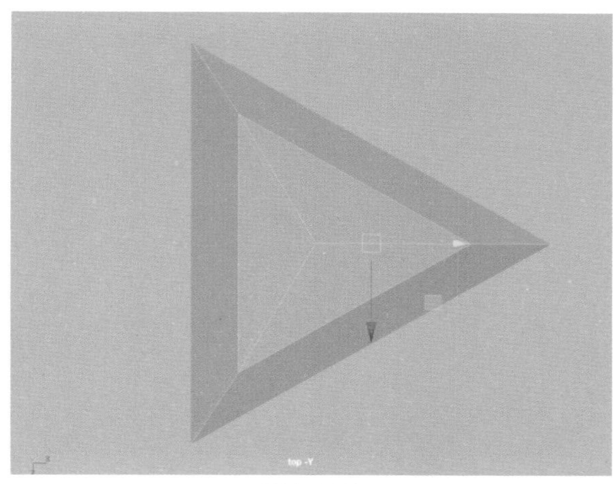

图4-174

07 选择图4-177所示的边线，单击“连接”按钮，并设置连接的“分段”值为3，如图4-178所示。

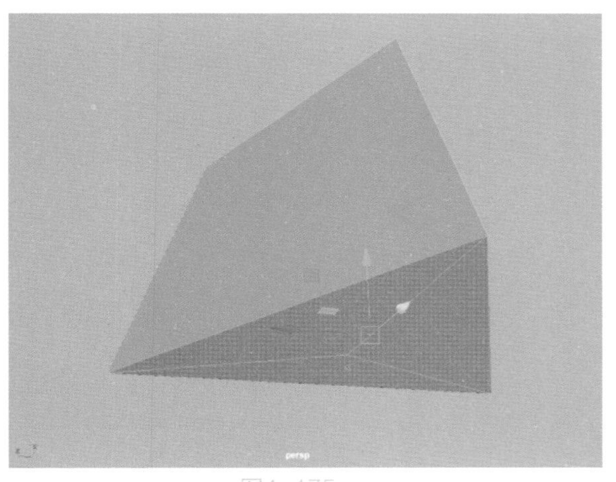

图4-175

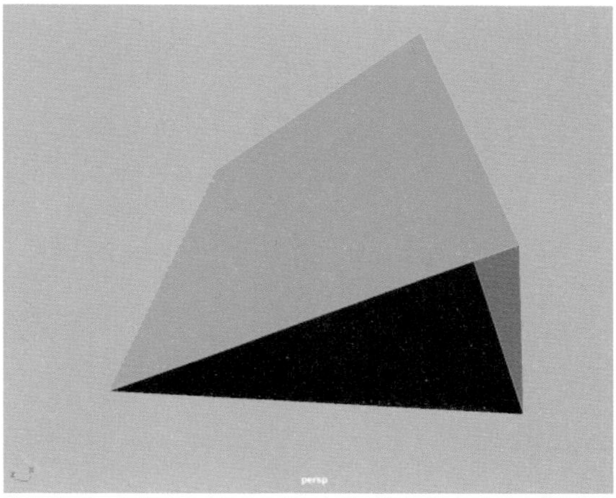

图4-176

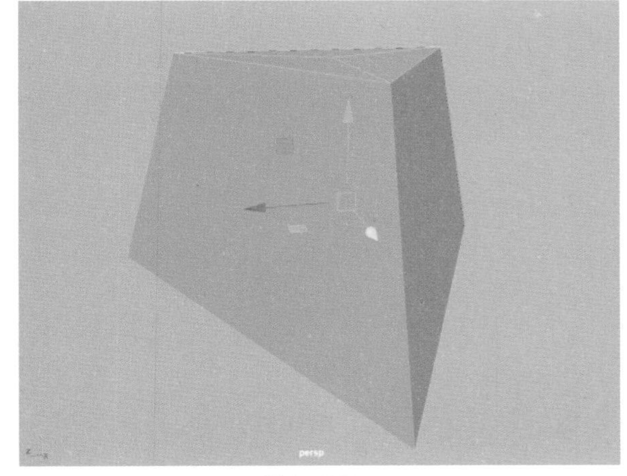

图4-177

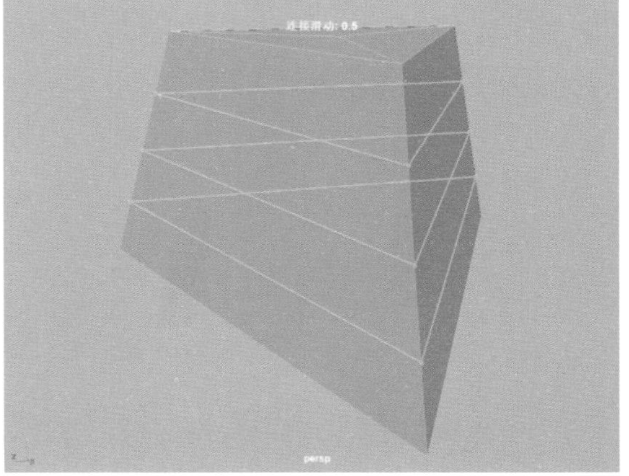

图4-178

08 选择图4-179所示的边线，单击“连接”按钮，再次为模型添加边线，如图4-180所示。

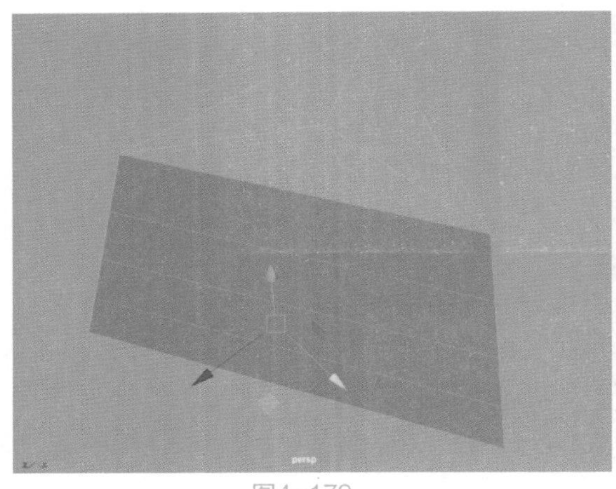

图4-179

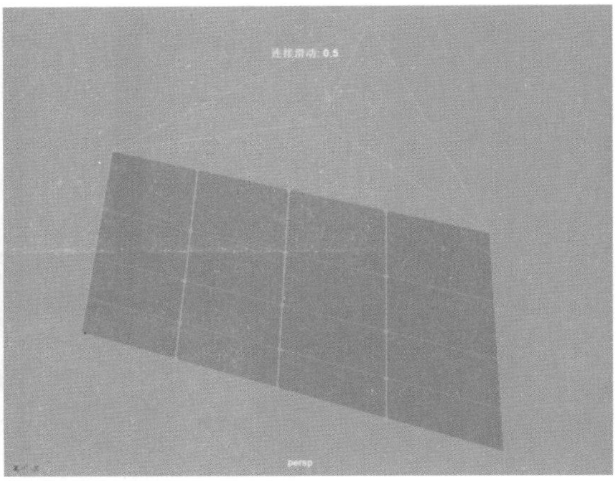

图4-180

09 选择图4-181所示的面，对其进行“删除”操作，得到图4-182所示的模型结果。

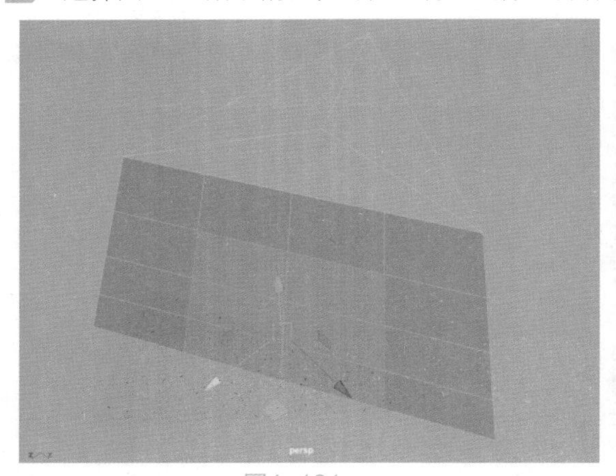

图4-181

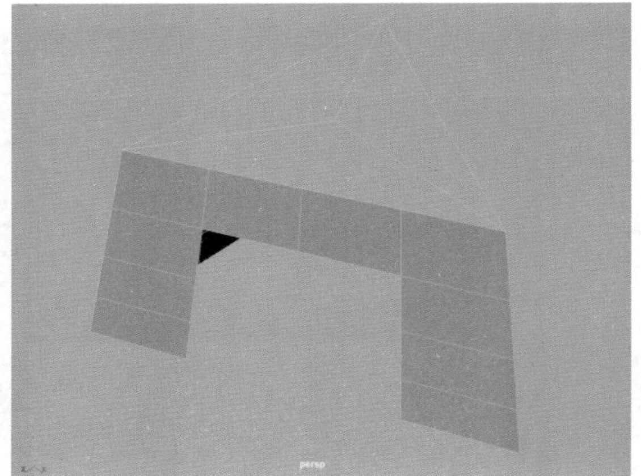

图4-182

10 使用相同的操作步骤分别对凳子模型的另外两个方向进行编辑操作，得到图4-183所示的模型结果。

11 选择凳子模型上所有的面，对其进行“挤出”操作，制作出凳子模型的厚度，如图4-184所示。

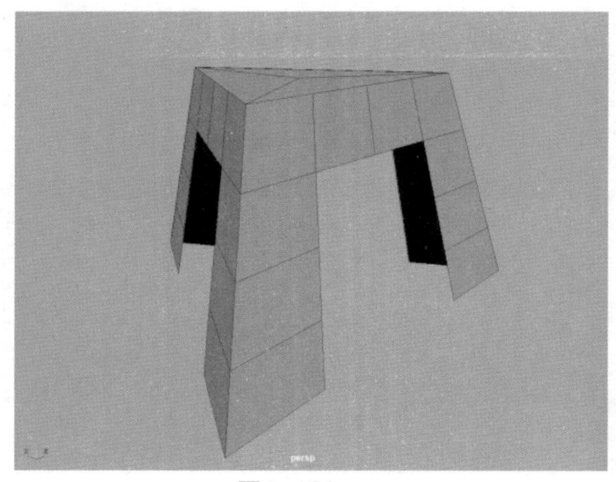

图4-183

图4-184

12 选择图4-185所示的面，再次执行“挤出”操作，得到图4-186所示的模型结果。

图4-185

图4-186

13 单击“多边形建模”工具栏上的“平滑”图标，并设置“分段”值为3，对凳子模型进行平滑计算后，得到的模型结果如图4-187所示。

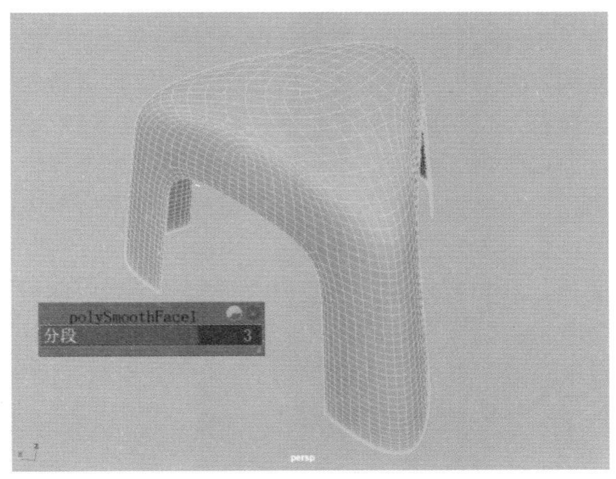

图4-187

14 本实例的最终完成效果如图4-188所示。

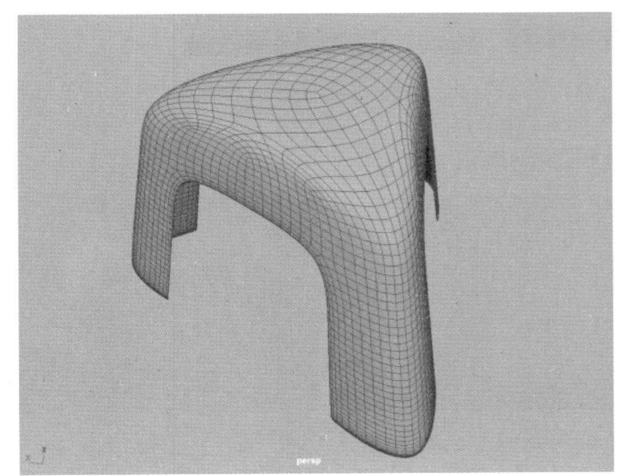

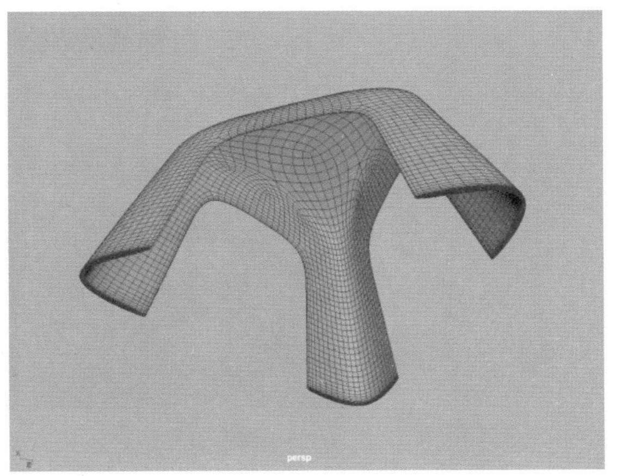

图4-188

5.1 灯光概述

灯光的设置是三维制作表现中非常重要的一环，灯光不仅仅可以照亮物体，还在表现场景气氛、天气效果等方面起着至关重要的作用。在设置灯光时，如果场景中的灯光过于明亮，渲染出来的画面则会处于一种曝光状态；如果场景中的灯光过于暗淡，则渲染出来的画面有可能比较平淡，毫无吸引力可言，甚至导致画面中的很多细节无法体现。虽然在Maya中，灯光的设置参数比较简单，但是若要制作出真实的光照效果，仍然需要我们去不断实践，且渲染起来非常耗时。使用Maya所提供的灯光工具，可以轻松地为制作完成的场景添加照明。因为三维软件的渲染程序可以根据用户的灯光设置，严格执行复杂的光照计算，但是如果灯光师在制作光照设置前，肯花大量时间来收集资料并进行光照设计，那么就可以使用这些简单的灯光工具创建出更加复杂的视觉光效，所以说在设置灯光前，我们应该充分考虑要达到的照明效果，切不可抱着能打出什么灯光效果就算什么灯光效果的侥幸心理。只有认真并有计划地设置好灯光后，产生的渲染结果才能打动人心。

对于刚刚接触灯光系统的三维制作人员来说，想要给自己的作品设置合理的灯光效果，最好先收集整理一些相关的图像素材作为参考。设置灯光时，灯光的种类、颜色及位置应来源于生活。我们不可能轻松地制作出一个从未见过的光照环境，所以学习灯光时，要对现实中的不同光照环境多加留意。自然界中的光绚丽多彩，比如通常人们都会认为，室外环境光偏白色或偏黄色一些，但实际上阳光照射在大地上的颜色会随着一天当中的不同时间段、天气情况、周围环境等因素而变化，掌握这一点对于我们进行室外场景照明设置非常重要。图5-1和图5-2均为笔者拍摄的室外环境照片，通过这两张照片的对比，读者可以看到在不同天气情况下，同一组建筑楼群图像所产生的风格迥异的室外光影效果。

图5-1

图5-2

另外，当我们使用相机拍照时，顺光拍摄、逆光拍摄和侧光拍摄所得到的图像光影效果也完全不同，如图5-3~图5-5所示。

图5-3

图5-4

图5-5

令人兴奋的是，现阶段的大部分三维软件中，灯光工具的参数设置越来越完善，并且使用起来也很人性化。但是想要得到既真实又充满艺术气息的光影效果，仍然不是一件容易的事，需要我们在熟练掌握三维软件中各种灯光工具使用方法的基础上，对真实世界中的光影进行深入的研究分析才可能实现。如果在设置灯光之前没有考虑到自己究竟想要表达什么情感及氛围，那么所有的灯光设置技巧都是徒然的。

5.2　灯光照明技术

在影片制作中，光线在增强场景氛围方面起着极其关键的作用。比如晴朗清澈的天空可以产生明亮的光线及具有锐利边缘的阴影，而在阴天环境中，光线则是分散而柔和的，所以不同时间段天空所产生的光影效果，可以轻易影响画面主体的纹理细节表现，进而对画面氛围产生影响。在Maya软件中对场景进行照明设置，可以借鉴现实中的场景灯光布置技巧，但是软件中的灯光解决方案更具有灵活性，所以在具体照明设置的方法上还是具有一定差异的。读者在学习灯光照明技术之前，有必要先了解一下软件中的灯光照明技术。

5.2.1　三点照明

三点照明是电影摄影及广告摄影中常用的灯光布置手法，并且在三维软件中也同样适用。这种照明方式可以通过较少的灯光设置来得到较为立体的光影效果。

三点照明，顾名思义，就是在场景中设置3个光源，这3个光源每一个都有其具体的功能作用，分别是主光源、辅助光源和背光。其中，主光源用来给场景提供最主要的照明，从而产生最明显的投影效果；辅助光源则用来模拟间接照明，也就是主光照射到环境上所产生的反射光线；背光则用来强调画面主体与背景的分离，一般在画面中主体后面进行照明，通过作用于主体边缘产生的微弱光影轮廓而加强场景的深度体现。

5.2.2　灯光阵列

当我们在模拟室外环境天光照明时，采用灯光阵列照明技术，是一个很好的解决光源从物体的四面八方包围场景的照明方案。尤其是在三维软件刚刚产生的早期，灯光阵列技术在动画场景中的应用非常普遍，图5-6所示是笔者早期在3ds Max软件中对场景进行室外环境灯光模拟所进行的灯光阵列设置，这一方法在Maya软件中也同样适用，如图5-7所示。

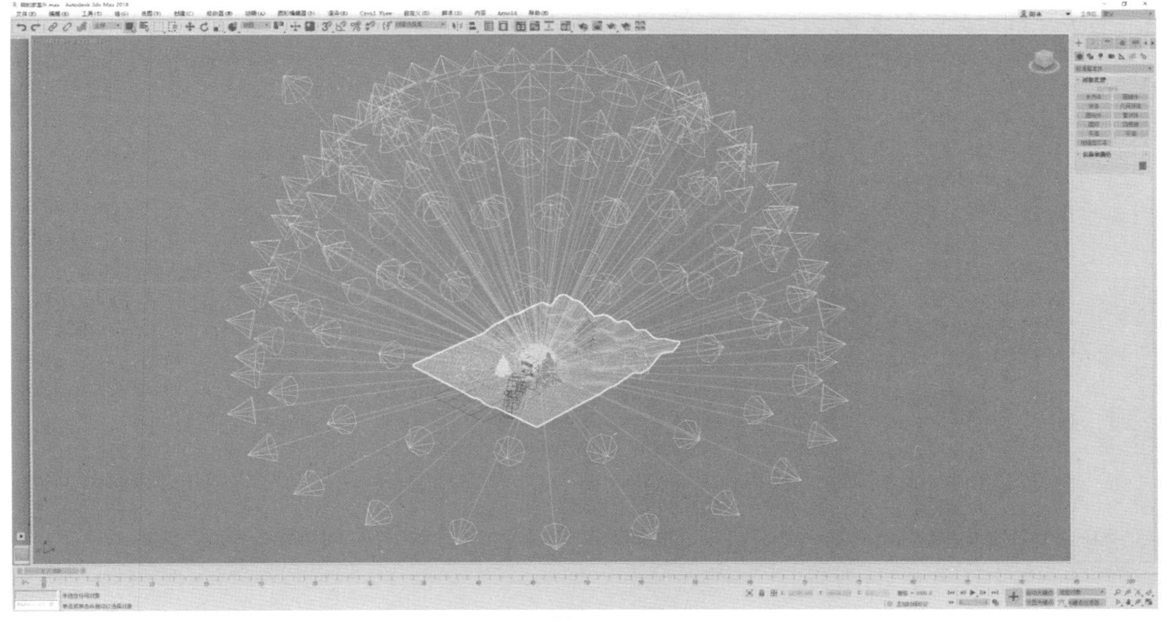

图5-6

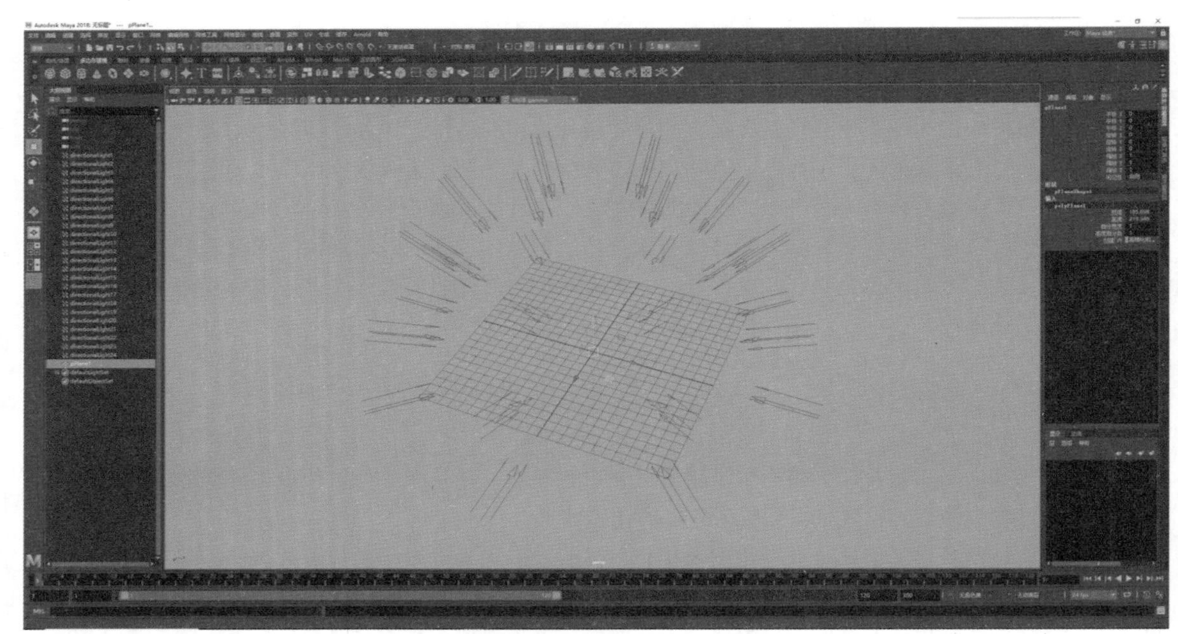

图5-7

5.2.3 全局照明

全局照明可以渲染出比之前所提到的两种照明技术更加准确的光影效果，这一技术的出现，使得灯光的设置变得便捷并易于掌握。这种技术经过多年的发展，已经在市面上存在的大多数三维渲染程序中确立了自己的地位。通过全局照明技术，用户在场景中仅创建少量的灯光，就可以照亮整个场景，极大地简化了三维场景中的灯光设置步骤，如图5-8所示。但是这种技术的流行，更多是因为其照明渲染效果非常优秀，无限地接近现实中的场景照明，如图5-9所示。

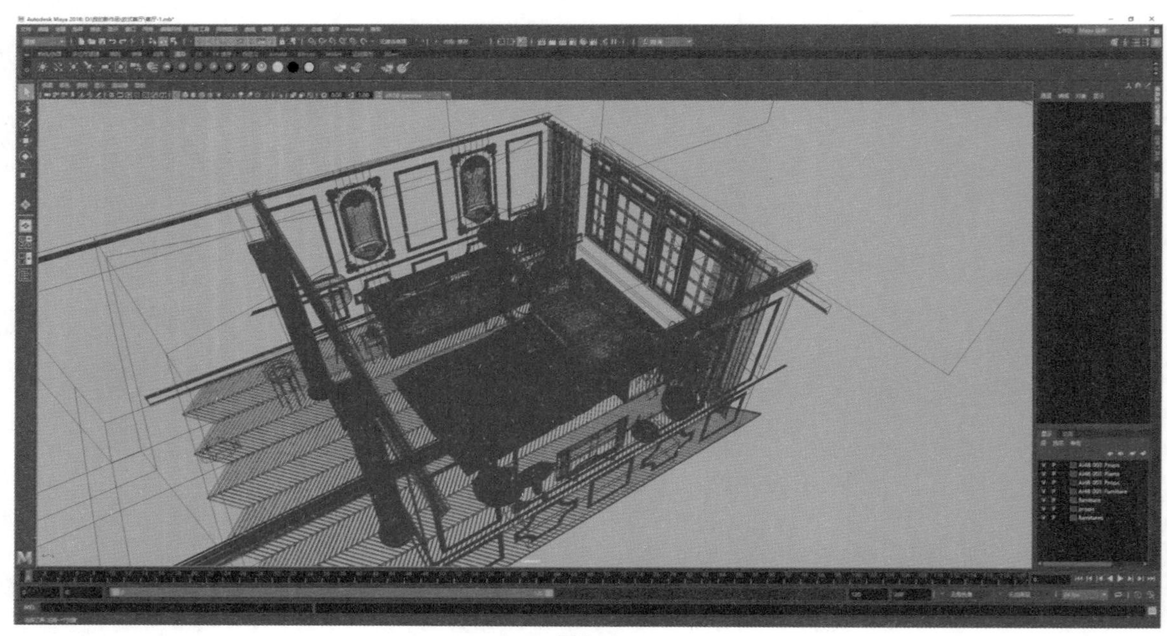

图5-8

图5-9

5.3 Maya基本灯光

Maya的菜单栏中提供了6种基本灯光供用户使用，分别为“环境光”“平行光”“点光源”“聚光灯”“区域光”和“体积光”，如图5-10所示。同时，也可以在“渲染”工具架上找到这些灯光图标，如图5-11所示。

图5-10

图5-11

5.3.1 环境光

使用“环境光”可以模拟场景中的对象受到四周环境中均匀光线的照射，如图5-12所示。

在“属性编辑器”面板中，展开“环境光属性”卷展栏，可以查看环境光的参数设置，如图5-13所示。

图5-12

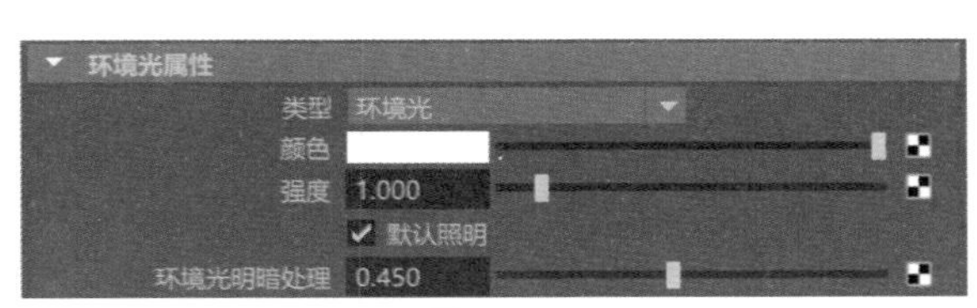

图5-13

常用参数解析

- 类型：此处用于切换当前所选灯光的类型。

- 颜色：设置灯光的颜色。
- 强度：设置灯光的光照强度。
- 环境光明暗处理：设置平行光与泛向（环境）光的比例。

5.3.2 平行光

使用“平行光”可以模拟日光直射这种接近平行光线的照明效果，平行光的箭头代表灯光的照射方向，缩放平行光图标以及移动平行光的位置，均对场景照明没有任何影响，如图5-14所示。

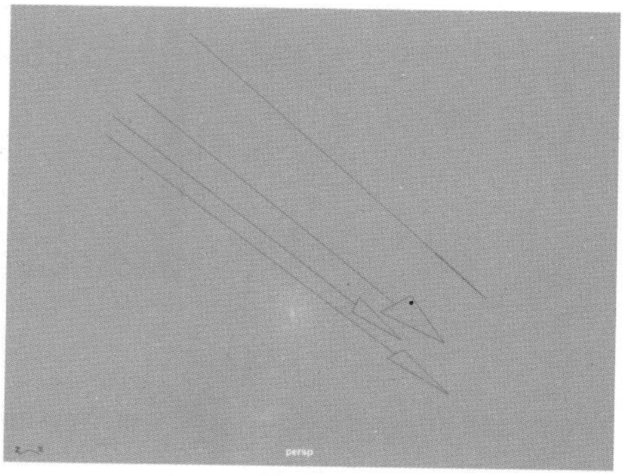

图5-14

1. “平行光属性”卷展栏

在“属性编辑器”面板中，展开“平行光属性”卷展栏，可以查看平行光的参数设置，如图5-15所示。

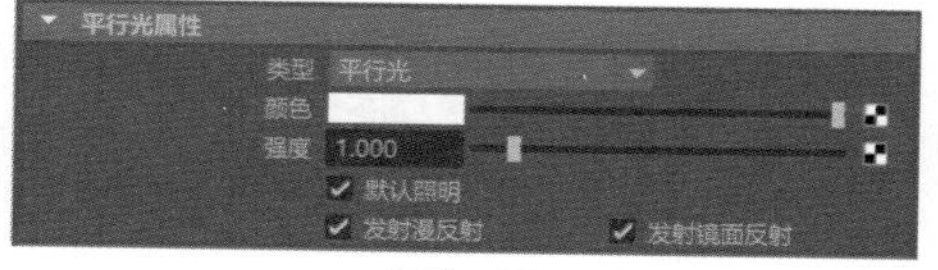

图5-15

常用参数解析

- 类型：用于更改灯光的类型。
- 颜色：设置灯光的颜色。
- 强度：设置灯光的亮度。

2. “深度贴图阴影属性”卷展栏

展开“深度贴图阴影属性”卷展栏，其中的命令参数如图5-16所示。

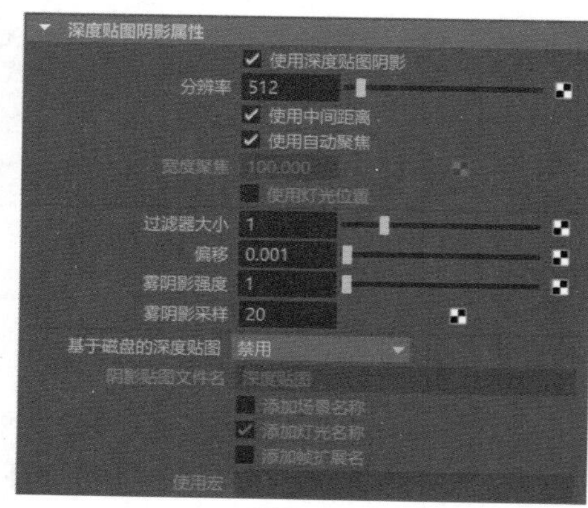

图5-16

常用参数解析

- 使用深度贴图阴影：该选项处于启用状态时，灯光会产生深度贴图阴影。
- 分辨率：灯光的阴影深度贴图的分辨率。过低的数值会产生明显的锯齿化/像素化效果，过高的值则会增加不必要的渲染时间。图5-17所示为该值分别是514和2048的渲染结果。

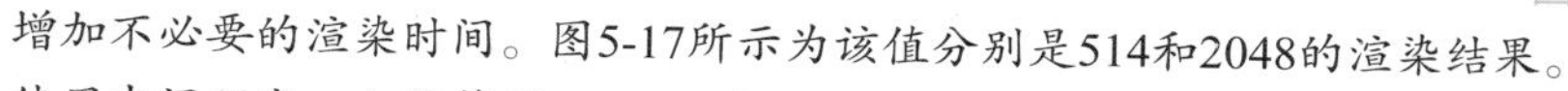

- 使用中间距离：如果禁用，Maya 会为深度贴图中的每个像素计算灯光与最近阴影投射曲面之间的距离。
- 使用自动聚焦：如果启用，Maya 会自动缩放深度贴图，使其仅填充灯光照明区域中包含阴影投射对象的区域。
- 宽度聚焦：用于在灯光照明的区域内缩放深度贴图的角度。
- 过滤器大小：控制阴影边的柔和度，图5-18所示分别为该值是1和2的阴影渲染结果对比。

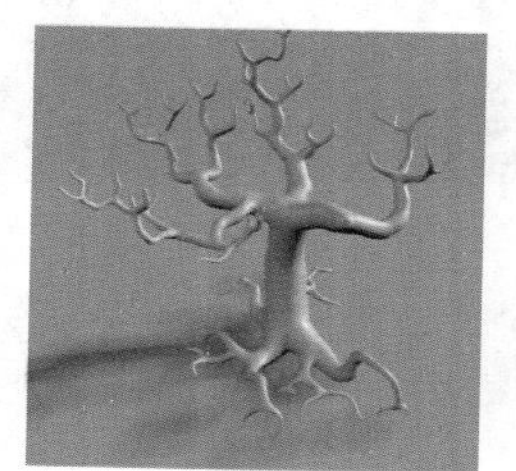
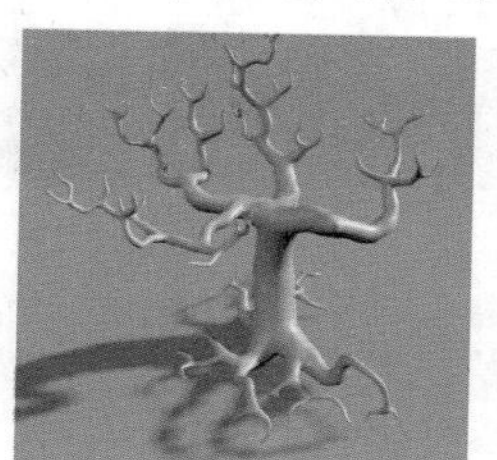
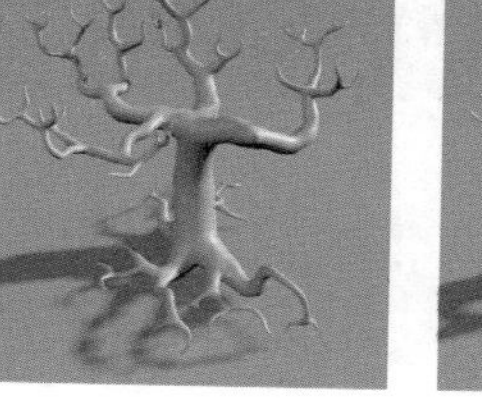

图5-17

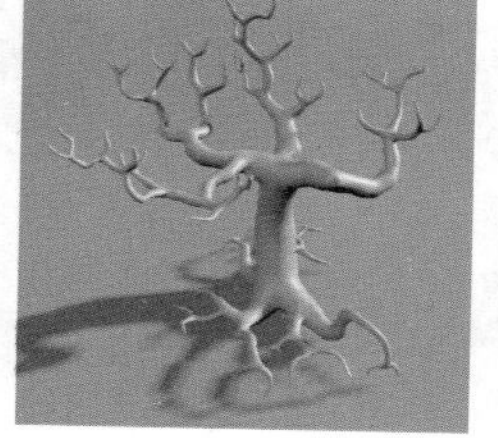
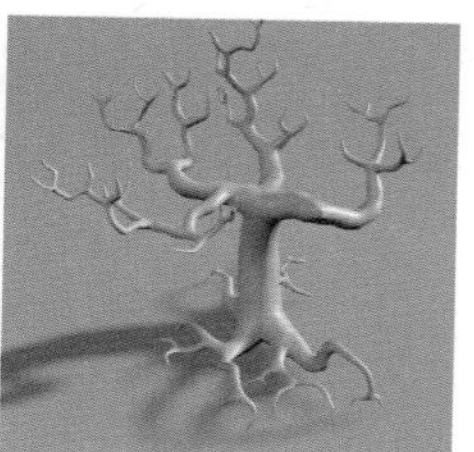
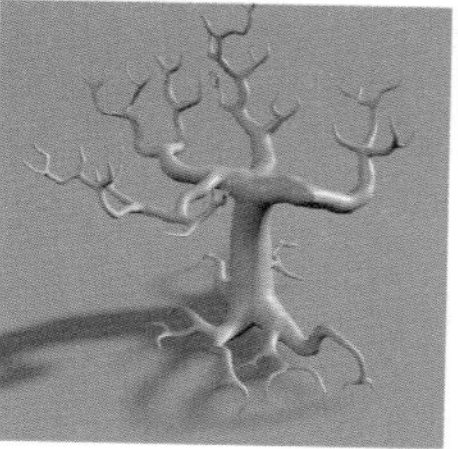

图5-18

- 偏移：深度贴图移向或远离灯光的偏移。
- 雾阴影强度：控制出现在灯光雾中的阴影的黑暗度。有效范围为1到10。默认值为 1。
- 雾阴影采样：控制出现在灯光雾中的阴影的粒度。
- 基于磁盘的深度贴图：通过该选项，可以将灯光的深度贴图保存到磁盘，并在后续渲染过程中重用它们。
- 阴影贴图文件名：Maya 保存到磁盘的深度贴图文件的名称。
- 添加场景名称：将场景名添加到 Maya 保存到磁盘的深度贴图文件的名称中。
- 添加灯光名称：将灯光名添加到 Maya 保存到磁盘的深度贴图文件的名称中。
- 添加帧扩展名：如果启用，Maya 会为每个帧保存一个深度贴图，然后将帧扩展名添加到深度贴图文件的名称中。
- 使用宏：仅当“基于磁盘的深度贴图”设定为“重用现有深度贴图”时才可用。它是指宏脚本的路径和名称，Maya 会运行该宏脚本，以在从磁盘中读取深度贴图时更新该深度贴图。

3. “光线跟踪阴影属性”卷展栏

展开“光线跟踪阴影属性”卷展栏，其中的命令参数如图5-19所示。

常用参数解析

- 使用光线跟踪阴影：勾选该复选项，Maya将使用光线跟踪阴影计算。
- 灯光角度：控制阴影边的柔和度，图5-20所示为该值分别是0和3时的阴影渲染结果对比。

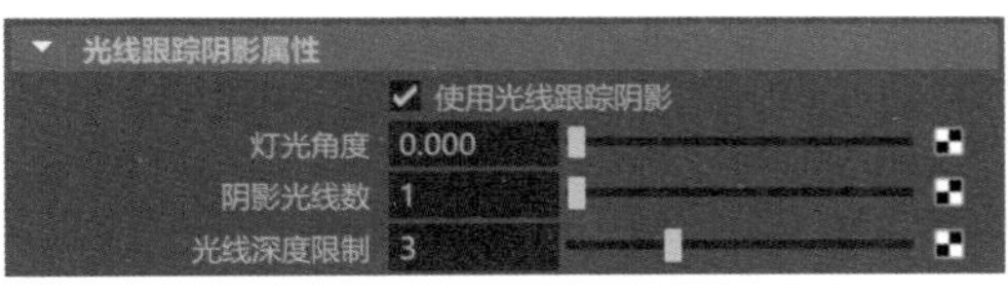

图5-19

图5-20

- 阴影光线数：控制软阴影边的粒度。
- 光线深度限制：光线深度指定可以反射和/或折射光线但仍然导致对象投射阴影的最长时间。在这些点之间（光线会改变方向）的透明对象将不会对光线的终止造成影响。

5.3.3 点光源

使用“点光源”可以模拟灯泡、蜡烛等由一个小范围的点来照明环境的灯光效果，如图5-21所示。

图5-21

1. “点光源属性”卷展栏

展开“点光源属性”卷展栏，其中的命令参数如图5-22所示。

常用参数解析

- 类型：用于切换当前所选灯光的类型。
- 颜色：设置灯光的颜色。
- 强度：设置灯光的光照强度。

2. “灯光效果”卷展栏

展开“灯光效果”卷展栏，其中的命令参数如图5-23所示。

图5-22

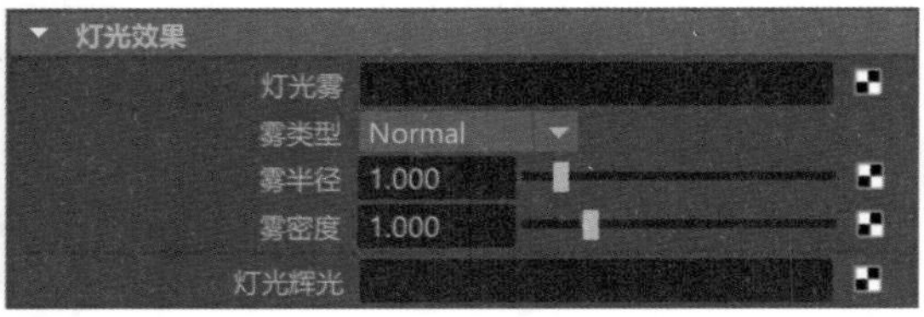

灯光效果
灯光雾
雾类型 Normal
雾半径 1.000
雾密度 1.000
灯光辉光

图5-23

常用参数解析

- 灯光雾：用来设置雾效果。
- 雾类型：有“正常”“线性”和“指数”3种类型可选。
- 雾半径：设置雾的半径。
- 雾密度：设置雾的密度。
- 灯光辉光：用来设置辉光特效。

5.3.4 聚光灯

使用“聚光灯”可以模拟舞台射灯、手电筒等灯光的照明效果，如图5-24所示。

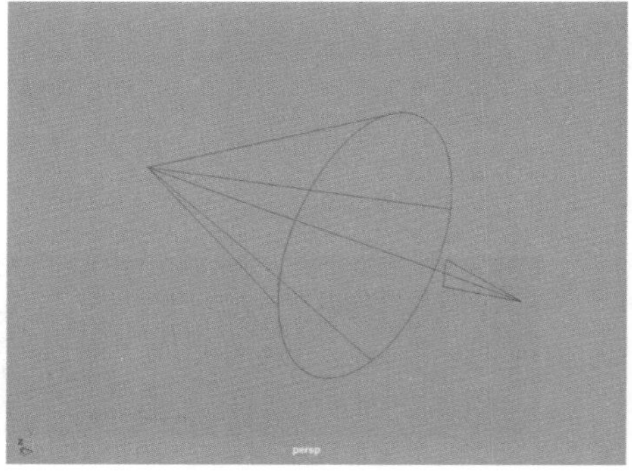
图5-24

展开“聚光灯属性”卷展栏，其中的命令参数如图5-25所示。

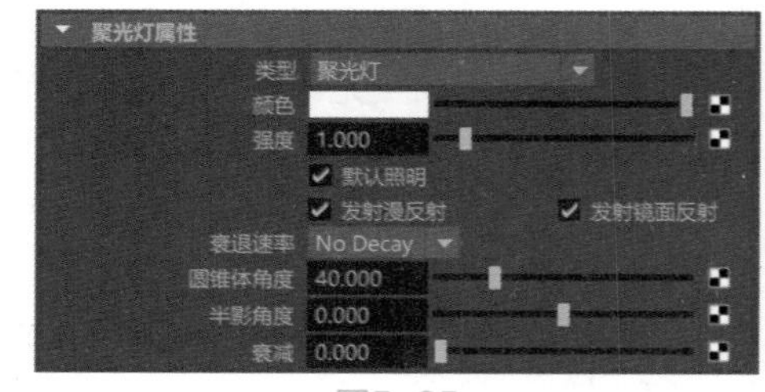

图5-25

常用参数解析

- 类型：用于切换当前所选灯光的类型。
- 颜色：设置灯光的颜色。
- 强度：设置灯光的光照强度。
- 衰退速率：控制灯光的强度随着距离而下降的速度。
- 圆锥体角度：聚光灯光束边到边的角度（度）。
- 半影角度：聚光灯光束的边的角度（度），在该边上，聚光灯的强度以线性方式下降到零。
- 衰减：控制灯光强度从聚光灯光束中心到边缘的衰减速率。

5.3.5 区域光

“区域光”是一个范围灯光，常常被用来模拟室内窗户照明效果，如图5-26所示。

展开“区域光属性”卷展栏，其中的命令参数如图5-27所示。

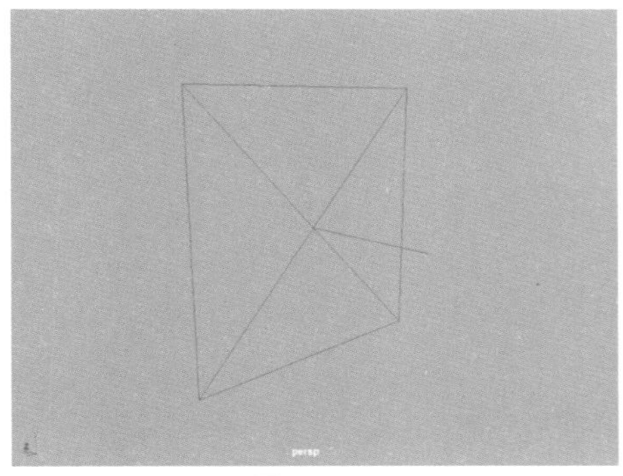

图5-26

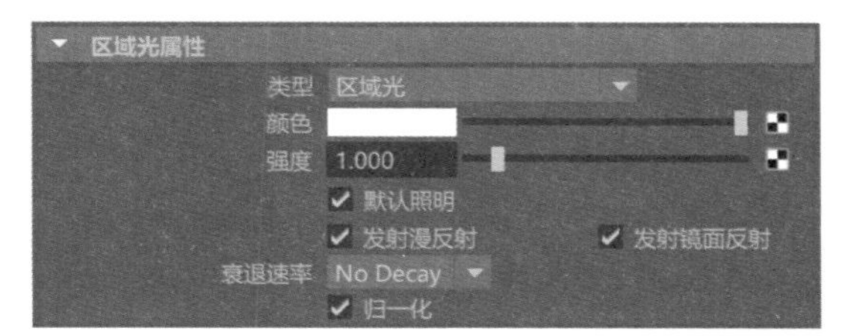

图5-27

常用参数解析

- 类型：用于切换当前所选灯光的类型。
- 颜色：设置灯光的颜色。
- 强度：设置灯光的光照强度。
- 衰退速率：控制灯光的强度随着距离下降的速度。

5.3.6 体积光

使用“体积光”可以照亮有限距离内的对象，如图5-28所示。

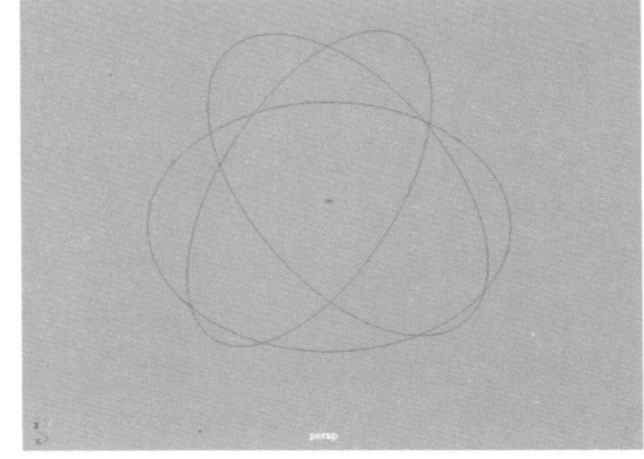

图5-28

1. “体积光属性”卷展栏

展开“体积光属性”卷展栏，其中的命令参数如图5-29所示。

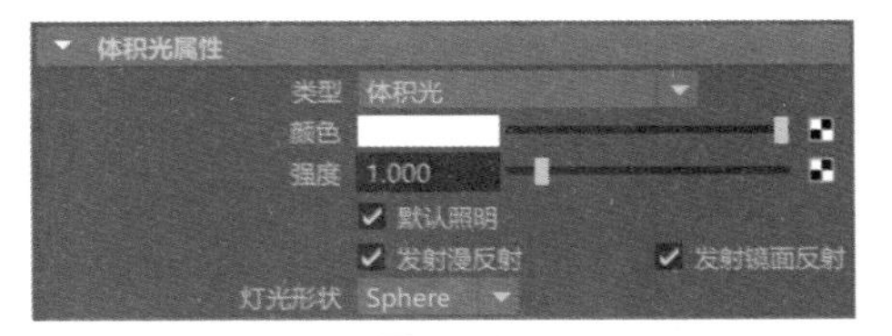

图5-29

常用参数解析

- 类型：用于切换当前所选灯光的类型。
- 颜色：设置灯光的颜色。
- 强度：设置灯光的光照强度。
- 灯光形状：体积光的灯光形状有“Box（长方体）”“Sphere（球体）”“Cylinder（圆柱体）”和“Cone（圆锥体）”这4种，如图5-30所示。

2. “颜色范围”卷展栏

展开“颜色范围”卷展栏，其中的命令参数如图5-31所示。

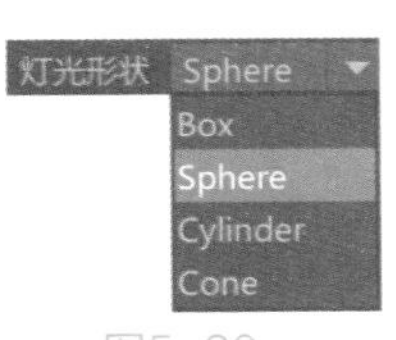

图5-30

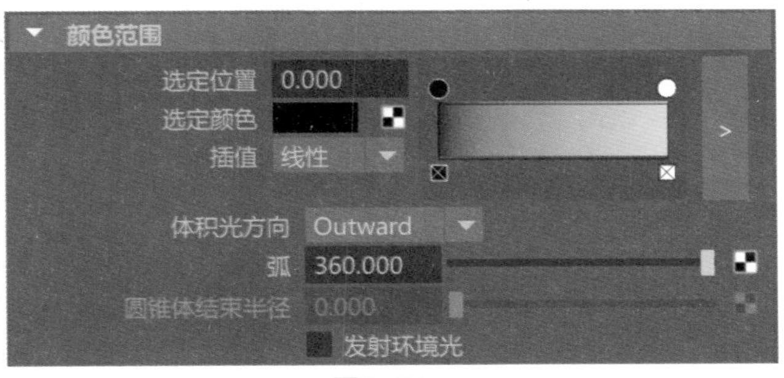

图5-31

常用参数解析

- 选定位置：指活动颜色条目在渐变中的位置。
- 选定颜色：指活动颜色条目的颜色。
- 插值：指控制颜色在渐变中的混合方式。
- 体积光方向：体积内的灯光的方向。
- 弧：通过指定旋转度数，使用该选项来创建部分球体、圆锥体、圆柱体灯光形状。
- 圆锥体结束半径：该选项仅适用于圆锥体灯光形状。
- 发射环境光：勾选该复选项后，灯光将以多向方式影响曲面。

3.“半影”卷展栏

展开“半影”卷展栏，其中的命令参数如图5-32所示。

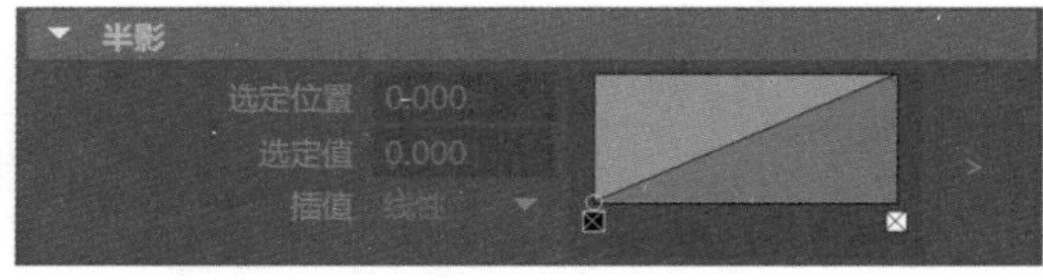

图5-32

常用参数解析

- 选定位置：该值会影响图形中的活动条目，同时在图形的X轴上显示。
- 选定值：该值会影响图形中的活动条目，同时在图形的Y轴上显示。
- 插值：控制计算值的方式。

实例操作：制作静物灯光照明效果

在本例中，我们将使用Maya的灯光工具来制作室内静物的灯光照明效果，图5-33所示为本实例的最终完成效果。

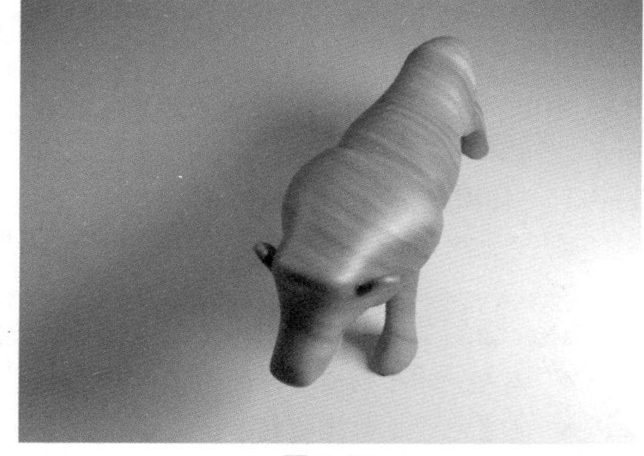
图5-33

01 启动Maya软件，打开本书配套资源“狮子.mb”文件，场景中有一个狮子的摆件模型，并已经设置好了摄影机，如图5-34所示。

02 切换至“渲染”工具架，单击“区域光”图标，在场景中创建一个区域光，并缩放区域光图标大小至图5-35所示，方便选择并查看。

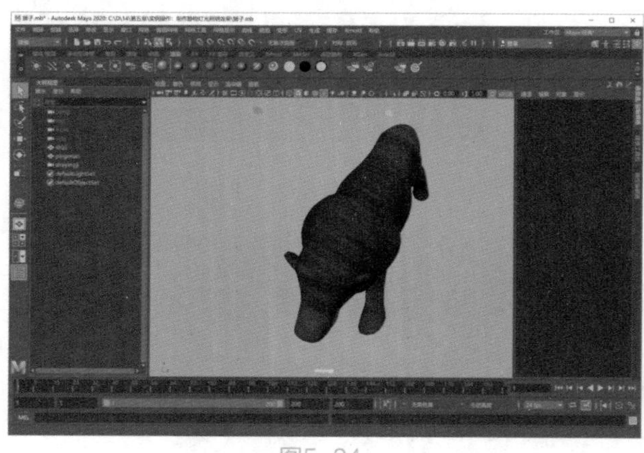
图5-34

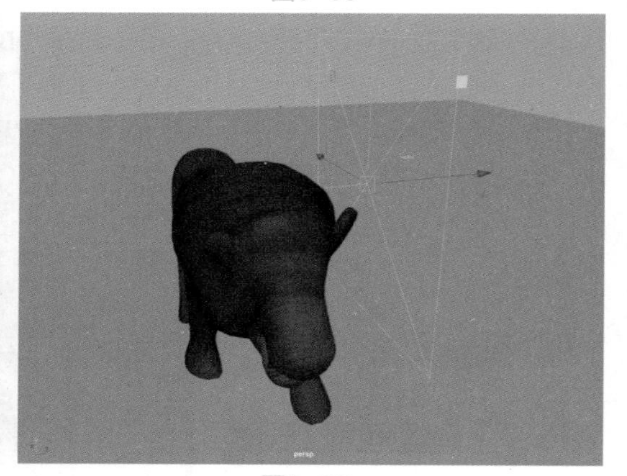
图5-35

03 调整灯光角度至图5-36所示，模拟出灯光从斜上方的角度照射到场景中的狮子造型上。

04 在“属性编辑器”面板中，展开“区域光属性”卷展栏，设置灯光的“强度”值为5000，如图5-37所示。

图5-36

图5-37

本实例使用Arnold渲染器来渲染图像，如果使用的灯光是Maya软件自带灯光系统里的，那么灯光的强度值需要设置得比较大才能得到正确的照明结果。

05 将该区域光进行复制，并调整位置和旋转方向至图5-38所示，用作辅助照明灯光。

06 在“属性编辑器”面板中，展开“区域光属性”卷展栏，设置灯光的“强度”值为500，如图5-39所示。

图5-38

图5-39

07 设置完成后，将视图切换至“摄影机视图”，单击Arnold工具架上的Render（渲染）图标，如图5-40所示。

08 渲染场景，渲染结果如图5-41所示。

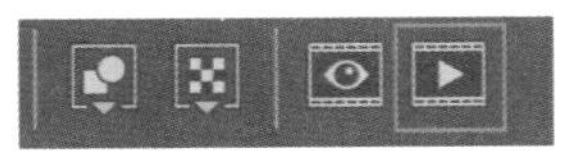

图5-40

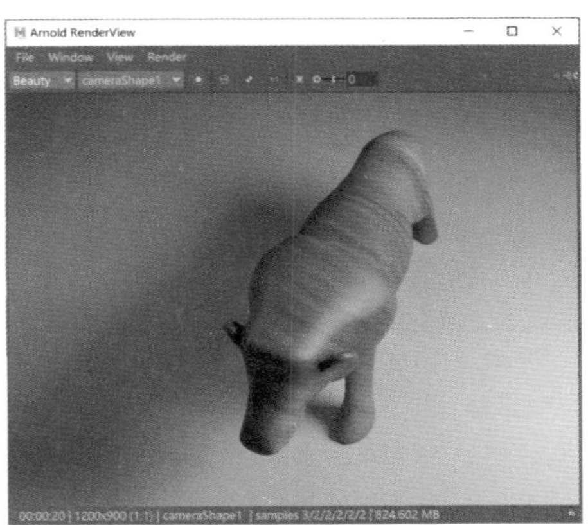

图5-41

09 单击Display Settings（显示设置）按钮，在Display（显示）选项卡中，设置渲染图像的Gamma值为1.5，可以提高渲染图像的整体亮度，如图5-42所示。

10 本实例的最终渲染结果如图5-43所示。

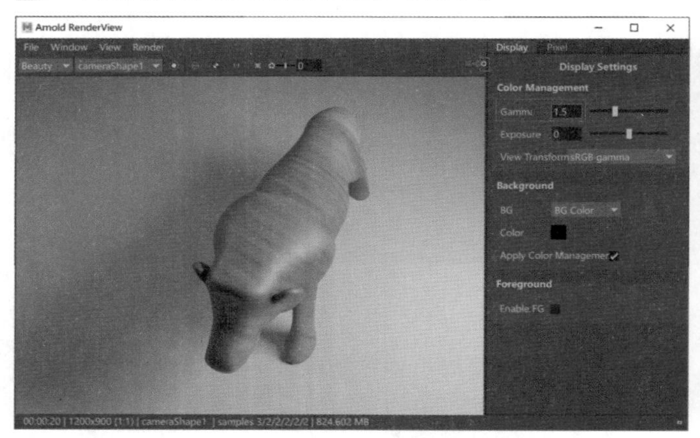

图5-42

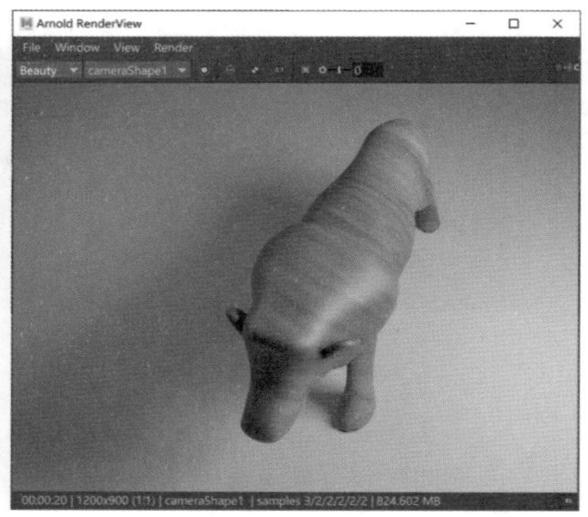

图5-43

使用Arnold渲染器渲染图像后，如果渲染出来的图像亮度只是稍微暗一些的话，可以通过调整图像的Gamma值和Exposure值来增加图像的亮度，而不必调整灯光参数重新进行渲染计算。

5.4 辉光特效

辉光效果是Maya灯光的重要特效之一，常常用来模拟摄影机镜头所产生的镜头光斑。在渲染作品时适当添加辉光效果，可以给人一种视觉错觉，让观众觉得他们所看到的影像作品是通过镜头拍摄的，而非是在电脑里制作完成的，如图5-44所示。

在Maya软件中实现辉光特效，可以执行以下操作步骤。

（1）在“渲染”工具架上，单击“点光源”图标，在场景中创建一个点光源，如图5-45所示。

图5-44

图5-45

（2）在“属性编辑器”中，展开“灯光效果”卷展栏，单击“灯光辉光”命令后的按钮，即可为当前点光源添加辉光效果，如图5-46所示。添加完成后，场景中的点光源图标上则会出现辉光效果图标，如图5-47所示。

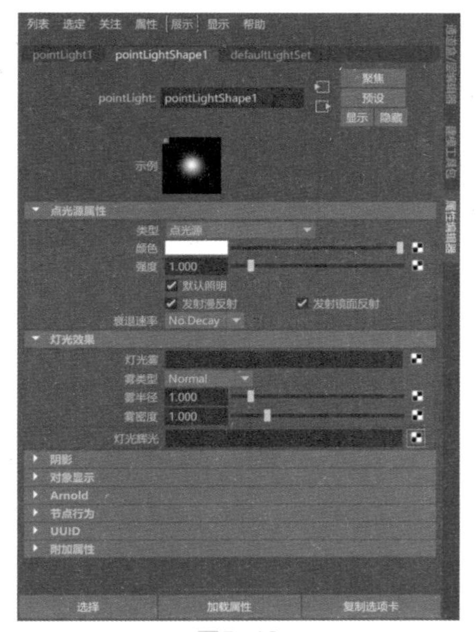

图5-46

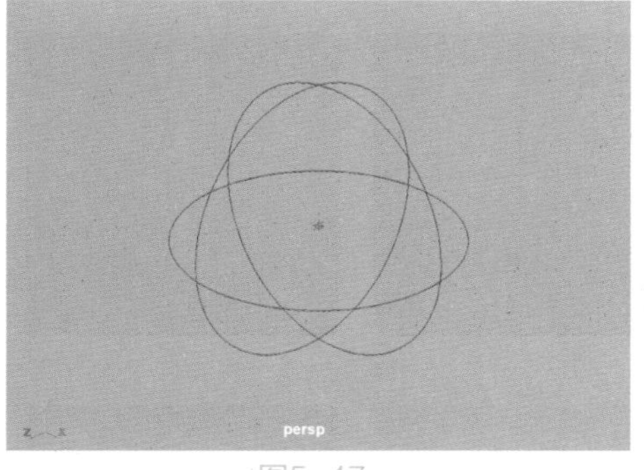

图5-47

在“属性编辑器”面板中，辉光特效的卷展栏主要包括“光学效果属性”“噪波”“节点行为”“UUID”和“附加属性”这5个卷展栏，其中，“光学效果属性”卷展栏内还下设“辉光属性”“光晕属性”和“镜头光斑属性”这3个卷展栏，如图5-48所示。接下来，我们重点对“光学特效属性”卷展栏内的常用参数进行讲解。

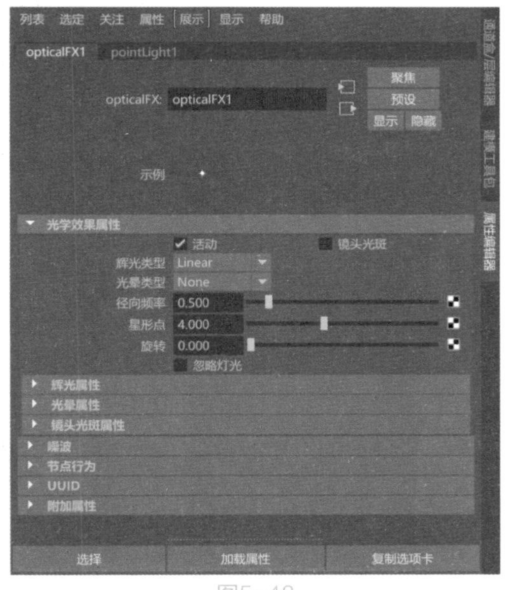

图5-48

5.4.1 “光学效果属性”卷展栏

展开“光学效果属性”卷展栏，其中的命令参数如图5-49所示。

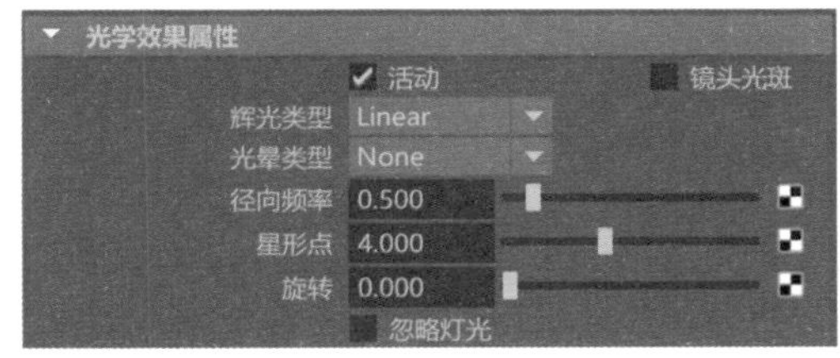

图5-49

常用参数解析

- 活动：启用或禁用光学效果。
- 镜头光斑：模拟照明摄影机镜头的曲面的强光源。
- 辉光类型：用来设置辉光的效果，Maya 2020为用户提供了5种辉光类型，分别为“Linear（线性）”“Exponential（指数）”“Ball（球）”“Lens Flare（镜头光斑）”和“Rim Halo（边缘光晕）”，如图5-50所示。这5种类型的渲染结果如图5-51～图5-55所示。
- 光晕类型：与“辉光类型”相似，Maya 2020提供了同样多的“光晕类型”供用户使用，并且也分为“Linear（线性）”“Exponential（指数）”“Ball（球）”“Lens Flare（镜头光斑）”和“Rim Halo（边缘光晕）”这5种类型，如图5-56所示。图5-57～图5-61分别为这5种类型的渲染结果。

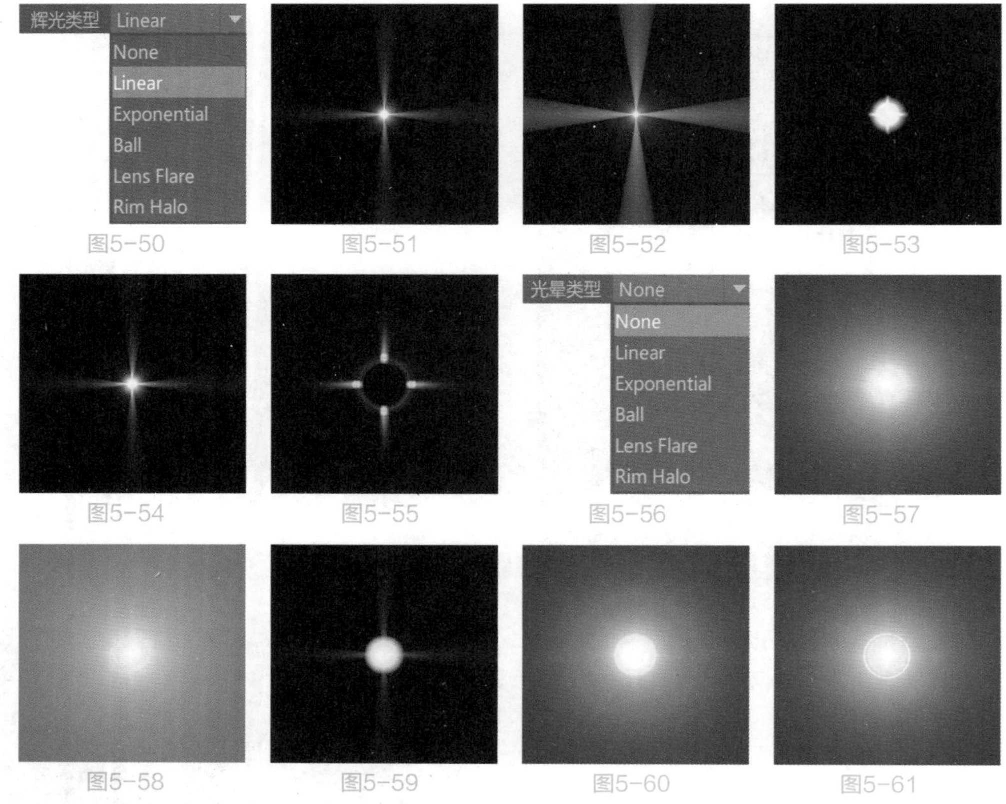

图5-50　图5-51　图5-52　图5-53

图5-54　图5-55　图5-56　图5-57

图5-58　图5-59　图5-60　图5-61

- 径向频率：控制辉光径向噪波的平滑度。
- 星形点：表示辉光星形过滤器效果的点数，图5-62所示分别为该值是4和8的渲染结果对比。
- 旋转：控制围绕灯光的中心旋转辉光噪波和星形效果，图5-63所示分别为该值是0和50的渲染结果对比。

图5-62　图5-63

- 忽略灯光：如果已启用，则会自动设定着色器辉光的阈值。

5.4.2 “辉光属性”卷展栏

展开“辉光属性”卷展栏，其中的命令参数如图5-64所示。

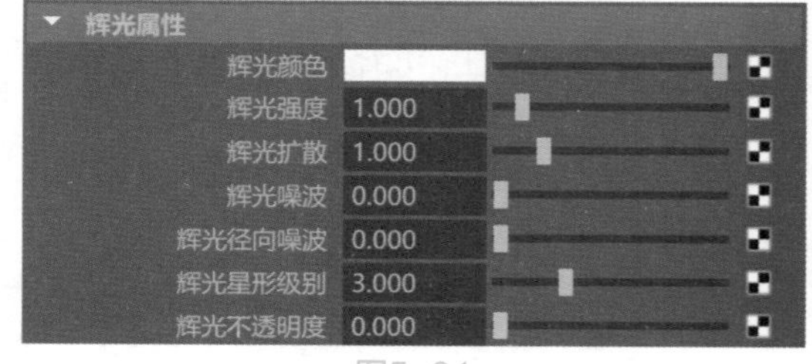

图5-64

常用参数解析

- 辉光颜色：灯光的辉光的颜色。
- 辉光强度：控制辉光亮度。

- 辉光扩散：控制辉光效果的大小。
- 辉光噪波：控制应用于辉光的2D噪波的强度。
- 辉光径向噪波：将辉光的扩散随机化。
- 辉光星形级别：模拟摄影机星形过滤器效果。
- 辉光不透明度：控制辉光暗显对象的程度。

5.4.3 “光晕属性”卷展栏

展开“光晕属性”卷展栏，其中的命令参数如图5-65所示。

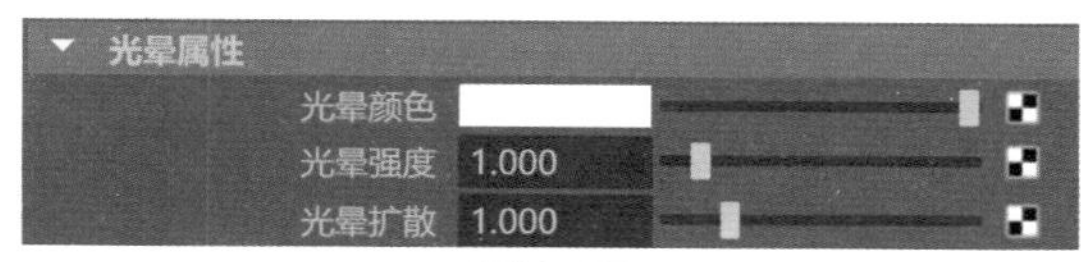

图5-65

常用参数解析

- 光晕颜色：控制光晕的颜色。
- 光晕强度：控制光晕的亮度。
- 光晕扩散：控制光晕效果的大小。

5.4.4 “镜头光斑属性”卷展栏

展开“镜头光斑属性”卷展栏，其中的命令参数如图5-66所示。

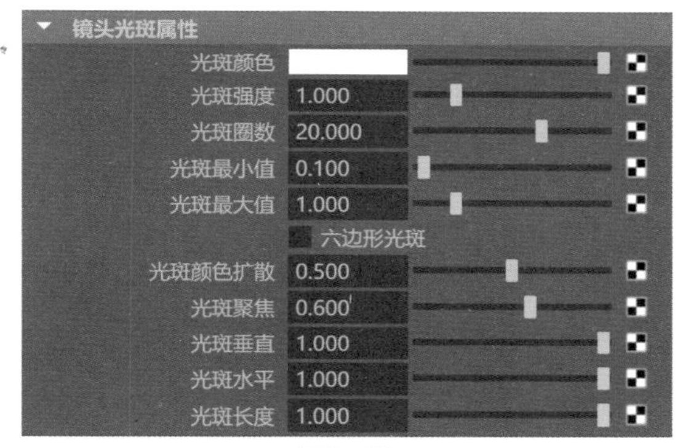

图5-66

常用参数解析

- 光斑颜色：控制镜头光斑圈的颜色。
- 光斑强度：控制光斑效果的亮度，图5-67所示分别是该值是1和2的渲染结果对比。
- 光斑圈数：表示镜头光斑效果中的圈数，图5-68所示分别为该值是5和25的渲染结果对比。

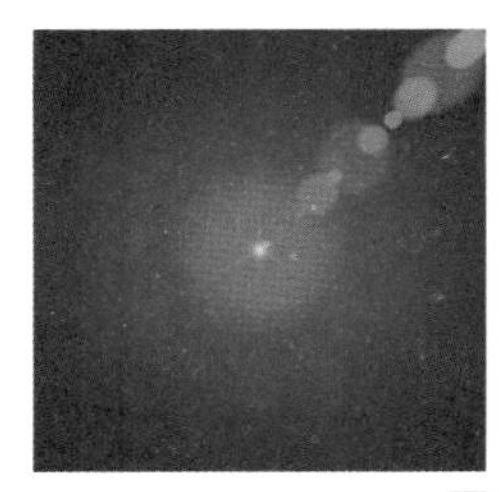

图5-67

图5-68

- 光斑最小/大值：在这两个值之间随机化圆形大小。
- 六边形光斑：生成六边形光斑元素，如图5-69所示。
- 光斑颜色扩散：控制基于“光斑颜色”随机化的各个圆形的色调度，图5-70分别为该值是0和1的渲染结果对比。
- 光斑聚焦：控制圆边的锐度。
- 光斑垂直/水平：用来控制光斑的生成角度，图5-71所示分别为调整了该值后的渲染结果对比。
- 光斑长度：相对于灯光位置控制光斑效果长度。

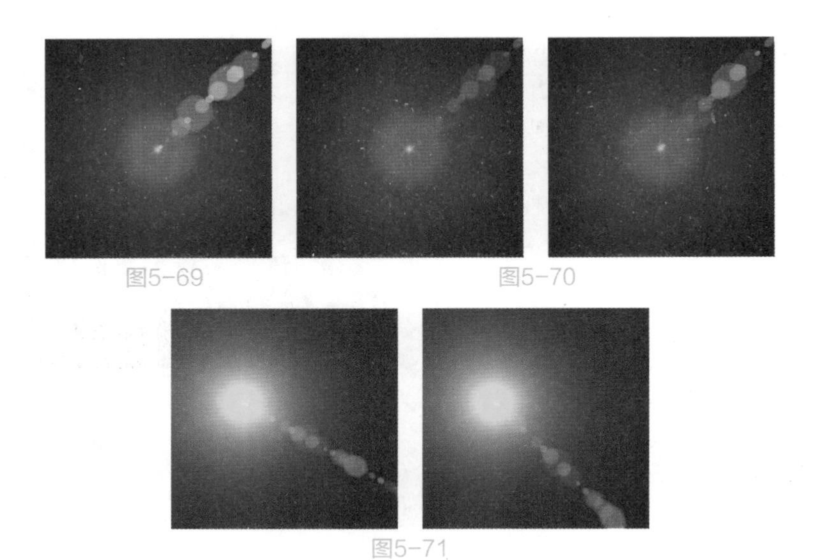

图5-69　　图5-70

图5-71

实例操作：使用辉光制作太空效果

在本例中，我们将使用Maya的灯光工具来制作太空中地球表现的照明效果，图5-72为本实例的最终完成效果，需要读者注意的是，本实例使用“Maya软件”渲染器进行渲染。

01 启动Maya软件，打开本书配套资源“地球.mb”文件，如图5-73所示。

02 切换至“渲染”工具架，单击“平行光”图标，在场景中创建一个平行光，并缩放平行光图标大小至图5-74所示，调整好灯光的照射角度。

图5-72

图5-73

03 在“属性编辑器”中，展开“平行光属性”卷展栏，设置灯光的“强度”值为1.5，并在“光线跟踪阴影属性”卷展栏内勾选“使用光线跟踪阴影”复选项，如图5-75所示。

图5-74

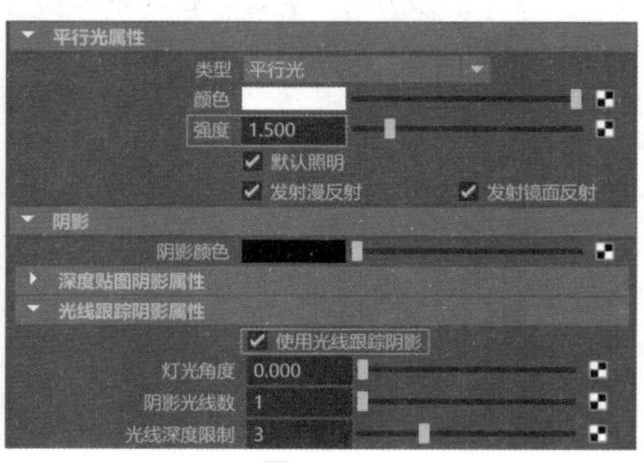

图5-75

04 设置完成后，渲染场景，渲染结果如图5-76所示。

05 复制场景中的平行光，并调整其角度至图5-77所示，用来制作场景中的辅助照明。

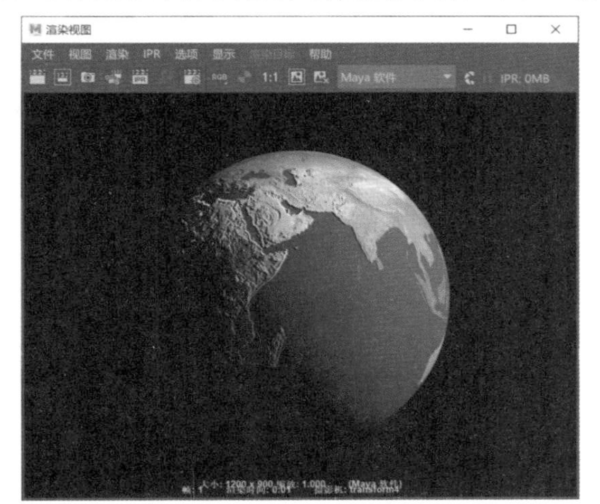

图5-76

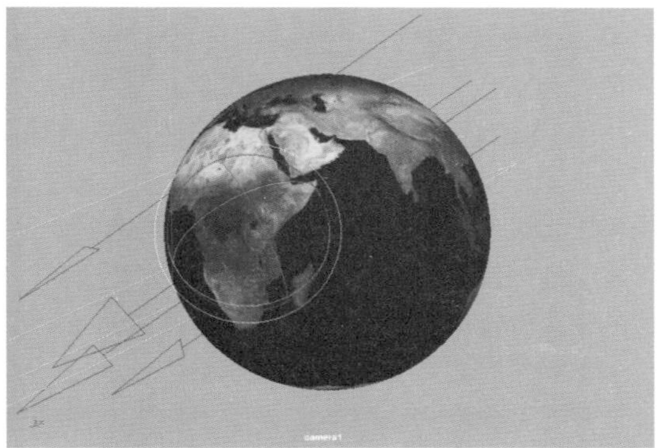

图5-77

06 在“属性编辑器”中，设置其“强度”值为0.05，稍稍提亮一点地球的暗部照明，如图5-78所示，渲染结果如图5-79所示。

07 在“渲染”工具架中，单击“点光源”图标，在场景中创建一个点光源，并调整其位置至图5-80所示。

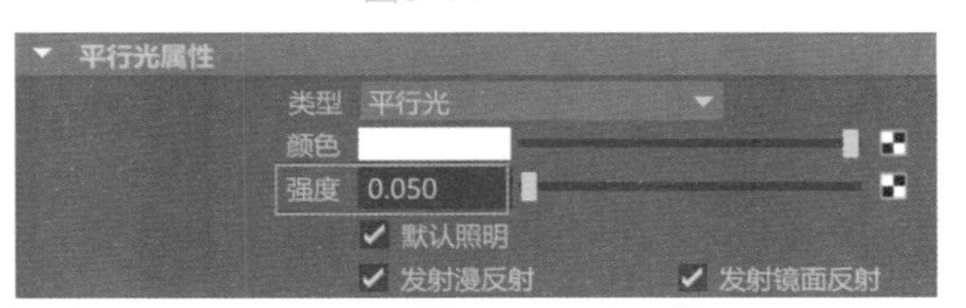

图5-78

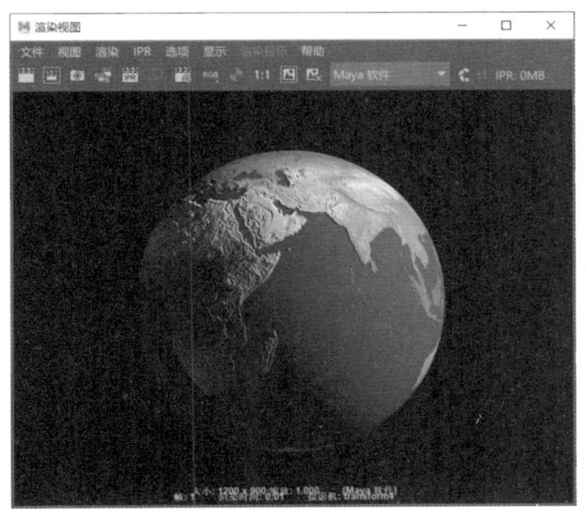

图5-79

图5-80

08 在“属性编辑器”中，展开“灯光效果”卷展栏，单击“灯光辉光”属性后的按钮，为当前灯光添加辉光效果，如图5-81所示。

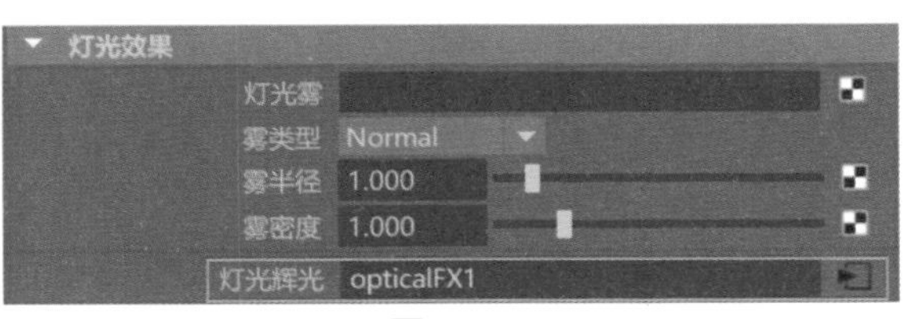

图5-81

09 在“属性编辑器”面板中，找到用于控制辉光特效的opticalFX1选项卡，展开“光学效果属性”卷展栏，勾选“镜头光斑”复选项，设置“辉光类型”为“Ball（球）”，设置“光晕类型”为“Exponential（指数）”，设置“径向频率”的值为0.5，设置“星形点”的值为6，如图5-82所示。

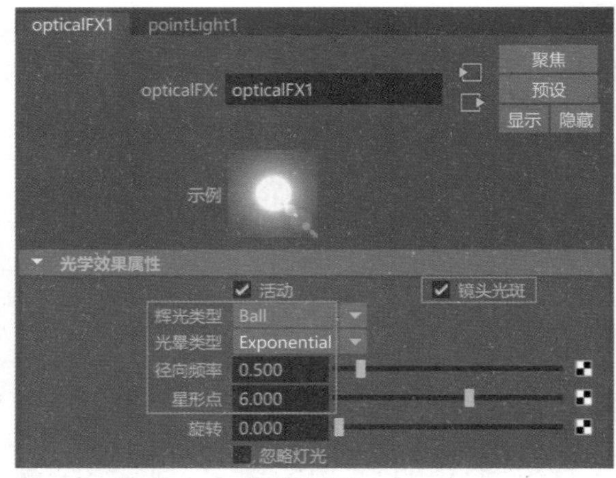

图5-82

10. 展开“辉光属性”卷展栏，设置“辉光颜色”为浅黄色，设置“辉光扩散”的值为1.5，如图5-83所示。
11. 展开“光晕属性”卷展栏，设置“光晕颜色”为黄色，设置“光晕强度”的值为0.2，如图5-84所示。
12. 展开“镜头光斑属性”卷展栏，设置“光斑颜色”为黄色，勾选“六边形光斑”复选项，设置“光斑颜色扩散”的值为0.3，“光斑聚焦”的值为0.6，“光斑垂直”的值为0.123，“光斑水平”的值为-0.082，如图5-85所示。

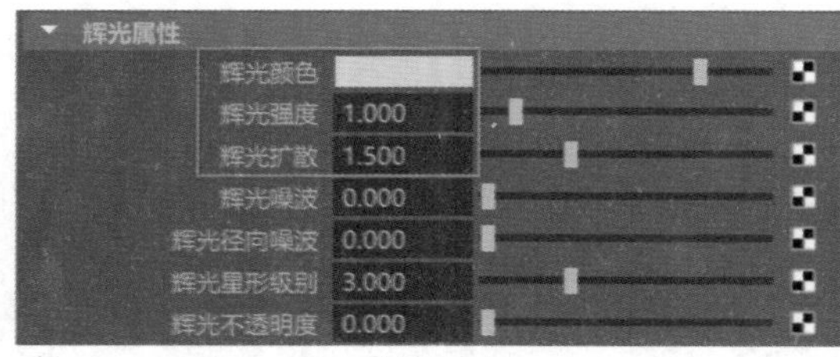

图5-83

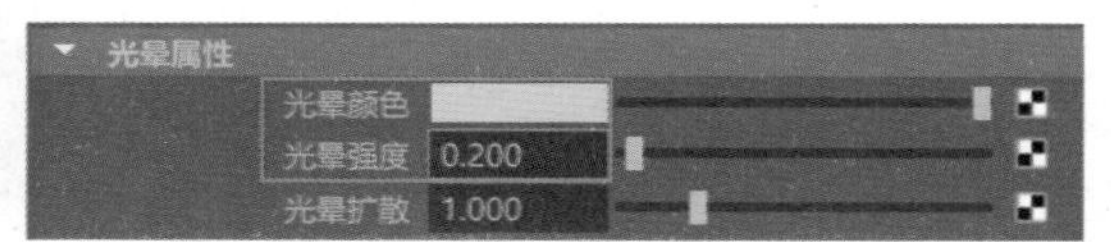

图5-84

13. 设置完成后，渲染场景，本场景的最终渲染效果如图5-86所示。

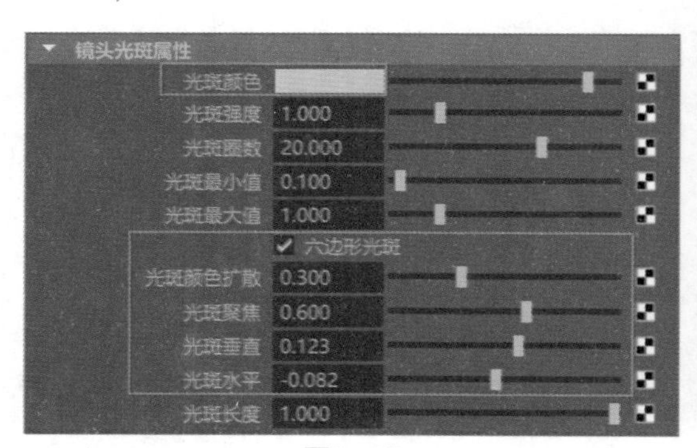

图5-85

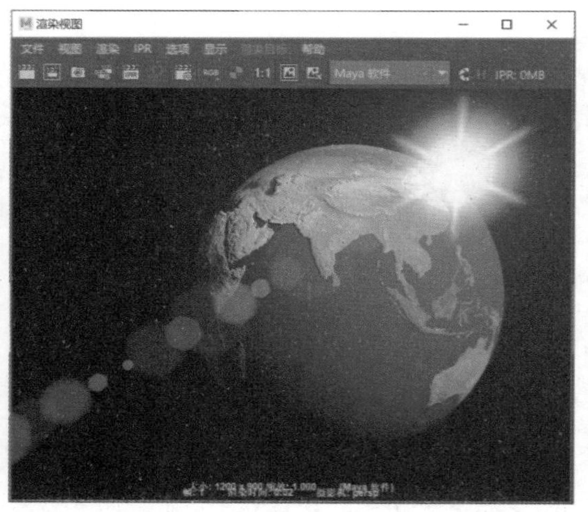

图5-86

5.5 Arnold灯光

中文版Maya 2020软件内整合了全新的Arnold灯光系统，使用这一套灯光系统并配合Arnold渲染器，用户可以渲染出超写实的画面效果。在Arnold工具架上，用户可以找到并使用这些全新的灯光按钮，如图5-87所示。

用户还可以执行菜单栏中的Arnold/Lights命令找到这些灯光按钮，如图5-88所示。

图5-87

图5-88

5.5.1 Area Light（区域光）

Area Light（区域光）与Maya自带的“区域光”非常相似，都是面光源，如图5-89所示。

在“属性编辑器”面板中，展开Arnold Area Light Attributes（Arnold区域光属性）卷展栏，可以查看Arnold区域光的参数设置，如图5-90所示。

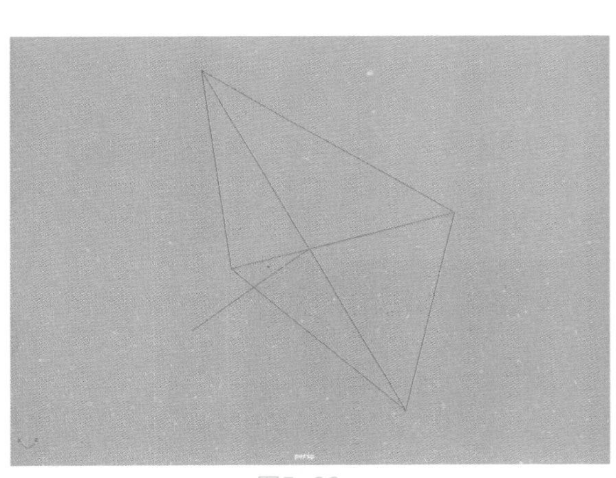
图5-89

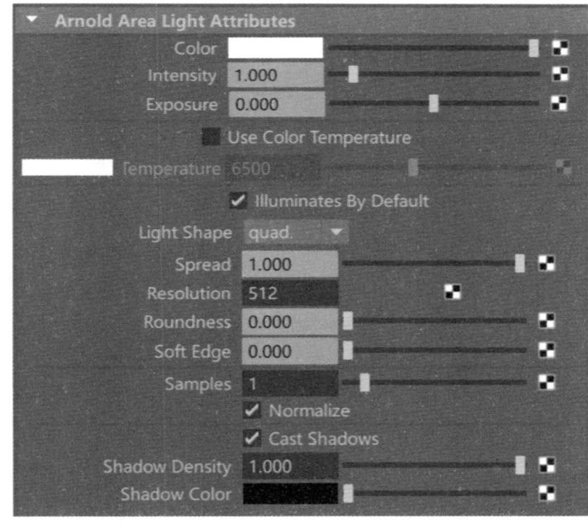

图5-90

常用参数解析

- Color：用来控制灯光的颜色。
- Intensity：用来设置灯光的倍增值。
- Exposure：用来设置灯光的曝光值。
- Use Color Temperature：勾选该复选项，可以使用色温来控制灯光的颜色。

色温以开尔文为单位，主要用于控制灯光的颜色。默认值为6500，是国际照明委员会（CIE）所认定的白色。当色温值小于6500时会偏向于红色，当色温值大于6500时则会偏向于蓝色，图5-91所示显示了不同单位的色温值对场景的光照色彩影响。另外，需要注意的是，当我们勾选了使用色温选项后，将覆盖掉灯光的默认颜色，并包括指定给颜色属性的任何纹理。

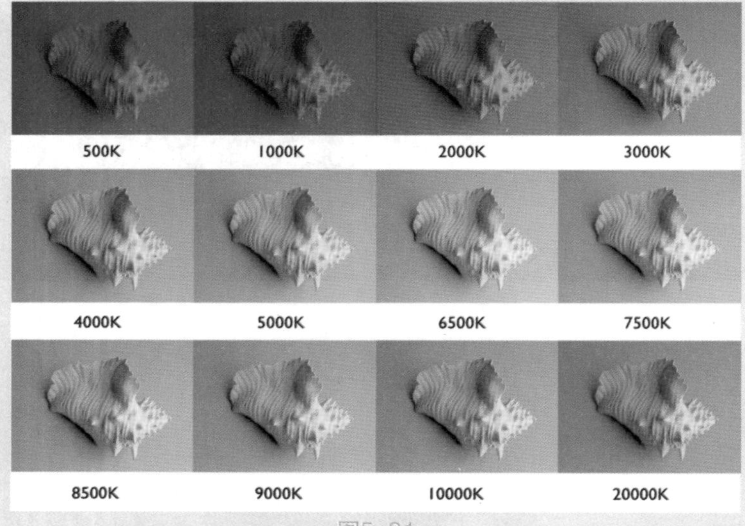

图5-91

- Temperature：用于输入色温值。
- Illuminates By Default：勾选该复选项，开启默认照明设置。
- Light Shape：用于设置灯光的形状。
- Resolution：设置灯光计算的细分值。
- Samples：设置灯光的采样值，值越高，渲染图像的噪点越少，反之亦然。图5-92所示为该值分别是1和10的图像渲染结果。通过图像对比可以看出，较高的采样值可以渲染得到更加细腻的光影效果。

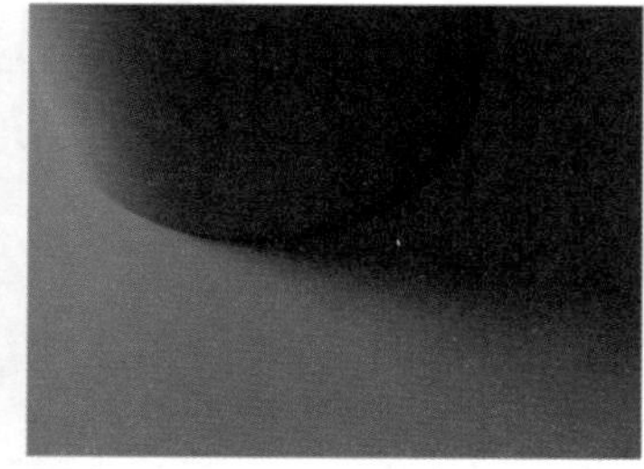
图5-92

- Cast Shadows：勾选该复选项，可以开启灯光的阴影计算。
- Shadow Density：设置阴影的密度，值越低，影子越淡。图5-93所示为该值分别是0.5和1的图像渲染结果。需要注意的是，较低的密度值可能会使图像看起来不太真实。

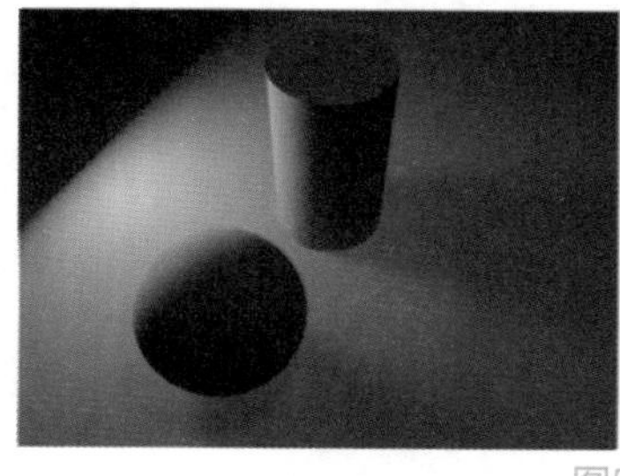

图5-93

- Shadow Color：用于设置阴影颜色。

5.5.2 Skydome Light（天空光）

在Maya软件中，创建Skydome Light（天空光）可以快速制作模拟阴天环境下的室外光照，如图5-94所示。

Skydome Light（天空光）、Mesh Light（网格灯光）和Photometric Light （光度学灯光）的参数设置与Area Light（区域光）非常相似，故不再重复讲解。

图5-94

5.5.3 Mesh Light（网格灯光）

Mesh Light（网格灯光）可以将场景中的任意多边形对象设置为光源，执行该命令之前，需要用户先在场景中选择一个多边形模型对象，图5-95为将一个多边形圆环模型设置为Mesh Light（网格灯光）后的显示结果。

Mesh Light（网格灯光）的默认照明效果会产生较多噪点，如图5-96所示。可以通过提高Samples（采样）值，有效改善图像的渲染结果，图5-97所示为Samples（采样）值设置为10后的渲染结果。

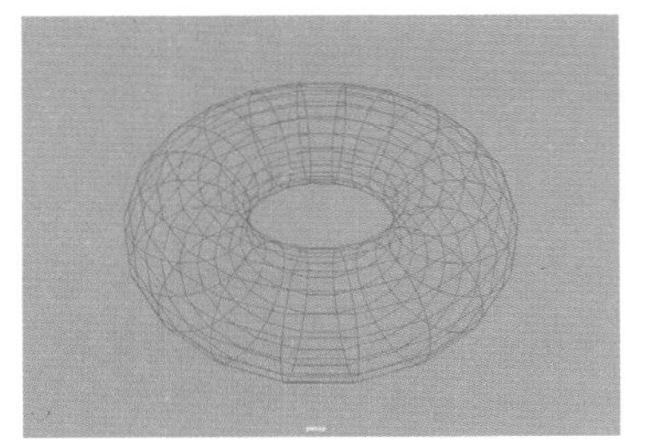

图5-95

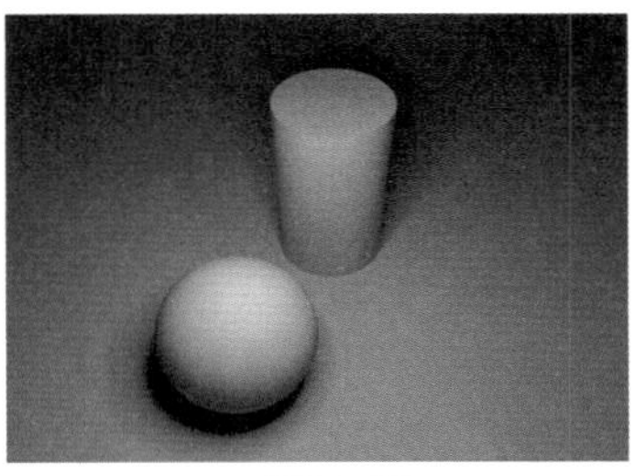

图5-96

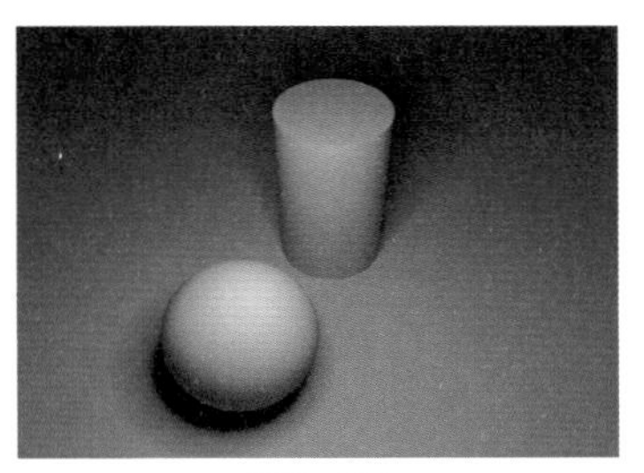

图5-97

5.5.4 Photometric Light （光度学灯光）

Photometric Light （光度学灯光）常常用来模拟制作射灯所产生的照明效果，在“属性编辑器”面板中添加光域网文件，可以制作出形状各异的光线效果，如图5-98所示。

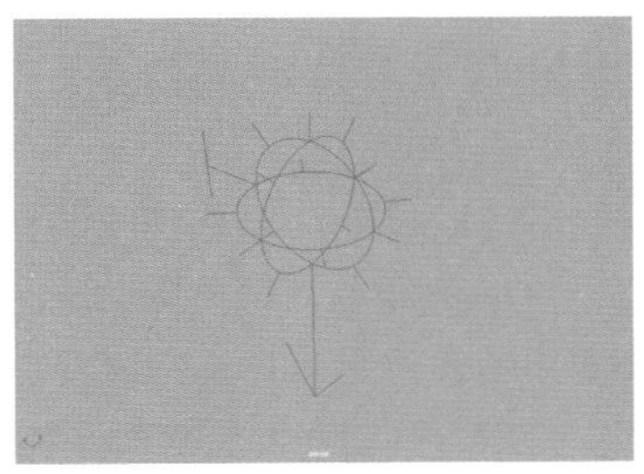

图5-98

5.5.5 Physical Sky（物理天空）

Physical Sky（物理天空）主要用来模拟真实的日光照明及天空效果。在Arnold工具架上，单击“创建物理天空”图标，即可在场景中添加物理天空，如图5-99所示，其参数面板如图5-100所示。

图5-99

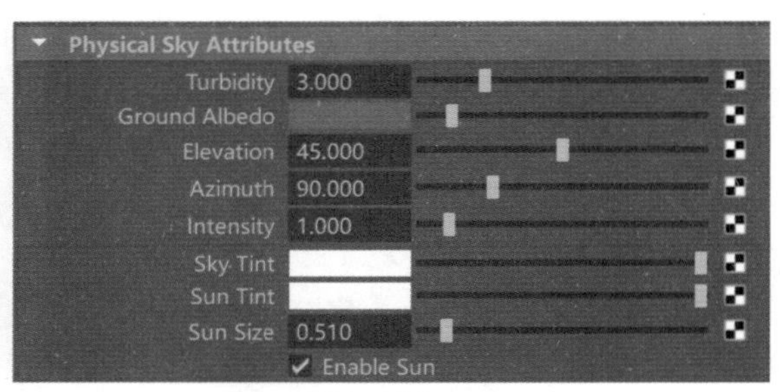

图5-100

常用参数解析

- Turbidity：控制天空的大气浊度，图5-101分别为该值是1和10的渲染图像结果对比。

图5-101

- Ground Albedo：控制地平面以下的大气颜色。
- Elevation：设置太阳的高度。值越大，太阳的位置越高，天空越亮，物体的影子越短；反之值越小，太阳的位置越低，天空越暗，物体的影子越长。图5-102分别为该值是70和20的渲染结果。

图5-102

- Azimuth：设置太阳的方位。
- Intensity：设置太阳的倍增值。
- Sky Tint：用于设置天空的色调，默认为白色。将Sky Tint的颜色调试为黄色，渲染结果如图5-103所示，可以用来模拟沙尘天气效果；将Sky Tint的颜色调试为蓝色，渲染结果如图5-104所示，则可以加强天空的色彩饱和度，使得渲染出来的画面更加艳丽，从而显得天空更加晴朗。

图5-103

图5-104

- Sun Tint：用于设置太阳色调，使用方法跟Sky Tint极为相似。
- Sun Size：设置太阳的大小，图5-105所示分别为该值是1和5的渲染结果对比。此外，该值还会对物体的阴影产生影响，值越大，物体的投影越虚。

图5-105

- Enable Sun：勾选该复选项开启太阳计算。

实例操作：制作室内天光照明效果

在本例中，我们将使用Maya的Area Light（区域光）工具来制作室内天光表现的照明效果，图5-106所示为本实例的最终完成效果。

01 启动Maya软件，打开本书配套资源“卧室.mb”文件，这是一个室内的场景模型，并已经设置好了材质及摄影机的渲染角度，如图5-107所示。

02 找到Arnold工具架，单击Area Light（区域光）按钮，在场景中创建一个Arnold渲染器的Area Light（区域光），如图5-108所示。

图5-106

图5-107

图5-108

03 按下R快捷键，使用“缩放工具”对Area Light（区域光）进行缩放，调整其大小至图5-109所示，与场景中房间的窗户大小相近即可。

04 使用“移动工具”调整Area Light（区域光）的位置至图5-110所示。将灯光放置在房间中窗户模型的位置处。

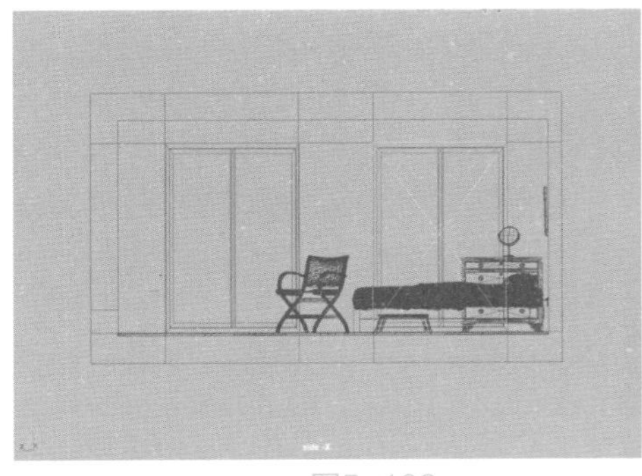

图5-109

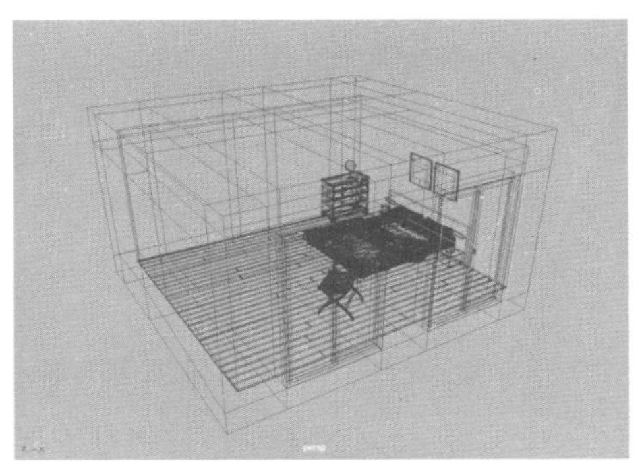

图5-110

05 在“属性编辑器”面板中，展开“aiAreaLightShape1”选项卡，设置Area Light（区域光）的Intensity值为300，Exposure的值为10，增加Area Light（区域光）的照明强度，如图5-111所示。

06 观察场景中的房间模型，可以看到该房间的一侧墙上有两个窗户，所以，我们将刚刚创建的Area Light（区域光）复制出来一个，并调整其位置至另一个窗户模型处，如图5-112所示。

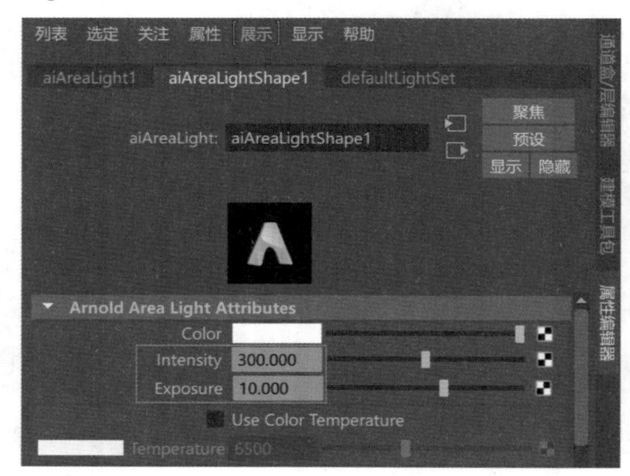

图5-111

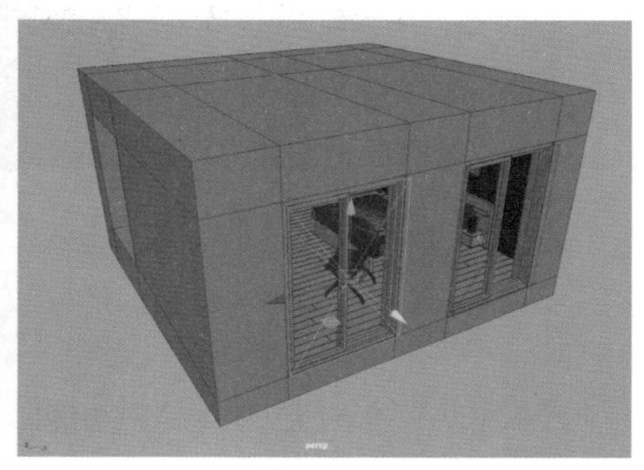

图5-112

07 设置完成后，渲染场景，并设置渲染图像的View Transform选项为sRGB gamma，如图5-113所示。

08 本实例的最终渲染结果如图5-114所示。

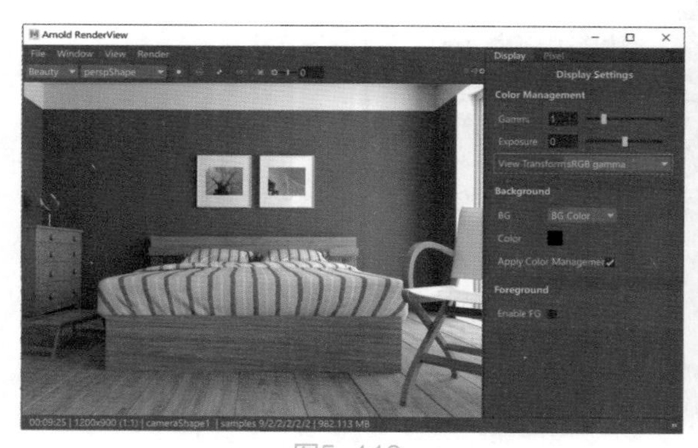

图5-113

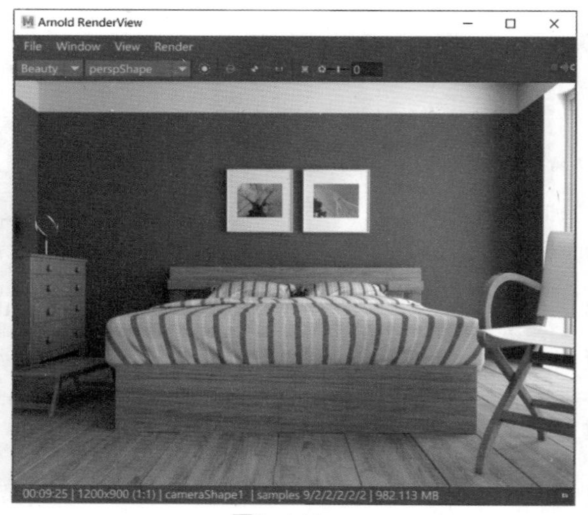

图5-114

技巧与提示

Arnold渲染器渲染场景通常要消耗很长时间来进行渲染计算，所以使用Arnold渲染器来渲染最终场景时，最好使用Arnold的“渲染”按钮进行预览计算，这样我们可以一边在Maya中调整参数，一边在Arnold的渲染视口中查看参数变化对渲染结果的影响，从而大大节省了调试参数的时间。

实例操作：制作室内日光照明效果

在本例中，我们将使用Maya的Physical Sky（物理天空）工具来制作室内日光表现的照明效果。在进行灯光设置前，非常有必要先观察一下现实生活中阳光透过窗户照进室内所产生的光影效果，图5-115所示为我在卧室拍摄的一张插座照片，通过该图可以看出距离墙体远近不同的物体所投射的影子，其虚实程度有很大变化。其中，A处为窗户的投影，因为距离墙体最远，所以投影也最虚。B处为插座的投影，因为距离墙体最近，所以投影也最实。C处为电器插头连线的投影，从该处可以清晰地看到阴影从实到虚的渐变。

参考上图的光影效果来完成本实例的灯光设置，本实例仍然使用上一实例的场景文件，灯光设置完成的最终渲染效果如图5-116所示。

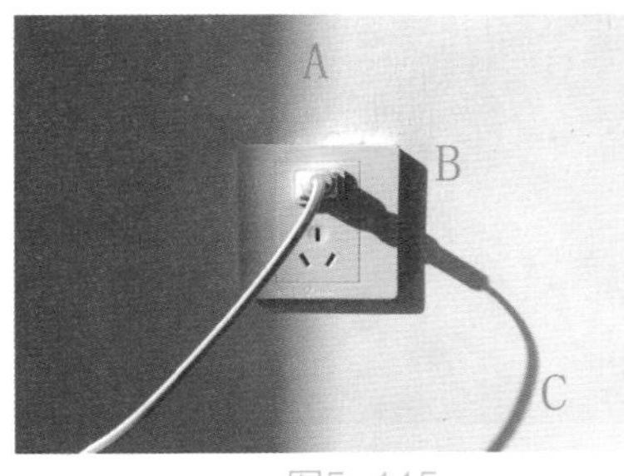

图5-115

图5-116

01 启动Maya 2020软件，打开本书配套资源“卧室.mb”文件，如图5-117所示。

02 找到Arnold工具架，单击Physical Sky（物理天空）按钮，如图5-118所示。

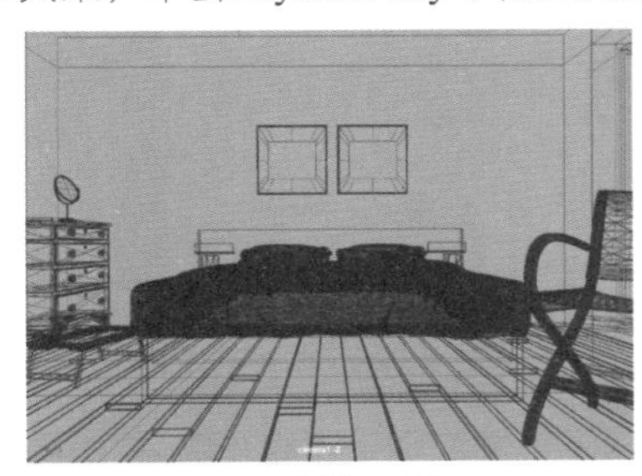

图5-117

图5-118

03 在场景中创建一个Arnold渲染器的Physical Sky（物理天空）灯光，如图5-119所示。

04 打开“属性编辑器”面板，展开aiPhysicalSky1选项卡，设置Elevation的值为30，Azimuth的值为40，调整出阳光的照射角度；设置Intensity的值为20，增加阳光的亮度；设置Sun Size的值为1，增加太阳的大小，该值可以影响阳光对模型产生的阴影效果，Sky Tint和Sun Tint的颜色保持默认不变，如图5-120所示。

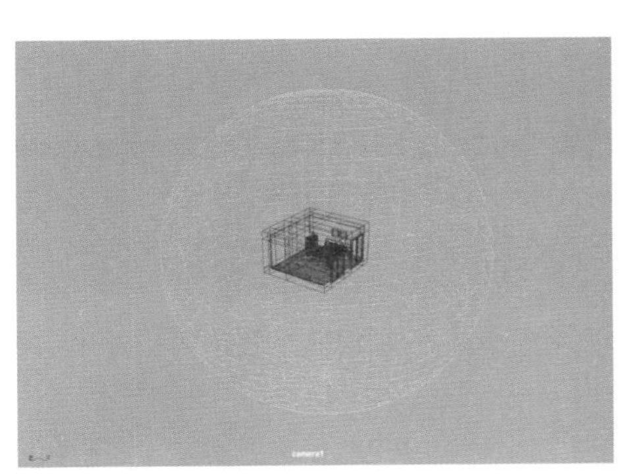
图5-119

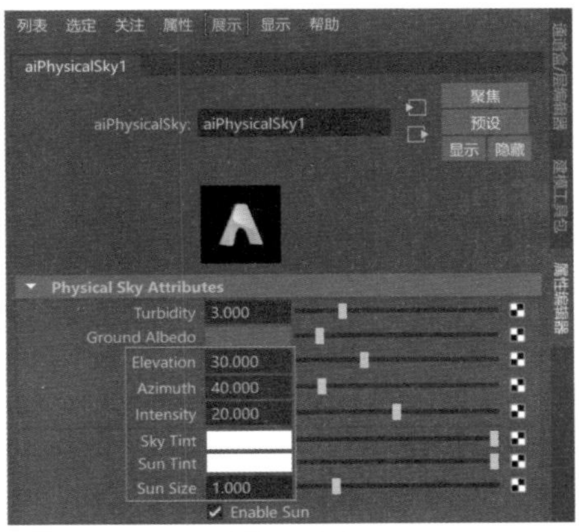

图5-120

05 设置完成后，渲染场景，渲染结果如图5-121所示。

06 观察渲染结果，可以看到渲染出来的图像还是有点偏暗，这时可以调整渲染窗口左边Display选项卡的Gamma值为1.35，将渲染图像调亮，得到较为理想的光影渲染效果，如图5-122所示。

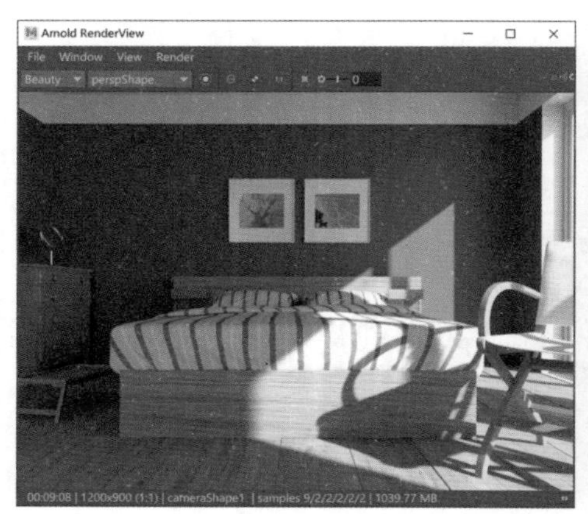

图5-121

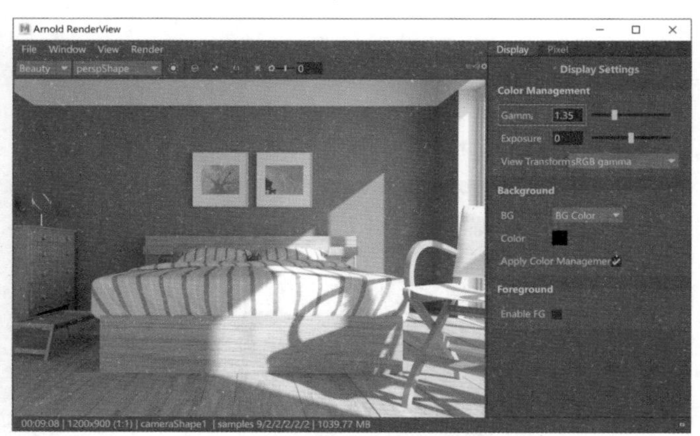

图5-122

07 执行渲染窗口上方的菜单命令“File/Save Image Options”，如图5-123所示。

08 在弹出的Save Image Options对话框中，勾选Apply Gamma/Exposure复选项，如图5-124所示。这样，在保存渲染图像时，就可以将调整了图像Gamma值的渲染结果保存到本地硬盘上了。

09 本实例的最终渲染结果如图5-125所示。

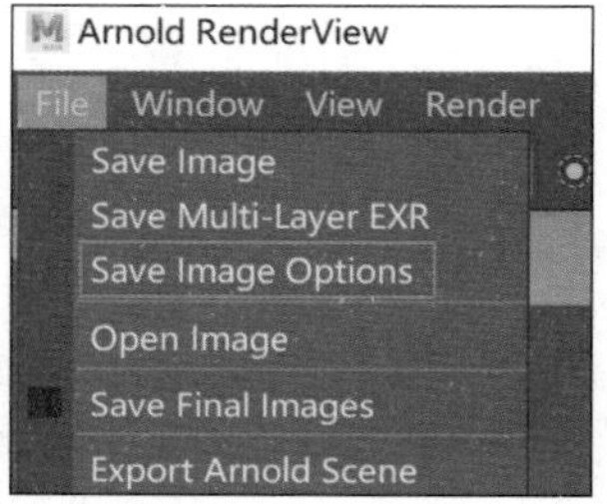

图5-123

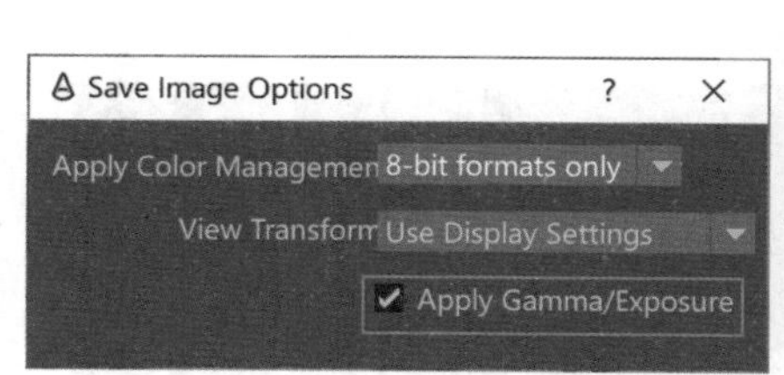

图5-124

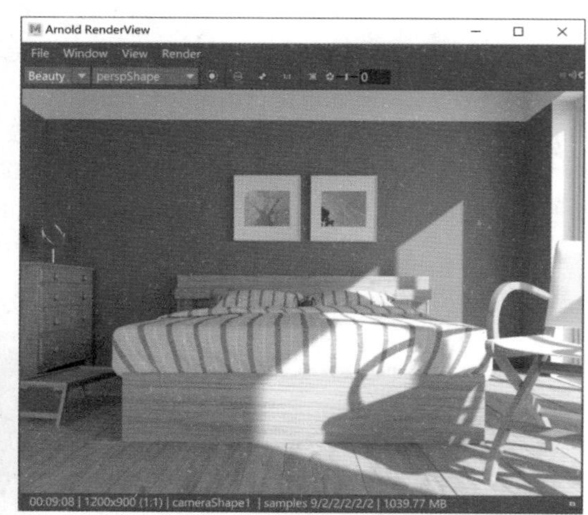

图5-125

实例操作：制作床头灯照明效果

在本例中，我们将使用Maya的 Mesh Light（网格灯光）工具来制作床头灯的照明效果，本实例的最终渲染结果如图5-126所示。

01 启动中文版Maya 2020软件，打开本书配套资源文件“床头灯.mb”，里面是一个室内空间的场景，并且设置好了材质及摄影机的拍摄角度，如图5-127所示。

02 该场景中还在房间窗户模型的位置处预先设置好了辅助照明灯光，如图5-128所示。

图5-126

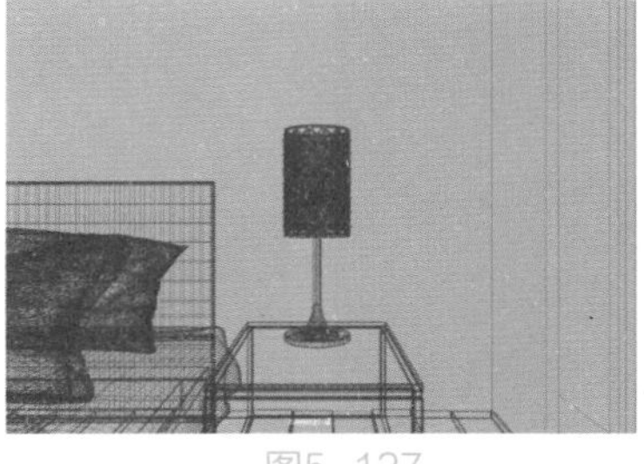
图5-127

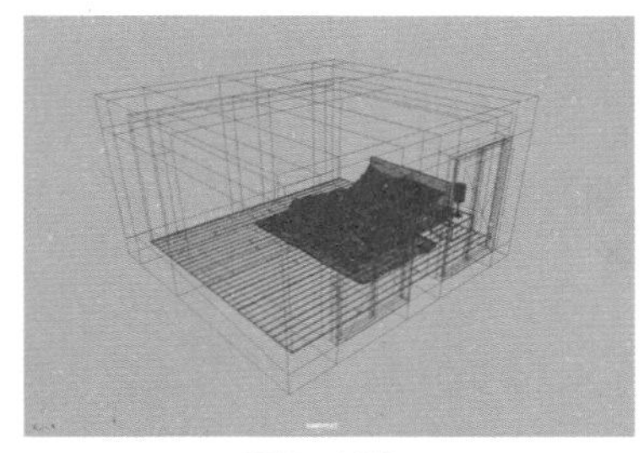
图5-128

03 现在渲染场景，默认渲染结果如图5-129所示。

04 在场景中选择床头灯里的灯管模型，如图5-130所示。

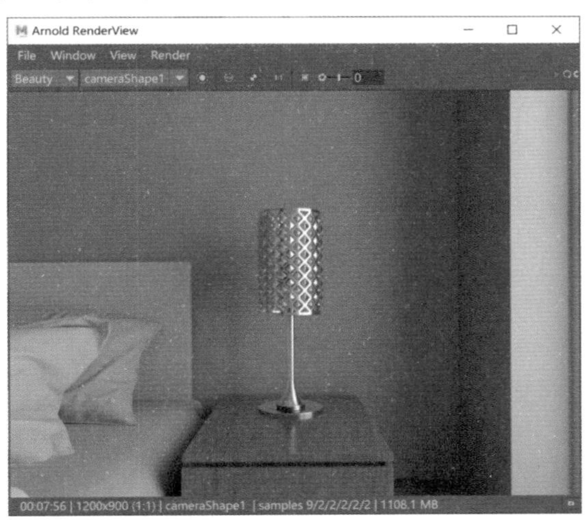

图5-129

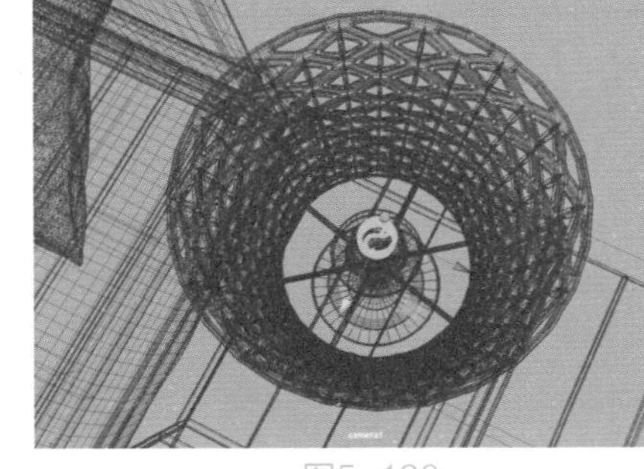
图5-130

05 在Arnold工具架上单击Mesh Light（网格灯光）图标，将灯管模型设置为网格灯光的载体，如图5-131所示。

06 设置完成后，观察“大纲视图”，Mesh Light（网格灯光）和灯管模型的层级关系如图5-132所示。

图5-131

deng
dengzuo
dengguan
light_dengguan
dengzhao

图5-132

07 观察场景，可以看到现在灯管模型的颜色像Maya灯光对象一样显示为红色，如图5-133所示。

08 在“属性编辑器”面板，展开Light Attributes卷展栏，设置灯光Color的颜色为黄色，Intensity的值为300，Exposure的值为9，调整灯光的颜色和照明强度；设置Samples的值为5，提高灯光的光影采样值，如图5-134所示。

09 设置完成后，渲染场景，本实例的最终渲染结果如图5-135所示。

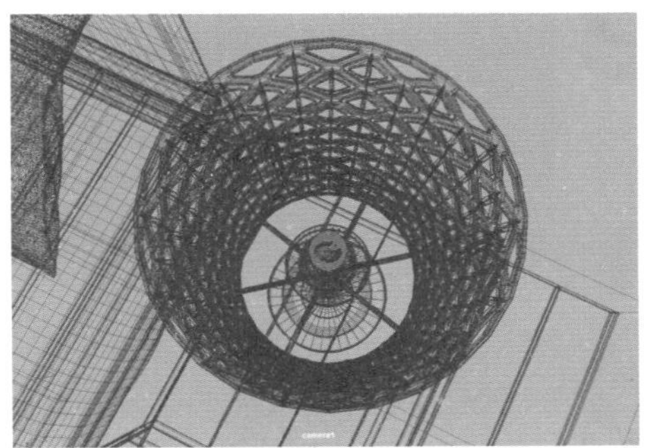
图5-133

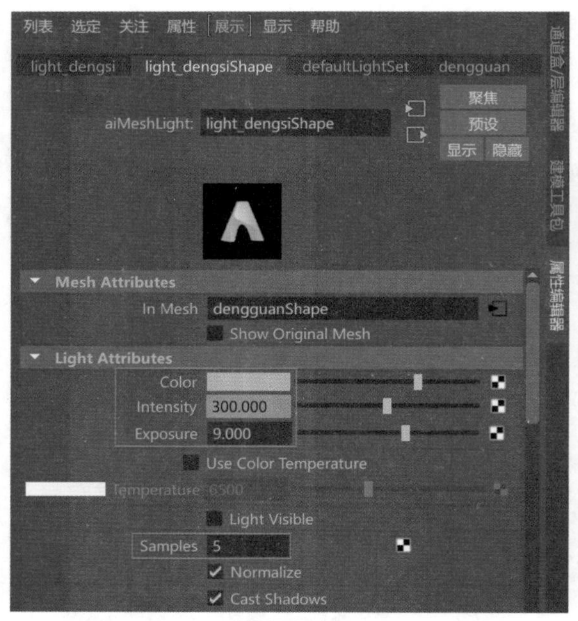

图5-134

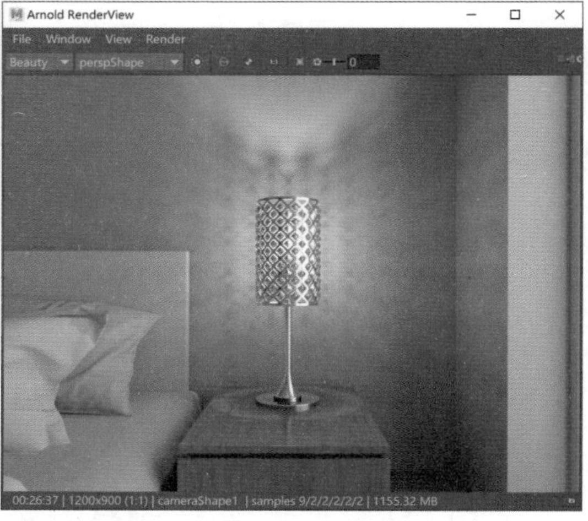

图5-135

实例操作：制作室外阳光照明效果

在本例中，我们将使用Maya的Physical Sky（物理天空）工具来制作室外天空环境的照明效果，图5-136所示为本实例的最终完成效果。

图5-136

01 启动Maya软件，打开本书配套资源“房子.mb”文件，场景中有一个房子的建筑外观模型，并已经设置好了材质及摄影机的渲染角度，如图5-137所示。

02 找到Arnold工具架，单击Physical Sky（物理天空）按钮，在场景中创建一个Arnold渲染器的Physical Sky（物理天空），如图5-138所示。

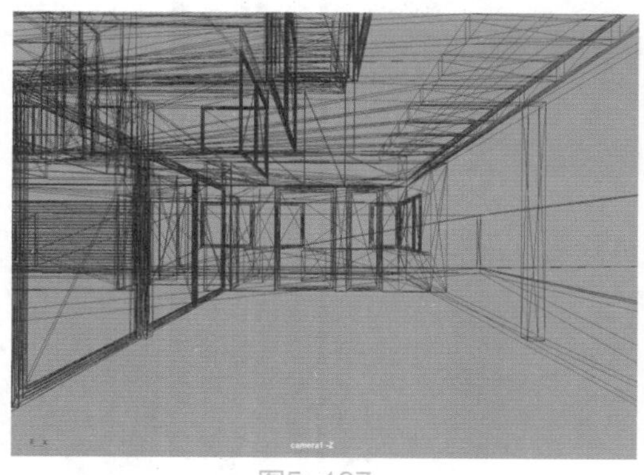

图5-137

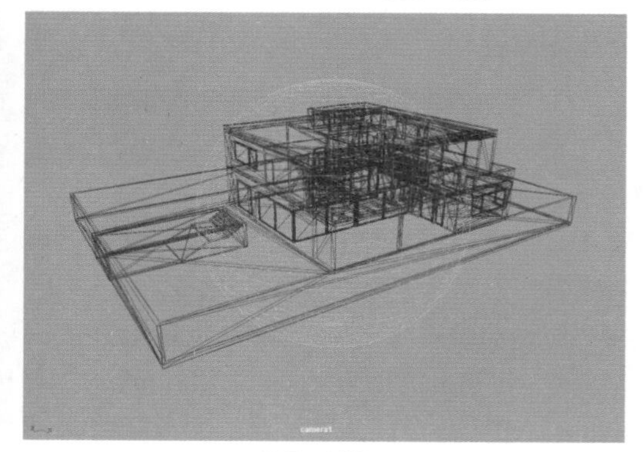

图5-138

03 渲染场景，Physical Sky（物理天空）作用在场景中的默认渲染结果如图5-139所示。

04 在“属性编辑器”面板中，展开Physical Sky Attributes卷展栏，调整Elevation的值为30，Azimuth的值为70，调整太阳的高度及照射角度；设置Intensity的值为2.5，增加灯光的强度，如图5-140所示。

图5-139

图5-140

05 设置完成后，渲染场景，渲染结果如图5-141所示。

06 设置渲染图像的Gamma值为1.5，为渲染图像增加亮度，如图5-142所示。

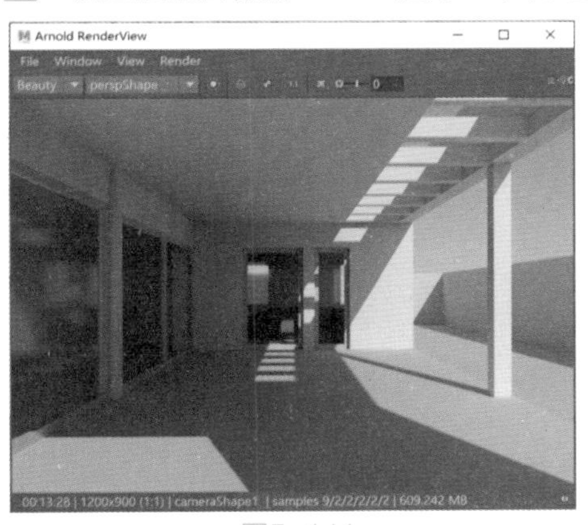

图5-141

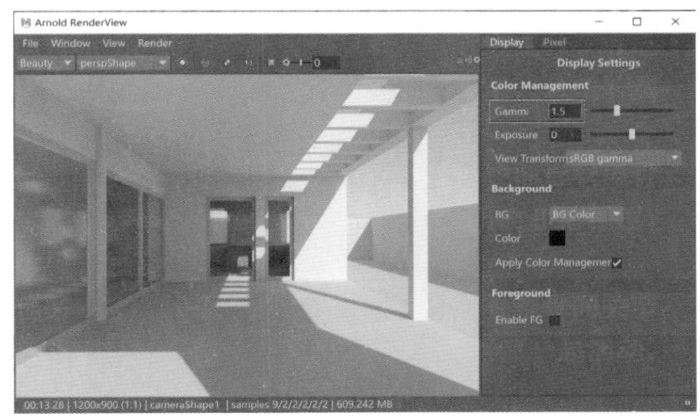

图5-142

07 本实例的最终渲染结果如图5-143所示。

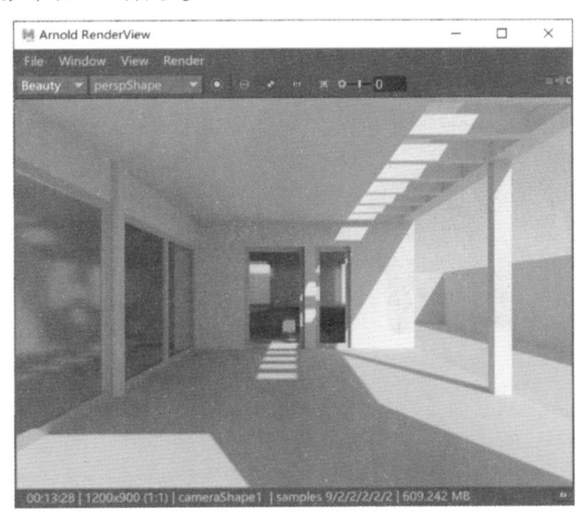

图5-143

6.1 摄影机基本知识

在讲解Maya的摄影机技术之前，了解一下真实摄影机的结构和相关术语是非常有必要的。从公元前4世纪墨子记述针孔成像开始，到现在众多高端品牌的相机产品，摄影机无论是在外观、结构还是功能上，都发生了翻天覆地的变化。最初的相机结构相对简单，仅仅包括暗箱、镜头和感光的材料，拍摄出来的画面效果也不尽人意。而现在，单反相机拥有精密的镜头、光圈、快门、测距、输片、对焦等系统，并且融合了光学、机械、电子、化学等技术，可以随时随地完美记录我们的生活画面，将一瞬间的精彩永久保留。图6-1为佳能出品的一款摄影机的内部结构透视图。

图6-1

要当一名优秀的摄影师，熟悉手中的摄影机是学习的第一步。如果说相机的价值由拍摄的效果来决定，那么为了保证这个效果，拥有一个性能出众的镜头则至关重要。摄影机的镜头主要有定焦镜头、标准镜头、长焦镜头、广角镜头、鱼眼镜头等。

6.1.1 镜头

镜头是由多个透镜所组成的光学装置，也是摄影机组成部分的重要部件。镜头的品质会直接对拍摄结果的质量产生影响。同时，镜头也是划分摄影机档次的重要标准，如图6-2所示。

6.1.2 光圈

光圈是用来控制光线进入机身内感光面光量的一个装置，其功能相当于眼球里的虹膜。如果光圈开得比较大，就会有大量的光线进入影像感应器；如果光圈开得很小，进光量则会减少很多，如图6-3所示。

图6-2

图6-3

6.1.3 快门

快门是照相机控制感光片有效曝光时间的一种装置，与光圈不同，快门用来控制进光的时间长短。通常，快门的速度越快越好。秒数更低的快门非常适合用来拍摄运动中的景象，甚至可以拍摄到高速移动的目标。快门速度单位是“秒”，常见的快门速度有：1、1/2、1/4、1/8、1/15、1/30、1/60、1/125、1/250、1/500、1/1000、1/2000等。如果要拍摄夜晚车水马龙般的景色，则需要拉长快门的时间，如图6-4所示。

图6-4

6.1.4　胶片感光度

胶片感光度即胶片对光线的敏感程度。它是采用胶片在达到一定的密度时所需的曝光量H的倒数乘以常数K来计算，即S=K/H。彩色胶片则普遍采用三层乳剂感光度的平均值作为总感光度。在光照亮度很弱的地方，可以选用超快速胶片进行拍摄。这种胶片对光十分敏感，即使在微弱的灯光下，仍然可以得到令人欣喜的效果。若是在光照十分充足的条件下，则可以使用超慢速胶片进行拍摄。

6.2　摄影机的类型

Maya软件在默认状态下为用户的场景提供了4台摄影机，通过新建场景文件，然后打开“大纲视图”面板，就可以看到这些隐藏的摄影机，这些摄影机分别用来控制透视视图、顶视图、前视图和侧视图。也就是说，我们在场景中进行各个视图的切换，实际上就是在这些摄影机视图里完成的，如图6-5所示。

执行菜单栏“创建/摄影机”命令，可以看到Maya为用户提供的多种类型的摄影机，如图6-6所示。

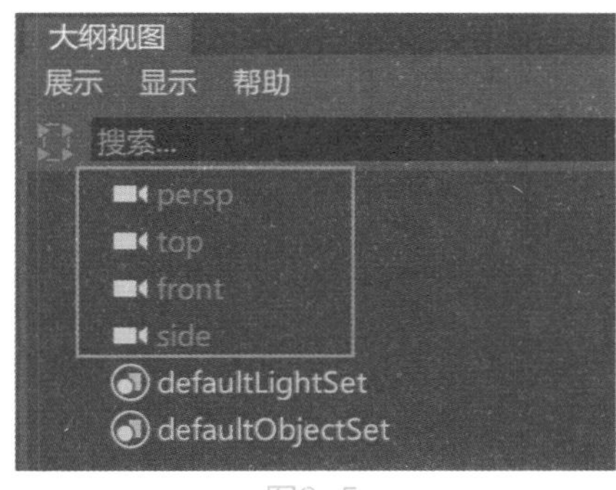

图6-5

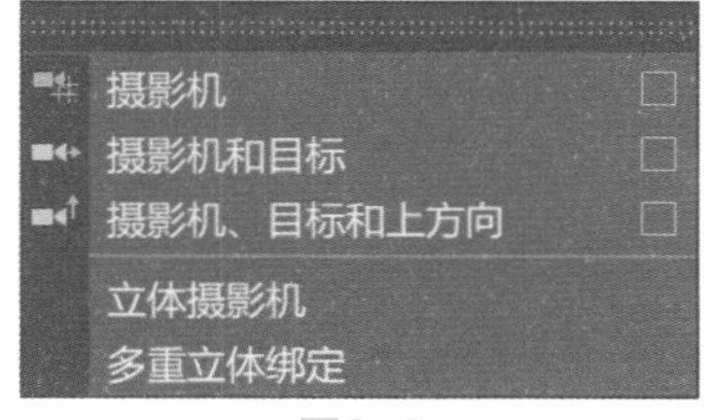

图6-6

6.2.1　摄影机

Maya的摄影机工具可以广泛用于静态及动态场景当中，是使用频率最高的摄影机工具，如图6-7所示。

6.2.2　摄影机和目标

使用“摄影机和目标”命令所创建出来的摄影机还会自动生成一个目标点，这种摄影机可以应用在场景里有需要一直追踪对象的镜头上，如图6-8所示。

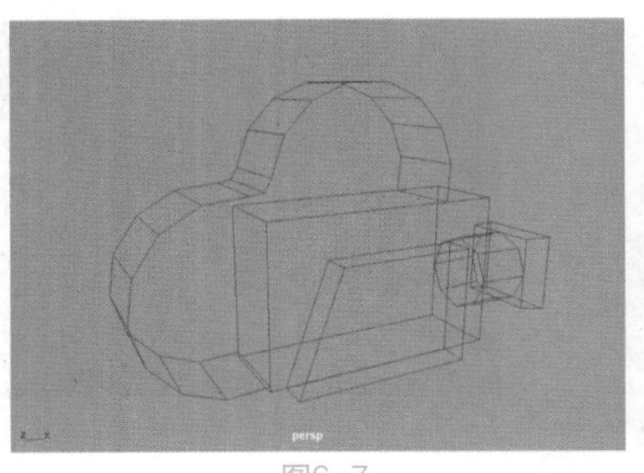
图6-7

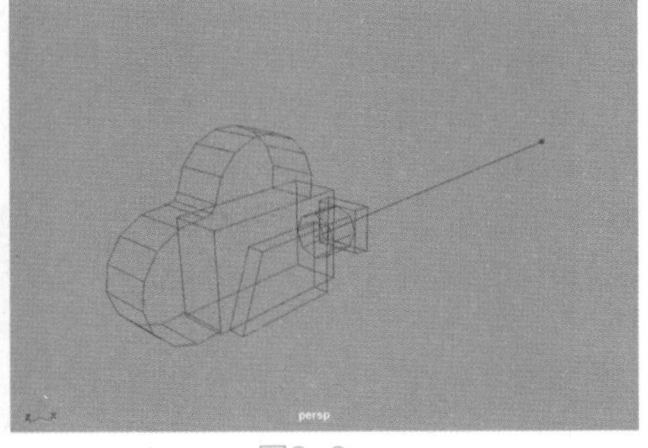
图6-8

6.2.3 摄影机、目标和上方向

通过执行“摄影机、目标和上方向”命令所创建出来的摄影机带有两个目标点，一个目标点的位置在摄影机的前方，另一个目标点的位置在摄影机的上方，有助于适应更加复杂的动画场景，如图6-9所示。

6.2.4 立体摄影机

使用“立体摄影机”命令创建出来的摄影机，为一个由三台摄影机间隔一定距离并排而成的摄影机组合，如图6-10所示。使用立体摄影机可创建具有三维景深的三维渲染效果。当渲染立体场景时，Maya会考虑所有的立体摄影机属性，并执行计算以生成可被其他程序合成的立体图或平行图像。

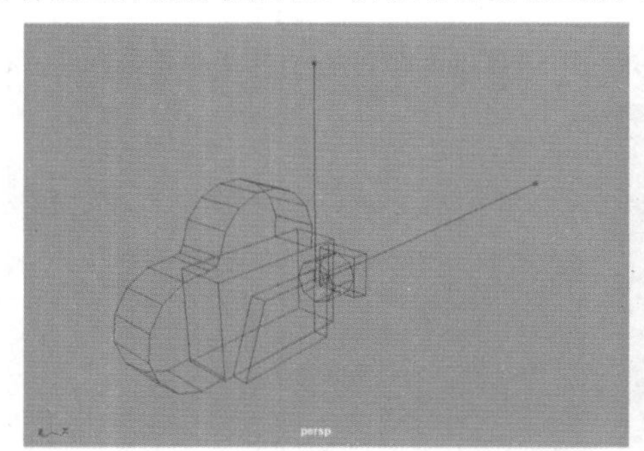
图6-9

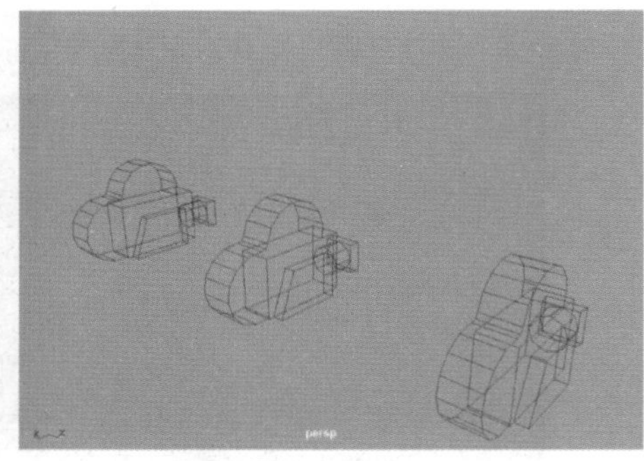
图6-10

6.3 创建摄影机的方式

Maya提供了多种创建摄影机的方式供用户使用，下面我一一为大家讲解这些创建摄影机的方法。

6.3.1 通过工具架按钮来创建摄影机

在“渲染”工具架上，Maya为用户提供的6种灯光图标后面的第一个图标就是用于创建摄影机的图标，如图6-11所示。可以单击该图标，在场景的原点坐标处快速创建一架摄影机，用于拍摄场景中的画面效果。

图6-11

6.3.2 通过菜单栏来创建摄影机

用户可以执行菜单栏“创建”|“摄影机”|“摄影机”命令来在场景中创建一个摄影机，如图6-12所示。

6.3.3 通过热盒来创建摄影机

用户还可以按住空格键，打开热盒，在弹出的命令中选择“新建摄影机”命令来在场景中创建一架新的摄影机，如图6-13所示。

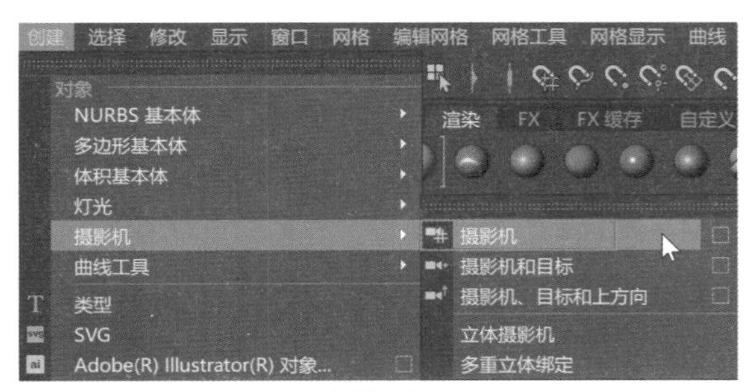

图6-12

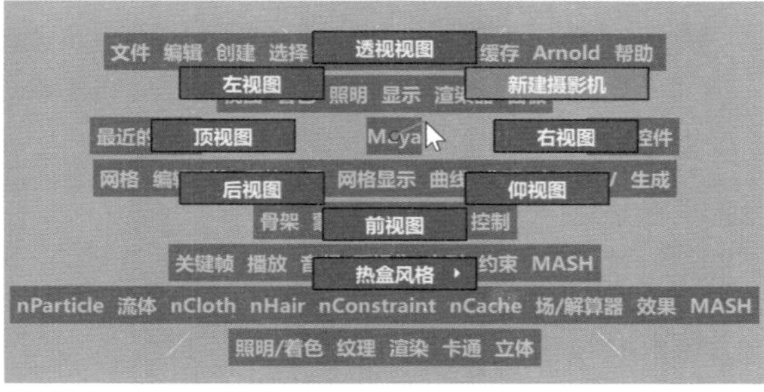

图6-13

6.4 摄影机的参数设置

摄影机创建完成后，用户可以通过“属性编辑器”面板来对场景中的摄影机参数进行调试，比如控制摄影机的视角、制作景深效果，或是更改渲染画面的背景颜色等。这需要我们在不同的卷展栏内对相应的参数进行重新设置，如图6-14所示。

6.4.1 “摄影机属性”卷展栏

展开“摄影机属性”卷展栏，其中的命令参数如图6-15所示。

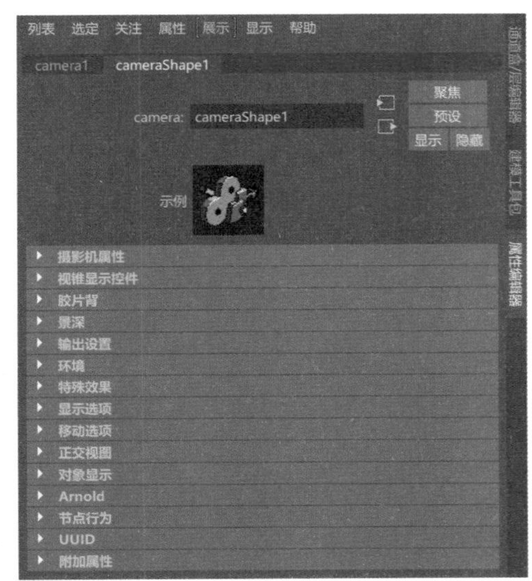

图6-14

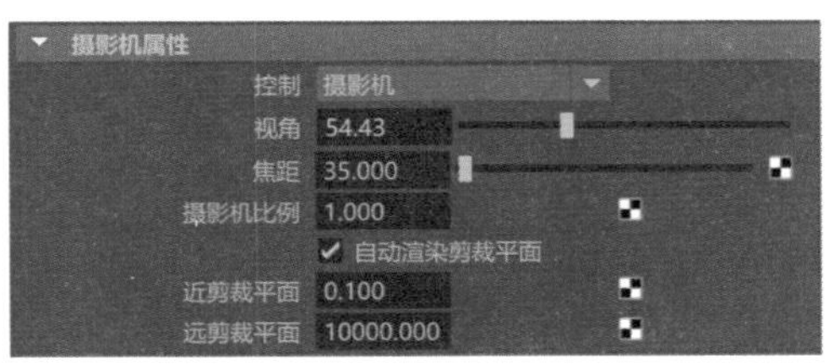

图6-15

常用参数解析

- 控制：可以进行当前摄影机类型的切换，包含“摄影机”“摄影机和目标”和“摄影机、目标和上方向”这3个选项，如图6-16所示。

控制 摄影机
摄影机
摄影机和目标
摄影机、目标和上方向

图6-16

- 视角：用于控制摄影机所拍摄画面的宽广程度。
- 焦距：增加“焦距”可拉近摄影机镜头，并放大对象在摄影机视图中的大小。减小“焦距”可拉远摄影机镜头，并缩小对象在摄影机视图中的大小。
- 摄影机比例：根据场景缩放摄影机的大小。
- 自动渲染剪裁平面：此选项处于启用状态时，会自动设置近剪裁平面和远剪裁平面。
- 近剪裁平面：用于确定摄影机不需要渲染的距离摄影机较近的范围。
- 远剪裁平面：超过该值的范围，则摄影机不会进行渲染计算。

6.4.2 “视锥显示控件”卷展栏

展开“视锥显示控件”卷展栏，其中的命令参数如图6-17所示。

图6-17

常用参数解析

- 显示近剪裁平面：启用此选项可显示近剪裁平面，如图6-18所示。
- 显示远剪裁平面：启用此选项可显示远剪裁平面，如图6-19所示。
- 显示视锥：启用此选项可显示视锥，如图6-20所示。

图6-18

图6-19

图6-20

6.4.3 “胶片背”卷展栏

展开“胶片背”卷展栏，其中的命令参数如图6-21所示。

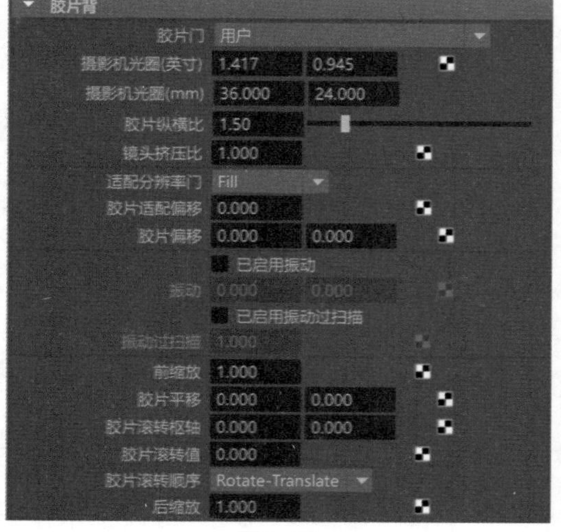

图6-21

常用参数解析

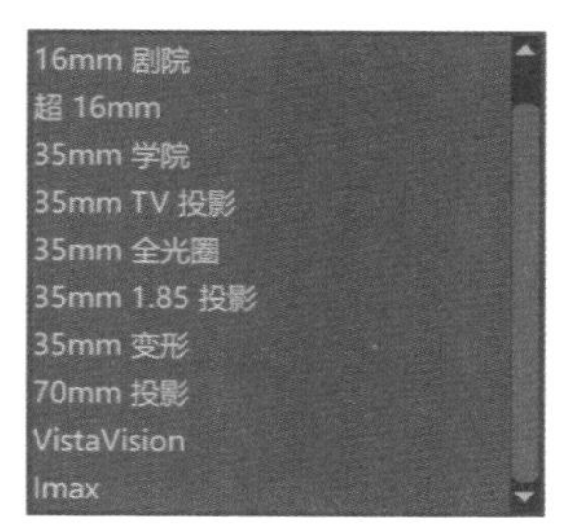

图6-22

- 胶片门：允许用户选择某个预设的摄影机类型。Maya会自动设置“摄影机光圈”“胶片纵横比”和“镜头挤压比”。若要单独设置这些属性，可以设置“用户”胶片门，除了“用户”选项，Maya还提供了10种其他选项供用户选择，如图6-22所示。
- 摄影机光圈（英寸）摄影机光圈（mm）：用来控制摄影机“胶片门”的高度和宽度。
- 胶片纵横比：摄影机光圈的宽度和高度的比。
- 镜头挤压比：摄影机镜头水平压缩图像的程度。
- 适配分辨率门：控制分辨率门相对于胶片门的大小。
- 胶片偏移：更改该值可以生成2D轨迹。“胶片偏移”的测量单位是英寸，默认设置为0。
- 已启用振动：使用“振动”属性以应用一定量的2D转换到胶片背。曲线或表达式可以连接到“振动”属性来渲染真实的振动效果。
- 振动过扫描：指定了胶片光圈的倍数。此过扫描用于渲染较大的区域，并在摄影机不振动时需要用到。此属性会影响输出渲染。
- 前缩放：该值用于模拟2D摄影机缩放。在此字段中输入一个值，该值将在胶片滚转之前应用。
- 胶片平移：该值用于模拟2D摄影机平移。
- 胶片滚转枢轴：此值用于摄影机的后期投影矩阵计算。
- 胶片滚转值：以度为单位指定了胶片背的旋转量。旋转围绕指定的枢轴点发生。该值用于计算胶片滚转矩阵，是后期投影矩阵的一个组件。
- 胶片滚转顺序：指定如何相对于枢轴的值应用滚动，有“Rotate-Translate（旋转平移）”和“Translate-Rotate（平移旋转）”两种方式可选，如图6-23所示。
- 后缩放：此值代表模拟的2D摄影机缩放。在此字段中输入一个值。在胶片滚转之后应用该值。

图6-23

6.4.4　“景深”卷展栏

“景深”效果是摄影师常用的一种拍摄手法，指画面中拍摄对象清晰的区域，可大可小。物体距离摄影机的焦点越远，成像的清晰度就会越差，拍摄出来的画面看起来就会越模糊。在渲染中通过“景深”特效，常常可以虚化配景，从而达到突出画面主体的效果。如图6-24和图6-25所示分别为焦点在不同位置的“景深”效果照片对比。

图6-24

图6-25

展开“景深”卷展栏，其中的命令参数如图6-26所示。

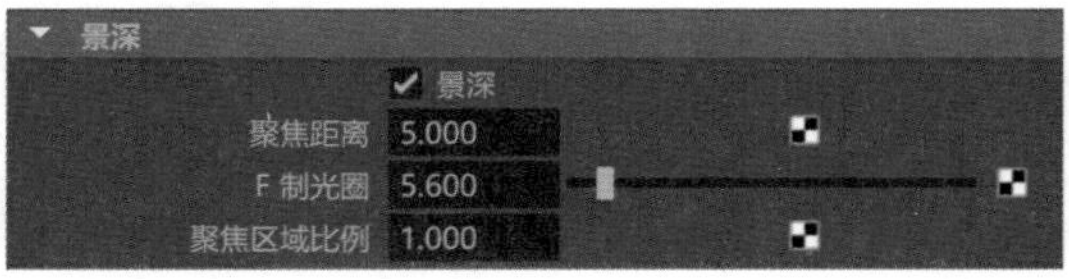

景深
景深
聚焦距离 5.000
F 制光圈 5.600
聚焦区域比例 1.000

图6-26

常用参数解析

- 景深：如果启用，取决于对象与摄影机的距离，焦点将聚焦于场景中的某些对象，而其他对象会渲染计算为模糊效果。
- 聚焦距离：显示为聚焦的对象与摄影机之间的距离，在场景中使用线性工作单位测量。减小“聚焦距离”也将降低景深，有效范围为0到无穷大，默认值为5。
- F制光圈：用于控制景深的渲染效果。
- 聚焦区域比例：用于成倍数地控制“聚焦距离”的值。

6.4.5 “输出设置”卷展栏

展开“输出设置”卷展栏，其中的命令参数如图6-27所示。

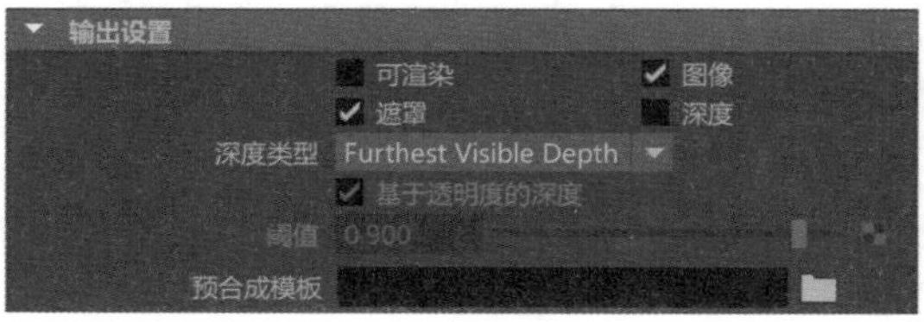

输出设置
可渲染 图像
遮罩 深度
深度类型 Furthest Visible Depth
基于透明度的深度
阈值 0.900
预合成模板

图6-27

常用参数解析

- 可渲染：如果启用，摄影机可以在渲染期间创建图像文件、遮罩文件或深度文件。
- 图像：如果启用，该摄影机将在渲染过程中创建图像。
- 遮罩：如果启用，该摄影机将在渲染过程中创建遮罩。
- 深度：如果启用，摄影机将在渲染期间创建深度文件。深度文件是一种数据文件类型，用于表示对象到摄影机的距离。
- 深度类型：确定如何计算每个像素的深度。
- 基于透明度的深度：根据透明度确定哪些对象离摄影机最近。
- 预合成模板：使用此属性，可以在“合成”中使用预合成。

6.4.6 “环境”卷展栏

展开“环境”卷展栏，其中的命令参数如图6-28所示。

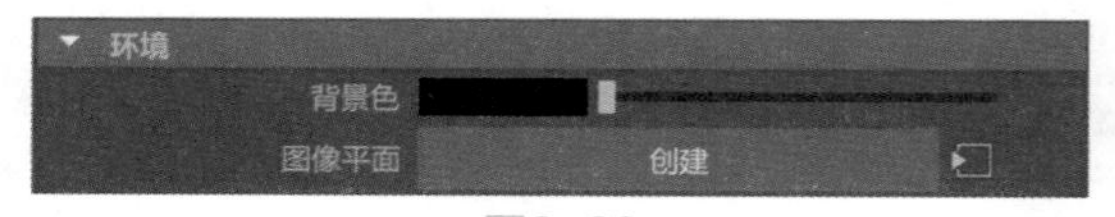

图6-28

常用参数解析

- 背景色：用于控制渲染场景的背景颜色。
- 图像平面：用于为渲染场景的背景指定一个图像文件。

实例操作：创建摄影机

本例中我主要讲解摄影机的创建方法，以及如何固定摄影机的位置，本实例的渲染结果如图6-29所示。

图6-29

01 打开本书配套资源“房间.mb”文件，可以看到该场景为一个具有两个窗户的房间模型，里面摆放了两组静物，并且设置好了材质及灯光，如图6-30所示。

02 在“渲染”工具架中单击“创建摄影机”图标，即可在场景中坐标原点处创建一个摄影机，如图6-31所示。

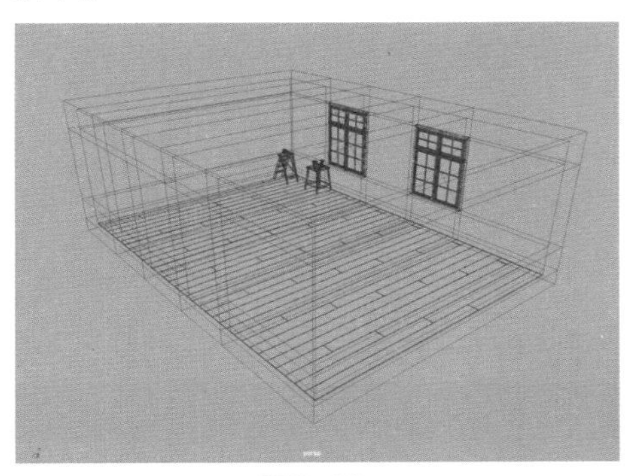
图6-30

图6-31

03 执行“面板”|“透视”|“camera1”命令，即可将当前视图切换至“摄影机视图”，如图6-32所示。

04 在“大纲视图”中，选择名称为“xiaohou”的模型，按下F快捷键，即可在“摄影机视图”中快速显示场景中的小猴模型，同时，也意味着现在场景中摄影机的位置移动至了小猴模型的前方，如图6-33所示。

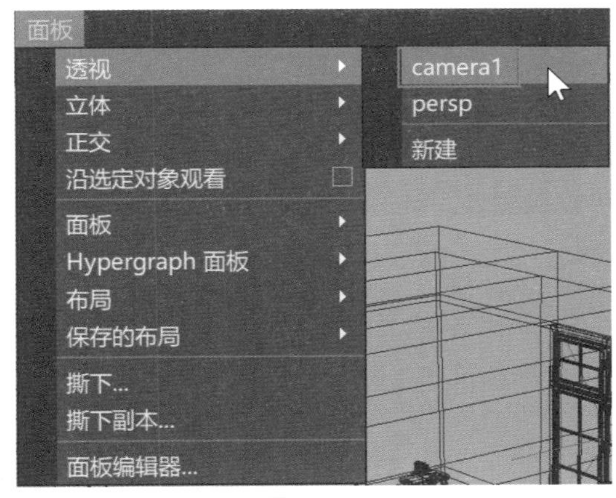

图6-32

图6-33

05 单击“分辨率门”按钮，即可在“摄影机视图”中显示出渲染画面的精准位置，如图6-34所示。

06 在“属性编辑器”面板中，展开“摄影机属性”卷展栏，设置“视角”的值为65，如图6-35所示。可以使得摄影机的渲染范围增加，如图6-36所示。

07 接下来，还需要固定摄影机的机位，以保证摄影机所拍摄画面的位置不变。在“大纲视图”中选择摄影机后，在“属性编辑器”面板中，展开“变换属性”卷展栏，对摄影机的“平移”和“旋转”这两个属性分别设置关键帧，如图6-37所示。这样，以后不管我们怎么在“摄影机视图”中改变摄影机观察的视角，只需要拖动一下“时间滑块”按钮，“摄影机视图”就会快速恢复至我们刚刚设置好的拍摄角度。

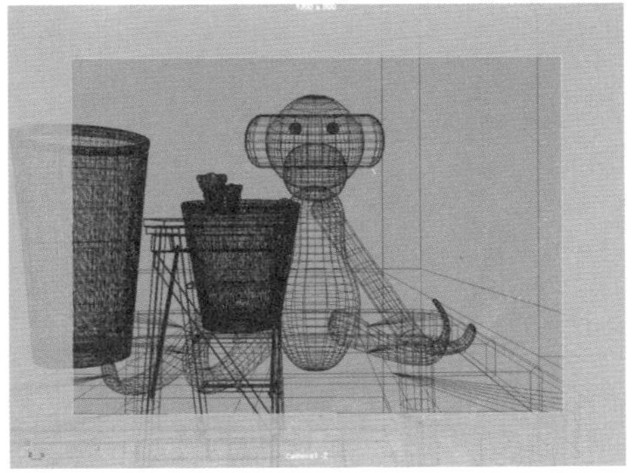
图6-34

08 设置完成后，渲染摄影机视图，本实例的最终渲染结果如图6-38所示。

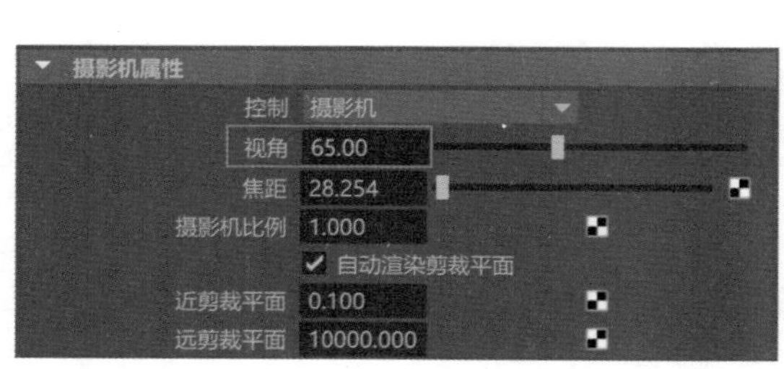

图6-35

图6-36

图6-37

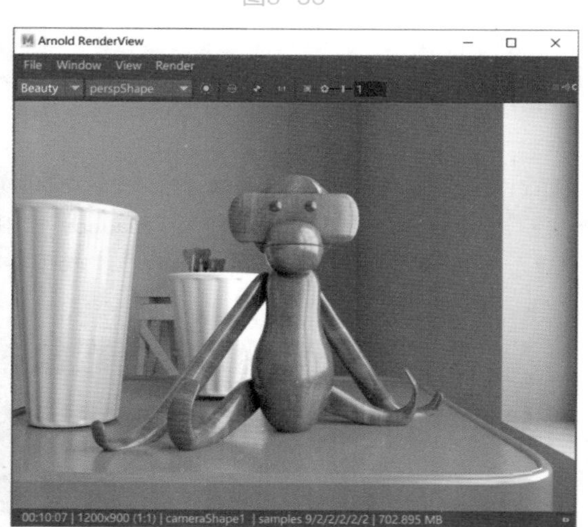

图6-38

实例操作：渲染景深效果

本例中我们将使用Arnold渲染器来渲染一个带有景深效果的图像，图6-39所示为本实例的最终渲染结果。

01 打开本书配套资源“房间-摄影机完成.mb”文件，如图6-40所示。

02 执行“创建”|“测量工具”|“距离工具”命令，在“顶视图”中，测量出摄影机和场景中小猴模型的距离为47.34，如图6-41所示。

图6-39

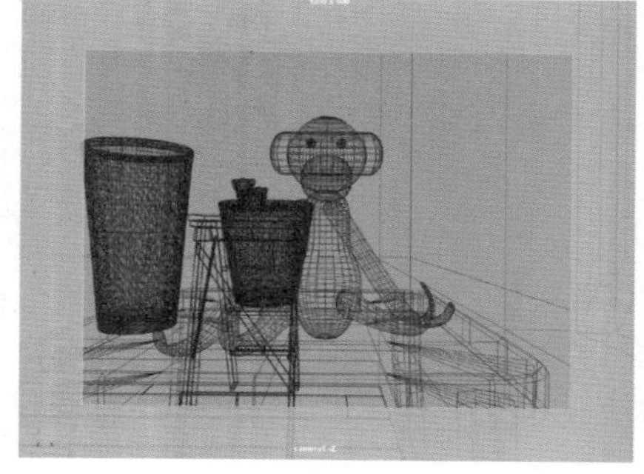
图6-40

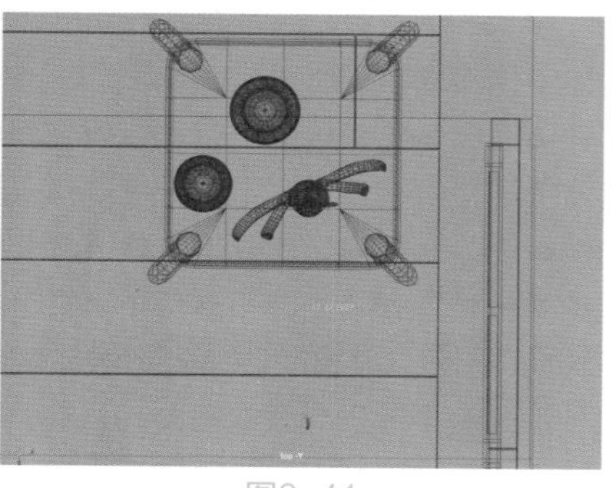
图6-41

03 选择场景中的摄影机，在“属性编辑器”面板中，展开Arnold卷展栏，勾选Enable DOF选项，开启景深计算。设置Focus Distance的值为47.34，该值也就是我们在上一步里测量出来的值。设置Aperture Size的值为1，如图6-42所示。

04 设置完成后，渲染摄影机视图，最终的景深效果如图6-43所示。

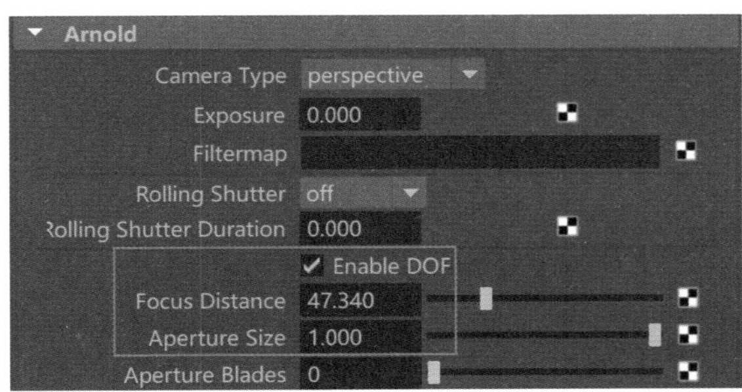

图6-42

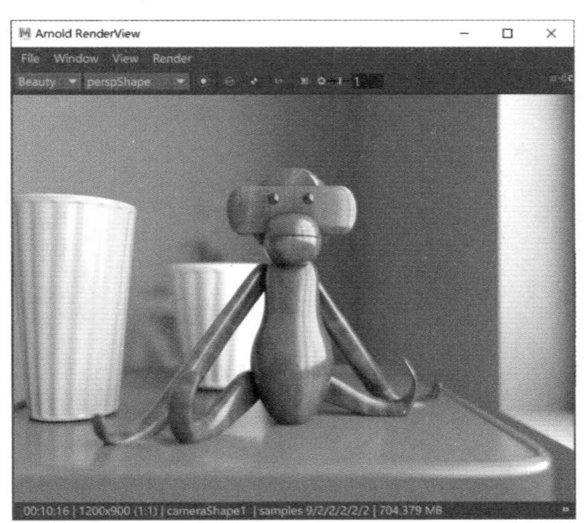

图6-43

学习摄影机技术不仅仅要熟知摄影机的常用参数，还要把握好整个场景的画面构图，就像我们在现实世界中拍摄照片一样，在按下快门之前，一定要多思考几个拍摄方案，然后从多个机位中择优渲染以得到最佳图像。

第7章 材质与纹理

7.1 材质概述

材质技术在三维软件中可以真实地反映出物体的颜色、纹理、透明、光泽以及凹凸质感，使我们的三维作品看起来生动、活泼。图7-1～图7-4所示分别为在三维软件中使用材质相关命令制作出来的各种不同物体的质感表现。

图7-1

图7-2

图7-3

图7-4

7.2 Maya材质基本操作

Maya软件在默认状态下为场景中的所有物体指定了同一个灰颜色的材质球，这就是为什么我们在Maya软件中创建出来的模型均是同一个色彩的原因。我们在新的场景中随意创建一个多边形几何体，在其“属性编辑器”面板中找到最后的一个选项卡，就可以看到这个材质的类型及参数选项，如图7-5所示。

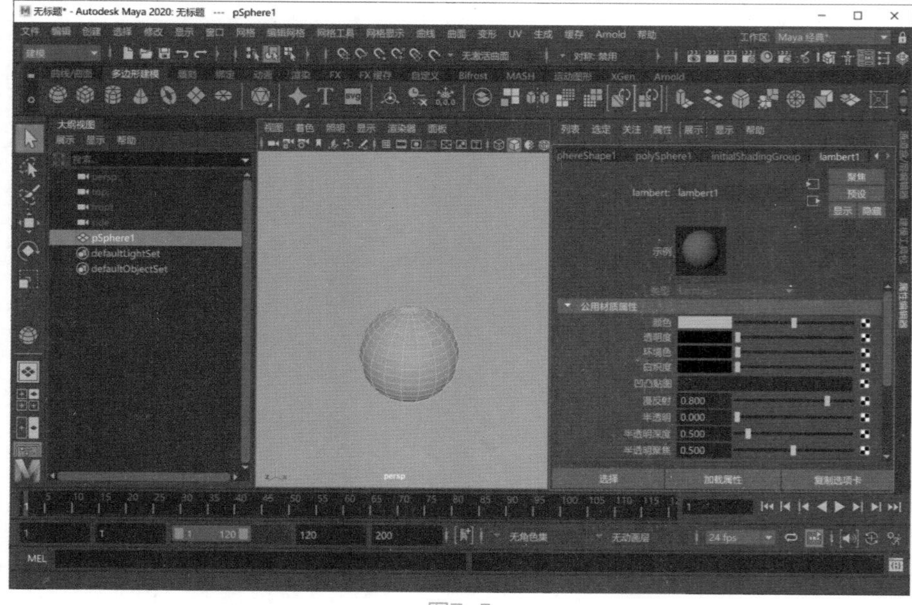

图7-5

一般来说，我们在进行项目制作时，是不会去更改这个默认材质球的，因为一旦更改了这个材质球的默认颜色，以后我们再次在Maya中创建出来的几何体将全部是这个新改的颜色，场景看起来会分外别扭。通常的做法是在场景中逐一选择单个模型对象，再一一指定全新的材质球来进行材质调整。

7.2.1　Maya材质的指定方式

Maya软件为用户提供多种为物体添加材质球的方式，下面我们分别来看一下这些操作如何完成。

1. 通过工具架来为物体指定新材质

Maya软件的“渲染”工具架里提供了多个不同类型的材质球供用户选择，具体操作步骤如下。

01 切换至“渲染”工具架，可以看到“创建摄影机”图标后面就是跟材质有关的图标命令，如图7-6所示。

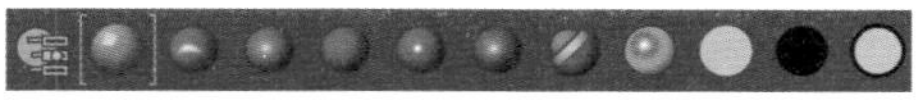

图7-6

02 选择场景中的任意对象，单击“渲染”工具架上的“Lambert材质”图标，即可为鼠标当前选择的对象指定一个新的Lambert材质球，如图7-7所示。

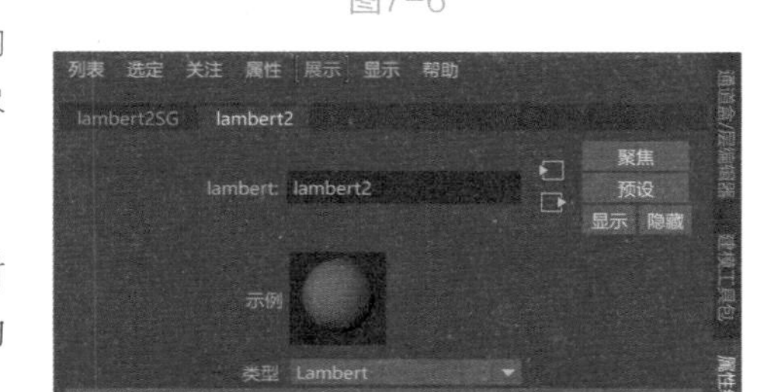

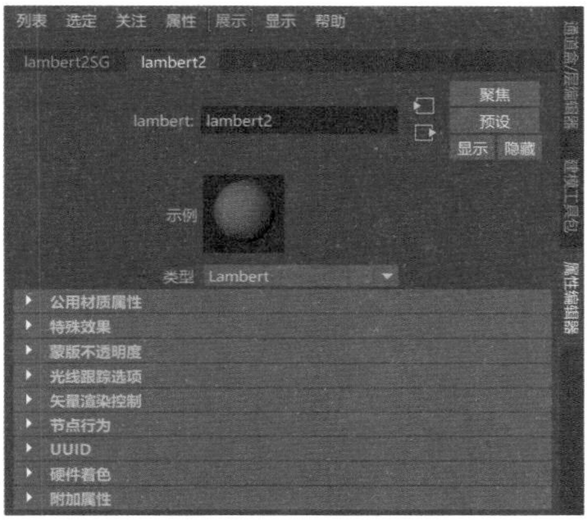

图7-7

2. 通过右键菜单来为物体指定新材质

除了使用“渲染”工具架里的图标来为物体指定新材质，Maya还可以通过右键快捷菜单来为物体指定一个新的材质球，具体操作步骤如下。

01 在场景中选择一个物体，单击鼠标右键，在弹出的菜单中执行“指定新材质”命令，如图7-8所示。

02 在弹出的“指定新材质”对话框中，选择Lambert命令，即可为当前选择的对象指定一个新的Lambert材质球，如图7-9所示。

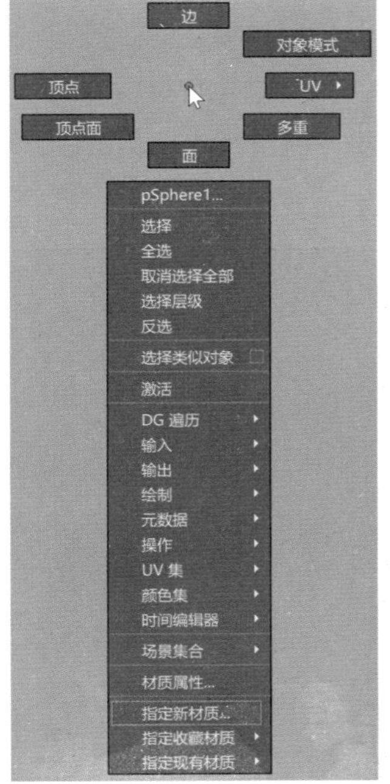

图7-8

图7-9

7.2.2　Maya材质关联

在实际工作中，常常遇到这样一种情况，那就是场景中的多个对象需要使用同一个材质。很显然我们可以分别为这些对象一一指定材质球，并将其参数一个一个复制到这些材质球里，但是这样会使工作量很大，并且不利于后期的材质修改。这就需要我们在为这些需要相同材质的物体指定材质时，将这些物体的材质相互关联起来。对同一个材质球进行修改调整即可，就避免了大量的重复调试工作。

Maya材质关联的具体操作步骤如下。

01 在场景中新建3个多边形球体模型，选择其中的一个球体，先为其指定一个新的Lambert材质球，如图7-10所示。

图7-10

02 执行"窗口"|"渲染编辑器"|Hypershade命令，打开Hypershade面板，如图7-11所示。在该面板中，可以看到现在的场景里有两个Lambert材质球，其中一个Lambert材质球的名称为Lambert1，是Maya软件在默认状态下为场景中的所有物体添加的共用材质球；另一个Lambert材质球的名称为Lambert2，是刚刚添加的新的Lambert材质球。

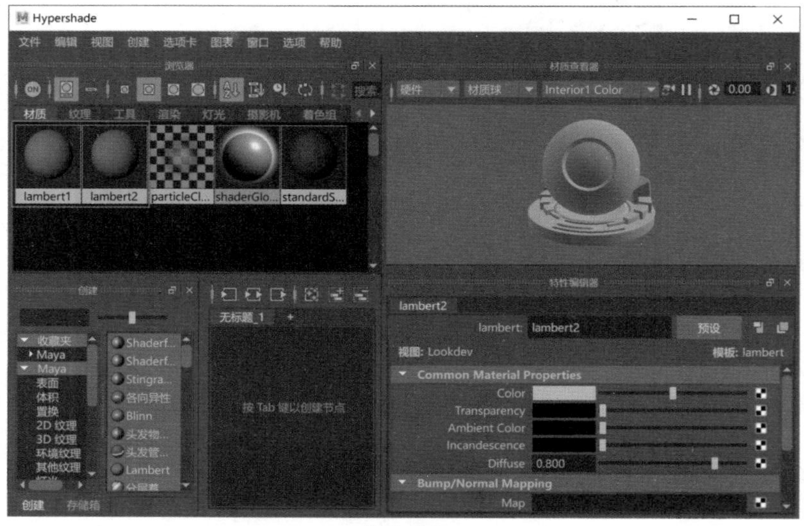

图7-11

03 选择场景中其他两个球体，将鼠标移至Hypershade面板中的Lambert2材质球上，单击鼠标右键，在弹出的命令中选择“为当前选择指定材质”命令，如图7-12所示，即可将当前所选择的物体材质关联到Lambert2材质球上，也就是说现在场景中这3个球体所使用的是同一个材质球。

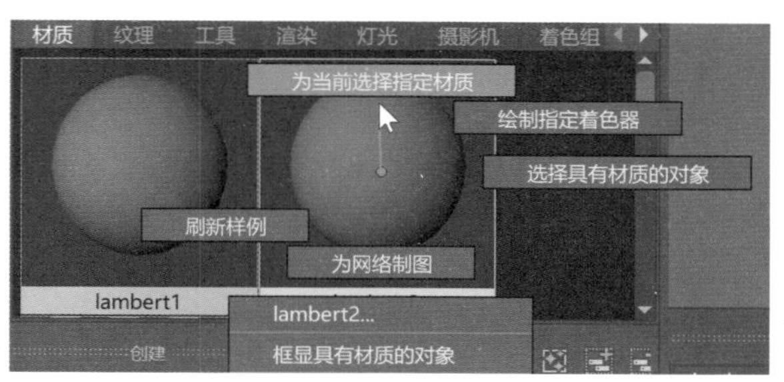

图7-12

7.3 Hypershade面板

Maya为用户提供了一个方便管理场景里所有材质球的工作界面，就是Hypershade面板。如果Maya用户还对3ds Max有一点了解的话，可以把Hypershade面板理解为3ds Max软件里的材质编辑器。Hypershade面板由多个不同功能的选项卡组合而成，包括“浏览器”选项卡、“材质查看器”选项卡、“创建”选项卡、“存储箱”选项卡、“工作区”选项卡及“特性编辑器”选项卡，如图7-13所示。不过在项目的制作中，很少打开Hypershade面板，因为在Maya软件中调整物体的材质，只需要在“属性编辑器”面板中调试即可。

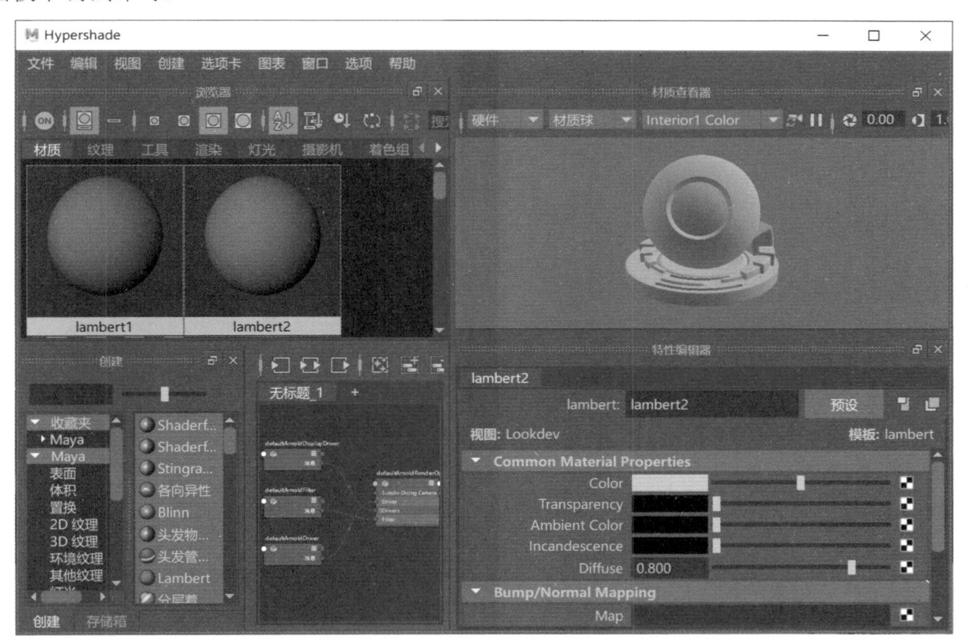

图7-13

7.3.1 “浏览器”选项卡

Hypershade面板中的选项卡可以以拖曳的方式单独拿出来，其中，“浏览器”选项卡里的命令参数如图7-14所示。

图7-14

常用参数解析

- 材质和纹理的样例生成：该按钮提示用户现在可以启用材质和纹理的样例生成功能。
- 关闭材质和纹理的样例生成：该按钮提示用户现在关闭材质和纹理的样例生成功能。
- 图标：以图标的方式显示材质球，如图7-15所示。
- 列表：以列表的方式显示材质球，如图7-16所示。
- 小样例：以小样例的方式显示材质球，如图7-17所示。
- 中样例：以中样例的方式显示材质球，如图7-18所示。
- 大样例：以大样例的方式显示材质球，如图7-19所示。
- 特大样例：以特大样例的方式显示材质球，如图7-20所示。

图7-15

图7-16

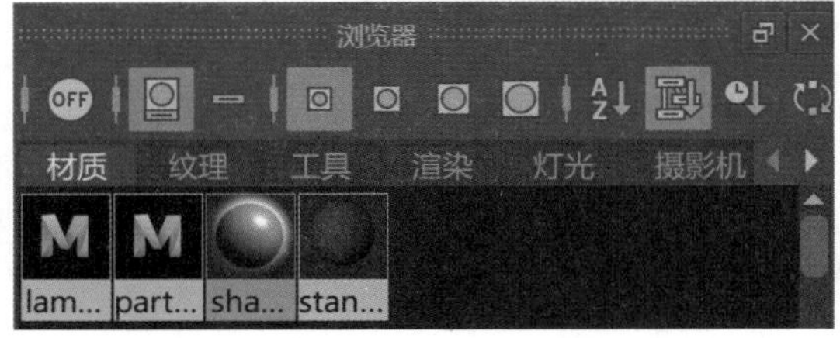

图7-17

图7-18

图7-19

图7-20

- 按名称：按材质球字母的排序来排列材质球。
- 按类型：按材质球的类型来排列材质球。
- 按时间：按材质球的创建时间先后顺序来排列材质球。
- 按反转顺序：使用此选项可反转排序指定的名称、类型或时间。

7.3.2 “创建”选项卡

“创建”选项卡主要用来查找Maya材质节点命令，并在Hypershade面板中进行材质创建，其中的命令参数如图7-21所示。

图7-21

7.3.3 “材质查看器”选项卡

“材质查看器”选项卡里提供了多种形体用来直观地显示我们调试的材质预览，而不是仅仅以一个材质球的方式来显示材质。材质的形态计算采用了“硬件”和Arnold这两种方式，图7-22分别是这两种计算方式的相同材质的显示结果。

“材质查看器”选项卡里的“材质样例选项”中提供了多种形体用于材质的显示，有“材质球”“布料”“茶壶”“海洋”“海洋飞溅”“玻璃填充”“玻璃飞溅”“头发”“球体”和“平面”这10种方式可选，如图7-23所示。

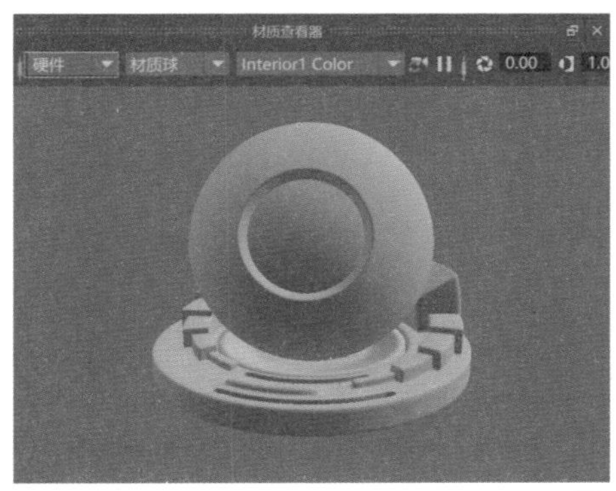

图7-22

材质球
布料
茶壶
海洋
海洋飞溅
玻璃填充
玻璃飞溅
头发
球体
平面

图7-23

1. “材质球”样例

材质样例设置为“材质球”后的显示效果如图7-24所示。

2. “布料”样例

材质样例设置为“布料”后的显示效果如图7-25所示。

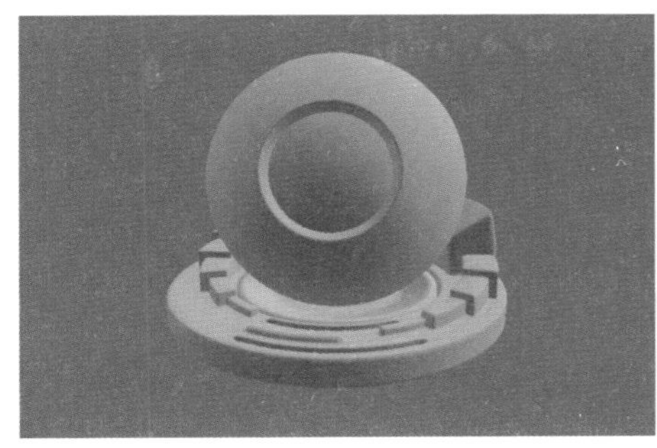

图7-24

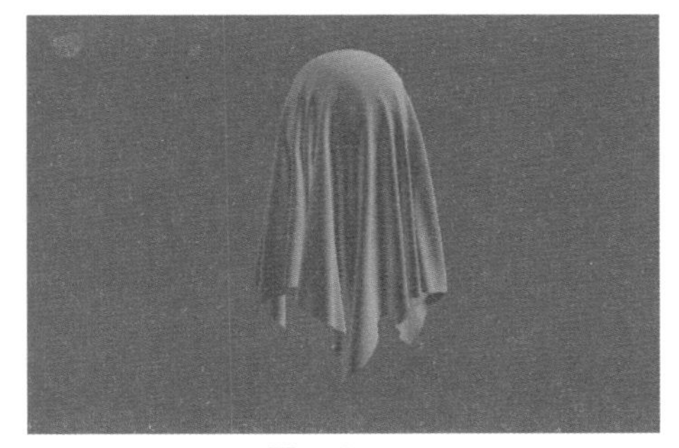

图7-25

3. “茶壶”样例

材质样例设置为“茶壶”后的显示效果如图7-26所示。

4. “海洋”样例

材质样例设置为“海洋”后的显示效果如图7-27所示。

图7-26

图7-27

5. “海洋飞溅”样例

材质样例设置为“海洋飞溅”后的显示效果如图7-28所示。

6. “玻璃填充”样例

材质样例设置为“玻璃填充”后的显示效果如图7-29所示。

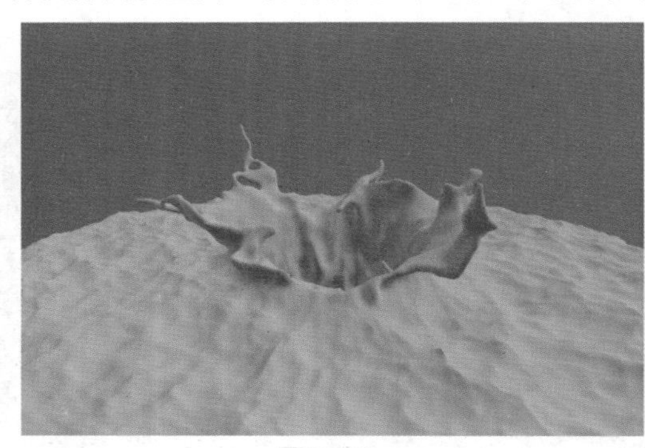

图7-28

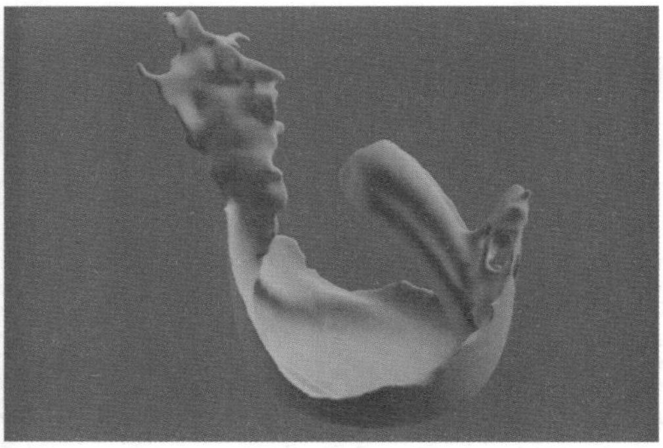

图7-29

7. “玻璃飞溅”样例

材质样例设置为“玻璃飞溅”后的显示效果如图7-30所示。

8. “头发”样例

材质样例设置为“头发”后的显示效果如图7-31所示。

图7-30

图7-31

9. “球体”样例

材质样例设置为“球体”后的显示效果如图7-32所示。

10. “平面”样例

材质样例设置为“平面”后的显示效果如图7-33所示。

图7-32

图7-33

7.3.4　“工作区”选项卡

“工作区”选项卡主要用来显示及编辑Maya的材质节点，单击材质节点上的命令，可以在“特性编辑器”选项卡中显示出对应的一系列参数，如图7-34所示。

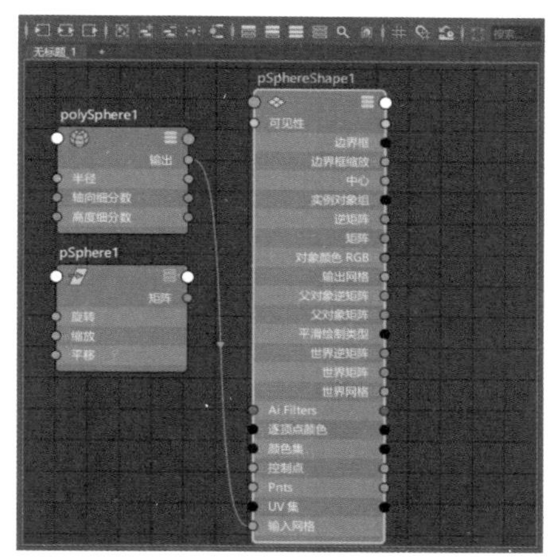

图7-34

7.4　材质类型

Maya为用户提供了多个常见的、不同类型的材质球图标，这些图标被整合到了“渲染”工具架中，非常方便用户使用，如图7-35所示。

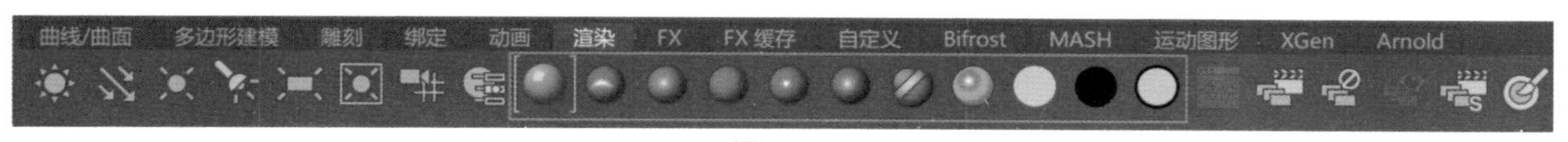

图7-35

常用工具解析

- 编辑材质属性：显示着色组属性编辑器。
- 标准曲面材质：将新的标准曲面材质指定给活动对象。
- 各项异性材质：将新的各项异性材质指定给活动对象。
- Blinn材质：将新的Blinn材质指定给活动对象。
- Lambert材质：将新的Lambert材质指定给活动对象。
- Phong材质：将新的Phong材质指定给活动对象。
- Phong E材质：将新的Phong E材质指定给活动对象。
- 分层材质：将新的分层材质指定给活动对象。
- 渐变材质：将新的渐变材质指定给活动对象。
- 着色贴图：将新的着色贴图指定给活动对象。
- 表面材质：将新的表面材质指定给活动对象。
- 使用背景材质：将新的使用背景材质指定给活动对象。

7.4.1　各项异性材质

各项异性材质可以制作出椭圆形的高光，非常适合CD碟、绸缎、金属等物体的材质模拟，其命令主要由“公用材质属性”“镜面反射着色”“特殊效果”和“光线跟踪选项”这几个卷展栏组成，如图7-36所示。

图7-36

1. “公用材质属性”卷展栏

顾名思义，“公用材质属性”卷展栏是Maya多种类型材质球所公用的一个材质属性命令集合，比如Blinn材质、Lambert材质、Phong材质等，均有这样一个相同的卷展栏命令集合。其命令参数如图7-37所示。

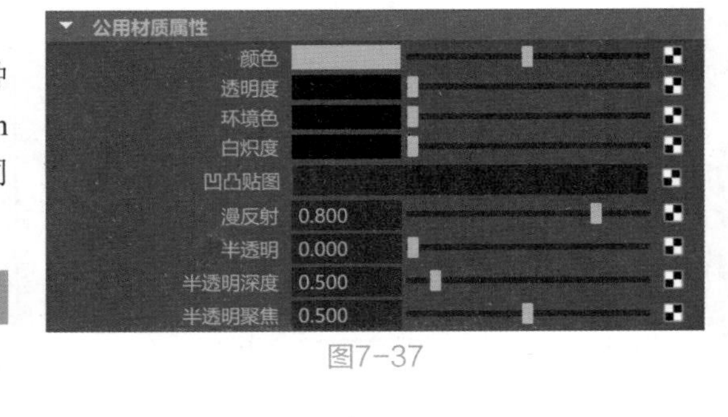

图7-37

常用参数解析

- 颜色：控制材质的基本颜色。
- 透明度：控制材质的透明程度。
- 环境色：用来模拟环境对该材质球所产生的色彩影响。
- 白炽度：用来控制材质发射灯光的颜色及亮度。
- 凹凸贴图：通过纹理贴图来控制材质表面的粗糙纹理及凹凸程度。
- 漫反射：使得材质能够在所有方向反射灯光。
- 半透明：使得材质可以透射和漫反射灯光。
- 半透明深度：模拟灯光穿透半透明对象的程度。
- 半透明聚集：控制半透明灯光的散射程度。

2. “镜面反射着色”卷展栏

“镜面反射着色”卷展栏主要控制材质反射灯光的方式及程度，其命令参数如图7-38所示。

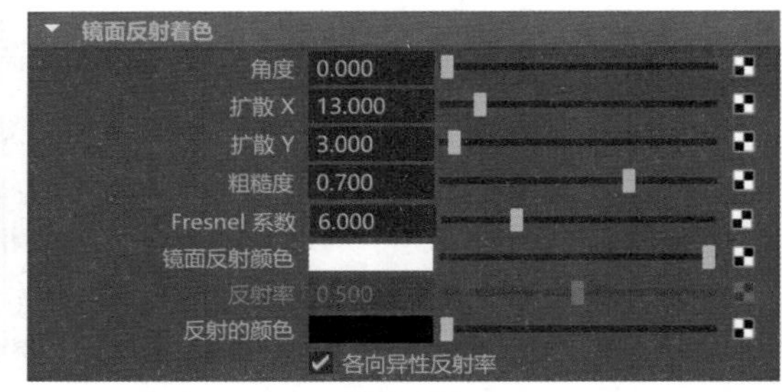

图7-38

常用参数解析

- 角度：确定高光角度的方向，范围为 0.0（默认值）至 360.0。用于确定非均匀镜面反射高光的 X 和 Y 方向。图7-39所示分别为“角度”值是30和180的渲染结果对比。
- 扩散X/扩散Y：确定高光在 X 和 Y 方向上的扩散程度。X 方向是 U 方向逆时针旋转指定角度。Y 方向与 UV 空间中的 X 方向垂直。图7-40分别为“扩散X/扩散Y”值是13/3和15/19的渲染结果对比。

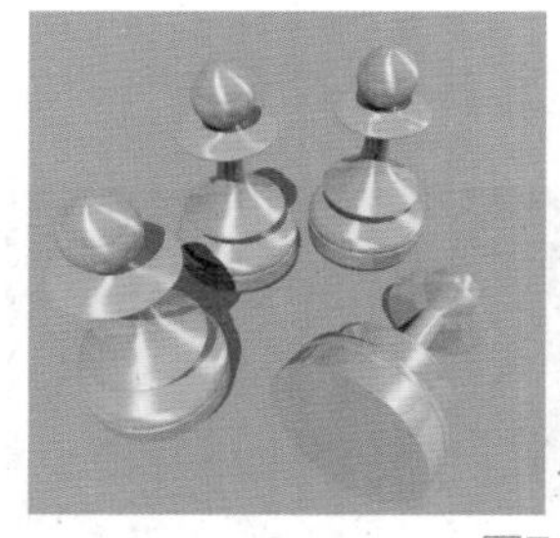
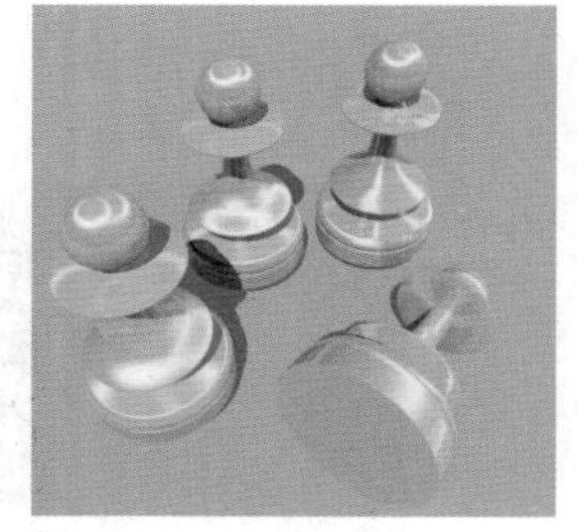

图7-39

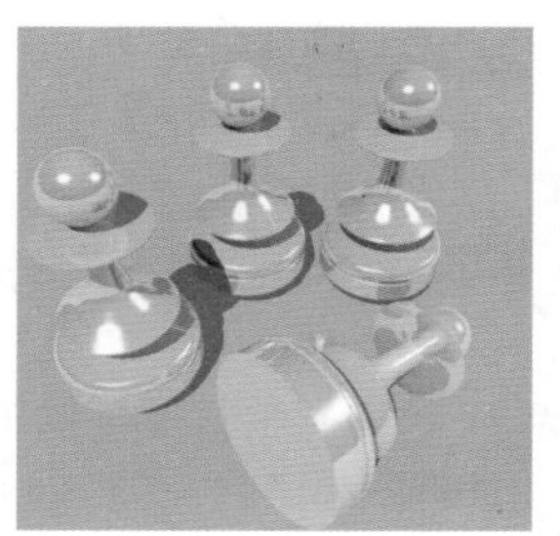

图7-40

- 粗糙度：确定曲面的总体粗糙度。范围为 0.01 至 1.0。默认值为 0.7。较小的值对应较平滑的曲面，并且镜面反射高光较集中。较大的值对应较粗糙的曲面，并且镜面反射高光较分散。
- Fresnel系数：计算将反射光波连接到传入光波的 fresnel 因子。
- 镜面反射颜色：表面上闪耀的高光的颜色。
- 反射率：控制材质表面反射周围物体的程度，图7-41分别为“反射率”是0.3和0.9的渲染结果对比。

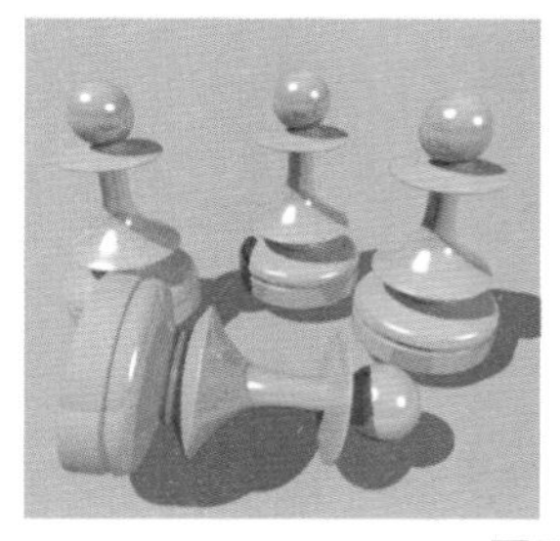

图7-41

- 反射的颜色：控制材质反射光的颜色。
- 各项异性反射率：如果启用，Maya将自动计算“反射率”作为“粗糙度”的一部分。

3. “特殊效果”卷展栏

“特殊效果”卷展栏用来模拟一些发光的特殊材质，其命令参数如图7-42所示。

图7-42

常用参数解析

- 隐藏源：勾选该选项可以隐藏该物体渲染，仅进行辉光渲染计算。图7-43是该选项勾选前后的渲染结果对比。

图7-43

- 辉光强度：控制物体材质的发光程度。

4. “光线跟踪选项”卷展栏

“光线跟踪选项”卷展栏主要用来控制材质的折射相关属性，其命令参数如图7-44所示。

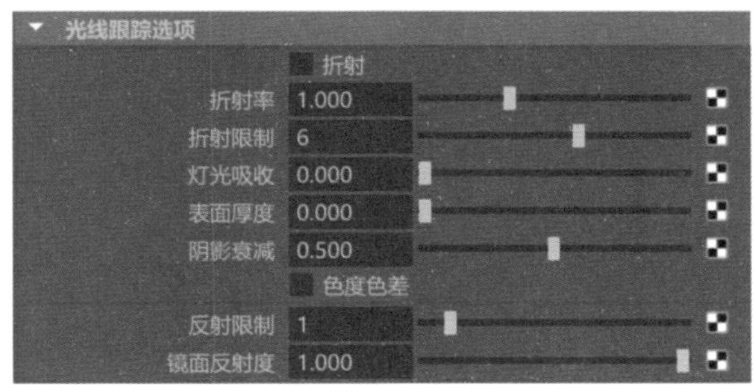

图7-44

常用参数解析

- 折射：启用时，穿过透明或半透明对象跟踪的光线将折射，或根据材质的折射率弯曲。
- 折射率：指光线穿过透明对象时的弯曲量，要想模拟出真实的效果，该值的设置可以参考现实中不同物体的折射率。图7-45分别为折射率是1.3和1.6的渲染结果对比。
- 折射限制：指曲面允许光线折射的最大次数，折射的次数应该由具体的场景情况决定，如图7-46所示。

图7-45

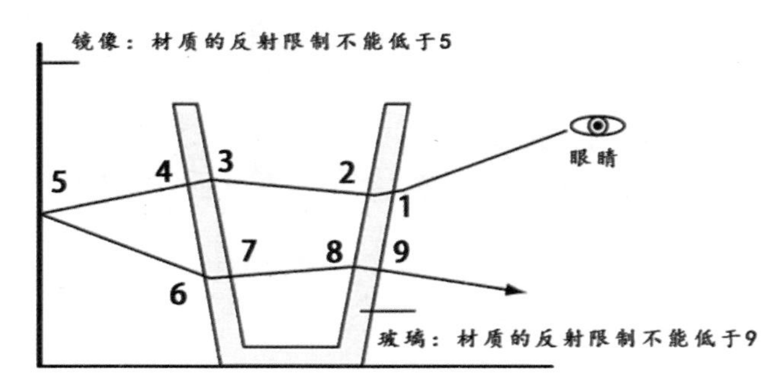

图7-46

- 灯光吸收：控制材质吸收灯光的程度。
- 表面厚度：控制材质所要模拟的厚度。
- 阴影衰减：通过控制阴影来影响灯光的聚焦效果。
- 色度色差：指在光线跟踪期间，灯光透过透明曲面时以不同角度折射的不同波长。
- 反射限制：指曲面允许光线反射的最大次数。
- 镜面反射度：控制镜面高光在反射中的影响程度。

7.4.2 Blinn材质

Blinn材质可以用来模拟具有柔和镜面反射高光的金属曲面及玻璃制品，其参数设置与各项异性材质基本相同，不过在“镜面反射着色”卷展栏上，其命令参数设置略有不同，如图7-47所示。

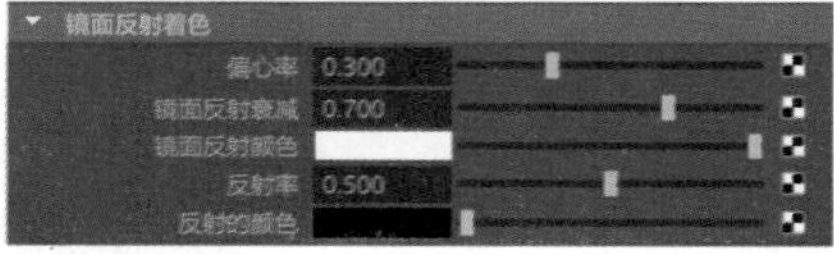

图7-47

常用参数解析

- 偏心率：控制曲面上发亮高光区的大小。图7-48分别为该值是0.1和0.3的渲染结果对比。

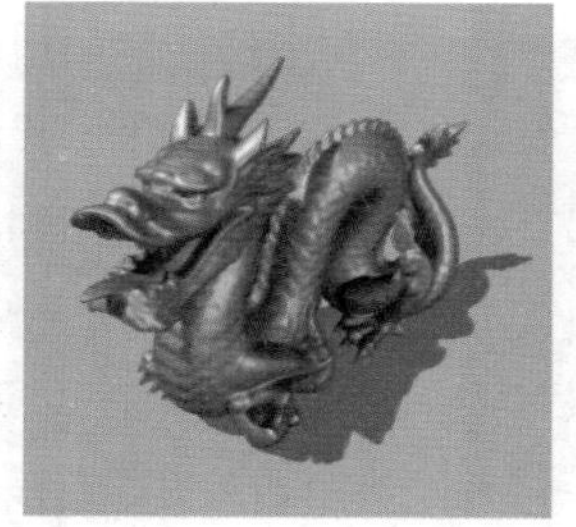

图7-48

图7-49

- 镜面反射衰减：控制曲面高光的强弱，图7-49分别为该值是0.3和0.9的渲染结果对比。
- 镜面反射颜色：控制反射高光的颜色，图7-50分别为不同“镜面反射颜色”的渲染结果对比。
- 反射率：控制材质反射物体的程度。
- 反射的颜色：控制材质反射的颜色。

图7-50

7.4.3 Lambert材质

Lambert材质没有控制跟高光有关的属性，是Maya为场景中所有物体添加的默认材质。该材质的属性可以参考各项异性材质内各个卷展栏内的命令。

7.4.4 Phong材质

Phong材质常常用来模拟表示具有清晰的镜面反射高光的像玻璃一样的或有光泽的曲面，比如汽车、电话、浴室金属配件等。其参数设置与各项异性材质基本相同，不过与Blinn材质相似的是，Phong材质也是在“镜面反射着色”卷展栏上，其中的命令参数设置与各项异性材质和Blinn材质略有不同，如图7-51所示。

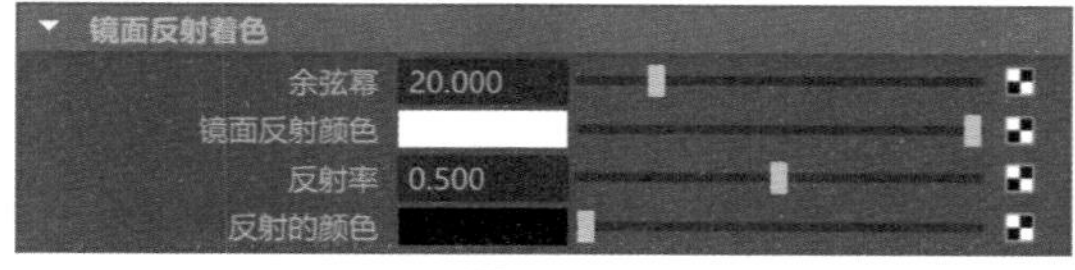

图7-51

常用参数解析

- 余弦幂：控制曲面上反射高光的大小。
- 镜面反射颜色：控制反射高光的颜色。
- 反射率：控制材质反射物体的程度。
- 反射的颜色：控制材质反射的颜色。

7.4.5 Phong E材质

Phong E材质是Phong材质的简化版本，“Phong E”曲面上的镜面反射高光较“Phong”曲面上的更为柔和，且“Phong E”曲面渲染的速度更快。其“镜面反射着色”卷展栏的参数与其他材质略有不同，如图7-52所示。

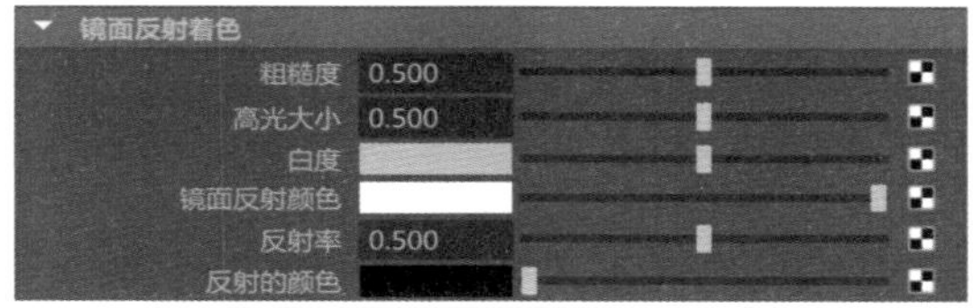

图7-52

常用参数解析

- 粗糙度：控制镜面反射度的焦点。
- 高光大小：控制镜面反射高光的数量。
- 白度：控制镜面反射高光的颜色。
- 镜面反射颜色：控制反射高光的颜色。
- 反射率：控制材质反射物体的程度。
- 反射的颜色：控制材质反射的颜色。

7.4.6 使用背景材质

使用背景材质可以将物体渲染成为跟当前场景背景一样的颜色，如图7-53所示。

其命令参数如图7-54所示。

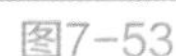

图7-53

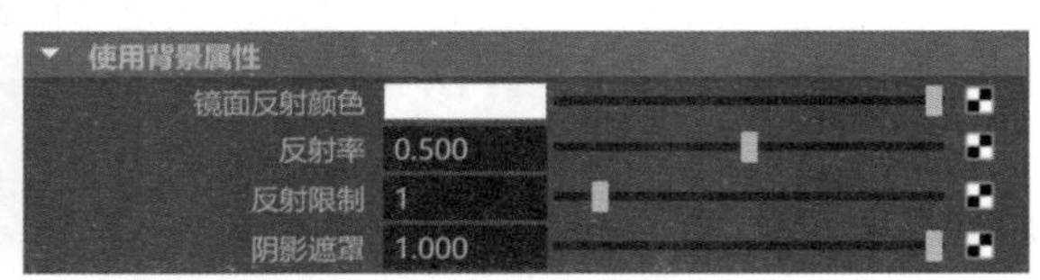

图7-54

常用参数解析

- 镜面反射颜色：定义材质的镜面反射颜色。如果更改此颜色或指定其纹理，场景中的反射将会显示这些更改。
- 反射率：控制该材质的反射程度。
- 反射限制：控制材质反射的距离。
- 阴影遮罩：确定材质阴影遮罩的密度。如果更改此值，阴影遮罩将变暗或变亮。

7.4.7　标准曲面材质

“标准曲面材质”是Maya 2020的新增功能之一，其参数设置与Arnold渲染器提供的aiStandardSurface（ai标准曲面）材质几乎一模一样，与Arnold渲染器兼容性良好，而且中文显示的参数名称更加方便我们在Maya软件中进行材质制作。该材质是一种基于物理的着色器，能够生成许多类型的材质。它包括漫反射层、适用于金属的具有复杂菲涅尔的镜面反射层、适用于玻璃的镜面反射透射、适用于蒙皮的次表面散射、适用于水和冰的薄散射、次镜面反射涂层和灯光发射。可以说，“标准曲面材质”和aiStandardSurface（ai标准曲面）材质几乎可以用来制作日常我们所能见到的大部分材质。“标准曲面材质”的命令参数主要分布于“基础”“镜面反射”“透射”“次表面”“涂层”等多个卷展栏内，如图7-55所示。

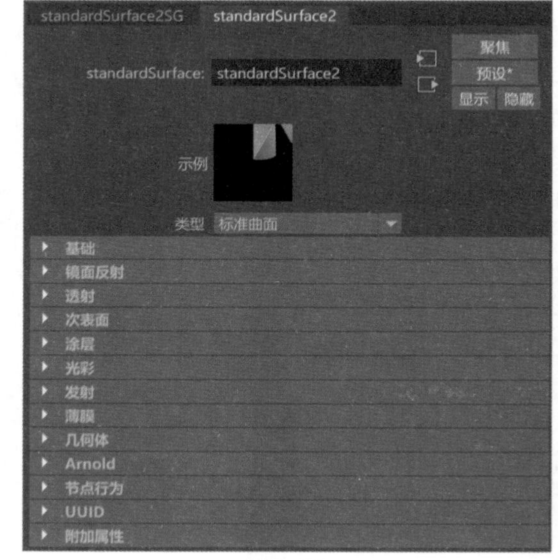

图7-55

1. “基础”卷展栏

展开“基础”卷展栏，其中的命令参数如图7-56所示。

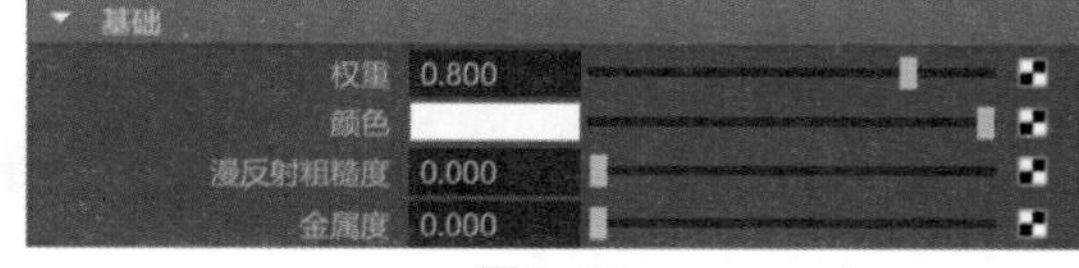

图7-56

常用参数解析

- 权重：设置基础颜色的权重。
- 颜色：设置材质的基础颜色。
- 漫反射粗糙度：设置材质的漫反射粗糙度。
- 金属度：设置材质的金属度，当该值为1时，材质表现为明显的金属特性。图7-57所示为该值是0和1的材质显示结果对比。

图5-57

2. “镜面反射”卷展栏

展开“镜面反射”卷展栏，其中的命令参数如图7-58所示。

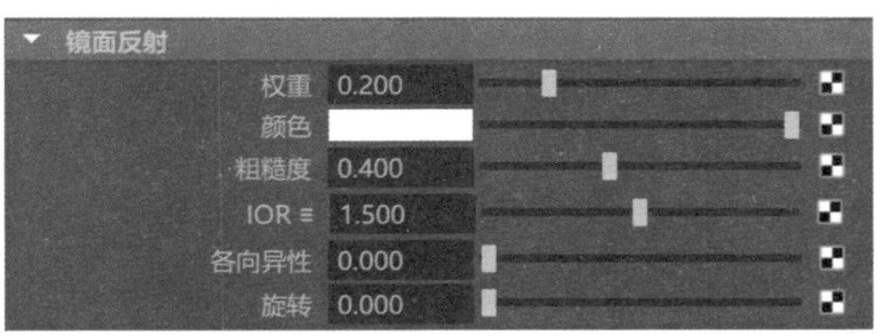

图7-58

常用参数解析

- 权重：用于控制镜面反射的权重。
- 颜色：用于调整镜面反射的颜色，调试该值可以为材质的高光部分进行染色，图7-59所示为该值分别更改为黄色和蓝色的材质显示结果对比。

图7-59

- 粗糙度：控制镜面反射的光泽度。值越小，反射越清晰。对于两种极限条件，值为 0 将带来完美清晰的镜像反射效果，值为 1.0 则会产生接近漫反射的反射效果。图7-60所示分别为该值是0、0.2、0.3和0.6的材质显示结果对比。

图7-60

- IOR：用于控制材质的折射率，这在制作玻璃、水、钻石等透明材质时非常重要，图7-61所示分别为该值是1.1和1.6的材质显示结果对比。
- 各向异性：控制高光的各向异性属性，以得到具有椭圆形状的反射及高光效果。图7-62所示分别为该值是0和1的材质显示结果对比。

图7-61

图7-62

● 旋转：用于控制材质UV空间中各向异性反射的方向。图7-63所示分别为该值是0和0.25的材质显示结果对比。

图7-63

3. “透射”卷展栏

展开“透射”卷展栏，其中的命令参数如图7-64所示。

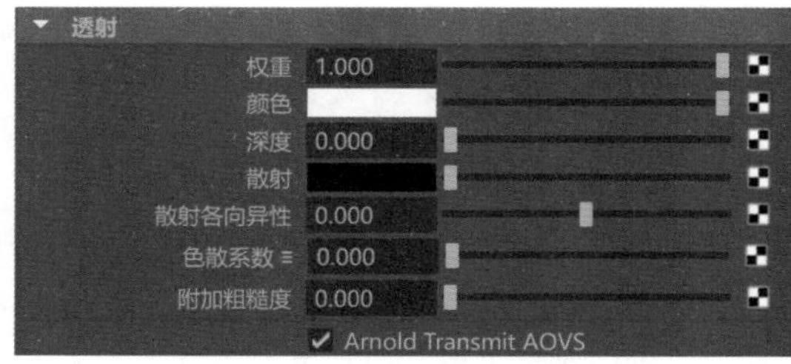

图7-64

常用参数解析

● 权重：用于设置灯光穿过物体表面所产生的散射权重。

● 颜色：此项会根据折射光线的传播距离过滤折射。灯光在网格内传播得越长，受透射颜色的影响就会越大。因此，光线穿过较厚的部分时，绿色玻璃的颜色将更深。此效应呈指数递增，可以使用比尔定律进行计算。建议使用精细的浅颜色值。图7-65所示分别为将Color调试成浅红色和深红色的材质显示结果对比。

● 深度：控制透射颜色在体积中达到的深度。

● 散射：透射散射适用于各类稠密的液体或者有足够多的液体能使散射可见的情况，例如模拟较深的水体或蜂蜜。

● 散射各向异性：用来控制散射的方向偏差或各向异性。

● 色散系数：指定材质的色散系数，用于描述折射率随波长变化的程度。对于玻璃和钻石，此值通常介于 10 到 70 之间，值越小，色散越多。默认值为 0，表示禁用色散。图7-66所示分别为该值是0和35的材质显示结果对比。

图7-65

图7-66

● 附加粗糙度：对使用各向同性微面 BTDF 所计算的折射增加一些额外的模糊度。范围从 0（无粗糙度）到 1。

4. “次表面”卷展栏

展开“次表面”卷展栏，其中的命令参数如图7-67所示。

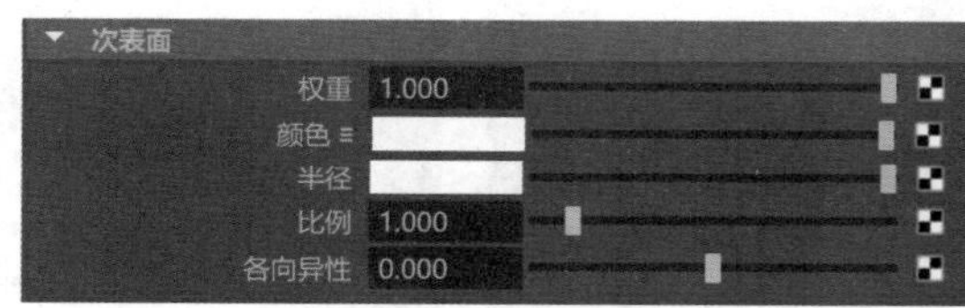

图7-67

常用参数解析

- 权重：用来控制漫反射和次表面散射之间的混合权重。
- 颜色：用来确定次表面散射效果的颜色。
- 半径：用来设置光线在散射出曲面前在曲面下可能传播的平均距离。
- 比例：控制灯光在再度反射出曲面前在曲面下可能传播的距离。它将扩大散射半径，并增加SSS半径颜色。

5. “涂层”卷展栏

展开“涂层”卷展栏，其中的命令参数如图7-68所示。

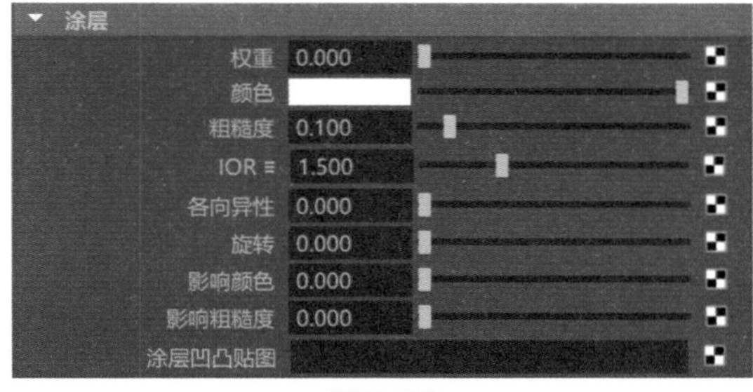

图7-68

常用参数解析

- 权重：控制材质涂层的权重值。
- 颜色：控制涂层的颜色。
- 粗糙度：控制镜面反射的光泽度。
- IOR：控制材质的菲涅尔反射率。

6. “发射”卷展栏

展开“发射”卷展栏，其中的命令参数如图7-69所示。

图7-69

常用参数解析

- 权重：控制发射的灯光量。
- 颜色：控制发射的灯光颜色。

7. “薄膜”卷展栏

展开“薄膜”卷展栏，其中的命令参数如图7-70所示。

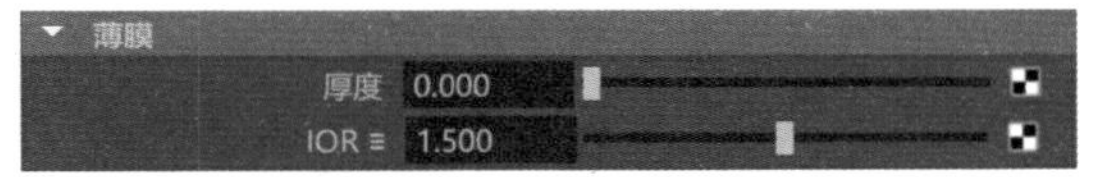

图7-70

常用参数解析

- 厚度：定义薄膜的实际厚度。
- IOR：材质周围介质的折射率。

8. “几何体”卷展栏

展开“几何体”卷展栏，其中的命令参数如图7-71所示。

图7-71

常用参数解析

- 薄壁：勾选该选项，可以提供从背后照亮半透明对象的效果。
- 不透明度：控制不允许灯光穿过的程度。
- 凹凸贴图：通过添加贴图来设置材质的凹凸属性。
- 各向异性切线：为镜面反射各向异性着色指定一个自定义切线。

7.4.8 aiStandardSurface（ai标准曲面）材质

aiStandardSurface（ai标准曲面）材质是Arnold渲染器提供的标准曲面材质，功能强大。由于其参数与Maya 2020新增的标准曲面材质几乎一样，所以，这里不再重复讲解。另外，需要读者注意的是，aiStandardSurface（ai标准曲面）材质里的命令参数目前都是英文的，而标准曲面材质里面的命令参数都是中文的，读者可以自行翻译对照学习。

使用Maya 2020保存的文件，用Maya 2018和Maya 2019这两个版本也可以打开，如果读者安装的是早一点的版本，可以使用aiStandardSurface（ai标准曲面）材质来学习本章节中的材质案例。

实例操作：制作玻璃材质

本实例主要讲解如何使用标准曲面材质来制作玻璃材质，最终渲染效果如图7-72所示。

01 打开本书配套资源“玻璃材质场景.mb”文件，本场景为一个简单的室内环境模型，里面包含了一组玻璃瓶子模型，并且已经设置好了灯光及摄影机，如图7-73所示。

02 选择场景中的玻璃瓶模型，在“渲染”工具架上单击“标准曲面材质”图标，如图7-74所示，即可为选择的对象指定Maya 2020的新增材质——标准曲面材质。

图7-72

图7-73

03 在“属性编辑器”面板中，展开“镜面反射”卷展栏，设置“权重”值为1，“粗糙度”值为0.1，增加材质的镜面反射效果，如图7-75所示。

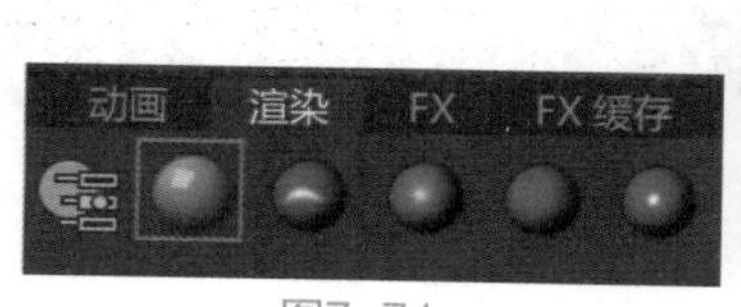

图7-74

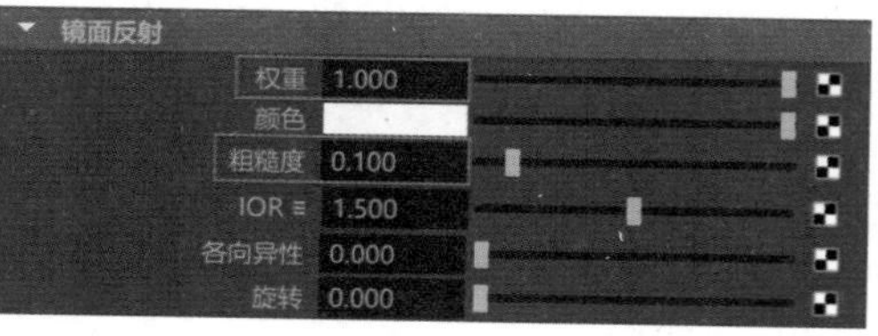

图7-75

04 展开“透射”卷展栏，调整“权重”值为1，增加材质的透明度，如图7-76所示。

05 调整完成后，渲染场景，本实例的玻璃材质渲染结果如图7-77所示。

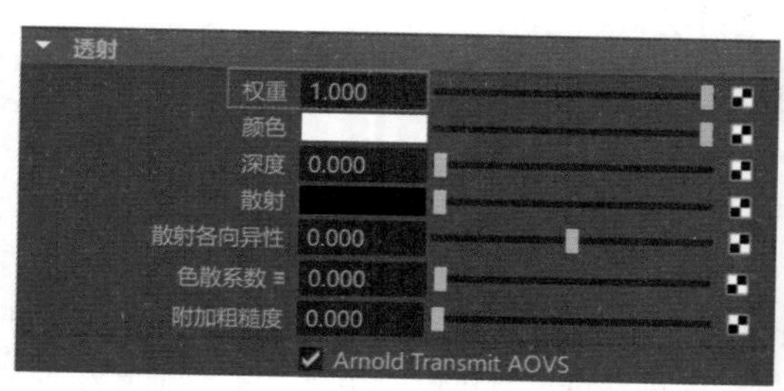

图7-76

图7-77

本章的视频教学文件不仅讲解了Maya 2020新功能——“标准曲面材质”的使用方法，还为使用Maya 2018和Maya 2019的读者详细讲解了AiStandardSurface材质的调试方法，以方便使用旧版本的读者学习本章内容。

实例操作：制作黄铜材质

本实例主要讲解如何使用标准曲面材质来调制金属黄铜的材质效果，最终渲染效果如图7-78所示。

图7-78

01 打开本书配套资源文件“黄铜材质场景.mb”，本场景为一个简单的室内环境模型，里面主要包含了一组海螺模型，并且已经设置好了灯光及摄影机，如图7-79所示。

02 选择场景中的海螺模型，在“渲染”工具架上单击“标准曲面材质”图标，如图7-80所示，即可为选择的对象指定Maya 2020的新增材质——标准曲面材质。

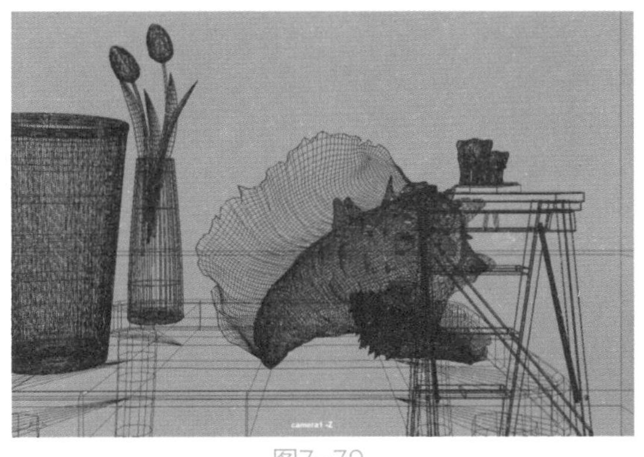

图7-79

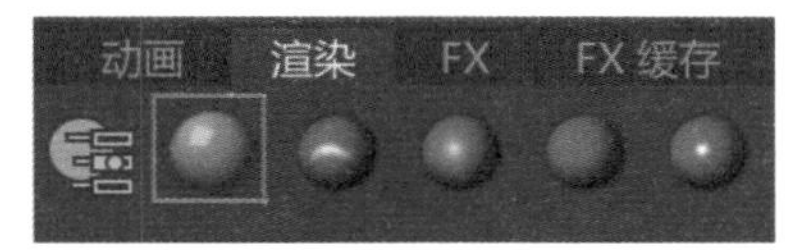

图7-80

03 在“属性编辑器”面板中，展开“基础”卷展栏，调整材质的“颜色”为黄色，如图7-81所示。

04 调整“金属度”的值为1，即可将当前材质转化为金属材质，如图7-82所示。

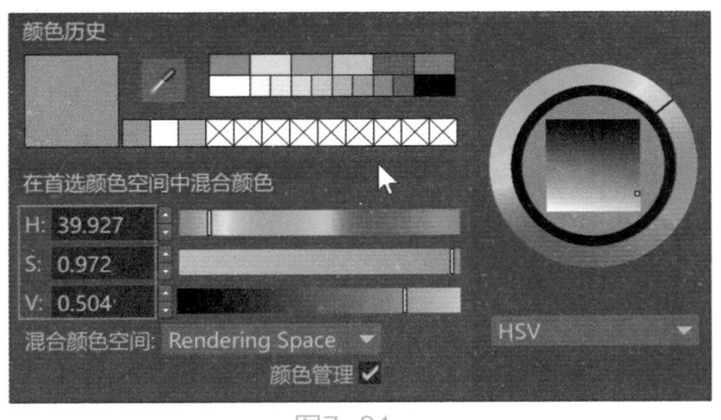

图7-81

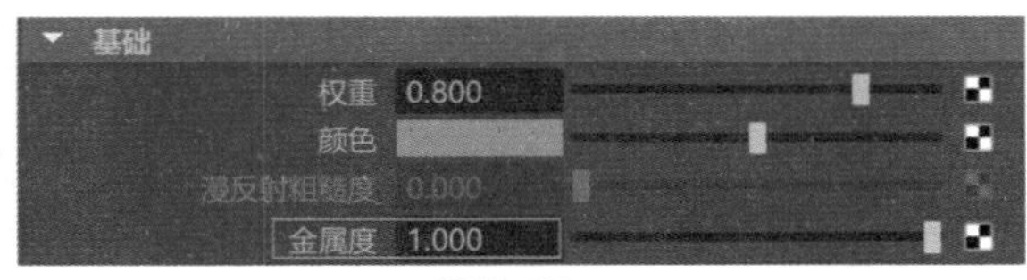

图7-82

05 展开“镜面反射”卷展栏，设置“权重”值为1，提高材质的高光亮度，设置“粗糙度”为0.35，使得黄铜材质的反射模糊一些，如图7-83所示。

06 设置完成后，渲染场景，本实例的黄铜材质渲染结果如图7-84所示。

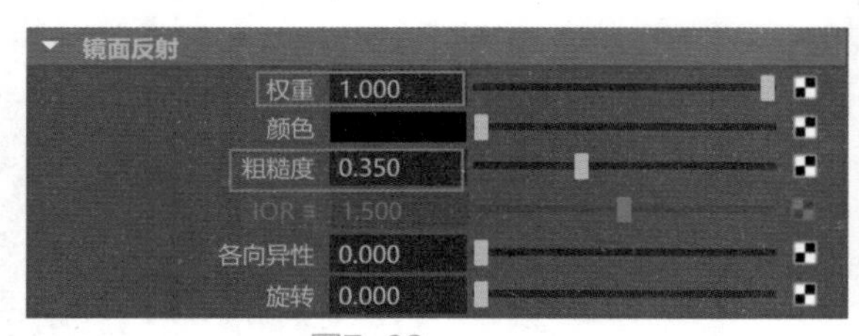

图7-83

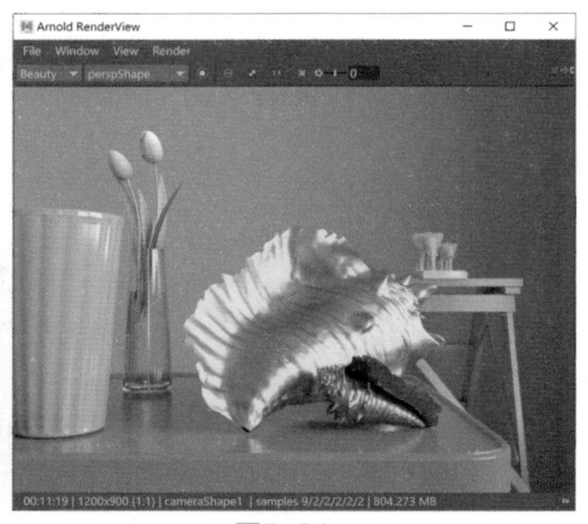

图7-84

实例操作：制作水壶材质

本实例通过水壶材质，来为大家讲解如何在Maya软件中为一个模型的不同部分分别设置材质，最终渲染效果如图7-85所示。

01 打开本书配套资源文件“水壶场景.mb”，该场景中已经设置好了模型、灯光及摄影机，如图7-86所示。

02 本实例中的水壶材质主要分为两个部分，一是水壶的壶身为不锈钢材质，二是壶把手和壶盖上的提手为木纹材质。首先，我们来制作不锈钢材质，选择场景中的水壶模型，为其指定标准曲面材质，如图7-87所示。

图7-85

图7-86

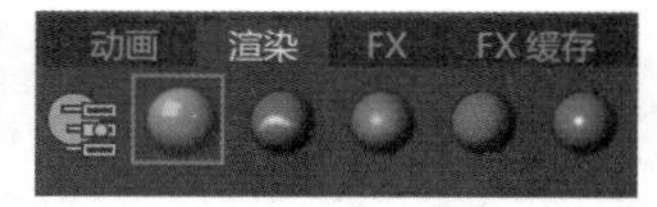

图7-87

03 展开“基础”卷展栏，将“金属度”设置为1；在“镜面反射”卷展栏中，设置“权重”值为1，“粗糙度”的值为0.1，完成不锈钢材质的制作，如图7-88所示。

04 接下来，选择水壶模型上壶把手和壶盖提手的面，如图7-89所示，再次为其指定一个标准曲面材质。

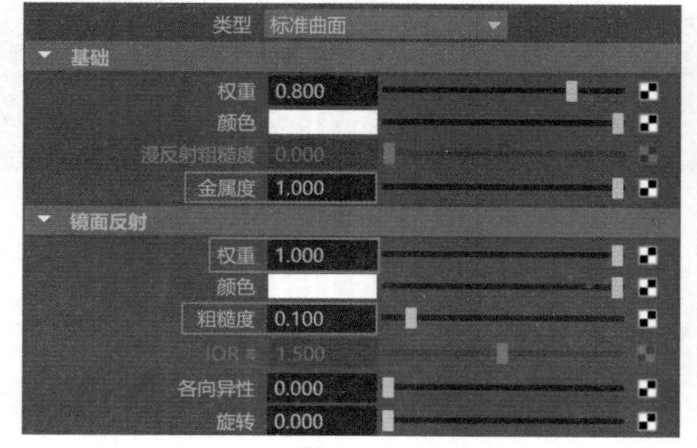

图7-88

图7-89

05 在“属性编辑器”面板中，展开“基础”卷展栏，单击“颜色”属性后面的按钮，在弹出的“创建渲染节点”对话框中选择“文件”渲染节点，如图7-90所示。

06 在“文件属性”卷展栏中，单击“图像名称”后面的文件夹按钮，浏览本书资源文件“木纹.jpg”，为材质的“颜色”属性设置好贴图，如图7-91所示。

图7-90

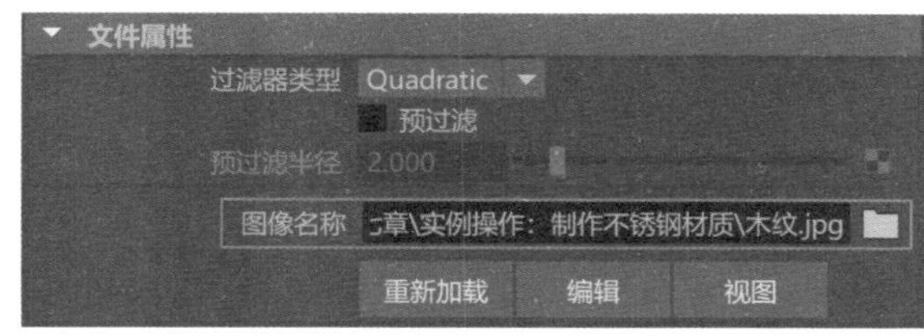

图7-91

07 展开“镜面反射”卷展栏，设置“权重”值为1，“粗糙度”值为0.4，制作出木纹材质的镜面反射特性，如图7-92所示。

08 设置完成后，渲染场景，本实例的最终渲染结果如图7-93所示。

镜面反射

权重	1.000
颜色	
粗糙度	0.400
IOR	1.500
各向异性	0.000
旋转	0.000

图7-92

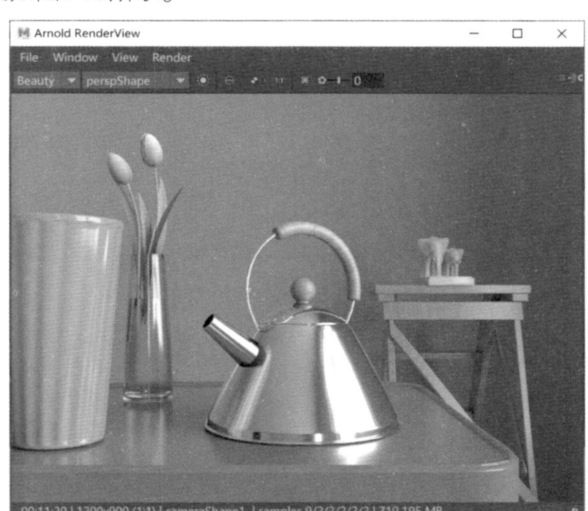

图7-93

实例操作：制作陶瓷材质

本实例主要讲解如何使用标准曲面材质来调制白色陶瓷材质效果，最终渲染效果如图7-94所示。

图7-94

01 打开本书配套资源文件“陶瓷材质场景.mb”，如图7-95所示。

02 选择场景中的茶壶和杯子模型，为其指定标准曲面材质，如图7-96所示。

图7-95

图7-96

03 展开“镜面反射”卷展栏，设置“权重”值为1，设置“粗糙度”为0.05，增大材质的镜面反射效果，提亮陶瓷材质的高光，如图7-97所示。

04 设置完成后，渲染场景，本实例的陶瓷材质最终渲染结果如图7-98所示。

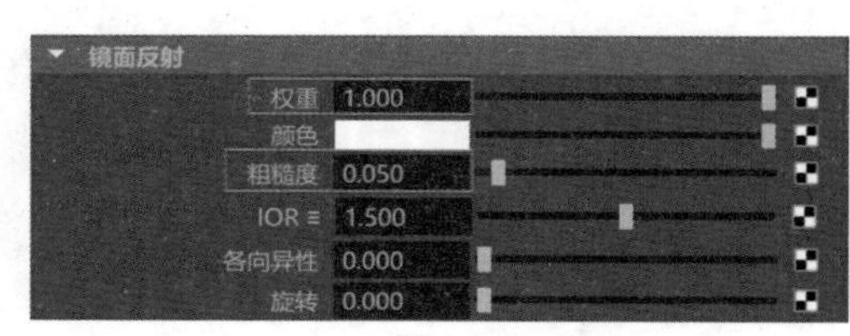

图7-97

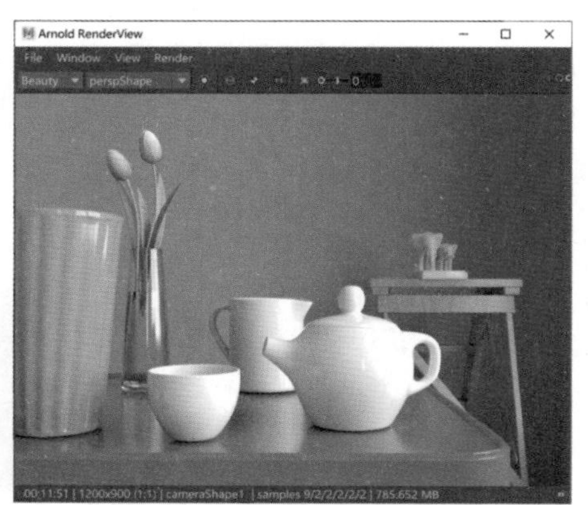

图7-98

实例操作：制作水果材质

本实例主要讲解如何使用标准曲面材质来调制水果材质效果，最终渲染效果如图7-99所示。

图7-99

01 打开本书配套资源文件“水果场景.mb”，如图7-100所示。

02 选择西瓜模型，如图7-101所示，为其指定“标准曲面材质”。

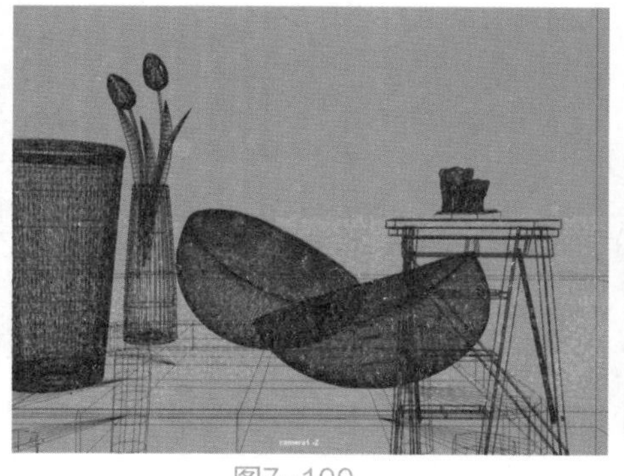
图7-100

图7-101

03 在“属性编辑器”面板中，展开“基础”卷展栏，在“颜色”属性上添加一张“西瓜-a.jpg”贴图；展开“镜面反射”卷展栏，设置“权重”值为1，“粗糙度”的值为0.2，制作出西瓜材质的光泽属性，如图7-102所示。

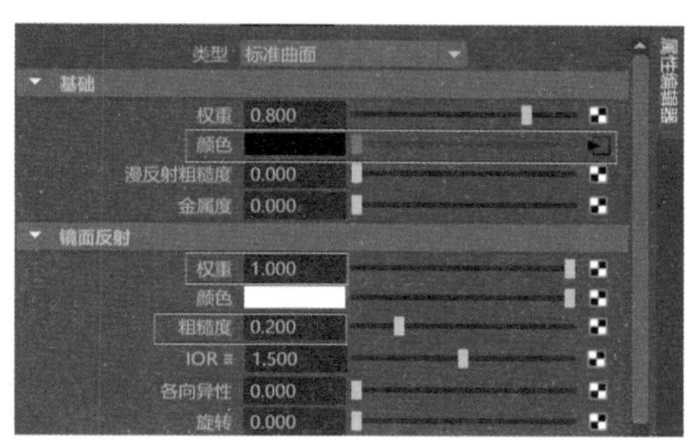

图7-102

04 展开“几何体”卷展栏，在“凹凸贴图”属性上添加一个“文件”渲染节点，如图7-103所示。

图7-103

05 展开“文件属性”卷展栏，在“图像名称”属性上添加一张“西瓜-a-凹凸.jpg”贴图文件，如图7-104所示。

06 展开“2D凹凸属性”卷展栏，设置“凹凸深度”值为0.3，降低水果材质的凹凸质感效果，如图7-105所示。

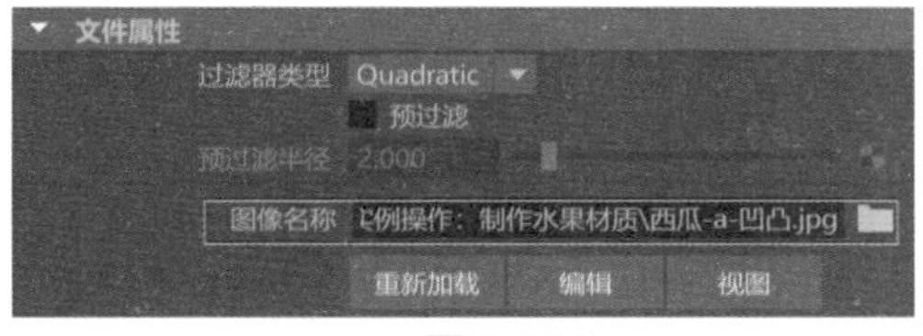

图7-104

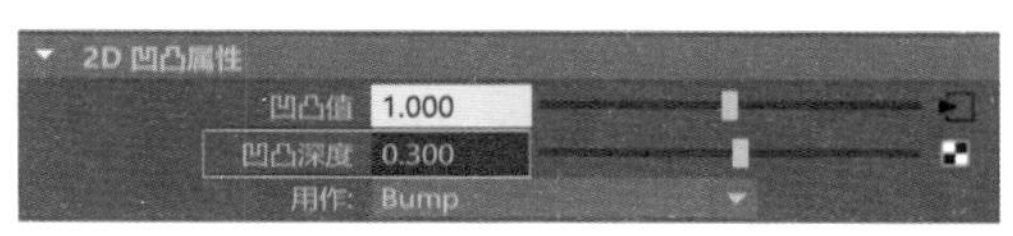

图7-105

07 设置完成后，渲染场景，本实例的水果材质渲染结果如图7-106所示。

图7-106

实例操作：制作玉石材质

本实例主要讲解如何使用标准曲面材质来调制玉石材质效果，最终渲染效果如图7-107所示。

图7-107

01 打开本书配套资源文件“玉石材质场景.mb”，如图7-108所示。

02 选择场景中的小鹿模型，如图7-109所示，为其指定“标准曲面材质”。

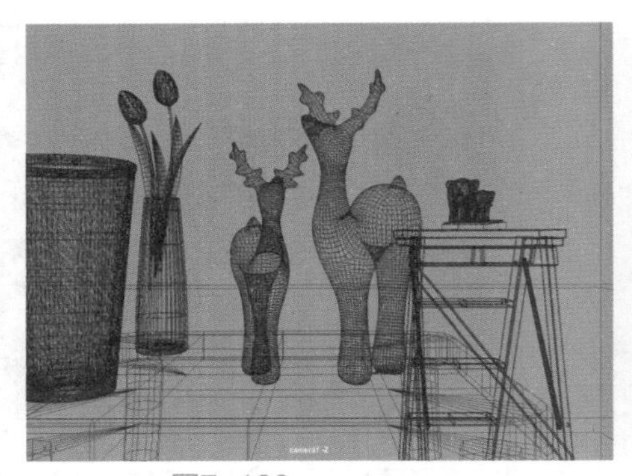

图7-108

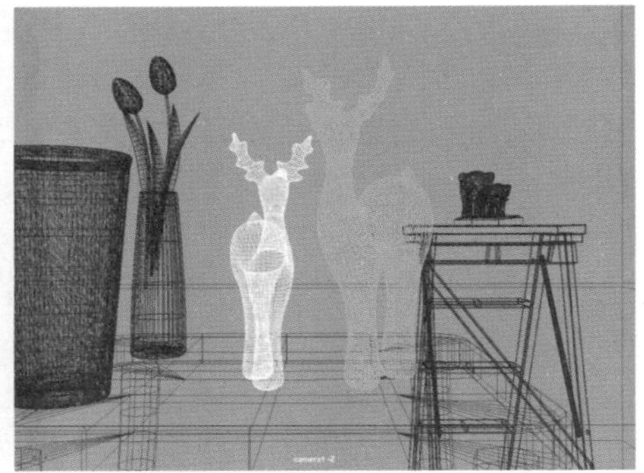

图7-109

03 展开“基础”卷展栏，设置玉石材质的“颜色”为绿色，如图7-110所示。

04 展开“镜面反射”卷展栏，设置“权重”值为1，“粗糙度”为0.1，提高玉石材质的反射程度，如图7-111所示。

05 展开“次表面”卷展栏，设置“权重”值为1，“颜色”为绿色，如图7-112所示。

06 设置完成后，渲染场景，本实例制作出来的玉石材质渲染效果如图7-113所示。

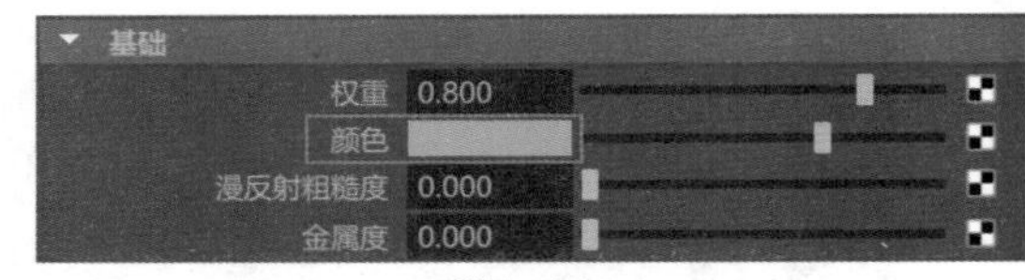

图7-110

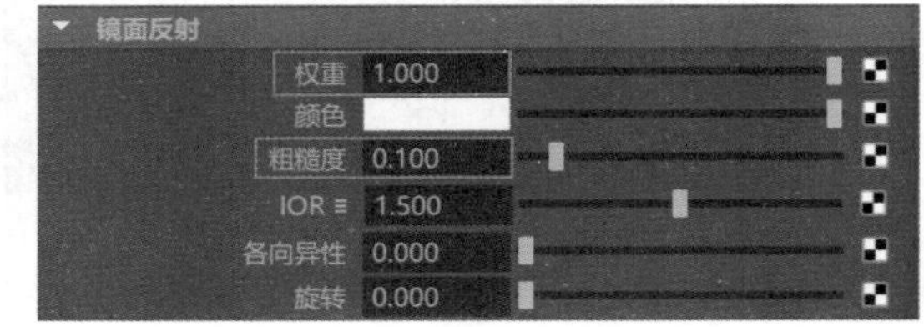

图7-111

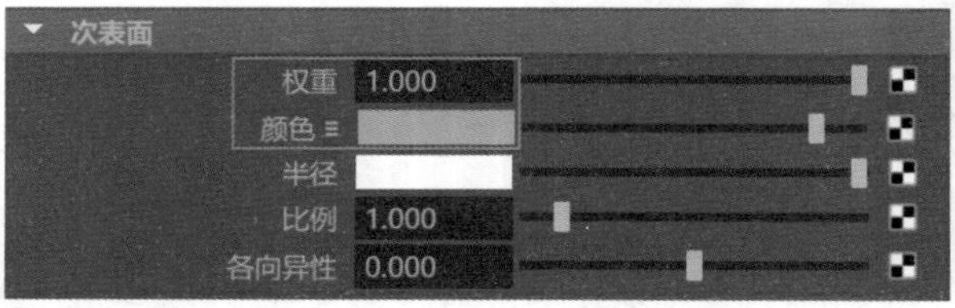

次表面
权重 1.000
颜色 ≡
半径
比例 1.000
各向异性 0.000

图7-112

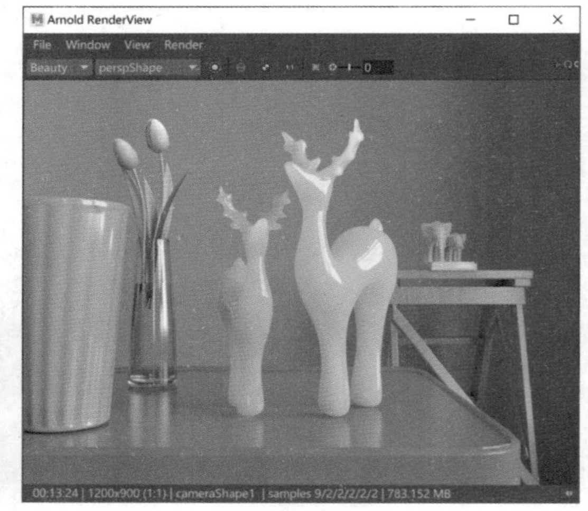

图7-113

7.5 纹理

使用贴图纹理的效果要比仅仅使用单一颜色能更直观地表现物体的真实质感，添加了纹理，物体表面看起来会更加细腻、逼真，配合材质的反射、折射、凹凸等属性，可以使得渲染出来的场景更加真实和自然，图7-114和图7-115为添加了贴图纹理的优秀渲染作品。

图7-114

图7-115

7.5.1 纹理类型

Maya的纹理类型主要包括“2D纹理”“3D纹理”“环境纹理”和“其他纹理”这4种，打开Hypershade面板，在其中的“创建”选项卡中，可以看到Maya的这些纹理分类，如图7-116所示。下面，我就较为常用的纹理给读者介绍一下。

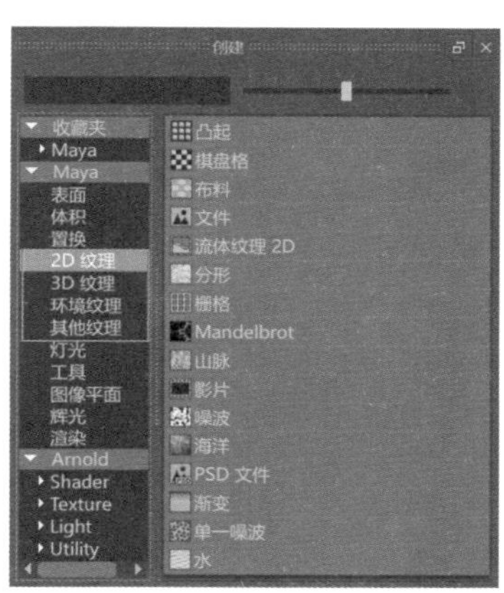

图7-116

7.5.2 “文件”纹理

“文件”纹理属于“2D纹理”，该纹理允许用户使用电脑硬盘中的任意图像文件来作为材质表面的贴图纹理，是使用频率较高的纹理命令。其命令参数如图7-117所示。

1. “文件属性”卷展栏

展开“文件属性”卷展栏，其中的命令参数如图7-118所示。

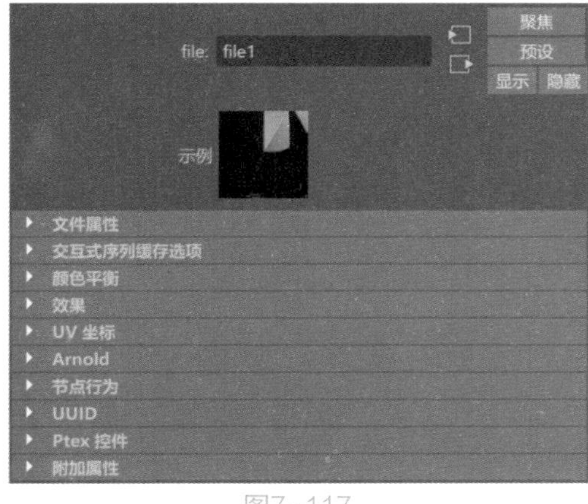

图7-117

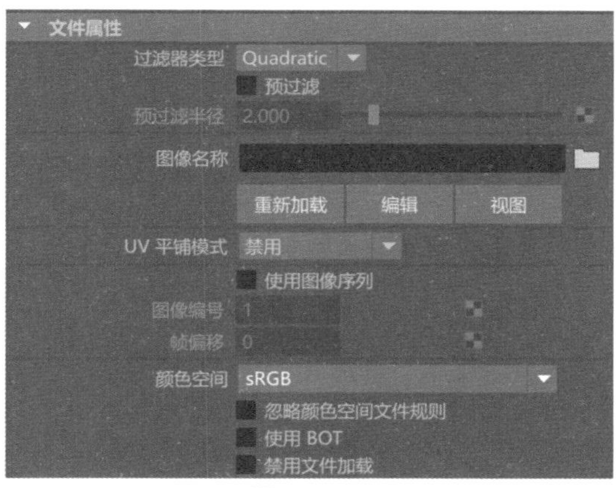

图7-118

常用参数解析

- 过滤器类型：指渲染过程中应用于图像文件的采样技术。
- 预过滤：用于校正已混淆的或者在不需要的区域中包含噪波的文件纹理。
- 预过滤半径：确定过滤半径的大小。
- 图像名称：“文件”纹理使用的图像文件或影片文件的名称。

- “重新加载”按钮：单击该按钮可强制刷新纹理。
- “编辑”按钮：将启动外部应用程序，以便能够编辑纹理。
- “视图”按钮：将启动外部应用程序，以便能够查看纹理。
- UV平铺模式：通过该下拉菜单中的选项，设置贴图的平铺纹理效果。
- 使用图像序列：勾选该选项，可以使用连续的图像序列来作为纹理贴图使用。
- 图像编号：设置序列图像的编号。
- 帧偏移：设置偏移帧的数值。
- 颜色空间：用于指定图像使用的输入颜色空间。

2. “交互式序列缓存选项”卷展栏

展开“交互式序列缓存选项”卷展栏，其中的命令参数如图7-119所示。

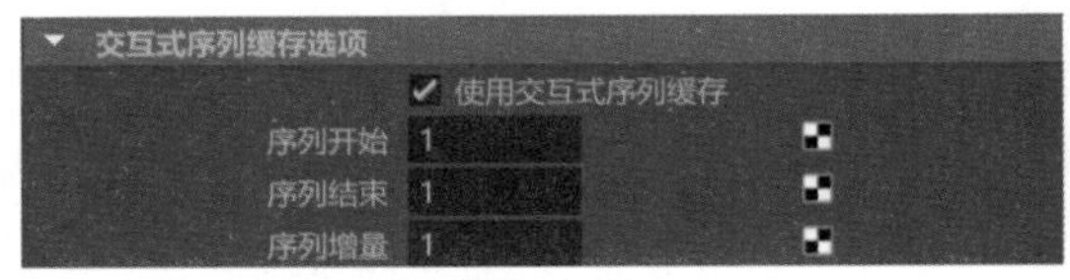

图7-119

常用参数解析

- 使用交互式序列缓存：勾选该选项，可以激活纹理动画的序列开始、结束和序列增量参数。
  - 序列开始：设置加载到内存中的第一帧的编号。
  - 序列结束：设置加载到内存中的最后一帧的编号。
  - 序列增量：设置每间隔几帧来加载图像序列。

7.5.3 “棋盘格”纹理

“棋盘格”纹理属于“2D纹理”贴图，用于快速设置两种颜色呈棋盘格式整齐排列的贴图，其命令参数如图7-120所示。

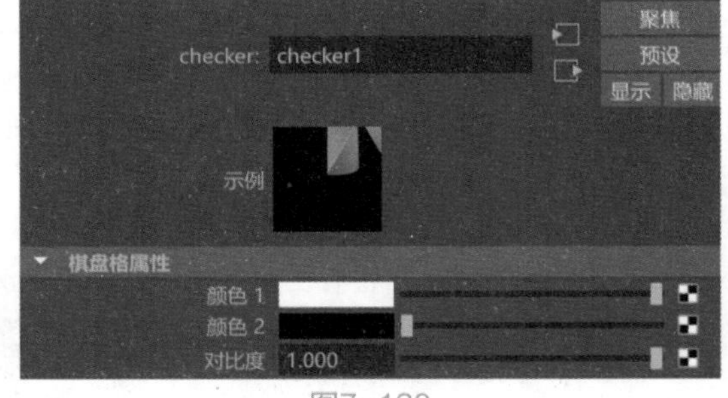

图7-120

常用参数解析

- 颜色1/颜色2：用于分别设置“棋盘格”纹理的两种不同颜色。
- 对比度：用于设置两种颜色之间的对比程度。

7.5.4 “布料”纹理

“布料”纹理用于快速模拟纺织物的纹理效果，其命令参数如图7-121所示。

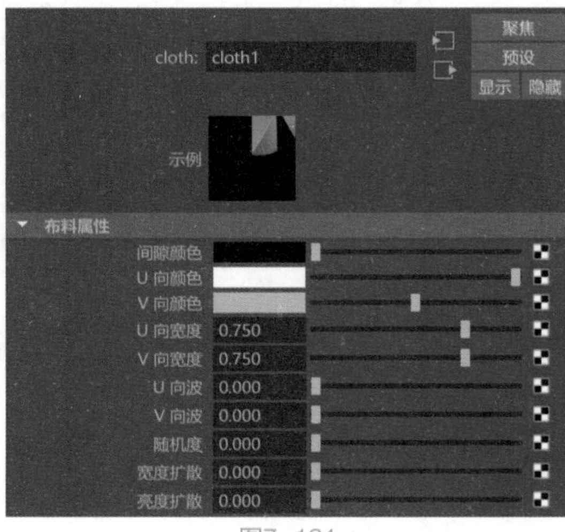

图7-121

常用参数解析

- 间隙颜色：用于设置经线（U方向）和纬线（V方向）之间区域的颜色。较浅的“间隙颜色”常常用来模拟更软、更透明的线织成的布料。
- U向颜色/V向颜色：设置U向和V向线颜色。双击颜色条可以打开“颜色选择器”，然后选择使用的颜色。

- U 向宽度/V 向宽度：用于设置U 向和 V 向线宽度。如果线宽度为 1，则丝线相接触，间隙为零。如果线宽度为 0，则丝线将消失。宽度范围为 0 到 1。默认值为 0.75。
- U 向波/V 向波：设置U 向和 V 向线的波纹。用于创建特殊的编织效果。范围为 0 到 0.5。默认值为 0。
- 随机度：用于设置在 U 方向和 V 方向的随机涂抹纹理程度。调整“随机度”值，可以用不规则丝线创建看起来很自然的布料，也可以避免在非常精细的布料纹理上出现锯齿和云纹图案。
- 宽度扩散：用来设置沿着每条线的长度随机化线的宽度。
- 亮度扩散：用来设置沿着每条线的长度随机化线的亮度。

7.5.5 “大理石”纹理

“大理石”纹理用于模拟真实世界中的大理石材质，其命令参数如图7-122所示。

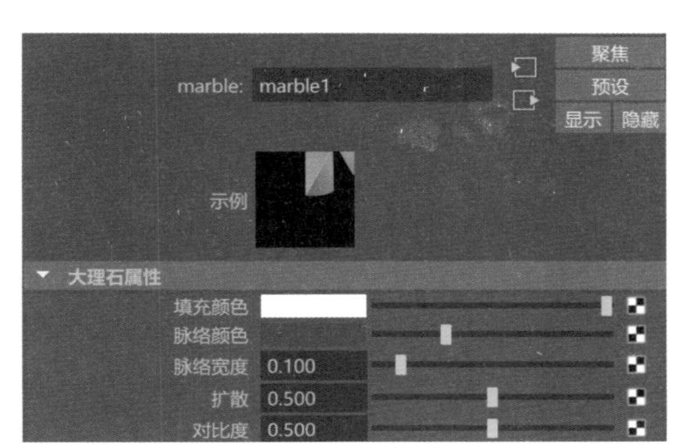

图7-122

常用参数解析

- 填充颜色：设置大理石的主要色彩。
- 脉络颜色：设置大理石纹理的色彩。
- 脉络宽度：设置大理石上花纹纹理的宽度。
- 扩散：控制脉络颜色和填充颜色的混合程度。
- 对比度：设置脉络颜色和填充颜色之间的对比程度。

7.5.6 “木材”纹理

“木材”纹理可以在缺乏木材真实照片贴图的条件下，使用程序来模拟木纹效果，其命令参数如图7-123所示。

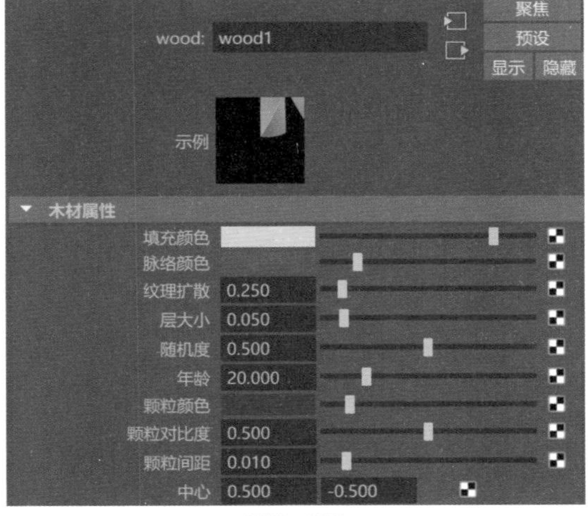

图7-123

常用参数解析

- 填充颜色：纹理之间间距的颜色。
- 脉络颜色：设置木材的脉络颜色。
- 纹理扩散：漫反射到填充颜色中的脉络颜色数量。
- 层大小：每个层或环形的平均厚度。
- 随机度：随机化各个层或环形的厚度。
- 年龄：木材的年龄（以年为单位）。该值确定纹理中的层或环形总数，并影响中间层和外层的相对厚度。
- 颗粒颜色：木材中随机颗粒的颜色。
- 颗粒对比度：控制漫反射到周围木材颜色的“颗粒颜色”量。范围从 0 到 1。默认值为 1。
- 颗粒间距：颗粒斑点之间的平均距离。
- 中心：纹理的同心环中心在 U 和 V 方向的位置。范围从-1到2。默认值为0.5和-0.5。

7.6 创建UV

7.6.1 UV概述

UV，指的是二维贴图坐标。当我们在Maya软件中制作三维模型后，常常需要将合适的贴图贴到这些三维模型上，比如选择一张树叶的贴图指定给叶片模型时，Maya软件并不能自动确定树叶的贴图是以什么样的方向平铺到叶片模型上，这就需要我们使用UV来控制贴图的方向，以得到正确的贴图效果，如图7-124所示。

图7-124

虽然Maya在默认情况下，会为许多基本多边形模型自动创建UV，但是在大多数情况下，还是需要我们重新为物体指定UV。根据模型形状的不同，Maya为用户提供了平面映射、圆柱形映射、球形映射和自动映射这几种现成的UV贴图方式。如果模型的贴图过于复杂，那么只能使用“UV编辑器”面板来对贴图的UV进行精细调整。

7.6.2 平面映射

“平面映射”通过平面将UV投影到模型上，该命令非常适合较为平坦的三维模型，如图7-125所示。执行UV|“平面”命令后的小方块图标，即可打开“平面映射选项”对话框，如图7-126所示。

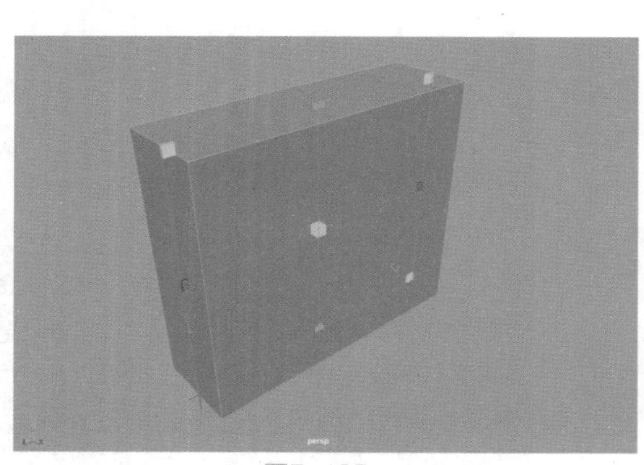
图7-125

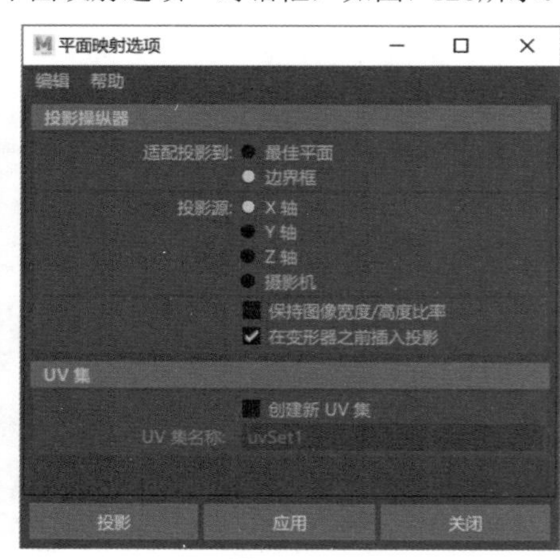

图7-126

常用参数解析

- 适配投影到：默认情况下，投影操纵器将根据“最佳平面”或“边界框”这两个设置之一自动定位。
- 最佳平面：如果要为对象的一部分面映射UV，可以选择将“最佳平面”和投影操纵器捕捉到一个角度和直接指向选定面的旋转。
- 边界框：将UV映射到对象的所有面或大多数面时，该选项最有用。它将捕捉投影操纵器以适配对象的边界框。

- 投影源：选择（X轴/Y轴/Z轴），以便投影操纵器指向对象的大多数面。如果大多数模型的面不是直接指向沿 X、Y 或 Z 轴的某个位置，则选择“摄影机”选项。该选项将根据当前的活动视图为投影操纵器定位。
- 保持图像宽度/高度比率：启用该选项时，可以保留图像的宽度与高度之比，使图像不会扭曲。
- 在变形器之前插入投影：在多边形对象中应用变形时，需要使用“在变形器之前插入投影”选项。如果该选项已禁用，且已为变形设置动画，则纹理放置将受顶点位置更改的影响。
- 创建新 UV 集：启用该选项，可以创建新 UV 集，并放置由投影在该集中创建的 UV。

7.6.3 圆柱形映射

“圆柱形映射”非常适合应用在体型接近圆柱体的三维模型上，如图7-127所示。单击UV|“圆柱形”命令后的小方块图标，即可打开“圆柱形映射选项”对话框，如图7-128所示。

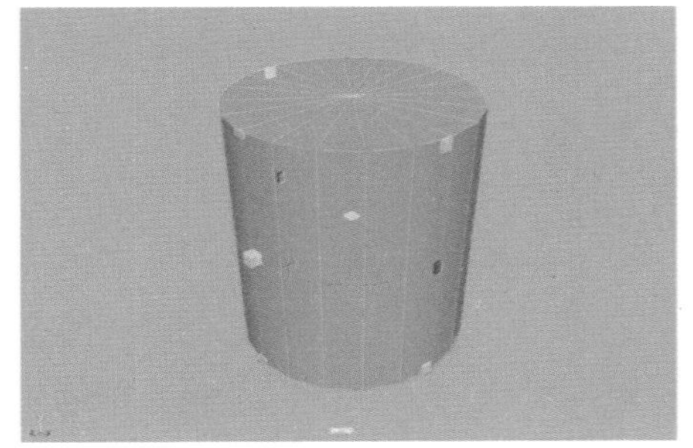
图7-127

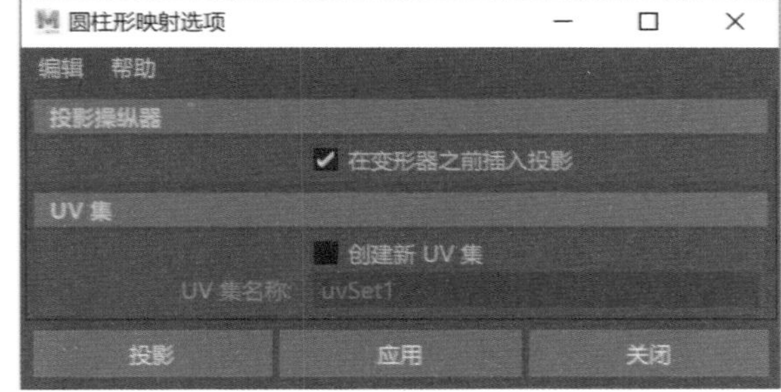

图7-128

常用参数解析

- 在变形器之前插入投影：勾选该选项，可以在应用变形器之前将纹理放置并应用到多边形模型上。
- 创建新UV集：启用该选项，可以创建新 UV 集并放置由投影在该集中创建的 UV。

7.6.4 球形映射

“球形映射”非常适合应用在体型接近球形的三维模型上，如图7-129所示。执行菜单栏UV|“球形”命令后的小方块图标，即可打开“球形映射选项”对话框，如图7-130所示。

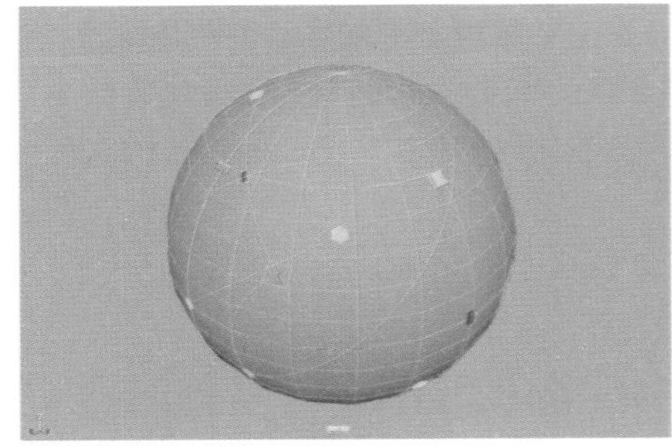
图7-129

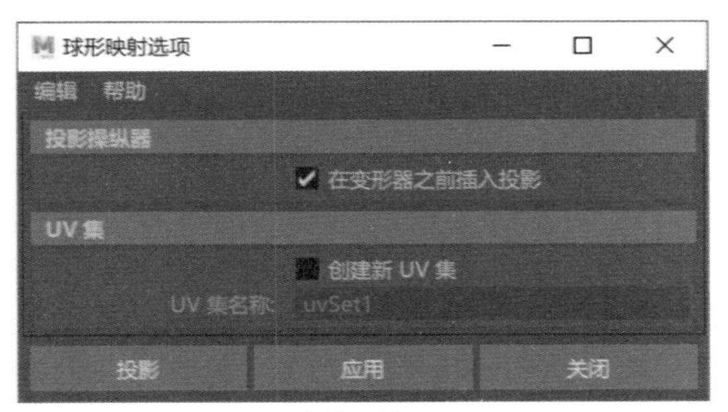

图7-130

常用参数解析

- 在变形器之前插入投影：勾选该选项，可以在应用变形器之前将纹理放置并应用到多边形模型上。
- 创建新UV集：启用该选项，可以创建新 UV 集并放置由投影在该集中创建的 UV。

7.6.5 自动投影

“自动映射”非常适合应用在体型较为规则的三维模型上，如图7-131所示。执行菜单栏“UV/自动”命令后的小方块图标，即可打开“多边形自动映射选项”对话框，如图7-132所示。

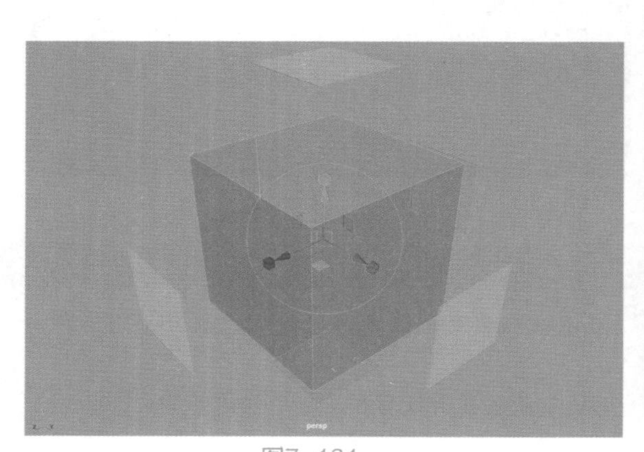

图7-131

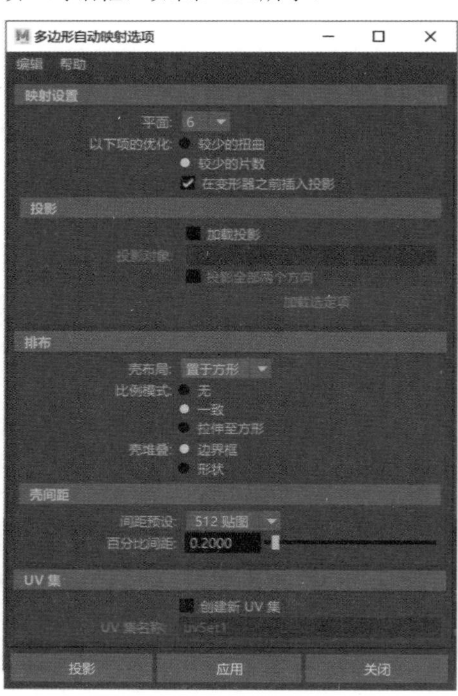

图7-132

常用参数解析

1. “映射设置”卷展栏

- 平面：为自动映射设置平面数。根据 3、4、5、6、8 或 12 个平面的形状，用户可以选择一个投影映射。使用的平面越多，发生的扭曲就越少，且在 UV 编辑器中创建的 UV 壳越多，图7-133为“平面”值分别是4、6和12时的映射效果，图7-134分别为对应的UV壳生成效果。

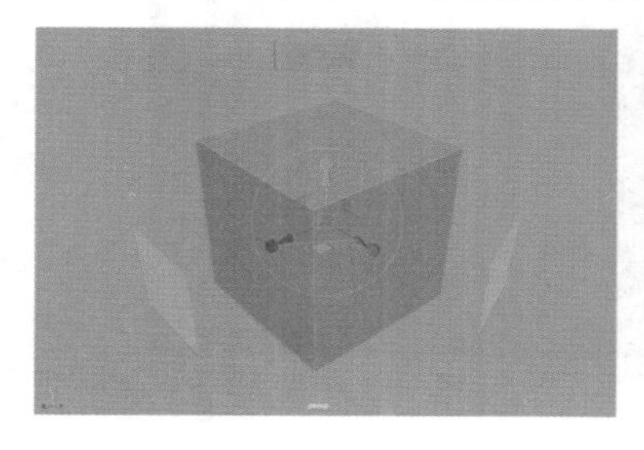
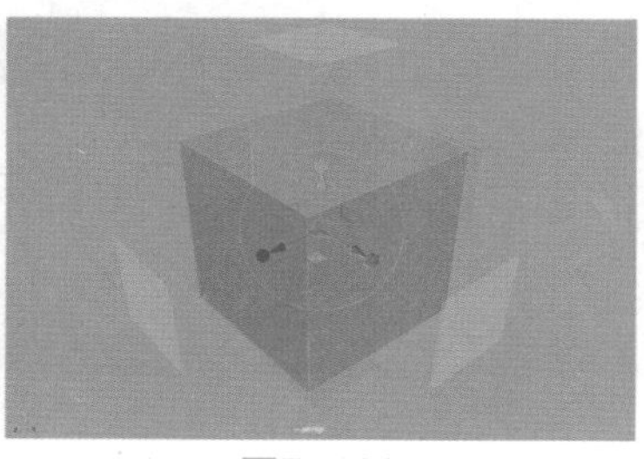
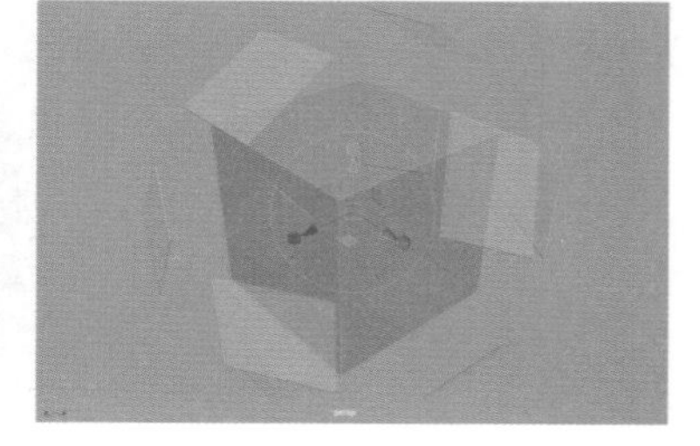

图7-133

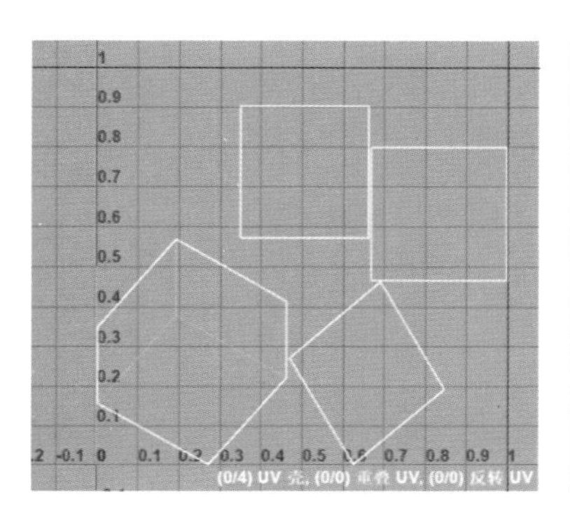

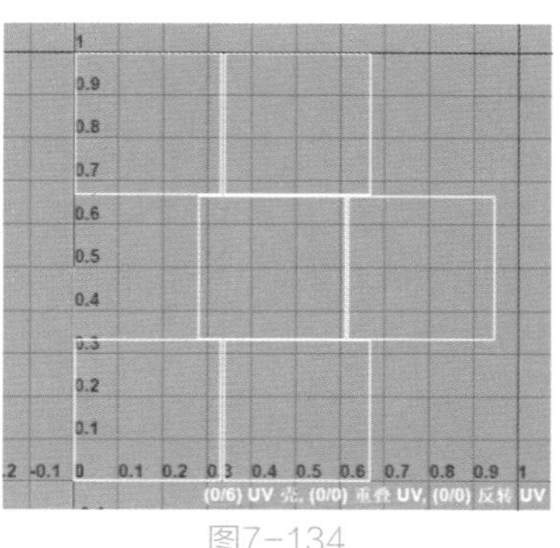

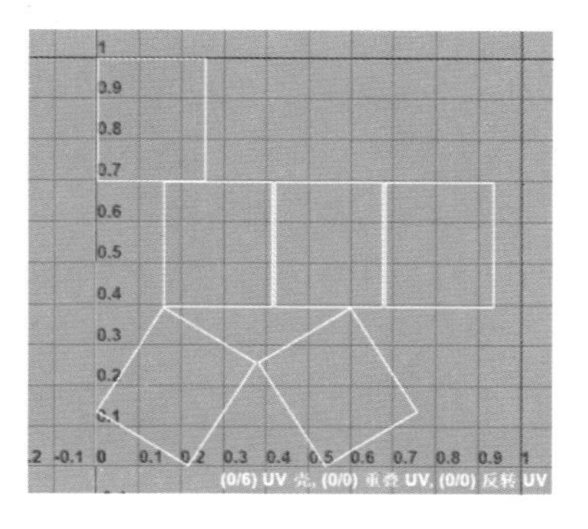

图7-134

- 以下项的优化：为自动映射设置优化类型。
- 较少的扭曲：均衡投影所有平面。该方法可以为任何面提供最佳投影，但结束时可能会创建更多的壳。如果用户有对称模型并且需要投影的壳是对称的，此方法尤其有用。
- 较少的片数：投影每个平面，直到遇到不理想的投影角度。这可能会导致壳增大而壳的数量减少。
- 在变形器之前插入投影：勾选该选项，可以在应用变形器之前将纹理放置并应用到多边形模型上。

2. “投影”卷展栏

- 加载投影：允许用户指定一个自定义多边形对象作为用于自动映射的投影对象。
- 投影对象：标识当前在场景中加载的投影对象。通过在该字段中输入投影对象的名称指定投影对象。另外，当选中场景中所需的对象并单击“加载选定项”按钮时，投影对象的名称将显示在该字段中。
- 投影全部两个方向：当“投影全部两个方向”禁用时，加载投影会将 UV 投影到多边形对象上，该对象的法线指向与加载投影对象的投影平面大致相同的方向。
- 加载选定项：加载当前在场景中选定的多边形面作为指定的投影对象。

3. “排布”卷展栏

- 壳布局：设定排布的 UV 壳在 UV 纹理空间中的位置。不同的“壳布局”方式可以导致Maya在UV编辑器中生成不同的贴图拆分形态，如图7-135所示。

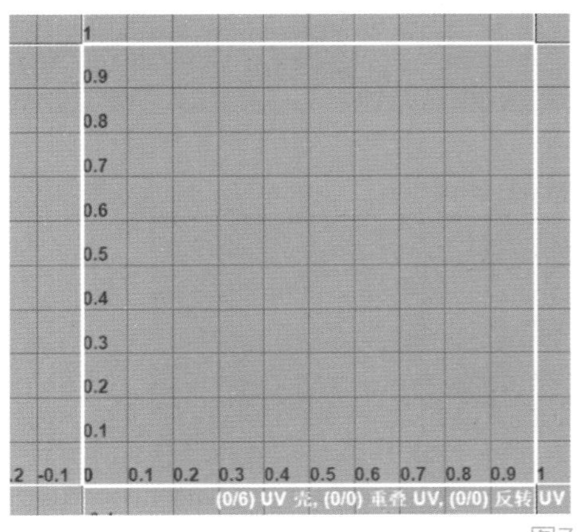

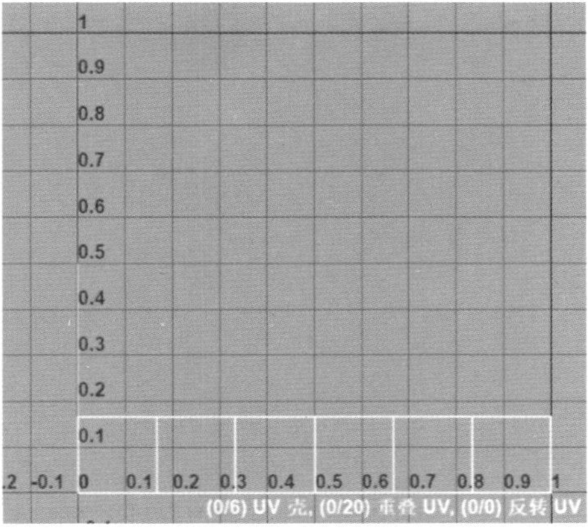

图7-135

- 比例模式：用来设定 UV 壳在 UV 纹理空间的缩放方式。
- 壳堆叠：确定 UV 壳在 UV 编辑器中排布时相互堆叠的方式。

4. “壳间距”卷展栏

- 间距预设：用来设置壳的边界距离。
- 百分比间距：按照贴图大小的百分比数值来控制边界框之间的间距大小。

5. “UV集”卷展栏

- 创建新UV集：启用该选项可创建新的UV集，并在该集中放置新创建的UV。
- UV集名称：用来输入UV集的名称。

实例操作：使用“平面映射”工具为图书设置贴图坐标

本实例主要讲解如何使用“平面映射”工具为书本模型指定贴图UV坐标，最终完成效果如图7-136所示。

01 启动Maya软件，在场景中绘制一个多边形长方体模型，如图7-137所示。

图7-136

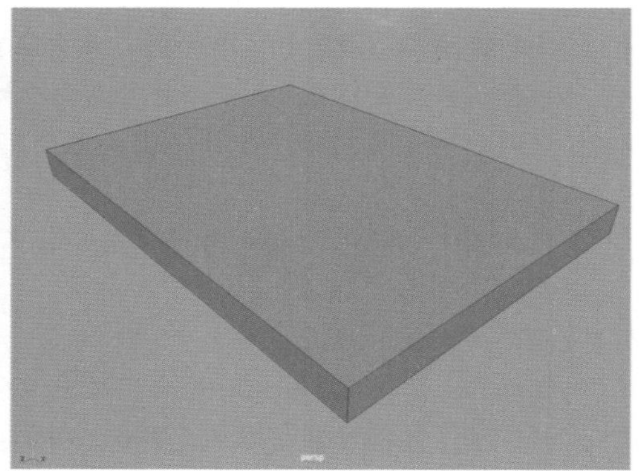

图7-137

02 在“属性编辑器”面板中，展开“多边形立方体历史”卷展栏，设置长方体的“宽度”值为18，“高度”值为1.2，“深度”值为13，如图7-138所示。

03 选择长方体模型，单击“渲染”工具架上的“标准曲面材质”图标，为当前选项指定“标准曲面材质”，如图7-139所示。

04 展开“基础”卷展栏，为“颜色”属性指定“文件”渲染节点，如图7-140所示。

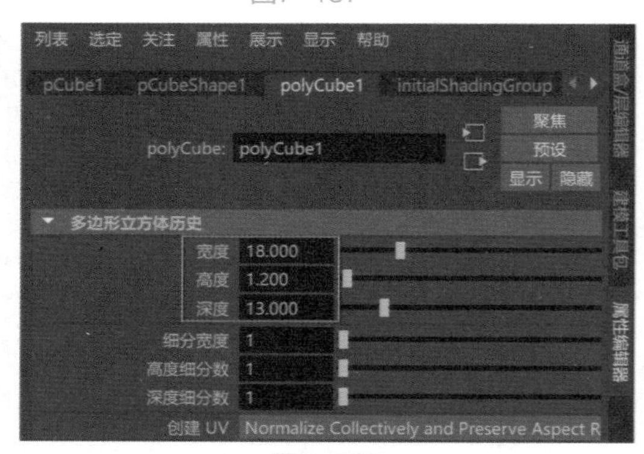

图7-138

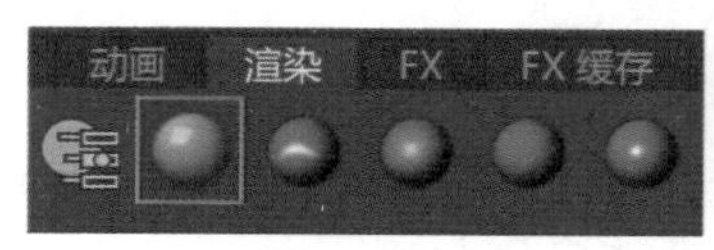

图7-139

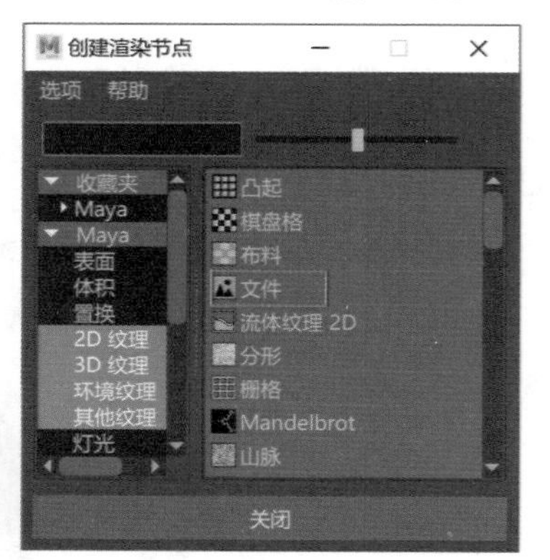

图7-140

05 展开“文件属性”卷展栏，在“图像名称”通道上加载一张“book-a.jpg”贴图文件，如图7-141所示。

06 设置完成后，单击“带纹理”按钮，在视图中观察图书的默认贴图效果，如图7-142所示。

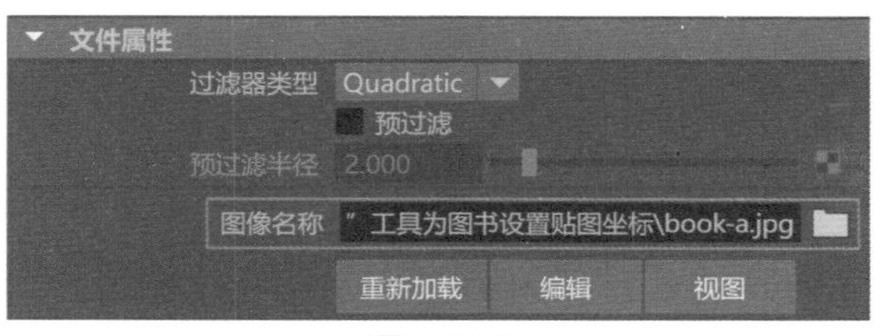

图7-141

07 选择图7-143所示的面，单击“多边形建模”工具架中的“平面映射”图标，为所选择的平面添加一个平面映射，如图7-144所示。

08 展开“投影属性”卷展栏，设置“投影高度”值为13，如图7-145所示。

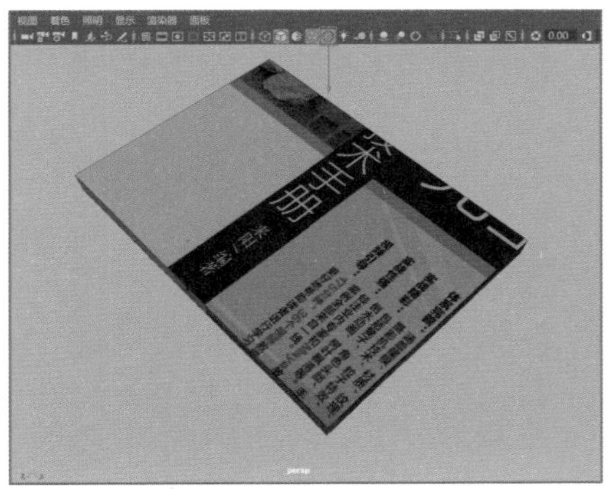

图7-142

图7-143

图7-144

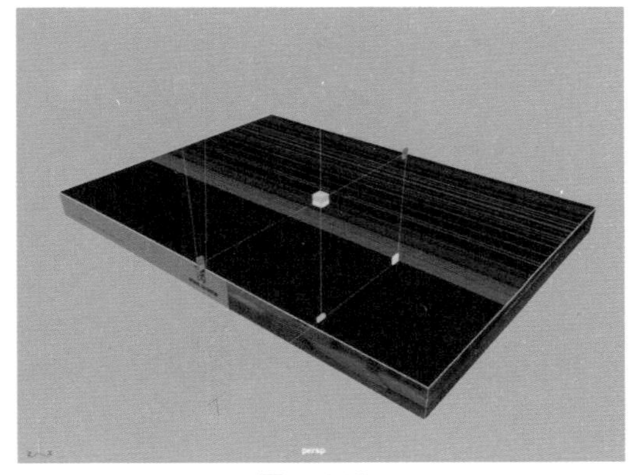

图7-145

09 在视图中单击“平面映射”左下角的十字标记，将平面映射的控制柄切换至旋转控制柄，如图7-146所示。

10 再次单击上图出现的蓝色圆圈，则可以显示出旋转的坐标轴，如图7-147所示。

11 将平面映射的旋转方向调至水平后，再次单击红色十字标记，将平面映射的控制柄切换回位移控制柄，仔细调整平面映射的大小至图7-148所示，得到正确的图书封皮贴图坐标效果。

12 重复以上操作，完成图书封底以及书脊的贴图效果至图7-149所示。

13 选择书页部分的面，单击“渲染”工具架上的“标准曲面材质”图标，为当前选择再次指定“标准曲面材质”，如图7-150所示。

14 本实例的最终贴图结果如图7-151所示。

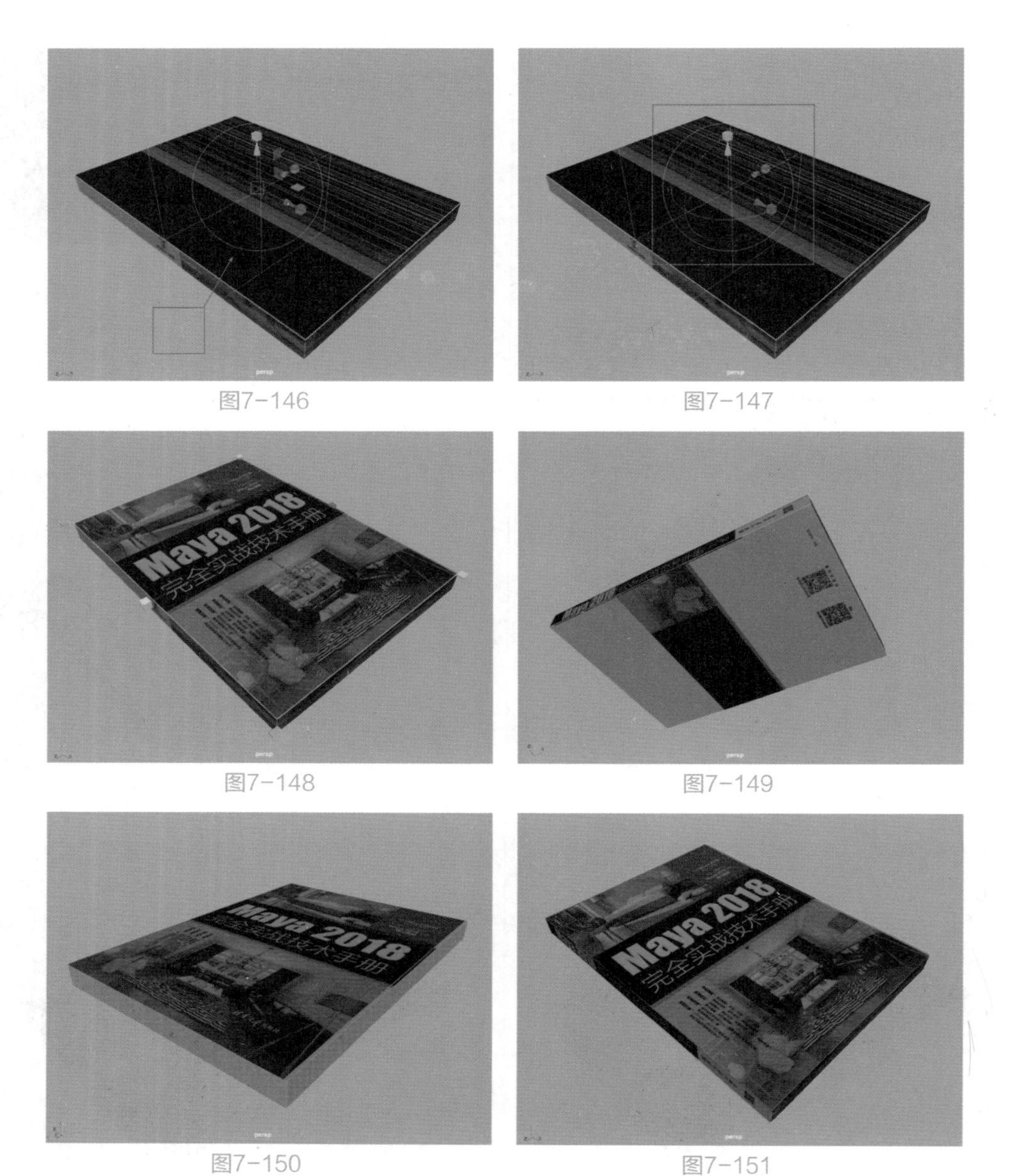

图7-146　图7-147

图7-148　图7-149

图7-150　图7-151

实例操作：使用“UV编辑器”为图书设置贴图坐标

本实例主要讲解使用另外一种方法——“UV编辑器”来为书本模型指定贴图UV坐标，最终渲染效果如图7-152所示。

图7-152

01 启动Maya软件，在场景中绘制一个多边形长方体模型作为本实例的图书模型，并在“属性编辑器”面板中设置长方体的“宽度”值为18，“高度”值为1.2，“深度”值为13，如图7-153所示。

02 选择图书模型，单击“渲染”工具架上的“标准曲面材质”图标，为当前选项指定“标准曲面材质”，并在“基础”卷展栏内为“颜色”属性设置“book-b.jpg”贴图文件，如图7-154所示。

图7-153

图7-154

03 选择图书模型，单击“多边形工具架”的“UV编辑器”图标，如图7-155所示，系统会自动弹出“UV编辑器”和“UV工具包”面板，如图7-156所示。

图7-155

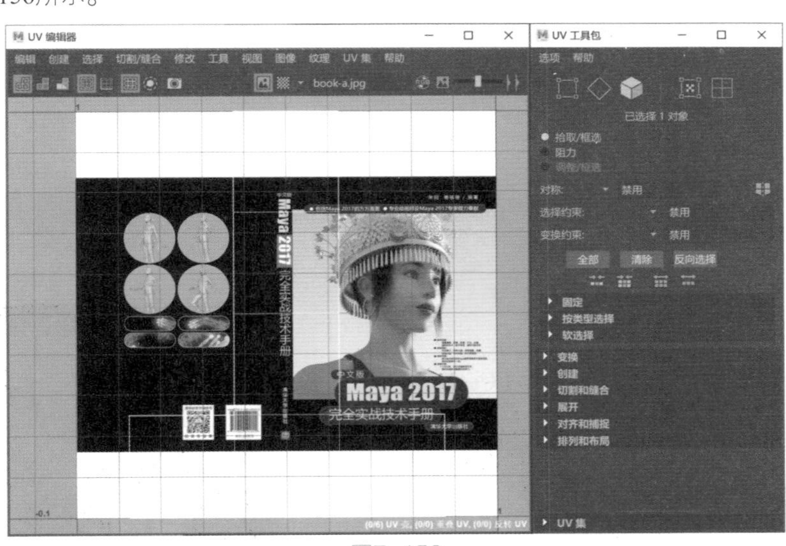

图7-156

04 在“UV工具包”面板内，展开“切割和缝合”卷展栏，单击“切割工具”按钮，如图7-157所示。在“UV编辑器”面板中，将模型每个面之间的连接断开，如图7-158所示。

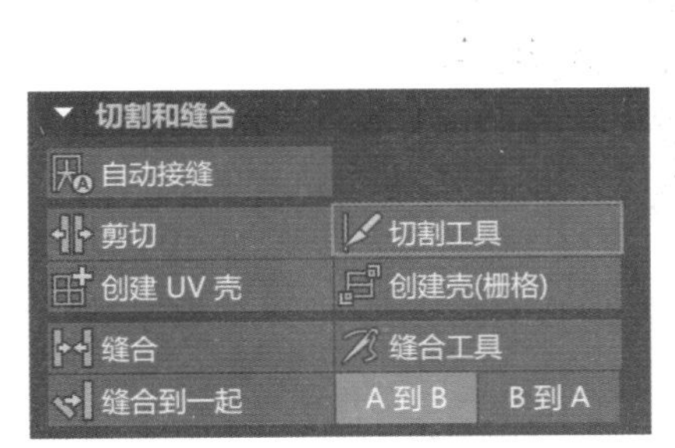

图7-157

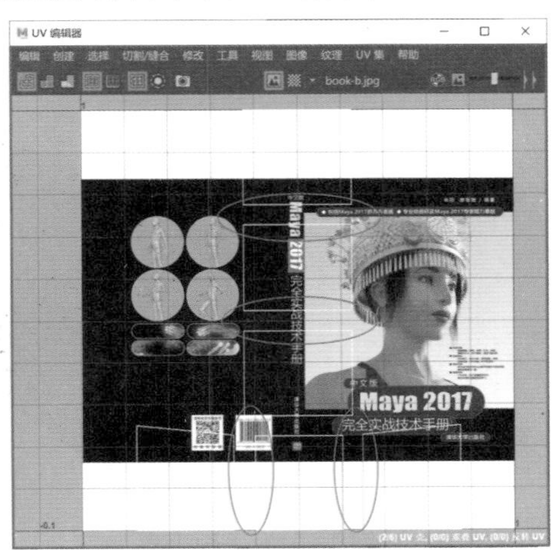

图7-158

05 在“UV工具包”面板中，单击“UV选择”按钮，如图7-159所示。在“UV编辑器”面板中调整好封皮的贴图坐标至图7-160所示。

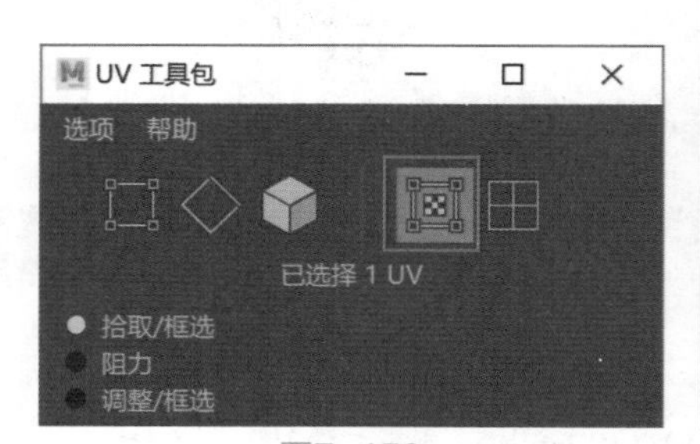

图7-159

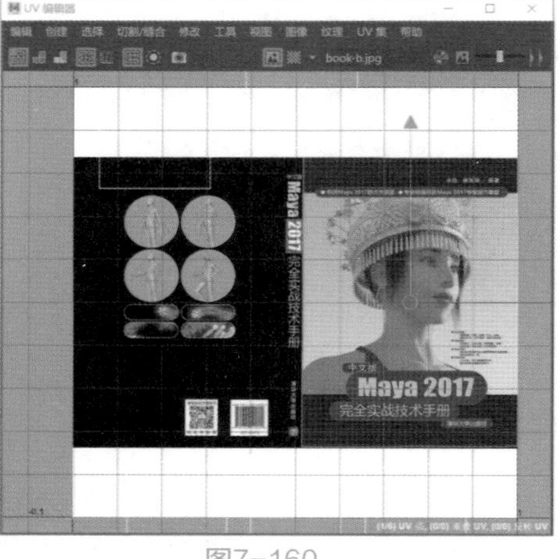

图7-160

06 调整完成后，观察场景，图书封皮的贴图效果如图7-161所示。

07 以同样的方法分别设置好图书其他各个面的贴图坐标，如图7-162所示。

图7-161

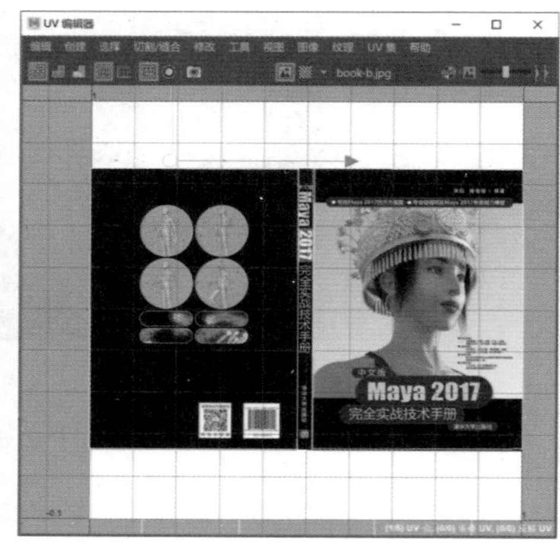

图7-162

08 设置完成后，本实例的最终贴图显示结果如图7-163所示。

图7-163

第8章 渲染与输出

8.1 渲染概述

什么是“渲染”？从其英文“Render”上来说，可以翻译为“着色”；从其在整个项目流程中的环节来说，可以理解为“出图”。渲染真的就仅仅是在所有三维项目制作完成后，鼠标单击“渲染当前帧”按钮的最后那一次操作吗？显然不是。

通常我们所说的渲染，指的是在“渲染设置”面板中，通过调整参数来控制最终图像的照明程度，计算时间、图像质量等综合因素，让计算机在一个合理时间内计算出满意的图像，这些参数的设置就是渲染。此外，从Maya“渲染”工具架中工具图标的设置上来看，该工具架不仅仅有渲染相关的工具图标，还包含了灯光、摄影机和材质的工具图标，也就是说在具体的项目制作中，渲染还包括了灯光设置、摄影机摆放和材质制作等工作流程，如图8-1所示。

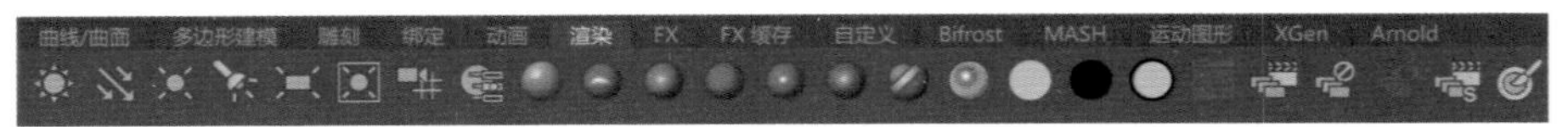

图8-1

使用Maya 软件制作三维项目时，常见的工作流程大多是按照“建模→灯光→材质→摄影机→渲染”进行的，渲染之所以放在最后，说明这一操作是计算之前流程的最终步骤，其计算过程相当复杂，所以需要认真学习，并掌握其关键技术。如图8-2和图8-3所示为一些非常优秀的三维渲染作品。

图8-2

图8-3

8.1.1 选择渲染器

渲染器可以简单理解成三维软件进行最终图像计算的方法。Maya 2020本身就提供了多种渲染器供用户使用，并且还允许用户自行购买及安装由第三方软件生产商提供的渲染器插件来进行渲染。单击“渲染设置”按钮，即可打开Maya 2020的“渲染设置”面板。在“渲染设置”面板上可以查看当前场景文件所使用的渲染器名称，在默认状态下，Maya 2020所使用的渲染器为Arnold Renderer，如图8-4所示。

如果想要快速更换渲染器，可以在“渲染设置”面板上单击“使用以下渲染器渲染”下拉列表的向下箭头，选择该选项完成此操作，如图8-5所示。

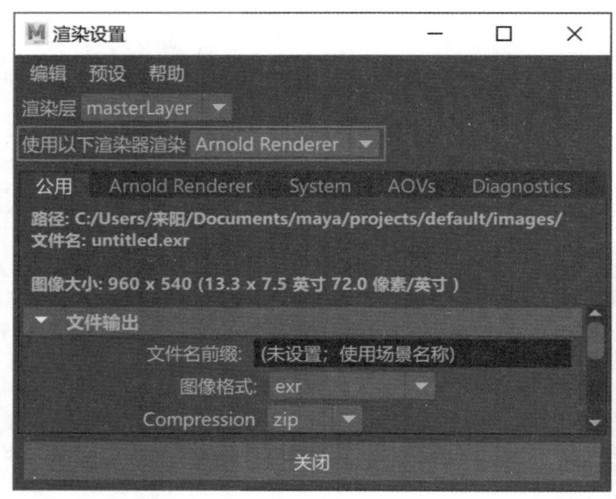

图8-4

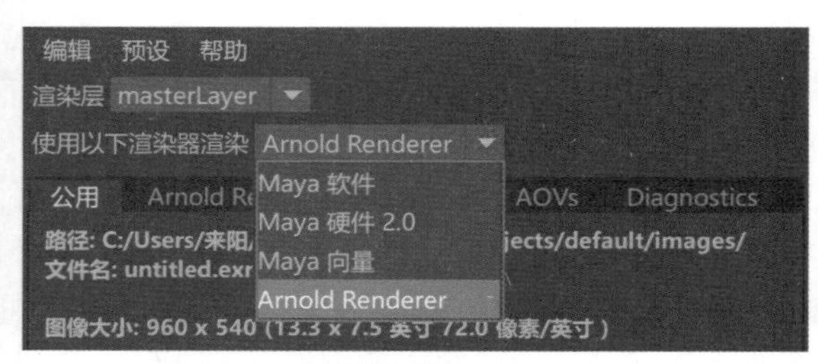

图8-5

8.1.2 “渲染视图”窗口

在Maya软件界面上单击“渲染视图”按钮，可以打开Maya的“渲染视图”窗口，如图8-6所示。

图8-6

“渲染视图”窗口的命令主要集中在其“工具栏”这一部分，如图8-7所示。

图8-7

常用工具解析

- 重新渲染：重做上一次渲染。
- 渲染区域：仅渲染鼠标在“渲染视图”窗口中绘制的区域，如图8-8所示。
- 快照：用于快照当前视图，如图8-9所示。
- 渲染序列：渲染当前动画序列中的所有帧。
- IPR渲染：重做上一次IPR渲染。
- 刷新：刷新IPR图像。

- 渲染设置：打开“渲染设置”窗口。
- RBG通道：显示RGB通道，如图8-10所示。
- Alpha通道：显示Alpha通道，如图8-11所示。

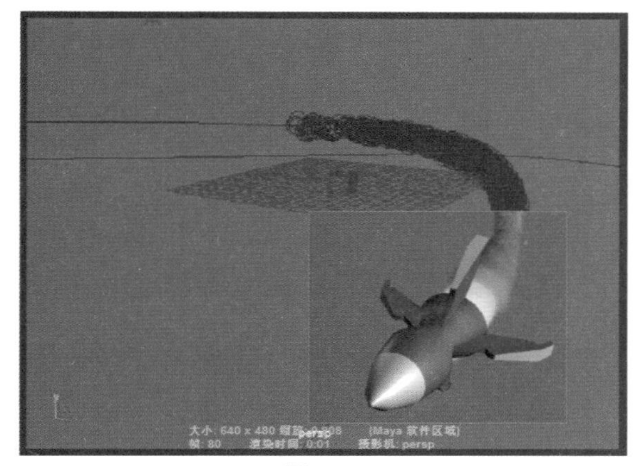

图8-8

图8-9

图8-10

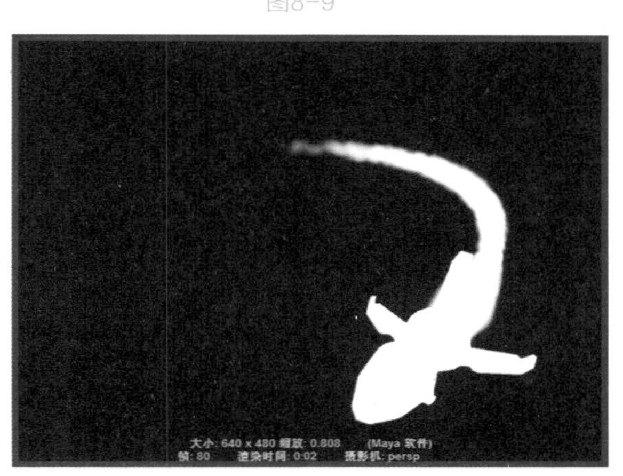

图8-11

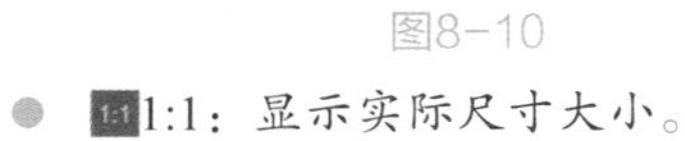

- 1:1：显示实际尺寸大小。
- 保存：保存当前图像。
- 移除：移除当前图像。
- 曝光：调整图像的亮度。
- Gamma：调整图像的Gamma值。

8.2 “Maya软件”渲染器

“Maya软件”是早期Maya的默认渲染器，也是Maya用户最常使用的主流渲染器之一。在“渲染设置”面板中，将渲染器切换至“Maya软件”，即可看到该渲染器为用户提供了“公用”和“Maya软件”这两个选项卡，如图8-12所示。

图8-12

8.2.1 “公用”选项卡

“公用”选项卡主要为用户提供了文件输出方面的具体设置，分为“颜色管理”“文件输出”“帧范围”“可渲染摄影机”“图像大小”“场景集合”和“渲染选项”这几个卷展栏，如图8-13所示。

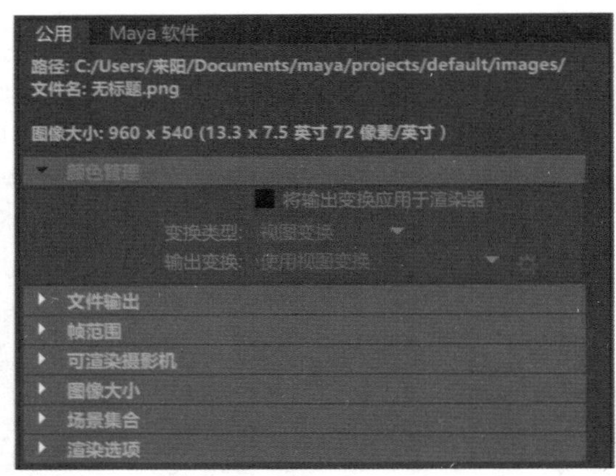

图8-13

1. “文件输出”卷展栏

“文件输出”卷展栏内的命令参数如图8-14所示。

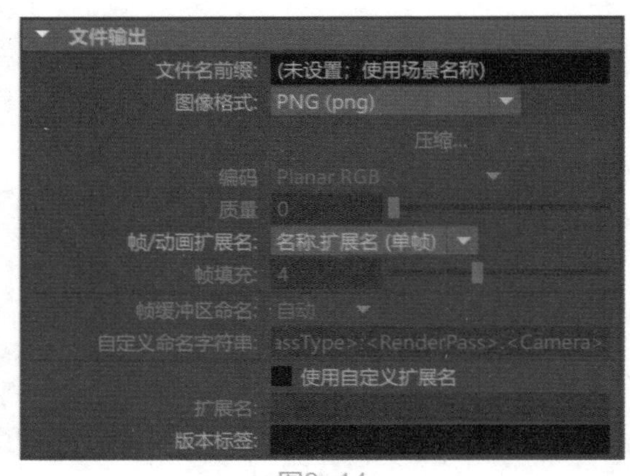

图8-14

常用参数解析

- 文件名前缀：设置渲染序列帧的名称，如果未设置，将使用该场景的名称来命名。
- 图像格式：保存渲染图像文件的格式。
- 压缩：单击该按钮，可以为 AVI (Windows) 或 QuickTime 影片 (Mac OS X) 文件选择压缩方法。
- 帧/动画扩展名：设置渲染图像文件名的格式。
- 帧填充：帧编号扩展名的位数。
- 自定义命名字符串：使用该字段可以自己选择渲染标记来自定义 OpenEXR 文件中的通道命名。
- 使用自定义扩展名：可以对渲染图像文件名使用自定义文件格式扩展名。
- 版本标签：可以将版本标签添加到渲染输出文件名中。

2. “帧范围”卷展栏

“帧范围”卷展栏内的命令参数如图8-15所示。

图8-15

常用参数解析

- 开始帧/结束帧：指定要渲染的第一个帧（开始帧）和最后一个帧（结束帧）。
- 帧数：要渲染的帧之间的增量。
- 跳过现有帧：启用此选项后，渲染器将检测并跳过已渲染的帧。此功能可以节省渲染时间。
- 重建帧编号：可以更改动画的渲染图像文件的编号。
- 开始编号：希望第一个渲染图像文件名具有的帧编号扩展名。
- 帧数：希望渲染图像文件名具有的帧编号扩展名之间的增量。

3. “可渲染摄影机”卷展栏

“可渲染摄影机”卷展栏内的命令参数如图8-16所示。

图8-16

常用参数解析

- 可渲染摄影机：设置使用哪个摄影机进行场景渲染。
- Alpha 通道(遮罩)：控制渲染图像是否包含遮罩通道。

- 深度通道(Z深度)：控制渲染图像是否包含深度通道。

4. “图像大小”卷展栏

“图像大小”卷展栏内的命令参数如图8-17所示。

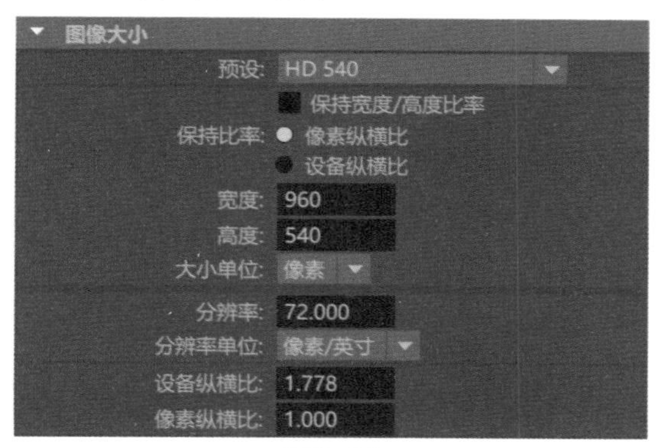

图8-17

常用参数解析

- 预设：从下拉列表中选择胶片或视频行业标准分辨率，如图8-18所示。

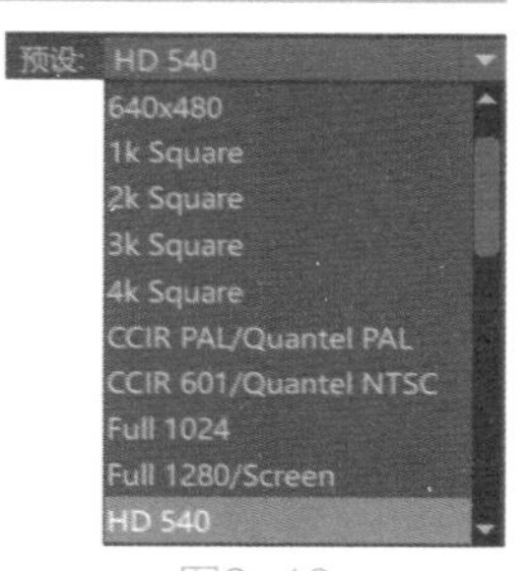

图8-18

- 保持宽度/高度比率：在设置宽度和高度方面成比例地缩放图像大小的情况下使用。
- 保持比率：指定要使用的渲染分辨率的类型，如“像素纵横比”或“设备纵横比”。
- 宽度/高度：设置渲染图像的宽度/高度。
- 大小单位：设定指定图像大小时要采用的单位。从像素、英寸、cm、mm、点和派卡中选择。
- 分辨率：使用“分辨率单位”设置中指定的单位指定图像的分辨率。TIFF、IFF和JPEG格式可以存储该信息，以便在第三方应用程序（如Adobe® Photoshop®）中打开图像时保持它。
- 分辨率单位：设定指定图像分辨率时要采用的单位。从像素/英寸或像素/cm中选择。
- 设备纵横比：可以查看渲染图像的显示设备的纵横比。设备纵横比表示图像纵横比乘以像素纵横比。
- 像素纵横比：可以查看渲染图像的显示设备的各个像素的纵横比。

8.2.2　“Maya软件”选项卡

“Maya软件”选项卡主要为用户提供文件渲染质量方面的设置，分为“抗锯齿质量”“场选项”“光线跟踪质量”“运动模糊”“渲染选项”“内存与性能选项”“IPR选项”和“Paint Effects渲染选项”这几个卷展栏，如图8-19所示。

1. “抗锯齿质量”卷展栏

“抗锯齿质量”卷展栏内的命令参数如图8-20所示。

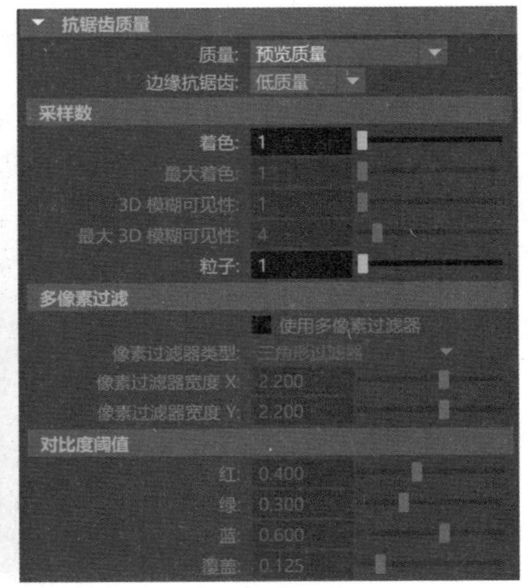

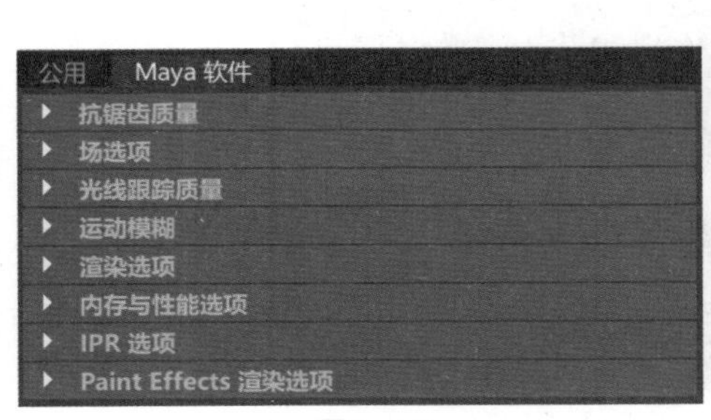

图8-19

图8-20

常用参数解析

- 质量：从下拉列表中选择一个预设的抗锯齿质量，如图8-21所示。
- 边缘抗锯齿：控制对象的边缘在渲染过程中如何进行抗锯齿处理。从下拉列表中选择一种质量选项。质量越低，对象的边缘越显出锯齿状，但渲染速度较快；质量越高，对象的边缘越显得平滑，但渲染速度较慢。
- 着色：控制所有曲面的着色采样数。
- 最大着色：用于所有曲面的最大着色采样数。
- 3D 模糊可见性：当一个移动对象通过另一个对象时，Maya 精确计算移动对象可见性所需的可见性采样数。
- 最大 3D 模糊可见性：在启用“运动模糊”的情况下，为获得可见性而对一个像素进行采样的最大次数。
- 粒子：粒子的着色采样数。
- 使用多像素过滤器：选择该选项，Maya 对渲染图像中的每个像素使用其相邻像素进行插值来处理、过滤或柔化整个渲染图像。
- 像素过滤器宽度X/像素过滤器宽度Y：当“使用多像素过滤器”处于启用状态，控制对渲染图像中每个像素进行插值的过滤器宽度。如果大于 1，就使用来自相邻像素的信息。值越大，图像越模糊。

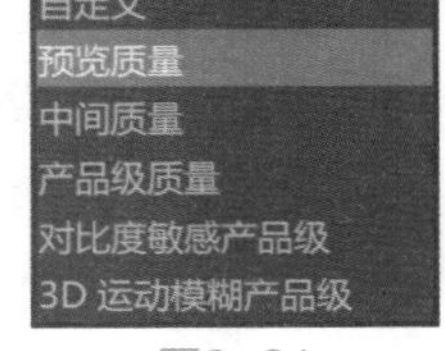

图8-21

2. “场选项”卷展栏

“场选项”卷展栏内的命令参数如图8-22所示。

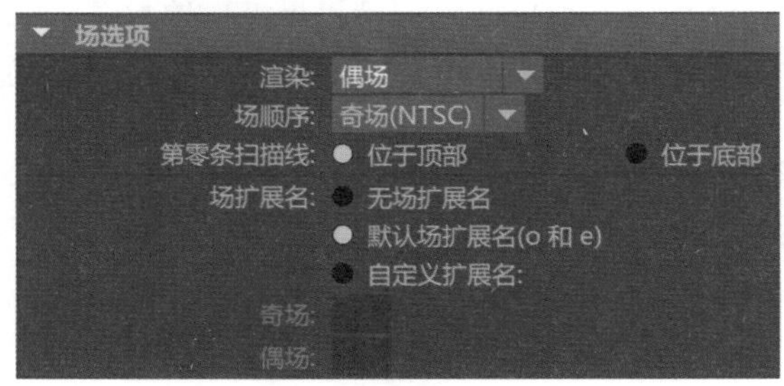

图8-22

常用参数解析

- 渲染：控制 Maya 是否将图像渲染为帧或场，用于输出到视频。
- 场顺序：控制 Maya 按何种顺序进行场景渲染。
- 第零条扫描线：控制 Maya 渲染的第一个场的第一行是在图像顶部还是在底部。
- 场扩展名：设置场扩展名以何种方式来命名。

3. “光线跟踪质量”卷展栏

“光线跟踪质量”卷展栏内的命令参数如图8-23所示。

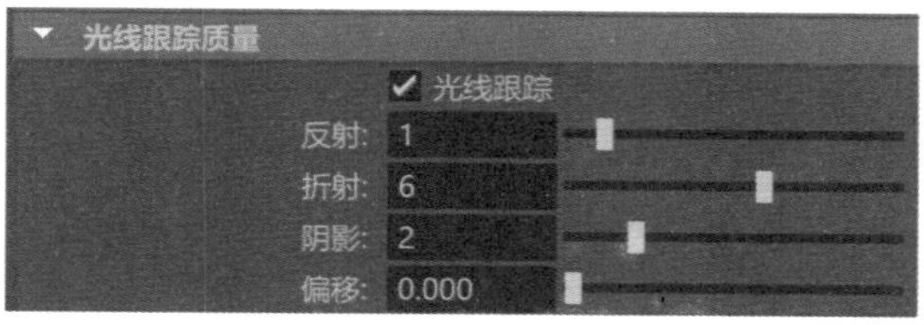

图8-23

常用参数解析

- 光线跟踪：选择该选项，Maya 在渲染期间将对场景进行光线跟踪。光线跟踪可以产生精确反射、折射和阴影。
- 反射：灯光光线可以反射的最大次数。
- 折射：灯光光线可以折射的最大次数。
- 阴影：灯光光线可以反射或折射且仍然导致对象投射阴影的最大次数。值为 0 表示禁用阴影。
- 偏移：如果场景包含 3D 运动模糊对象和光线跟踪阴影，可能会在运动模糊对象上发现暗区域或错误的阴影。若要解决此问题，可以考虑将“偏移”值设置在 0.05 到 0.1 之间。

4. “运动模糊”卷展栏

“运动模糊”卷展栏内的命令参数如图8-24所示。

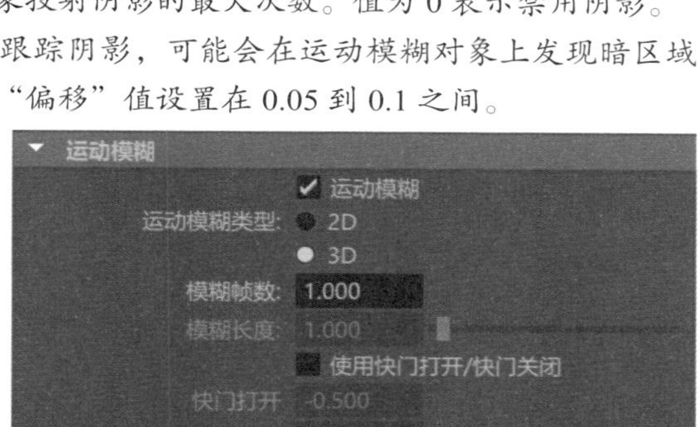

图8-24

常用参数解析

- 运动模糊：选择该选项，Maya渲染将计算运动模糊效果。
- 运动模糊类型：设置Maya 对对象进行运动模糊处理的方法。
- 模糊帧数：对移动对象进行模糊处理的量。值越大，应用于对象的运动模糊越显著。
- 模糊长度：缩放移动对象模糊处理的量。有效范围是 0 到无限。默认值为 1。
- 快门打开/快门关闭：用于设置快门打开和关闭的值。
- 模糊锐度：控制运动模糊对象的锐度。
- 平滑值：用于设置Maya 计算运动对要产生模糊效果的平滑程度。值越大，运动模糊抗锯齿效果会越强。有效范围是 0 到无限。默认值为 2。
- 保持运动向量：选择该选项，Maya 保存所有在渲染图像中可见对象的运动向量信息，但是不会模糊图像。
- 使用 2D 模糊内存限制：可以指定用于 2D 模糊操作的内存的最大数量。Maya 使用所有可用内存以完成 2D 模糊操作。
- 2D 模糊内存限制：可以指定操作使用的内存的最大数量。

5. “渲染选项”卷展栏

“渲染选项”卷展栏内的命令参数如图8-25所示。

常用参数解析

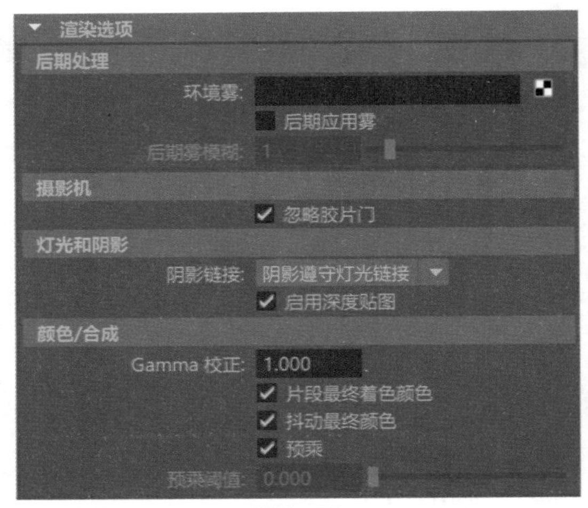

图8-25

- 环境雾：创建环境雾节点。
- 后期应用雾：以后期处理的方式为渲染出来的图像添加雾效果。
- 后期雾模糊：允许环境雾效果看起来好像正在从几何体的边上溢出，增加该值将获得更多的模糊效果。
- 忽略胶片门：选择该选项，Maya 将渲染在“分辨率门”中可见的场景区域。
- 阴影链接：缩短场景所需的渲染时间，采用的方法是链接灯光与曲面，以便只有指定的曲面包含在给定灯光的阴影或照明的计算中。
- 启用深度贴图：选择该选项，Maya 会对所有启用了“使用深度贴图阴影”的灯光进行深度贴图阴影计算。如果禁用，Maya 不渲染深度贴图阴影。
- Gamma 校正：根据Gamma公式颜色校正渲染图像。
- 片段最终着色颜色：选择该选项，渲染图像中的所有颜色值将保持在 0 和 1 之间。这样可以确保图像的任何部分都不会曝光过度。
- 抖动最终颜色：选择该选项，图像的颜色将抖动以减少条纹。
- 预乘：如果此选项处于启用状态，Maya将进行预乘计算。
- 预乘阈值：如果此选项处于启用状态，每个像素的颜色值仅在像素的 alpha 通道值高于在此设置的阈值时才输出。

8.3 Arnold Renderer渲染器

Arnold Renderer渲染器是由Solid Angle公司开发的一款基于物理定律设计出来的高级跨平台渲染器，可以安装在Maya、3ds Max、Softimage、Houdini等多款三维软件之中，备受众多动画公司及影视制作公司喜爱。Arnold Renderer渲染器使用先进的算法，可以高效地利用计算机的硬件资源，其简洁的命令设计架构极大地简化了着色和照明设置步骤，渲染出来的图像给人感觉真实可信。

Arnold Renderer渲染器是一种基于高度优化设计的光线跟踪引擎，不提供会导致出现渲染瑕疵的缓存算法，比如光子贴图、最终聚集等。使用该渲染器所提供的专业材质和灯光系统渲染图像，会使最终结果具有更强的可预测性，从而大大节省了渲染师的后期图像处理步骤，缩短了项目制作所消耗的时间。图8-26和图8-27为Arnold Renderer渲染器所属公司官方网站上展示的、使用该渲染器参与制作的案例作品。

图8-26

图8-27

打开“渲染设置”面板，在“使用以下渲染器渲染”下拉列表中选择Arnold Renderer，即可将当期文件的渲染器切换为Arnold Renderer渲染器，如图8-28所示。Arnold Renderer渲染器使用方便，用户只需要调试少量参数，即可得到满意的渲染结果。接下来，将就较为常用的命令参数给读者详细讲解一下。

图8-28

8.3.1 Sampling（采样）卷展栏

当Arnold渲染器进行渲染计算时，会先收集场景中模型、材质以及灯光等信息，并跟踪大量随机的光线传输路径，这一过程就是“采样”。“采样”主要用来控制渲染图像的采样质量。增加采样值会有效减少渲染图像中的噪点，但是也会显著增加渲染所消耗的时间。Sampling（采样）卷展栏中的命令参数如图8-29所示。

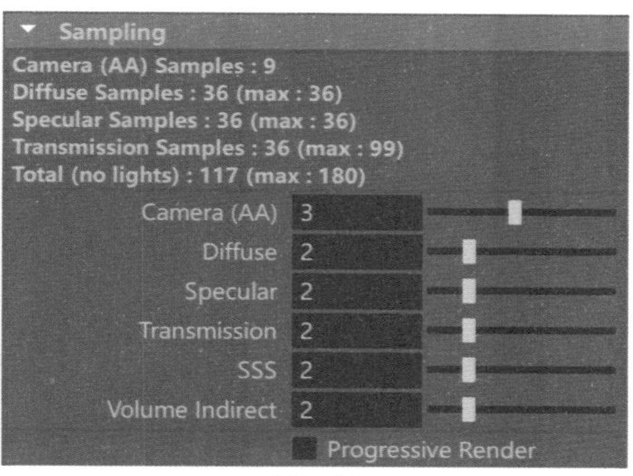

图8-29

常用参数解析

- Camera(AA)（摄影机AA）：摄影机会通过渲染屏幕窗口的每个所需像素向场景中投射多束光线。而该值则用于控制像素超级采样率或从摄影机跟踪的每像素光线数。采样数越多，抗锯齿质量就越高，但渲染时间也越长。图8-30为该值分别是3和10的渲染结果对比，从对比图可以看出，该值设置较高可以有效减少渲染画面中出现的噪点。
- Diffuse（漫反射）：控制漫反射采样精度。
- Specular（镜面）：控制场景中的镜面反射采样精度，过低的值会严重影响物体镜面反射部分的计算结果，图8-31所示为该值分别是0和3的计算结果对比。

图8-30

图8-31

- Transmission（透射）：控制场景中物体的透射采样计算。
- SSS：控制场景中的SSS材质采样计算，过低的数值会导致材质的透光性计算非常粗糙，并产生较多的噪点，图8-32所示为该值分别是1和5的渲染结果对比。

图8-32

8.3.2 Ray Depth（光线深度）卷展栏

● Ray Depth（光线深度）卷展栏的命令参数如图8-33所示。

Ray Depth	
Total	10
Diffuse	1
Specular	1
Transmission	8
Volume	0
Transparency Depth	10

图8-33

常用参数解析

● Total（总计）：控制光线深度的总体计算效果。

● Diffuse（漫反射）：该数值用于控制场景中物体漫反射的间接照明效果，如果该值设置为0，则场景不会进行间接照明计算，图8-34所示为该值分别是0和1的渲染结果对比。

图8-34

● Specular（镜面）：控制物体表面镜面反射的细节计算。

● Transmission（透射）：控制材质投射计算的精度。

● Volume（体积）：控制材质的计算次数。

8.4 综合实例：客厅天光表现

现在，越来越多的影片开始采用三维软件来构建画面逼真的虚拟场景，从而大大降低了搭建真实场景所消耗的资金成本。本实例通过一个客厅场景的渲染制作，来为大家详细讲解Maya 2020在材质、灯光及渲染上的综合运用，最终渲染结果如图8-35所示，线框渲染图如图8-36所示。

打开本书的配套场景资源文件“客厅场景.mb”，如图8-37所示。

图8-35

图8-36

图8-37

8.4.1 制作地板材质

本实例中的地板材质表现为深棕色的木质纹理，反光效果较弱，如图8-38所示。具体制作步骤如下。

01 在场景中选择地板模型，如图8-39所示。

图8-38

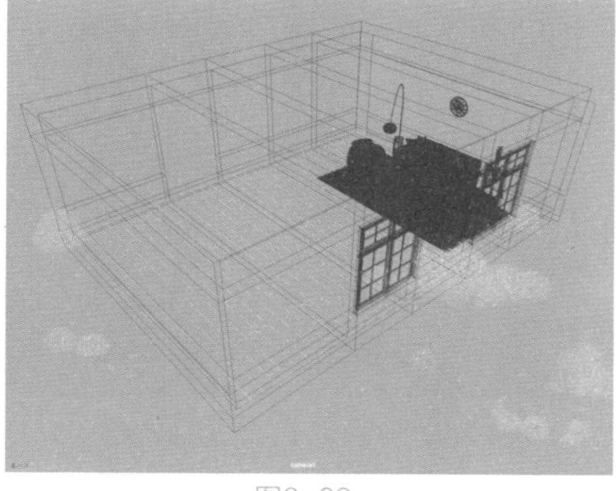

图8-39

02 单击“渲染”工具架上的“标准曲面材质”图标，为所选择的地板模型指定标准曲面材质，如图8-40所示。

03 在“属性编辑器”面板中，展开“基础”卷展栏，为“颜色”属性添加“文件”渲染节点，如图8-41所示。

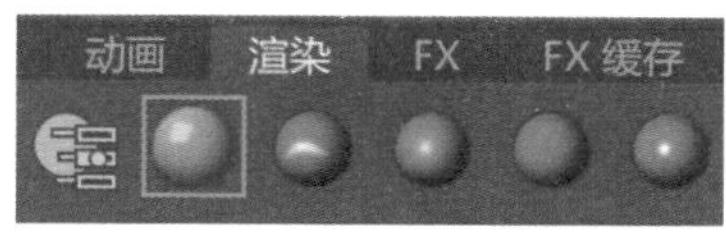

图8-40

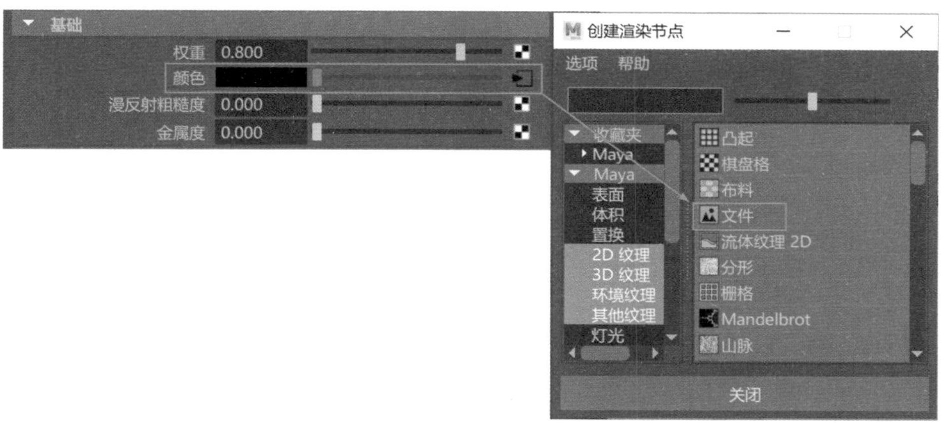

图8-41

04 在“文件属性”卷展栏中，单击“图像名称”后面的文件夹按钮，浏览并添加本书配套资源“地板纹理.jpg”贴图文件，制作出地板材质的表面纹理，如图8-42所示。

05 展开“镜面反射”卷展栏，设置“权重”的值为1，“粗糙度”的值为0.4，设置地板材质的反射属性，如图8-43所示。

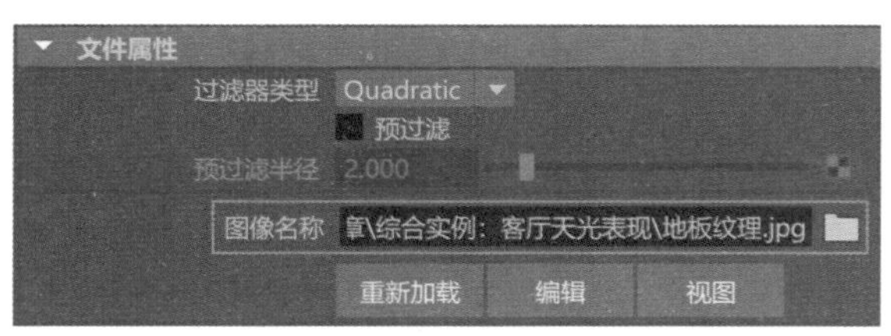

图8-42

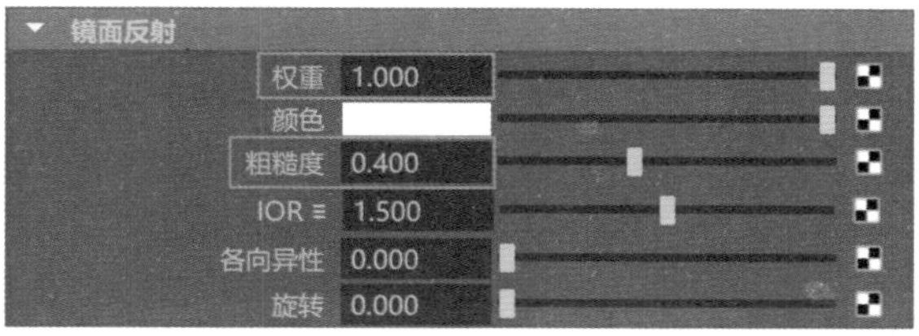

图8-43

06 展开“2D纹理放置属性”卷展栏，设置“UV向重复”的值为（3,5），提高地板纹理的密度，如图8-44所示。

07 完成的地板材质球显示结果如图8-45所示。

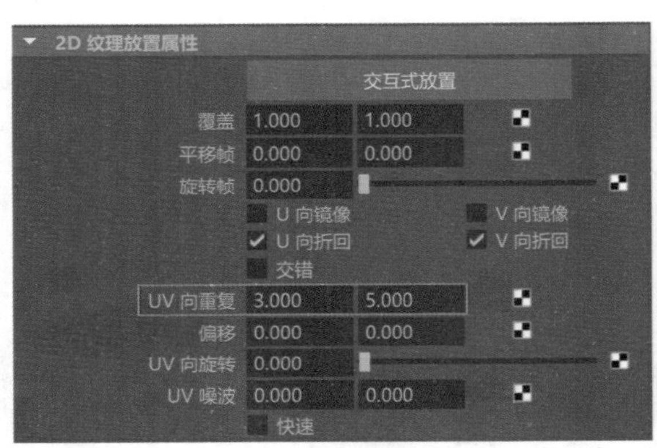

图8-44

图8-45

8.4.2 制作玻璃材质

本实例中茶几上的插花瓶子表现出较为通透的玻璃质感，渲染结果如图8-46所示。

图8-46

01 在场景中选择插花瓶子模型，如图8-47所示。

02 单击“渲染”工具架上的“标准曲面材质”图标，为所选择的瓶子模型指定标准曲面材质，如图8-48所示。

图8-47

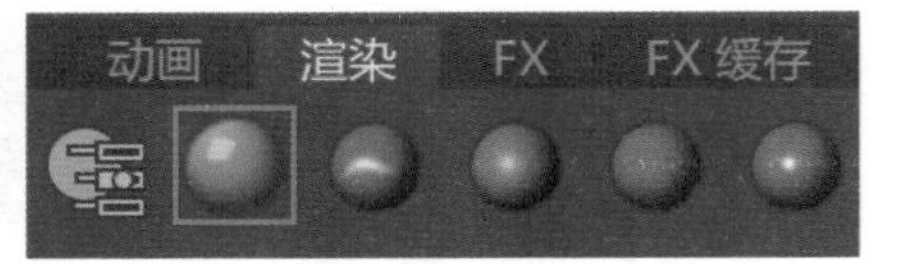

图8-48

03 在“属性编辑器”面板中，展开“镜面反射”卷展栏，设置“权重”的值为1，“粗糙度”的值为0.05，提高玻璃材质的镜面反射效果，如图8-49所示。

04 在“透射”卷展栏中，设置“权重”的值为1，为材质设置透明效果，如图8-50所示。

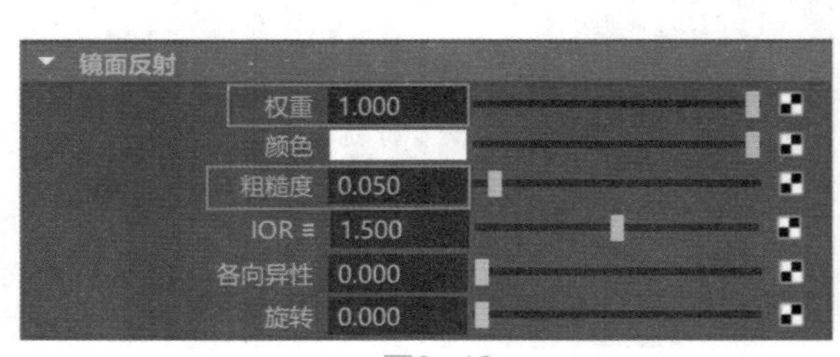

图8-49

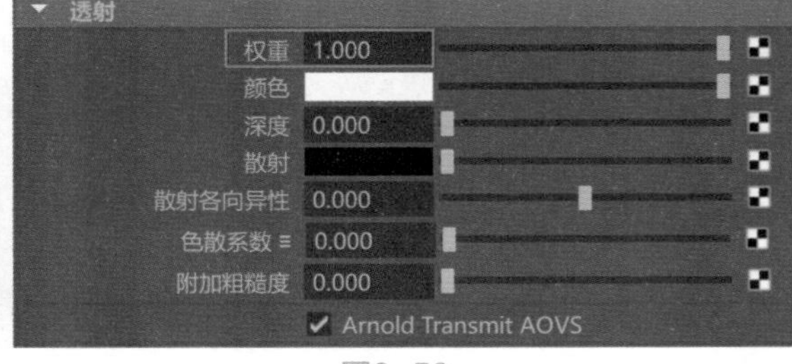

图8-50

05 制作完成的玻璃材质球显示结果如图8-51所示。

图8-51

8.4.3　制作铝制瓶盖材质

本实例中茶几上的饮料瓶盖表现出具有亚光特性的金属铝质感，渲染结果如图8-52所示。

图8-52

01 在场景中选择饮料瓶盖模型，如图8-53所示，并为其指定“标准曲面材质”。

02 在“属性编辑器”面板中，展开“基础”卷展栏，设置“金属度”的值为1，开启材质的金属特性计算效果，如图8-54所示。

图8-53

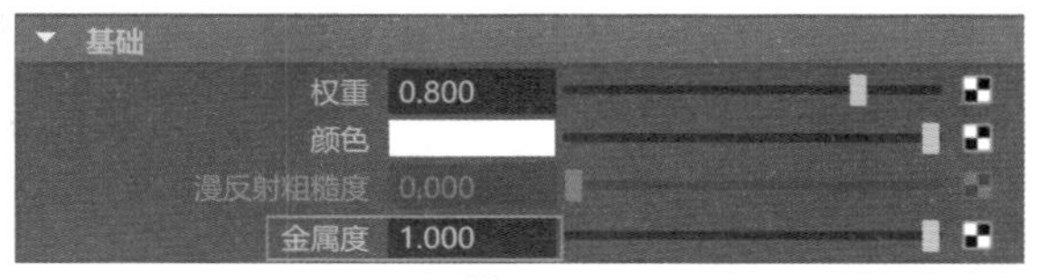

图8-54

03 展开“镜面反射”卷展栏，设置“权重”的值为1，“粗糙度”的值为0.6，降低金属铝材质的镜面反射效果，得到反光较弱的磨砂亚光效果，如图8-55所示。

04 制作完成的铝制瓶盖材质球显示结果如图8-56所示。

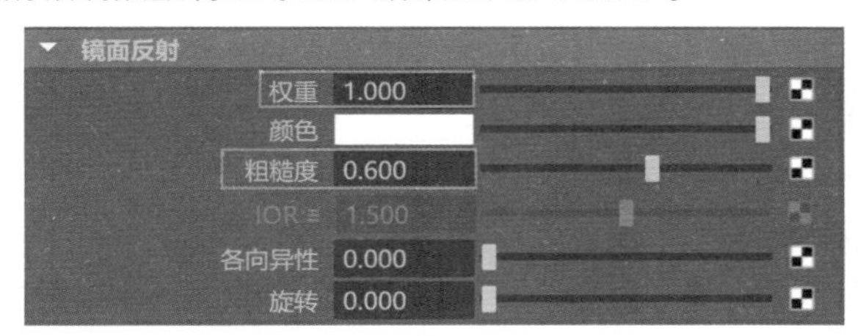

图8-55

图8-56

8.4.4 制作饮料材质

本实例中的饮料要体现出浅绿色的液体质感，如图8-57所示。

图8-57

01 在场景中选择饮料瓶中的饮料模型，如图8-58所示，并为其指定“标准曲面材质”。

02 在“属性编辑器”面板中，展开“镜面反射”卷展栏，设置“权重”的值为1，“粗糙度”的值为0.05，如图8-59所示。

图8-58

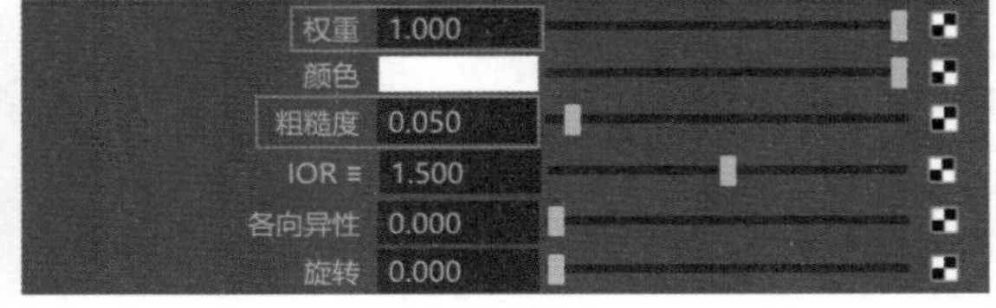

图8-59

03 展开“透射”卷展栏，设置“权重”的值为1，“颜色”为浅绿色，调整饮料材质的通透程度及色彩，如图8-60所示。“颜色”参数的设置可参考图8-61。

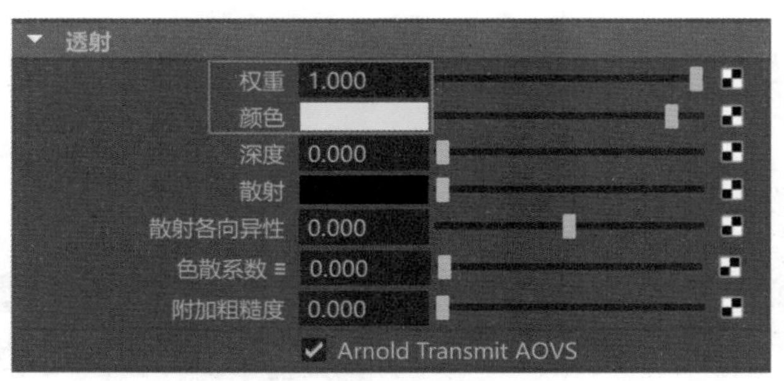

图8-60

04 制作完成的饮料材质球显示结果如图8-62所示。

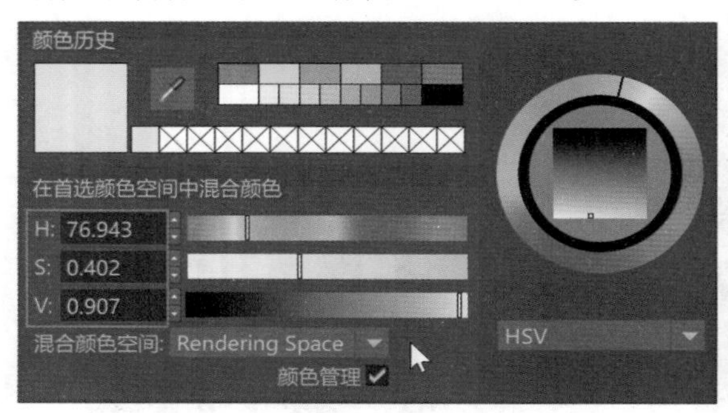

图8-61

图8-62

8.4.5 制作枕头材质

本实例中的枕头材质要体现出一定的布纹质感，如图8-63所示。

图8-63

01 在场景中选择枕头模型，如图8-64所示，并为其指定“标准曲面材质”。

02 在“属性编辑器”面板中，展开“基础”卷展栏，为“颜色”属性指定“布纹.jpg”贴图文件，如图8-65所示。

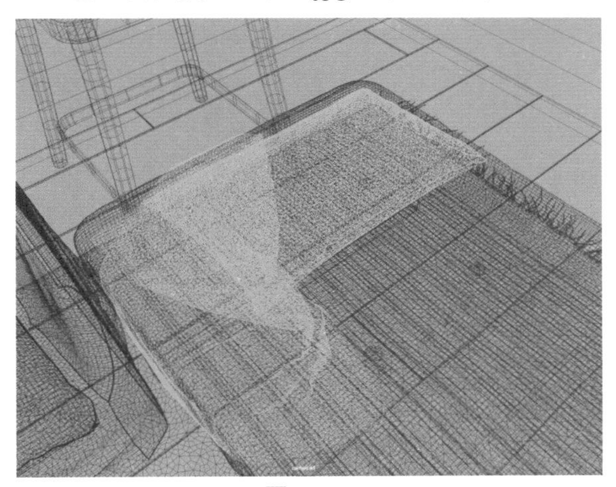
图8-64

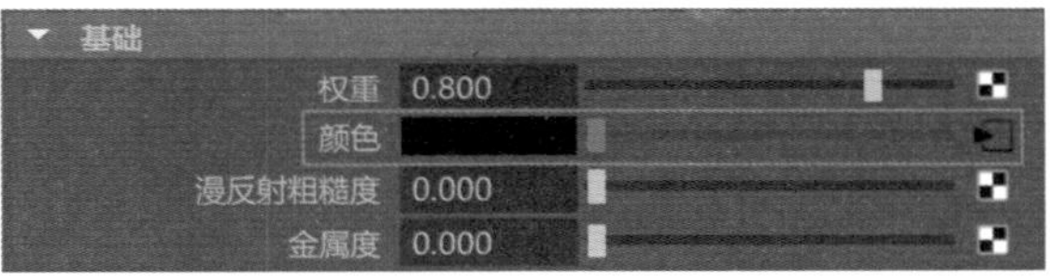

图8-65

03 展开“镜面反射”卷展栏，设置“权重”的值为0，取消枕头材质的镜面反射效果，如图8-66所示。

04 制作完成的枕头材质球显示结果如图8-67所示。

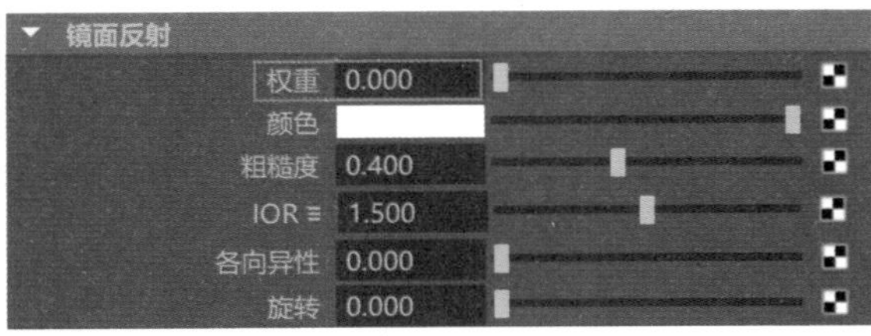

图8-66

图8-67

8.4.6 制作床垫材质

本实例中的床垫要体现出有一定凹凸效果的皮革质感，如图8-68所示。

图8-68

01 在场景中选择床垫模型，如图8-69所示，为其指定“标准曲面材质”。

02 在“属性编辑器”面板中，展开“基础”卷展栏，为“颜色”属性指定“床垫.jpg”贴图文件，制作出床垫材质的表面纹理，如图8-70所示。

图8-69

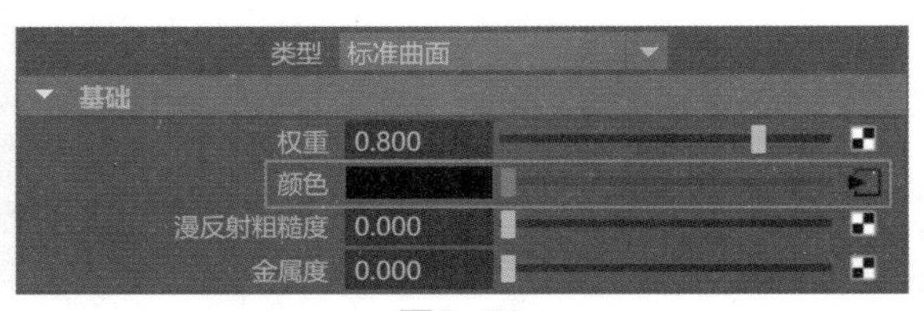

图8-70

03 展开“镜面反射”卷展栏，设置“权重”的值为1，“粗糙度”的值为0.4，制作出床单材质的镜面反射特性，如图8-71所示。

04 展开“几何体”卷展栏，为“凹凸贴图”属性也指定“床垫.jpg”贴图文件，如图8-72所示。

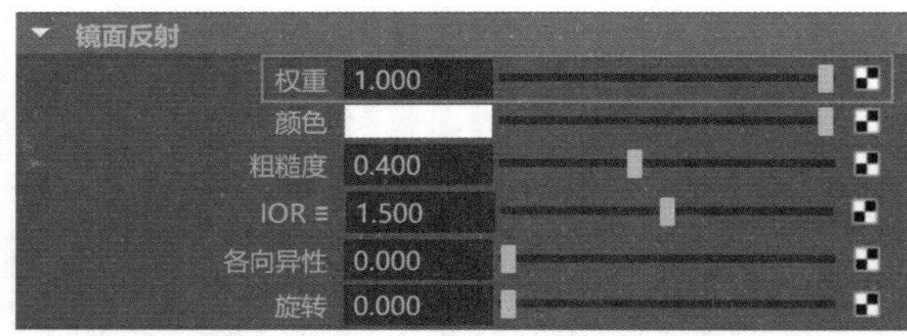

图8-71

图8-72

05 展开“2D凹凸属性”卷展栏，设置“凹凸深度”的值为0.2，降低一点床垫材质的凹凸程度，如图8-73所示。

06 制作完成的床垫材质球显示结果如图8-74所示。

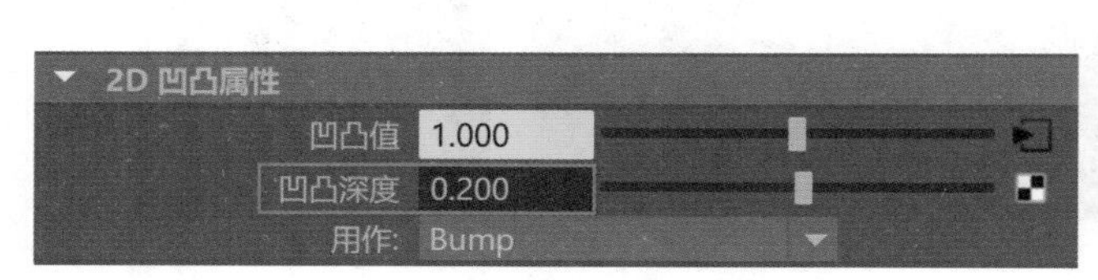

图8-73

图8-74

8.4.7 制作不锈钢剪刀材质

本实例中的不锈钢剪刀材质渲染结果如图8-75所示。

01 在场景中选择剪刀模型，如图8-76所示，并为其指定“标准曲面材质”。

02 在“属性编辑器”面板中，展开“基础”卷展栏，设置剪刀材质的“金属度”值为1，如图8-77所示。

图8-75

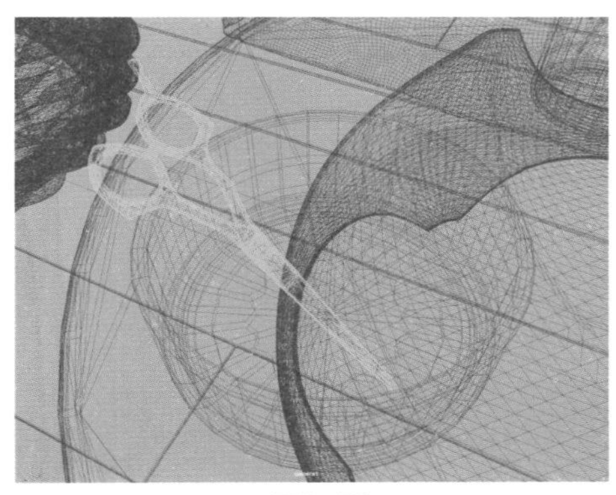

图8-76

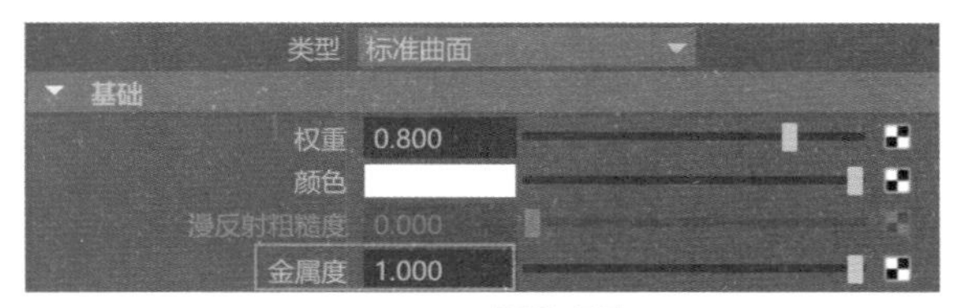

图8-77

03 展开“镜面反射”卷展栏，设置“权重”的值为1，“粗糙度”的值为0.1，如图8-78所示。

04 制作完成的不锈钢剪刀材质球显示结果如图8-79所示。

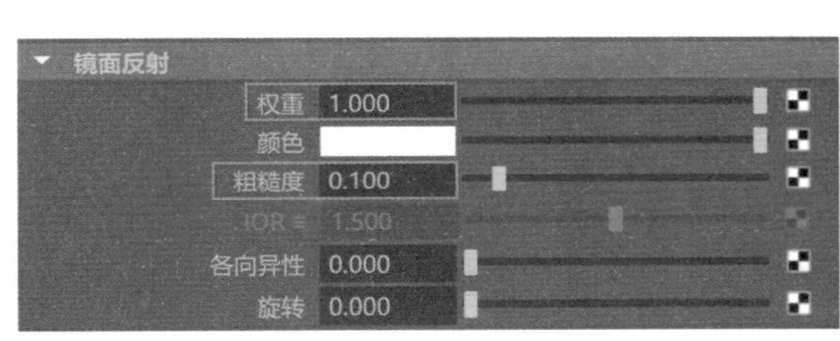

图8-78

图8-79

8.4.8 制作天光照明效果

01 在Arnold工具架中，单击Create Area Light（创建区域光）按钮，如图8-80所示，在场景中创建一个Arnold渲染器的区域灯光。

图8-80

02 按下R快捷键，使用“缩放工具”对Area Light（区域光）进行缩放，在“右视图”中调整其大小和位置至图8-81所示，与场景中房间的窗户大小相近即可。

03 使用“移动工具”调整Area Light（区域光）的位置至图8-82所示，将灯光放置在房间中窗户模型的位置处。

图8-81

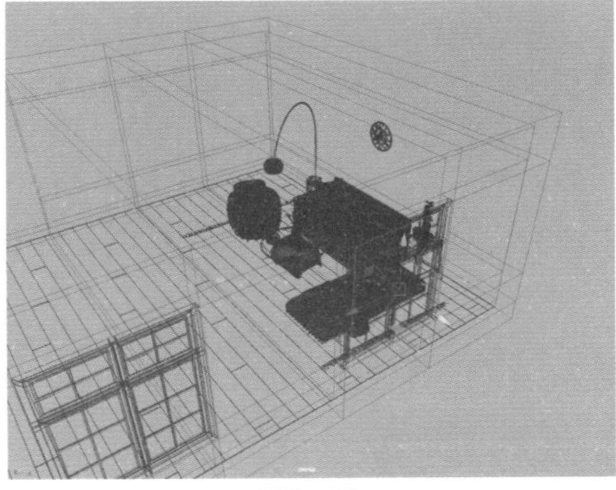

图8-82

04 在“属性编辑器”面板中，展开“aiAreaLightShape1”选项卡，在Arnold Area Light Attributes（Arnold区域灯光属性）卷展栏中，设置Area Light（区域光）的Intensity值为300，Exposure的值为10，增加Area Light（区域光）的照明强度，如图8-83所示。

05 观察场景中的房间模型，可以看到该房间的一侧墙上有两个窗户，所以，要将刚刚创建的Area Light（区域光）复制一个，并将其调整至另一个窗户模型的位置处，如图8-84所示。

06 设置完成后，渲染场景，渲染结果如图8-85所示。

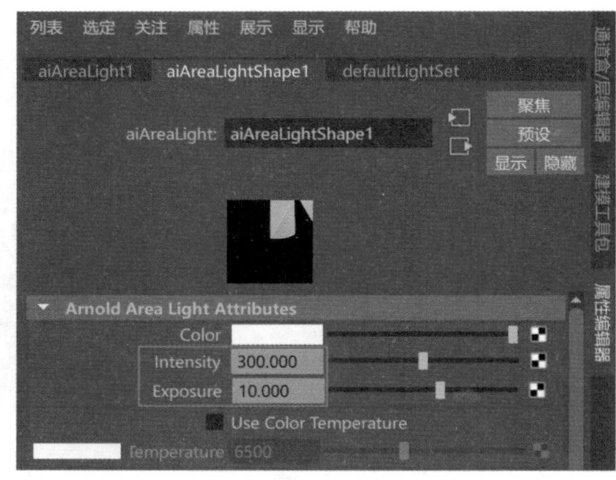

图8-83

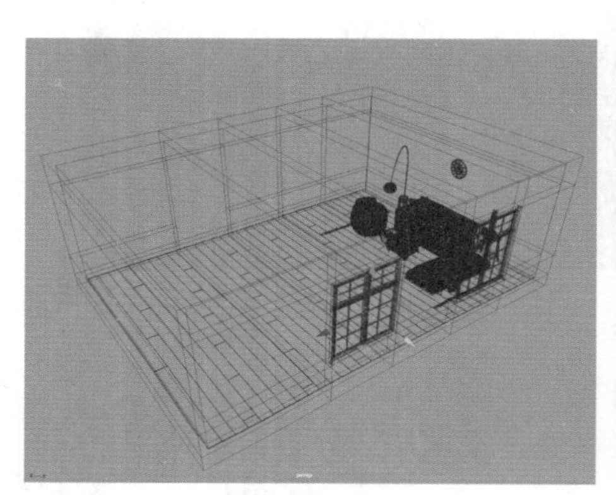

图8-84

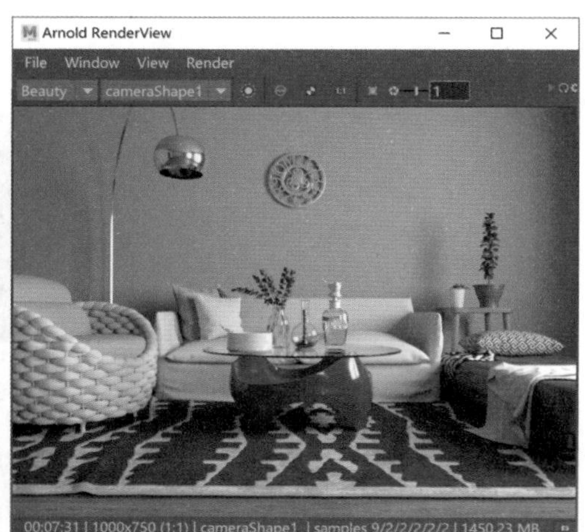

图8-85

8.4.9 制作射灯照明效果

01 接下来为场景添加辅助照明来提高画面的灯光细节表现。在Arnold工具架中，单击Photometric Light（光度学灯光）按钮，在场景中创建一个光度学灯光，如图8-86所示。

图8-86

02 对光度学灯光进行缩放，并在右视图调整其位置至图8-87所示位置处。

03 在“属性编辑器”面板中，展开Photometric Light Attributes（光度学灯光属性）卷展栏，为Photometry File（光度学文件）属性添加一个“射灯-2.ies”光域网文件，调整灯光的Color（颜色）为橙色，调整Intensity（强度）的值为500，Exposure（曝光）的值为5，如图8-88所示。

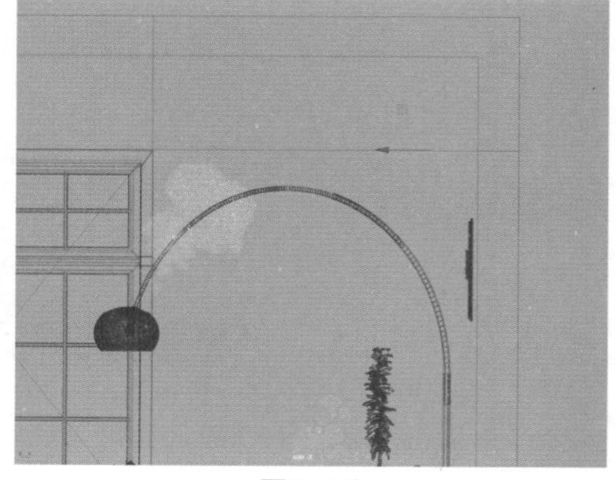

图8-87

04 选择刚刚创建好的区域光，按下快捷键Ctrl+D，对所选灯光进行复制，并调整复制出来的灯光至图8-89所示位置处，制作出该侧墙壁上的其他射灯照明效果。

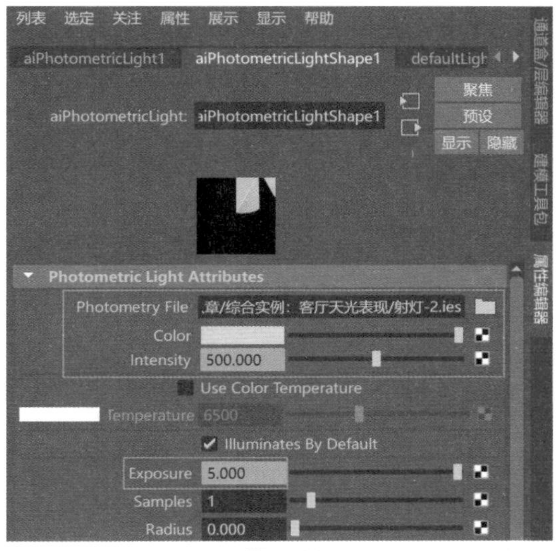

图8-88

图8-89

8.4.10 渲染设置

01 打开“渲染设置”面板，在“公用”选项卡中，展开“图像大小”卷展栏，设置渲染图像的“宽度”为1600，“高度”为1200，如图8-90所示。

02 在Arnold Renderer选项卡中，展开Sampling卷展栏，设置Camera（AA）的值为9，提高渲染图像的计算采样精度，如图8-91所示。

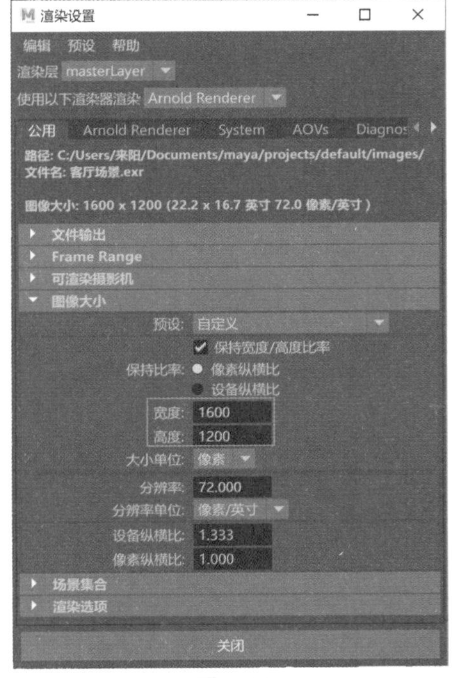

图8-90

公用	Arnold Renderer	System	AOVs	Diagnos

Sampling

Camera (AA) Samples : 81
Diffuse Samples : 324 (max : 324)
Specular Samples : 324 (max : 324)
Transmission Samples : 324 (max : 891)
Total (no lights) : 1053 (max : 1620)

Camera (AA) 9
Diffuse 2
Specular 2

图8-91

03 设置完成后，渲染场景，在Arnold RenderView（Arnold渲染窗口）右侧的Display（显示）选项卡中，设置渲染图像的Gamma值为1，Exposure值为1.1，View Transform的选项为Unity neutral tone-map，如图8-92所示。

图8-92

04 本实例的最终渲染结果如图8-93所示。

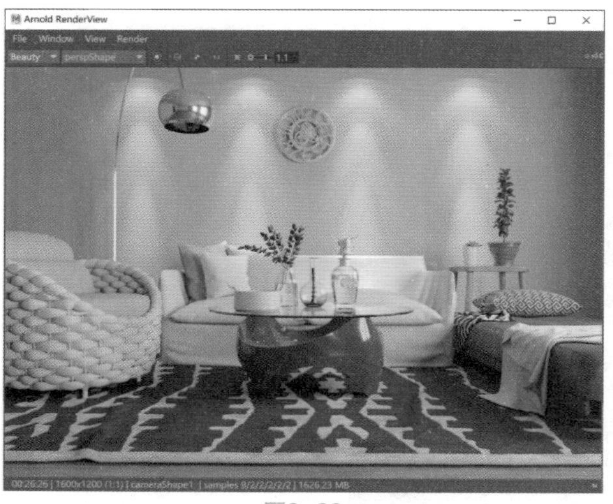

图8-93

8.5 综合实例：餐桌日光表现

本实例通过一个餐桌场景来为大家详细讲解Maya材质、灯光及渲染设置的综合运用，本实例的最终渲染结果如图8-94所示，线框渲染图如图8-95所示。

打开本书的配套场景资源文件“餐厅场景.mb”，如图8-96所示。

图8-94

图8-95

图8-96

8.5.1　制作玻璃杯子材质

本实例中的玻璃杯子材质体现出反射较强的淡蓝色通透玻璃质感，渲染结果如图8-97所示。

图8-97

01 在场景中选择玻璃杯子模型，如图8-98所示，并为其指定“标准曲面材质”。

02 在“属性编辑器”面板中，展开“镜面反射”卷展栏，设置“权重”的值为1，“粗糙度”的值为0.05，“颜色”为默认的白色，这样可以提高玻璃杯子的高光亮度和反射强度，如图8-99所示。

图8-98

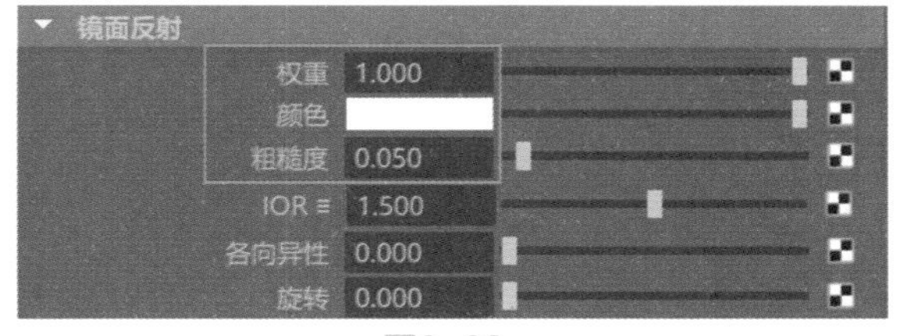

图8-99

03 展开“透射”卷展栏，设置“权重”的值为1，调整“颜色”为淡蓝色，如图8-100所示。其中，“颜色”参数设置可以参考图8-101。

04 制作完成的玻璃杯子材质球显示结果如图8-102所示。

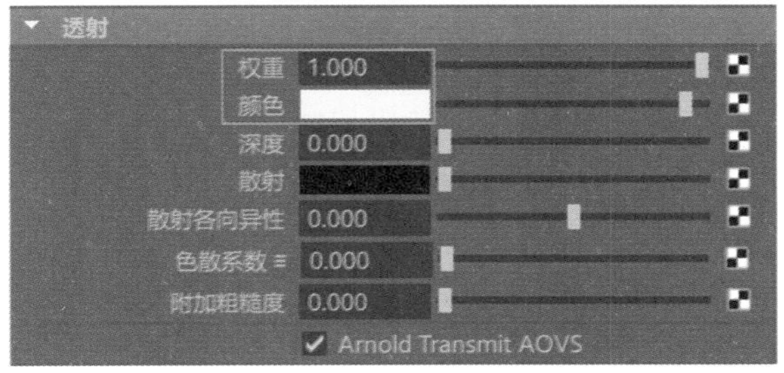

图8-100

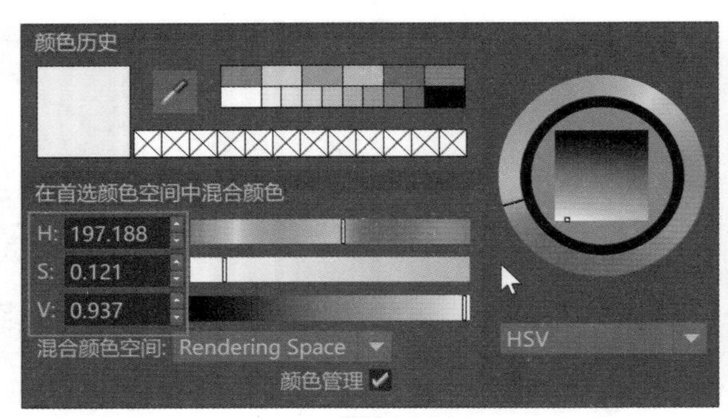

图8-101

图8-102

8.5.2 制作玻璃酒瓶材质

本实例中的玻璃酒瓶反光较强，颜色较深，渲染结果如图8-103所示。

图8-103

01 在场景中选择玻璃酒瓶模型，如图8-104所示，并为其指定“标准曲面材质”。

02 在“属性编辑器”面板中，展开“镜面反射”卷展栏，设置“权重”的值为1，“粗糙度”的值为0.05，“颜色”为默认的白色，这样可以提高玻璃杯子的高光亮度和反射强度，如图8-105所示。

图8-104

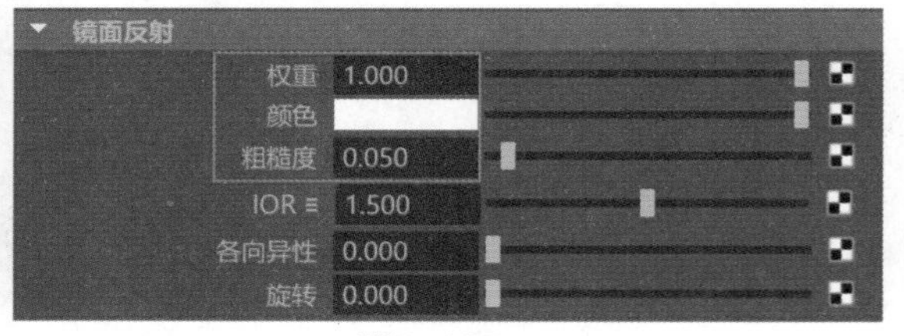

图8-105

03 展开“透射”卷展栏，设置“权重”的值为1，调整“颜色”为绿色，如图8-106所示。其中，“颜色”参数设置可以参考图8-107。

04 制作完成后的玻璃酒瓶材质球显示结果如图8-108所示。

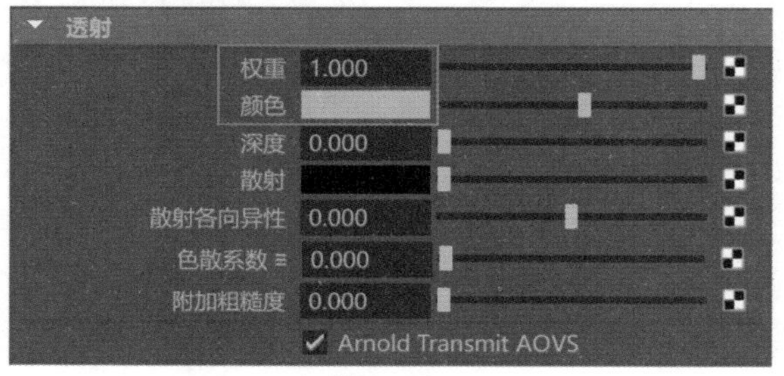

图8-106

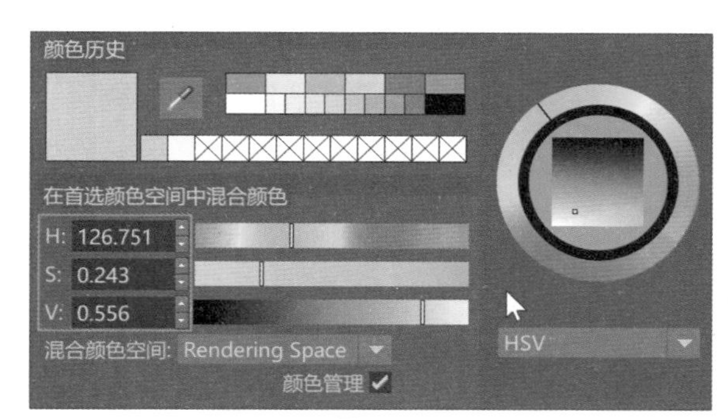

图8-107

图8-108

8.5.3 制作南瓜材质

本实例中的南瓜材质具有一定的反光效果和凹凸质感，渲染结果如图8-109所示。

01 在场景中选择南瓜模型，如图8-110所示，并为其指定“标准曲面材质”。

02 在“属性编辑器”面板中，展开“基础”卷展栏，为“颜色”属性指定“南瓜a.jpg”贴图文件，制作出南瓜材质的表面纹理，如图8-111所示。

图8-109

图8-110

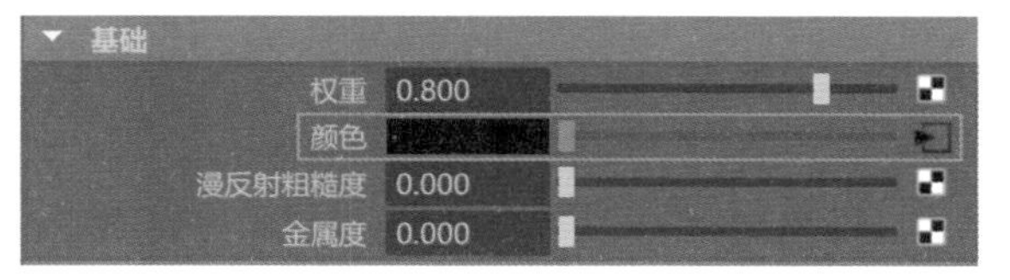

图8-111

03 展开“镜面反射”卷展栏，设置“权重”的值为1，“粗糙度”的值为0.4，如图8-112所示。

04 展开“几何体”卷展栏，为“凹凸贴图”属性添加“南瓜a凹凸.jpg”贴图文件，如图8-113所示。

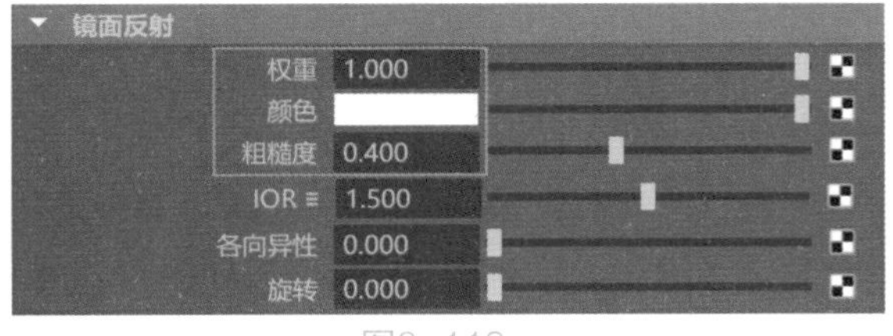

图8-112

图8-113

05 展开“2D凹凸属性”卷展栏，设置“凹凸深度”的值为0.2，控制南瓜材质的贴图纹理的凹凸程度，如图8-114所示。

06 制作完成的南瓜材质球显示结果如图8-115所示。

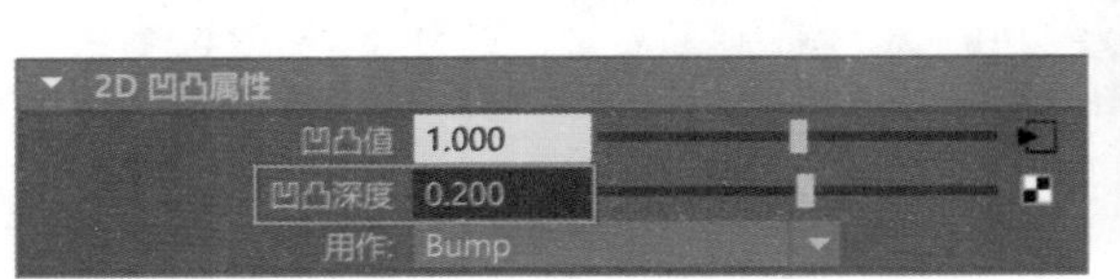

图8-114

图8-115

8.5.4 制作金属盘子材质

本实例中的金属盘子材质要体现出亚光效果的黄铜质感，渲染结果如图8-116所示。

01 在场景中选择盘子模型，如图8-117所示，并为其指定“标准曲面材质”。

图8-116

图8-117

02 在“属性编辑器”面板中，展开“基础”卷展栏，设置盘子材质的“颜色”为黄色，设置“金属度”的值为1，如图8-118所示。其中，“颜色”的参数设置情况可以参考图8-119。

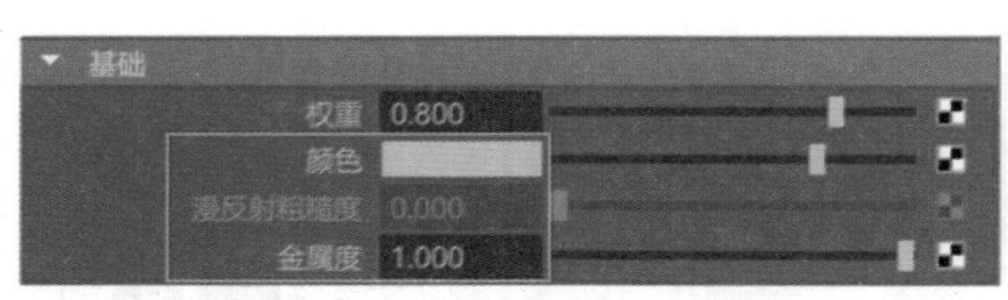

图8-118

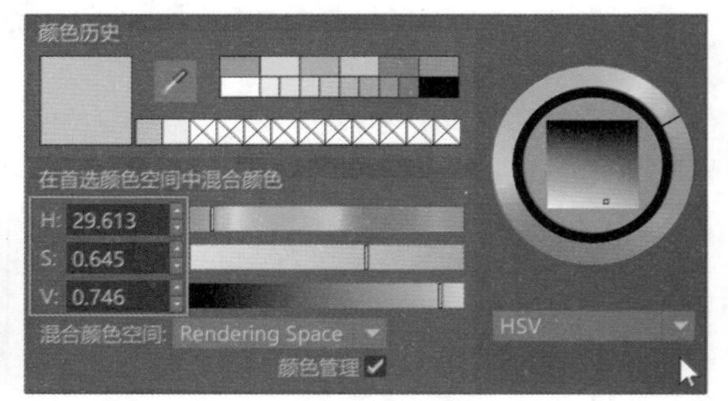

图8-119

03 展开“镜面反射”卷展栏，为“权重”属性指定“金属光泽.png”贴图文件，设置“粗糙度”的值为0.35，如图8-120所示。

04 制作完成的金属盘子材质球显示结果如图8-121所示。

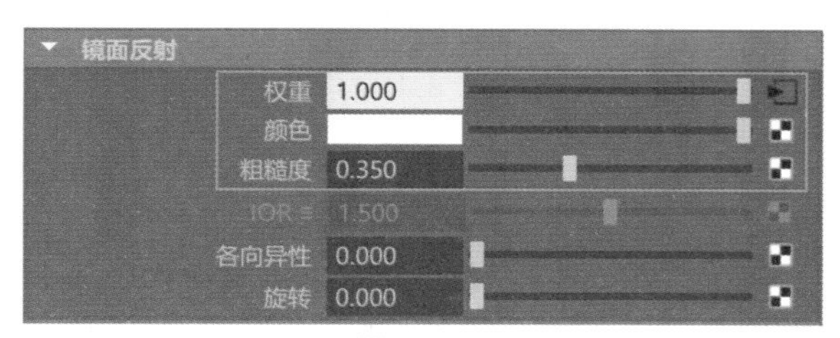

图8-120

图8-121

8.5.5 制作桌子材质

本实例中的桌子模型主要呈现出浅黄色的木质纹理效果，渲染结果如图8-122所示。

图8-122

01 在场景中选择桌子模型，如图8-123所示，并为其指定“标准曲面材质”。

02 在“属性编辑器”面板中，展开“基础”卷展栏，为“颜色”属性指定“木纹.png”贴图文件，如图8-124所示。

图8-123

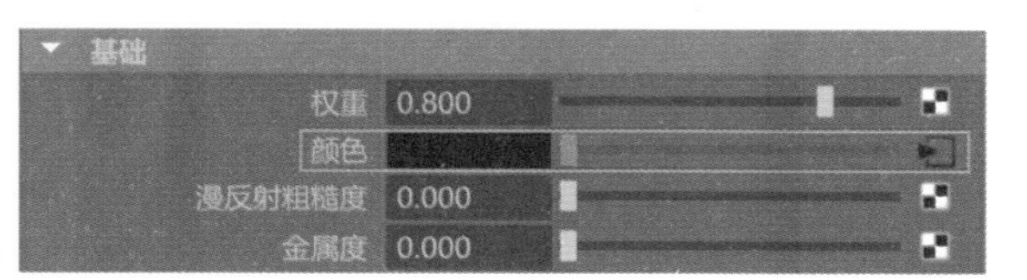

图8-124

03 展开“镜面反射”卷展栏，设置“权重”的值为1，“粗糙度”的值为0.4，制作桌子材质的反射效果，如图8-125所示。

04 制作完成的桌子材质球显示结果如图8-126所示。

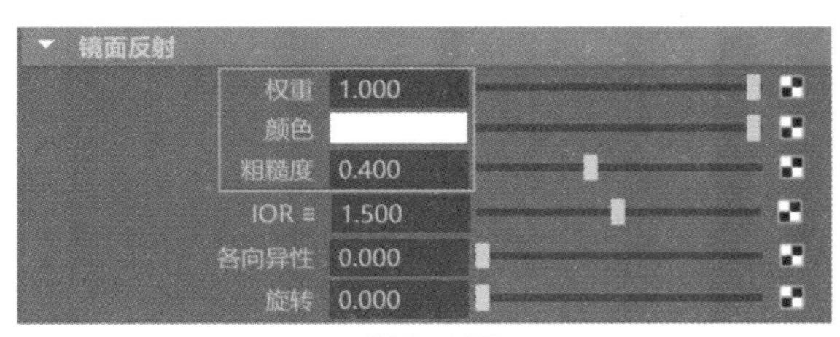

图8-125

图8-126

8.5.6 制作塑料杯子材质

图8-127

本实例中的塑料杯子材质渲染结果如图8-127所示。

01 在场景中选择杯子模型，如图8-128所示，并为其指定“标准曲面材质”。

02 在“属性编辑器”面板中，展开“基础”卷展栏，设置杯子材质的“颜色”为绿色，如图8-129所示。

图8-128

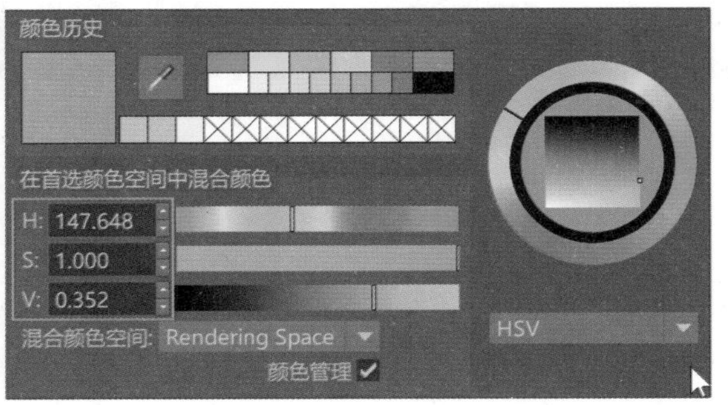

图8-129

03 在“镜面反射”卷展栏中，设置“权重”的值为1，如图8-130所示。

04 制作完成的塑料杯子材质球显示结果如图8-131所示。

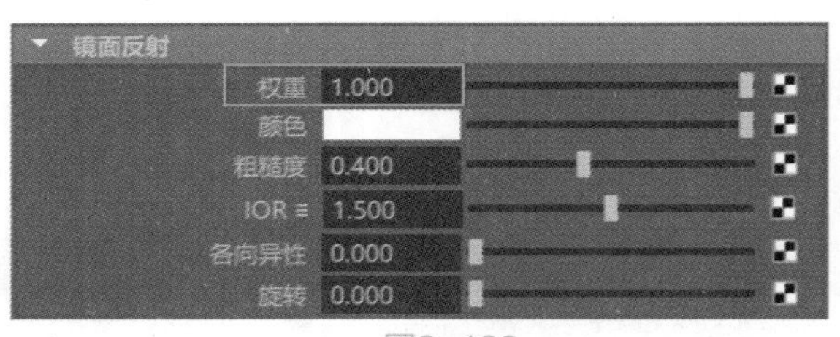

图8-130

图8-131

8.5.7 制作面包材质

本实例中的面包材质渲染结果如图8-132所示。

01 在场景中选择面包模型，如图8-133所示，并为其指定“标准曲面材质”。

图8-132

图8-133

02 展开“基础”卷展栏，为“颜色”属性指定“面包b.jpg”贴图文件，如图8-134所示。

03 展开“几何体”卷展栏，为“凹凸贴图”属性指定“面板b凹凸.jpg”贴图文件，如图8-135所示。

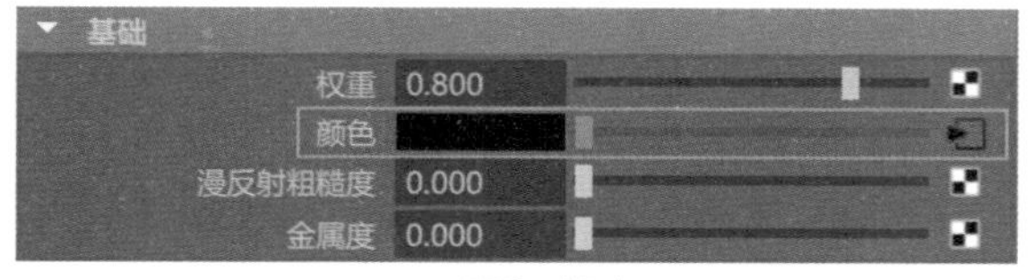

图8-134

图8-135

04 展开“2D凹凸属性”卷展栏，设置“凹凸深度”的值为0.3，如图8-136所示。

05 制作完成的面包材质球显示结果如图8-137所示。

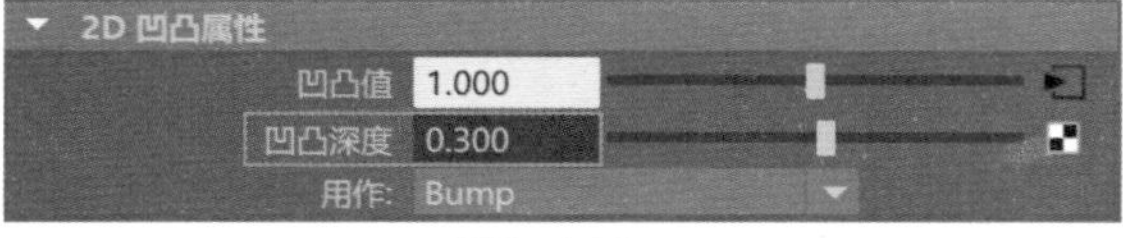

图8-136

图8-137

8.5.8 制作日光照明效果

01 接下来为场景添加灯光来模拟阳光从窗外照射进来的照明效果。在Arnold工具架中，单击Create Physical Sky（创建物理天空）按钮，如图8-138所示，在场景中创建一个物理天空灯光，如图8-139所示。

图8-138

02 在“属性编辑器”面板中，展开Physical Sky Attributes（物理天空属性）卷展栏，设置灯光的Intensity值为10，增加灯光的强度；设置Elevation的值为30，更改太阳的高度；设置Azimuth的值为30，更改太阳的照射方向；设置Sun Tint的颜色为黄色，调整太阳的日光颜色；设置Sun Size的值为0.5，控制日光的投影，如图8-140所示。

03 设置完成后，渲染场景，可以从预览图上看到添加了物理天空灯光后的渲染效果，如图8-141所示。

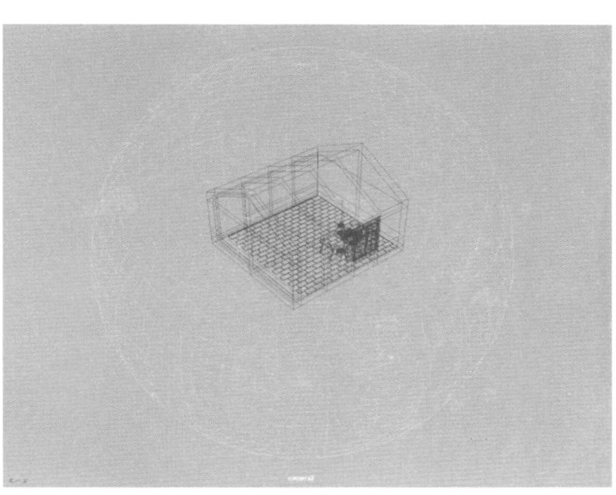

图8-139

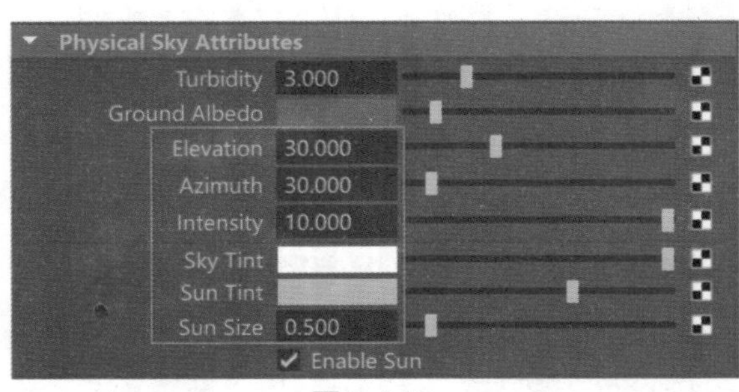

图8-140

图8-141

04 从预览图上可以看到现在阳光从房间模型的窗户位置处透射进来，并照到了桌子上，但是图像的整体亮度还较弱，所以，接下来，需要在场景中创建辅助照明灯光以提亮整体画面。

8.5.9 制作辅助灯光照明效果

01 在Arnold工具架中，单击Create Area Light（创建区域光）按钮，如图8-142所示。在场景中创建一个Arnold渲染器的区域灯光。

图8-142

02 按下R快捷键，使用“缩放工具”对区域灯光进行缩放，在右视图中调整其大小和位置至如图8-143所示，与场景中房间的窗户大小相近即可。

03 使用“移动工具”调整Area Light（区域光）的位置至图8-144所示，将灯光放置在房间中窗户模型的位置处。

图8-143

图8-144

04 在“属性编辑器”面板中，展开“aiAreaLightShape1”选项卡，在Arnold Area Light Attributes（Arnold区域灯光属性）卷展栏中，设置Area Light（区域光）的Intensity值为500，Exposure的值为11，

增加Area Light（区域光）的照明强度，如图8-145所示。

05 观察场景中的房间模型，可以看到该房间的一侧墙上有两个窗户，所以，要将刚刚创建的区域灯光复制出来一个，并调整其位置至另一个窗户模型的位置处，如图8-146所示。

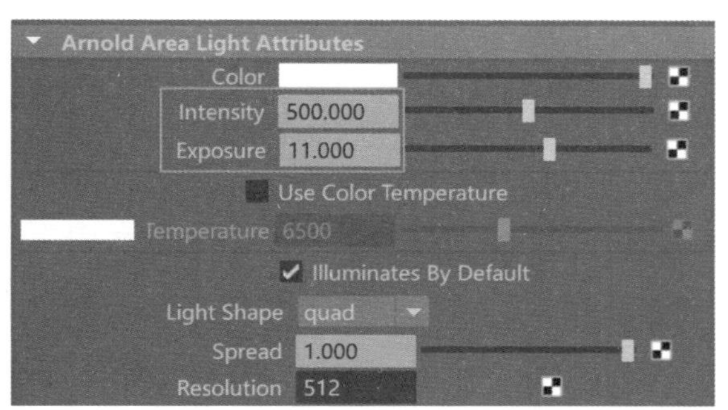

图8-145

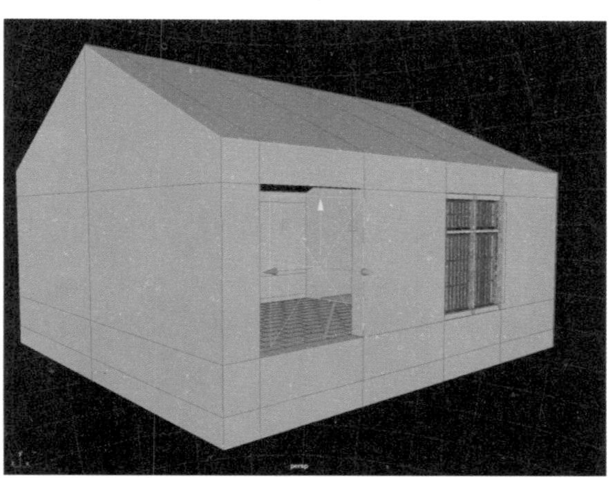
图8-146

8.5.10　渲染设置

01 打开“渲染设置”面板，在“公用”选项卡中，展开“图像大小”卷展栏，设置渲染图像的“宽度”为1600，“高度”为1200，如图8-147所示。

02 在Arnold Renderer选项卡中，展开Sampling卷展栏，设置Camera（AA）的值为9，提高渲染图像的计算采样精度，如图8-148所示。

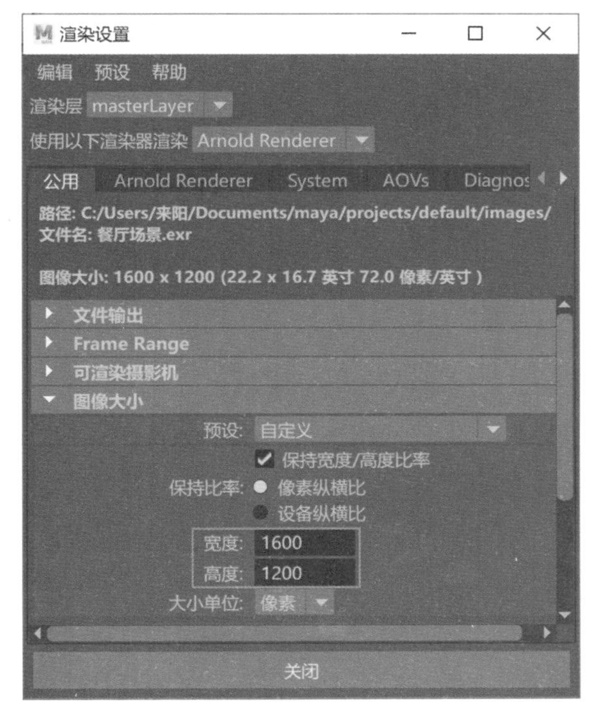

图8-147

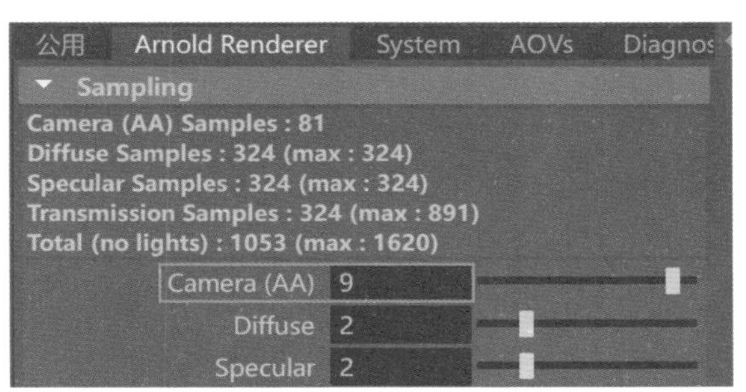

图8-148

03 设置完成后，渲染场景，在Arnold RenderView（Arnold渲染窗口）右侧的Display（显示）选项卡中，设置渲染图像的Gamma值为1.2，Exposure的值为0.5，View Transform的选项为sRGB gamma选项，如图8-149所示。

图8-149

04 本实例的最终渲染结果如图8-150所示。

图8-150

9.1 动画概述

动画，是一门集合了漫画、电影、数字媒体等多种艺术形式的综合艺术，也是一门年轻的学科，经过了100多年的发展，已经形成了较为完善的理论体系和多元化产业，其独特的艺术魅力深受广大人民喜爱。在本书中，动画仅狭义地理解为使用Maya软件来设置对象的形变及运动过程的记录。迪士尼公司早在20世纪30年代就提出了著名的“动画12原理”，这些传统动画的基本原理不但适用于定格动画、黏土动画、二维动画，也同样适用于三维电脑动画。在Maya软件中制作效果逼真的动画是一种“黑魔法”。使用Maya软件创作的虚拟元素与现实中的对象合成在一起可以带给观众超强的视觉感受和真实的体验。建议读者在学习本章内容之前，先阅读一下相关书籍，并掌握一定的动画基础理论，这样非常有助于制作出令人信服的动画效果。

在学习全新的三维动画技术之前，我们应该铭记早期在没有数字技术之前，那些动画先驱们为动画事业所做的贡献。早期的动画师发明了传统绘画、模型制作、摄影辅助、剪纸艺术等动画制作手段。例如，1940年米高梅电影公司出品的动画片《猫和老鼠》、1958年万古蟾执导的剪纸动画片《猪八戒吃瓜》、1988年上海美术电影制片厂出品的水墨动画片《山水情》等，制作这些影片的优秀动画师在没有数字技术的年代，以传统的创作方式完成了一个又一个经典动画，推动了世界动画制作技术的发展。尽管在当下的数字时代，人们已经习惯使用计算机来制作动画，但是制作动画的基础原理及表现方式仍然继续沿用着这些动画先驱们总结出来的经验，并在此基础上不断完善、更新及应用。

图9-1均为使用Maya软件制作完成的优秀影片截图。

图9-1

9.2 关键帧基本知识

关键帧动画是Maya动画技术中最常用的、也是最基础的动画设置技术。说简单些，就是在物体动画的关键时间点上来设置数据记录，而Maya则根据这些关键点上的数据设置，完成中间时间段内的动画计算，这样一段流畅的三维动画就制作完成了。在“动画”工具架上可以找到有关关键帧的命令，如图9-2所示。

图9-2

常用工具解析

- 设置关键帧：选择好要设置关键帧的对象来设置关键帧。
- 设置动画关键帧：为已经设置好动画的通道设置关键帧。
- 设置平移关键帧：为选择的对象设置平移属性关键帧。
- 设置旋转关键帧：为选择的对象设置旋转属性关键帧。
- 设置缩放关键帧：为选择的对象设置缩放属性关键帧。

9.2.1 设置关键帧

在“动画”工具架上，双击“设置关键帧”按钮，即可打开“设置关键帧选项”对话框，如图9-3所示。

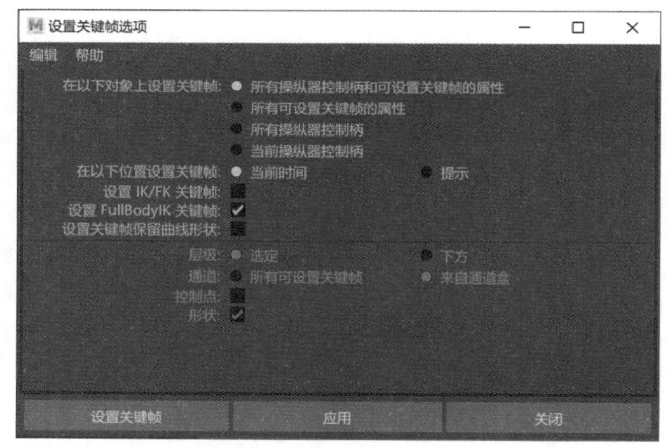

图9-3

常用参数解析

- 在以下对象上设置关键帧：指定将在哪些属性上设置关键帧，Maya为用户提供了4种选项，默认选项为“所有操纵器控制柄和可设置关键帧的属性”。
- 在以下位置设置关键帧：指定在设置关键帧时将采用何种方式确定时间。
- 设置IK/FK关键帧：勾选该选项，在为一个带有IK手柄的关节链设置关键帧时，能为IK手柄的所有属性和关节链的所有关节记录关键帧，它能够创建平滑的IK/FK动画。只有当“所有可设置关键帧的属性”处于被选中的状态时，这个选项才会有效。
- 设置FullBodyIK关键帧：当勾选该选项时，可以为全身的IK记录关键帧。
- 层级：指定在有组层级或父子关系层级的物体中，将采用何种方式设置关键帧。
- 通道：指定将采用何种方式为选择物体的通道设置关键帧。
- 控制点：勾选该选项时，将在选择物体的控制点上设置关键帧。
- 形状：勾选该选项时，将在选择物体的形状节点和变换节点上设置关键帧。

设置关键帧的具体操作步骤如下所述。

（1）运行Maya软件后，在场景中创建一个多边形立方体对象，如图9-4所示。

（2）在“属性编辑器”面板中，找到pCube1选项卡，在“变换属性”卷展栏内，将鼠标放置于“平移”属性上，并单击鼠标右键，在弹出的快捷菜单中选择“设置关键帧”命令，这样多边形立方体的第一个平移关键帧就设置完成了，如图9-5所示。

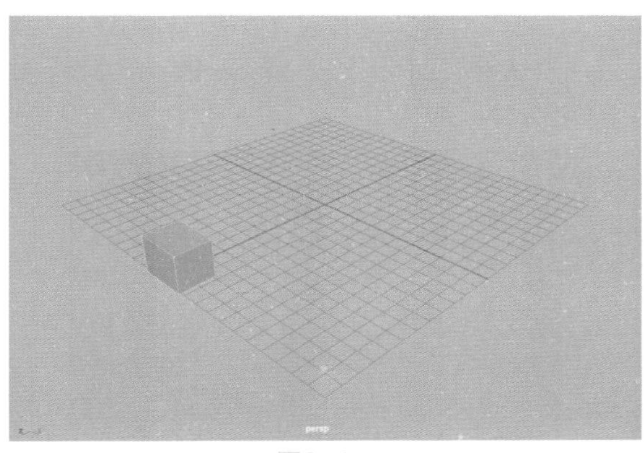

图9-4

图9-5

（3）设置好关键帧的属性，其参数的背景颜色显示为红色，如图9-6所示。

（4）将时间设置至40帧，沿Z轴更改多边形立方体的位置至图9-7所示。

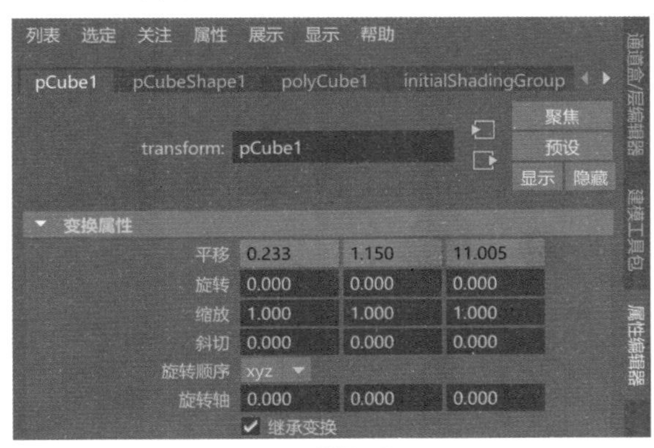

图9-6

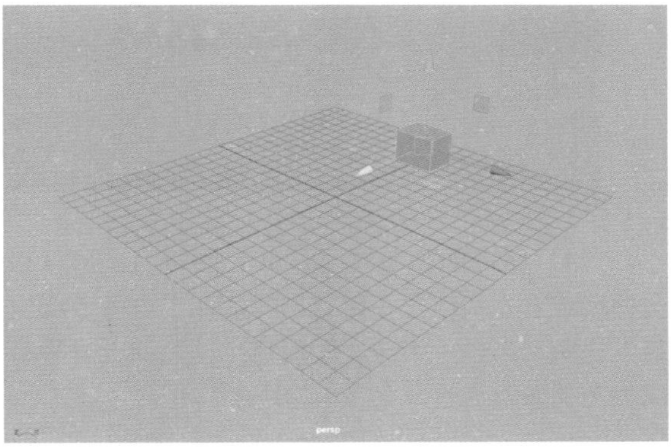

图9-7

（5）再次在“属性编辑器”面板中对“平移”属性设置关键帧。设置完成后，可以看到已经设置了关键帧的数值，其背景色由浅红色变成了红色，如图9-8所示。

（6）这样，拖动时间帧的位置，就可以看到一个简单的平移动画制作完成了。

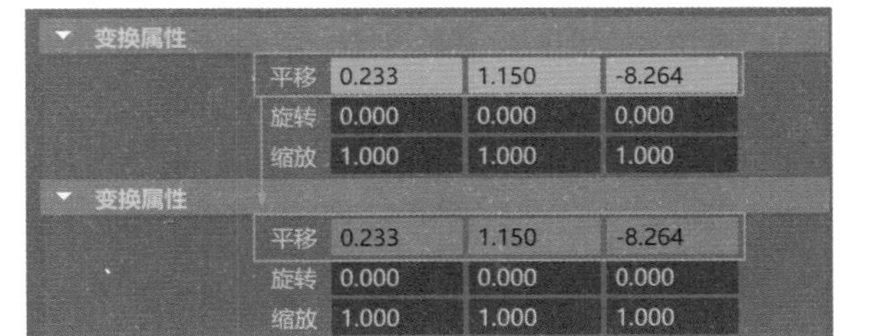

图9-8

9.2.2　更改关键帧

通常动画师在设置关键帧动画时，要经常根据动画的整体需要调整关键帧的位置或者是对象的运动轨迹，这就需要我们不但要学习设置关键帧技术，也要掌握关键帧动画的修改技术。在Maya 2020软件中，修改关键帧动画的具体操作步骤如下。

（1）如果要修改关键帧的时间位置，首先需要将关键帧选中，按住Shift键，即可在轨迹栏上选择关键帧，如图9-9所示。

（2）选择好要更改位置的关键帧后，就可以直接在轨迹栏中以拖曳的方式对关键帧的位置进行更改了，如图9-10所示。

图9-9

图9-10

（3）如果要更改关键帧的参数值，则需要在“属性编辑器”面板中进行。打开“属性编辑器”面板，将鼠标指针移至“平移”属性后方对应的属性上，右击，在弹出的快捷菜单中执行第一个命令，如图9-11所示，即可打开“动画曲线属性”卷展栏，如图9-12所示。

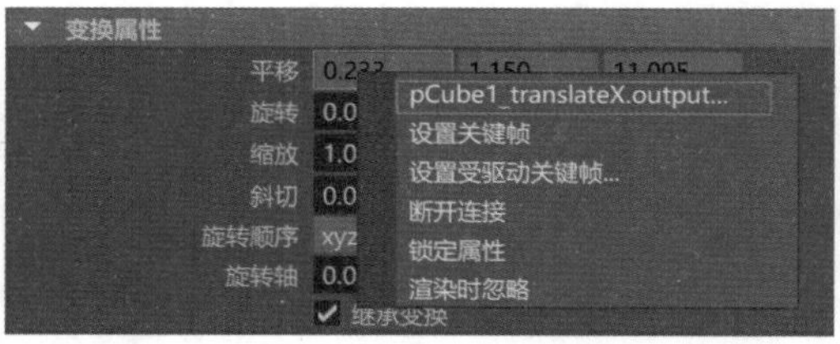

图9-11

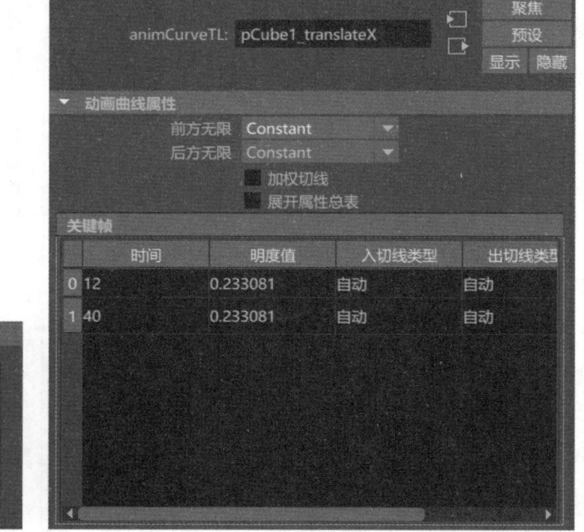

图9-12

（4）在“动画曲线属性”卷展栏内，可以很方便地查看当前对象关键帧的“时间”以及“明度值”这两个属性，更改“明度值”即可修改对应时间帧上的参数属性，如图9-13所示。

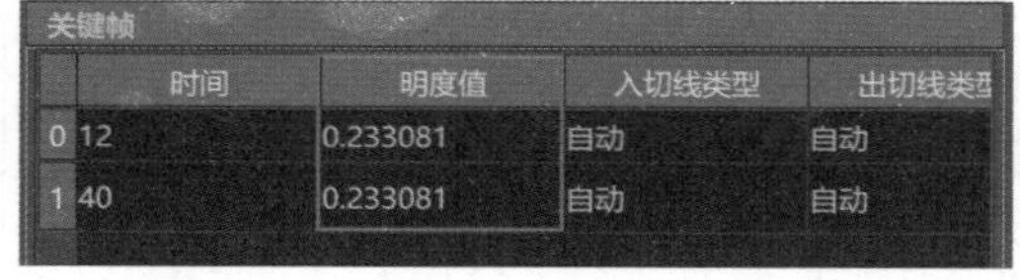

图9-13

9.2.3 删除关键帧

Maya 2020允许动画师在编辑关键帧时，对多余的关键帧执行删除操作，具体操作步骤如下。

（1）按住Shift键，在轨迹栏上选择所要删除的关键帧，如图9-14所示。

（2）在所选择的关键帧上单击鼠标右键，在弹出的快捷菜单中执行“删除”命令，即可完成对该关键帧的删除操作，如图9-15所示。

图9-14

图9-15

9.2.4 自动关键帧记录

Maya还为动画师提供了自动关键帧记录这个功能，单击软件界面右下角的“自动关键帧切换”按钮之后，才可以启用这一功能。这种设置关键帧的方式，为动画师解决了每次更改对象属性都要手动设置关键帧的麻烦，极大地提高了动画的制作效率。但是需要注意的是，使用这一功能之前，需要手动对模型将要设置动画的属性设置一个关键帧，这样，自动关键帧命令才会作用于该对象上。

为物体设置自动关键帧记录的具体操作步骤如下。

（1）启动Maya软件，在场景中创建一个多边形球体模型，如图9-16所示。

（2）在软件界面右侧的“通道盒”中，选择“平移X/Y/Z”这3个属性，并单击鼠标右键，在弹出的快捷菜单中选择“为选定项设置关键帧”命令，如图9-17所示。这样，这3个属性的关键帧就设置完成了，设置好关键帧的属性后呈红色方块显示，如图9-18所示。

图9-16

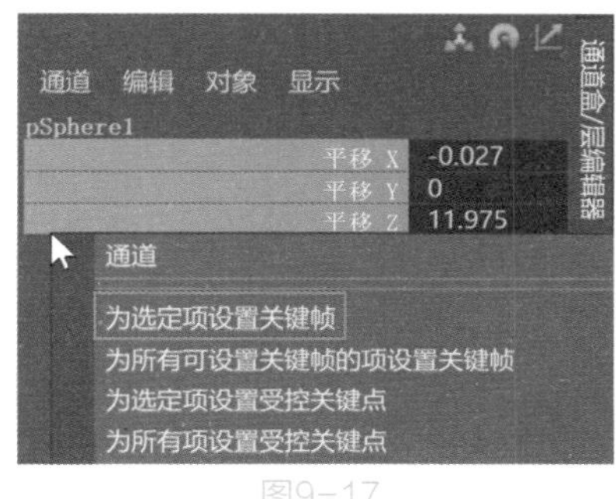

图9-17

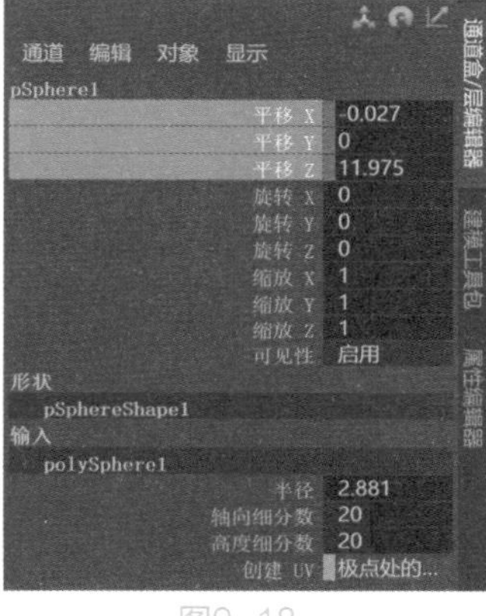

图9-18

（3）单击Maya软件界面右下方的“自动关键帧切换”按钮，如图9-19所示。

（4）用鼠标左键在“时间轴”上拖曳时间滑块至要记录动画关键帧的位置处，再改变球体的位置至图9-20所示。

图9-19

（5）更改多边形球体的位置，即可在“时间轴”上看到新生成的关键帧，这说明新的动画关键帧已经自动设置好了，如图9-21所示。

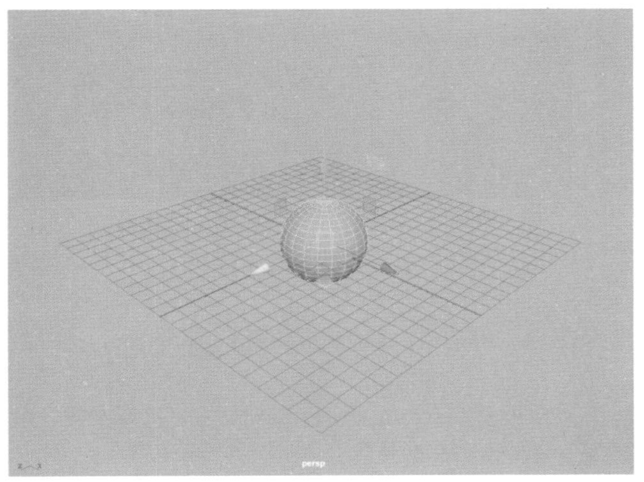

图9-20

图9-21

实例操作：制作盒子翻滚关键帧动画

本例中将使用关键帧动画技术，制作一个立方体盒子在地上翻滚的动画效果，图9-22所示为本实例的最终完成效果。

图9-22

01 启动中文版Maya 2020软件，并打开本书配套资源“盒子.mb”文件，可以看到场景中有一个设置好材质的立方体盒子模型，如图9-23所示。

02 在“工具栏”上单击“捕捉到点”按钮，开启Maya的捕捉到点功能，如图9-24所示。

03 选择场景中的盒子模型，按住D快捷键，移动盒子的坐标轴至图9-25所示的顶点位置处。

图9-23

图9-24

图9-25

04 将时间帧设置在第1帧，在“属性编辑器”面板中，展开“变换属性”卷展栏，在其“旋转”属性上单击鼠标右键，为该属性设置关键帧，如图9-26所示。

05 设置完成后，“旋转”属性的参数背景色显示为红色，如图9-27所示。

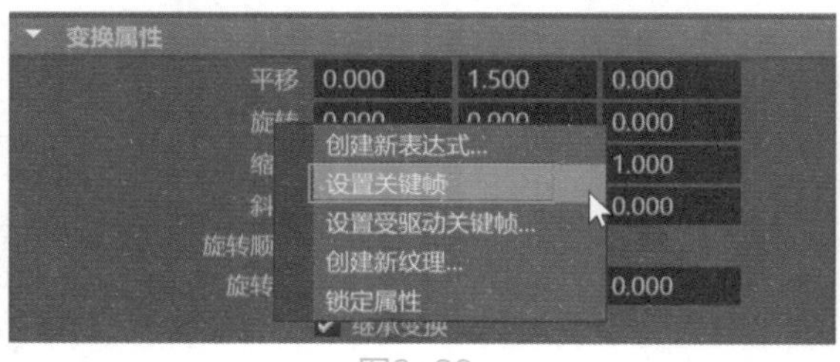

图9-26

图9-27

06 将时间帧设置至第12帧，将场景中的盒子模型旋转至图9-28所示，再次设置关键帧，制作出盒子翻滚的动画效果。

07 接下来，继续制作盒子往前翻滚的动画。这时，需要注意的是，盒子如果再往前翻滚的话，不可以像刚才的操作那样直接更改盒子的坐标轴。

08 在场景中选择盒子模型，按下快捷键Ctrl+G，对盒子执行“分组”操作，同时，在“大纲视图”中观察对盒子模型执行了“分组”操作之后的层级关系，如图9-29所示。

图9-28

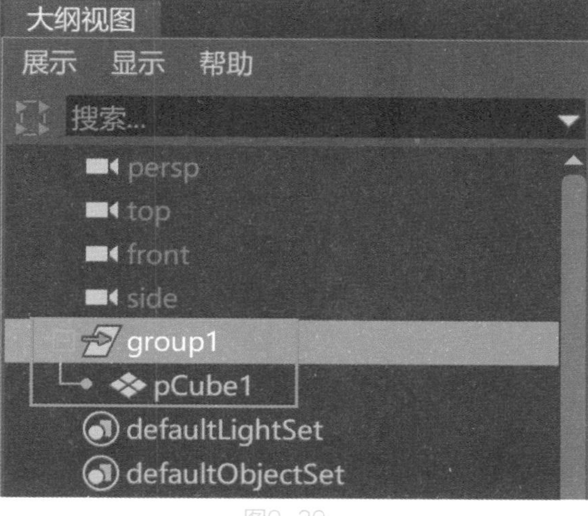

图9-29

需要注意，盒子的旋转动画制作完成后，如果再次更改盒子的坐标轴位置，会对之前的旋转动画产生影响。所以，这时可以对盒子执行“分组”操作，更改组的坐标轴来继续制作盒子翻滚的动画效果。

09 对新建的组更改坐标轴的话，则不会对之前的盒子旋转动画产生影响。按住D快捷键，移动组的坐标轴至图9-30所示的顶点位置处。

10 在第12帧，对组的“旋转”属性设置关键帧，如图9-31所示。

11 设置完成后，移动时间帧至第24帧，将场景中的盒子模型旋转至图9-32所示，再次设置关键帧，制作出盒子翻滚的动画效果。

12 重复以上步骤，即可制作出盒子在地面上不断翻滚的动画效果。

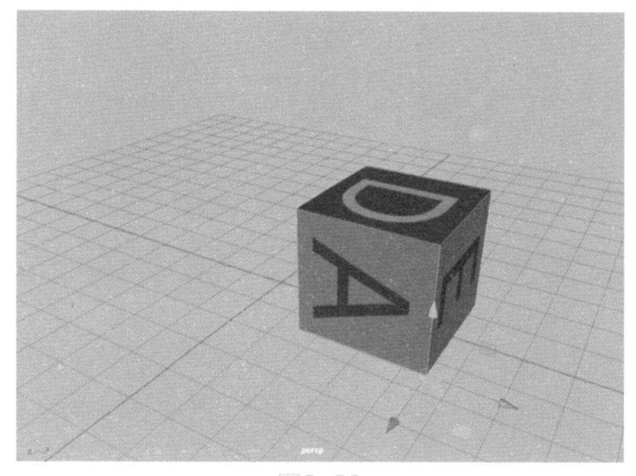

图9-30

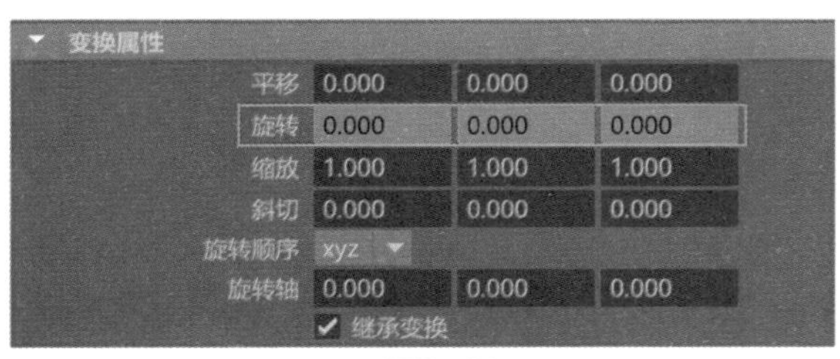

图9-31

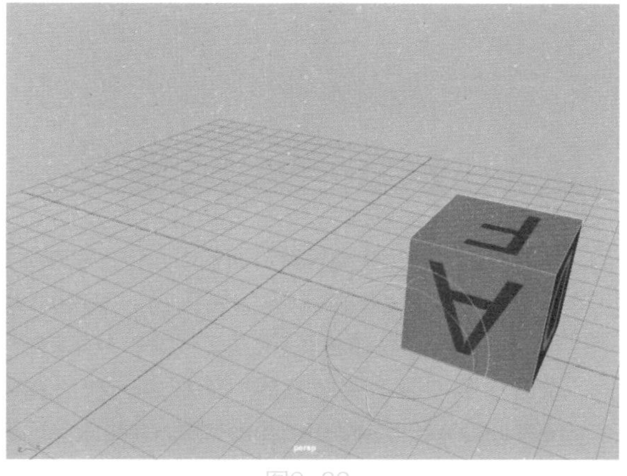

图9-32

实例操作：制作小球滚动表达式动画

本例中，制作一个小球在地上滚动的动画效果，图9-33所示为本实例的最终完成效果。

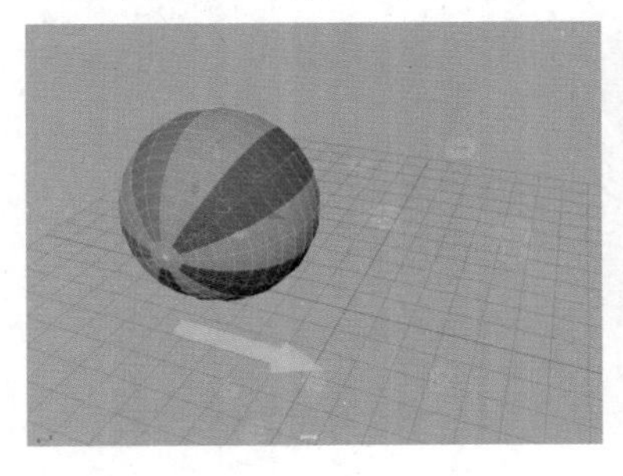

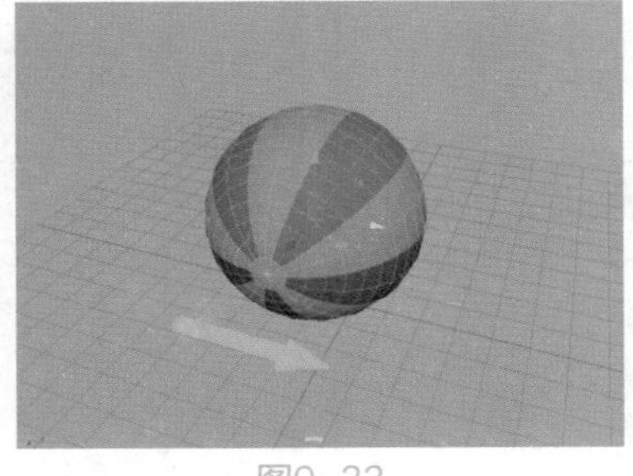

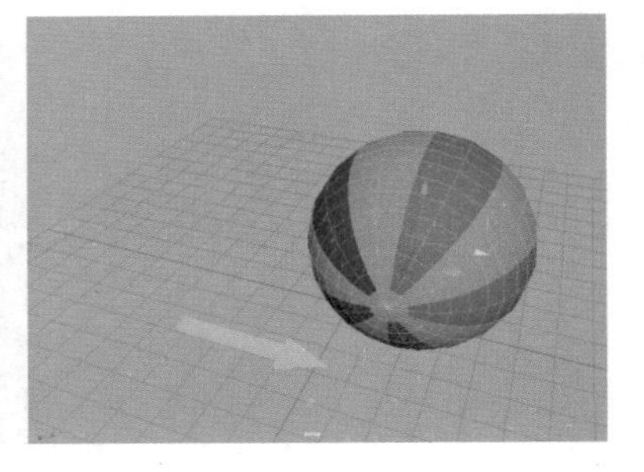

图9-33

01 启动Maya 2020软件，单击“多边形建模”工具架上的“多边形球体”图标，在场景中创建一个多边形小球模型，如图9-34所示。

02 在“属性编辑器”面板中，展开“多边形球体历史”卷展栏，设置“半径”的值为3，如图9-35所示。

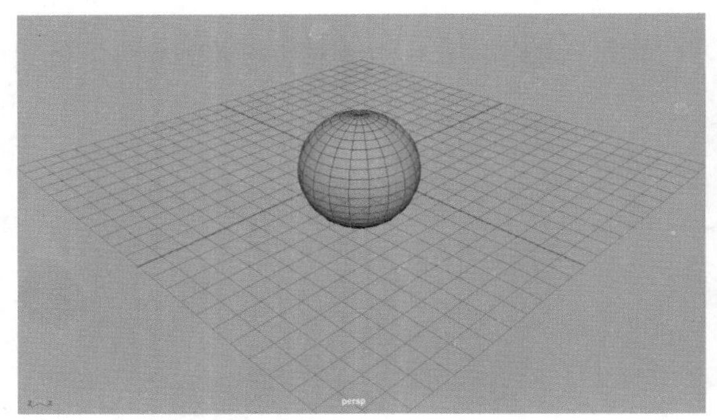

图9-34

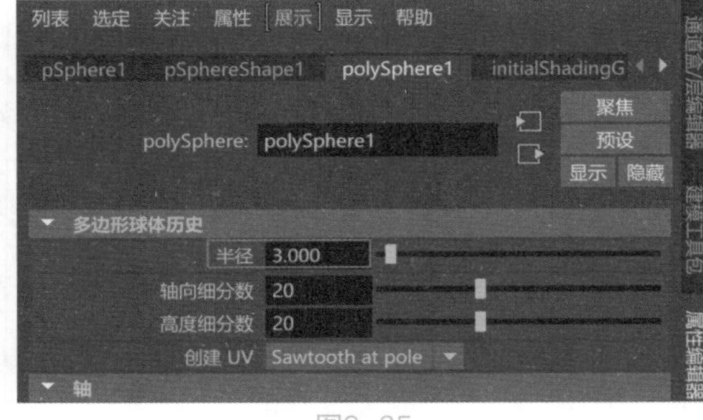

图9-35

03 展开“变换属性”卷展栏，设置“平移”的值为（0，3，0），“旋转”的值为（90，0，0），如图9-36所示。

04 小球在滚动的同时，球体随着位置的变换自身还会产生旋转动画，为了保证球体在移动时所产生的旋转动作不会出现打滑现象，需要使用表达式来进行动画的设置。将鼠标指针放置于“平移”属性的X值上，右击执行“创建新表达式”命令，如图9-37所示。

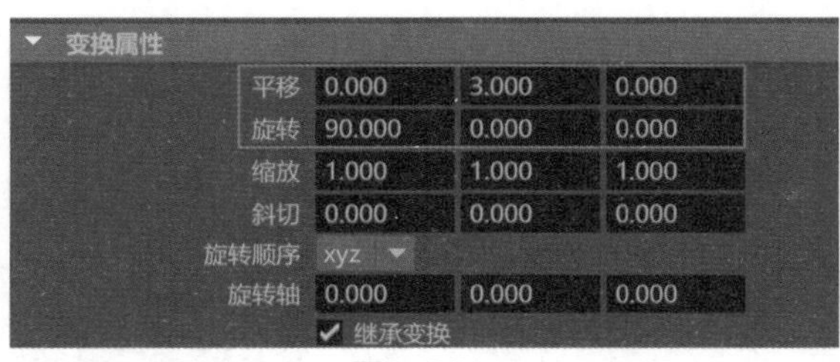

图9-36

图9-37

05 在弹出的“表达式编辑器”面板中，将代表球体X方向位移属性的表达式复制记录下来，如图9-38所示。

06 同理，找到代表球体半径的表达式，如图9-39所示。

07 在“旋转”属性的Z值上右击，执行“创建新表达式”命令，如图9-40所示。

08 在弹出的“表达式编辑器”面板中，在“表达式”文本框内输入：“pSphere1.rotateZ=-pSphere1.translateX/polySphere1.radius*180/3.14”，如图9-41所示。

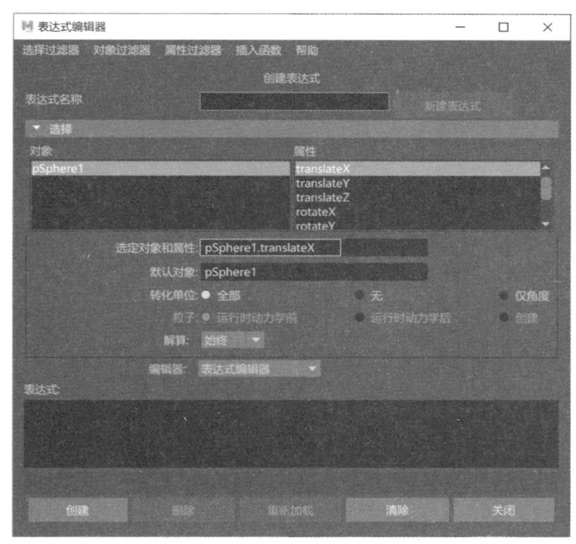

图9-38

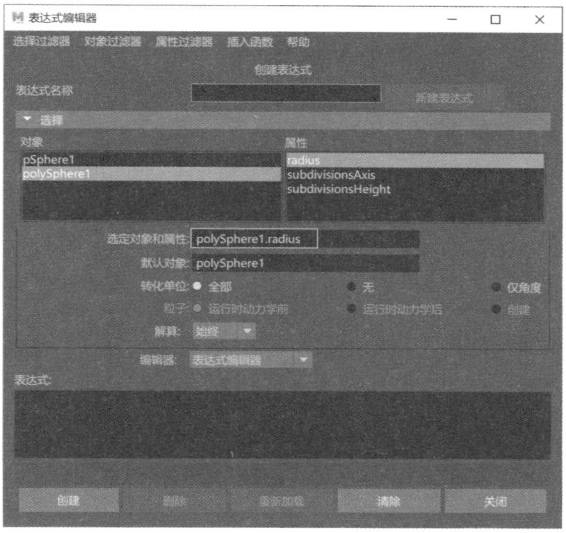

图9-39

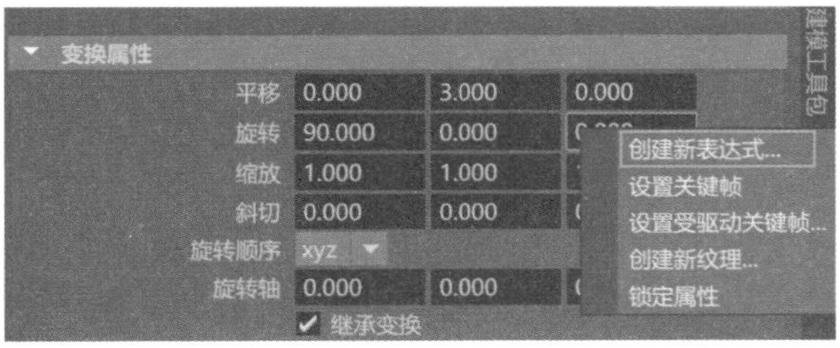

图9-40

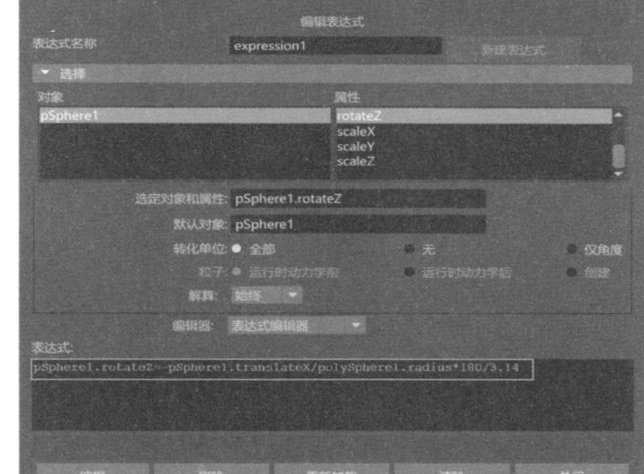

图9-41

09 输入完成后，单击“创建”按钮，执行该表达式，可以看到现在小球“旋转”属性的Z值背景色呈紫色显示状态，如图9-42所示，这说明该参数现在受到其他参数的影响。

10 设置完成后，在“属性编辑器”面板中，可以看到现在多了一个名称为expression1的选项卡，如图9-43所示。现在在场景中慢慢沿X轴移动小球，则可以看到小球产生正确的自旋效果。

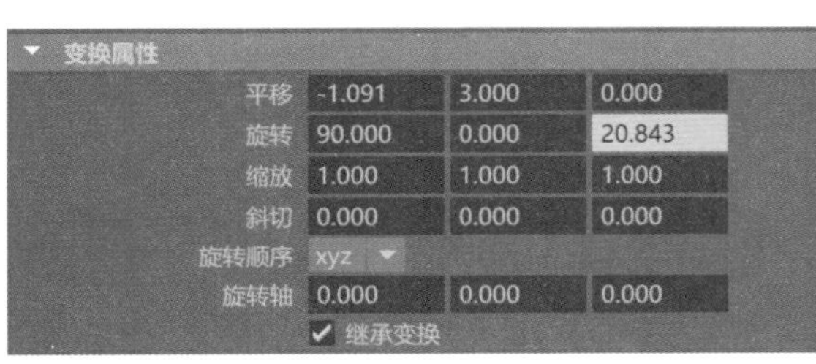

图9-42

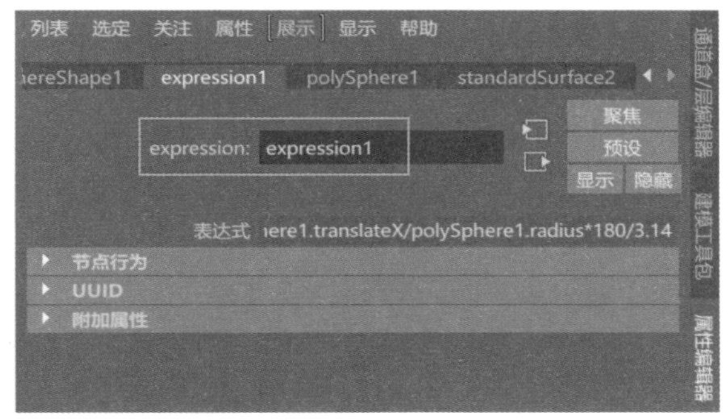

图9-43

9.3 动画基本操作

在“动画”工具架上，Maya为动画师提供了几个动画基本操作的命令按钮，如图9-44所示。

图9-44

9.3.1 播放预览

单击“播放预览”按钮，可以在Maya软件中生成动画预览小样，可以自动启用当前计算机中的视频播放器自动播放该动画影片。

9.3.2 动画运动轨迹

通过“运动轨迹”功能，可以很方便地在Maya的视图区域内观察物体的运动状态，比如当动画师在制作角色动画时，使用该功能可以查看角色全身每个关节的动画轨迹形态，如图9-45所示。

9.3.3 动画重影效果

在传统的动画制作中，动画师可以通过快速翻开连续的动画图纸来观察对象的动画节奏与效果。令人欣慰的是，Maya软件也为动画师提供了模拟这一功能的命令，那就是“重影”效果。使用Maya的重影功能，可为所选择对象的当前帧显示多个动画对象，通过这些图像，动画师可以很方便地观察物体的运动效果是否符合自己的需要，如图9-46所示。

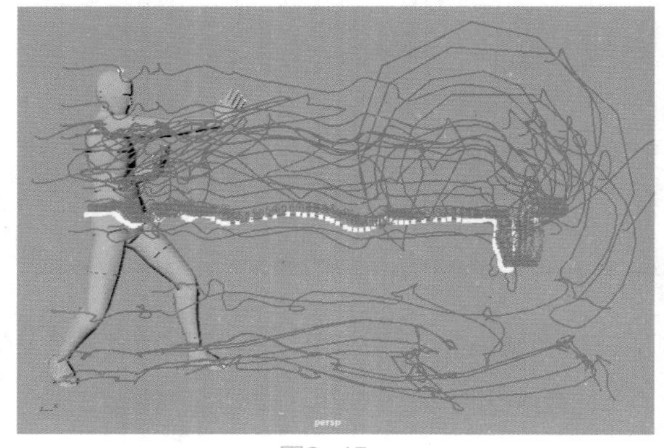
图9-45

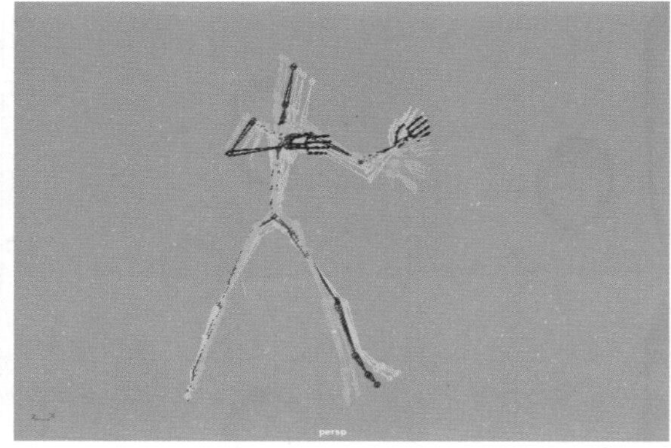
图9-46

9.3.4 烘焙动画

通过烘焙动画命令，动画师可以使用模拟生成的动画曲线来对当前场景中的对象进行动画编辑。烘焙动画的设置对话框如图9-47所示。

常用参数解析

- 层级：指定将如何从分组的或设置为子对象的对象的层级中烘焙关键帧集。
- 选定：指定要烘焙的关键帧集将仅包含当前选定对象的动画曲线。

- 下方：指定要烘焙的关键帧集将包括选定对象以及层次中其下方的所有对象的动画曲线。
- 通道：指定动画曲线将包括在关键帧集中的通道（可设定关键帧属性）。
- 所有可设定关键帧：指定关键帧集将包括选定对象的所有可设定关键帧属性的动画曲线。
- 来自通道盒：指定关键帧集将仅包括当前在“通道盒”中选定的那些通道的动画曲线。
- 受驱动通道：指定关键帧集将只包括所有受驱动关键帧。受驱动关键帧使可设定关键帧属性（通道）的值能够由其他属性的值所驱动。

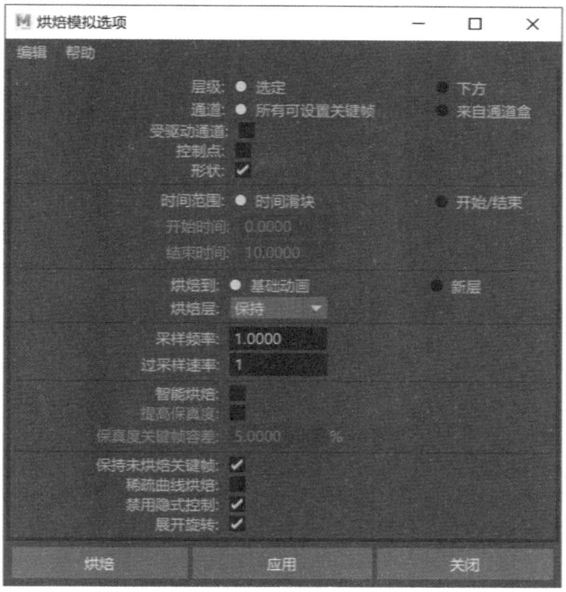

图9-47

- 控制点：指定关键帧集是否将包括选定可变形对象的控制点的所有动画曲线。控制点包括NURBS控制顶点(CV)、多边形顶点和晶格点。
- 形状：指定关键帧集是否将包括选定对象的形状节点以及其变换节点的动画曲线。
- 时间范围：指定关键帧集的动画曲线的时间范围。
- 开始/结束：指定从“开始时间”到“结束时间”的时间范围。
- 时间滑块：指定由时间滑块的“播放开始”和“播放结束”时间定义的时间范围。
- 开始时间：指定时间范围的开始（“开始/结束”处于启用状态的情况下可用）。
- 结束时间：指定时间范围的结束（启用“开始/结束”时可用）。
- 烘焙到：指定希望如何烘焙来自层的动画。
- 采样频率：指定Maya对动画进行求值及生成关键帧的频率。增加该值时，Maya为动画设置关键帧的频率将会减小。减小该值时，效果相反。
- 智能烘焙：启用时，会通过仅在烘焙动画曲线具有关键帧的时间处放置关键帧，以限制在烘焙期间生成的关键帧的数量。
- 提高保真度：启用时，根据设置的百分比值向结果（烘焙）曲线添加关键帧。
- 保真度关键帧容差：使用该值可以确定Maya何时可以将附加的关键帧添加到结果曲线。
- 保持未烘焙关键帧：该选项可保持处于烘焙时间范围之外的关键帧，且仅适用于直接连接的动画曲线。
- 稀疏曲线烘焙：该选项仅对直接连接的动画曲线起作用。该选项会生成烘焙结果，该烘焙结果仅创建足以表示动画曲线的形状的关键帧。
- 禁用隐式控制：该选项会在执行烘焙模拟之后，立即禁用诸如IK控制柄等控件的效果。

实例操作：在Maya中对动画进行基本操作

01 启动Maya 2020软件，执行“效果”|“获取效果资产”命令，打开“内容浏览器”窗口，如图9-48所示。

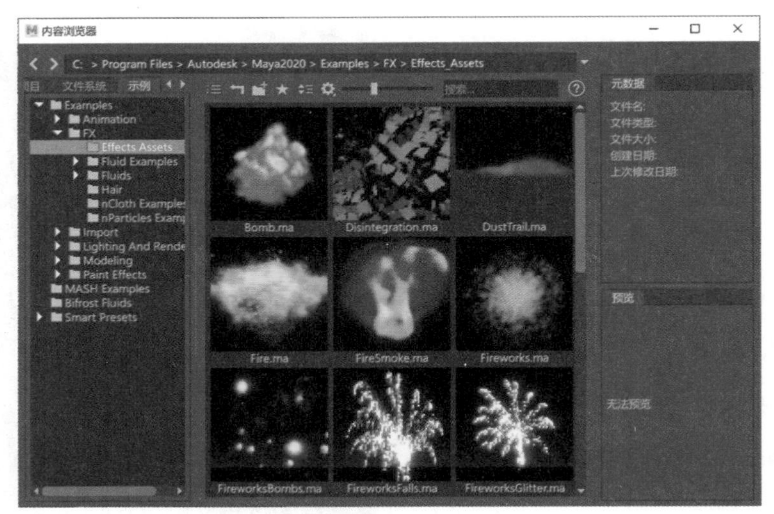

图9-48

02 在“内容浏览器”窗口中的“示例”选显卡中，展开Examples|Animation|Motion Capture|FBX，即可看到Maya 2020为用户提供的带有动作的角色骨骼素材，如图9-49所示。

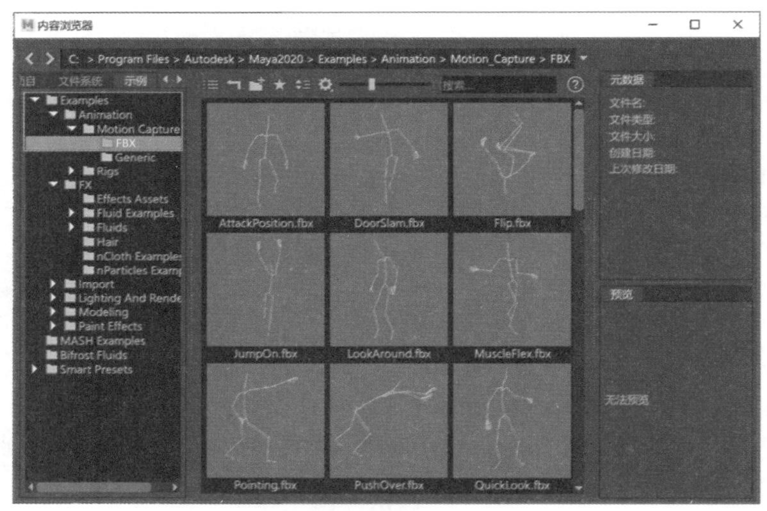

图9-49

03 将“内容浏览器”中的Flip.fbx文件拖曳至场景中，即可得到预先设置好动画角色的骨骼，如图9-50所示。

04 单击“动画”工具架中的“播放预览”图标，如图9-51所示。Maya 2020会将视图中的动画生成影片，并自动打开电脑上的视频播放器来播放该动画预览文件，如图9-52所示。

05 在“大纲视图”中选择希望显示出其运动轨迹的骨骼对象，如图9-53所示。

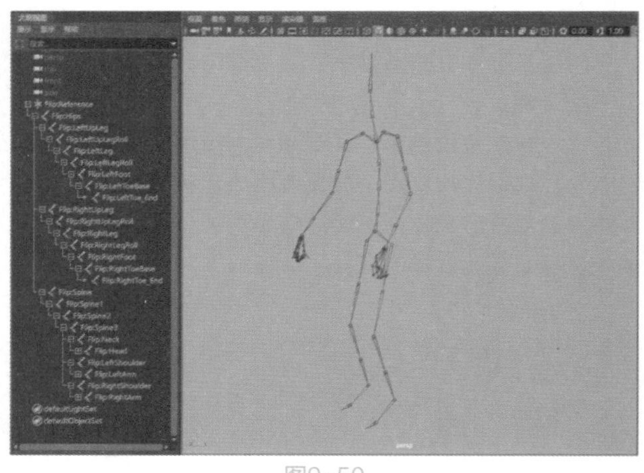

图9-50

图9-51

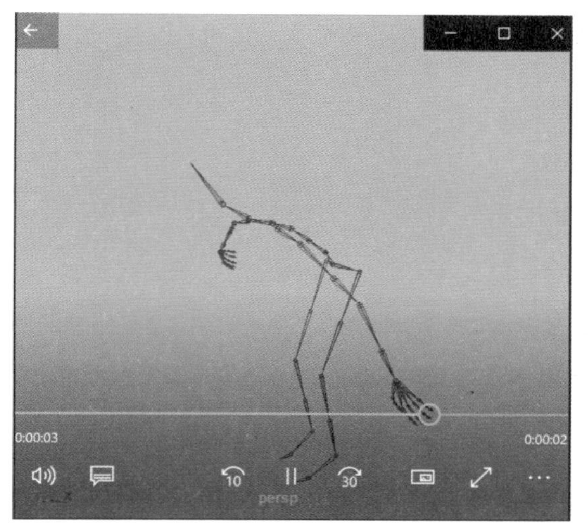

图9-52

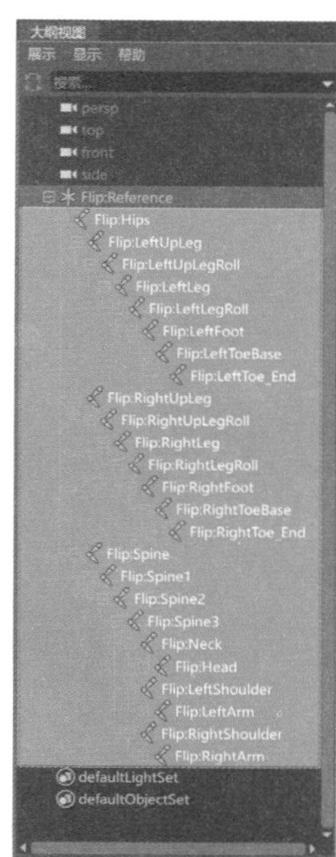

图9-53

06 在“动画”工具架上单击“运动轨迹”图标，如图9-54所示，即可在视图中显示被选择对象的运动轨迹，如图9-55所示。

07 同时观察“大纲视图”，会发现这些刚生成的运动轨迹对象的名称，如图9-56所示。如果用户不希望这些运动轨迹显示出来，只需要在“大纲视图”中将这些运动轨迹对象选中，按下Delete键删除即可。

图9-54

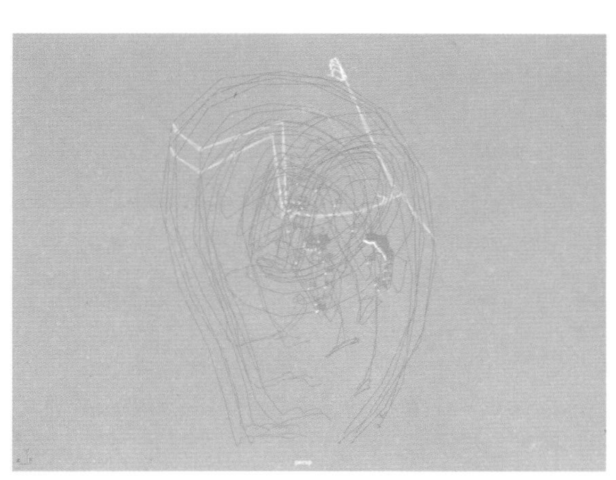

图9-55

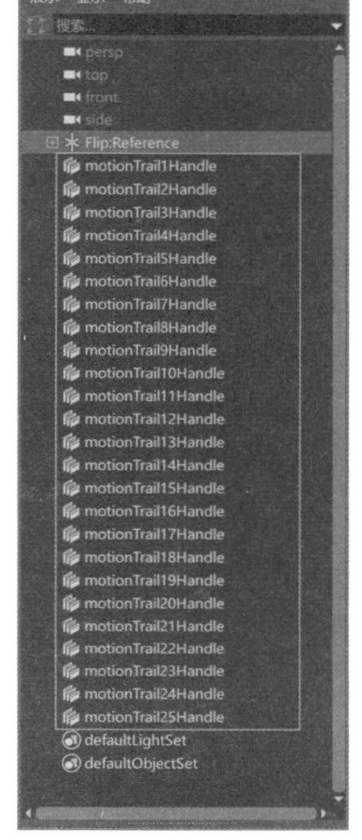

图9-56

08 Maya 2020还可以对设置了动画关键帧的对象进行“重影”的显示与取消，这两个命令图标在“运动轨迹”图标的后面，单击“动画”工具架上的“重影”图标，可以显示出带有动画对象的重影效果，如果取消对象的“重影”显示，单击“重影”图标后面的“取消重影”图标即可，如图9-57所示。图9-58是带有“重影”效果的动画显示结果。

图9-57

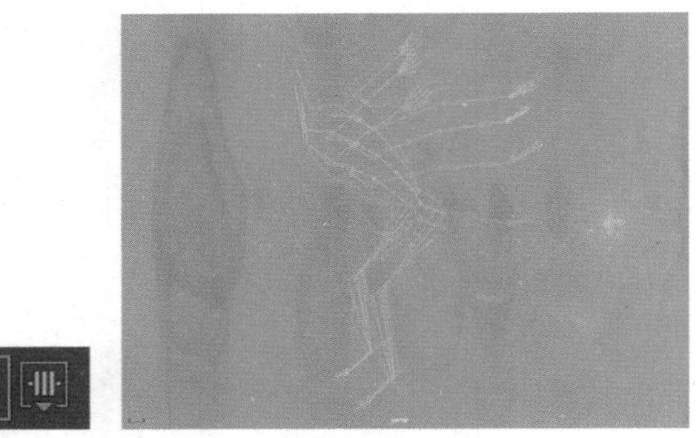

图9-58

9.4 约束

Maya提供了一系列的“约束”命令供用户解决复杂的动画设置，可以在“动画”工具架上找到这些命令，如图9-59所示。

图9-59

9.4.1 父约束

使用父约束功能，可以将场景中一个对象的位置，设置为由另一个对象所控制，双击“动画”工具架上的“父约束”按钮，即可打开“父约束选项”对话框，如图9-60所示。

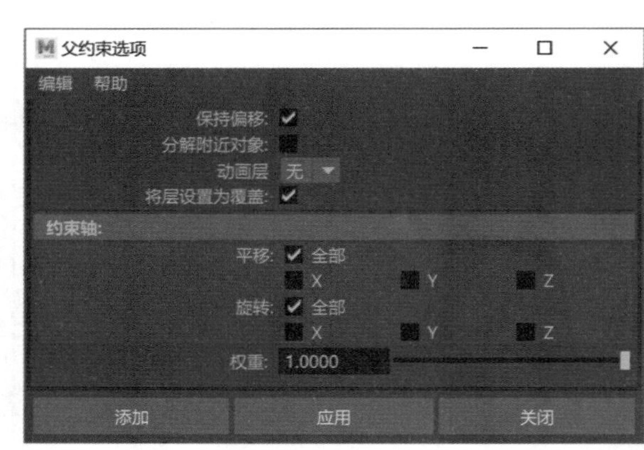

图9-60

常用参数解析

- 保持偏移：保持受约束对象的原始状态（约束之前的状态）、相对平移和旋转。使用该选项，可以保持受约束对象之间的空间和旋转关系。
- 分解附近对象：如果受约束对象与目标对象之间存在旋转偏移，激活此选项，可以找到接近受约束对象[而不是目标对象（默认）]的旋转分解。
- 动画层：选择该选项，可以选择要添加父约束的动画。
- 将层设置为覆盖：选择该选项，在“动画层”下拉列表中选择的层会在将约束添加到动画层时自动设定为“覆盖”模式。
- 约束轴：决定父约束是受特定轴（“X”“Y”“Z”）限制还是受“全部”轴限制。如果选中“全部”，“X”“Y”和“Z”框将变暗。

- 权重：仅当存在多个目标对象时，权重才有用。

设置父约束的具体操作步骤如下。

（1）启动Maya软件，在场景中创建一个球体和一个长方体，如图9-61所示。

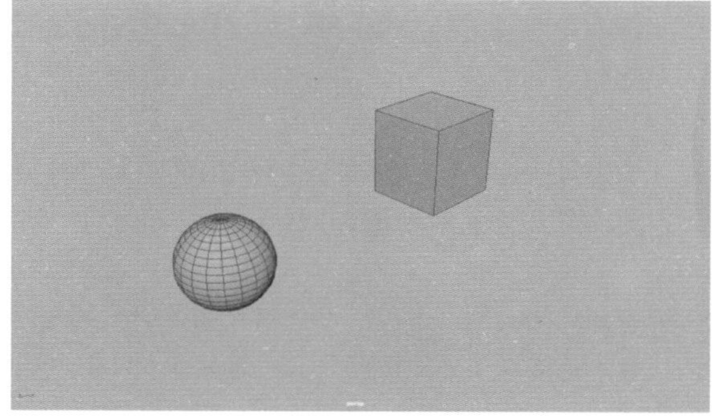
图9-61

（2）先选择场景中的球体，按下Shift键，加选场景中的长方体，单击“动画”工具架中的“父约束”按钮，如图9-62所示。

（3）设置完成后，选择场景中的球体模型，对其进行平移或旋转操作，可以看到长方体的位置和旋转方向均开始受到球体模型的影响，如图9-63所示。

图9-62

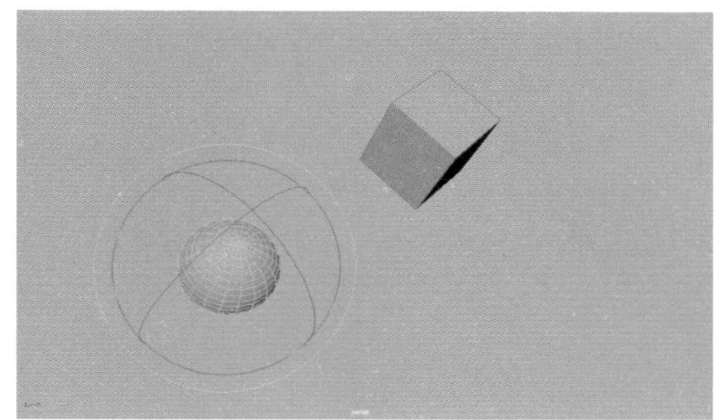
图9-63

9.4.2 点约束

使用点约束，可以设置一个对象的位置受到另外一个或者多个对象的位置影响。双击“动画”工具架上的“点约束”按钮，即可打开“点约束选项”对话框，如图9-64所示。

图9-64

常用参数解析

- 保持偏移：保留受约束对象的原始平移（约束之前的状态）和相对平移。使用该选项，可以保持受约束对象之间的空间关系。
- 偏移：为受约束对象指定相对于目标点的偏移位置（平移 X、Y 和 Z）。注意，目标点是目标对象旋转枢轴的位置，或是多个目标对象旋转枢轴的平均位置。默认值均为 0。
- 动画层：允许用户选择要向其中添加点约束的动画层。
- 将层设置为覆盖：选择该选项，在“动画层”下拉列表中选择的层会在将约束添加到动画层时自动设定为“覆盖”模式。
- 约束轴：确定是否将点约束限制到特定轴（X、Y、Z）或“全部”轴。
- 权重：指定目标对象可以影响受约束对象的位置的程度。

9.4.3 方向约束

使用方向约束，可以将一个对象的方向设置为受场景中的其他一个或多个对象影响。双击“动画”工具架上的“方向约束”按钮，即可打开“方向约束选项”对话框，如图9-65所示。

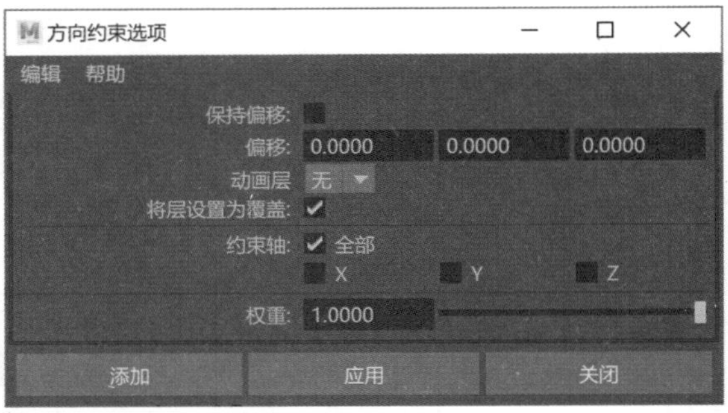

图9-65

常用参数解析

- 保持偏移：保持受约束对象的原始（在约束之前的状态）、相对旋转。使用该选项，可以保持受约束对象之间的旋转关系。
- 偏移：为受约束对象指定相对于目标点的偏移位置（平移X、Y和Z）。
- 动画层：可用于选择要添加方向约束的动画层。
- 将层设置为覆盖：选择该选项，在“动画层”下拉列表中选择的层会在将约束添加到动画层时自动设定为“覆盖”模式。
- 约束轴：决定方向约束是否受到特定轴（“X”“Y”“Z”）的限制或受到“全部”(All)轴的限制。如果选中“全部”(All)，“X”“Y”和“Z”框将变暗。
- 权重：指定目标对象可以影响受约束对象的位置的程度。

9.4.4 缩放约束

使用缩放约束，用户可以将一个缩放对象与另外一个或多个对象相匹配。双击“动画”工具架上的“缩放约束”按钮，即可打开“缩放约束选项”对话框，如图9-66所示。

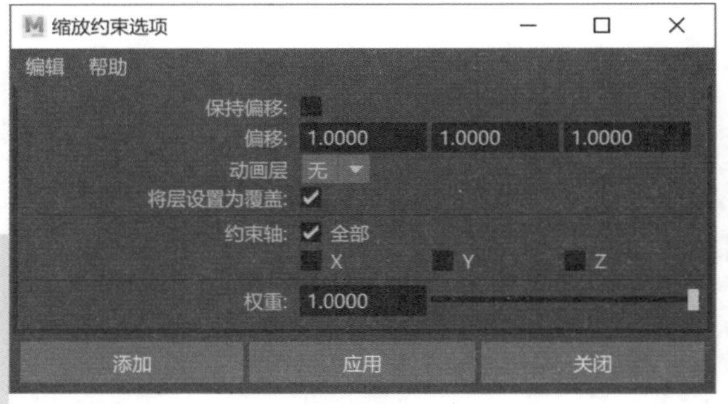

图9-66

> **技巧与提示**
> “缩放约束选项”对话框内的参数与“点约束选项”对话框内的参数极为相似，读者可自行参考上一小节的参数说明。

9.4.5 目标约束

目标约束可约束某个对象的方向，以使该对象对准其他对象。比如在角色设置中，目标约束可以设置用于控制眼球转动的定位器。双击“动画”工具架上的“目标约束”按钮，即可打开“目标约束选项”对话框，如图9-67所示。

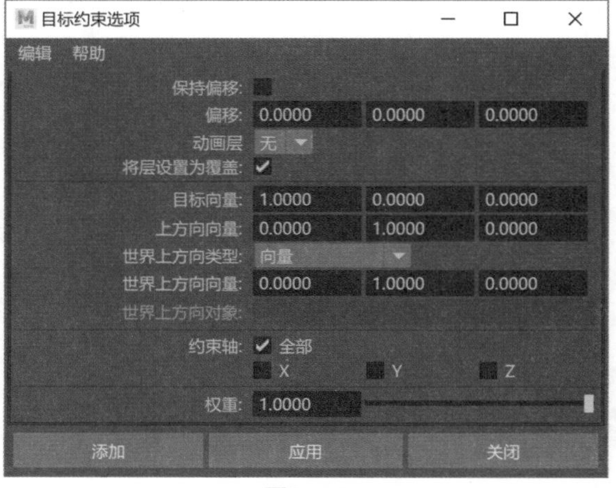

图9-67

常用参数解析

- 保持偏移：保持受约束对象的原始状态（约束之前的状态）、相对平移和旋转。

使用该选项可以保持受约束对象之间的空间和旋转关系。

- 偏移：为受约束对象指定相对于目标点的偏移位置（平移 X、Y 和 Z）。
- 目标向量：指定目标向量相对于受约束对象局部空间的方向。目标向量将指向目标点，强制受约束对象相应地确定其本身的方向。默认值指定对象在 X 轴正半轴的局部旋转与目标向量对齐，以指向目标点（1.0000，0.0000，0.0000）。
- 上方向向量：指定上方向向量相对于受约束对象局部空间的方向。
- 世界上方向向量：指定世界上方向向量相对于场景世界空间的方向。
- 世界上方向对象：指定上方向向量尝试对准指定对象的原点，而不是与世界上方向向量对齐。
- 动画层：可用于选择要添加目标约束的动画层。
- 将层设置为覆盖：选择该选项，在“动画层”下拉列表中选择的层会在将约束添加到动画层时自动设定为“覆盖”模式。
- 约束轴：确定是否将目标约束限于特定轴（X、Y、Z）或全部轴。如果选中“全部”，“X”“Y”和“Z”框将变暗。
- 权重：指定受约束对象的方向可受目标对象影响的程度。

9.4.6 极向量约束

极向量约束用于控制极向量的末端，使其跟随一个或几个对象的平均位置进行移动。双击“动画”工具架上的“极向量约束”按钮，即可打开“极向量约束选项”对话框，如图9-68所示。

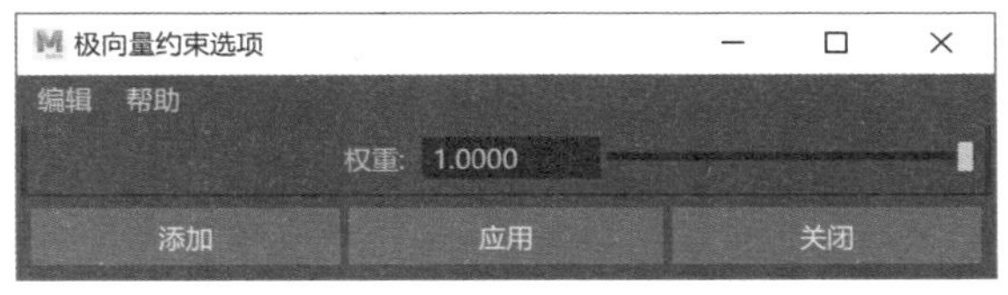

图9-68

常用参数解析

- 权重：指定受约束对象的方向可受目标对象影响的程度。

极向量约束常常应用于角色装备技术中手臂骨骼及腿部骨骼的设置上，用来设置手肘弯曲的方向及膝盖的朝向，如图9-69和图9-70所示。

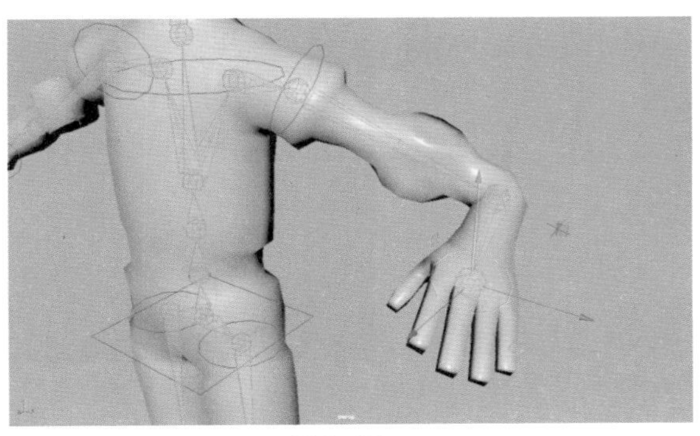

图9-69

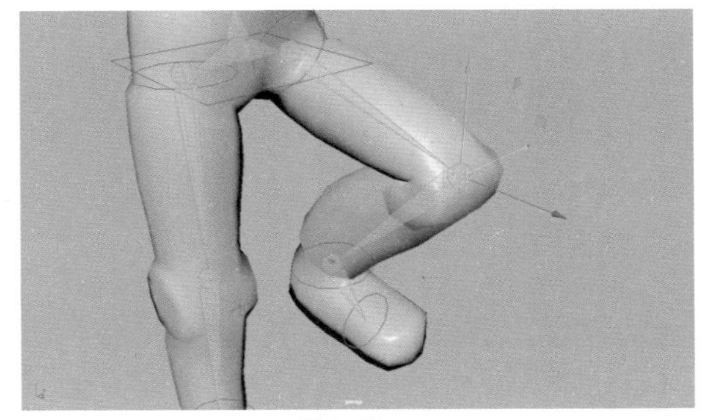

图9-70

实例操作：制作扇子开合约束动画

本例中，将使用“方向约束”来制作一个让扇子方便开合的动画装置，图9-71所示为本实例的最终完成效果。

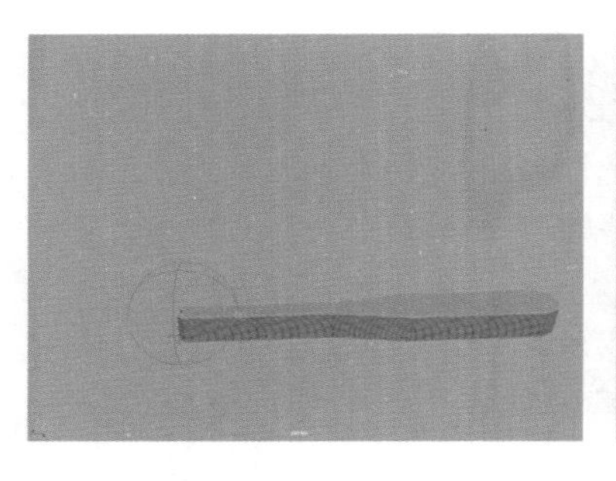
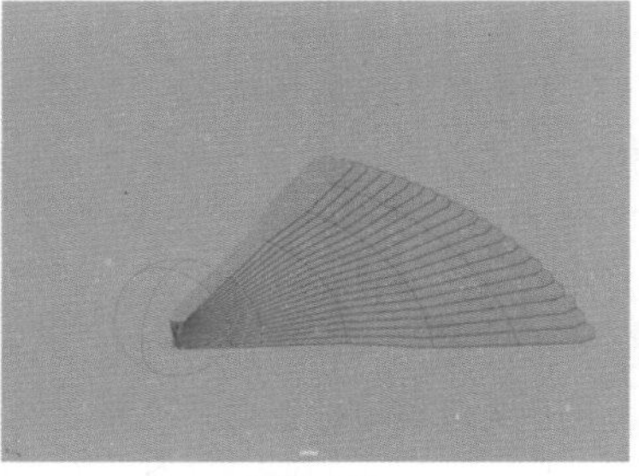

图9-71

01 启动Maya 2020软件，打开本书配套资源场景文件“扇子.mb”，如图9-72所示。

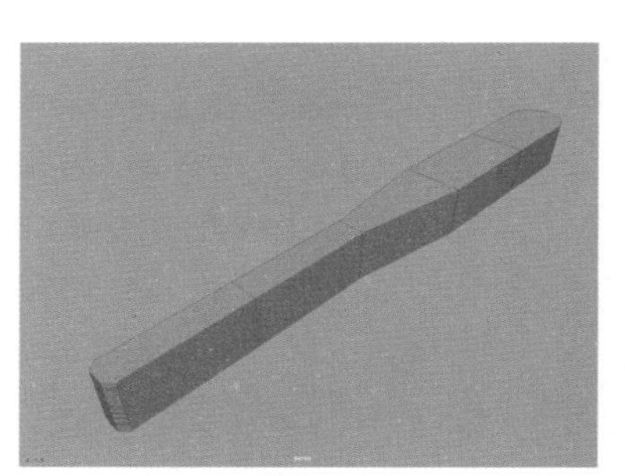

图9-72

02 观察“大纲视图”，可以看到场景中一共有21个扇片模型，如图9-73所示。

03 执行菜单栏“创建”|“定位器”命令，在场景中创建一个定位器，如图9-74所示。

04 在视图中框选所有的扇片模型，按下Shift键，最后加选场景中的定位器，执行“编辑”|“建立父子关系”命令，使得所有的扇片模型均作为定位器的子对象，如图9-75所示。

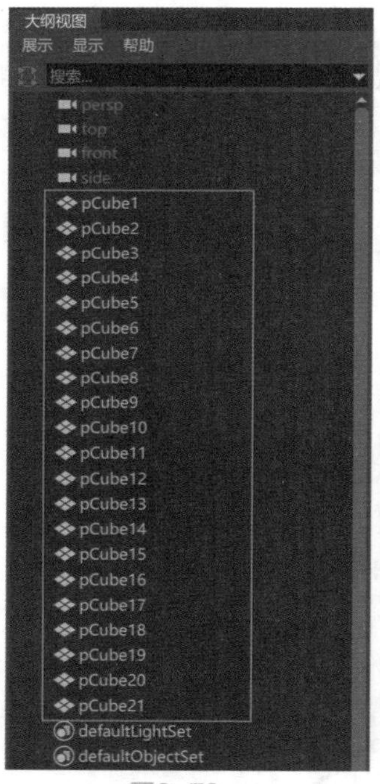

图9-73

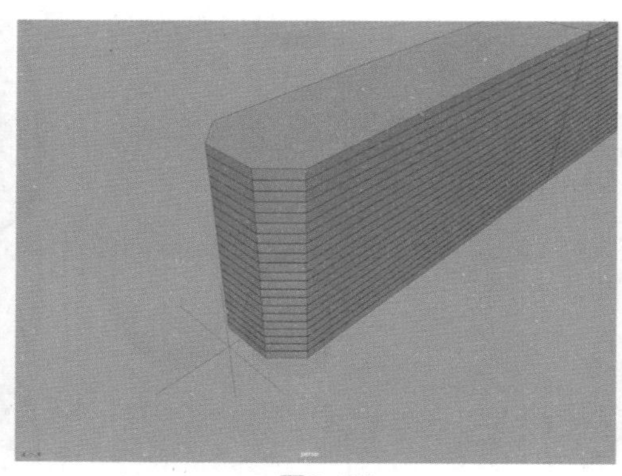

图9-74

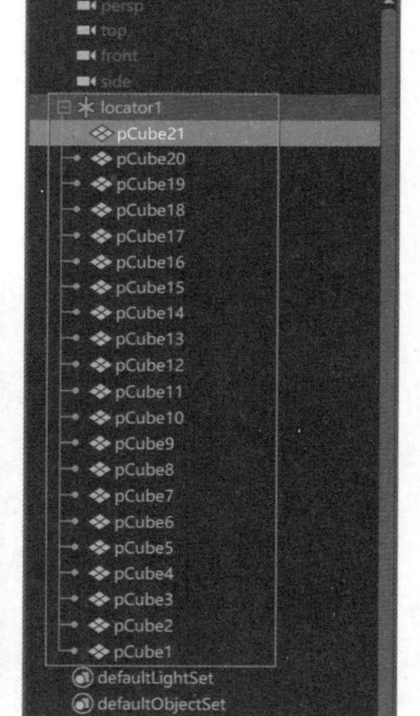

图9-75

技巧与提示

为两个对象建立父子关系的快捷键是P，或者在“大纲视图”中，选择要作为子对象的物体，按住鼠标中键，将其拖曳至要作为父对象的物体名称上，再松开鼠标中键，也可以创建父子关系。

05 在“大纲视图”中，先选择pCube1对象，按住Ctrl键加选pCube2对象，单击“动画”工具架上的“方向约束”图标，如图9-76所示。可以将后选择对象的“旋转”属性约束至先选择对象的“旋转”属性上。

06 在“大纲视图”中，先选择pCube21对象，按住Ctrl键加选pCube2对象，单击“动画”工具架上的“方向约束”图标，再将pCube2对象的“旋转”属性约束至pCube21对象的“旋转”属性上，使得pCube2对象的方向同时受到pCube1对象和pCube21对象这两个模型方向的影响，设置完成后，在“通道盒/层编辑器”面板中，可以看到在默认状态下，pCube2对象的方向同时受到pCube1对象和pCube21对象这两个模型的方向影响的权重值都是1，如图9-77所示。

图9-76

07 在“通道盒/层编辑器”面板中，将P Cube 1W0的值更改为0.95，将P Cube 21W1的值更改为0.05，如图9-78所示。这样，选择名为pCube21的扇片模型时，pCube2受到pCube21的影响要小一些，如图9-79所示。

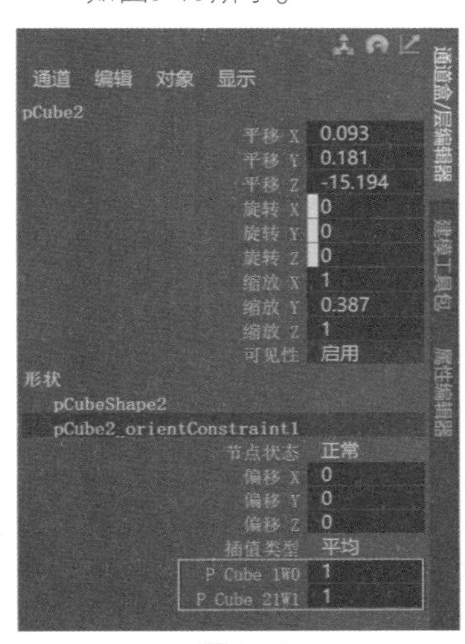

图9-77

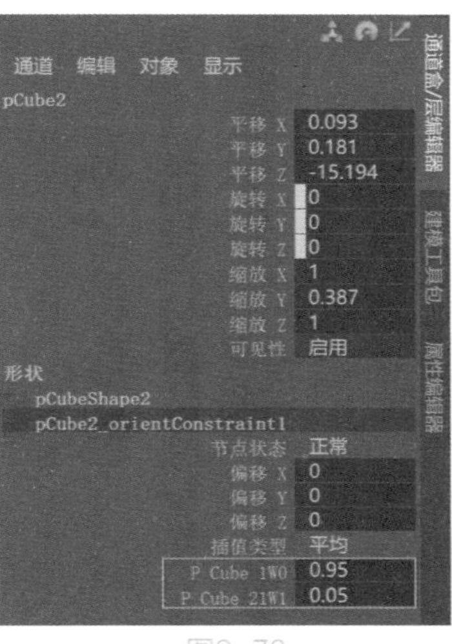

图9-78

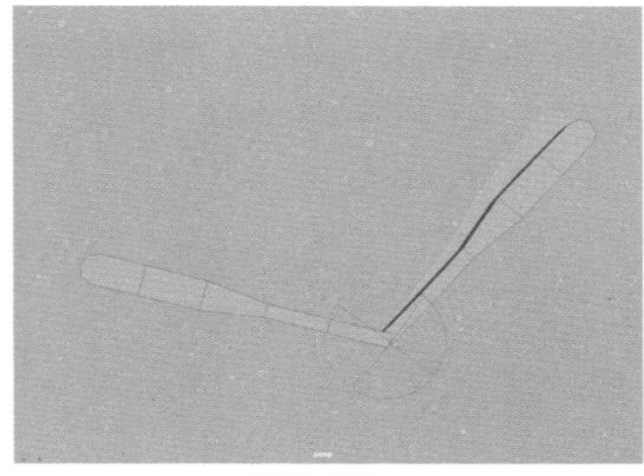

图9-79

08 以相同的操作步骤设置名为pCube3模型的旋转约束，在“通道盒/层编辑器”面板中，将P Cube 1W0的值更改为0.9，将P Cube 21W1的值更改为0.1，如图9-80所示。

09 接下来，依次对其他扇片模型进行同样的操作，即可制作出一把方便开合的扇子模型，如图9-81所示。

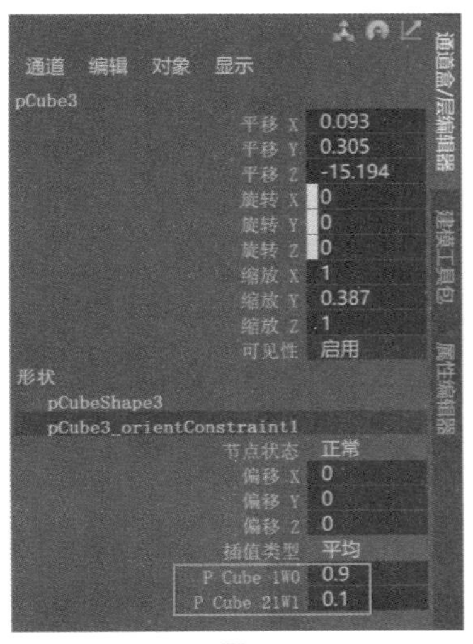

图9-80

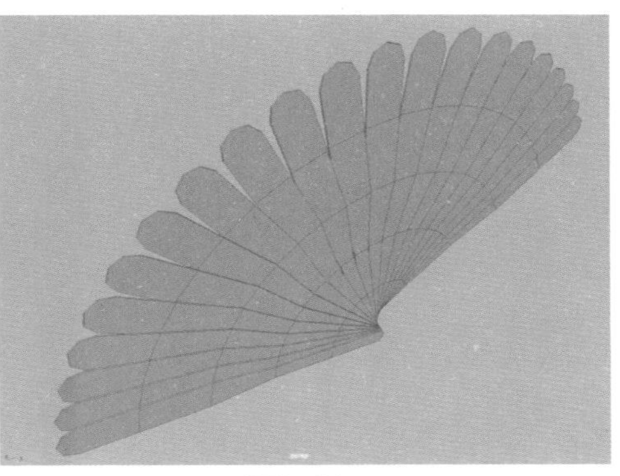

图9-81

10 对扇片模型设置完“方向约束”之后，再制作和修改扇子的开合动画将变得非常方便，只需要调整一根扇片模型的旋转动画即可，如图9-82所示。

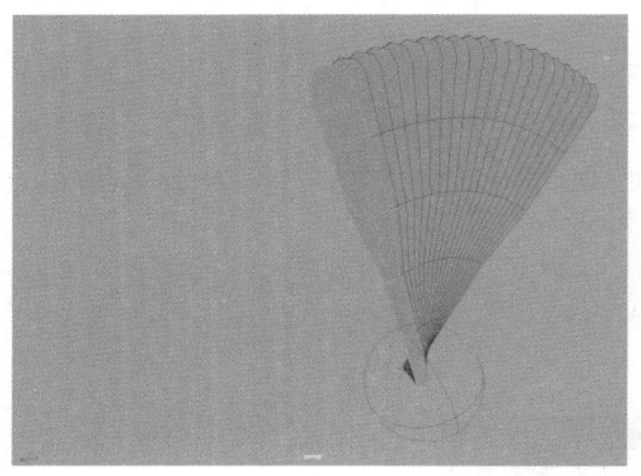
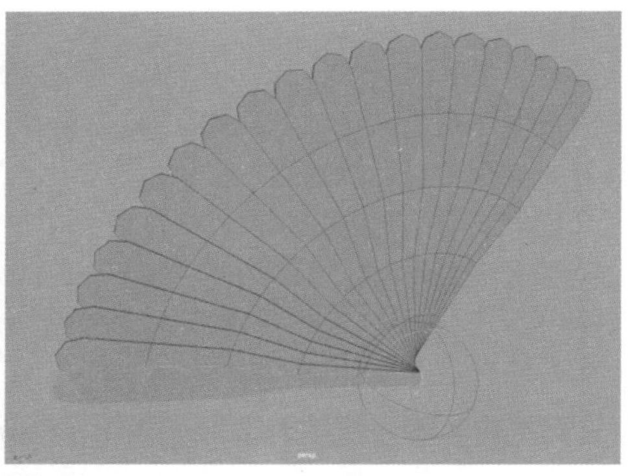

图9-82

实例操作：手臂骨骼绑定技术

本例中，将制作一个能够简单运动的手臂骨骼动画绑定，并使用“极向量约束”来控制手肘的方向，图9-83所示为本实例的最终完成效果。

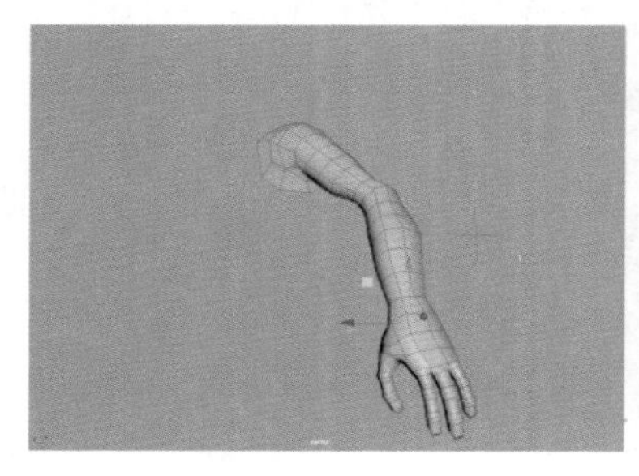
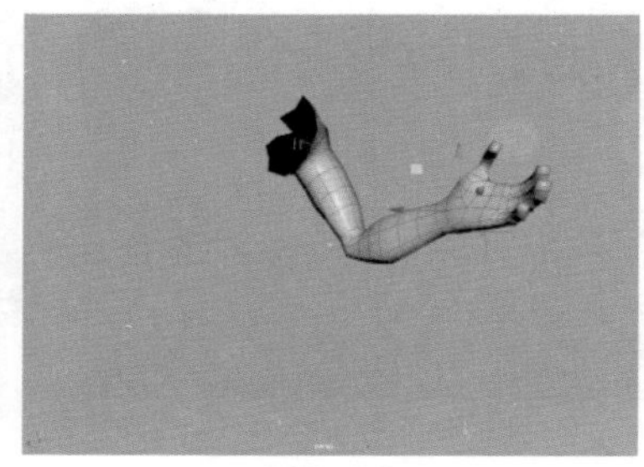
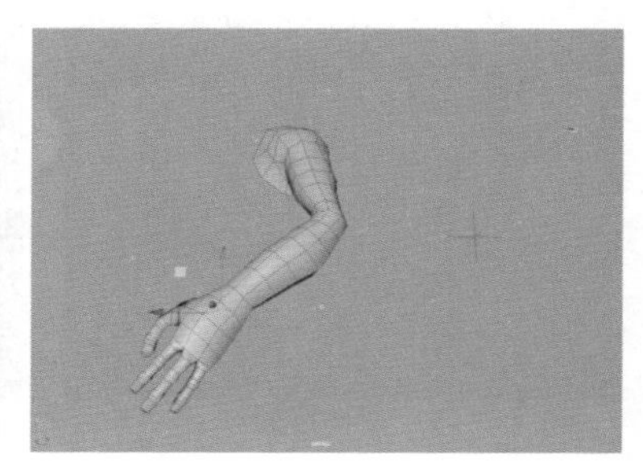

图9-83

01 启动Maya软件，打开本书配套资源场景文件“手臂.mb”，该场景中有一个手臂模型，如图9-84所示。

02 单击“绑定”工具架上的“创建关节”图标，在“前视图”中创建图9-85所示的一段骨架。

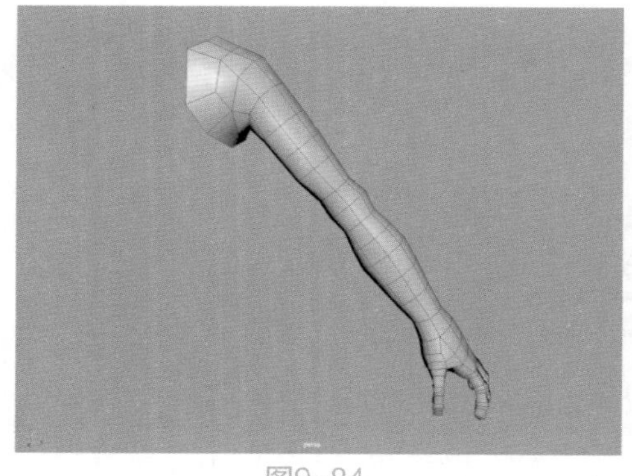

图9-84

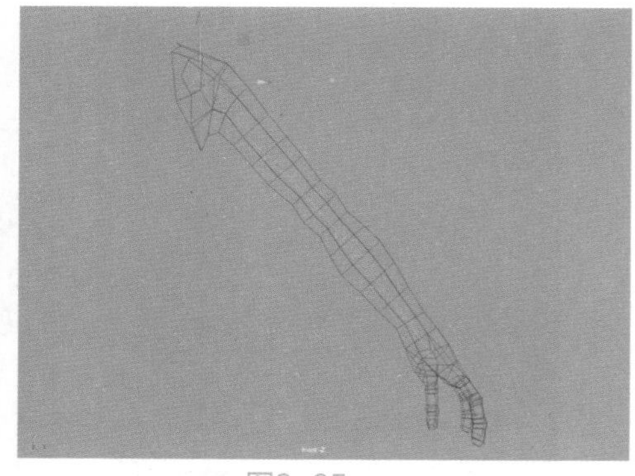

图9-85

03 将视图切换至右视图，在右视图中微调骨骼的位置至图9-86所示，使得骨骼的位置完全处于手臂模型当中。

04 单击“绑定”工具架上的“创建IK控制柄”图标，如图9-87所示。

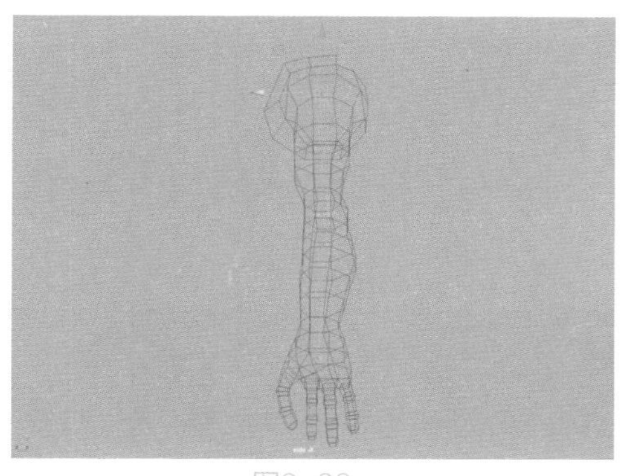

图9-86

图9-87

05 在场景中单击骨架的两个端点，创建出骨架的IK控制柄，如图9-88所示。

06 移动骨架IK控制柄的位置，可以看到骨骼的形态现在已经开始受到IK控制柄的影响，如图9-89所示。

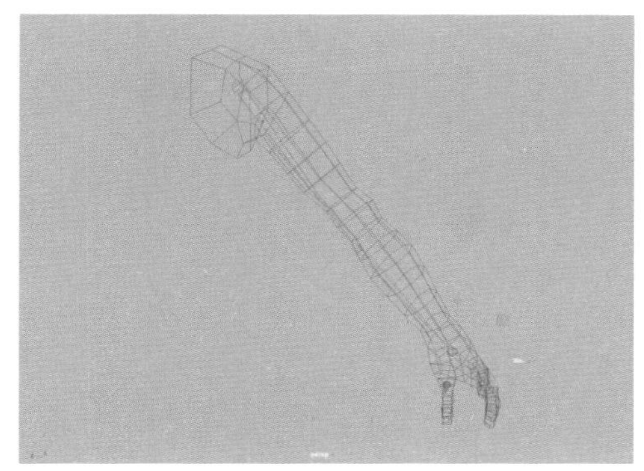

图9-88

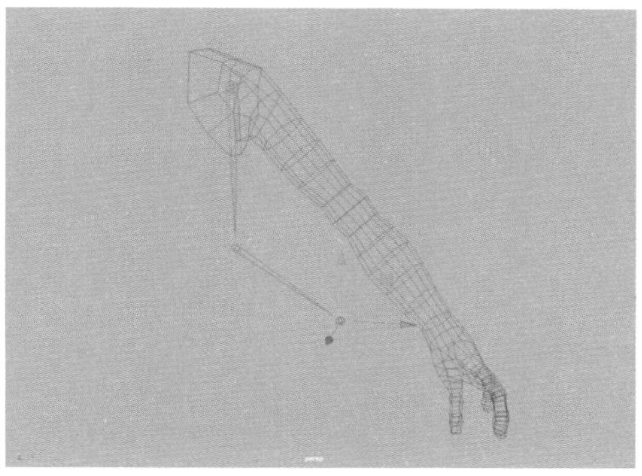

图9-89

07 单击“绑定”工具架上的“创建定位器”图标，如图9-90所示，在场景中创建一个定位器。

08 移动定位器至图9-91所示的手肘模型后方位置处，选择场景中的定位器，按下Shift键，加选场景中的IK控制柄，单击“动画”工具架中的“极向量约束”按钮，对骨骼的方向进行设置，如图9-92所示。

09 选择场景中的骨骼对象，按住Shift键，最后加选手臂模型，单击“绑定”工具架上的“绑定蒙皮”图标，如图9-93所示，对手臂模型进行蒙皮操作。

图9-90

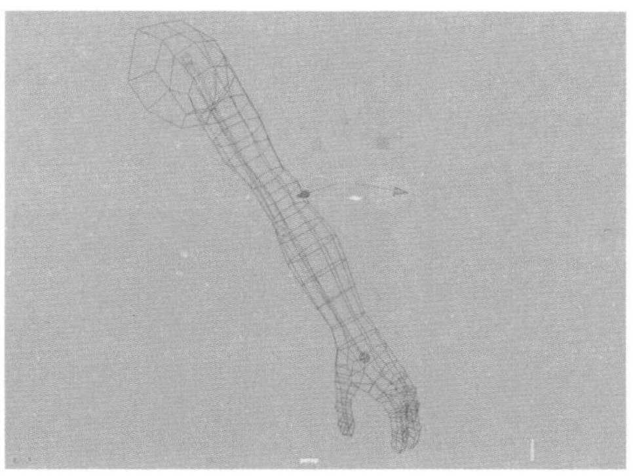

图9-91

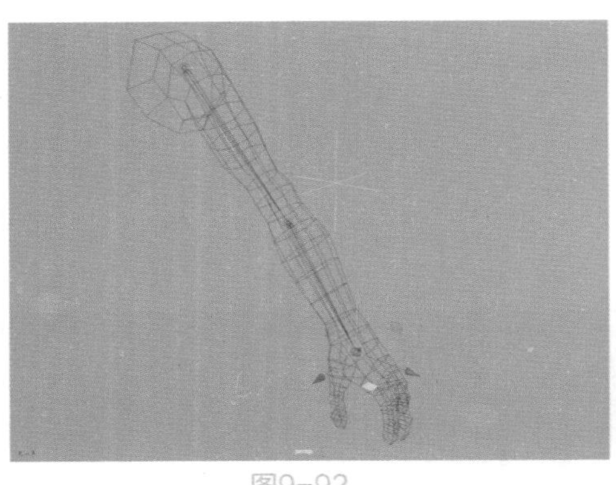

图9-92

图9-93

10 设置完成后，再次移动IK控制柄，可以看到现在手臂模型也会随着骨骼的位置发生形变，如图9-94所示。

11 设置完成后，调整场景中的定位器位置，可以看到手臂的弯曲方向也跟着发生了变化，如图9-95所示。

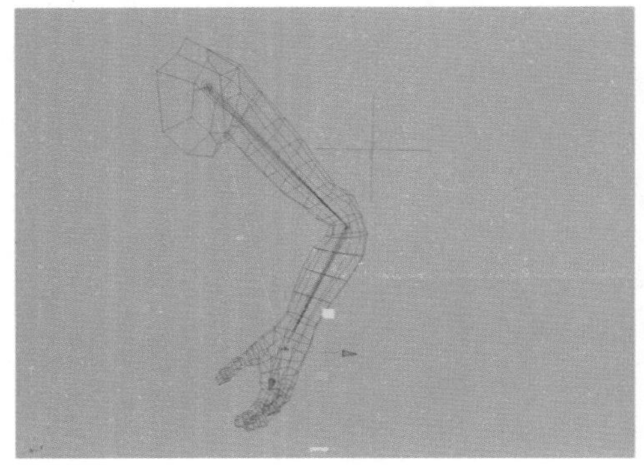

图9-94

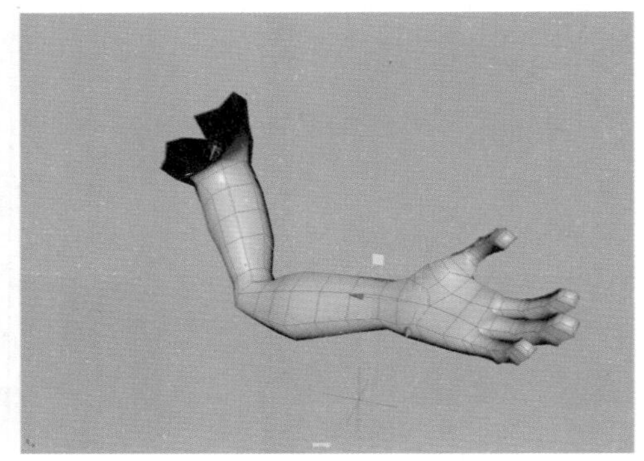

图9-95

9.5 曲线图编辑器

“曲线图编辑器”是Maya为动画师提供的一个功能强大的关键帧动画编辑对话框，通过曲线图表的显示方式，动画师可以自由地使用对话框里所提供的工具来观察及修改动画曲线，创作出令人叹为观止的逼真的动画效果。执行菜单栏“窗口”|“动画编辑器”|“曲线图编辑器”命令，如图9-96所示，即可打开“曲线图编辑器”面板，如图9-97所示。

图9-96

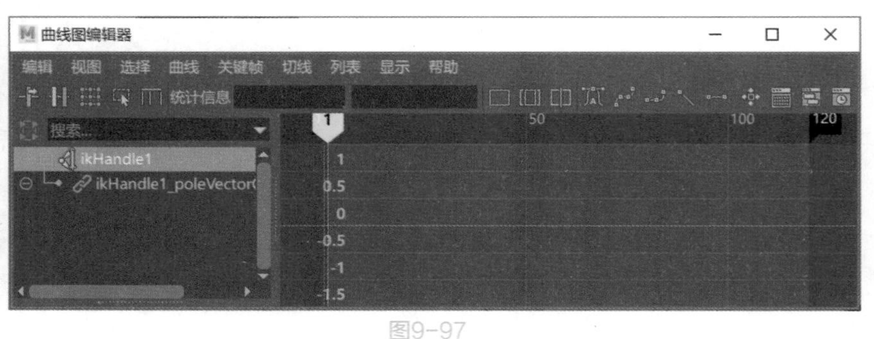

图9-97

常用参数解析

- 移动最近拾取的关键帧工具：使用该工具可以通过单一鼠标操作来操纵各个关键帧和切线。
- 插入关键帧工具：使用该工具可以添加关键帧。
- 晶格变形关键帧工具：使用该工具可以围绕关键帧组绘制一个晶格变形器，在“曲线图编辑器”中操纵曲线，从而同时操纵许多关键帧。该工具可提供对动画曲线的高级别控制。
- 区域工具：可以启用区域选择模式，在图表视图区域拖动以选择一个区域，对区域内的关键帧进行缩放控制。
- 重定时工具：通过双击图表视图区域来创建重定时标记，然后可以拖动这些标记，直接调整动画中关键帧移动的计时，使其发生得更快或更慢，以及拖动它们以提前或推后发生。
- 框显全部：框显所有当前动画曲线的关键帧。
- 框显播放范围：框显当前“播放范围”内的所有关键帧。
- 使视图围绕当前时间居中：在“曲线图编辑器”图表视图中使当前时间居中。
- 自动切线：轻松执行“曲线图编辑器”菜单项“切线/自动”命令。
- 样条线切线：轻松执行“曲线图编辑器”菜单项“切线/样条线”命令。
- 钳制切线：轻松执行“曲线图编辑器”菜单项“切线/钳制”命令。
- 线性切线：轻松执行“曲线图编辑器”菜单项“切线/线性”命令。
- 平坦切线：轻松执行“曲线图编辑器”菜单项“切线/平坦”命令。
- 阶跃切线：轻松执行“曲线图编辑器”菜单项“切线/阶跃”命令。
- 高原切线：轻松执行“曲线图编辑器”菜单项“切线/高原”命令。
- 默认入切线：指定默认入切线的类型，为Maya 2020新增功能。
- 默认出切线：指定默认出切线的类型，为Maya 2020新增功能。
- 缓冲区曲线快照：用于快照所选择的动画曲线。
- 交换缓冲区曲线：将缓冲区曲线与已编辑的曲线交换。
- 断开切线：轻松执行“曲线图编辑器”菜单项“切线/断开切线”命令。
- 统一切线：轻松执行“曲线图编辑器”菜单项“切线/统一切线”命令。
- 自由切线长度：轻松执行“曲线图编辑器”菜单项“切线/自由切线权重”命令。
- 锁定切线长度：轻松执行“曲线图编辑器”菜单项“切线/锁定切线长度”命令。
- 自动加载曲线图编辑器：启用或禁用“列表”菜单中的“自动加载选定对象”命令。
- 时间捕捉：单击该按钮后，在图表视图内移动关键帧时，将自动捕捉鼠标指针最接近的整数值。
- 值捕捉：单击该按钮，在图表视图内移动关键帧时，关键帧的值会自动更改为最接近的整数值。
- 绝对视图：轻松启用或禁用“曲线图编辑器”菜单项“视图/绝对视图”命令。
- 堆叠视图：轻松启用或禁用“曲线图编辑器”菜单项“视图/堆叠视图”命令。
- 打开摄影表：打开“摄影表”并加载当前对象的动画关键帧。
- 打开Trax编辑器：打开“Trax编辑器”并加载当前对象的动画片段。
- 打开时间编辑器：打开“时间编辑器”并加载当前对象的动画关键帧。

9.6 路径动画

9.6.1 设置路径动画

路径动画可以很好地解决物体沿曲线进行位移及旋转的动画制作。在“动画”菜单栏，执行“约束”|“运动路径”|“连接到运动路径”命令可以打开“连接到运动路径选项”对话框，如图9-98和图9-99所示。

图9-98

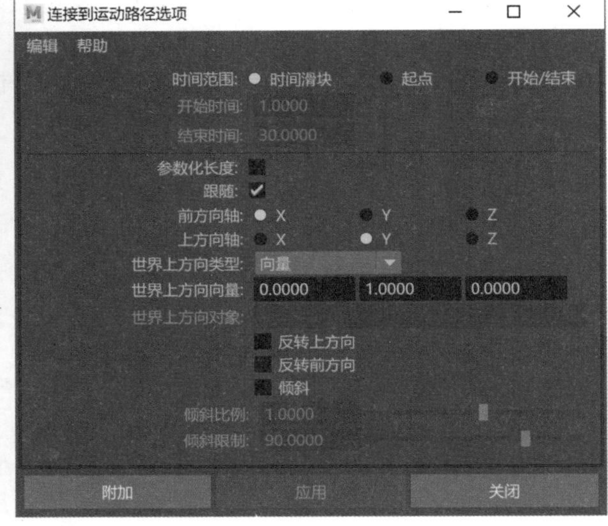

图9-99

常用参数解析

- 时间范围：这些设置沿曲线定义运动路径的开始时间和结束时间。
- 时间滑块：将在“时间滑块”中设置的值用于运动路径的起点和终点。
- 起点：仅在曲线的起点处或在下面“开始时间”字段中设置的其他值处创建一个位置标记。对象将放置在路径的起点处，但除非沿路径放置其他位置标记，否则动画将无法运行。可以使用运动路径操纵器添加其他位置标记。
- 开始/结束：在曲线的起点和终点处创建位置标记，并在下面的“开始时间”和“结束时间”字段中设置时间值。
- 开始时间：指定运动路径动画的开始时间。仅当启用了“时间范围”中的“开始”或“开始/结束”时可用。
- 结束时间：指定运动路径动画的结束时间。仅当启用了“时间范围”中的“开始/结束”时可用。
- 参数化长度：指定 Maya 定位沿曲线移动的对象的方法。
- 跟随：选择该选项，Maya 会在对象沿曲线移动时计算它的方向。
- 前方向轴：指定对象的哪个局部轴（X、Y 或 Z）与前方向向量对齐。这将指定沿运动路径移动的前方向。
- 上方向轴：指定对象的哪个局部轴（X、Y 或 Z）与上方向向量对齐。这将在对象沿运动路径移动时指定它的上方向。上方向向量与“世界上方向类型”指定的世界上方向向量对齐。

- 世界上方向类型：指定上方向向量对齐的世界上方向向量类型，有“场景上方向”“对象上方向”“对象旋转上方向”“向量”和“法线”这5个选项可选，如图9-100所示。
- 场景上方向：指定上方向向量尝试与场景上方向轴（而不是世界上方向向量）对齐。

场景上方向
对象上方向
对象旋转上方向
向量
法线

图9-100

- 对象上方向：指定上方向向量尝试对准指定对象的原点，而不是与世界上方向向量对齐。世界上方向向量将被忽略。该对象称为世界上方向对象，可通过“世界上方向对象”选项指定。如果未指定世界上方向对象，上方向向量会尝试指向场景世界空间的原点。
- 对象旋转上方向：指定相对于某个对象的局部空间（而不是相对于场景的世界空间）定义世界上方向向量。在相对于场景的世界空间变换上方向向量后，其会尝试与世界上方向向量对齐。上方向向量尝试对准原点的对象被称为世界上方向对象。可以使用“世界上方向对象”选项指定世界上方向对象。
- 向量：指定上方向向量尝试与世界上方向向量尽可能近地对齐。默认情况下，世界上方向向量是相对于场景的世界空间定义的。“使用世界上方向向量”以指定世界上方向向量相对于场景世界空间的位置。
- 法线：指定“上方向轴”指定的轴将尝试匹配路径曲线的法线。
- 世界上方向向量：指定世界上方向向量相对于场景世界空间的方向。
- 世界上方向对象：在“世界上方向类型”设定为“对象上方向”或“对象旋转上方向”的情况下，指定世界上方向向量尝试对齐的对象。
- 反转上方向：选择该选项，则“上方向轴”会尝试与上方向向量的逆方向对齐。
- 反转前方向：选择该选项，沿曲线反转对象面向的前方向。
- 倾斜：倾斜意味着对象将朝曲线曲率的中心倾斜，该曲线是对象移动所沿的曲线（类似于摩托车转弯）。仅当启用“跟随”选项时，倾斜选项才可用，因为倾斜也会影响对象的旋转。
- 倾斜比例：如果增加“倾斜比例”，那么倾斜效果会更加明显。
- 倾斜限制：允许用户限制倾斜量。

9.6.2 设置路径变形动画

路径变形动画是一种使用频率较高的动画制作技术，常常用来增加动画的细节，使得动画看起来更加形象有趣，图9-101所示为模型添加了路径变形命令的前后效果对比。通过对比可以看出，设置了路径变形动画之后的鲨鱼形态显得更加自然。

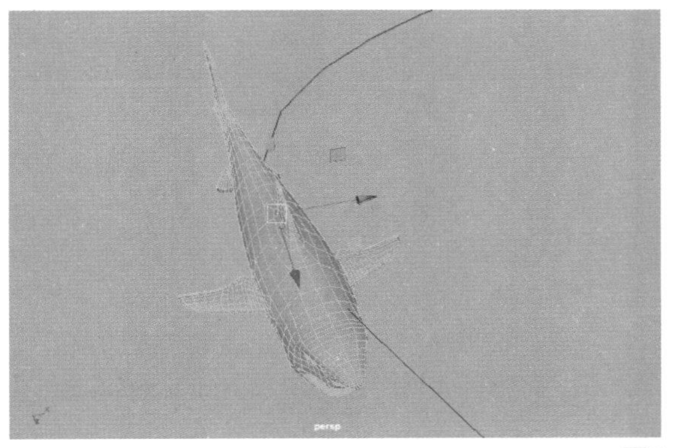

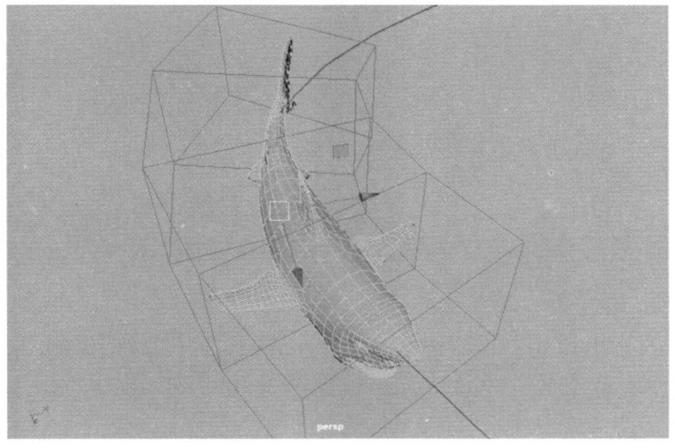

图9-101

单击菜单栏“约束”|“运动路径”|“流动路径对象”命令后的小方块按钮，可以打开“流动路径对象选项”对话框，如图9-102所示。

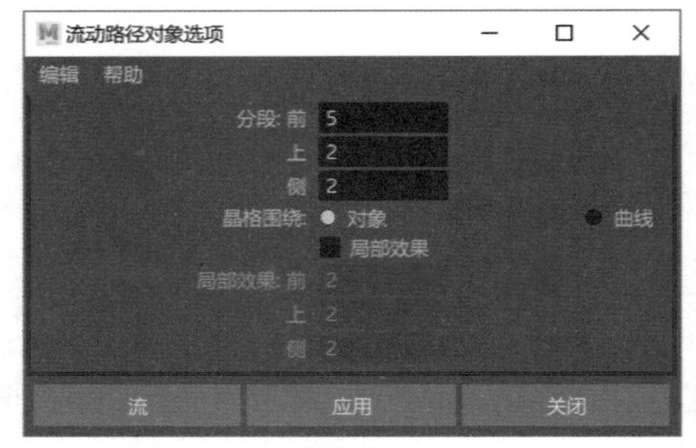

图9-102

常用参数解析

- 分段：通过控制“前”“上”“侧”3个方向的晶格数来调整模型变形的细节。
- 晶格围绕：用来设置晶格是围绕对象生成还是围绕曲线生成，图9-103所示分别是“晶格围绕”设置为“对象”和“曲线”时的效果对比。

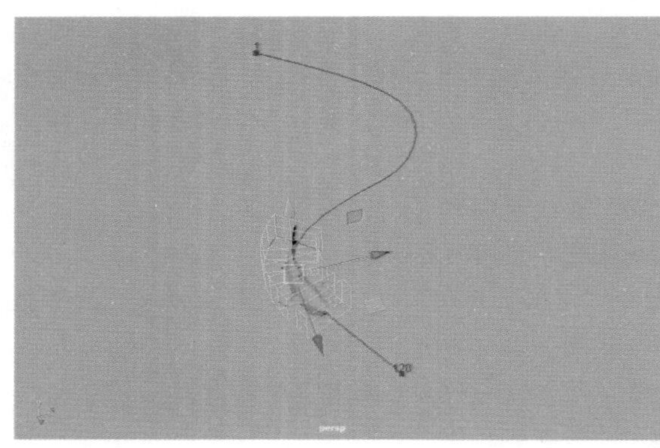

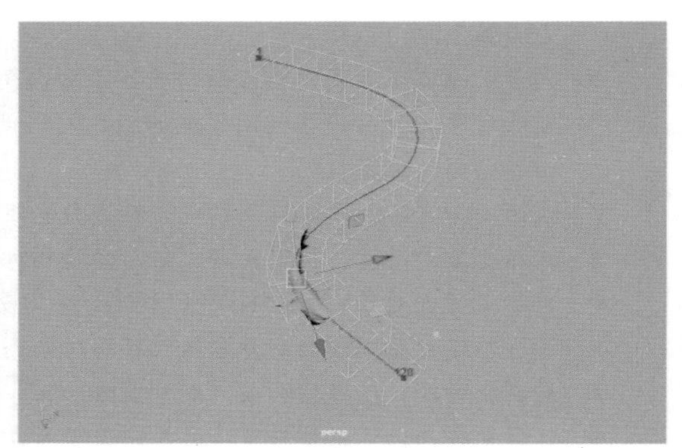

图9-103

- 局部效果：使用该选项可以更精确地控制对象的变形。

实例操作：制作鲨鱼游动路径动画

本例中，将使用路径动画技术来制作一段鲨鱼游动的动画效果，图9-104所示为最终完成效果。

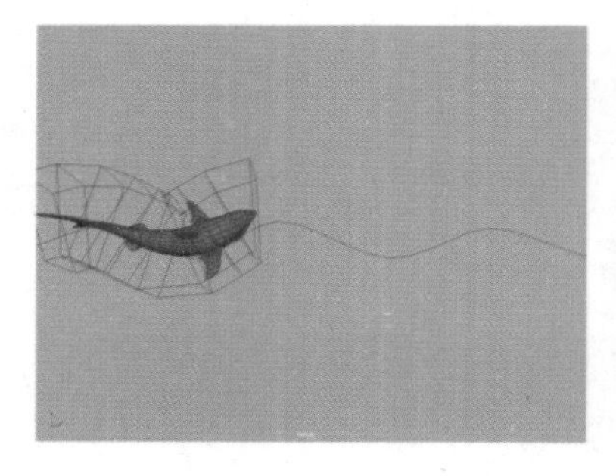

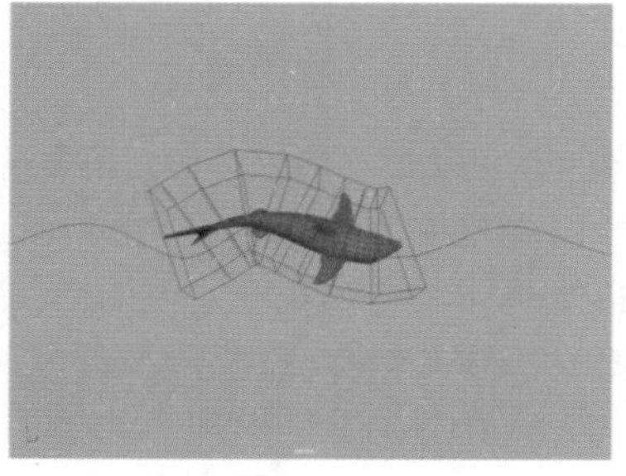

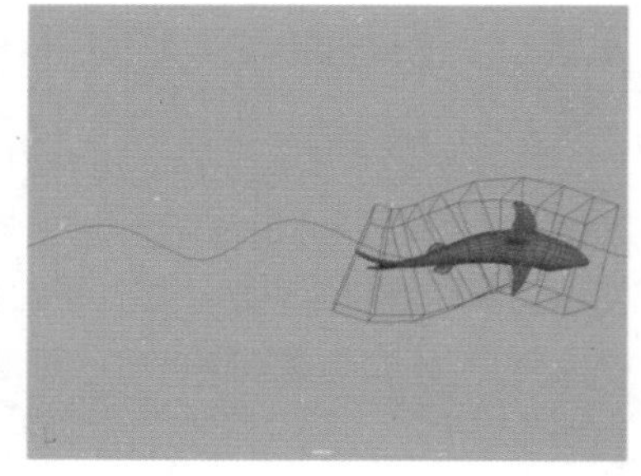

图9-104

01 打开本书配套资源“鲨鱼.mb”文件，场景中有一个鲨鱼的模型和一条弯曲的曲线，如图9-105所示。

02 首先选择鲨鱼模型，按下Shift键，加选场景中的曲线，执行菜单栏“约束”|“运动路径”|“连接到运动路径”命令，这样鲨鱼模型就自动移动至场景中的曲线上了，如图9-106所示。

03 拖动时间帧，在场景中观察鲨鱼模型的曲线运动，可以看到在默认状态下，鲨鱼游动的方向并非与路径相一致，这时，需要修改一下鲨鱼的运动方向。在“属性编辑器”面板中找到motionPath1选项卡，在“运动路径属性”卷展栏内，将“前方向轴”的选项更改为Z，如图9-107所示。这样鲨鱼模型的方向就与路径的方向相匹配了，如图9-108所示。

图9-105

图9-106

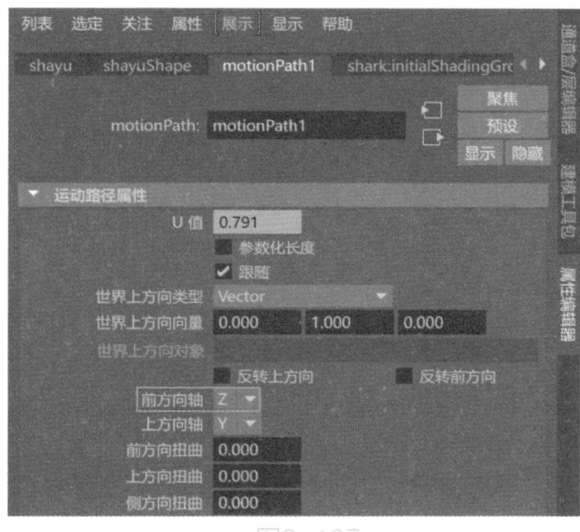

图9-107

图9-108

04 鲨鱼的路径动画设置完成后，拖动时间帧，观察场景动画，可以看到鲨鱼运动的形态比较僵硬。选择鲨鱼模型，单击菜单栏“约束”|“运动路径”|“流动路径对象”命令后面的方块形状按钮，打开“流动路径对象选项”对话框，设置“分段”的“前”值为10，设置“晶格围绕”的选项为“对象”，如图9-109所示。设置完成后，单击“流”按钮，关闭该对话框，在视图中可以看到鲨鱼模型上多了一个晶格，并且鲨鱼模型受到晶格变形的影响也产生了形变，如图9-110所示。

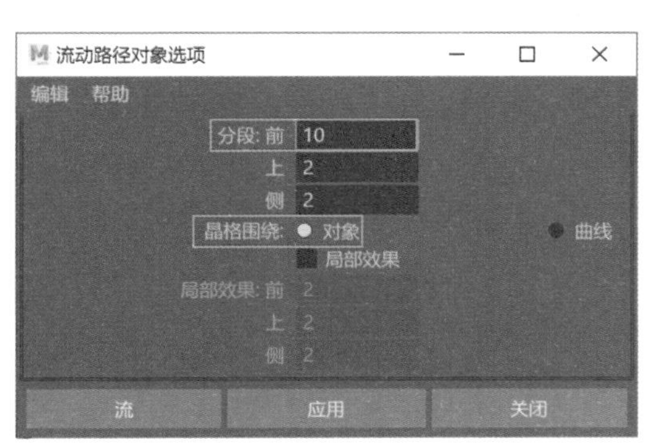

图9-109

图9-110

05 拖动时间帧，在透视视图中观察鲨鱼动画，可以看到添加了晶格变形的鲨鱼动画自然了很多，本实例的最终动画效果如图9-111所示。

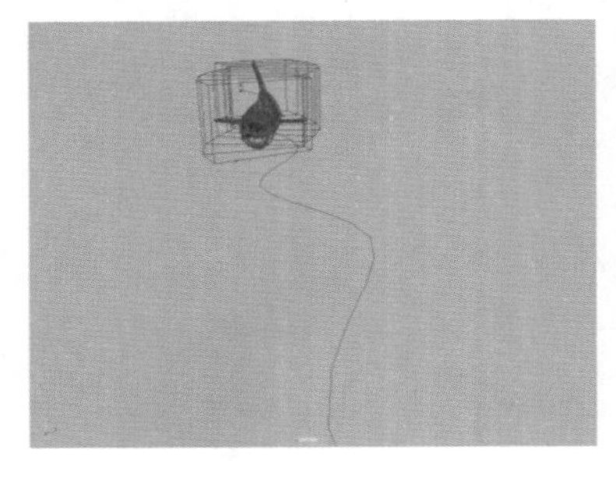
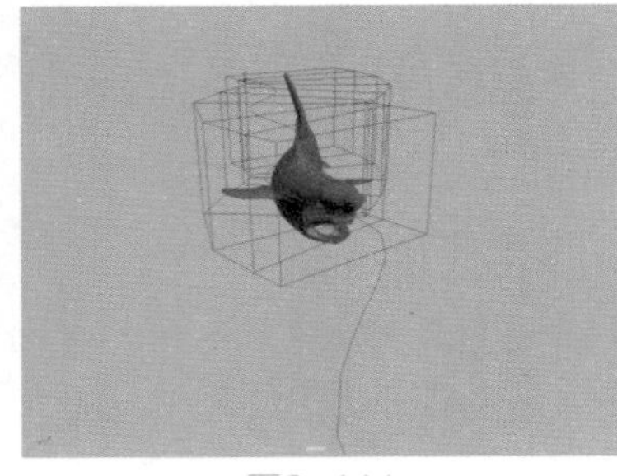
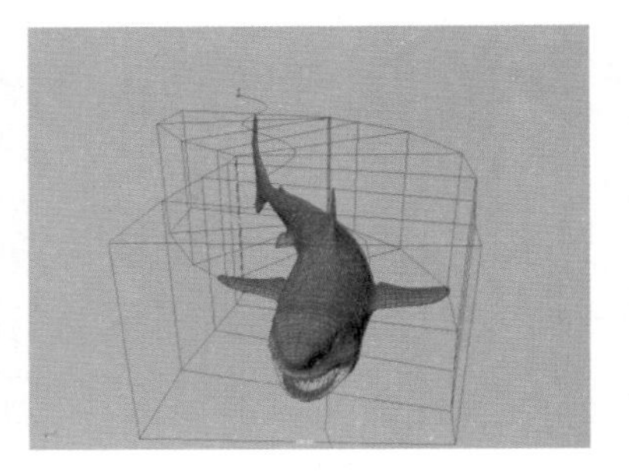

图9-111

实例操作：制作蝴蝶展翅循环动画

本例中，讲解在Maya 2020软件中如何制作蝴蝶飞舞的动画效果，图9-112所示为最终完成效果。

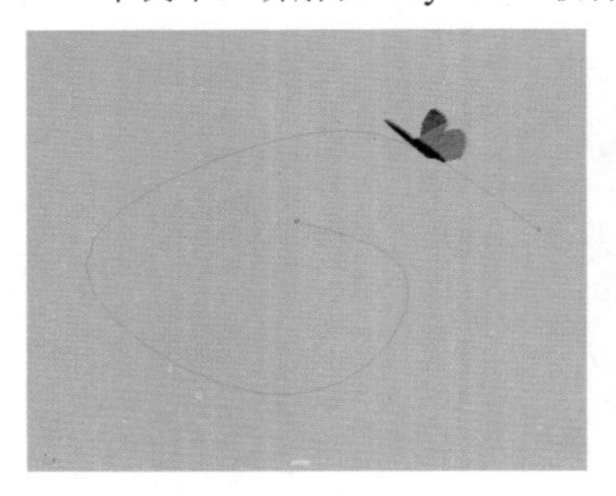
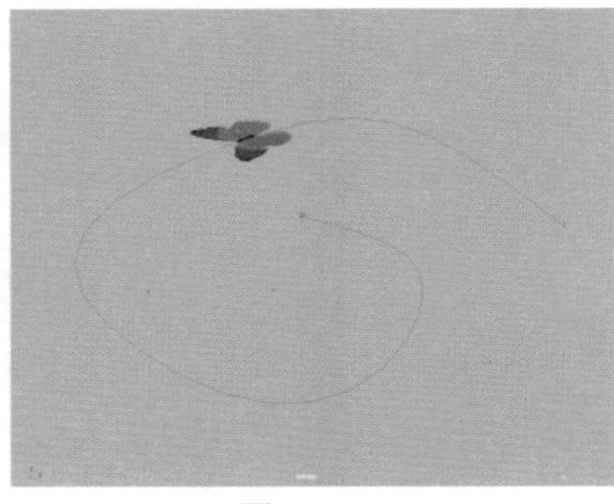

图9-112

01 打开本书配套场景资源文件“蝴蝶.mb”，里面有一只蝴蝶的模型，并且设置好了材质，如图9-113所示。

02 在第1帧，旋转蝴蝶的翅膀模型至图9-114所示的角度。

图9-113

图9-114

03 在“通道盒/层编辑器”面板中，将鼠标指针移动至蝴蝶翅膀模型的“旋转z”属性上，右击，在弹出的菜单中执行“为选定项设置关键帧”命令，如图9-115所示。

04 设置完成后，可以看到该蝴蝶翅膀模型的“旋转Z”属性后面会出现一个红色的方块，代表该属性已经设置好了关键帧，如图9-116所示。

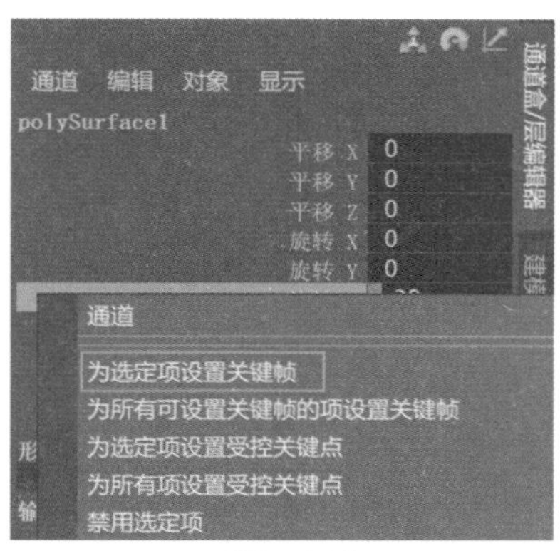

图9-115

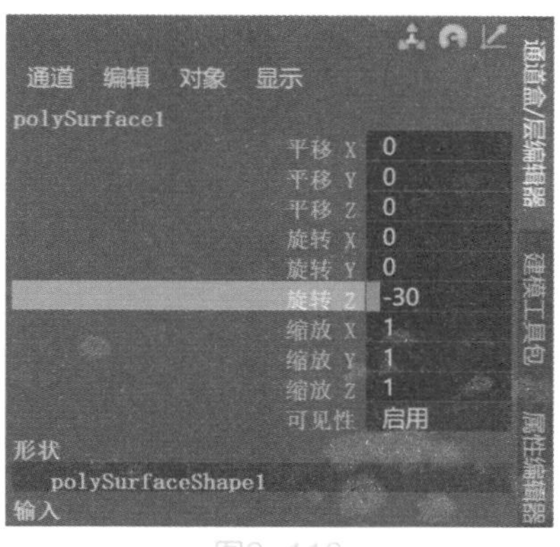

图9-116

05 以同样的方式对另一只翅膀也设置好关键帧后，将时间滑块移动至第12帧，旋转蝴蝶的翅膀模型至图9-117所示的角度，并分别再次设置好关键帧，如图9-118所示。

图9-117

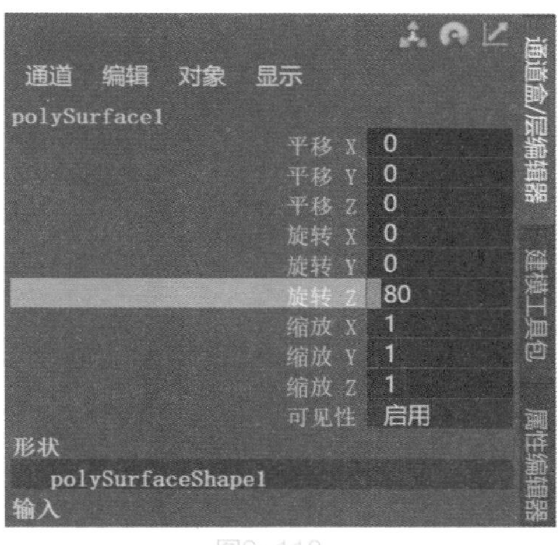

图9-118

06 接下来，为蝴蝶的翅膀设置动画循环效果。执行菜单栏“窗口”|“动画编辑器”|“曲线图编辑器”命令，打开“曲线图编辑器”窗口，如图9-119所示。

07 在“曲线图编辑器”中，执行“曲线”|“后方无限”|“往返”命令，如图9-120所示，设置完成后，拖动时间滑块，即可看到现在的蝴蝶翅膀有了来回扇动的动画效果。

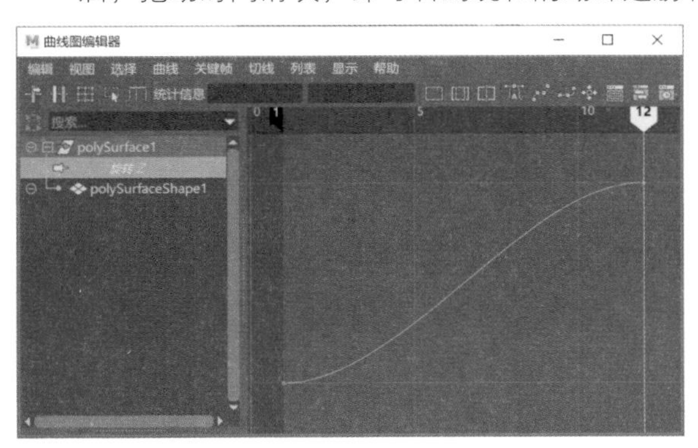

图9-119

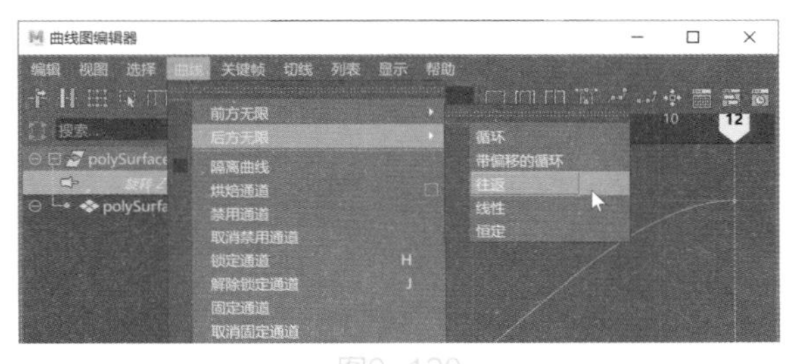

图9-120

08 执行“创建”|“定位器”命令，在场景中坐标原点处创建一个定位器，如图9-121所示。

09 在“大纲视图”中，将蝴蝶模型设置为定位器的子对象，如图9-122所示。

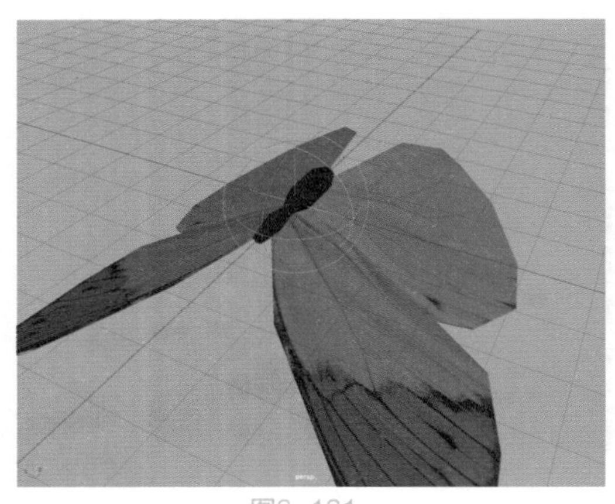

图9-121

图9-122

10 在场景中绘制一条曲线，如图9-123所示。

11 选择定位器，再加选曲线，执行菜单栏“约束”|“运动路径”|“连接到运动路径”命令，使得蝴蝶模型沿绘制好的曲线移动，如图9-124所示。

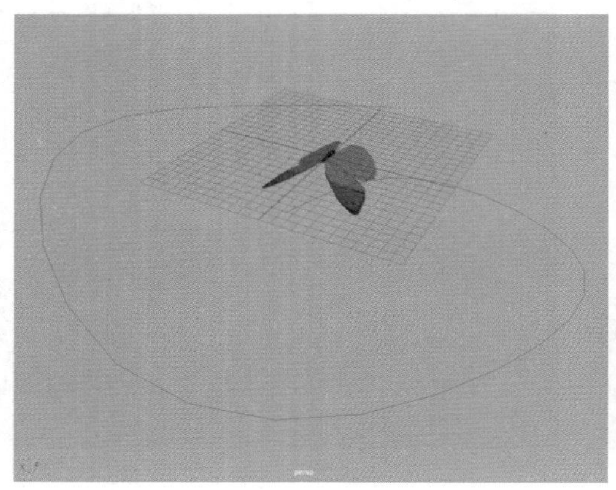

图9-123

图9-124

12 在默认状态下，蝴蝶的移动方向并非与路径一致，这时，需要修改一下蝴蝶的运动方向。在“属性编辑器”面板中找到motionPath1选项卡，在“运动路径属性”卷展栏内，将“前方向轴”的选项更改为Z，并勾选“反转前方向”复选项，如图9-125所示。

13 设置完成后，拖动时间滑块，可以看到现在蝴蝶模型的运动方向就与路径的方向相匹配了，如图9-126所示。

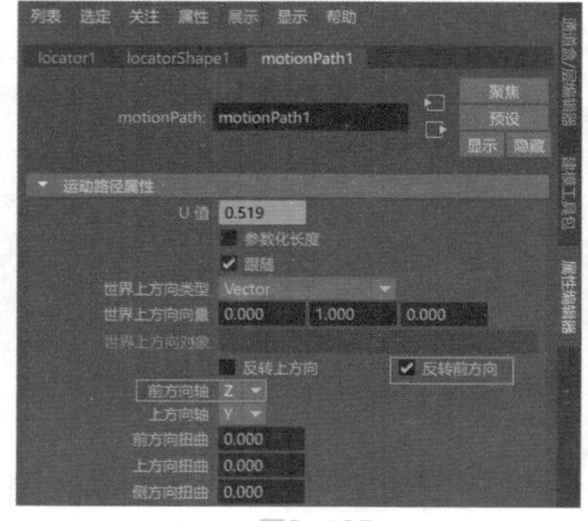

图9-125

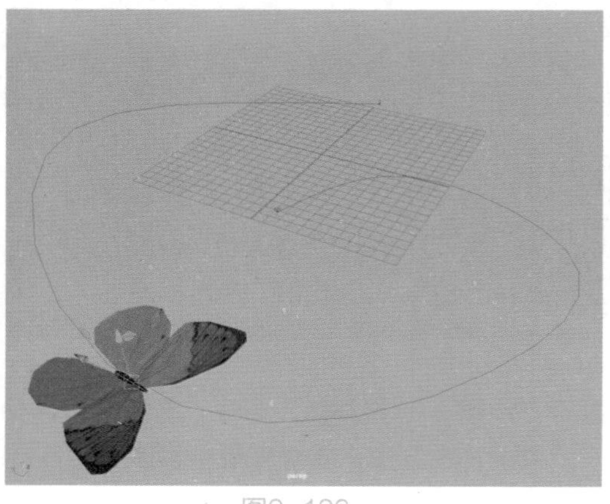

图9-126

14 执行“可视化”|“为选定对象生成重影”命令，还可以在场景中观察蝴蝶运动的重影效果，本实例的最终动画效果如图9-127所示。

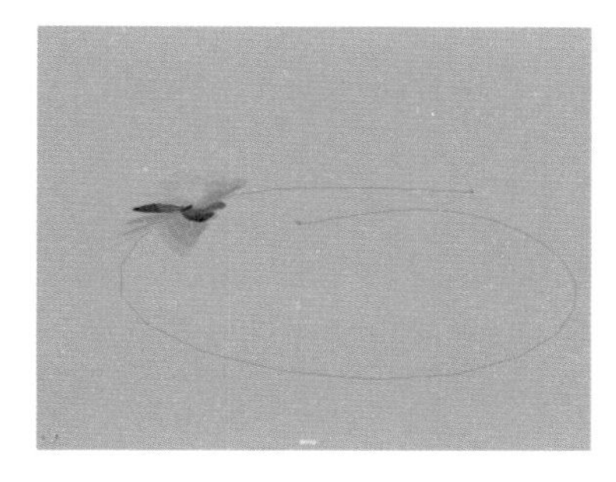

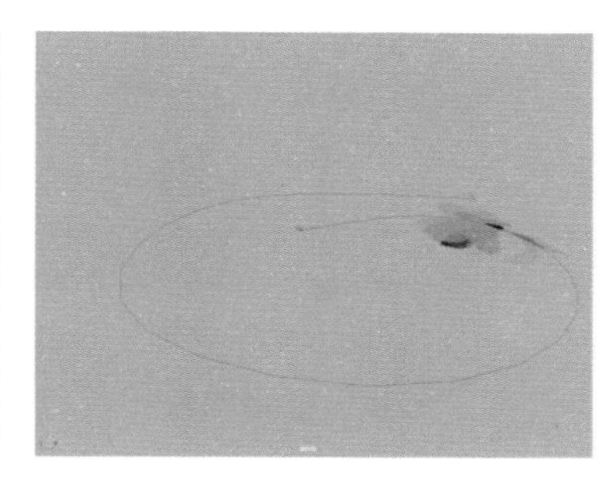

图9-127

9.7 快速绑定角色

Maya为用户提供了快速绑定角色的功能，使用这一功能，动画师就可以快速为标准角色网格创建骨架并进行蒙皮操作，节省了传统设置骨骼及IK所消耗的大量时间。此工具创建角色绑定的方法有两种：一是通过“一键式”命令自动创建骨架并蒙皮；二是通过“分步”的方式，一步一步将角色绑定完成。执行菜单栏“骨架”|“快速装备”命令，即可打开“快速绑定”面板，如图9-128所示。在“绑定”工具架上单击“快速绑定”图标，也可以打开“快速绑定”面板，如图9-129所示。

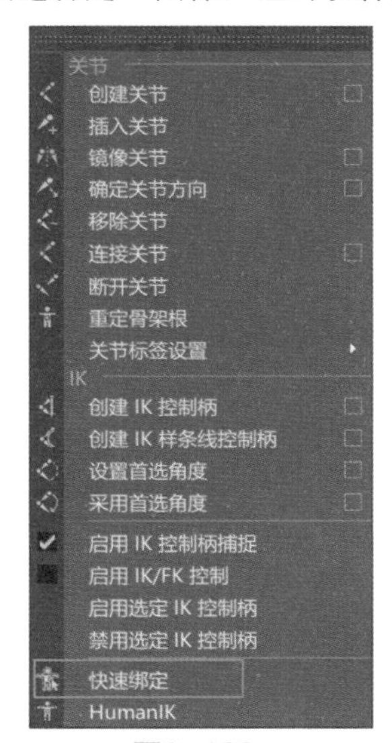

图9-128

图9-129

“绑定”一词，在Maya的早期中文版中曾翻译为“装备”，“快速绑定”面板翻译为“快速装备”，如图9-130所示，其实含义是一样的。

图9-130

9.7.1 快速绑定角色的方式

1. “一键式”角色绑定

在“快速绑定”面板中，默认状态下，角色将以“一键式”的方式来进行快速装备，如图9-131所示。

常用参数解析

- “自动绑定”按钮：选择场景中的角色，单击该按钮，即可快速为角色创建骨架并设置蒙皮。

2．“分步”绑定角色

在“快速绑定”面板中，当角色绑定的方式选择为“分步”时，其命令参数如图9-132所示。

图9-131

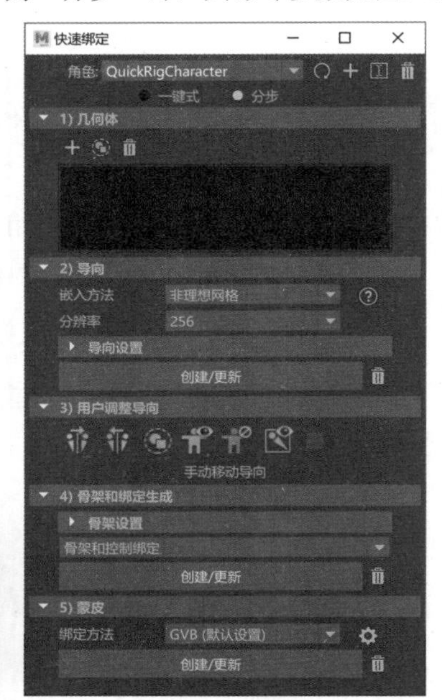

图9-132

9.7.2 “几何体”卷展栏

展开“几何体”卷展栏，其中的命令参数如图9-133所示。

图9-133

常用参数解析

- 添加选定的网格：使用选定的网格填充“几何体”列表。
- 选择所有网格：选择场景中的所有网格，并将其添加到“几何体”列表。
- 清除所有网格：清空“几何体”列表。

9.7.3　“导向”卷展栏

展开“导向”卷展栏，其中的命令参数如图9-134所示。

常用参数解析

- 嵌入方法：此区域可用于指定使用哪种网格，以及如何以最佳方式进行装备，有“理想网格”“防水网格”“非理想网格”“多边形汤”和“无嵌入”这5种方式可选，如图9-135所示。

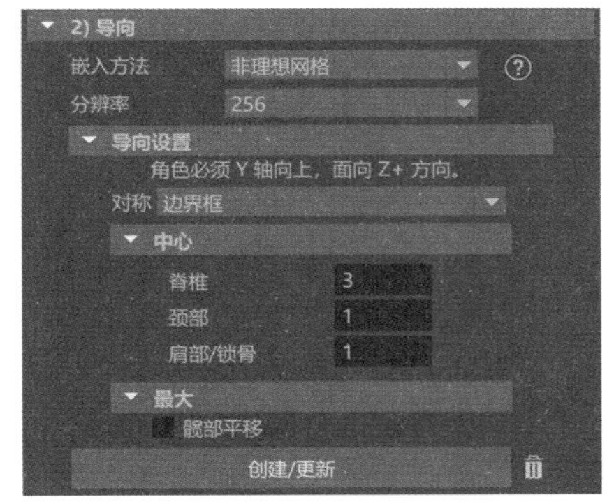

图9-134

图9-135

- 分辨率：选择要用于装备的分辨率。分辨率越高，处理时间就越长。
- 导向设置：该区域可用于配置导向的生成，帮助Maya使骨架关节与网格上的适当位置对齐。
- 对称：根据角色的边界框或髋部选择对称类型。
- 中心：用于设置创建的导向数量，进而设置生成的骨架和装备将拥有的关节数。
- 髋部平移：用于生成骨架的髋部平移关节。
- “创建/更新”按钮：将导向添加到角色网格。

9.7.4　“用户调整导向”卷展栏

展开“用户调整导向”卷展栏，其中的命令参数如图9-136所示。

图9-136

常用参数解析

- 从左到右镜像：使用选定导向作为源，以便将左侧导向镜像到右侧导向。
- 从右到左镜像：使用选定导向作为源，以便将右侧导向镜像到左侧导向。
- 选择导向：选择所有导向。
- 显示所有导向：启用导向的显示。
- 隐藏所有导向：隐藏导向的显示。
- 启用X射线关节：在所有视口中启用X射线关节。
- 导向颜色：选择导向颜色。

9.7.5 “骨架和装备生成”卷展栏

展开“骨架和装备生成”卷展栏，其中的命令参数如图9-137所示。

常用参数解析

- T形站姿校正：选择此选项后，可以在调整处于T形站姿的新HumanIK骨架的骨骼大小以匹配嵌入骨架之后，对其进行角色化，之后控制装备会将骨架还原回嵌入姿势。
- 对齐关节X轴：通过此设置可以选择如何在骨架上设置关节方向，有“镜像行为”“朝向下一个关节的X轴”和“世界-不对齐”这3个选项，如图9-138所示。

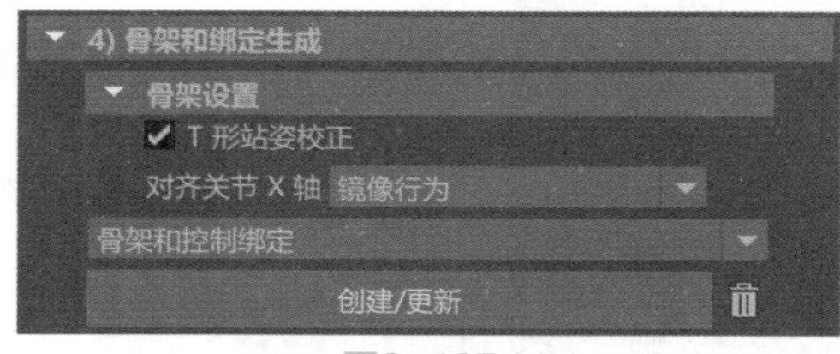

图9-137

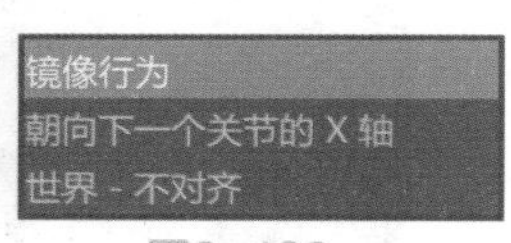

图9-138

- 骨架和控制绑定菜单：从此菜单中选择是要创建具有控制绑定的骨架，还是仅创建骨架。
- “创建/更新”按钮：为角色网格创建带有或不带控制绑定的骨架。

9.7.6 “蒙皮”卷展栏

展开“蒙皮”卷展栏，其中的命令参数如图9-139所示。

常用参数解析

- 绑定方法：从该菜单中选择蒙皮绑定方法，有GVB和“当前设置”两种方式，如图9-140所示。

图9-139

图9-140

- “创建/更新”按钮：对角色进行蒙皮，这将完成角色网格的绑定流程。

实例操作：使用分步的方式来绑定角色

本例中，将使用快速绑定技术来绑定一个角色模型，图9-141所示为本实例的最终完成效果。

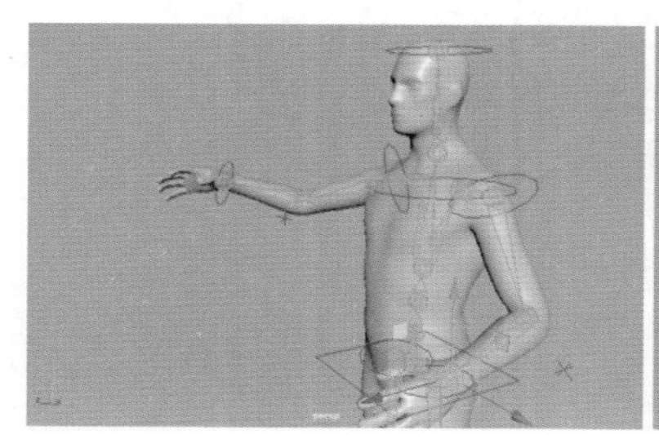
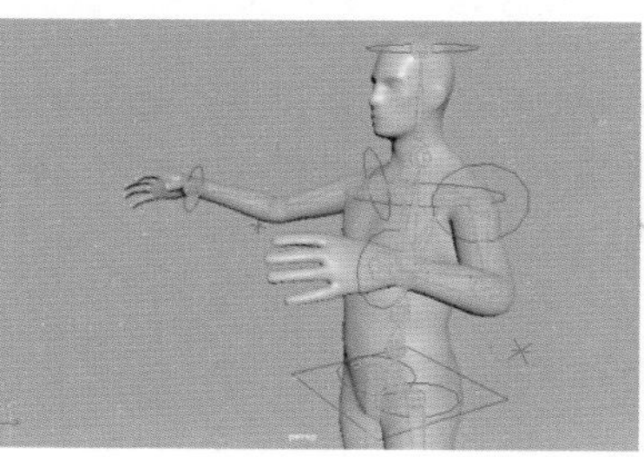
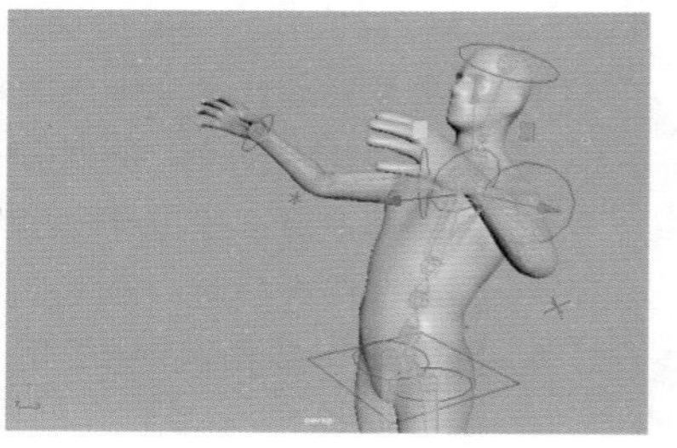

图9-141

01 打开本书配套资源“角色.mb”文件，里面是一个简易的人体角色模型，如图9-142所示。

02 执行菜单栏“骨架”|“快速绑定”命令，即可打开“快速绑定”面板，选择快速绑定的方式为“分步”，如图9-143所示。

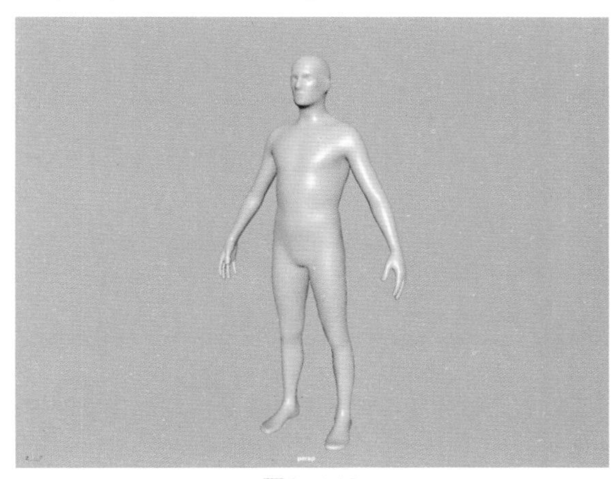

图9-142

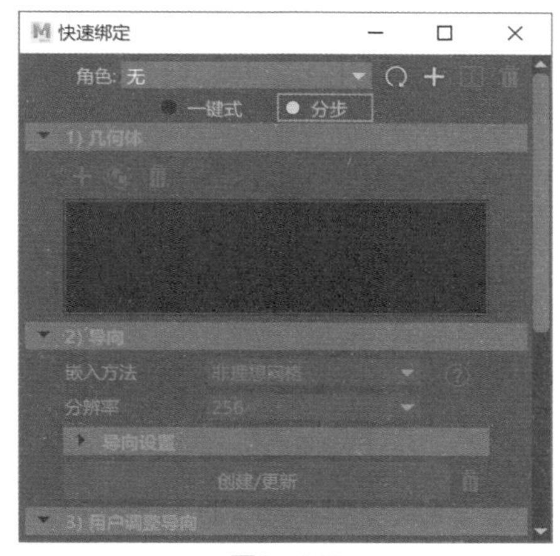

图9-143

03 在“快速绑定”面板中，单击“创建新角色”按钮+，从而激活“快速绑定”面板中的命令，如图9-144所示。

04 选择场景中的角色模型，在“几何体”卷展栏内，单击“添加选定的网格”按钮+，将场景中选择的角色模型添加至下方的文本框中，如图9-145所示。

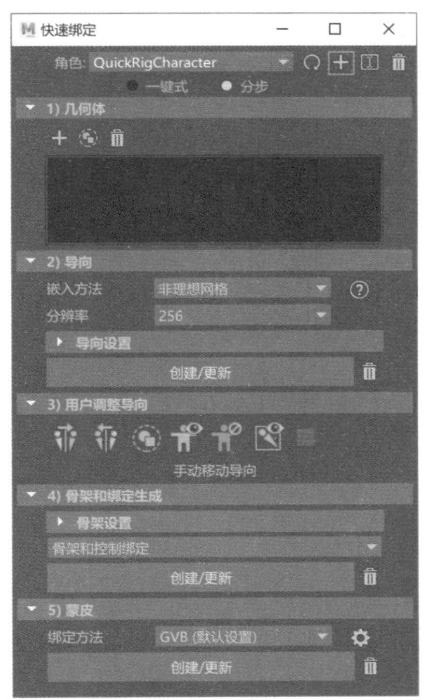

图9-144

图9-145

05 在“导向”卷展栏内，设置“分辨率”的值为512，在“中心”卷展栏内，设置“颈部”的值为2，如图9-146所示。

06 设置完成后，单击“导向”卷展栏内的“创建/更新”按钮，即可在透视视图中看到角色模型上添加了多个导向，如图9-147所示。

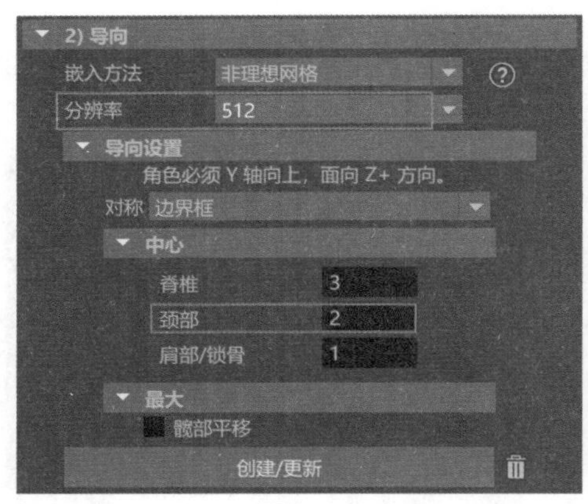

图9-146

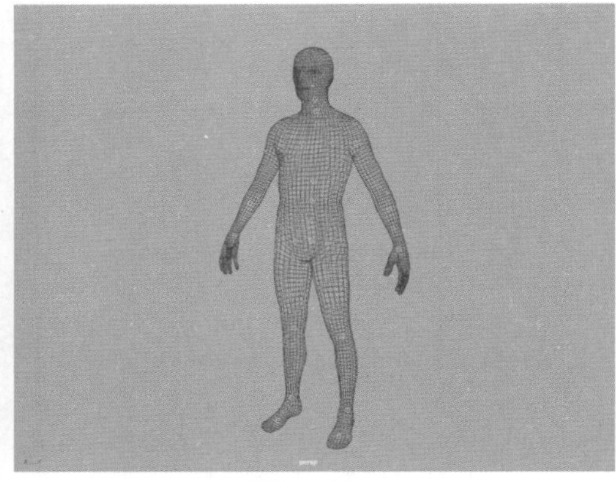

图9-147

07 在透视视图中，仔细观察默认状态下生成的导向，可以发现手肘处及肩膀处的导向位置略低一些，这就需要在场景中将它选择出来，并调整其位置。

08 先选择肩膀、颈部及头部处的导向，将其调整至图9-148所示位置处。

09 再选择手肘处的导向，先将其中一个调整至图9-149所示位置处。之后单击展开“用户调整导向”卷展栏，再单击“从左到右镜像”按钮，将其位置对称至另一侧的手肘导向。

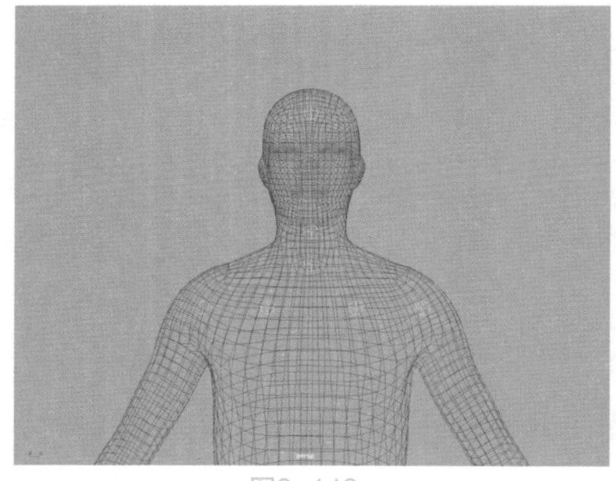

图9-148

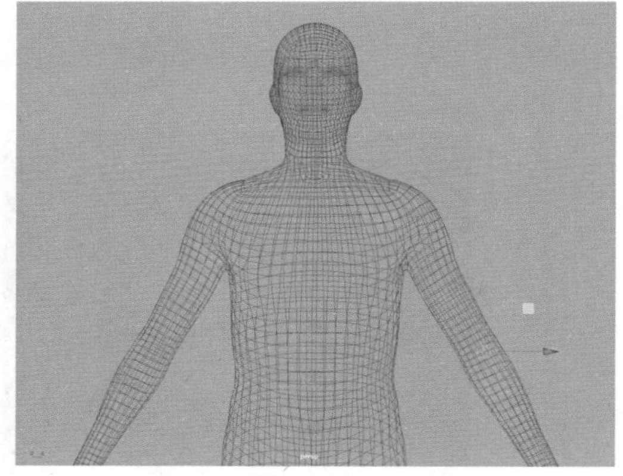

图9-149

10 调整导向完成后，展开“骨架和绑定生成”卷展栏，单击“创建/更新”按钮，即可在透视视图中，根据之前所调整的导向位置生成骨架，如图9-150所示。

11 展开“蒙皮”卷展栏，单击“创建/更新”按钮，即可为当前角色进行蒙皮，如图9-151所示。

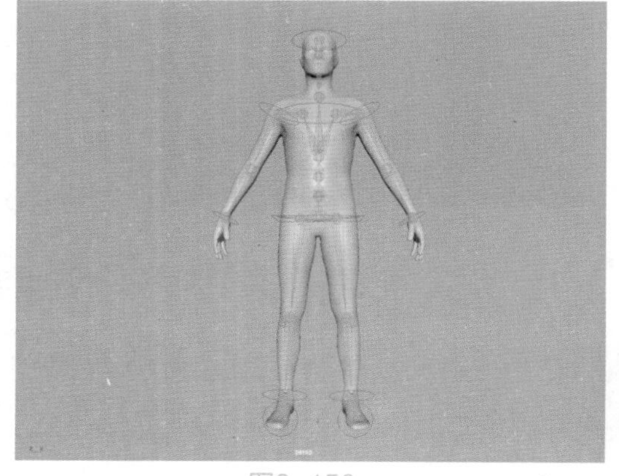

图9-150

图9-151

12 设置完成后，角色的快速绑定操作就结束了，还可以通过Maya的Human IK面板中的图例快速选择角色的骨骼来调整角色的姿势，如图9-152所示。

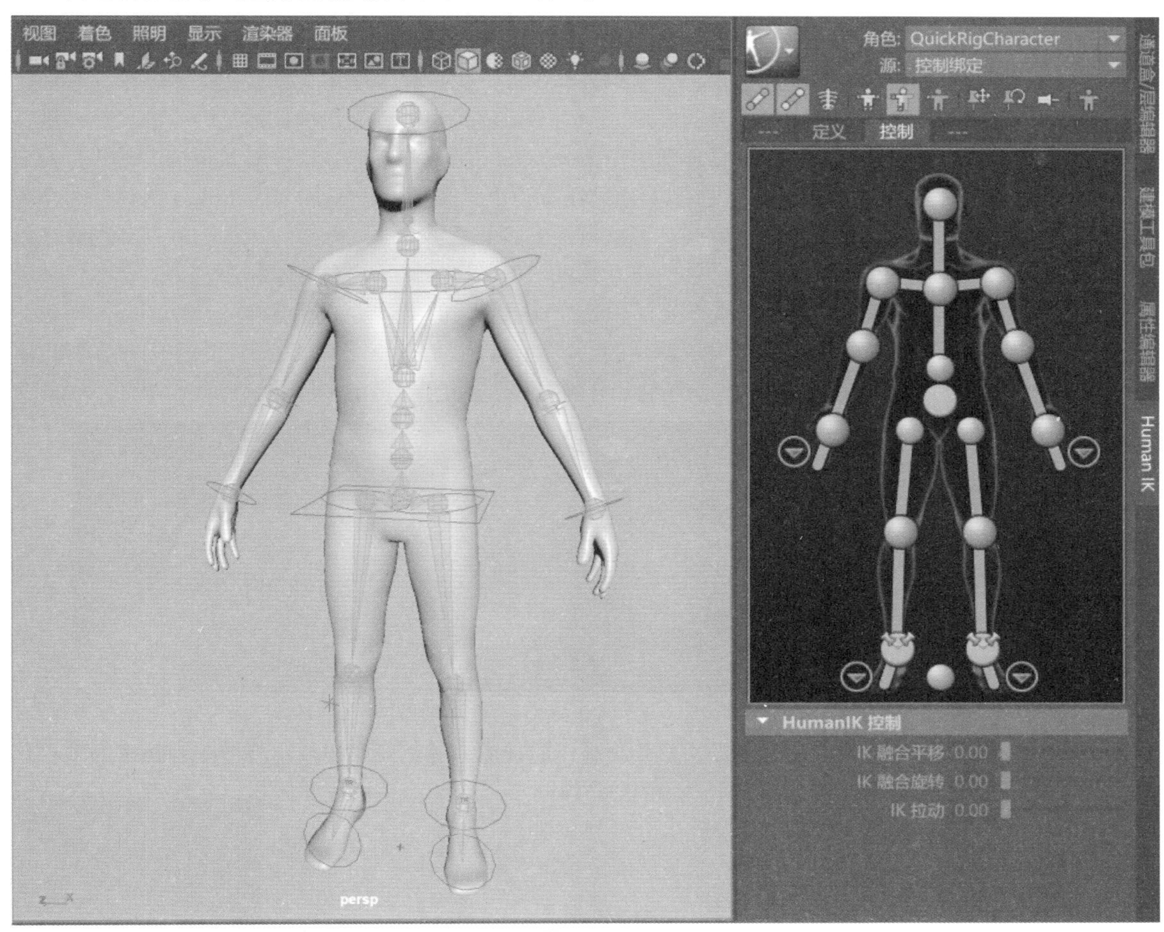

图9-152

13 本实例的最终装备效果如图9-153所示。

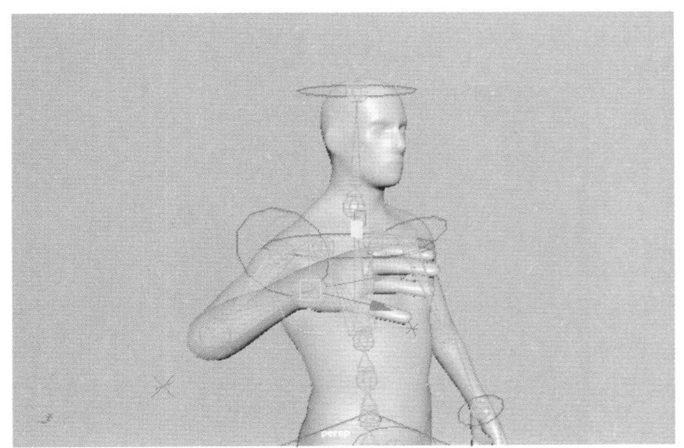

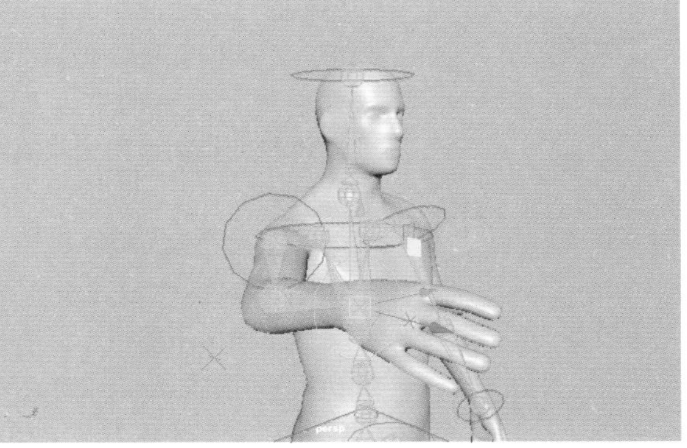

图9-153

10.1 流体概述

Maya 2020的流体效果模块可以为特效动画师提供一种实现真实模拟和渲染流体运动的动画技术，主要用来解决在三维软件中实现大气、燃烧、爆炸、水面、烟雾、雪崩等特效的表现。动力学流体效果的行为遵循流体动力学的自然法则，而流体动力学是物理学的一个分支，使用数学方程式计算对象流动的方式。对于动力学流体效果，Maya 通过在每一个时间步处解算 Navier-Stokes 流体动力学方程式来模拟流体运动。可以模拟出诸如烟雾的纹理细节、流体与几何体的碰撞以及与粒子系统所产生的交互效果。但是，如果用户想要制作出较为真实的流体动画效果，仍然需要在生活中处处留意身边的流体运动，正如Joseph Gliiand所说："如果你真的想要了解烟的话，就得在眼前弄出一些烟来"，图10-1和图10-2所示为笔者拍摄的一些制造流体特效参考用的照片。

图 10-1

图10-2

无论是想学好特效动画制作的技术人员，还是想使用特效动画技术的项目负责人，如果希望在工作中将Maya的特效功能完全发挥出来，则必须对三维特效动画技术足够地重视。我们之所以能够使用这些特效命令，完全是基于软件工程师耗费大量的时间，将复杂的数学公式与软件编程技术融合应用而创造出可视化工具。即便如此，仍需要在三维软件中进行大量的节点及参数调试，才有可能制作出效果真实的动画结果。

Maya 2020为用户提供了两种流体动画解决方案，分别为"流体"与"Bifrost流体"。将显示菜单切换至FX选项，即可在菜单栏上找到有关"流体"与"Bifrost流体"的菜单命令，如图10-3所示。

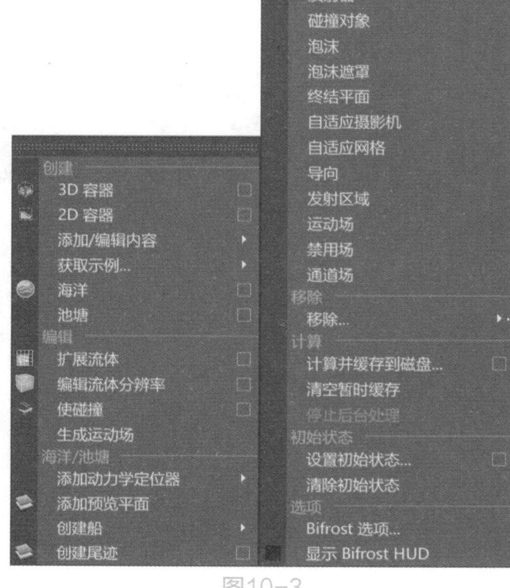

图10-3

10.2 流体容器

在Maya 2020软件当中，使用流体来模拟制作动画时，必须在场景中创建流体容器。所有的流体动画均在流体容器中解算完成。一般来说，流体容器不宜过大，容器的大小刚好满足你镜头动画的需要即可。过大的流体容器会使Maya产生不必要的计算，导致场景刷新过于缓慢，不利于动画制作，严重时可能会导致Maya程序无法响应。

在Maya中，流体容器分为2D流体容器和3D流体容器两种，如图10-4所示。

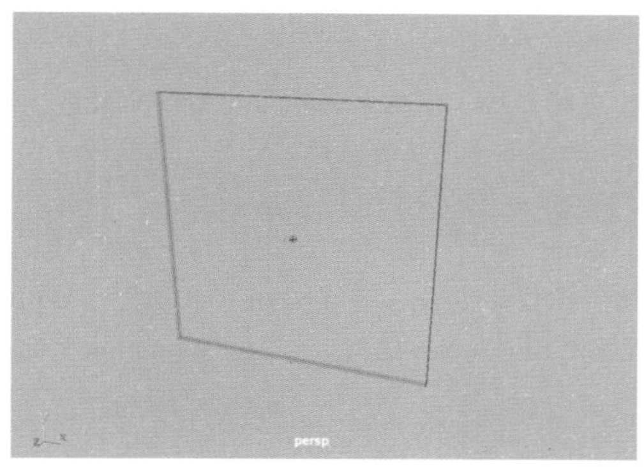

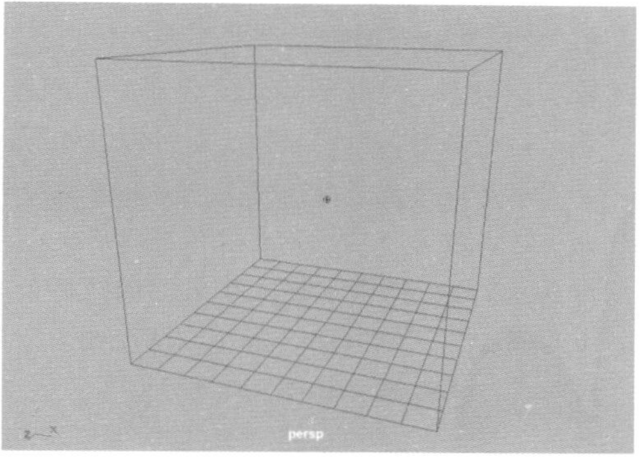

图10-4

2D流体容器和3D流体容器的命令参数几乎一样，只是在流体的空间计算上有所区分。在“属性编辑器”中，选择fluidShape1选项卡，可以查看有关调试流体动画和着色的所有命令，如图10-5所示。接下来，就较为常用的命令参数详细讲解一下。

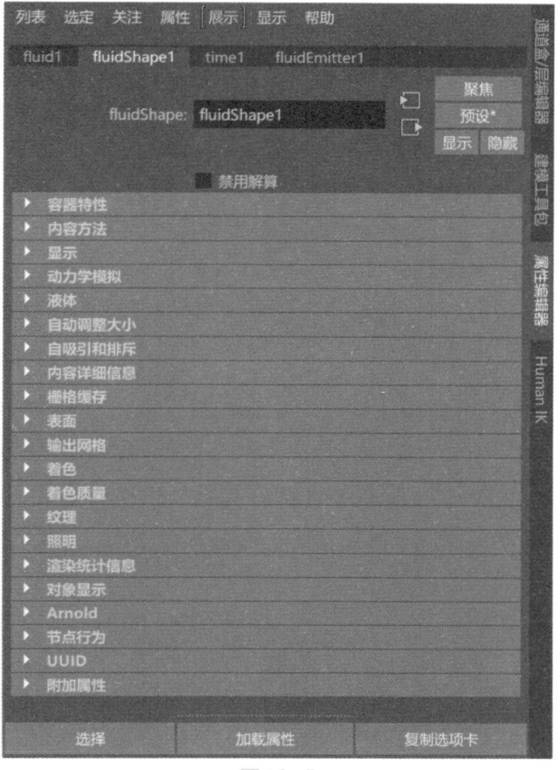

图10-5

10.2.1 “容器特性”卷展栏

展开“容器特性”卷展栏，其中的命令参数如图10-6所示。

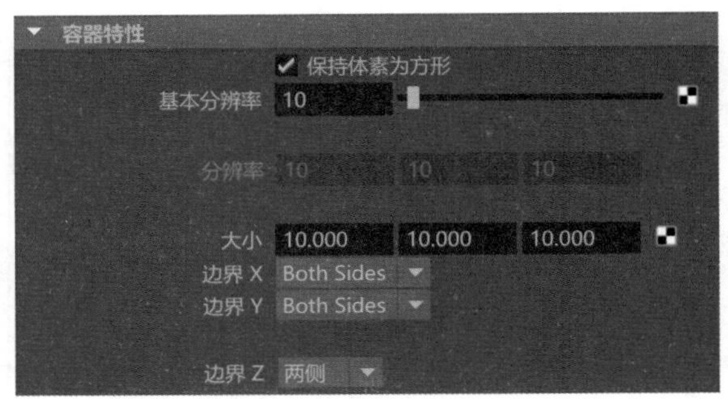

图10-6

常用参数解析

- 保持体素为方形：选择该选项时，可以使用“基本分辨率”属性来同时调整流体X、Y和Z的分辨率。
- 基本分辨率：“保持体素为方形”处于启用状态时可用。值越大，容器的栅格越密集，流体的计算精度越高，图10-7所示分别为该值是10和30的栅格密度显示对比。
- 分辨率：以体素为单位定义流体容器的分辨率。
- 大小：以厘米为单位定义流体容器的大小。
- 边界X/Y/Z：用来控制流体容器的边界处处理特性值的方式，有“None（无）”“Both Sides（两侧）”“-X/Y/Z Side（-X/Y/Z侧）”“X/Y/Z Side（X/Y/Z侧）”和“Wrapping（折回）”这几种方式可选，如图10-8所示。

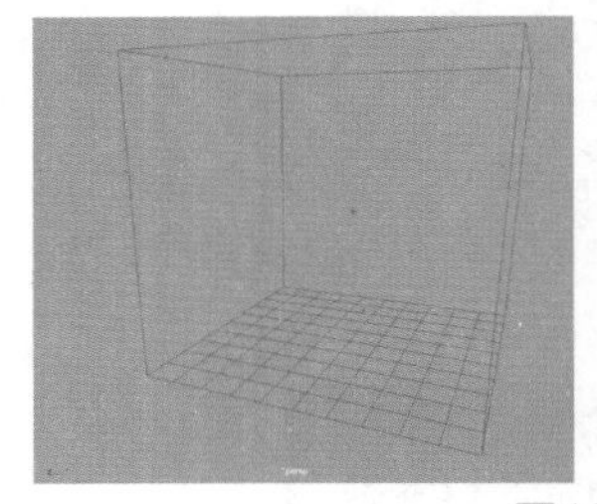
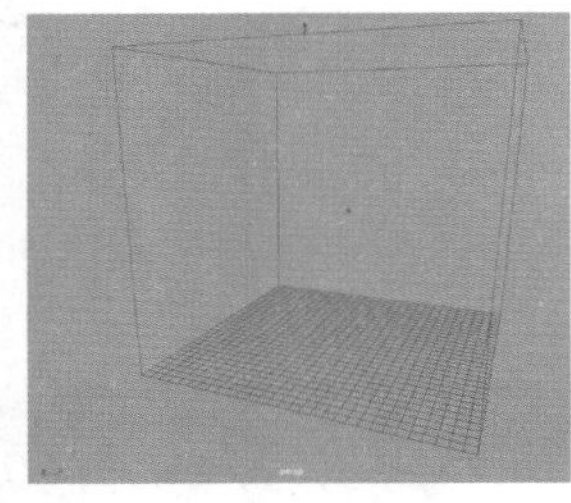

图10-7

图10-8

- 无：使流体容器的所有边界保持开放状态，以便流体行为就像边界不存在一样。图10-9所示分别为在“边界Y”方向上设置“无”的前后效果对比。
- 两侧：关闭流体容器两侧的边界，以便它们类似于两堵墙。
- -X/Y/Z侧：分别关闭-X、-Y或-Z边界，从而使其类似于墙。
- X/Y/Z侧：分别关闭X、Y或Z边界，从而使其类似于墙。
- 折回：导致流体从流体容器的一侧流出，从另一侧进入。如果需要一片风雾，但又不希望在流动区域不断补充“密度”，将会非常有用，图10-10所示分别为在“边界X”上设置了“两侧”和“折回”的前后效果对比。

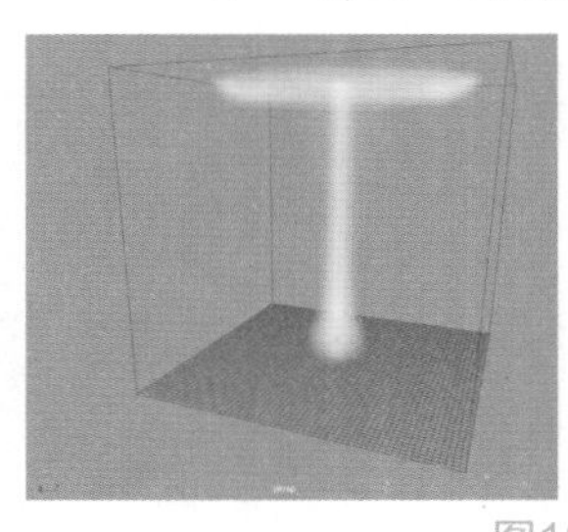
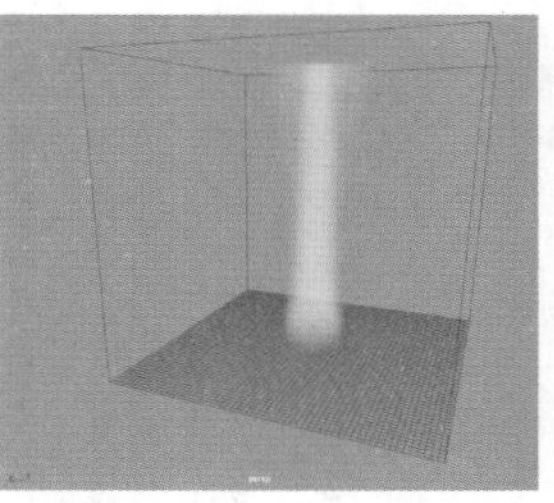

图10-9

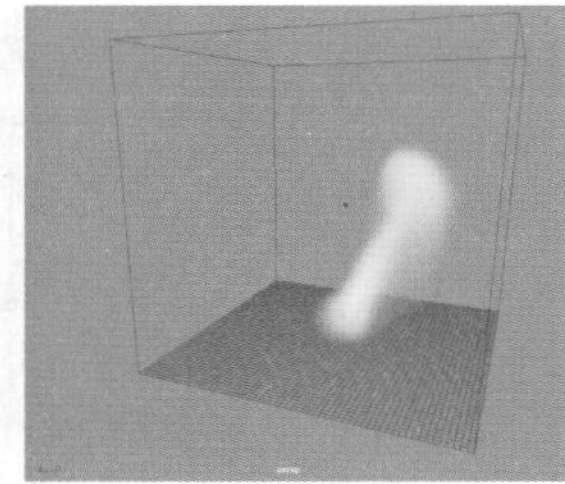
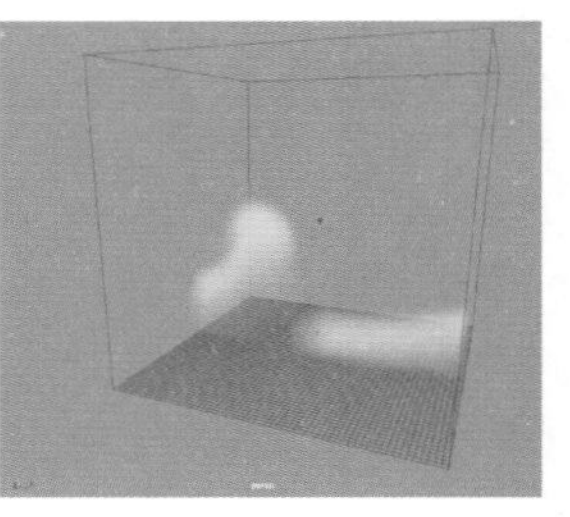

图10-10

10.2.2 “内容方法”卷展栏

展开“内容方法”卷展栏，其中的命令参数如图10-11所示。

常用参数解析

- 密度/速度/温度/燃料：分别有“Off（zero）（禁用（零））”“Static Grid（静态栅格）”“Dynamic Grid（动态栅格）”和“Gradient（渐变）”这几种方式选择，分别控制这4个属性，如图10-12所示。
- Off（zero）：在整个流体中将特性值设定为0。设定为“禁用”时，该特性对动力学模拟没有效果。

图10-11

- Static Grid：为特性创建栅格，允许用户用特定特性值填充每个体素，但是它们不能由于任何动力学模拟而更改。
- Dynamic Grid：为特性创建栅格，允许用户使用特定特性值填充每个体素，以使用于动力学模拟。
- Gradient：使用选定的渐变以使用特性值填充流体容器。
- 颜色方法：只在定义了“密度”的位置显示和渲染，有“Use Shading Color（使用着色颜色）”“Static Grid（静态栅格）”和“Dynamic Grid（动态栅格）”3种方式可选，如图10-13所示。

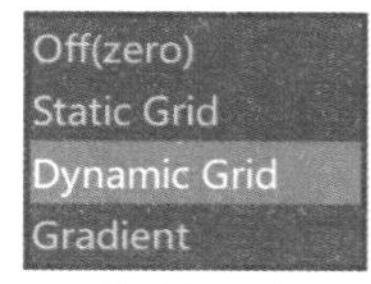

图10-12

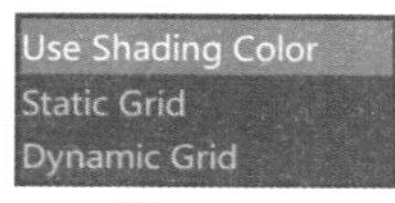

图10-13

- 衰减方法：将衰减边添加到流体的显示中，以避免流体出现在体积部分。

10.2.3　“显示”卷展栏

展开“显示”卷展栏，其中的命令参数如图10-14所示。

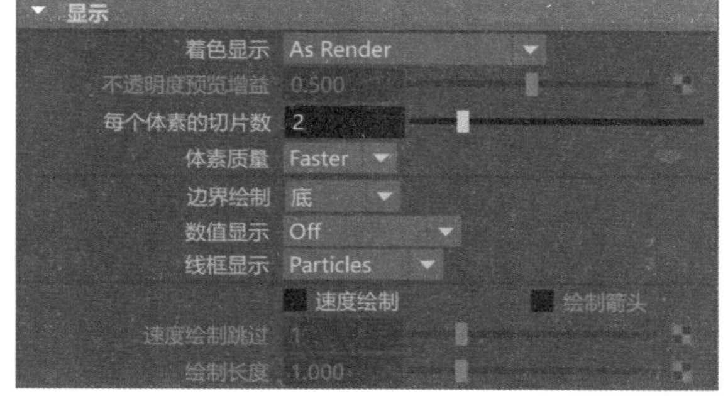

图10-14

常用参数解析

- 着色显示：定义当Maya处于着色显示模式时，流体容器中显示哪些流体特性。
- 不透明度预览增益：当“着色显示”设置为“密度”“温度”“燃料”等选项时，激活该设置，用于调节硬件显示的“不透明度”。
- 每个体素的切片数：定义当Maya处于着色显示模式时，每个体素显示的切片数。切片是值在单个平面上的显示。较高的值会产生更多的细节，但会降低屏幕绘制的速度。默认值为2。最大值为12。
- 体素质量：该值设定为“更好”，在硬件显示中显示质量会更高。如果将其设定为“更快”，显示质量会较低，但绘制速度会更快。
- 边界绘制：定义流体容器在3D视图中的显示方式，有“底”“精简”“轮廓”“完全”“边界框”和“无”这6个选项可选，如图10-15所示。图10-16分别为这6种方式的容器显示效果。

图10-15

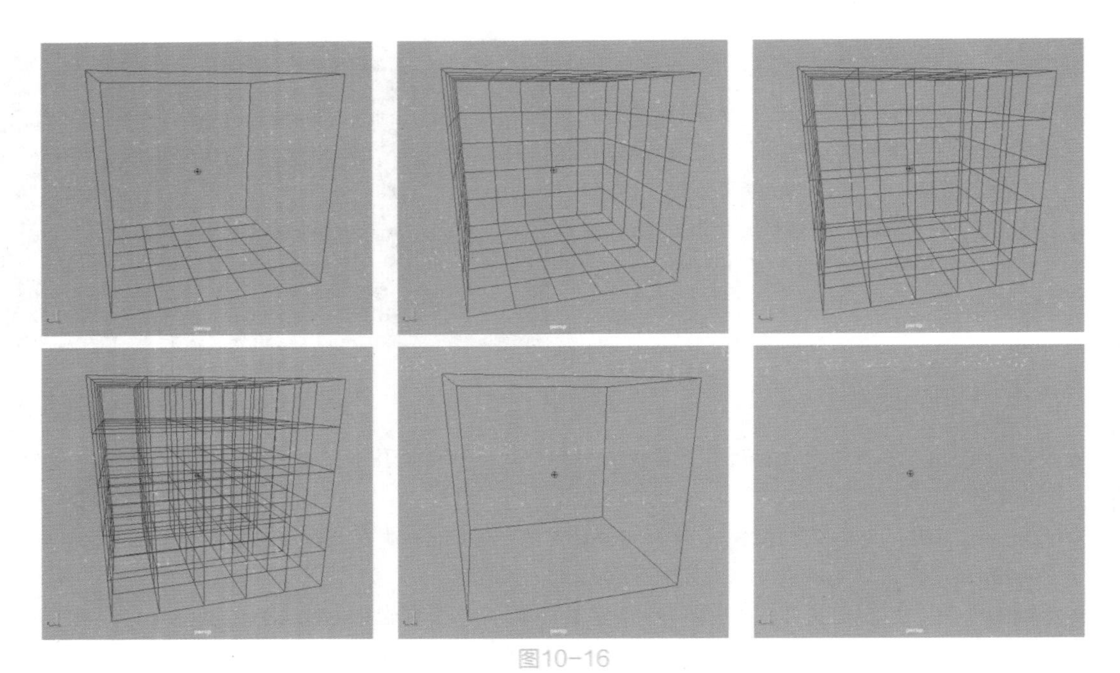

图10-16

- 数值显示：在“静态栅格”或“动态栅格”的每个体素中显示选定特性（“密度”“温度”或“燃料”）的数值。图10-17所示为开启了“密度”数值显示前后的屏幕效果。
- 线框显示：设置流体处于线框显示下的显示方式，有“Off（禁用）”“Rectangles（矩形）”和“Particles（粒子）”3个选项，图10-18所示为“线框显示”为“Rectangles（矩形）”和“Particles（粒子）”的效果对比。

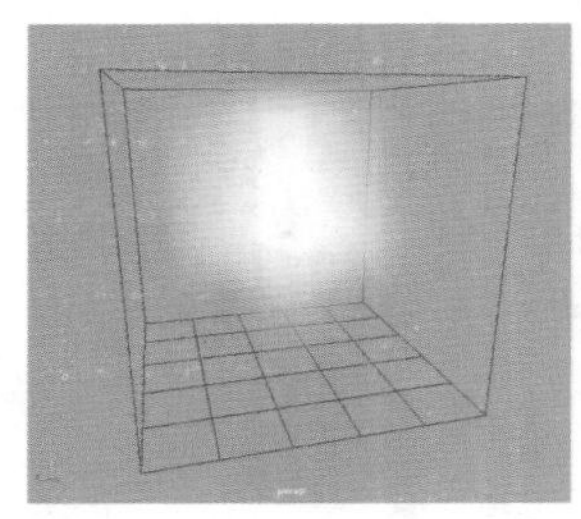

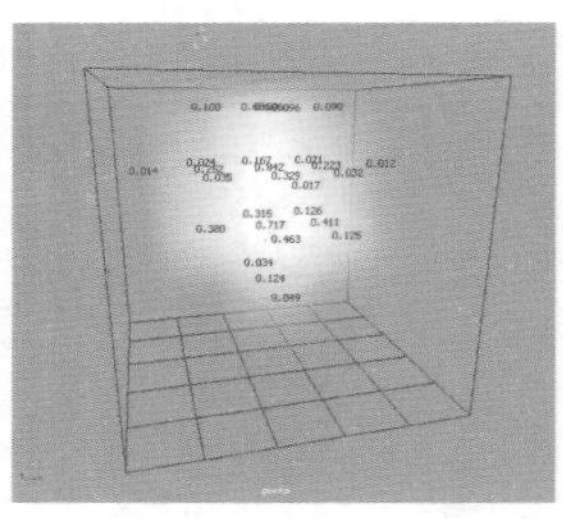

图10-17

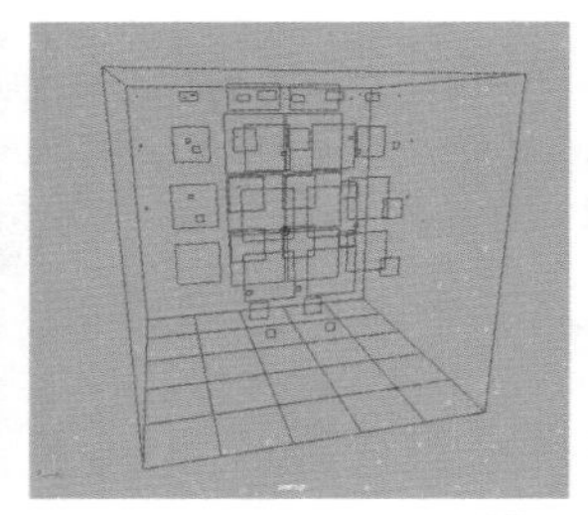

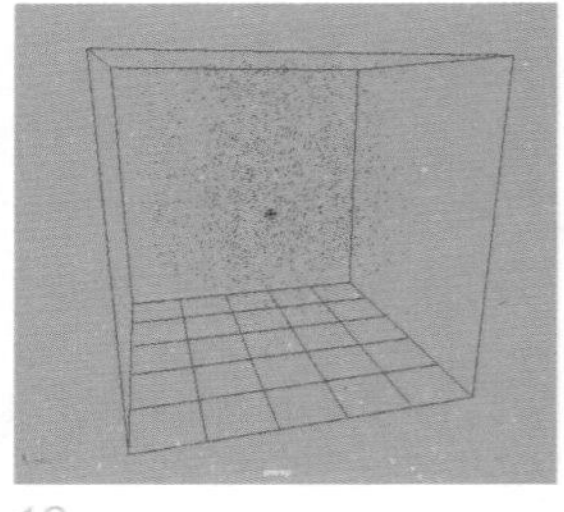

图10-18

- 速度绘制：选择该选项，可显示流体的速度向量，图10-19所示分别为不同“基本分辨率”下的流体速度显示效果对比。
- 绘制箭头：选择该选项，可在速度向量上显示箭头。取消选择该选项，可提高绘制速度和减少视觉混乱，图10-20所示分别为该选项勾选前后的显示效果对比。

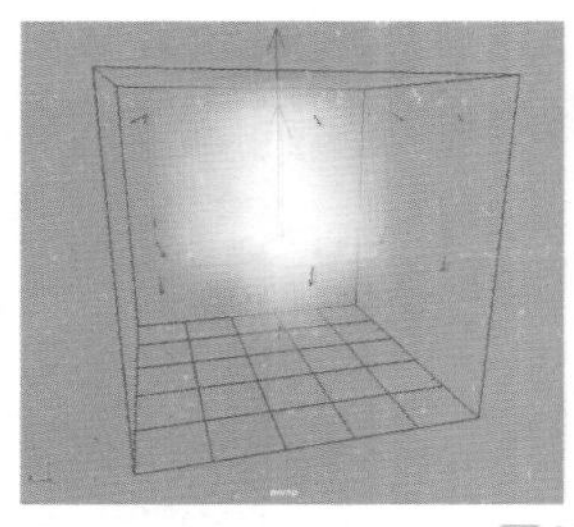

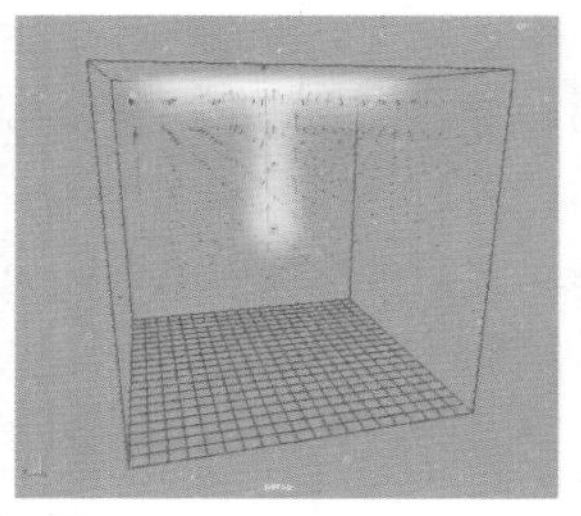

图10-19

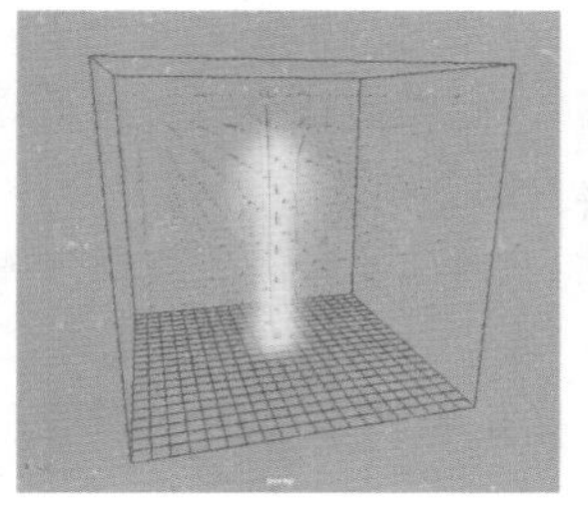

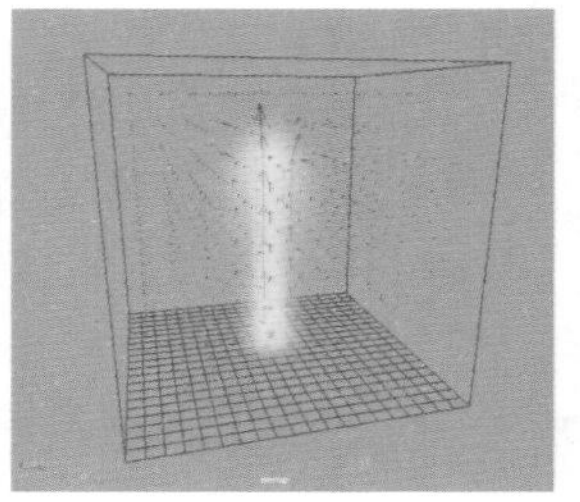

图10-20

- 速度绘制跳过：增加该值可减少所绘制的速度箭头数。如果该值为 1，则每隔一个箭头省略（或跳过）一次。如果该值为0，则绘制所有箭头。在使用高分辨率的栅格上增加该值，可减少视觉混乱。
- 绘制长度：定义速度向量的长度（应用于速度幅值的因子）。值越大，速度分段或箭头就越长。对于具有非常小的力的模拟，速度场可能具有非常小的幅值。在这种情况下，增加该值将有助于可视化速度流。

10.2.4 “动力学模拟”卷展栏

展开“动力学模拟”卷展栏，其中的命令参数如图10-21所示。

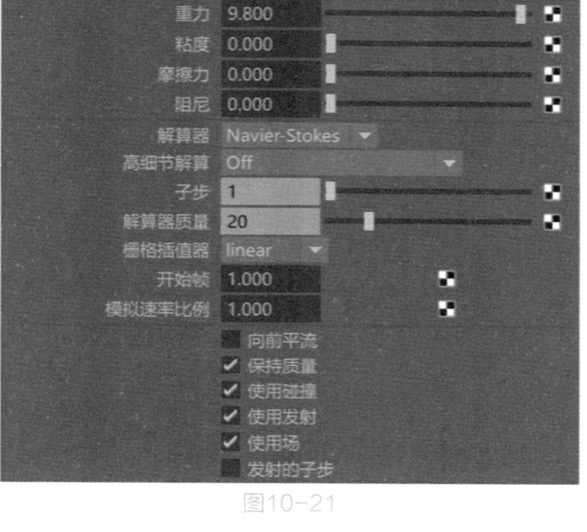

图10-21

常用参数解析

- 重力：用来模拟流体所受到的地球引力。
- 粘度：表示流体流动受到的阻力，或材质的厚度及非液态程度。该值很大时，流体像焦油一样流动。该值很小时，流体像水一样流动。
- 摩擦力：定义在“速度”解算中使用的内部摩擦力。
- 阻尼：在每个时间步上定义阻尼接近于0的“速度”分散量。值为1时，流完全被抑制。当边界处于开放状态以防止强风逐渐增大并导致不稳定性时，少量的阻尼可能会很有用。
- 解算器：Maya所提供的解算器有none、Navier-Stokes和Spring Mesh这3种。使用Navier-Stokes解算器适合模拟烟雾流体动画，使用Spring Mesh解算器则适合模拟水面波浪动画。
- 高细节解算：此选项可减少模拟期间密度、速度和其他属性的扩散。例如，它可以在不增加分辨率的情况下，使流体模拟看起来更详细，并允许模拟翻滚的漩涡。“高细节解算”非常适合创建爆炸、翻滚的云和巨浪似的烟雾等效果。
- 子步：指定解算器在每帧执行计算的次数。
- 解算器质量：提高“解算器质量”会增加解算器计算流体流的不可压缩性所使用的步骤数。
- 栅格插值器：选择要使用哪种插值算法以便从体素栅格内的点检索值。
- 开始帧：设定在哪个帧之后开始流模拟。
- 模拟速度比例：缩放在发射和解算中使用的时间步数。

10.2.5 “液体”卷展栏

展开“液体”卷展栏，其中的命令参数如图10-22所示。

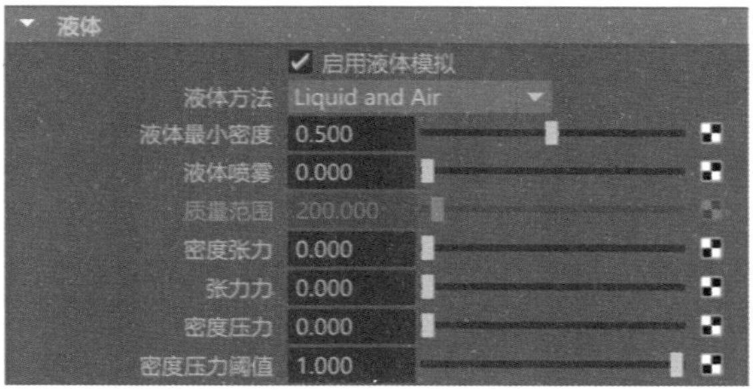

图10-22

常用参数解析

- 启用液体模拟：如果启用，可以使用“液体”属性来创建外观和行为与真实液体类似的流体效果模拟。
- 液体方法：指定用于液体效果的液体模拟方法，有“Liquid and Air（液体和空气）”和“Density Based Mass（基于密度的质量）”这两种方式，如图10-23所示。

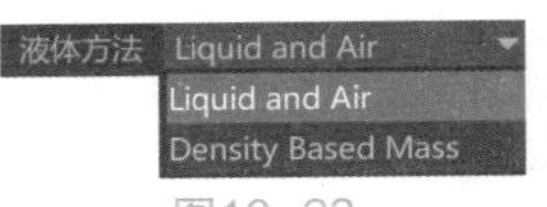

图10-23

- 液体最小密度：使用“液体和空气”模拟方法时，指定解算器用于区分液体和空气的密度值。液体密度将计算为不可压缩的流体，而空气是完全可压缩的。值为 0 时，解算器不区分液体和空气，并将所有流体视为不可压缩，从而使其行为像单个流体。
- 液体喷雾：将一种向下的力应用于流体计算中。
- 质量范围：定义质量和流体密度之间的关系。“质量范围”值较高时，流体中的密集区域比低密度区域要重得多，从而模拟类似于空气和水的关系。
- 密度张力：增加该值可以使流体的形态变圆滑。
- 张力力：应用一种力，该力基于栅格中的密度模拟曲面张力，通过在流体中添加少量的速度来修改动量。
- 密度压力：应用一种向外的力，以便抵消“向前平流”可能应用于流体密度的压缩效果，特别是沿容器边界。这样，该属性会尝试保持总体流体体积，以确保不损失密度。
- 密度压力阈值：指定密度值，达到该值时，将基于每个体素应用“密度压力”。对于密度小于“密度压力阈值”的体素，不应用“密度压力”。

10.2.6 “自动调整大小”卷展栏

展开“自动调整大小”卷展栏，其中的命令参数如图10-24所示。

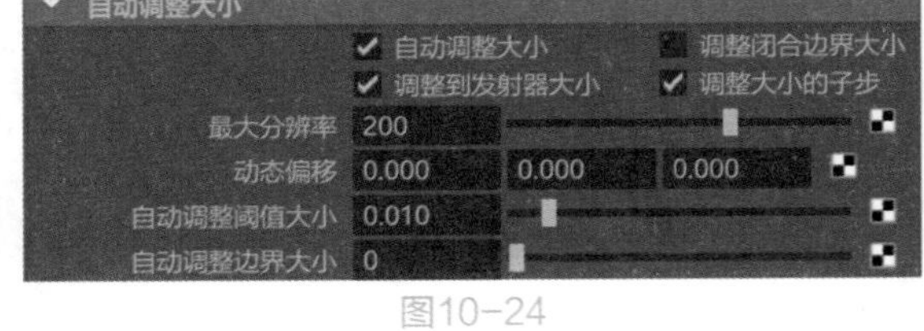

图10-24

常用参数解析

- 自动调整大小：选择该选项，当容器外边界附近的体素具有正密度时，“自动调整大小”会动态调整 2D 和 3D 流体容器的大小，图10-25所示为选择该选项前后的流体动画计算效果对比。

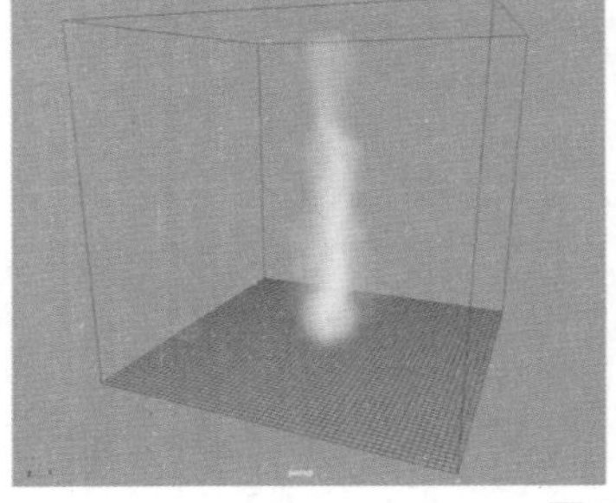
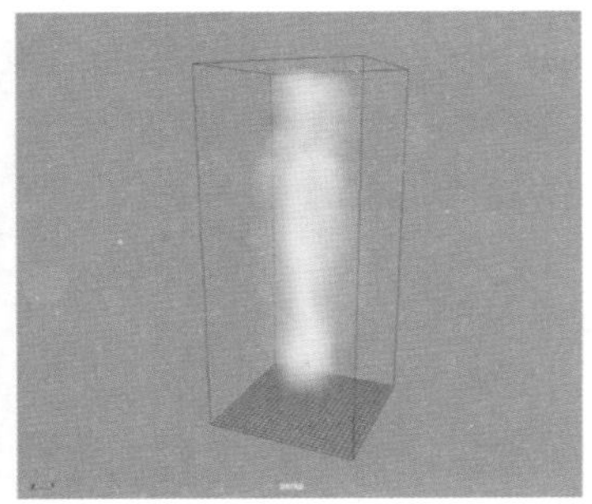

图10-25

- 调整闭合边界大小：选择该选项，流体容器将沿其各自“边界”属性设定为“无”“两侧”的轴调整大小。
- 调整到发射器大小：选择该选项，流体容器使用流体发射器的位置在场景中设定其偏移和分辨率。

- 调整大小的子步：选择该选项，已自动调整大小的流体容器会调整每个子步的大小。
- 最大分辨率：用于设定流体容器的总分辨率上限。
- 动态偏移：计算的流体局部空间转换。
- 自动调整阈值大小：根据容器的“密质”值来计算流体的外部边界并相应地调整流体容器的大小。
- 自动调整边界大小：使流体更自然地朝着流体容器的边界运动。

10.2.7 “自吸引和排斥”卷展栏

展开“自吸引和排斥”卷展栏，其中的命令参数如图10-26所示。

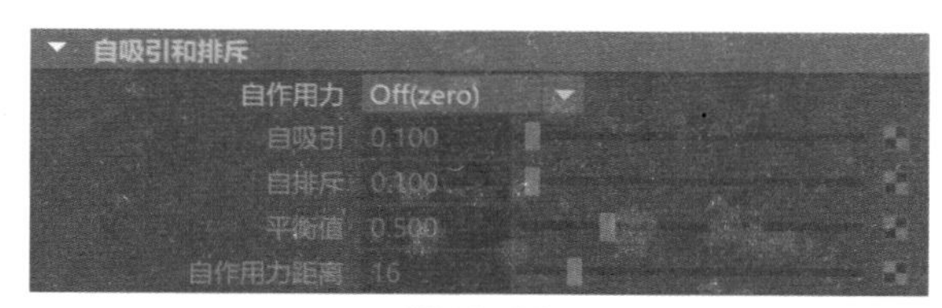

图10-26

常用参数解析

- 自作用力：用于设置流体的“自作用力”是基于“密度”还是“温度”来计算。
- 自吸引：设定吸引力的强度。
- 自排斥：设置排斥力的强度。
- 平衡值：设定可确定体素是生成吸引力还是排斥力的目标值。密度或温度值小于设定的“平衡值”的体素会生成吸引力。密度或温度值大于“平衡值”的体素会生成排斥力。
- 自作用力距离：设定体素中应用自作用力的最大距离。

10.2.8 “内容详细信息”卷展栏

展开“内容详细信息”卷展栏，可以看到该卷展栏内又分为“密度”“速度”“湍流”“温度”“燃料”和“颜色”这6个卷展栏，如图10-27所示。

1. “密度”卷展栏

展开“密度”卷展栏，其中的命令参数如图10-28所示。

图10-27

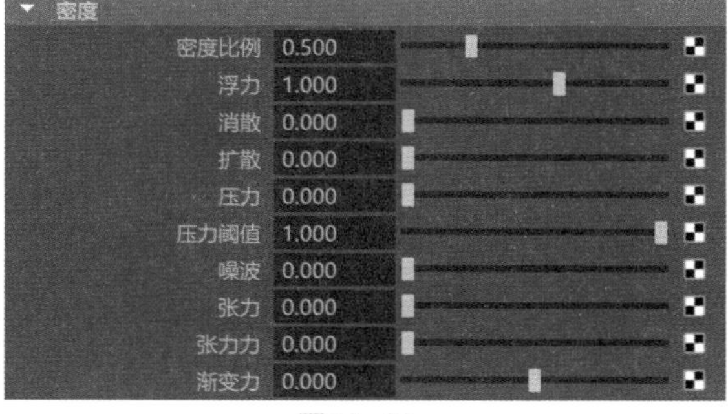

图10-28

常用参数解析

- 密度比例：将流体容器中的“密度”值乘以比例值。使用小于1的“密度比例”会使“密度”显得更透明，使用大于1的“密度比例”会使“密度”显得更不透明。图10-29所示分别是“密度比例”值是0.5和2时的流体效果结果对比。
- 浮力：控制流体所受到的向上的力，值越大，单位时间内流体上升的距离越远，图10-30所示是该值分别为1和2的流体结果对比。

- 消散：定义“密度”在栅格中逐渐消失的速率。
- 扩散：定义在“动态栅格”中“密度”扩散到相邻体素的速率。
- 压力：应用一种向外的力，以便抵消向前平流可能应用于流体密度的压缩效果，特别是沿容器边界。这样，该属性会尝试保持总体流体体积，以确保不损失密度。
- 压力阈值：指定密度值，达到该值时将基于每个体素应用“密度压力”。
- 噪波：基于体素的速度变化，随机化每个模拟步骤的“密度”值。
- 张力：使其边缘处更加清晰一些。
- 张力力：应用一种力，该力基于栅格中的密度模拟曲面张力。
- 渐变力：沿密度渐变或法线的方向应用力。

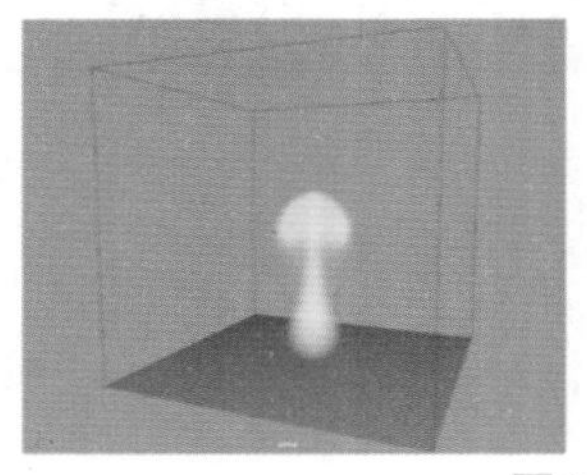

图10-29

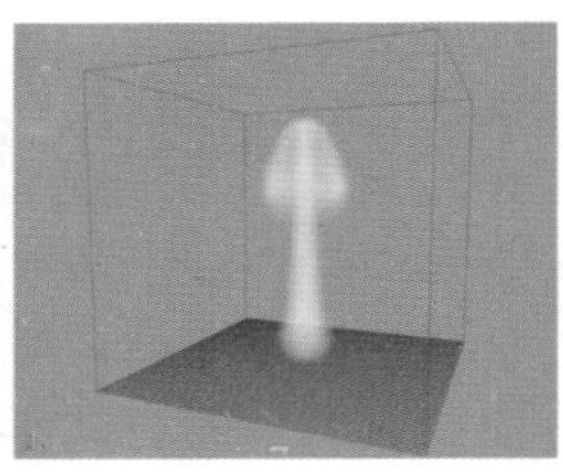

图10-30

2. “速度”卷展栏

展开“速度”卷展栏，其中的命令参数如图10-31所示。

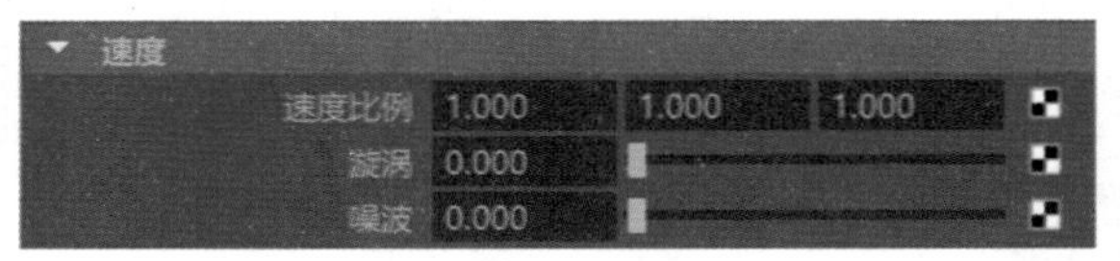

图10-31

常用参数解析

- 速度比例：根据流体的X/Y/Z方向来缩放速度。
- 漩涡：在流体中生成小比例漩涡和涡流，图10-32所示分别为该值是2和10时的流体动画效果对比。
- 噪波：对速度值应用随机化以便在流体中创建湍流，图10-33所示分别为该值是0.5和2时的流体动画效果对比。

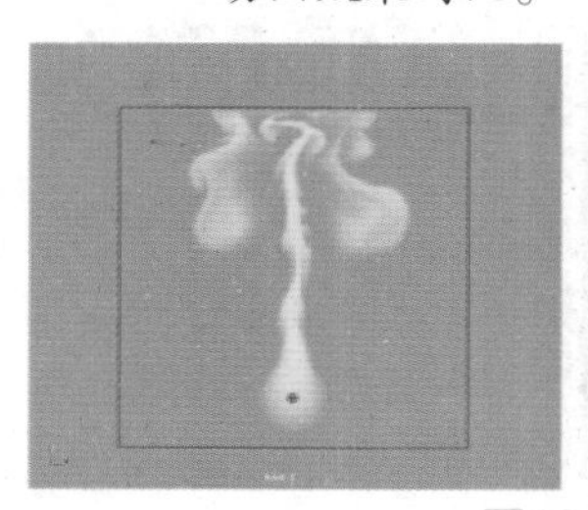
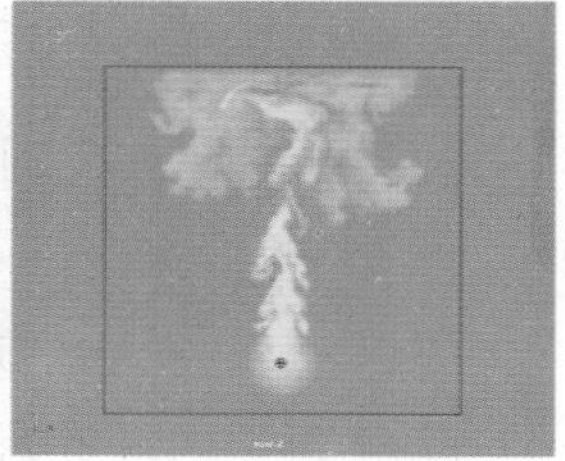

图10-32

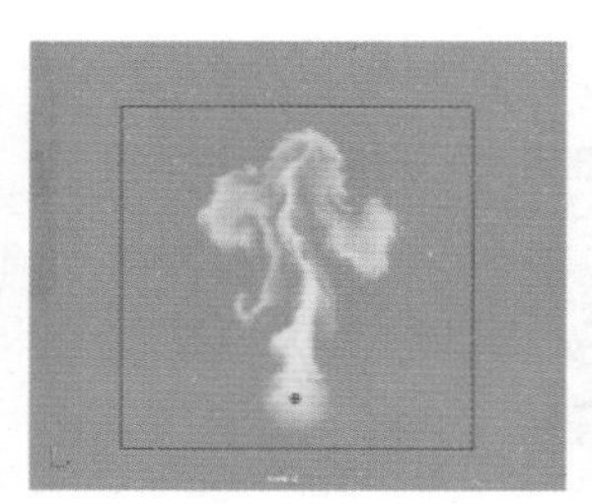
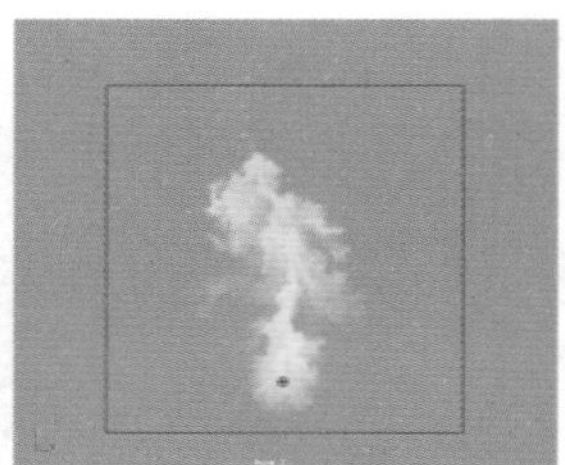

图10-33

3. “湍流”卷展栏

展开“湍流”卷展栏，其中的命令参数如图10-34所示。

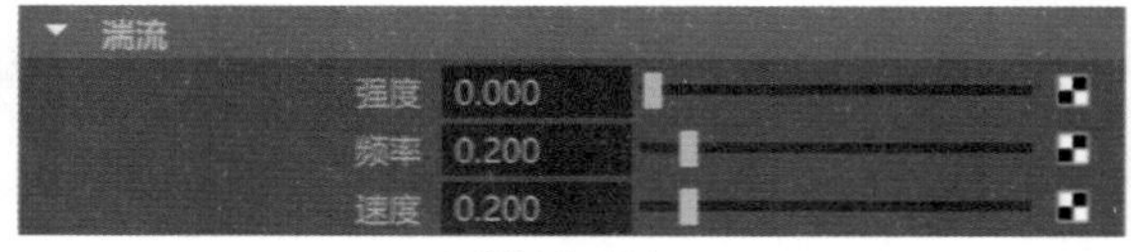

图10-34

常用参数解析

- 强度：增加该值可增加湍流应用的力的强度，图10-35所示为该值在同一时间帧下，分别是0.1和0.5时的流体动画效果对比。

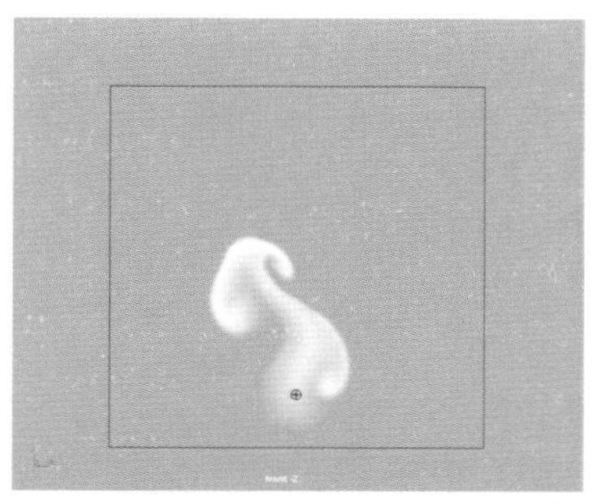
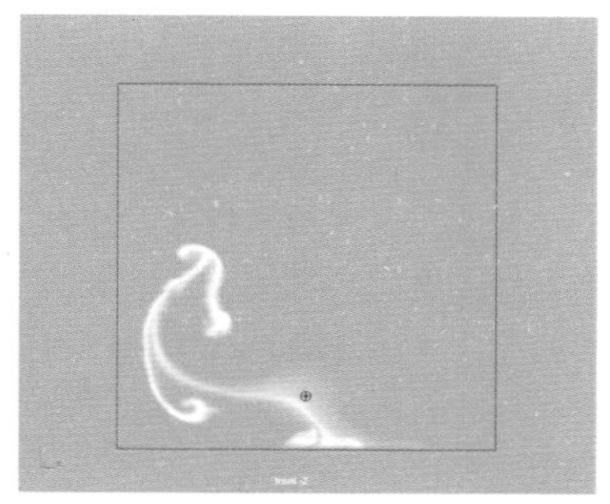

图10-35

- 频率：降低频率会使湍流的漩涡更大。这是湍流函数中的空间比例因子，如果湍流强度为零，则不产生任何效果。图10-36所示为该值在同一时间帧下，分别是0.2和0.8时的流体动画效果对比。

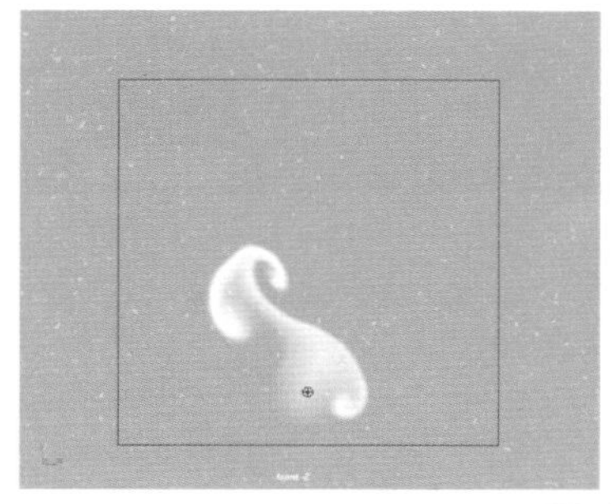
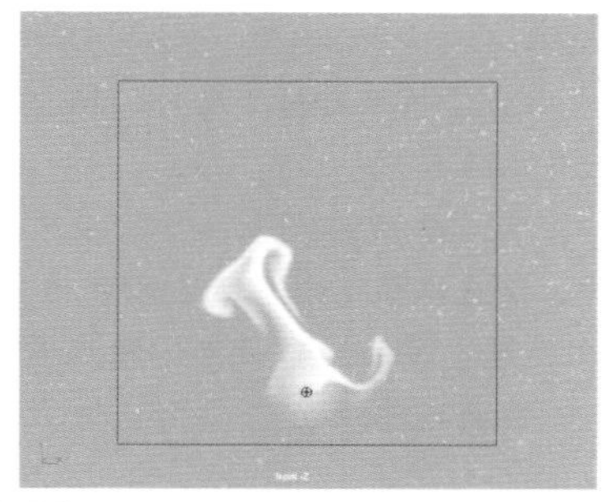

图10-36

- 速度：定义湍流模式随时间更改的速率，图10-37所示为该值在同一时间帧下，分别是0.2和1时的流体动画效果对比。

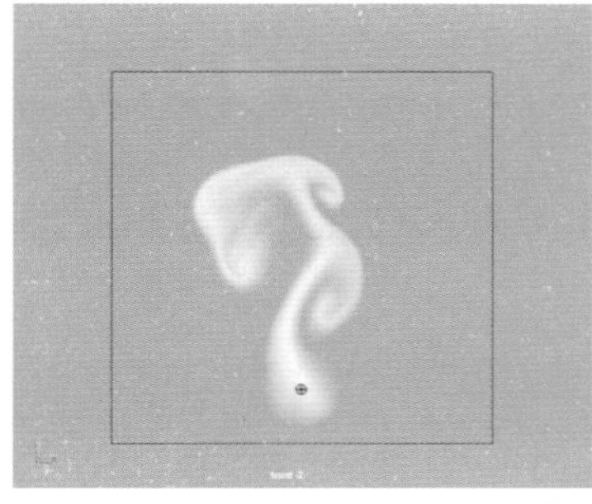
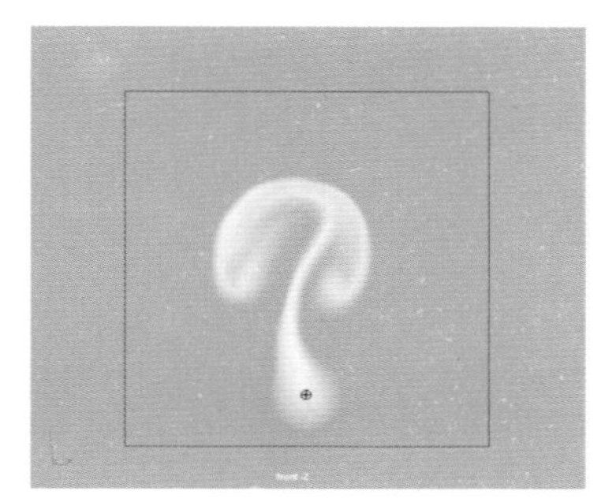

图10-37

4. “温度”卷展栏

- 展开“温度”卷展栏，其中的命令参数如图10-38所示。

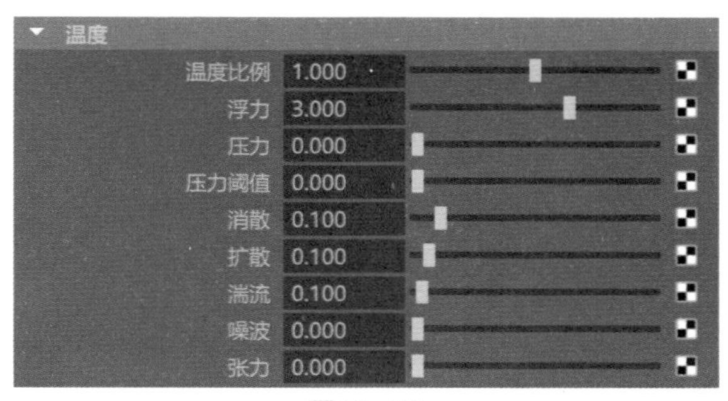

图10-38

常用参数解析

- 温度比例：与容器中定义的“温度”值相乘，得到流体动画效果。
- 浮力：解算定义内置的浮力强度。
- 压力：模拟由于气体温度增加而导致的压力的增加，从而使流体快速展开。

- 压力阈值：指定温度值，达到该值时，将基于每个体素应用“压力”。对于温度低于“压力阈值”的体素，不应用“压力”。
- 消散：定义“温度”在栅格中逐渐消散的速率。
- 扩散：定义“温度”在“动态栅格”中的体素之间扩散的速率。
- 湍流：应用于“温度”的湍流上的乘数。
- 噪波：随机化每个模拟步骤中体素的温度值。
- 张力：将温度推进到圆化形状，使温度边界在流体中更明确。

5. “燃料”卷展栏

展开“燃料”卷展栏，其中的命令参数如图10-39所示。

燃料	
燃料比例	1.000
反应速度	0.050
空气/燃料比	0.000
点燃温度	0.000
最大温度	1.000
释放的热量	1.000
释放的光	0.000
灯光颜色	

图10-39

常用参数解析

- 燃料比例：与容器中定义的“燃料”值相乘来计算流体动画结果。
- 反应速度：定义在温度达到或高于“最大温度”值时，反应从值 1 转化到 0 的快速程度。值为 1.0 会导致瞬间反应。
- 空气/燃料比：设定完全燃烧设定体积的燃料所需的密度量。
- 点燃速度：定义将发生反应的最低温度。
- 最大温度：定义一个温度，超过该温度后，反应会以最快的速度进行。
- 释放的热量：定义整个反应过程将有多少热量释放到“温度”栅格。
- 释放的光：定义反应过程释放了多少光。这将直接添加到着色的最终白炽灯强度中，而不会输入到任何栅格中。
- 灯光颜色：定义反应过程所释放的光的颜色。

6. “颜色”卷展栏

展开“颜色”卷展栏，其中的命令参数如图10-40所示。

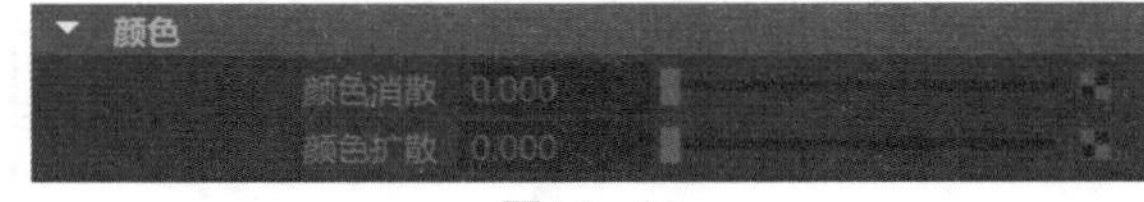

图10-40

常用参数解析

- 颜色消散：定义“颜色”在栅格中消散的速率。
- 颜色扩散：定义在“动态栅格”中“颜色”扩散到相邻体素的速率。

10.2.9 “栅格缓存”卷展栏

展开“栅格缓存”卷展栏，其中的命令参数如图10-41所示。

图10-41

常用参数解析

- 读取密度：如果缓存包含“密度”栅格，则从缓存读取“密度”值。
- 读取速度：如果缓存包含“速度”栅格，则从缓存读取“速度”值。

- 读取温度：如果缓存包含“温度”栅格，则从缓存读取“温度”值。
- 读取燃料：如果缓存包含“燃料”栅格，则从缓存读取“燃料”值。
- 读取颜色：如果缓存包含“颜色”栅格，则从缓存读取“颜色”值。
- 读取纹理坐标：如果缓存包含纹理坐标，则从缓存读取它们。
- 读取衰减：如果缓存包含“衰减”栅格，则从缓存读取它们。

10.2.10　“表面”卷展栏

展开“栅格缓存”卷展栏，其中的命令参数如图10-42所示。

图10-42

常用参数解析

- 体积渲染：将流体软件渲染为体积云。
- 表面渲染：将流体软件渲染为曲面。
- 硬曲面：选择该选项，可使材质的透明度在材质内部保持恒定（如玻璃或水）。此透明度仅由“透明度”属性和在物质中移动的距离确定。
- 软曲面：选择该选项，可基于“透明度”和“不透明度”属性对不断变化的“密度”进行求值。
- 表面阈值：阈值用于创建隐式表面。
- 表面容差：确定对表面取样的点与“密度”对应的精确“表面阈值”的接近程度。
- 镜面反射颜色：控制由于自发光的原因从“密度”区域发出的光的数量。
- 余弦幂：控制曲面上镜面反射高光（也称为“热点”）的大小。最小值为2。值越大，高光就越紧密集中。

10.2.11　“输出网格”卷展栏

展开“输出网格”卷展栏，其中的命令参数如图10-43所示。

图10-43

常用参数解析

- 网格方法：指定用于生成输出网格等曲面的多边形网格的类型。
- 网格分辨率：使用此属性可调整流体输出网格的分辨率。
- 网格平滑迭代次数：指定应用于输出网格的平滑量。
- 逐顶点颜色：选择该选项，在将流体对象转化为多边形网格时会生成逐顶点颜色数据。
- 逐顶点不透明度：选择该选项，在将流体对象转化为多边形网格时会生成逐顶点不透明度数据。
- 逐顶点白炽度：选择该选项，在将流体对象转化为多边形网格时会生成逐顶点白炽度数据。
- 逐顶点速度：选择该选项，在将流体对象转化为输出网格时会生成逐顶点速度数据。
- 逐顶点UVW：选择该选项，在将流体对象转化为多边形网格时会生成UV和UVW颜色集。
- 使用渐变法线：选择该选项，可使流体输出网格上的法线更平滑。

10.2.12 “着色”卷展栏

展开“着色”卷展栏，其中的命令参数如图10-44所示，并内置有“颜色”“白炽度”“不透明度”和“蒙版不透明度”这4个卷展栏。

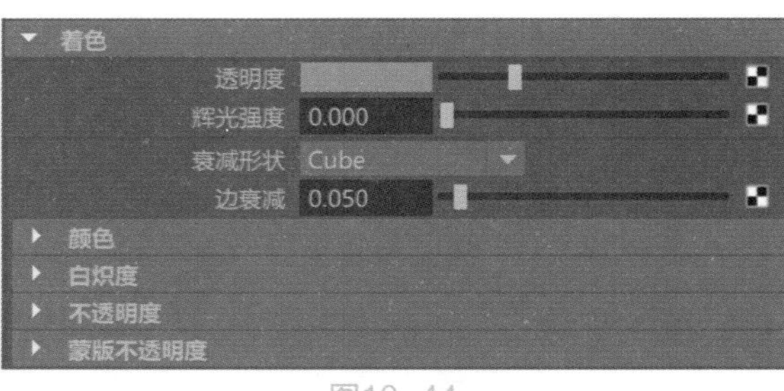

图10-44

常用参数解析

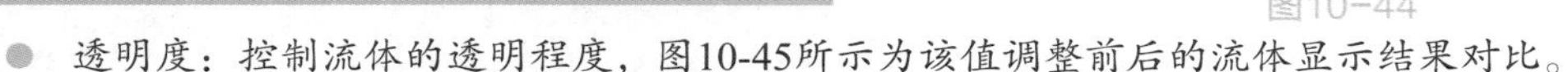

- 透明度：控制流体的透明程度，图10-45所示为该值调整前后的流体显示结果对比。

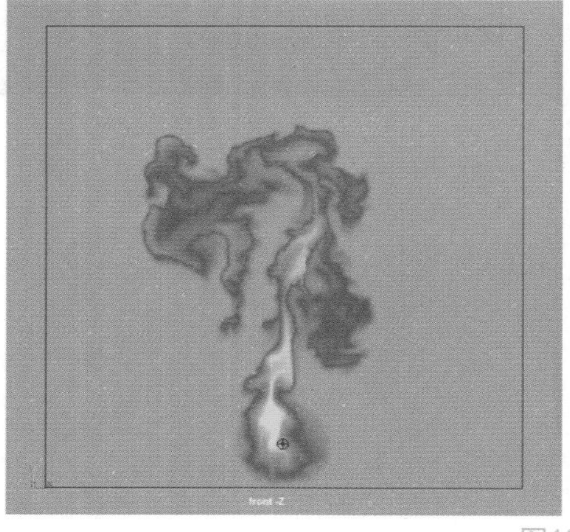

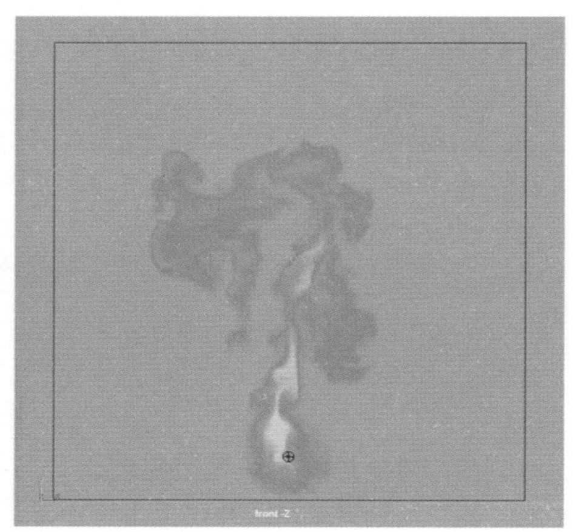

图10-45

- 辉光强度：控制辉光的亮度（流体周围光的微弱光晕），图10-46所示为该值分别为0.1和0.5时的流体火焰动画渲染结果对比。

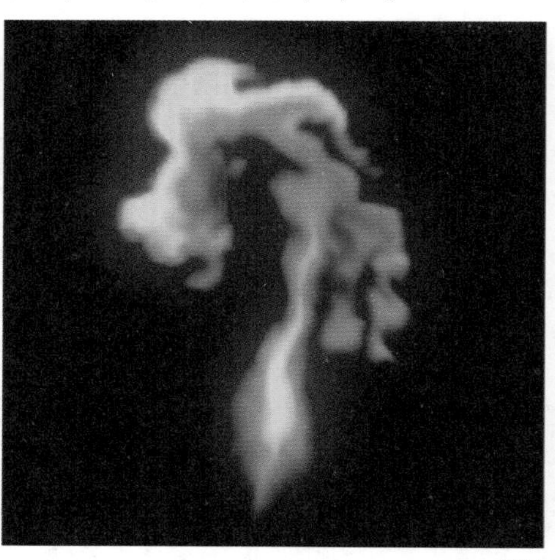

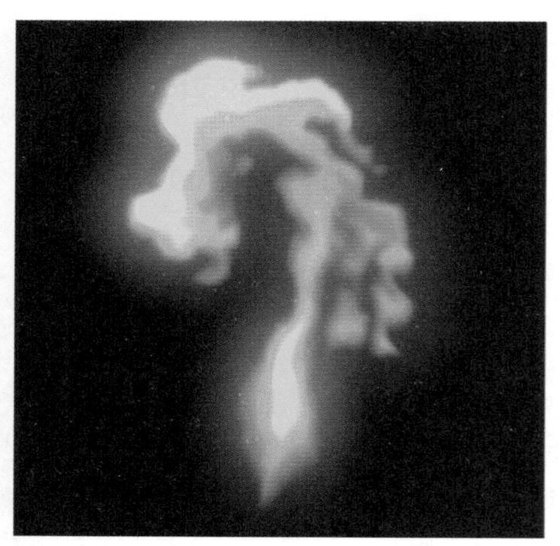

图10-46

- 衰减形状：定义一个形状用于定义外部边界，以创建软边流体。图10-47~图10-56分别是“衰减形状”为“Sphere（球体）”“Cube（立方体）”“Cone（圆锥体）”“Double Cone（双圆锥体）”“X Gradient（X渐变）”“Y Gradient（Y渐变）”“Z Gradient（Z渐变）”“-X Gradient（-X渐变）”“-Y Gradient（-Y渐变）”和“-Z Gradient（-Z渐变）”的流体显示结果。
- 边衰减：定义“密度”值向由“衰减形状”定义的边衰减的速率。图10-57所示为该值分别是0.005和1时的流体动画效果对比。

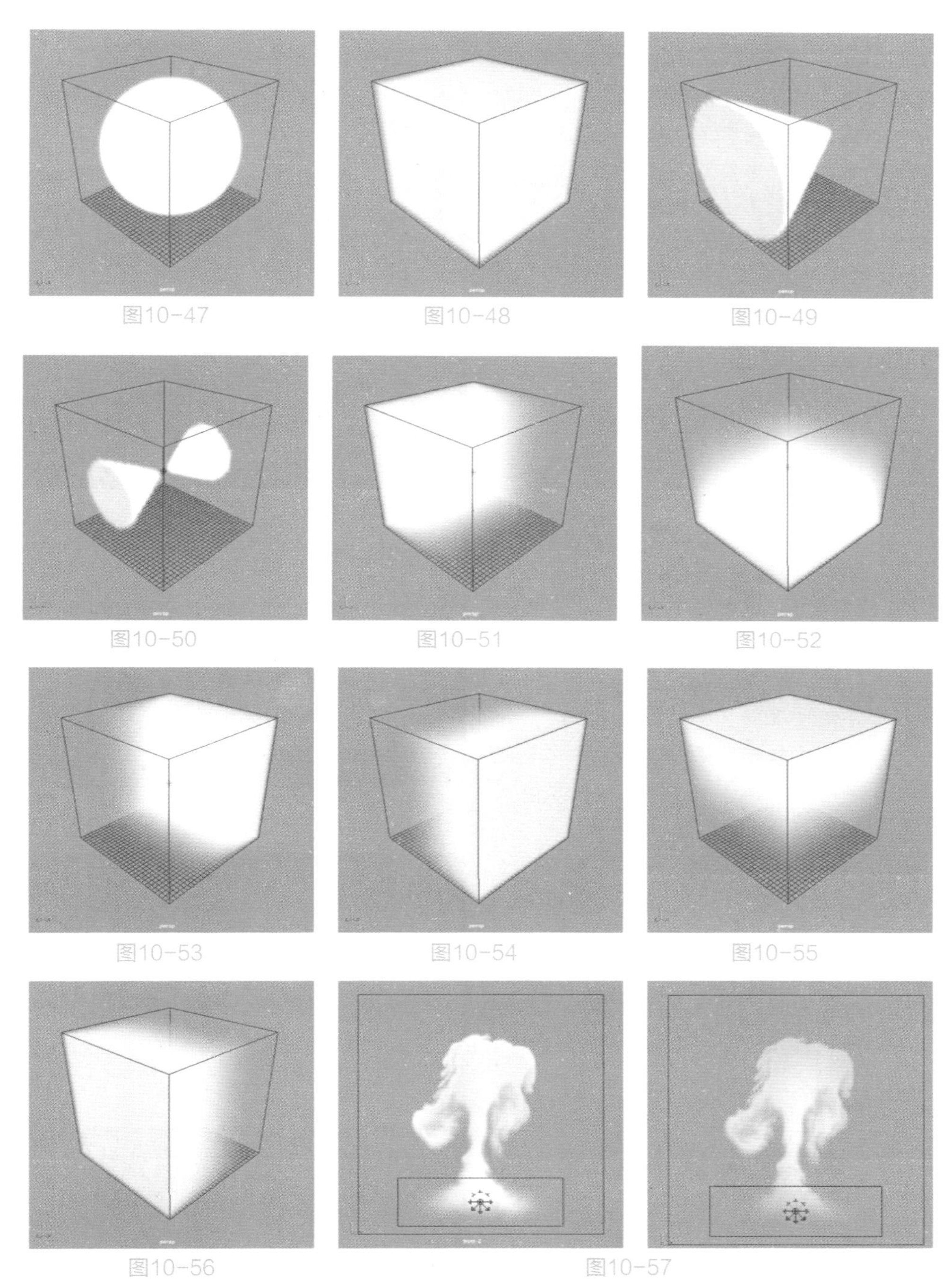

图10-47　图10-48　图10-49

图10-50　图10-51　图10-52

图10-53　图10-54　图10-55

图10-56　图10-57

1. “颜色”卷展栏

展开“颜色”卷展栏，其中的命令参数如图10-58所示。

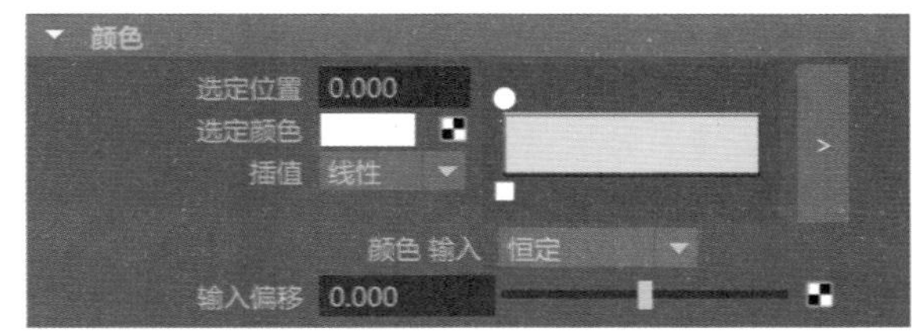

图10-58

常用参数解析

- 选定位置：该值指示选定颜色在渐变上的位置。
- 选定颜色：表示渐变上选定位置的颜色。
- 插值：控制渐变上位置之间的颜色混合方式。
- 颜色输入：定义用于映射颜色值的属性。
- 输入偏移：控制“颜色输入”在渐变色上的位置。

2. “白炽度”卷展栏

展开“白炽度”卷展栏，其中的命令参数如图10-59所示。

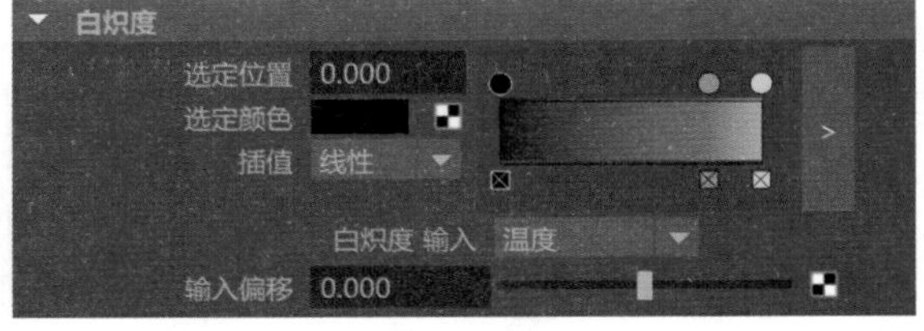

图10-59

“白炽度”卷展栏内的参数与“颜色”卷展栏内的参数极为相似，在此不再重复讲解。

3. “不透明度”卷展栏

展开“不透明度”卷展栏，其中的命令参数如图10-60所示。

图10-60

“不透明度”卷展栏内的参数与“颜色”卷展栏内的参数极为相似，在此不再重复讲解。

4. “蒙版不透明度”卷展栏

展开“蒙版不透明度”卷展栏，其中的命令参数如图10-61所示。

图10-61

常用参数解析

- 蒙版不透明度模式：设置 Maya 如何使用“蒙版不透明度”的值。
- 蒙版不透明度：影响流体的蒙版计算方式。

10.2.13 “着色质量”卷展栏

展开“着色质量”卷展栏，其中的命令参数如图10-62所示。

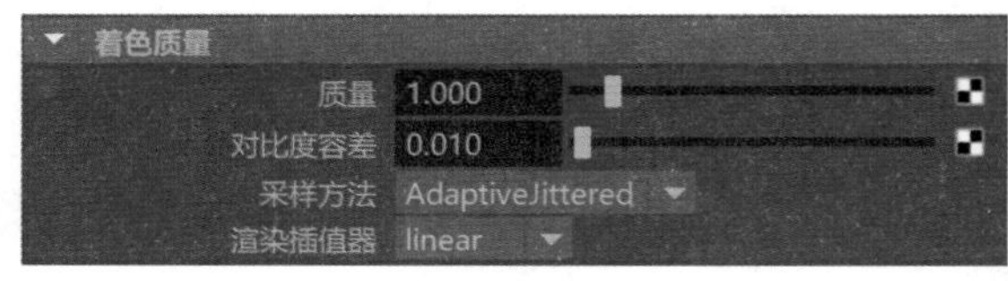

图10-62

常用参数解析

- 质量：增加该值，可以增加渲染中使用的每条光线的采样数，从而提高渲染的着色质量。
- 对比度容差：该值越大，流体的着色质量越高，渲染时间越长。
- 采样方法：控制如何在渲染期间对流体采样。
- 渲染插值器：在对光线进行着色时，选择从流体体素内的分数点检索值时要使用的插值算法。

10.2.14　“纹理”卷展栏

展开“纹理”卷展栏，其中的命令参数如图10-63所示。

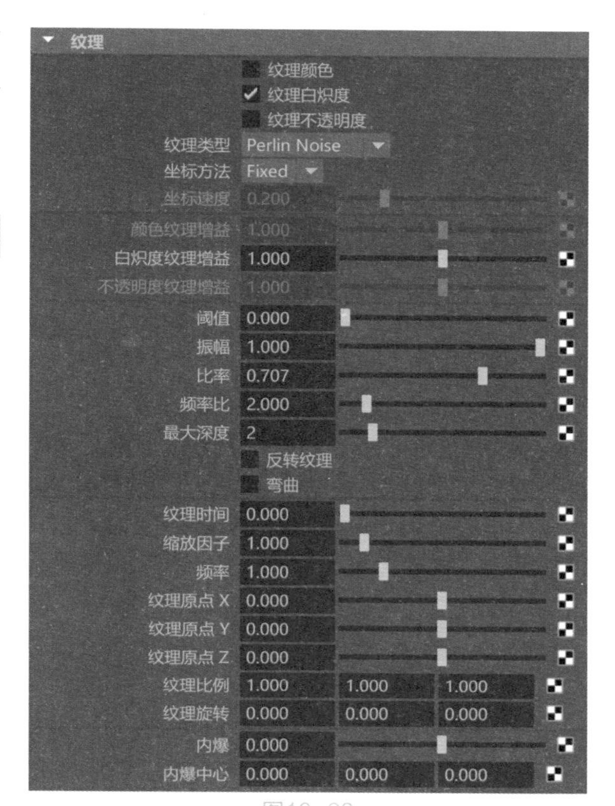

图10-63

常用参数解析

- 纹理颜色：选择此选项，可将当前纹理应用到颜色渐变的“颜色输入”值。
- 纹理白炽度：选择此选项，可将当前纹理应用到“白炽度输入”值。
- 纹理不透明度：选择此选项，可将当前纹理应用到“不透明度输入”值。
- 纹理类型：选择如何在容器中对“密度”进行纹理操作，有Perlin Noise、Billow、Volume Wave、Wispy、Space Time和Mandelbrot这6个选项，如图10-64所示。

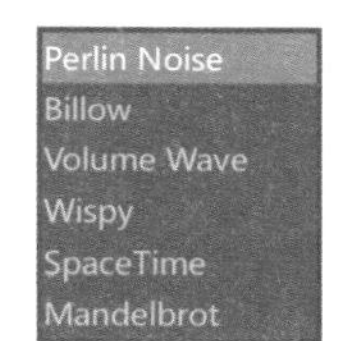

图10-64

- 坐标方法：选择如何定义纹理坐标。
- 坐标速度：控制速度移动坐标的快速程度。
- 颜色纹理增益：确定有多少纹理会影响“颜色输入”值。
- 白炽度纹理增益：确定有多少纹理会影响“白炽度输入”值。
- 不透明度纹理增益：确定有多少纹理会影响“不透明度输入”值。
- 阈值：添加到整个分形的数值，使分形更均匀明亮。
- 振幅：应用于纹理中所有值的比例因子，以纹理的平均值为中心。增加“振幅”时，亮的区域会更亮，而暗的区域会更暗。
- 比率：控制分形噪波的频率。增加该值可增加分形中细节的精细度。
- 频率比：确定噪波频率的相对空间比例。控制纹理所完成的计算量。
- 最大深度：控制纹理所完成的计算量。
- 纹理时间：控制纹理变化的速率和变化量。
- 频率：确定噪波的基础频率。随着该值的增加，噪波会变得更加详细。
- 纹理原点：噪波的零点。更改此值，将使噪波穿透空间。
- 纹理比例：确定噪波在局部X、Y和Z方向的比例。
- 纹理旋转：设定流体内置纹理的X、Y和Z旋转值。流体的中心是旋转的枢轴点。此效果类似于在纹理放置节点上设定旋转。
- 内爆：围绕由“内爆中心”定义的点以同心方式包裹噪波函数。
- 内爆中心：定义中心点，将围绕该点定义内爆效果。

10.2.15 “照明”卷展栏

展开“照明”卷展栏，其中的命令参数如图10-65所示。

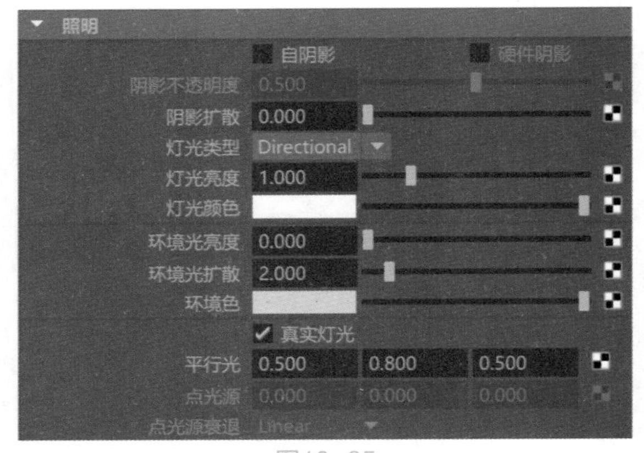

图10-65

常用参数解析

- 自阴影：选择该选项，可计算自身阴影。
- 硬件阴影：选择该选项，以便在模拟期间（硬件绘制）使流体实现自身阴影效果（流体将阴影投射到自身）。
- 阴影不透明度：使用此属性可使流体投射的阴影变亮或变暗。
- 阴影扩散：控制流体内部阴影的柔和度，以模拟局部灯光散射。
- 灯光类型：设定在场景视图中显示流体时，与流体一起使用的内部灯光类型。
- 灯光亮度：设定流体内部灯光的亮度。
- 灯光颜色：设定流体内部灯光的颜色。
- 环境光亮度：设定流体内部环境光的亮度。
- 环境光扩散：控制环境光如何扩散到流体密度。
- 环境色：设定内部环境光的颜色。
- 真实灯光：使用场景中的灯光进行渲染。
- 平行光：设置流体内部平行光的X、Y和Z构成。
- 点光源：设置流体内部点光源的X、Y和Z构成。

10.3 流体发射器

使用“流体发射器”可以很方便地控制流体产生的速率、流体的发射位置，以及流体发射器的类型，在“属性编辑器”中，选择fluidEmitter1选项卡，可以查看流体发射器的所有命令卷展栏，如图10-66所示。

10.3.1 “基本发射器属性”卷展栏

展开“基本发射器属性”卷展栏，其中的命令参数如图10-67所示。

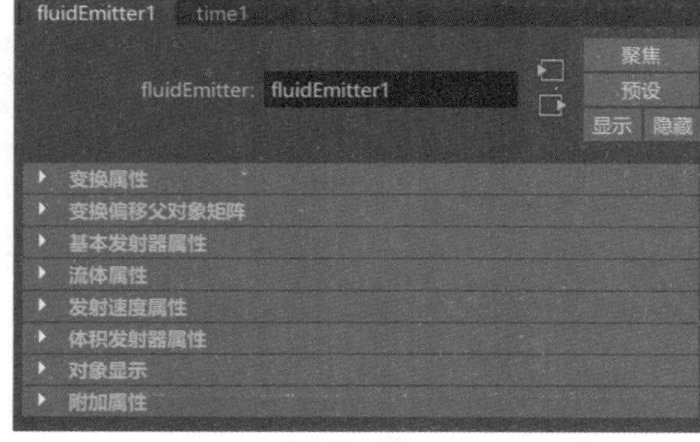

图10-66

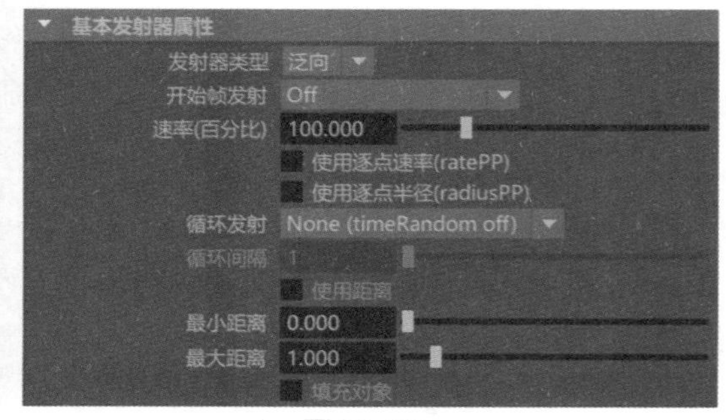

图10-67

常用参数解析

发射器类型：Maya 2020为用户提供了“泛向”“表面”“曲线”“体积”这4种类型，如图10-68所示。

图10-68

- 开始帧发射：流体在设置的开始帧时发射，并在所有高级帧中继续，从而使模拟持续进行。
- 速率：缩放容器内所有流体栅格的各个发射器速率。
- 循环发射：循环发射会以一定的间隔（以帧为单位）重新启动随机数流。
- 循环间隔：指定随机数流在两次重新启动期间的帧数。
- 使用距离：选择该选项，将使用曲面和曲线发射器的“最小距离”和“最大距离”值设定发射距离。
- 最小距离：从发射器创建新的特性值的最小距离。不适用于体积发射器。
- 最大距离：从发射器创建新的特性值的最大距离。不适用于体积发射器。
- 填充对象：选择该选项时，流体特性将发射到选定几何体的体积中。

10.3.2 “流体属性”卷展栏

展开“流体属性”卷展栏，其中的命令参数如图10-69所示。

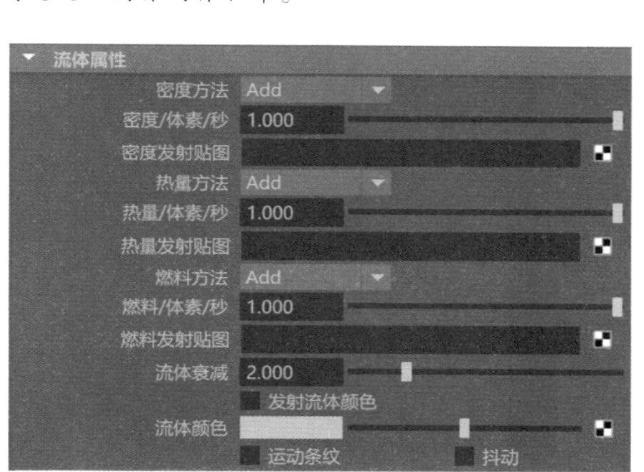

图10-69

常用参数解析

- 密度方法：确定如何在流体中设定密度发射值。
- 密度/体素/秒：设定每秒内将“密度”值发射到栅格体素的平均速率。
- 密度发射贴图：可以使用贴图来控制流体密度发射。
- 热量方法：确定如何在流体中设定热量发射值。
- 热量/体素/秒：设定每秒内将“温度”值发射到栅格体素的平均速率。负值会从栅格中移除热量。
- 热量发射贴图：使用二维纹理来映射热量发射。
- 燃料方法：确定如何在流体中设定燃料发射值。
- 燃料/体素/秒：设定每秒内将“燃料”值发射到栅格体素的平均速率。
- 燃料发射贴图：选择要映射到燃料发射的二维纹理。
- 流体衰减：设定流体发射的衰减值。
- 发射流体颜色：选择该选项，可将颜色发射到流体颜色栅格中。
- 流体颜色：单击颜色样例，然后从“颜色选择器”中选择发射的流体颜色。
- 运动条纹：选择该选项，将对快速移动的流体发射器中的流体条纹进行平滑处理，使其显示为连续条纹而不是一系列发射图章。
- 抖动：选择该选项，可在发射体积的边缘提供更好的抗锯齿效果。

10.3.3 “发射速度属性”卷展栏

展开“发射速度属性”卷展栏，其中的命令参数如图10-70所示。

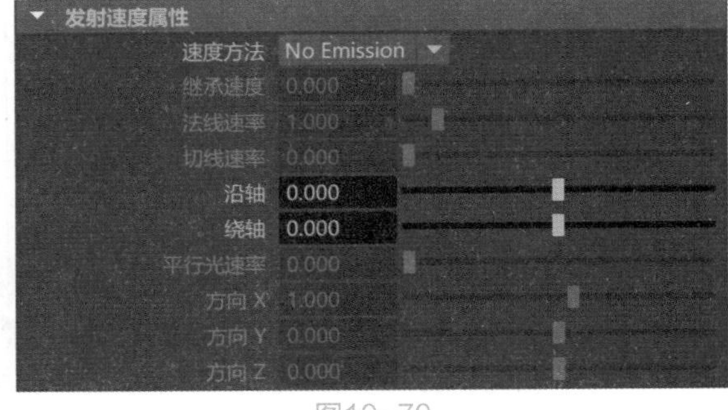

图10-70

常用参数解析

- 速度方法：确定如何在流体中设定速度发射值。
- 继承速度：设定流体从动画发射器生成的平移速度继承的速度量。
- 法线速率：设定当从曲面发射流体时，沿曲面法线的发射速度。
- 切线速率：设定当从曲线发射流体时，沿曲线切线的发射速度。
- 沿轴：设定沿所有体积发射器的中心轴的发射速度。
- 绕轴：设定围绕所有体积发射器的中心轴的速度。
- 平行光速率：添加由“方向X”“方向Y”和“方向Z”属性指定的方向上的速度。
- 方向X/Y/Z：设定相对于发射器的位置和方向的发射速度方向。

10.3.4 “体积发射器属性”卷展栏

展开“体积发射器属性”卷展栏，其中的命令参数如图10-71所示。

图10-71

常用参数解析

体积形状：指示当发射器类型为体积时，该发射器将使用体积形状。Maya 2020为用户提供了多种体积形状可选，如图10-72所示。图10-73～图10-77分别为使用这些不同体积发射器所产生的烟雾动画效果。

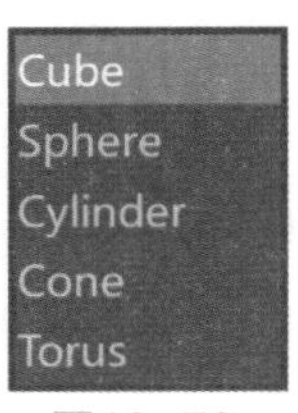

图10-72

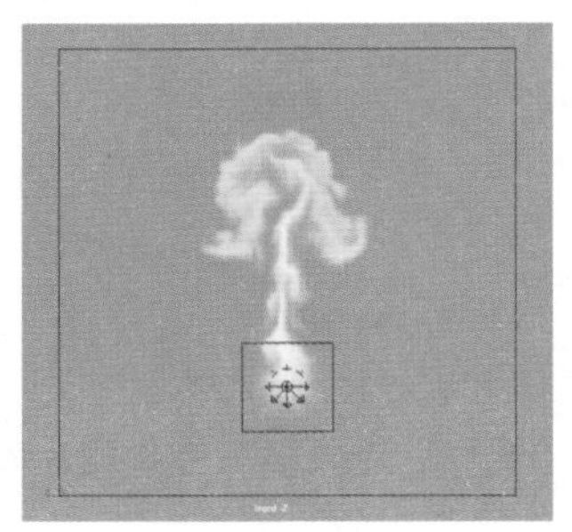
图10-73

图10-74

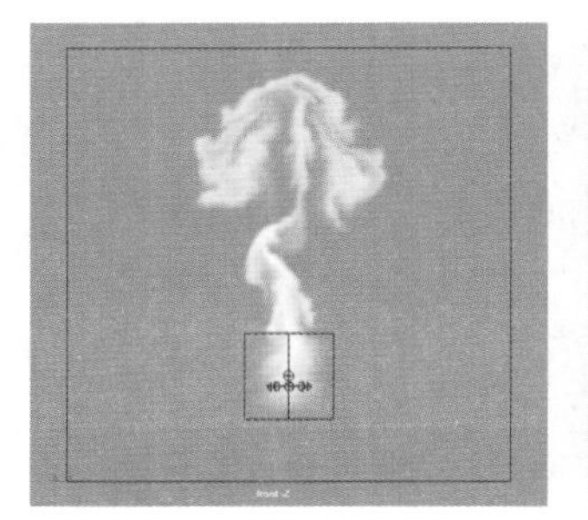
图10-75

图10-76

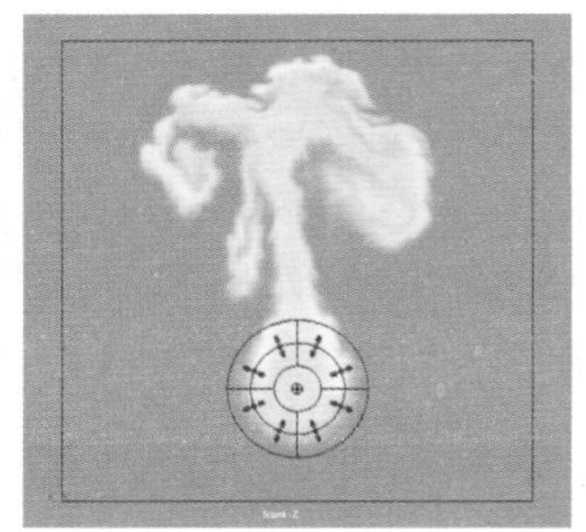
图10-77

- 体积偏移：发射体积中心距发射器原点的平移偏移的父属性。
- 体积扫描：控制体积发射的圆弧。
- 截面半径：仅应用于圆环体体积。
- 规一化衰减：选择该选项，体积发射器的衰减相对于发射器的比例（而不是世界空间）是固定的。这样可以确保当流体容器和发射器一起缩放时，流体模拟可保持一致。

实例操作：使用2D流体容器制作燃烧动画

本例中，将创建一个具有流体发射器的2D流体容器来制作火焰燃烧的动画效果，图10-78所示为本实例的最终完成效果。

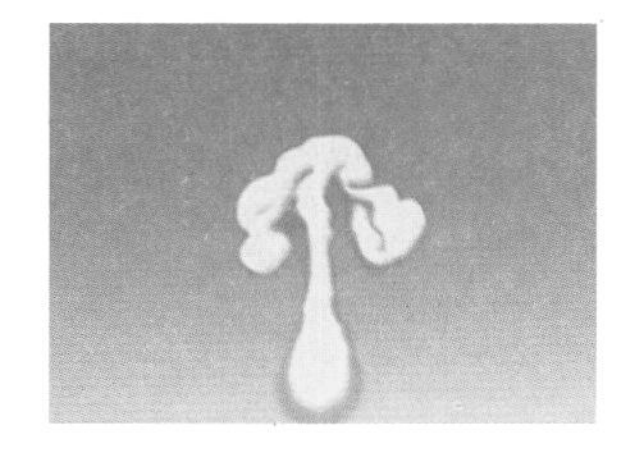
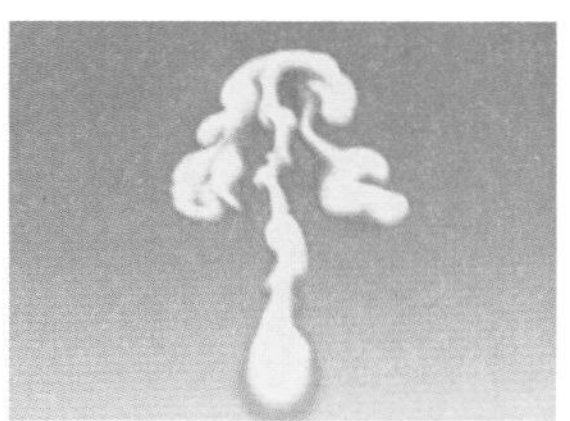
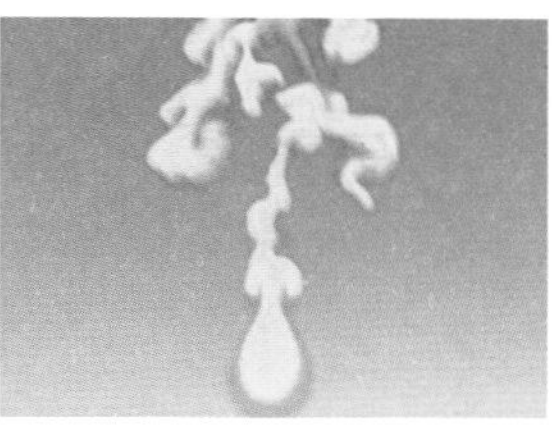
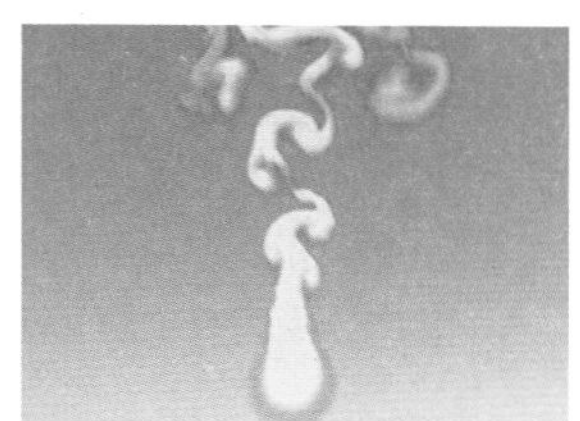

图10-78

01 启动Maya 2020软件，将工具架切换至FX工具架，单击“具有发射器的2D流体容器”图标，在场景中创建一个带有发射器的2D流体容器，如图10-79所示。

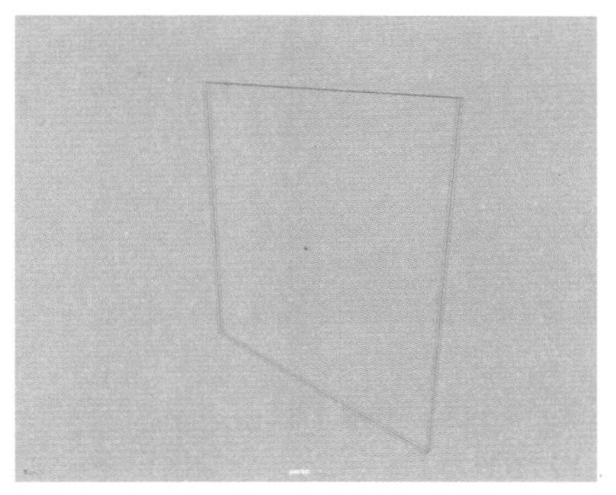

图10-79

02 在场景中选择发射器，并调整其位置至图10-80所示。

03 播放动画，可以在“透视图”中观察默认状态下2D流体容器所产生的动画效果，如图10-81所示。

图10-80

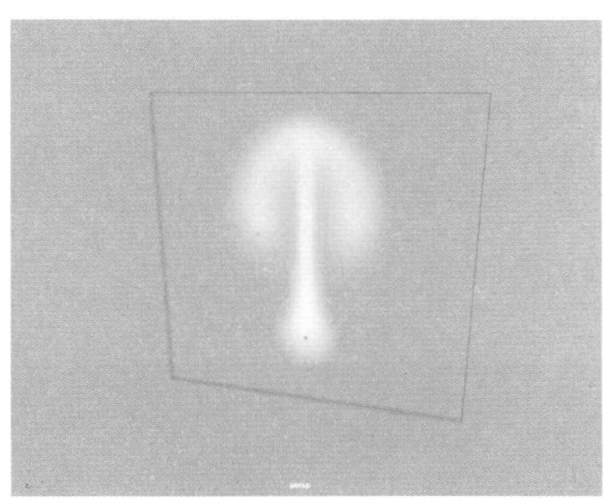

图10-81

04 在“属性编辑器”中，展开“容器特性”卷展栏，设置“基本分辨率”的值为200，如图10-82所示。再次播放动画，这次可以看到流体容器的流体动画效果清晰了许多，如图10-83所示。

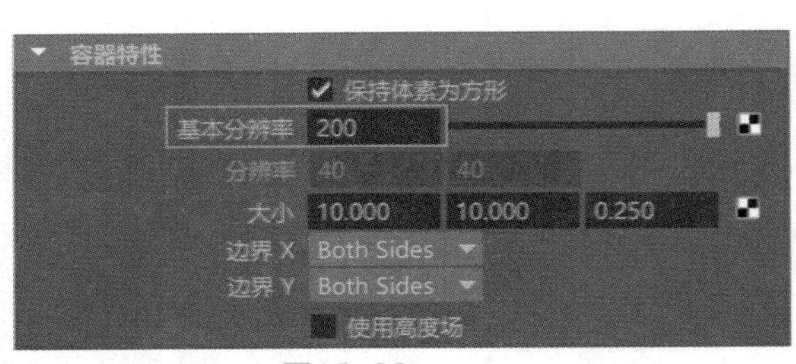

图10-82

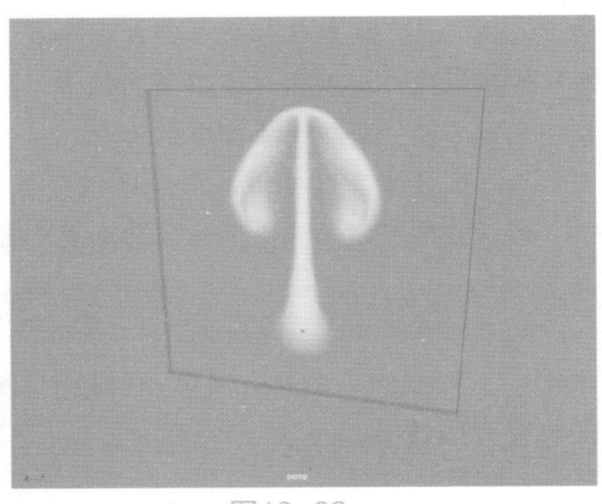
图10-83

05 展开“内容详细信息”卷展栏内的“速度”卷展栏，设置“漩涡”的值为5，“噪波”的值为0.05，如图10-84所示。再次播放动画，可以看到白色的烟雾在上升的过程中产生了更为随机的动画形态，如图10-85所示。

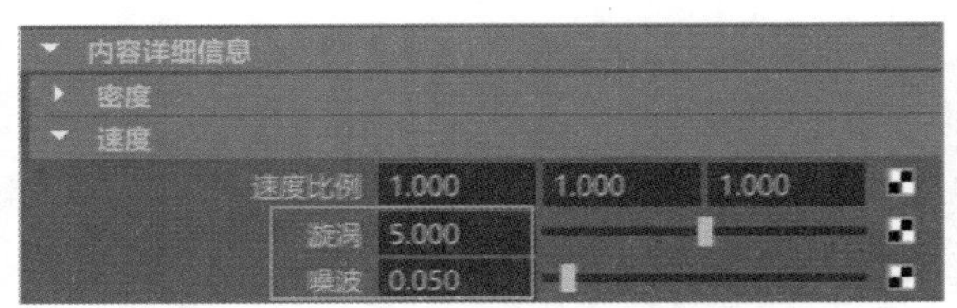

图10-84

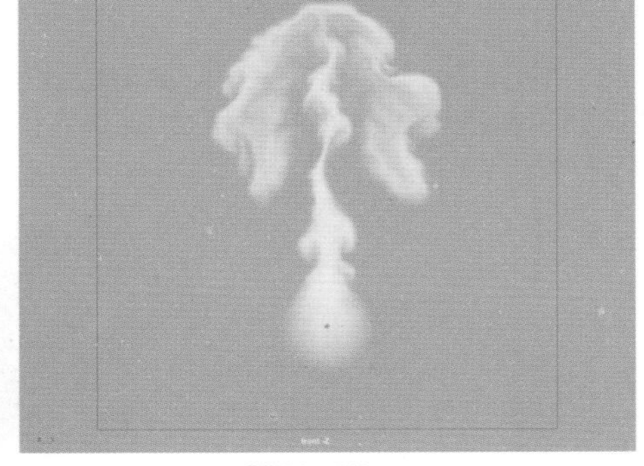
图10-85

06 单击展开“着色”卷展栏，设置“颜色”卷展栏内的“选定颜色”为黑色，如图10-86所示。

07 单击展开“白炽度”卷展栏，调整白炽度的渐变色为图10-87所示，并设置“白炽度输入”的方式为“密度”，设置“输入偏移”的值为0.5。设置完成后，观察“透视图”中的流体颜色效果，如图10-88所示。

图10-86

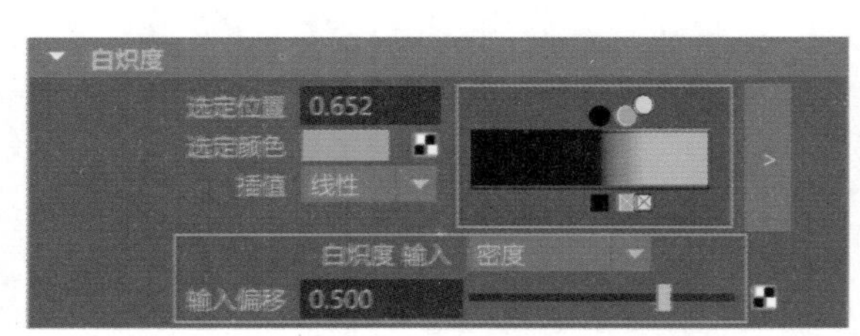

图10-87

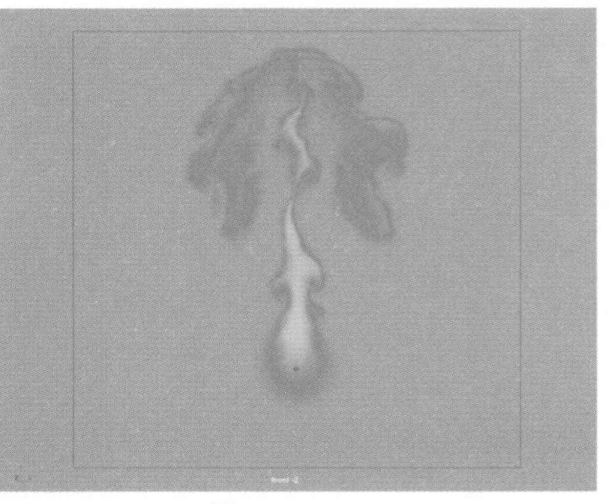
图10-88

08 在“着色”卷展栏中，设置“辉光强度”的值为0.2，并调整“透明度”的颜色偏深一些，如图10-89所示。可以看到“透视图”中的流体效果要明显很多，如图10-90所示。

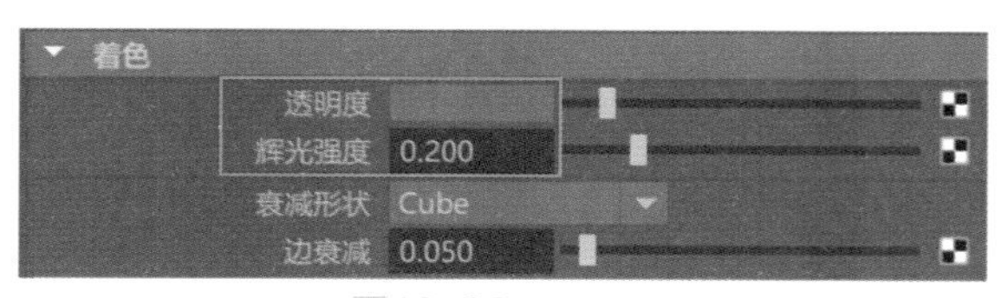

图10-89

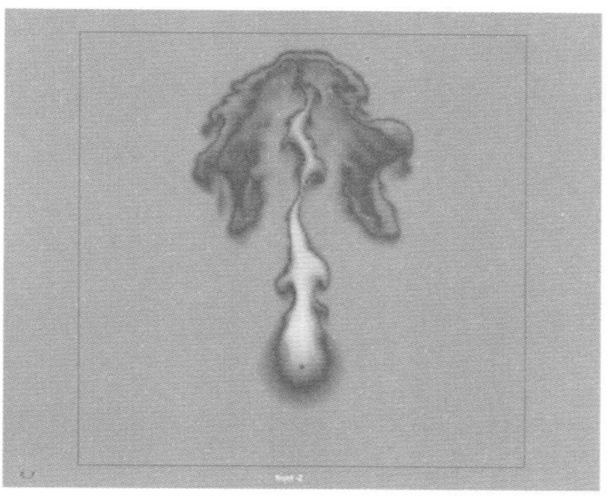
图10-90

09 展开“着色质量”卷展栏，设置“质量”的值为5，如图10-91所示。

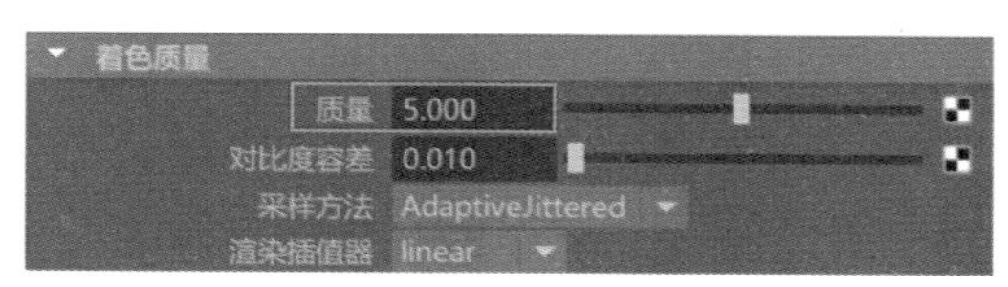

图10-91

10 在fluidEmitter1选项卡中，展开“基本发射器属性”卷展栏，设置“速率（百分比）”的值为200，如图10-92所示，可以增强火焰燃烧的程度，如图10-93所示。

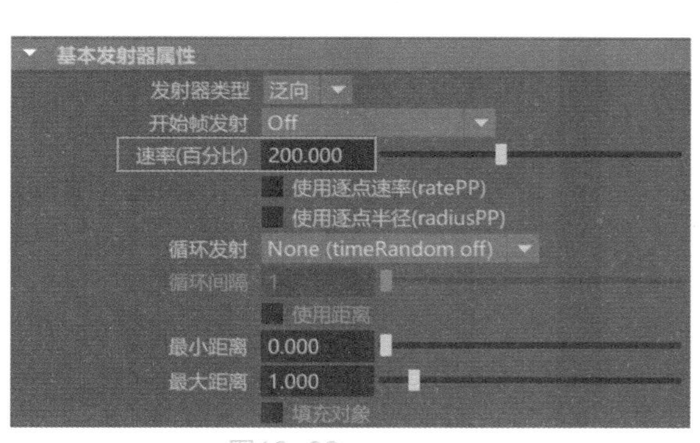

图10-92

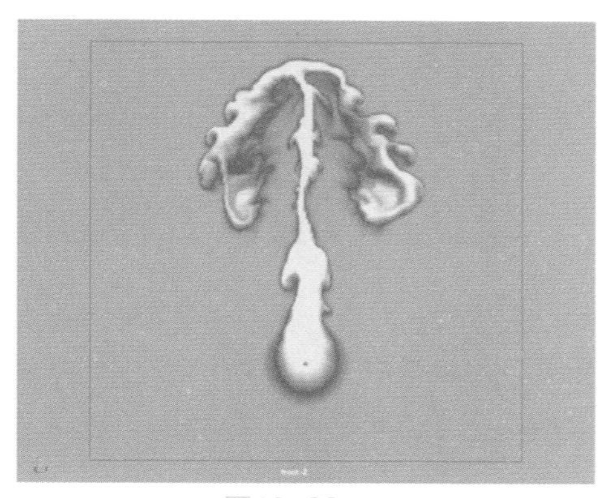
图10-93

11 渲染场景，本实例的最终动画渲染效果如图10-94所示。

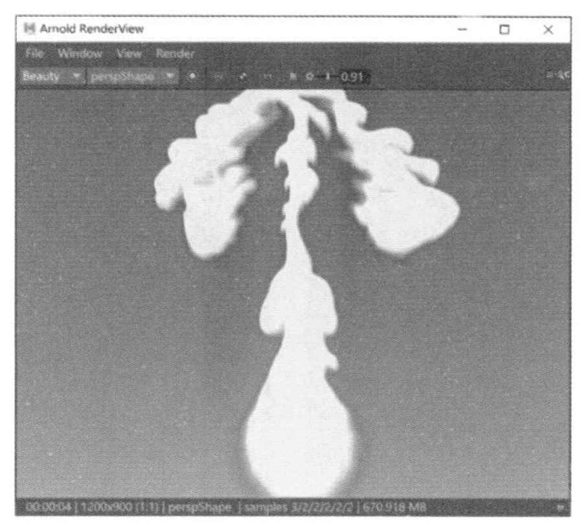

图10-94

实例操作：使用3D流体容器制作烟雾动画

本例中，将创建一个具有流体发射器的3D流体容器来制作烟雾流动的动画效果，图10-95为本实例的最终完成效果。

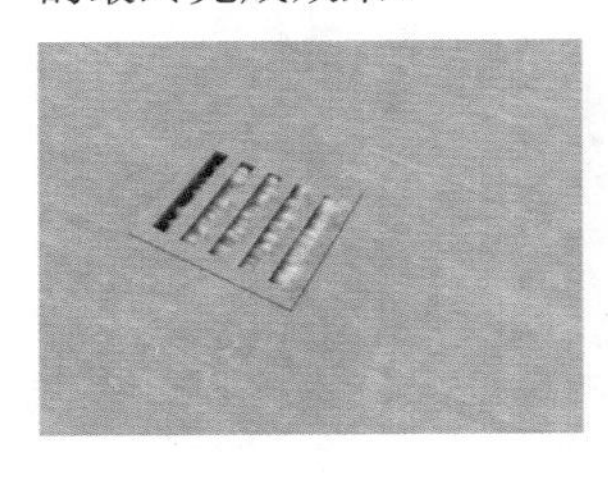
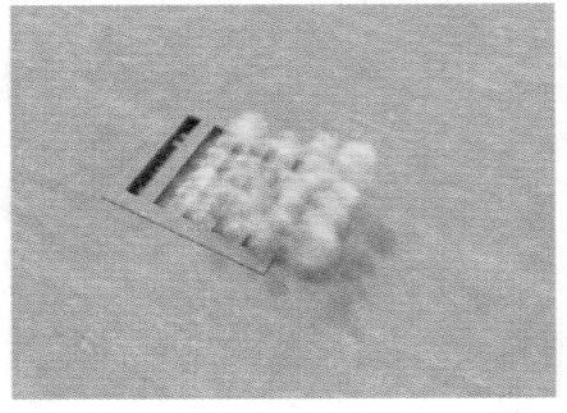
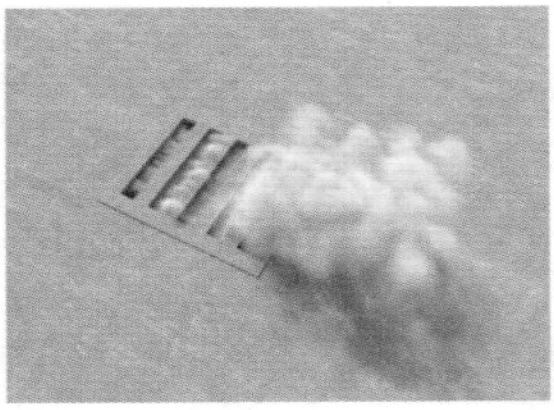
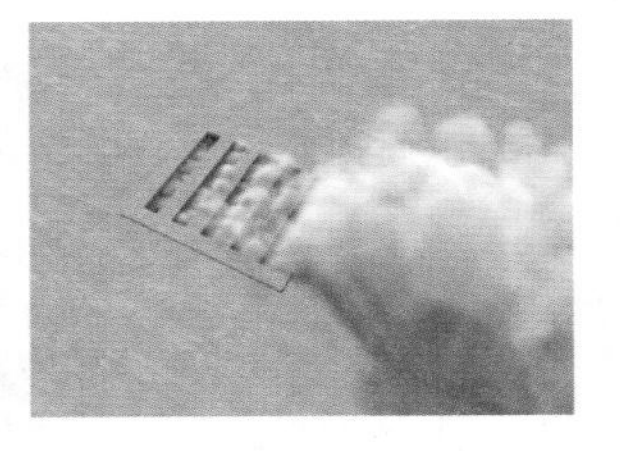

图10-95

01 启动Maya 2020软件，打开本书配套资源文件“烟雾.mb”，该场景为一个带有下水道盖子的地面模型，如图10-96所示。

02 将工具架切换至FX工具架，单击“具有发射器的3D流体容器”图标，在场景中创建一个带有发射器的3D流体容器，如图10-97所示。

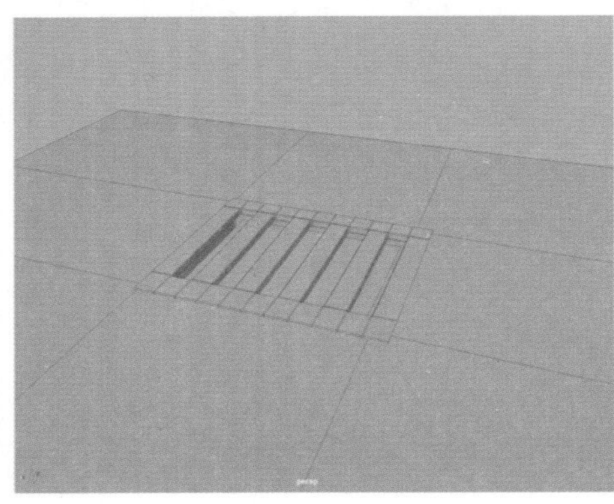

图10-96

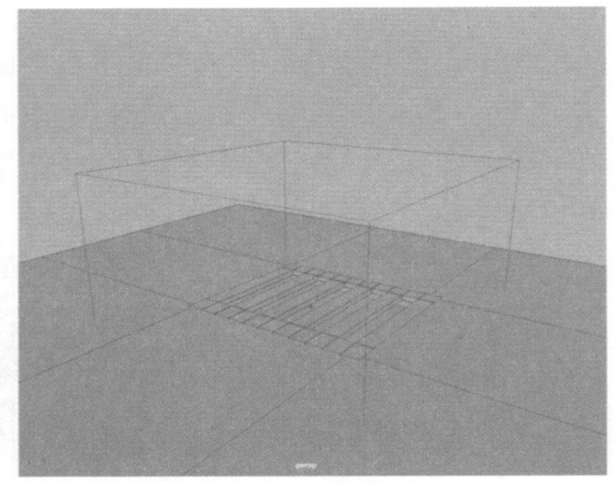

图10-97

03 在“大纲视图”中，选择场景中的流体发射器，并将其删除，如图10-98所示。因为在本例中，要设置使用场景中的物体来作为流体的发射对象。选择场景中的平面对象，并加选3D流体容器，单击FX工具架上的“从对象发射流体”图标，设置平面为场景中的流体发射器，随后可以看到在“大纲视图”中平面模型节点下方产生了一个流体发射器，如图10-99所示。

图10-98

图10-99

04 选择场景中的3D流体容器，在“属性编辑器”面板中展开“容器特性”卷展栏，勾选“保持体素为方形”复选项，先设置“基本分辨率”为一个较小的数值100，这样流体动画计算的时间会短一些。设置流体容器的“大小”为（15,10,10），设置流体的“边界X”“边界Y”和“边界Z”的选项如图10-100所示，并调整3D流体容器的位置至图10-101所示。

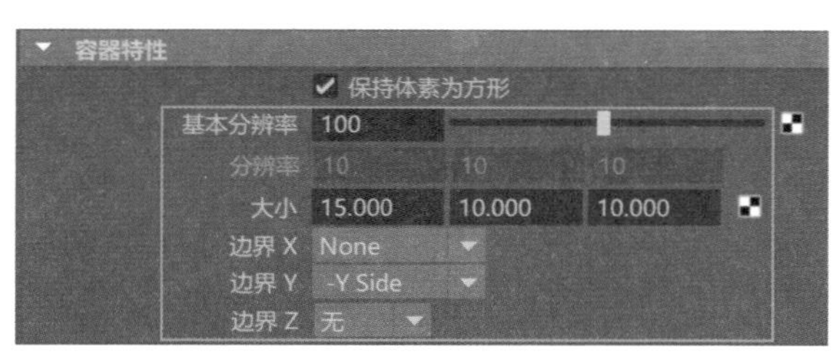

图10-100

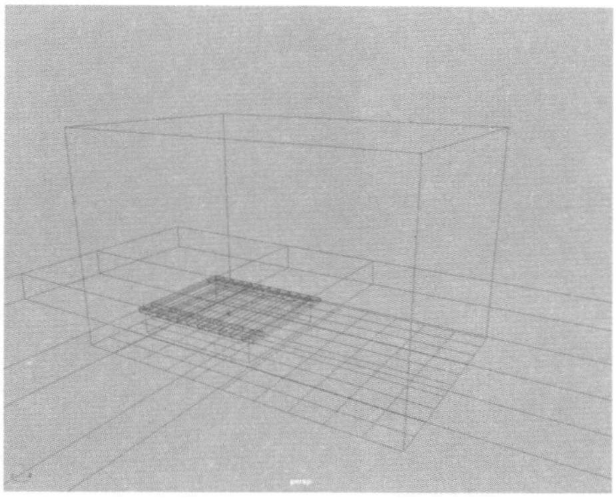

图10-101

05 选择场景中的地面模型以及下水道井盖模型，加选3D流体容器，单击“使碰撞”图标，将这两个模型设置为与流体产生交互碰撞计算，如图10-102所示。

06 选择3D流体容器，展开“密度”卷展栏，调整“浮力”的值为8，如图10-103所示。

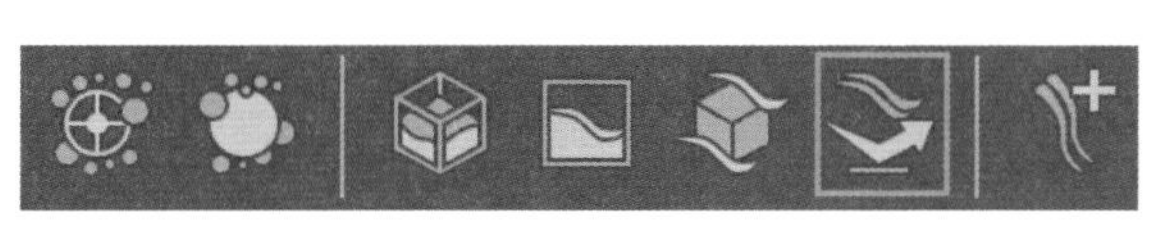

图10-102

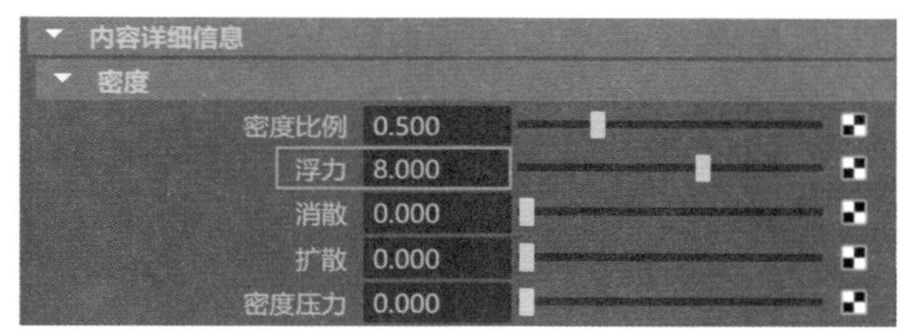

图10-103

07 展开“速度”卷展栏，设置“漩涡”的值为5，“噪波”的值为0.2，如图10-104所示，增加烟雾上升时的形态细节。

08 播放动画，场景中3D流体容器所产生的烟雾动画效果如图10-105所示。

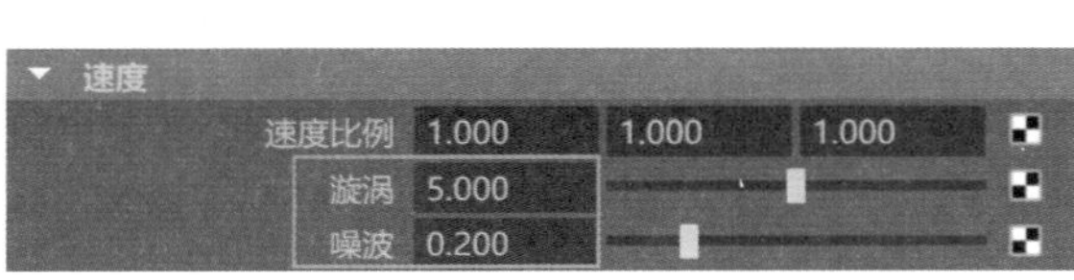

图10-104

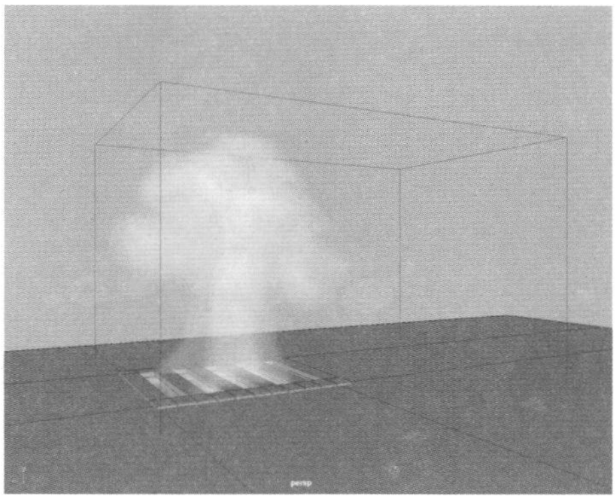

图10-105

09 展开“着色”卷展栏，调整“透明度”的颜色偏深色一些，如图10-106所示，使得场景中的烟雾看起来更明显，如图10-107所示。

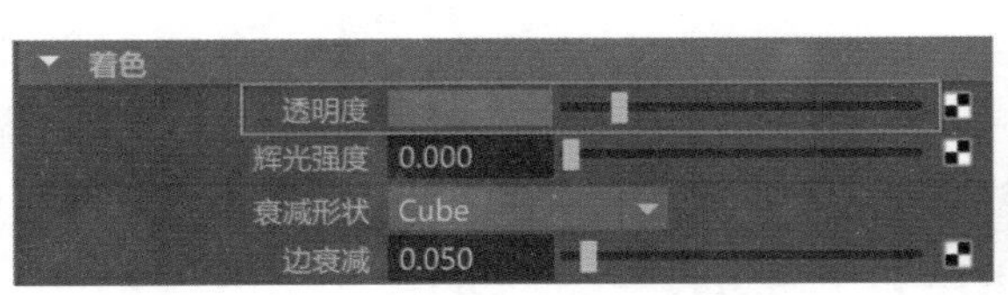

图10-106

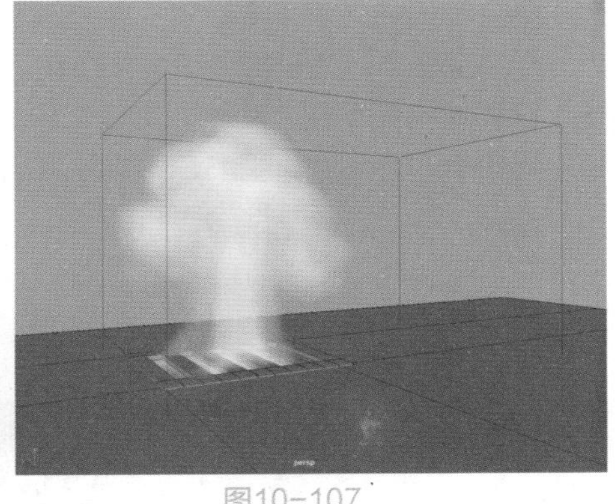
图10-107

10 展开“颜色”卷展栏，设置“选定颜色”为偏青色，如图10-108所示。调整完成后，在视图中观察烟雾的颜色，如图10-109所示。

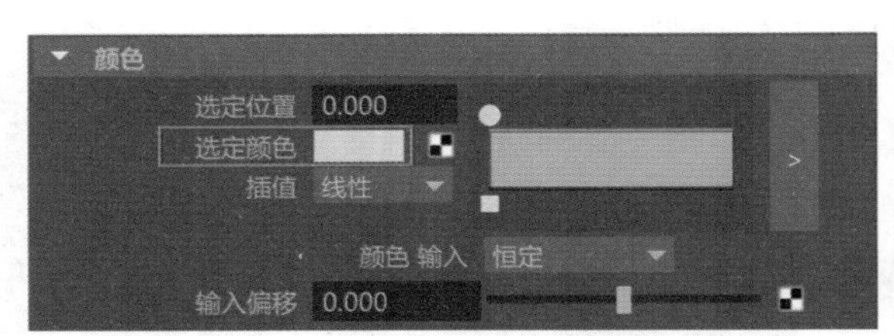

图10-108

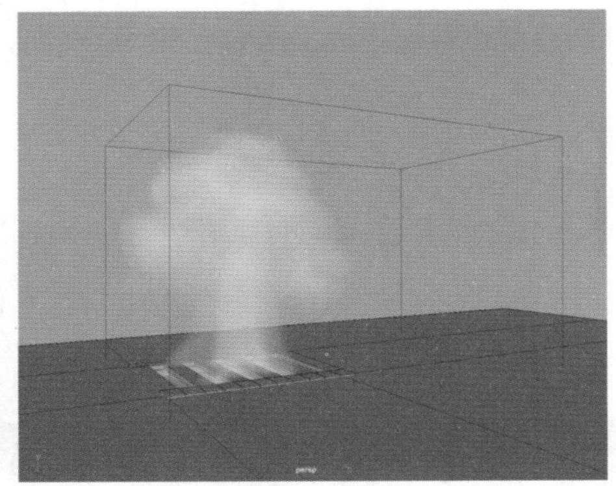
图10-109

11 展开“不透明度”卷展栏，设置“不透明度”的曲线如图10-110所示，调整烟雾的显示效果如图10-111所示。

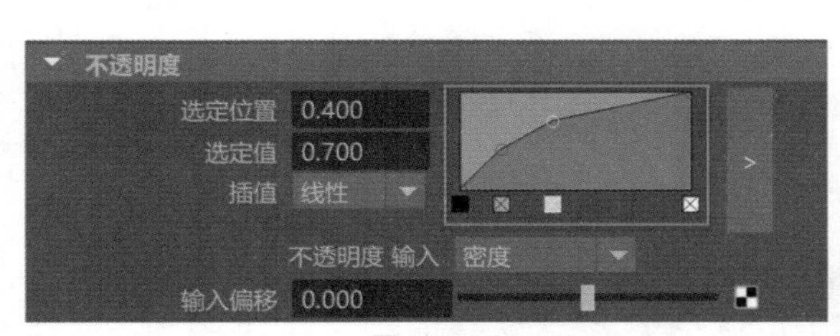

图10-110

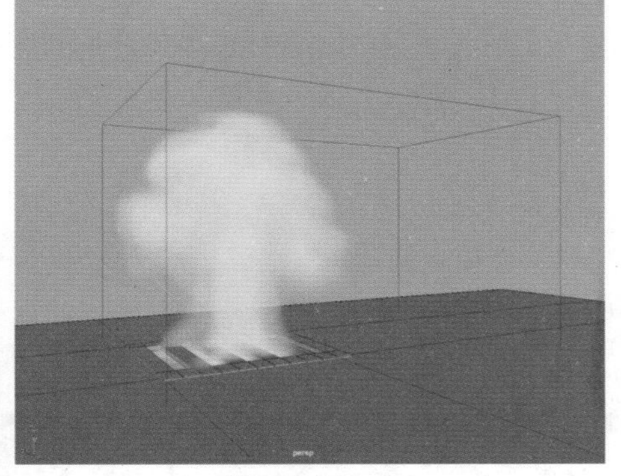
图10-111

12 展开“照明”卷展栏，勾选“自阴影”选项，并设置“阴影不透明度”的值为1.5，如图10-112所示。在“透视图”中观察烟雾，可以看到烟雾有了阴影显示会显得更加立体、逼真，如图10-113所示。

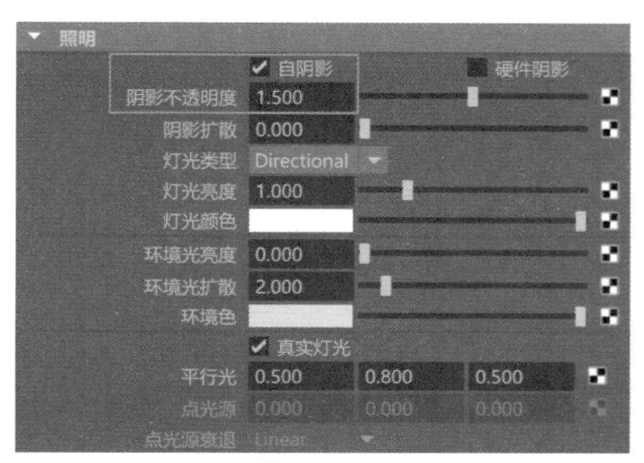

图10-112

图10-113

13 选择场景中的3D流体容器，执行菜单栏“字段”|“解算器”|“空气”命令，为流体容器添加一个空气场来影响烟雾的走向，如图10-114所示。

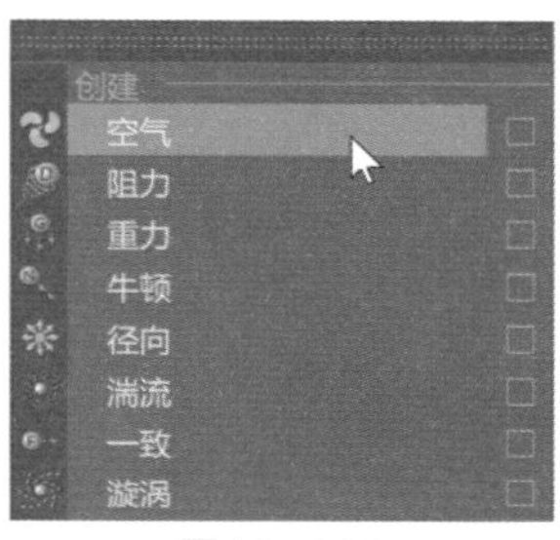

图10-114

14 在“属性编辑器”中，展开“空气场属性”卷展栏，设置“幅值”为2，“衰减”值不变，设置空气场的“方向”为X轴，如图10-115所示。

15 播放场景动画，可以看到烟雾在方向上已经开始受到空气场的影响，如图10-116所示。

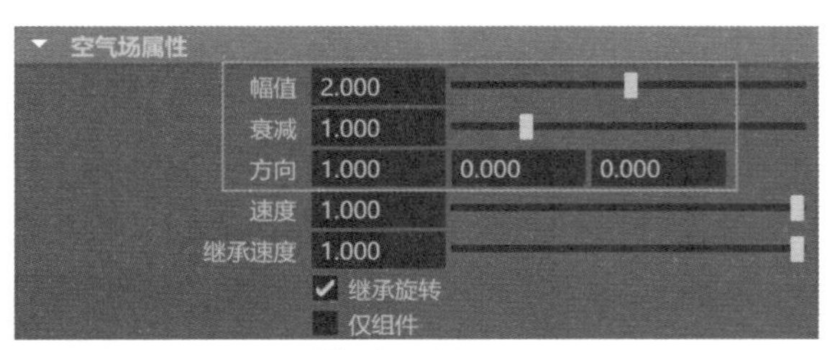

图10-115

图10-116

16 现在，本实例的动画效果已经基本设置完成。选择3D流体容器，展开“容器属性”卷展栏，将“基本分辨率”的值设置为200，提高动画的计算精度，如图10-117所示。再次计算流体动画，动画效果如图10-118所示，通过提高“基本分辨率”的数值，可以看到这一次的烟雾形态计算细节更加丰富。

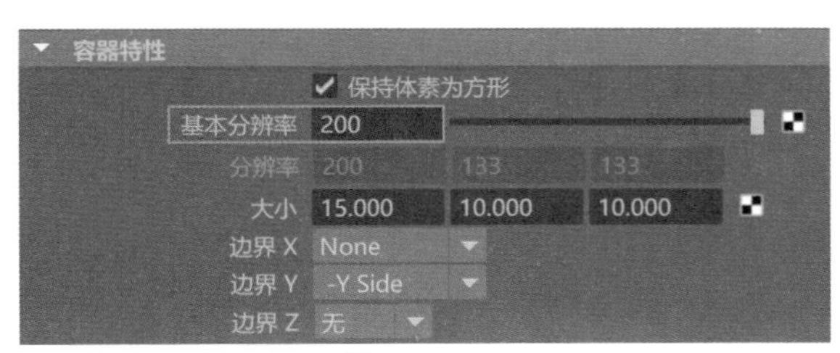

图10-117

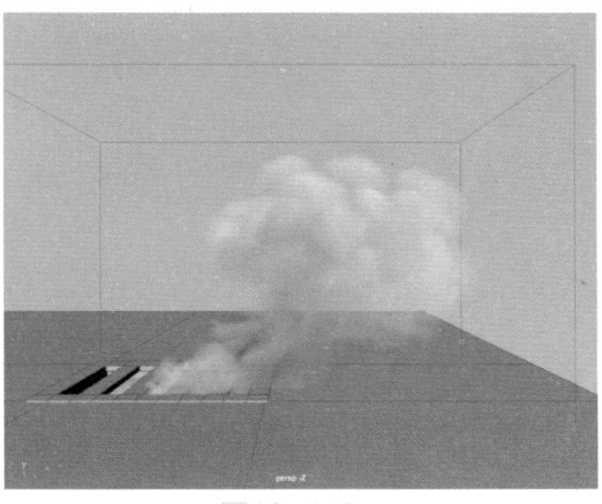
图10-118

17 本实例的烟雾动画最终效果如图10-119所示。

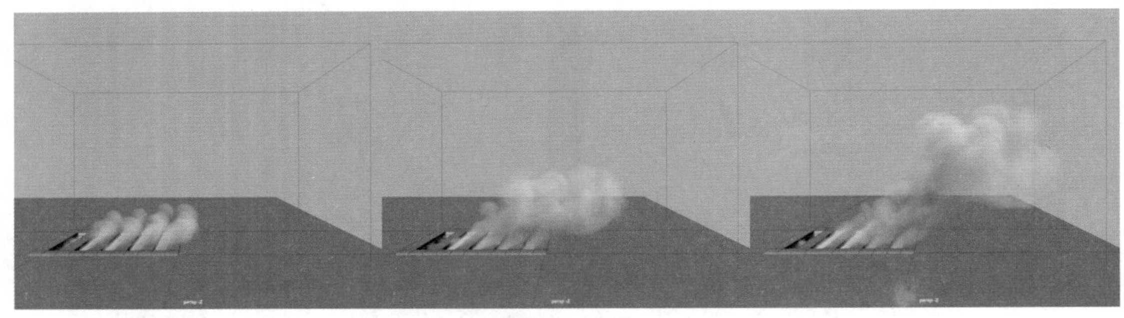

图10-119

10.4 创建海洋

使用流体可以快速制作出非常真实的海洋表面效果，无论是风和日丽的海面还是波涛汹涌的海面，如图10-120所示。

图10-120

执行菜单栏“流体/海洋”命令，即可在场景中生成带有动画效果的海洋，如图10-121所示。

在“属性编辑器”的oceanShader1选项卡中，可以看到有关海洋的命令参数设置，如图10-122所示。

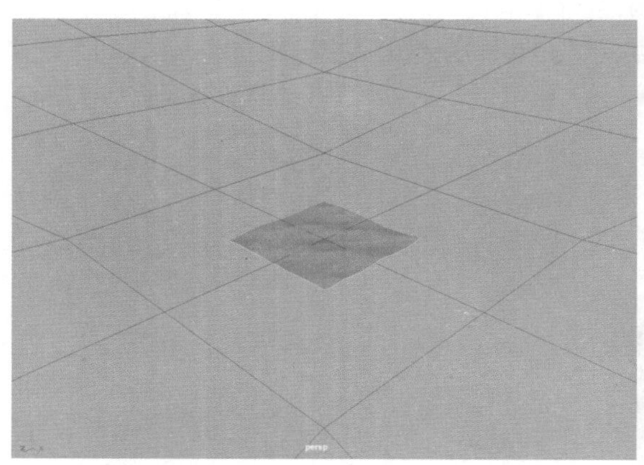

图10-121

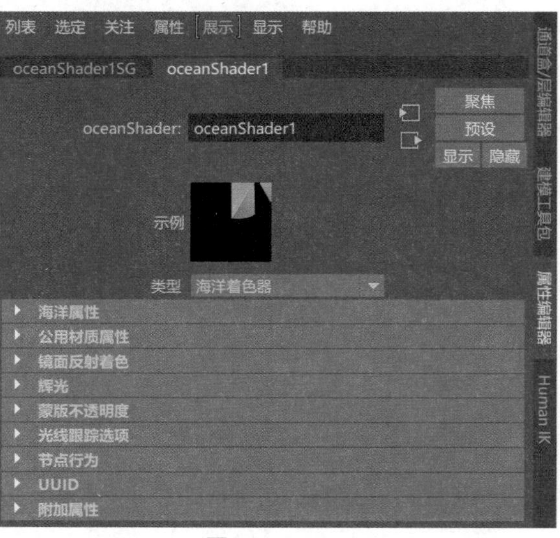

图10-122

10.4.1 “海洋属性”卷展栏

展开“海洋属性”卷展栏，可以看到该卷展栏中还内置有“波高度”“波湍流”和“波峰”这3个卷展栏，其中的命令参数如图10-123所示。

图10-123

常用参数解析

- 比例：控制海洋波纹的大小，图10-124所示为该值分别是1和0.3的海洋渲染结果对比。
- 时间：控制场景中海洋纹理的速率和变化量。
- 风UV：控制波浪移动的（平均）方向，从而模拟出风的效果。该项表示为UV纹理空间中的U值和V值。
- 波速率：定义波浪移动的速率。
- 观察者速率：通过移动模拟的观察者来取消横向的波浪运动。
- 频率数：控制“最小波长”和“最大波长”之间插值频率的数值。
- 波方向扩散：根据风向定义波方向的变化。如果为0，则所有波浪向相同方向移动。如果为1，则波浪向随机方向移动。风向不一致加上波浪折射等其他效果，就会导致波方向的自然变化。
- 最小波长：控制波的最小长度（以米为单位）。
- 最大波长：控制波的最大长度（以米为单位）。

图10-124

1. “波高度”卷展栏

展开“波高度”卷展栏，这里的参数主要用来控制海洋玻璃高度，其中的命令参数如图10-125所示。

图10-125

常用参数解析

- 选定位置：控制右侧图表的节点位置。
- 选定值：控制右侧图表的数值，图10-126所示为该值分别是0.2和0.6时的海洋渲染结果对比。

图10-126

- 插值：控制曲线上位置标记之间值的混合方式。

2. “波湍流”卷展栏

展开“波湍流”卷展栏，其中的命令参数如图10-127所示。

“波湍流”卷展栏内的命令参数与“波高度”的参数设置极为相似，故不再重复讲解。

3. “波峰”卷展栏

展开“波峰”卷展栏，其中的命令参数如图10-128所示。

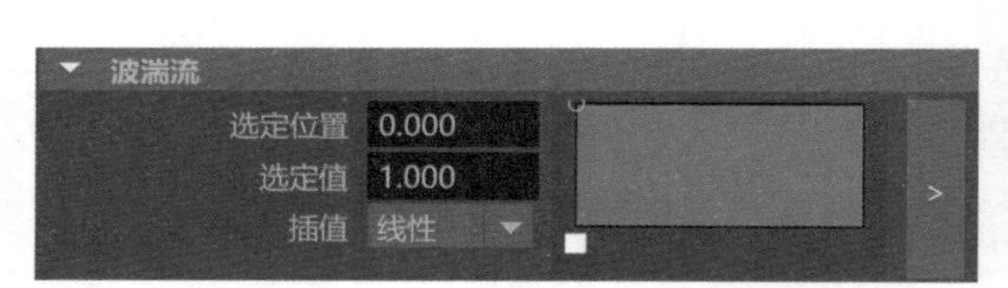

图10-127

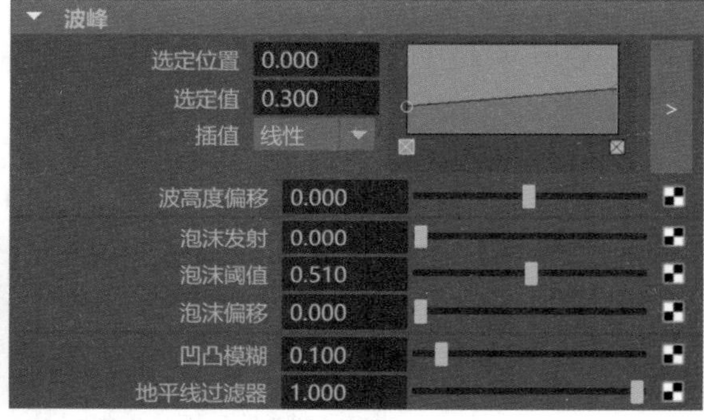

图10-128

常用参数解析

- 波高度偏移：海洋总体置换上的简单偏移。
- 泡沫发射：控制生成的超出“泡沫阈值”的泡沫密度，图10-129分别为该值是0.13和0.16所得到的海洋表面泡沫渲染结果对比。

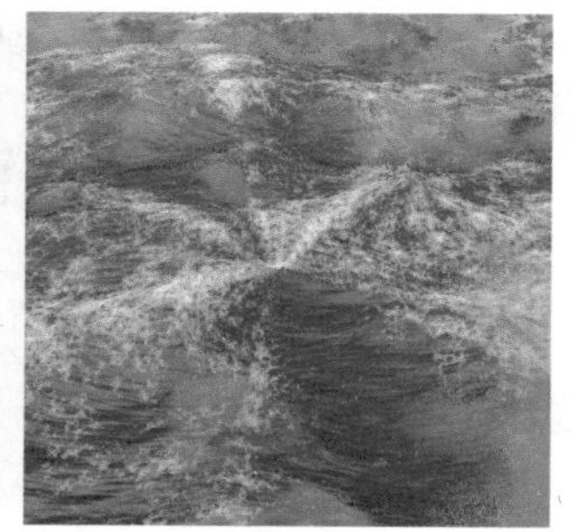

图10-129

- 泡沫阈值：控制生成泡沫所需的“波振幅”以及泡沫持续的时间。
- 泡沫偏移：在所有位置添加一致的泡沫。
- 凹凸模糊：定义在计算着色凹凸法线中使用的采样。值越大，产生的波浪越小，波峰越平滑。

- 地平线过滤器：基于视图距离和角度增加“凹凸模糊”，以便沿海平线平滑或过滤抖动和颤动。地平线过滤器默认为1.0。

10.4.2 “公用材质属性”卷展栏

展开“公用材质属性”卷展栏，其中的命令参数如图10-130所示。

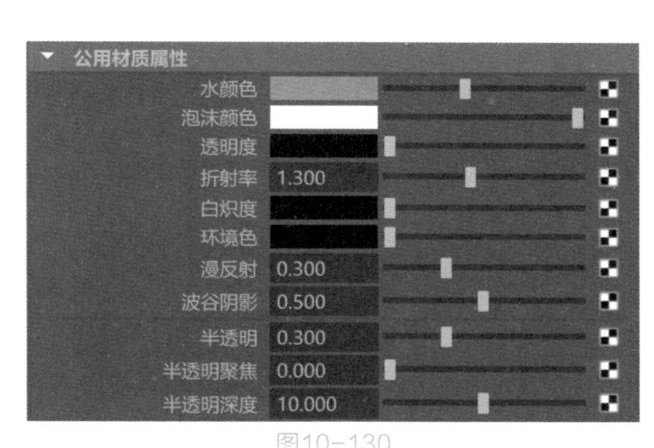

图10-130

常用参数解析

- 水颜色：用来设置海洋表面的基本颜色。
- 泡沫颜色：设置泡沫的颜色。
- 透明度：控制海洋材质的透明程度。
- 折射率：定义海洋材质的折射率。
- 白炽度：使材质显现为乳白色，如同其自身在发光一般。
- 环境色：默认情况下“环境色”为黑色，这意味着它不会影响材质的总体颜色。当环境色变得更明亮时，将通过使材质颜色变亮和混合两种颜色，来对材质颜色产生影响。
- 漫反射：控制场景中从对象散射的灯光的量。大多数材质将吸收一些照射到材质上的灯光，并散射其余灯光。
- 波谷阴影：使波谷中的漫反射颜色更暗。该选项可模拟更明亮波峰处的某些照明条件，从而散射灯光。该属性适用于波浪颜色处于蓝绿色范围内的情况。
- 半透明：模拟漫穿透半透明对象的灯光。
- 半透明聚焦：模拟穿过半透明对象的灯光在多个前进方向上进行散射的方式。
- 半透明深度：定义可使半透明衰退为无的对象穿透深度。

10.4.3 “镜面反射着色”卷展栏

展开“镜面反射着色”卷展栏，其中的命令参数如图10-131所示。

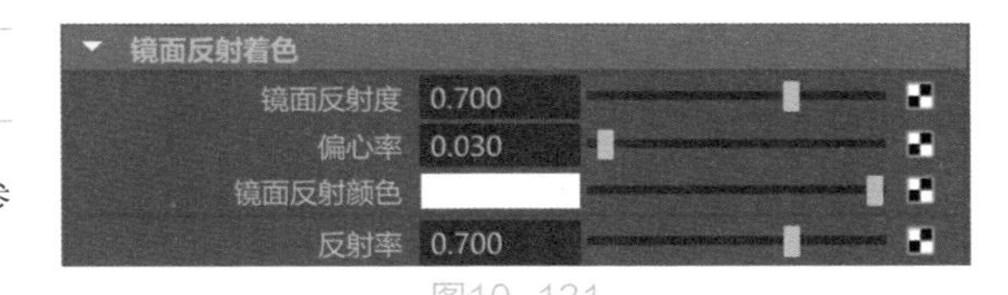

图10-131

常用参数解析

- 镜面反射度：控制镜面高光的亮度。该值为镜面反射颜色的倍增。
- 偏心率：控制镜面高光（热点）的大小。
- 镜面反射颜色：定义材质上镜面高光的颜色。
- 反射率：使用“反射率”，使对象像镜子一样反射灯光。

10.4.4 “环境”卷展栏

展开“环境”卷展栏，其中的命令参数如图10-132所示。

图10-132

常用参数解析

- 选定位置：该值指示选定颜色在渐变上的位置。
- 选定颜色：表示渐变上选定位置的颜色。
- 插值：控制渐变上位置之间的颜色融合方式。

10.4.5 “辉光”卷展栏

展开“辉光”卷展栏，其中的命令参数如图10-133所示。

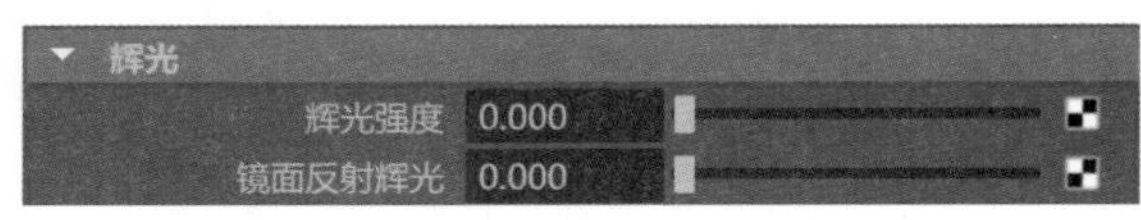

图10-133

常用参数解析

- 辉光强度：用于控制辉光的强度。
- 镜面反射辉光：用于控制镜面高光辉光，如水上闪烁的高光效果。

实例操作：制作海洋漂浮物动画效果

本例中，我们使用Maya的海洋来制作一个海上漂浮物的动画效果，图10-134所示为本实例的最终完成效果。

图10-134

01 启动Maya 2020软件，将菜单栏切换至FX，执行菜单栏“流体”|“获取示例”|“海洋/池塘”命令，打开“内容浏览器”面板，如图10-135所示，该面板中会显示出Maya软件提供给用户的一些预设好的海洋效果文件。

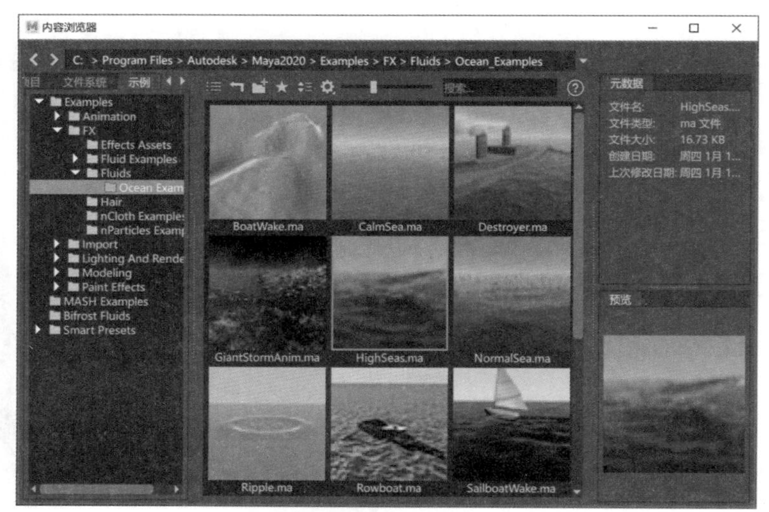

图10-135

02 选择HighSeas.ma文件，并将其拖曳至场景中，即可得到一个完整的海洋动画场景，如图10-136所示。

03 在场景中创建一个多边形圆环，用来作为本实例中海面上的漂浮物，如图10-137所示。

04 选择场景中的多边形圆环，执行菜单栏“流体”|“创建船”|“漂浮选定对象”命令，可以看到在场景中圆环模型的中间位置生成一个定位器，如图10-138所示。

图10-136

图10-137

图10-138

05 在“大纲视图”中，可以看到现在圆环模型已经被作为子对象链接在定位器上了，如图10-139所示。

06 播放场景动画，可以看到多边形圆环已经可以漂浮在海面上了。不过仔细观察动画，不难发现，通过“漂浮选定对象”所制作的动画仅仅影响多边形圆环在海洋表面的上下移动，看起来略微有点单调。所以，我们先在大纲中，将多边形圆环与定位器之间的父子关系解除，如图10-140所示。

07 选择场景中的定位器，将其删除。接下来，选择场景中的多边形圆环，执行菜单栏“流体”|“创建船”|“生成船”命令，如图10-141所示。

图10-139

图10-140

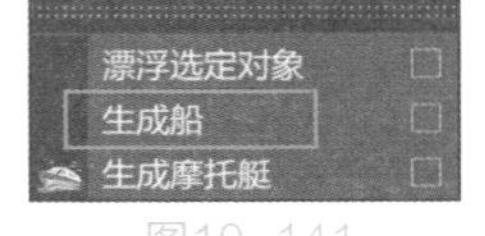

图10-141

08 “生成船”命令与“漂浮选定对象”命令极为相似，都是通过在海洋表面上创建一个“定位器”来获取海洋表面的位置变化；不同之处在于，“生成船”命令还可以获取海洋表面的方向变化。选择场景中新生成的定位器，在其“通道盒/层编辑器”面板中，可以看到定位器的“平移Y”“旋转X”和“旋转Z”这3个属性均被设置了约束，呈紫色显示，如图10-142所示。

09 再次播放动画，这次可以看到多边形圆环的漂浮动画由于有了旋转效果而显得更加自然了，如图10-143所示。

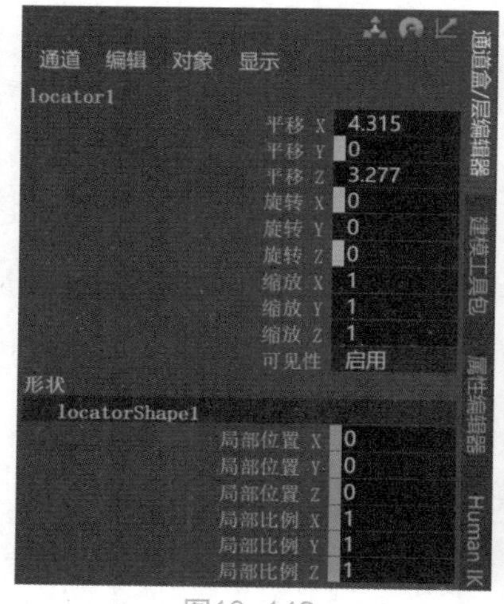

图10-142

图10-143

10.5 创建池塘

流体菜单栏内的“池塘”命令可以快速为用户创建出一个池塘的流体特效，使用这一特效，用户可以非常方便地制作出小水面的动画效果，如图10-144所示。

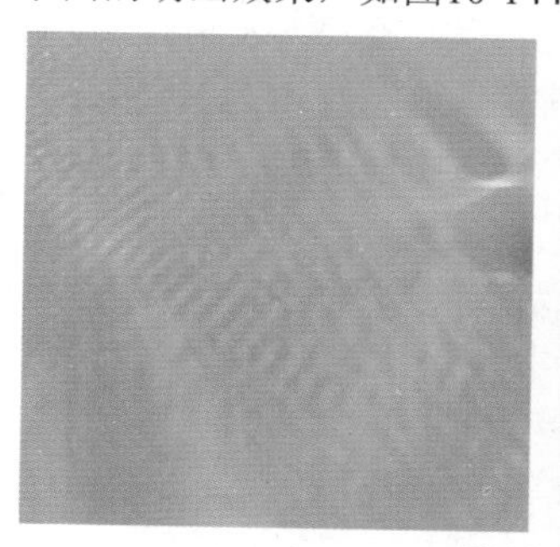

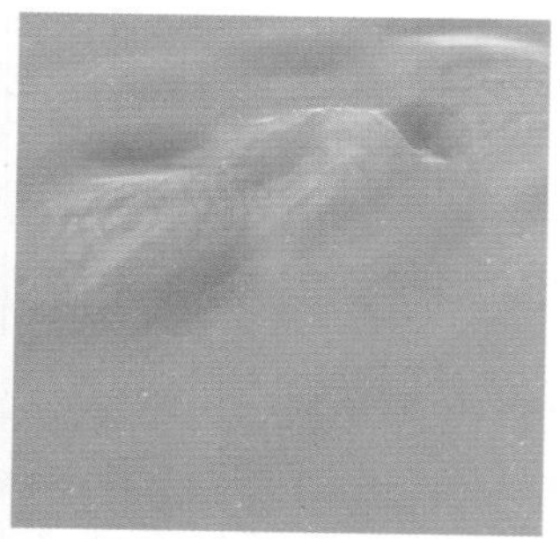

图10-144

10.5.1 池塘

执行菜单栏“流体”|“池塘”命令，即可在场景中创建池塘对象，如图10-145所示。有关池塘的命令参数，读者可以自行参考本章流体容器命令的相关内容。

10.5.2 创建尾迹

“创建尾迹”命令用于模拟游艇、鱼等在水面划行的对象影响水面所产生的尾迹效果，从本质上讲就是创建了一个流体发射器来模拟这一动画，单击菜单栏“流体”|“创建尾迹”命令后面的设置，即可弹出“创建尾迹”对话框，如图10-146所示。

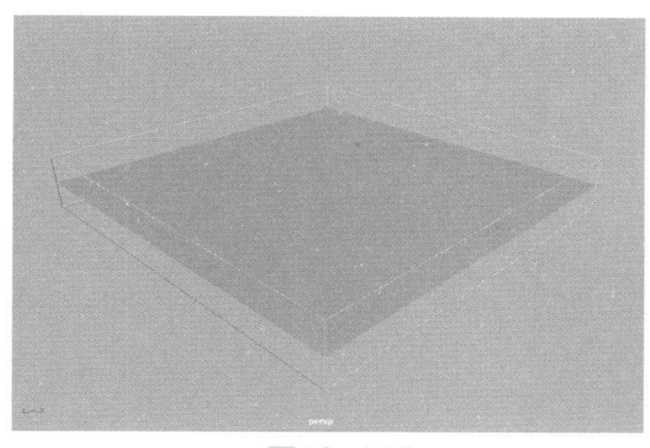
图10-145

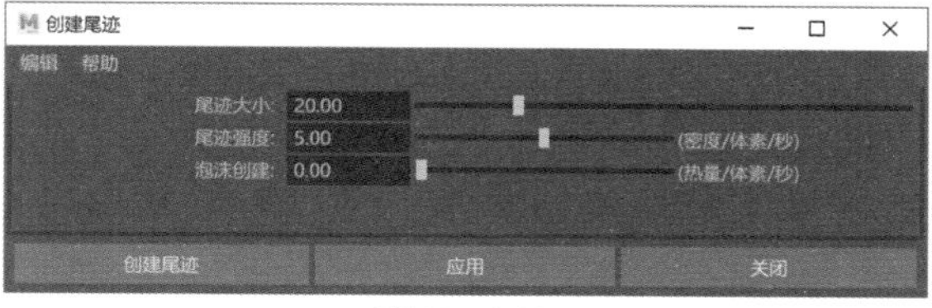

图10-146

常用参数解析

- 尾迹大小：对于“海洋”，“尾迹大小”将设定“尾迹”流体的大小属性（位于流体形状容器属性）。对于“池塘”，“尾迹”大小由“池塘”流体容器的大小属性确定。
- 尾迹强度：该值确定尾波幅值。
- 泡沫创建：该值确定流体发射器生成的泡沫数量。

实例操作：制作水面尾迹动画效果

本例中，我们使用Maya的池塘来制作一个玩具船划过水面产生尾迹的动画效果，图10-147所示为本实例的最终完成效果。

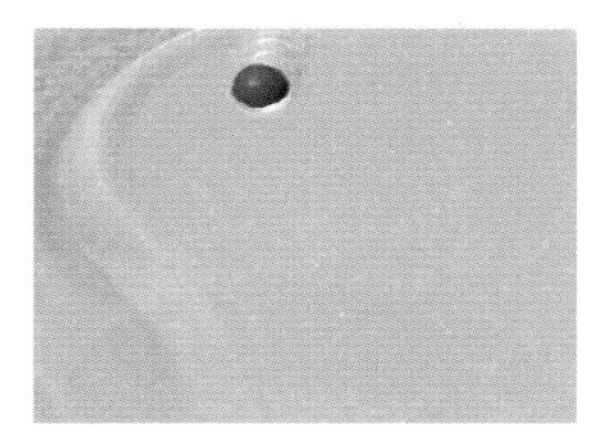
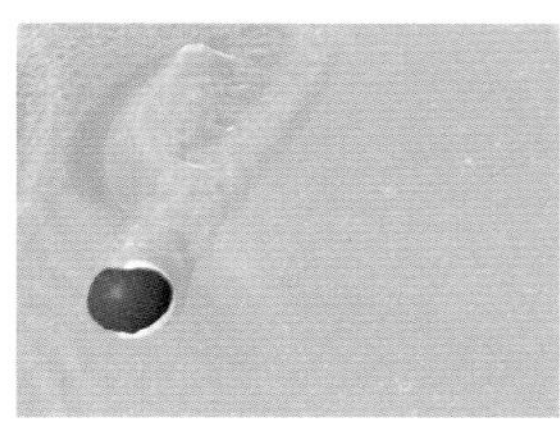
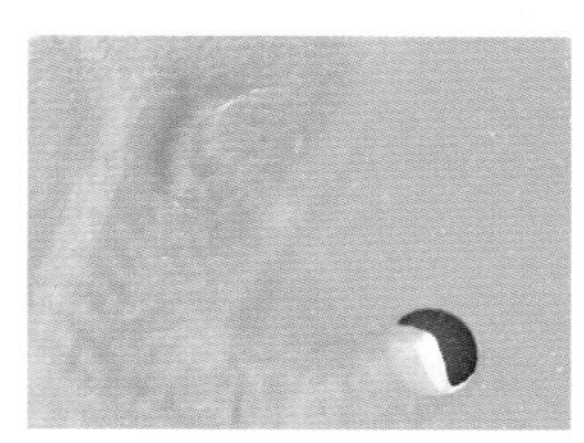
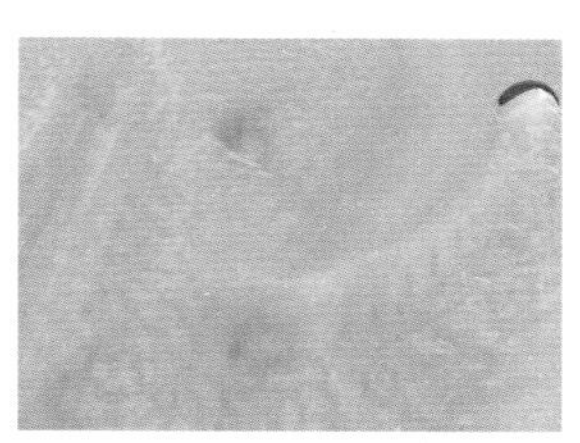

图10-147

01 新建Maya 2020场景，将菜单栏下拉列表切换至FX，执行菜单栏“流体”|“池塘”命令，在场景中创建一个池塘，如图10-148所示。

02 执行菜单栏“流体”|“创建尾迹”命令，即可在场景中创建一个流体发射器，如图10-149所示。

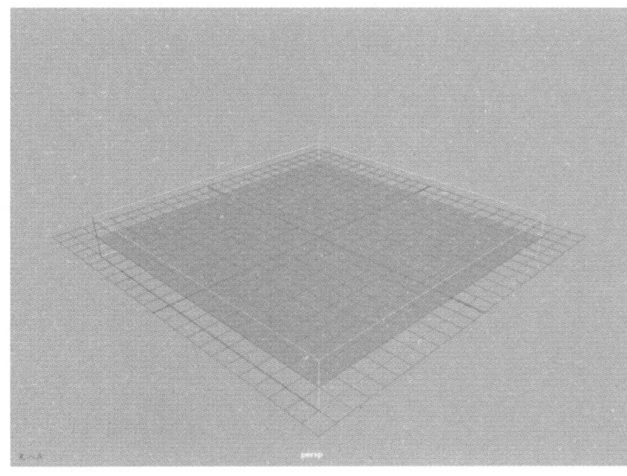
图10-148

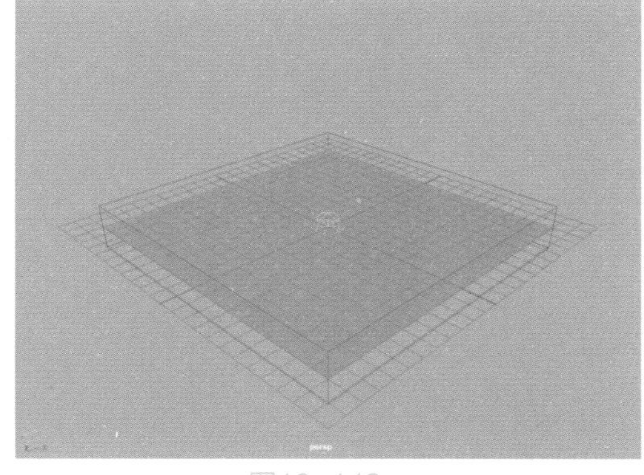
图10-149

03 播放场景动画，可以看到流体发射器在水面上所产生的波纹效果，如图10-150所示。

04 将工具架切换至“曲线/曲面”，单击“EP曲线工具”图标，在场景中绘制一条曲线，如图10-151所示。

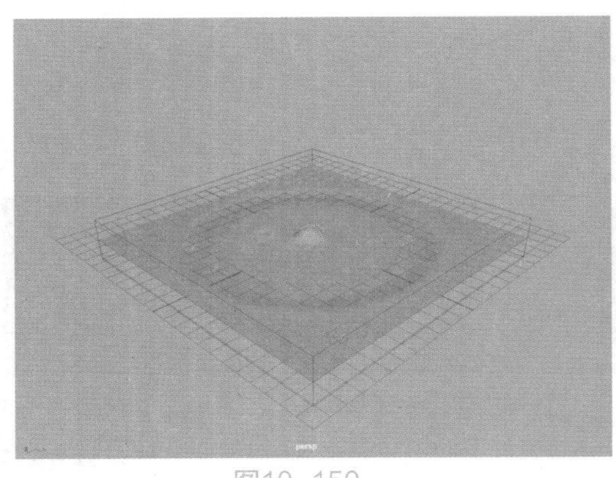
图10-150

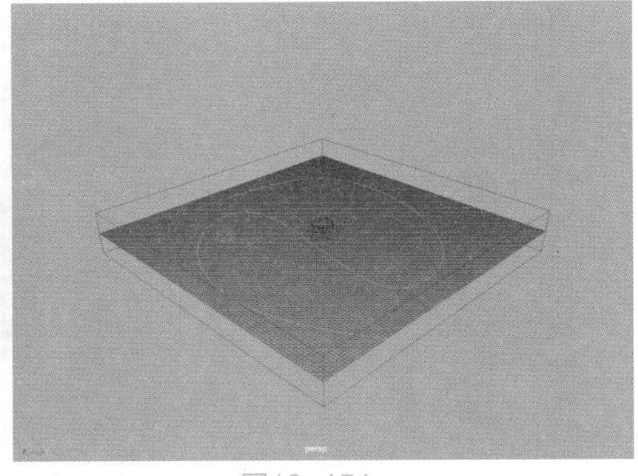
图10-151

05 将工具架切换至“多边形建模”，单击“多边形球体”图标，在场景中创建一个球体模型，且球体模型的大小与流体发射器的大小接近，如图10-152所示。

06 为场景中的球体模型与刚刚绘制的曲线设置运动路径约束，设置完成后，播放场景动画，可以看到船的运动动画，如图10-153所示。

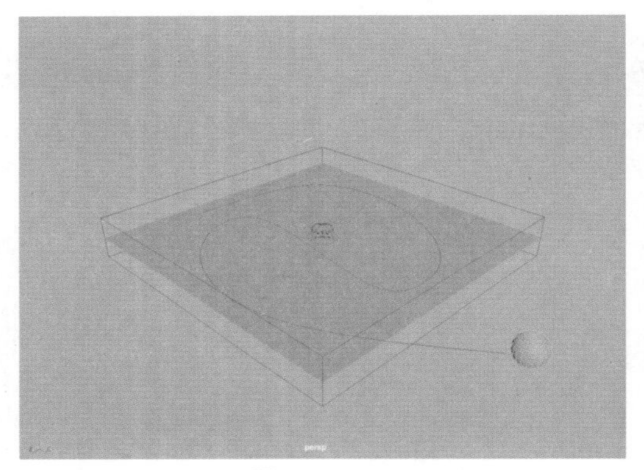
图10-152

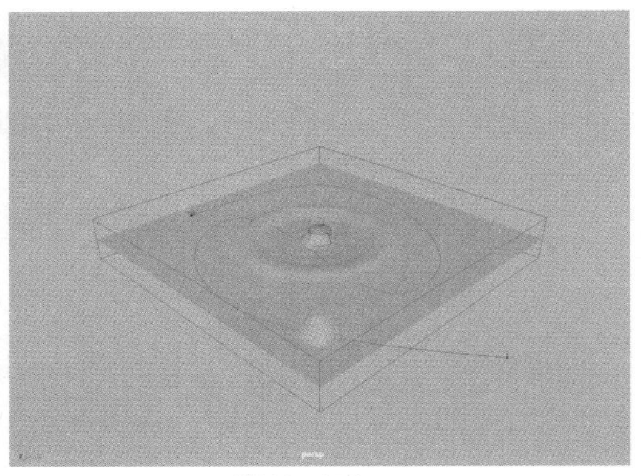
图10-153

07 在“大纲视图”中，在第1帧，将流体发射器设置为球体模型的子物体，并调整流体发射器的位置至图10-154所示。

08 播放场景动画，可以看到球体模型在水面划过时产生的尾迹动画效果，如图10-155所示。

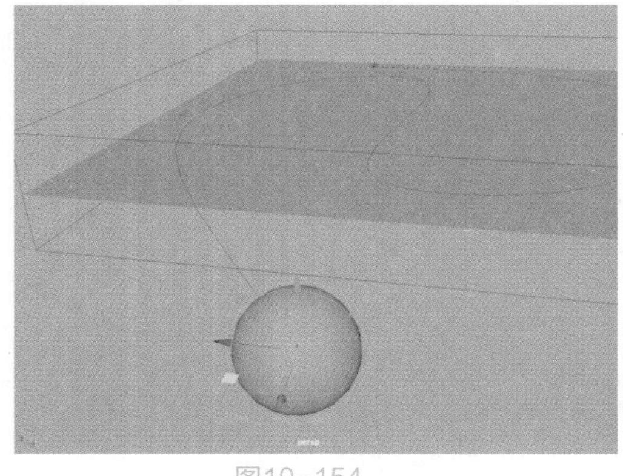
图10-154

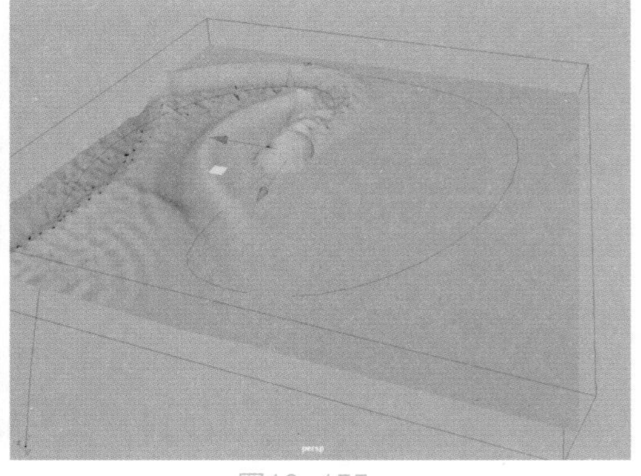
图10-155

09 设置完成后，播放场景动画，本实例的最终动画完成效果如图10-156所示。

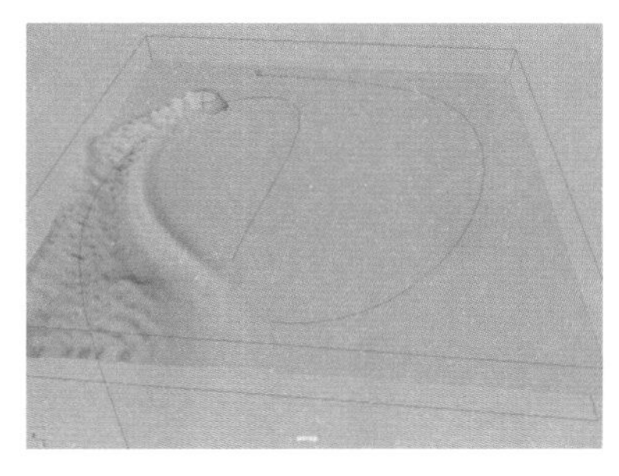
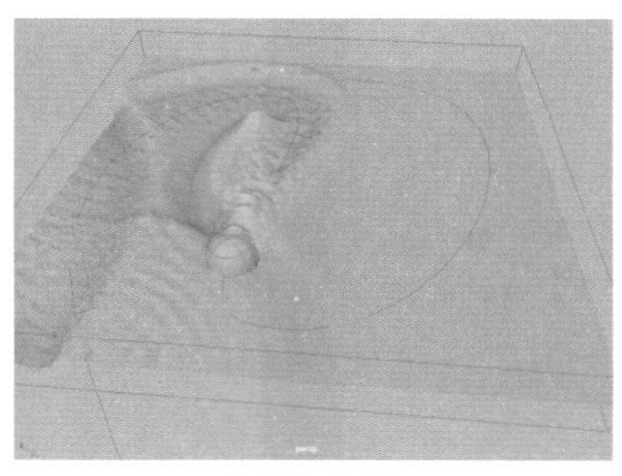
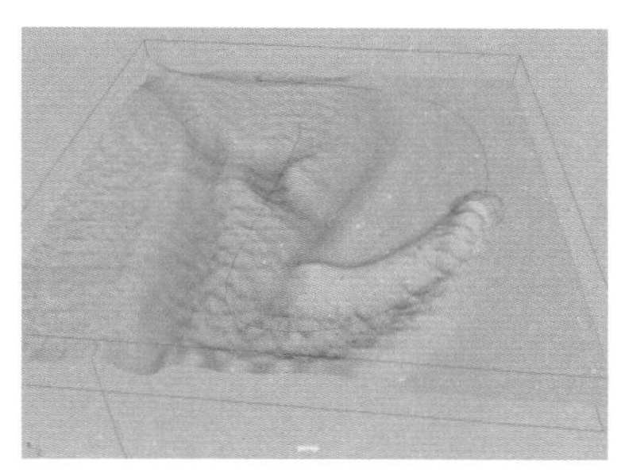

图10-156

10.6 Bifrost流体

Bifrost流体通过使用FLIP（流体隐式粒子）解算器来获得高品质的液体动画模拟效果。该流体模拟系统易于学习，接下来，读者可以根据本章内容对该系统模拟液体的操作步骤有一个基本的了解。

（1）在场景中创建一个球体模型，并调整位置至图10-157所示。

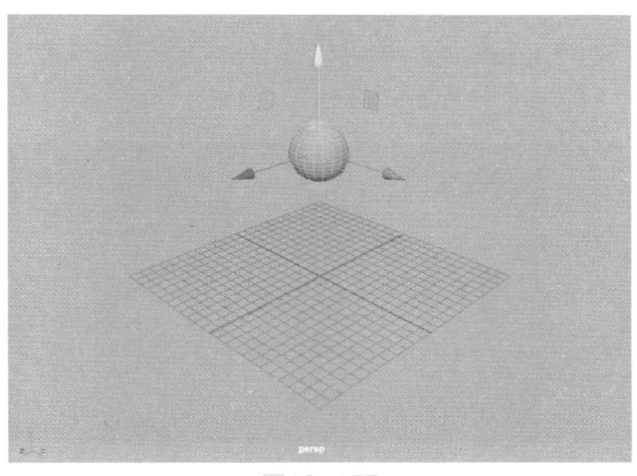

图10-157

（2）选择球体模型，在Bifrost工具架中单击“液体”图标，如图10-158所示。将该网格对象设置为液体发射器。

（3）播放场景动画，现在可以看到场景中出现了一个球体形状的液体，并且该液体受自身重力的影响开始向下掉落，如图10-159所示。

图10-158

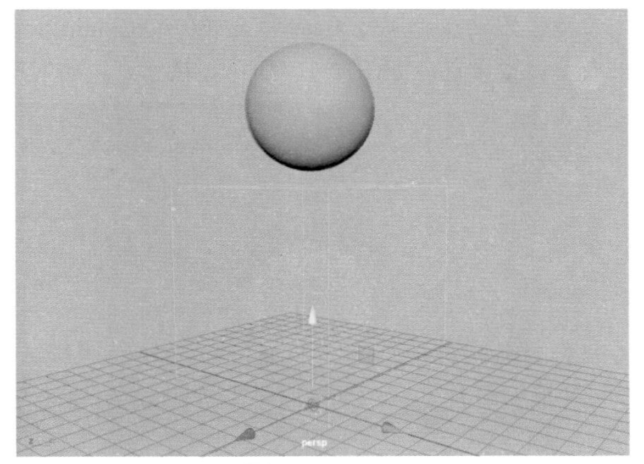

图10-159

（4）在“属性编辑器”面板中，展开“显示”卷展栏，勾选“体素”复选项，如图10-160所示，可以使液体以实体的方式显示出来，如图10-161所示。

（5）展开“特性”卷展栏，勾选“连续发射”复选项，如图10-162所示，再次播放场景动画，则可以看到现在液体不断从球体上发射出来，如图10-163所示。

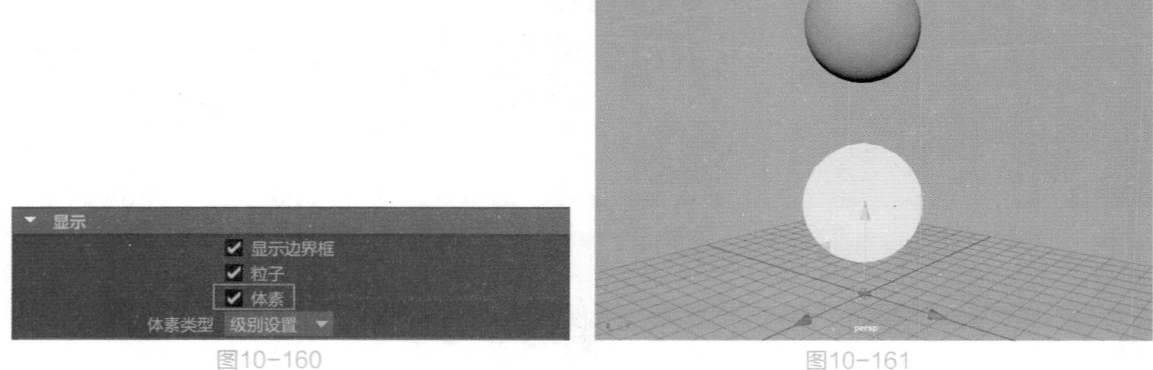

图10-160　　图10-161

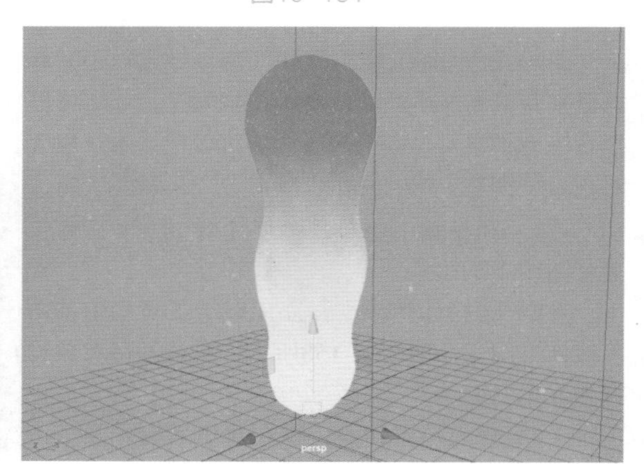

图10-162　　图10-163

（6）如果读者希望掌握Bifrost流体更多的控制技巧，那么需要先学习一下其“属性编辑器”中的常用参数设置，在“属性编辑器”的bifrostLiquidPropertiesContainer1选项卡中，可以看到Bifrost流体解算的命令参数设置，如图10-164所示。接下来，将对Bifrost流体的常用参数进行详细讲解。

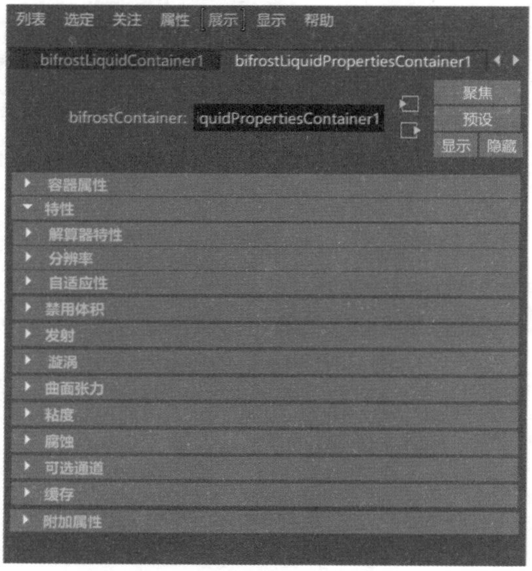

图10-164

10.6.1　“容器属性”卷展栏

展开“容器属性”卷展栏，其中的命令参数设置如图10-165所示。

图10-165

常用参数解析

- 启用：用于切换是否进行Bifrost流体节点求值。
- 求值类型：根据该属性后面的下拉列表来选择使用哪种类型进行节点求值计算。

10.6.2　“解算器特性”卷展栏

展开“解算器特性”卷展栏，其中的命令参数设置如图10-166所示。

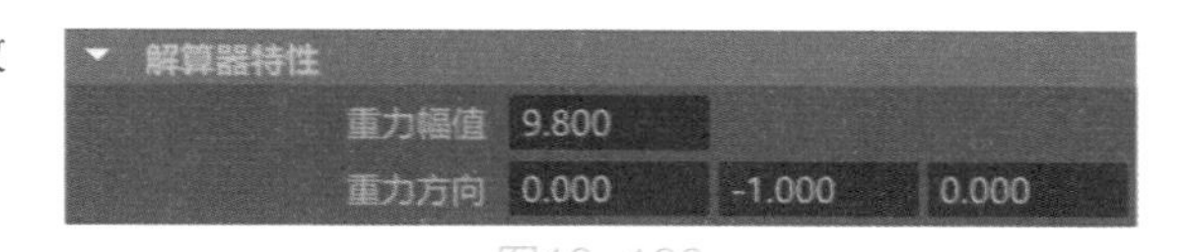

图10-166

常用参数解析

- 重力幅值：用来设置重力的强度，默认情况下以m/s^2为单位，一般不需要更改。
- 重力方向：用于设置重力在世界空间中的方向，一般不需要更改。

10.6.3　“分辨率”卷展栏

展开“分辨率”卷展栏，其中的命令参数设置如图10-167所示。

图10-167

常用参数解析

- 主体素大小：用于控制bifrost流体模拟计算的基本分辨率。

10.6.4　“自适应性”卷展栏

展开“自适应性”卷展栏，可以看到该卷展栏还内置有“空间”“传输”和“时间步”这3个卷展栏，其中的命令参数设置如图10-168所示。

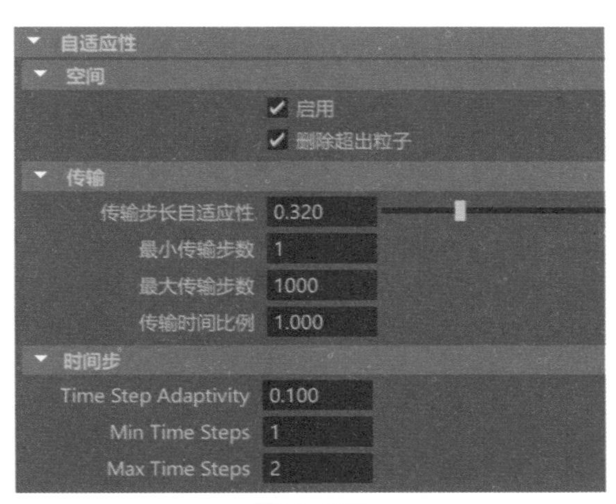

图10-168

常用参数解析

- 启用：勾选该复选项，可以减少内存消耗及液体的模拟计算时间，一般情况无须取消勾选。
- 删除超出粒子：勾选该复选项，会自动删除超出计算阈值的粒子。

- 传输步长自适应性：用于控制粒子每帧执行计算的精度，该值越接近1，液体模拟所消耗的计算时间越长。
- 传输时间比例：用于更改粒子流的速度。

实例操作：使用Bifrost流体制作倒水动画

本例中，我们使用Maya的Bifrost流体来制作一个饮料倒入杯中的动画效果，图10-169所示为本实例的最终完成效果。

图10-169

01 启动Maya 2020软件，打开本书配套资源“杯子.mb”文件，如图10-170所示。

02 单击“多边形建模”工具架上的“多边形球体”图标，在“顶视图”的杯子模型旁边位置处创建一个球体模型，如图10-171所示。

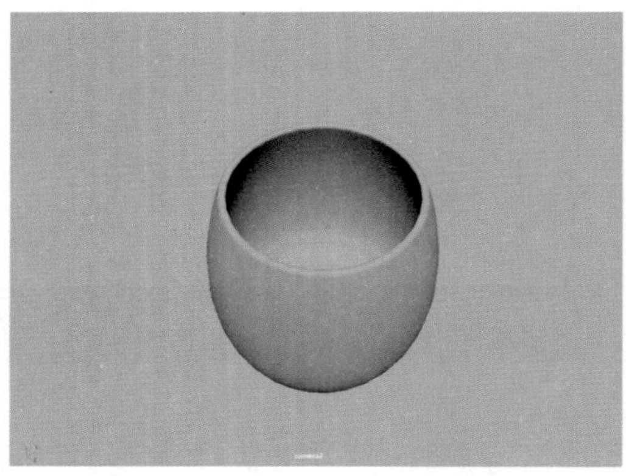

图10-170

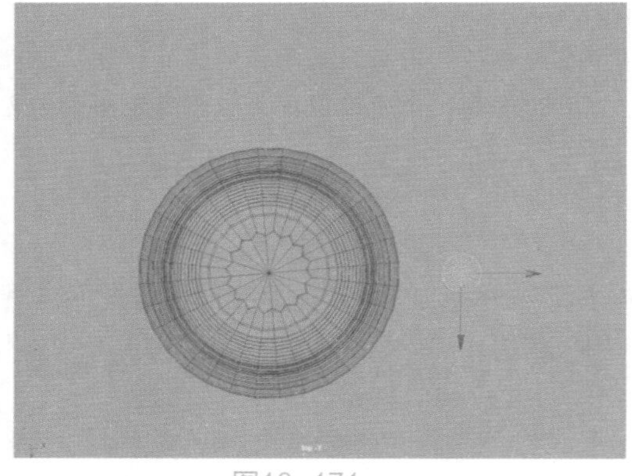

图10-171

03 在前视图中，调整球体模型的位置至图10-172所示。

04 选择球体模型，单击Bifrost工具架中的“液体”图标，如图10-173所示，将球体模型设置为液体发射器。

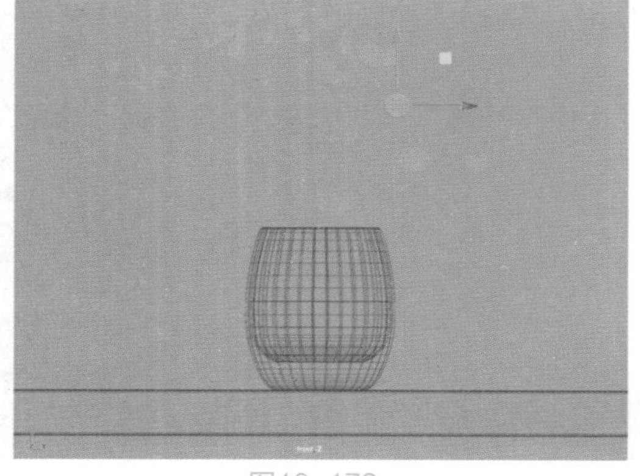

图10-172

图10-173

05 在“属性编辑器”面板中，展开“特性”卷展栏，勾选“连续发射”复选项，如图10-174所示。

06 展开“显示”卷展栏，勾选“体素”复选项，如图10-175所示，方便我们在场景中观察液体的形态。

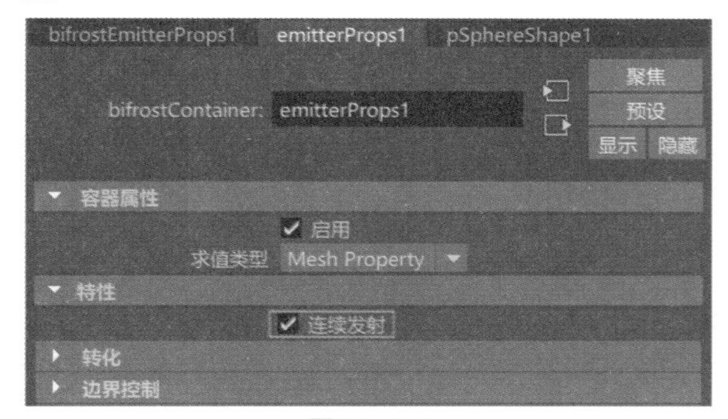

图10-174

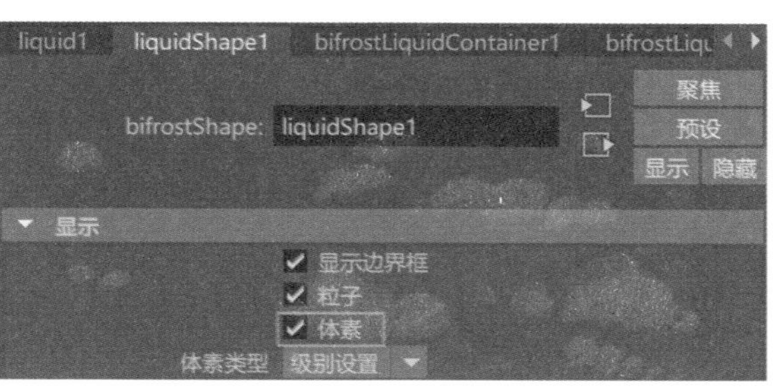

图10-175

07 设置完成后，播放场景动画，液体的模拟效果如图10-176所示。

08 选择液体与场景中的杯子模型，执行“Bifrost流体”|“碰撞对象”命令，如图10-177所示，设置液体可以与场景中的杯子发生碰撞。

图10-176

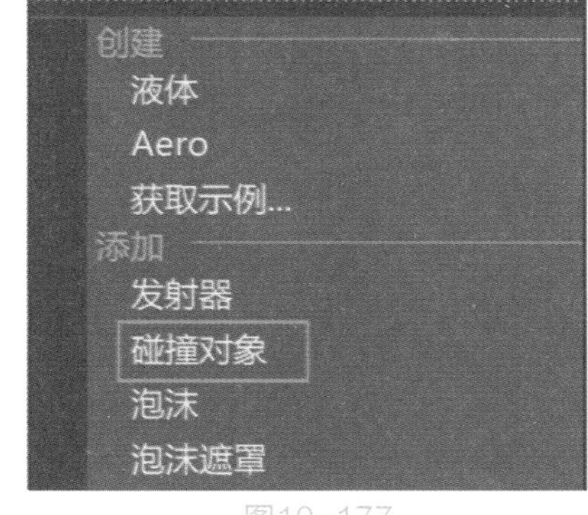

图10-177

09 在场景中选择液体，单击Bifrost工具架上的“场”图标，如图10-178所示。

10 在前视图中，对场进行缩放至方便我们观察即可，然后移动场至场景中球体模型位置处，并调整方向至图10-179所示。

图10-178

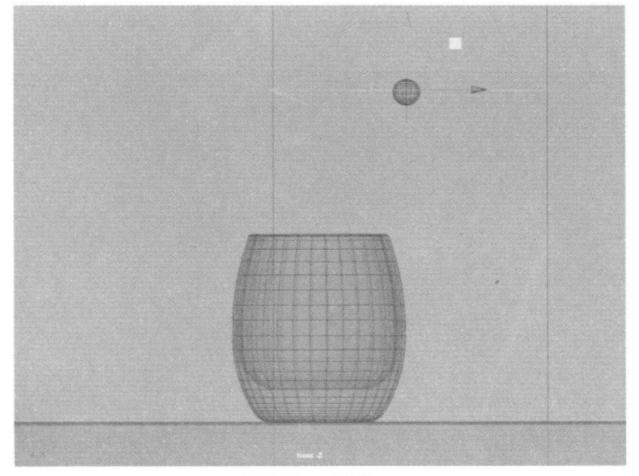

图10-179

11 播放场景动画，现在可以看到液体同时受到重力和场的影响，向斜下方运动，如图10-180所示。

12 在“属性编辑器”中，展开“运动场特性”卷展栏，设置Magnitude的值为0.15，如图10-181所示。

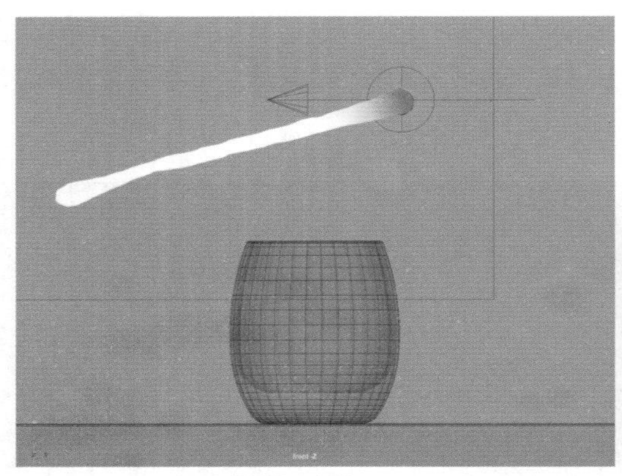

图10-180

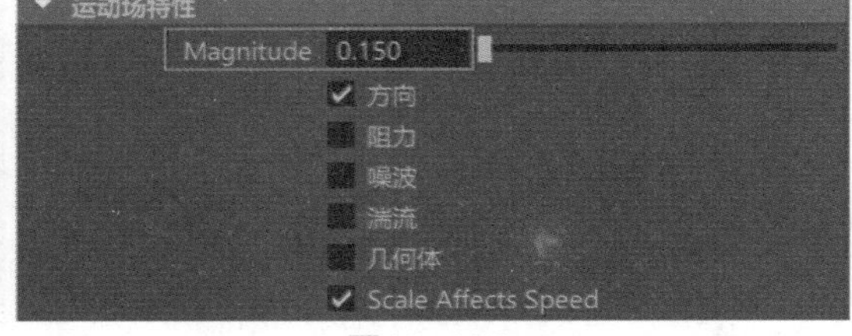

图10-181

13 再次播放动画，观察液体与杯子的碰撞模拟效果如图10-182所示。仔细观察液体与杯子碰撞的地方，发现目前的液体计算效果不太精确，如图10-183所示。

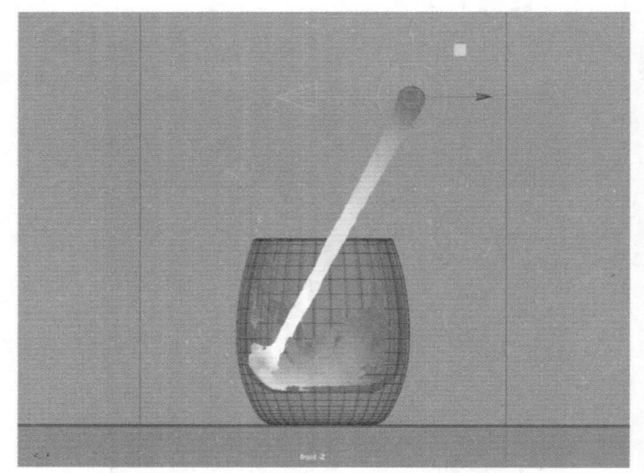

图10-182

图10-183

14 展开“分辨率”卷展栏，设置“主体素大小”的值为0.1，如图10-184所示。

15 设置完成后，计算动画，液体的模拟效果如图10-185所示。这时，可以看到降低了“主体素大小”的值后，计算时间明显增加，得到的液体形态细节更多，液体与杯子模型的贴合也更加紧密了。但是，这里出现了一个问题，就是有少量的液体穿透了杯子模型。

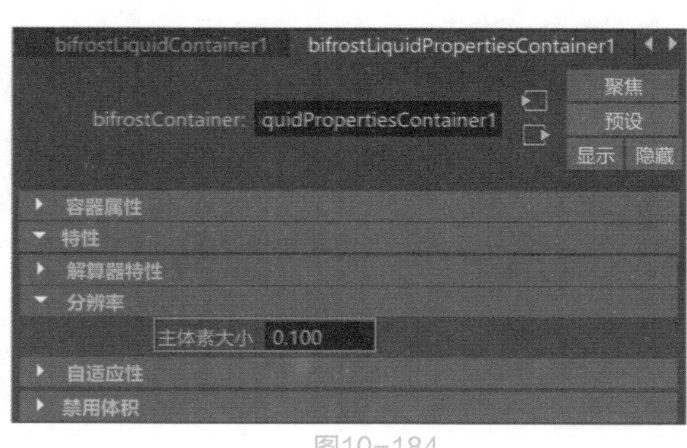

图10-184

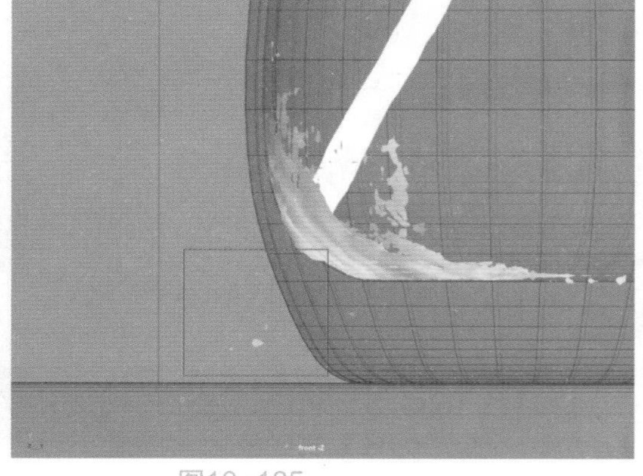

图10-185

16 展开“自适应性”卷展栏内的“传输”卷展栏，设置“传输步长自适应性”的值为0.5，如图10-186所示。

17 再次播放场景动画，可以看到液体的碰撞计算更加精确了，这次没有出现液体穿透杯子模型的问题，如图10-187所示。

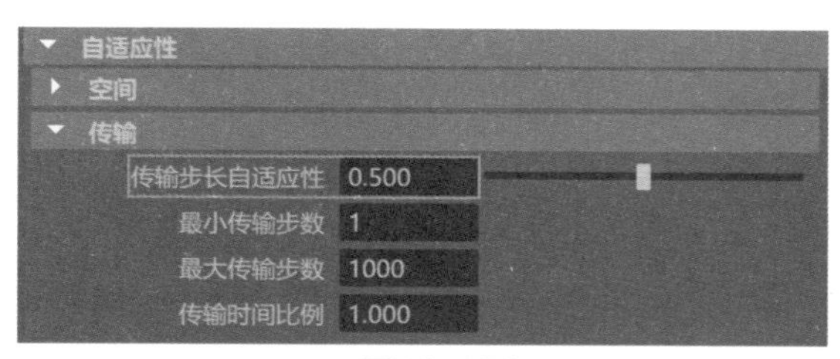

图10-186

图10-187

18 本实例的最终完成效果如图10-188所示。

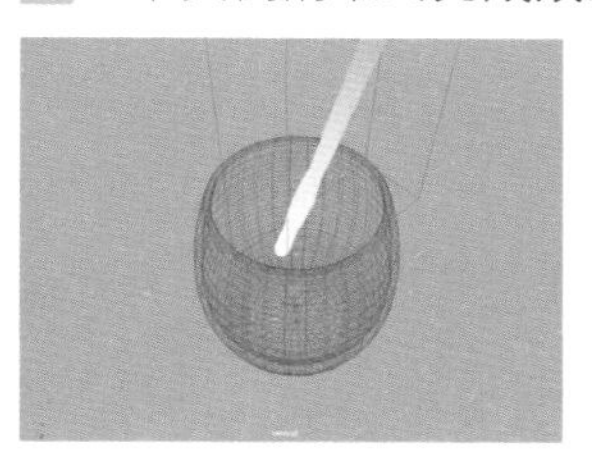
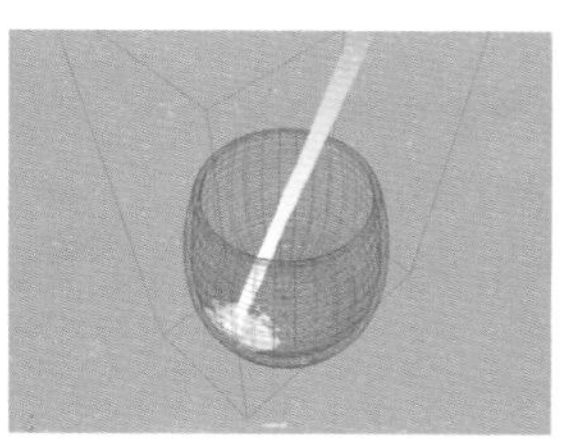
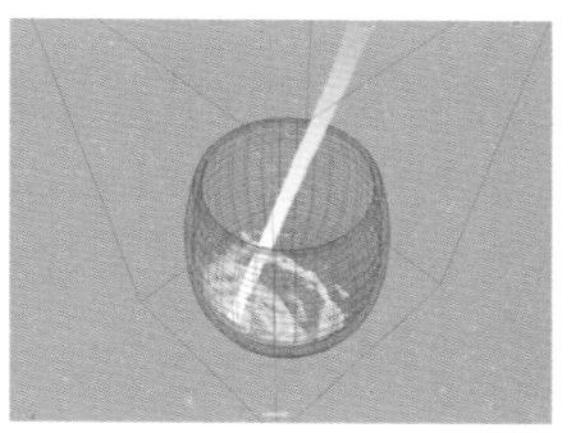
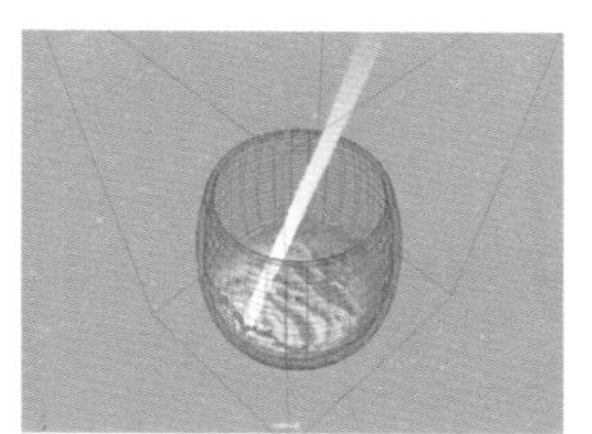
图10-188

10.7 BOSS海洋模拟系统

BOSS海洋模拟系统允许用户使用波浪、涟漪和尾迹创建逼真的海洋表面。其“属性编辑器”面板的BossSpectralWave1选项卡是用来调整BOSS海洋模拟系统参数的核心部分，由“全局属性”“模拟属性”“风属性”“反射波属性”“泡沫属性”“缓存属性”“诊断”和“附加属性”这8个卷展栏所组成，如图10-189所示。

10.7.1 “全局属性”卷展栏

展开“全局属性”卷展栏，其中的命令参数如图10-190所示。

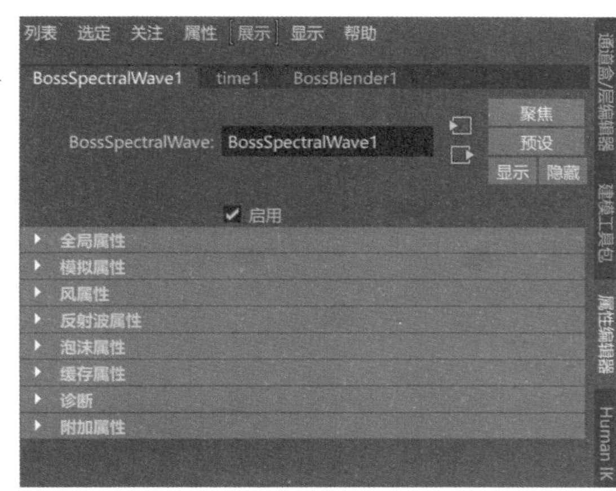

图10-189

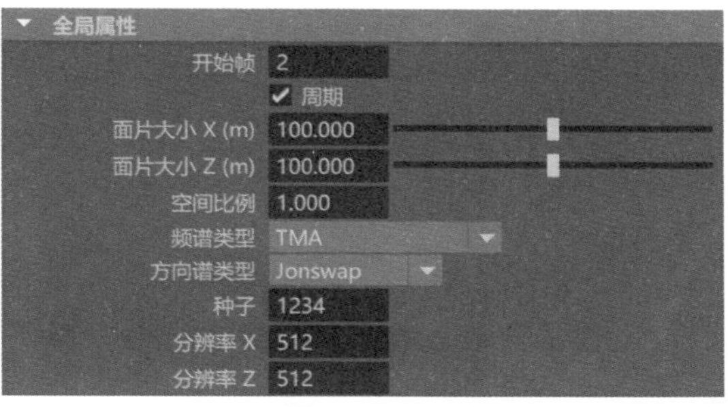

图10-190

常用参数解析

- 开始帧：用于设置BOSS海洋模拟系统开始计算的第一帧。
- 周期：用来设置在海洋网格上是否重复显示计算出来的波浪图案，默认为勾选状态。图10-191所示为选择了“周期”选项前后的海洋网格显示结果对比。

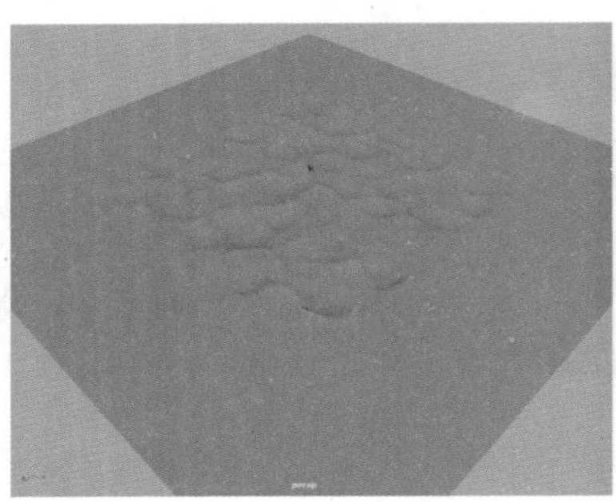

图10-191

- 面片大小X/面片大小Z：用来设置计算海洋网格表面的纵横尺寸。
- 空间比例：设置海洋网格X和Z方向上面片的线性比例大小。
- 频谱类型/方向谱类型：Maya设置了多种不同的频谱类型/方向谱类型供用户选择，可以用来模拟不同类型的海洋表面效果。
- 种子：此值用于初始化伪随机数生成器。更改此值可生成具有相同总体特征的不同结果。
- 分辨率X/Z：用于计算波高度的栅格X/Z方向的分辨率。

10.7.2 “模拟属性”卷展栏

展开“全局属性”卷展栏，其中的命令参数如图10-192所示。

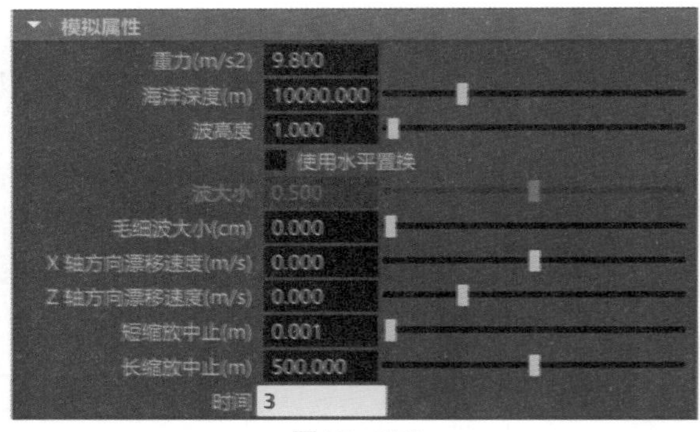

图10-192

常用参数解析

- 重力：该值通常使用默认的9.8m/s^{2}即可，值越小，产生的波浪越高且移动速度越慢，值越大，产生的波浪越低且移动速度越快。可以调整此值以更改比例。
- 海洋深度：用于计算波浪运动的水深。在浅水中，波浪往往较长、较高且较慢。
- 波高度：波高度的人为倍增。如果值介于0.0和1.0之间，则降低波高度，如果值大于1，则增加波高度。图10-193所示为该值分别是1和5的波浪渲染结果对比。

图10-193

- 使用水平置换：在水平方向和垂直方向置换网格的顶点。这会导致波的形状更尖锐、更不圆滑。它还会生成适合向量置换贴图的缓存，因为3个轴上都存在偏移。图10-194分别为勾选了“使用水平置换”选项前后的渲染结果对比。

图10-194

- 波大小：控制水平置换量，可调整此值以避免输出网格中出现自相交。图10-195分别为该值是5和8的海洋波浪渲染结果对比。

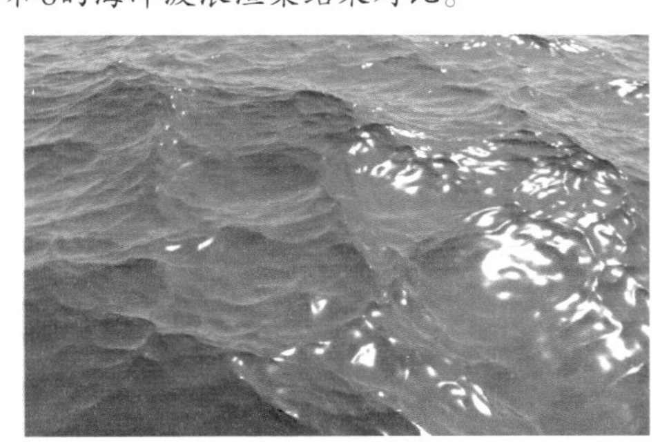
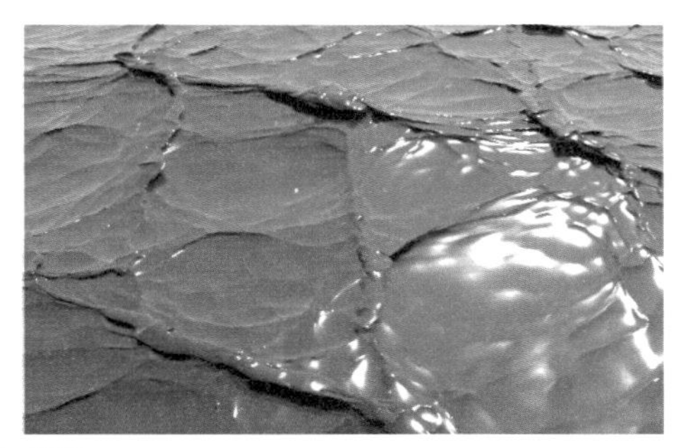

图10-195

- 毛细波大小：毛细波（曲面张力传播的较小、较快的涟漪，有时可在重力传播的较大波浪顶部看到）的最大波长。毛细波通常仅在比例较小且分辨率较高的情况下可见，因此在许多情况下，可以让此值保留为0.0，以避免执行不必要的计算。
- X轴方向漂移速度/Z轴方向漂移速度：用于设置X/Z轴方向波浪运动，以使其行为就像是水按指定的速度移动。
- 短缩放中止/长缩放中止：用于设置计算中的最短/最长波长。
- 时间：对波浪求值的时间。在默认状态下，该值背景色为黄色，代表此值直接连接到场景时间，但用户也可以断开连接，然后使用表达式或其他控件来减慢或加快波浪运动。

10.7.3 “风属性”卷展栏

展开“风属性”卷展栏，其中的命令参数如图10-196所示。

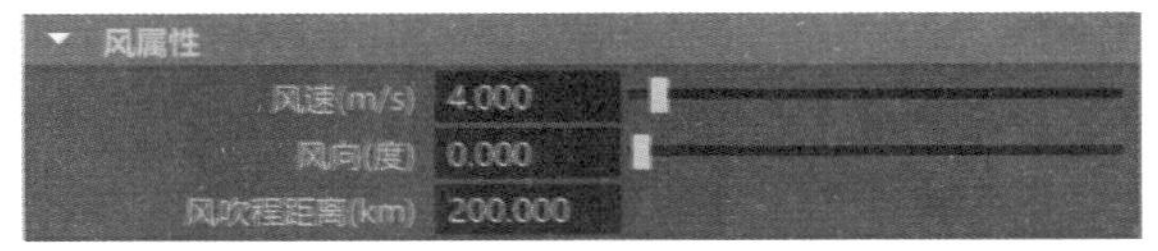

图10-196

常用参数解析

- 风速：生成波浪的风的速度。值越大，波浪越高、越长。图10-197所示为“风速”值分别是4和15的渲染结果对比。

图10-197

- 风向：生成波浪的风的方向。其中，0 代表 -X 方向，90 代表 -Z 方向，180 代表 +X 方向，270 代表 +Z 方向。图10-198所示为“风向”值分别是0和180的渲染结果对比。

图10-198

- 风吹程距离：风应用于水面时的距离。距离较小时，波浪往往会较短、较低及较慢。图10-199所示为“风吹程距离”值分别是2和10的渲染结果对比。

图10-199

10.7.4 “反射波属性”卷展栏

展开“反射波属性”卷展栏，其中的命令参数如图10-200所示。

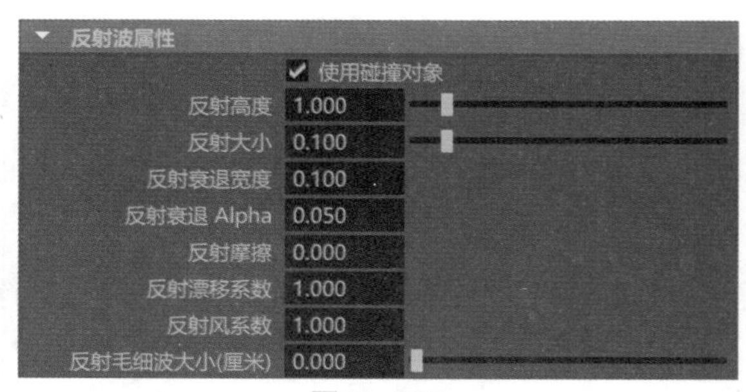

图10-200

常用参数解析

- 使用碰撞对象：勾选该复选项，开启海洋与物体碰撞而产生的波纹计算。
- 反射高度：用于设置反射波纹的高度，图10-201所示为“反射高度”值分别是6和20的波浪计算结果对比。

图10-201

- 反射大小：反射波的水平置换量的倍增。可调整此值以避免输出网格中出现自相交。
- 反射衰退宽度：控制抑制反射波的域边界处区域的宽度。
- 反射衰退Alpha：控制沿面片边界的波抑制的平滑度。
- 反射摩擦：反射波的速度的阻尼因子。值为0.0 时波自由传播，值为1.0 时几乎立即使波衰减。
- 反射漂移系数：应用于反射波的"X轴方向漂移速度(m/s)"和"Z轴方向漂移速度(m/s)"量的倍增。
- 反射风系数：应用于反射波的"风速(m/s)"量的倍增。
- 反射毛细波大小（厘米）：能够产生反射时涟漪的最大波长。

实例操作：使用BOSS来制作海洋动画

本例中，我们使用Maya的BOSS海洋模拟系统来制作海洋波浪的动画效果，图10-202所示为本实例的最终完成效果。

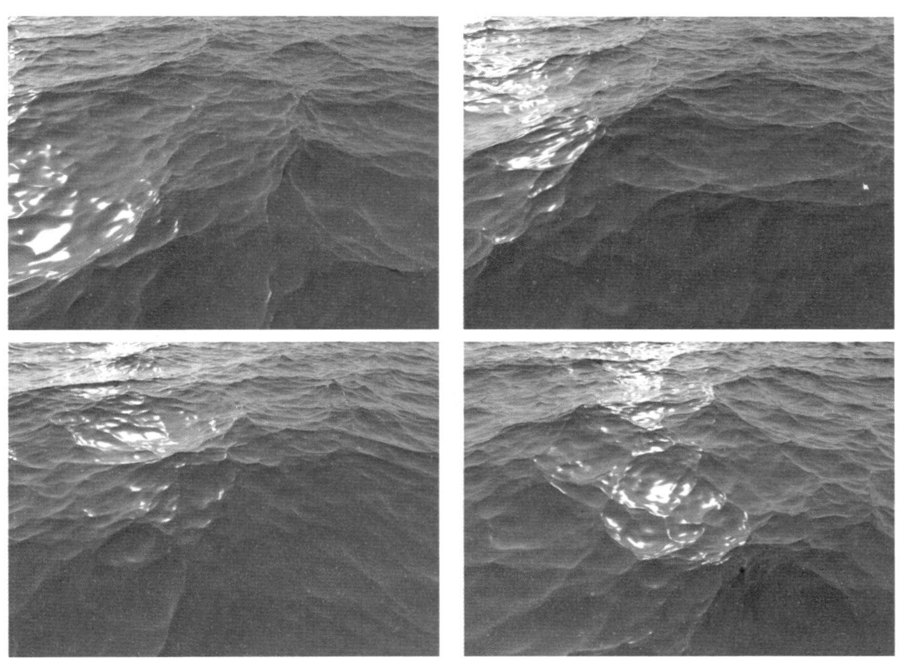

图10-202

01 启动中文版Maya 2020软件，单击"多边形建模"工具架上的"多边形平面"图标，在场景中创建一个平面模型，如图10-203所示。

02 在"属性编辑器"面板中，展开"多边形平面历史"卷展栏，设置平面模型的"宽度"和"高度"值均为100，设置"细分宽度"和"高度细分数"的值均为200，如图10-204所示。

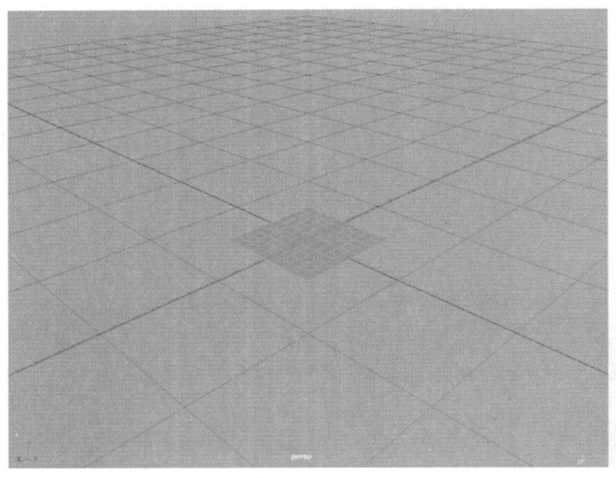
图10-203

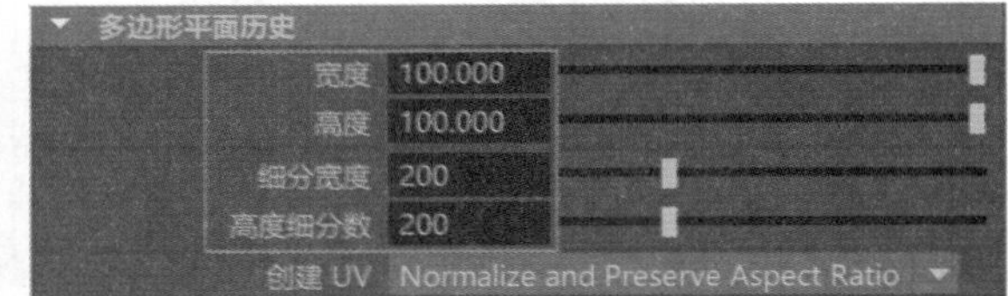

图10-204

03 设置完成后，可以得到一个非常大的平面模型，如图10-205所示。

04 将显示菜单切换为FX，执行Boss|“Boss编辑器”命令，打开Boss Ripple/Wave Generator面板，如图10-206所示。

05 选择场景中的平面模型，单击Boss Ripple/Wave Generator面板中的Create Spectral Waves（创建光谱波浪）按钮，在“大纲视图”窗口中可以看到，Maya软件即可根据之前所选择的平面模型的大小及细分情况，创建出一个用于模拟区域海洋的新模型，并命名为BossOutput，同时，隐藏场景中原有的多边形平面模型，如图10-207所示。

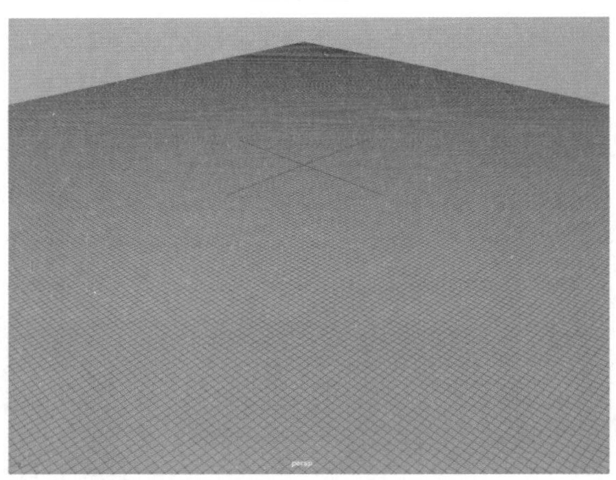
图10-205

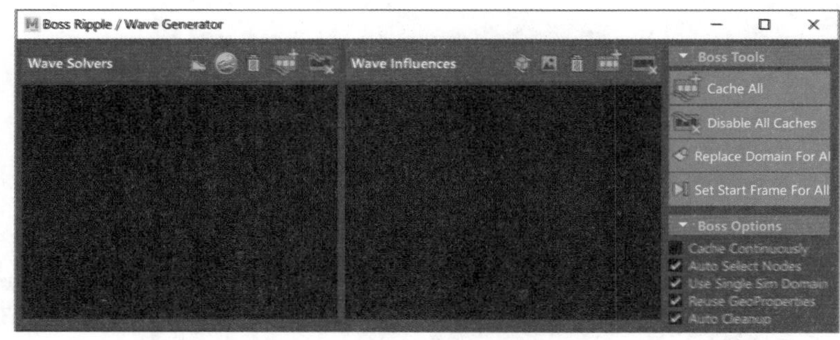

图10-206

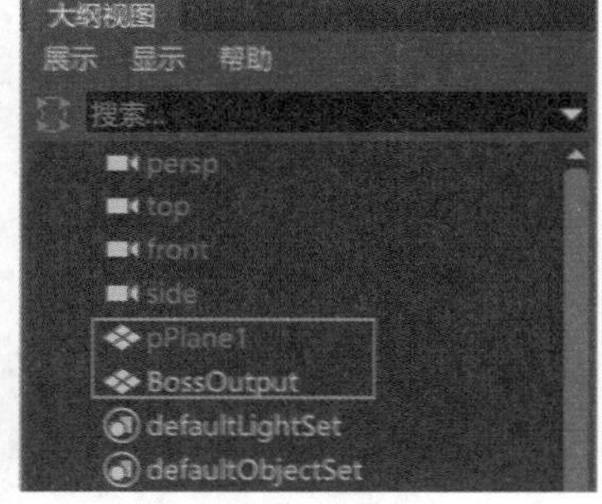

图10-207

06 在默认情况下，新生成的BossOutput模型与原有的多边形平面模型一模一样。拖动一下Maya的时间帧，即可看到从第2帧起，BossOutput模型可以模拟出非常真实的海洋波浪运动效果，如图10-208所示。

07 在“属性编辑器”面板中找到BossSpectralWave1选项卡，展开“模拟属性”卷展栏，设置“波高度”的值为2，勾选“使用水平置换”复选项，并调整“波大小”的值为6，如图10-209所示。

图10-208

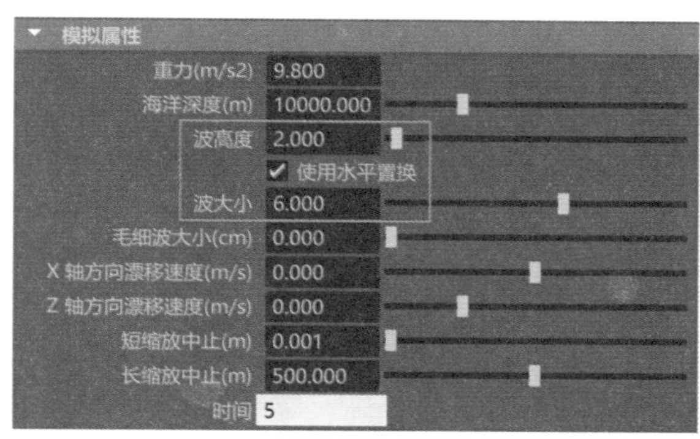

图10-209

08 调整完成后，播放场景动画，可以看到模拟出来的海洋波浪效果如图10-210~图10-212所示。

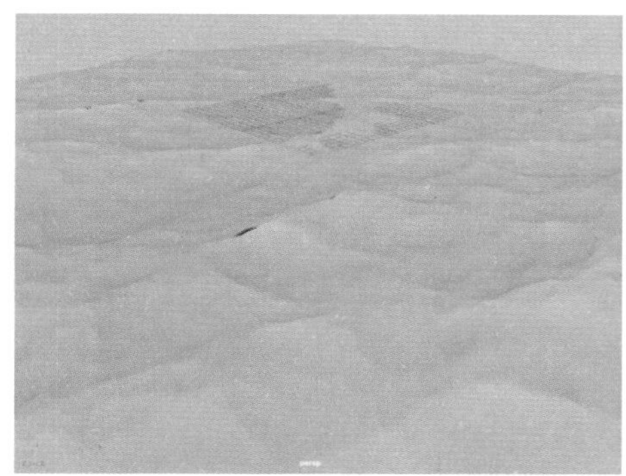

图10-210

图10-211

图10-212

09 在“大纲视图”中选择平面模型，展开“多边形平面历史”卷展栏，将“细分宽度”和“高度细分数”的值均提高至500，如图10-213所示。这时，Maya 2020可能会弹出“多边形基本体参数检查”对话框，询问用户是否需要继续使用这么高的细分值，如图10-214所示，单击该对话框中的“是，不再询问”按钮即可。

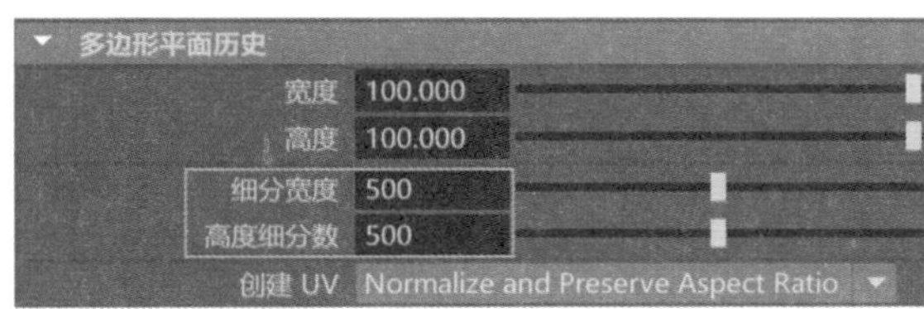

图10-213

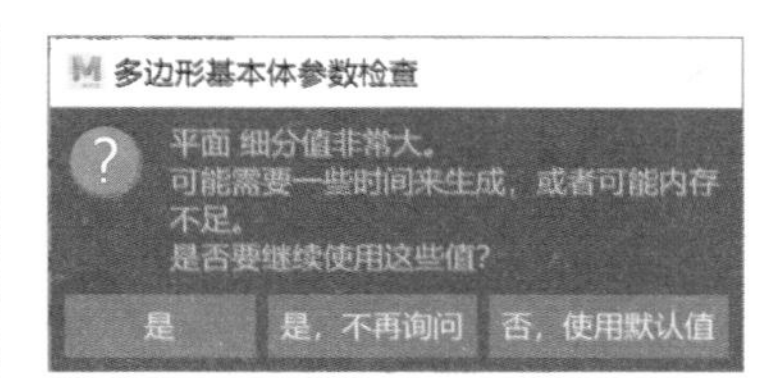

图10-214

10 设置完成后，在视图中观察海洋模型，可以看到模型的细节大幅提升了，图10-215所示为提高了细分值前后的海洋模型结果对比。

图10-215

11 选择海洋模型，为其指定“渲染”工具架中的“标准曲面材质”，如图10-216所示。

12 在“属性编辑器”面板中，设置“基础”卷展栏内的“颜色”为深蓝色，如图10-217所示。

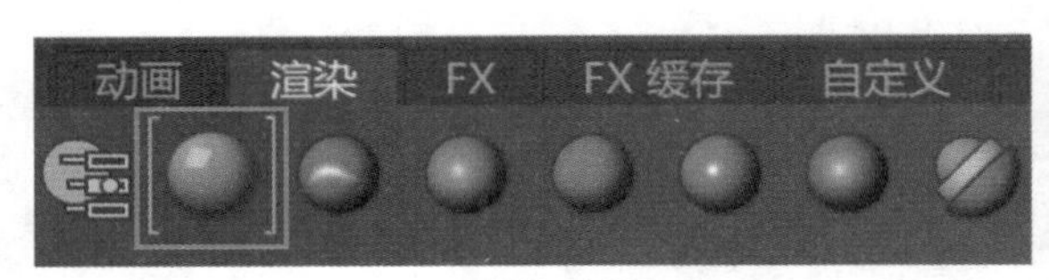

图10-216

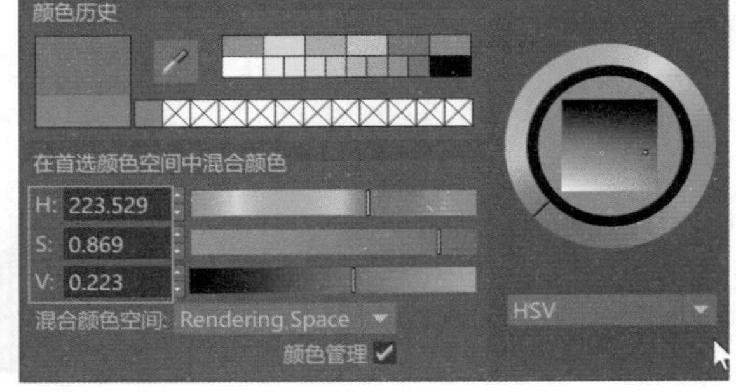

图10-217

13 展开“镜面反射”卷展栏，设置“权重”的值为1，设置“粗糙度”的值为0.1，如图10-218所示。

14 展开“透射”卷展栏，设置“权重”的值为0.7，设置“颜色”为深绿色，如图10-219所示。“颜色”的参数设置读者可以参考图10-220。

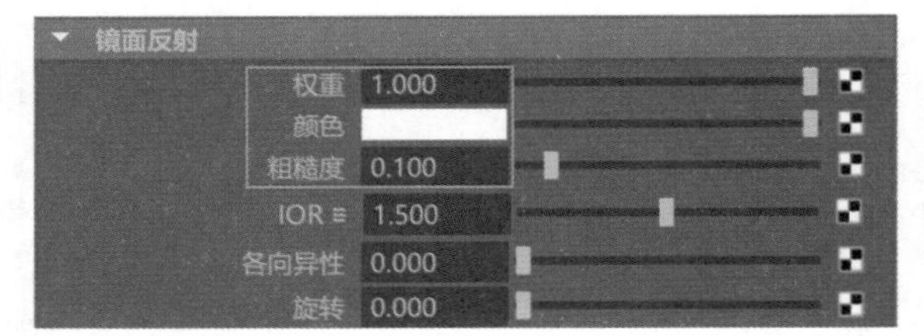

图10-218

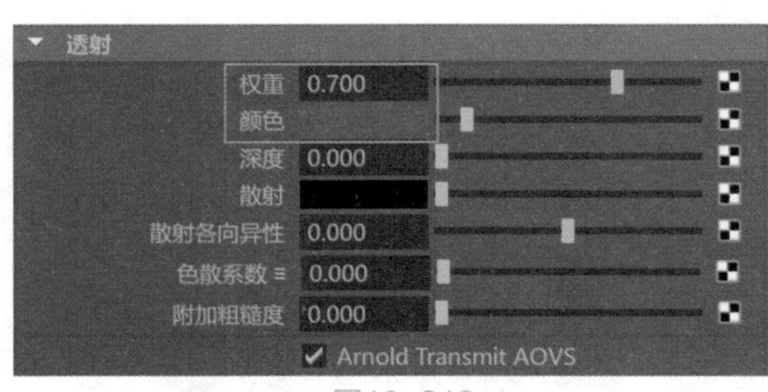

图10-219

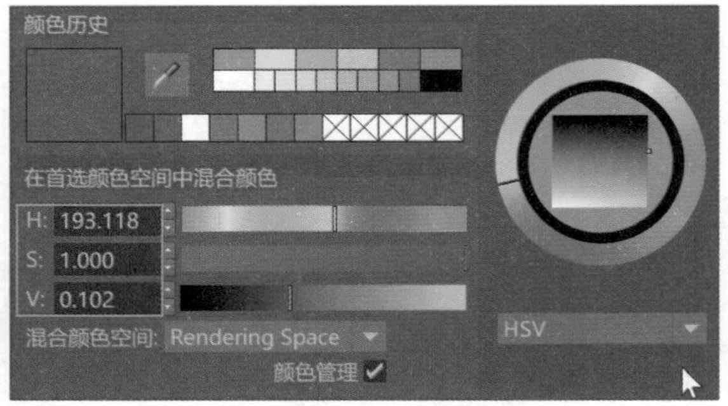

图10-220

15 材质设置完成后，接下来为场景创建灯光。单击Arnold工具架上的Create Physical Sky（创建物理天空）图标，在场景中创建物理天空灯光，如图10-221所示。

16 在Physical Sky Attributes（物理天空属性）卷展栏中，设置Elevation的值为25，Azimuth的值为200，Intensity的值为6，如图10-222所示。

图10-221

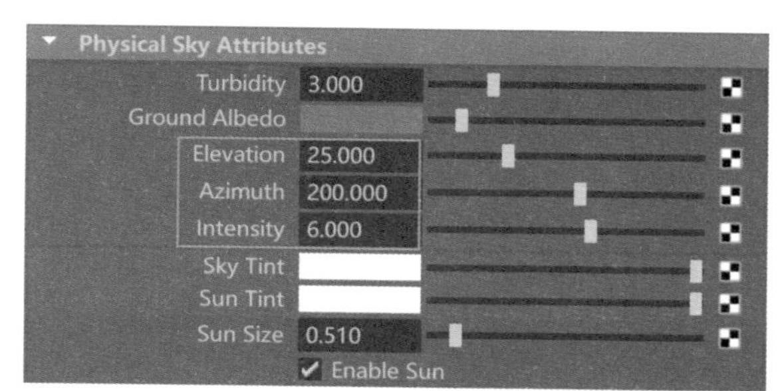

图10-222

17 渲染场景，添加了材质和灯光的海洋波浪渲染结果如图10-223所示。

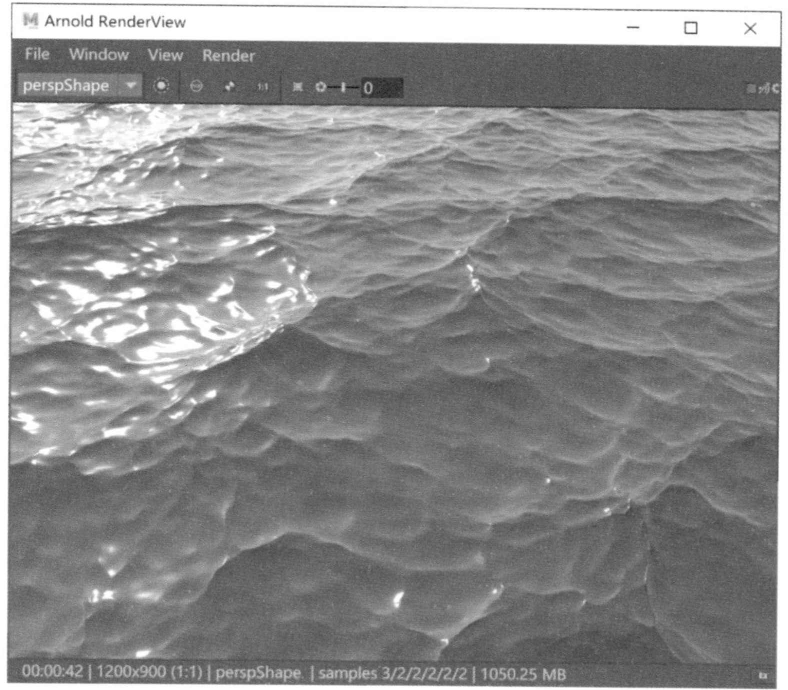

图10-223

第11章

粒子特效技术

11.1 粒子特效概述

粒子特效一直在众多影视特效中占据首位，无论是烟雾特效、爆炸特效、光特效，还是群组动画特效等，在这些特效当中都可以看到粒子特效的影子，也就是说粒子特效是融合在这些特效当中的，它们不可分割，却又自成一体。如图11-1所示，这是一个导弹发射烟雾拖尾的特效，从外观形状上来看，属于烟雾特效，但是从制作技术角度上来看，又属于粒子特效。

将Maya菜单切换至FX，在菜单栏nParticle选项下可以找到有关粒子特效设置的全部命令，如图11-2所示。Maya的粒子系统主要分为两个部分：一个是旧版的粒子系统，另一个是新版的n粒子系统。这两个粒子系统在命令的设置及使用上差异较大，是两个完全独立的粒子系统。旧版的粒子系统命令被单独整合放置于菜单栏nParticle命令的最下方。

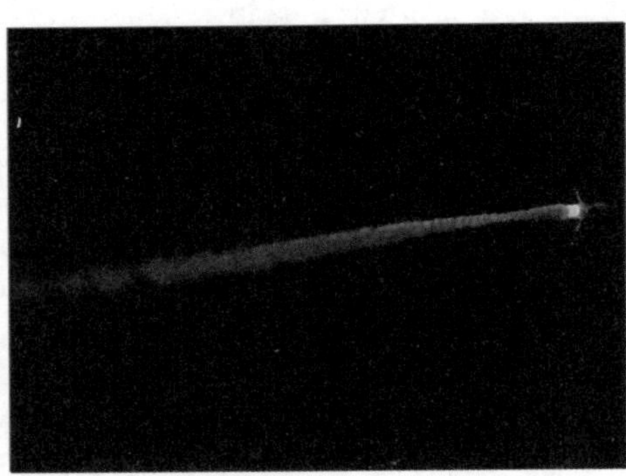

图11-1

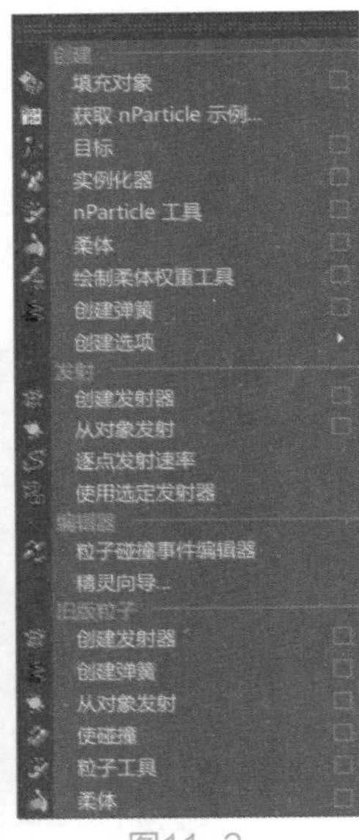

图11-2

11.2 创建n粒子

n粒子基于Maya的动力学模拟框架开发，通过这一功能，动画师在Maya中可以创建效果逼真的火焰、烟雾、液体等流体特效动画，如图11-3所示。

图11-3

11.2.1　发射n粒子

将工具架切换至FX，即可看到设置n粒子发射器的两个图标，一个是“发射器”图标，一个是“添加发射器”图标，如图11-4所示。

图11-4

1. 创建发射器

“发射器”图标用于快速在场景中创建n粒子系统，其基本操作如下。

（1）单击“发射器”图标，即可在场景中创建出一个基本的n粒子系统装置，这一装置包括一个n粒子发射器、一个n粒子对象和一个动力学对象，如图11-5所示。

（2）拖动Maya的时间滑块，即可看到n粒子发射器所发射的粒子由于受到场景中动力学的影响，而向场景的下方移动，如图11-6所示。

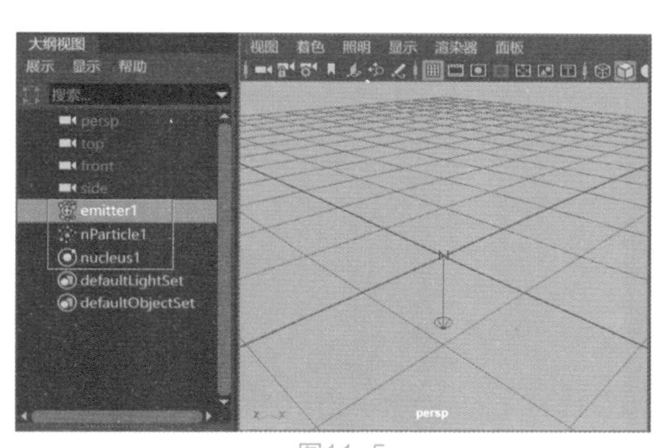

图11-5

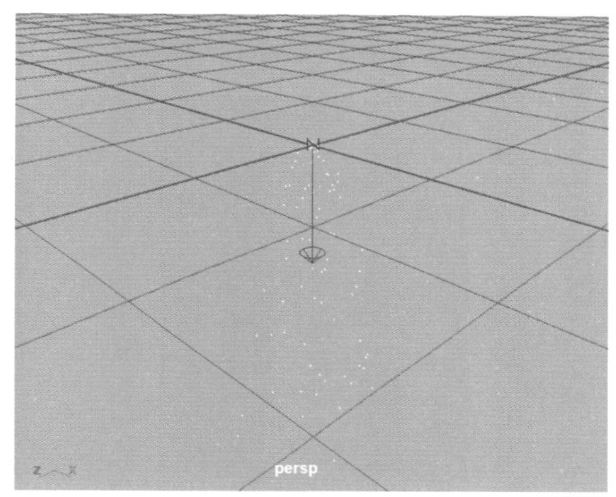

图11-6

（3）n粒子发射器还为用户提供了多种不同形态的体积发射器选项，在“属性编辑器”中展开“基本发射器属性”卷展栏，将“发射器类型”的选项设置为“Volume（体积）”，如图11-7所示。

（4）展开“体积发射器属性”卷展栏，即可看到“体积形状”包括“Cube（立方体）”“Sphere（球体）”“Cylinder（圆柱体）”“Cone（圆锥体）”和“Torus（圆环）”这5个选项，如图11-8所示。它们分别对应的发射器形状如图11-9所示。

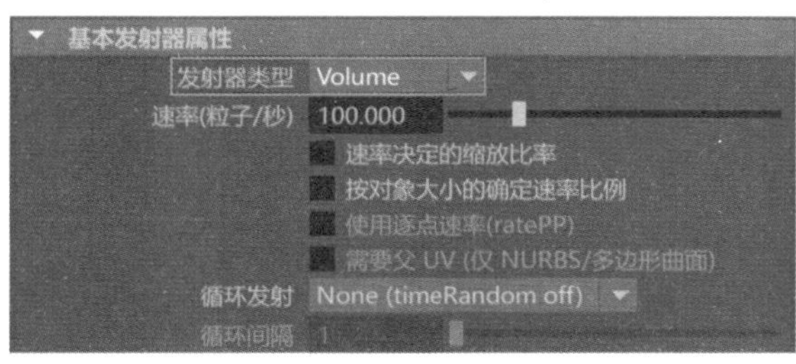

图11-7

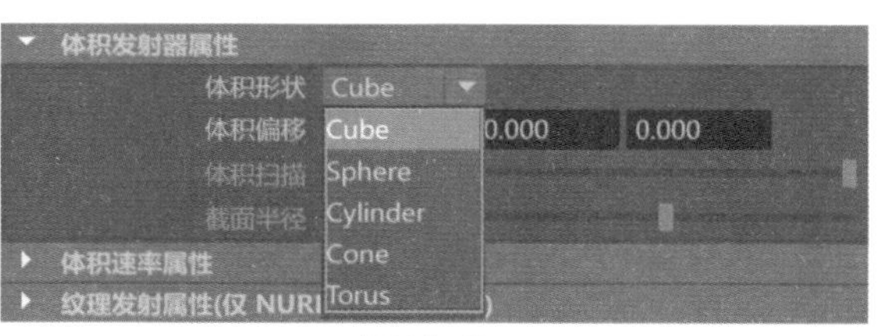

图11-8

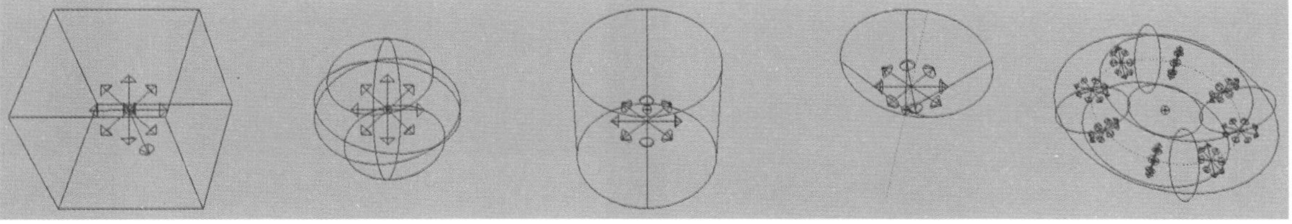

图11-9

2.添加发射器

“添加发射器”图标用来在其他对象上创建n粒子发射器，其具体操作步骤如下。

（1）新建场景，在场景中创建一个多边形平面对象，如图11-10所示。

图11-10

（2）选择场景中的多边形平面对象，单击FX工具架中的“添加发射器”图标，即可将n粒子的发射器设置在场景中的平面对象上，在“大纲视图”中可以看到，现在粒子发射器位于平面模型的子层级中，如图11-11所示。

（3）拖动时间帧，可以看到在默认状态下，n粒子从平面对象的4个顶点位置处进行发射，如图11-12所示。

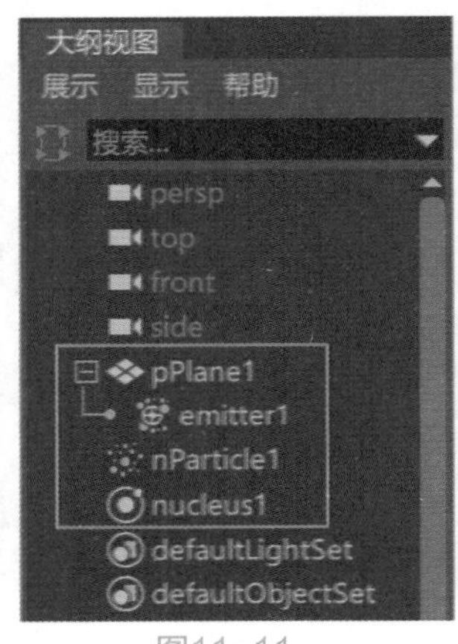

图11-11

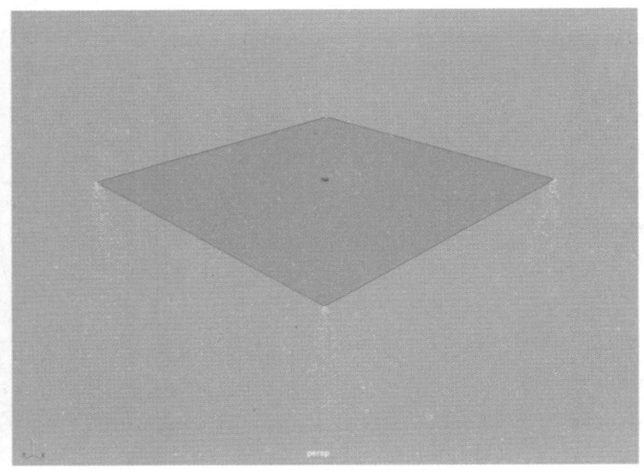

图11-12

（4）想要对n粒子系统控制自如，还需要我们深入学习n粒子系统中的其他命令。在接下来的章节中，我们先一起看一下n粒子系统在“属性编辑器”中为用户提供的不同卷展栏内的常用参数。

11.2.2 “计数”卷展栏

“计数”卷展栏内的命令参数如图11-13所示。

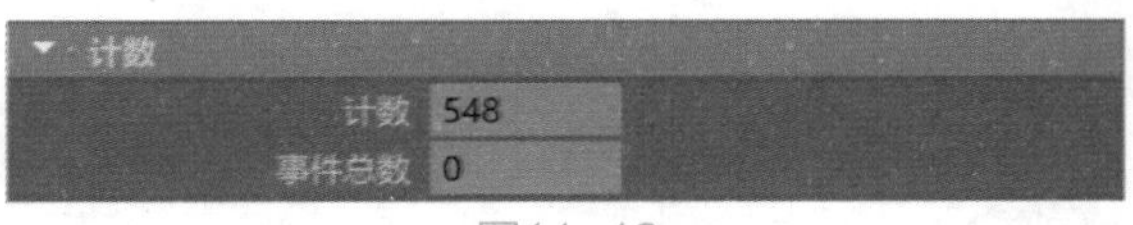

图11-13

常用参数解析

- 计数：用来显示场景中当前n粒子的数量。
- 事件总数：显示粒子的事件数量。

11.2.3 “寿命”卷展栏

“寿命”卷展栏内的命令参数如图11-14所示。

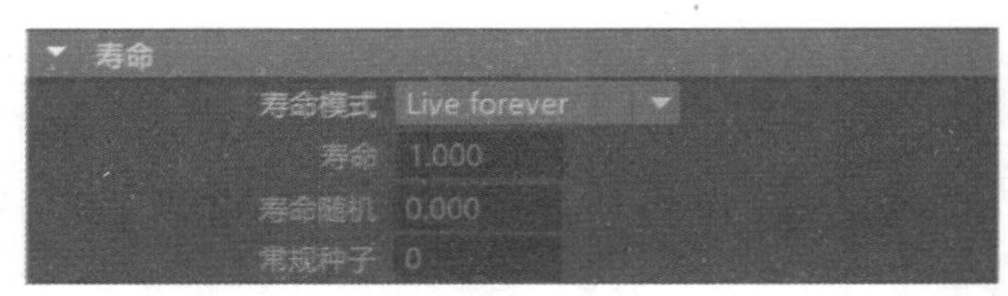

图11-14

常用参数解析

- 寿命模式：用来设置n粒子在场景中的存在时间，有“Live forever（永生）”“Constant（恒定）”“Random range（随机范围）”和“lifespanPP only（仅寿命PP）”4种可选，如图11-15所示。
- 寿命：指定粒子的寿命值。
- 寿命随机：用于标识每个粒子的寿命的随机变化范围。
- 常规种子：表示用于生成随机数的种子。

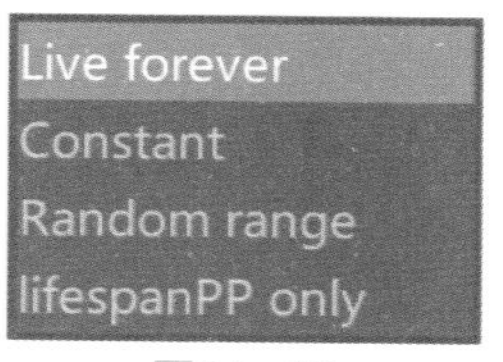

图11-15

11.2.4　“粒子大小”卷展栏

“粒子大小”卷展栏内还内置有“半径比例”卷展栏，其命令参数设置如图11-16所示。

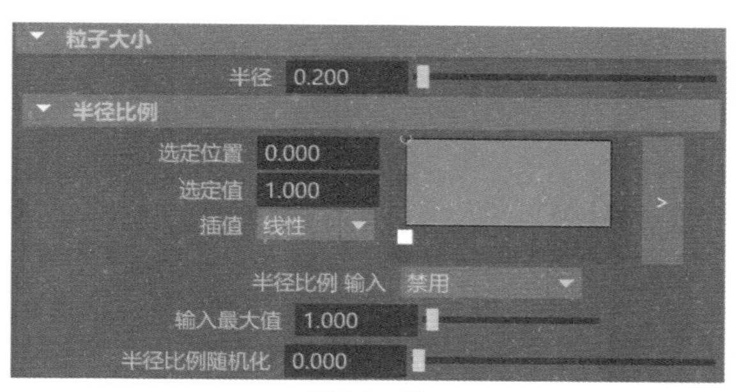

图11-16

常用参数解析

- 半径：用来设置粒子的半径大小。
- 半径比例输入：设置属性用于映射“半径比例”渐变的值。
- 输入最大值：设置渐变使用的范围的最大值。
- 半径比例随机化：设定每粒子属性值的随机倍增。

11.2.5　“碰撞”卷展栏

“碰撞”卷展栏内的命令参数如图11-17所示。

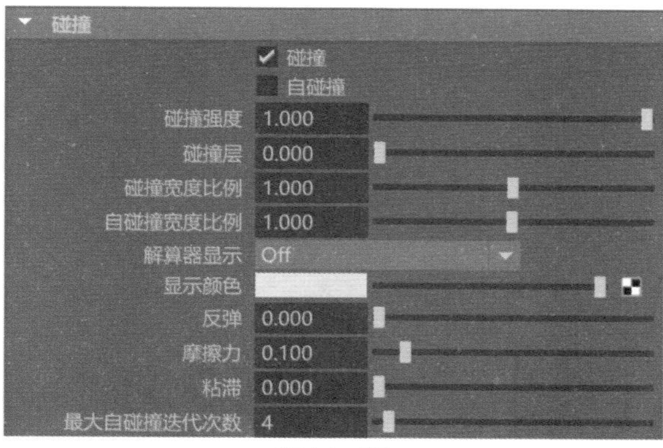

图11-17

常用参数解析

- 碰撞：选中该选项时，当前的n粒子对象将与共用同一个Maya Nucleus解算器的被动对象、nCloth对象和其他n粒子对象发生碰撞。如图11-18所示分别为启用碰撞前后的n粒子运动结果对比。

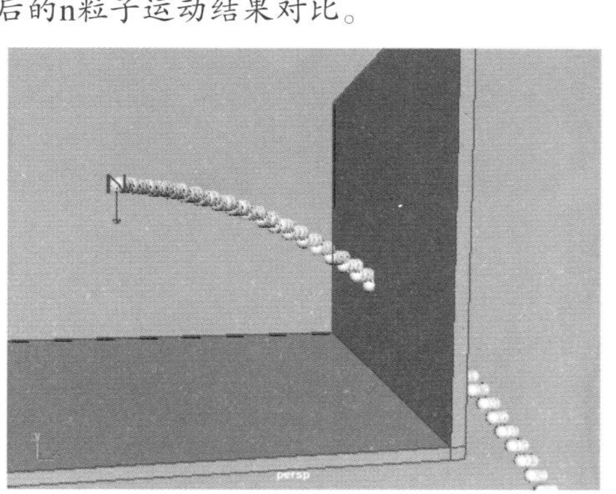

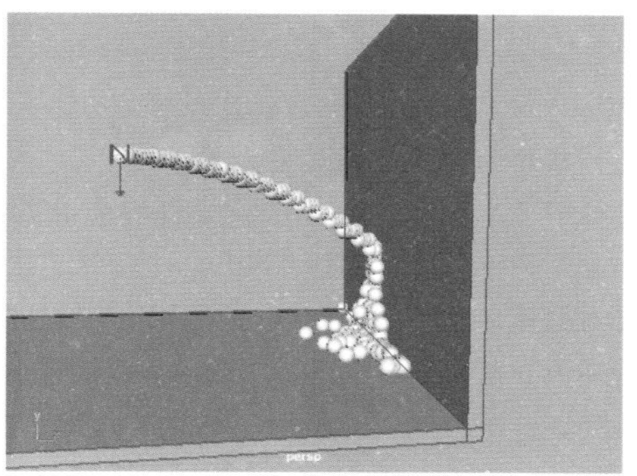

图11-18

- 自碰撞：启用该选项时，n粒子对象生成的粒子将互相碰撞。
- 碰撞强度：指定n粒子与其他Nucleus对象之间的碰撞强度。
- 碰撞层：将当前的n粒子对象指定给特定的碰撞层。
- 碰撞宽度比例：指定相对于n粒子半径值的碰撞厚度，如图11-19所示分别为该值是0.5和3的n粒子运动结果对比。

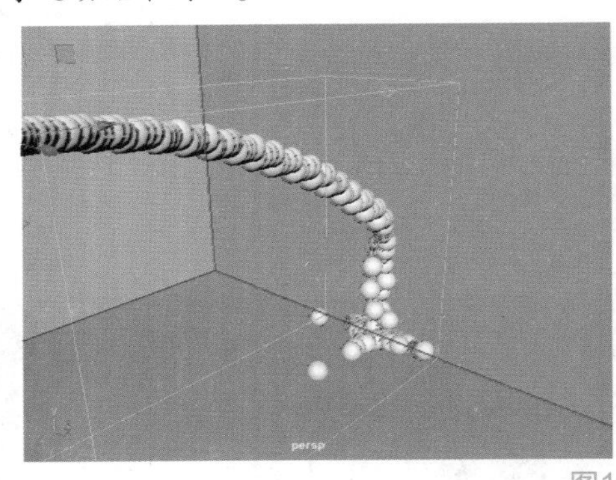

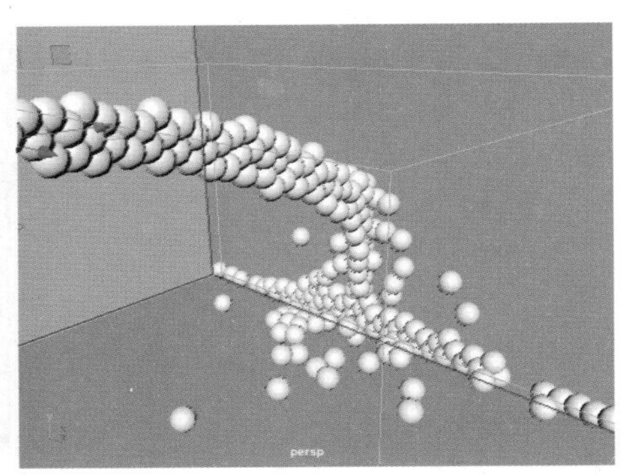

图11-19

- 自碰撞宽度比例：指定相对于n粒子半径值的自碰撞厚度。
- 解算器显示：指定场景视图中将显示当前n粒子对象的Nucleus解算器信息。Maya提供了“禁用”“碰撞厚度”和“自碰撞厚度”这3个选项供用户选择使用。
- 显示颜色：指定碰撞体积的显示颜色。
- 反弹：指定n粒子在进行自碰撞或与共用同一个Maya Nucleus解算器的被动对象、nCloth或其他nParticle对象发生碰撞时的偏转量或反弹量。
- 摩擦力：指定n粒子在进行自碰撞或与共用同一个Maya Nucleus解算器的被动对象、nCloth和其他nParticle对象发生碰撞时的相对运动阻力程度。
- 粘滞：指定了当nCloth、n粒子和被动对象发生碰撞时，n粒子对象粘贴到其他Nucleus对象的倾向。
- 最大自碰撞迭代次数：指定当前n粒子对象的动力学自碰撞所模拟的计算次数。

11.2.6 “动力学特性”卷展栏

“动力学特性”卷展栏内的命令参数如图11-20所示。

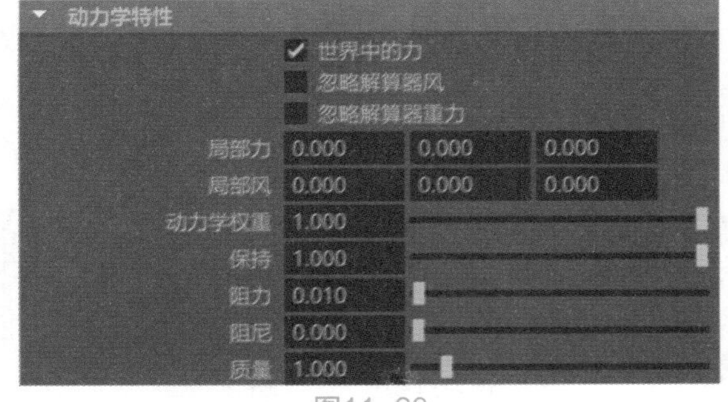

图11-20

常用参数解析

- 世界中的力：启用该选项可以使得n粒子进行额外的世界空间的重力计算。
- 忽略解算器风：启用该选项时，将禁用当前n粒子对象的解算器“风”。
- 忽略解算器重力：启用该选项时，将禁用当前n粒子对象的解算器“重力”。
- 局部力：将一个类似于Nucleus重力的力按照指定的量和方向应用于n粒子对象。该力仅应用于局部，并不影响指定给同一解算器的其他Nucleus对象。
- 局部风：将一个类似于Nucleus风的力按照指定的量和方向应用于n粒子对象。风将仅应用于局部，并不影响指定给同一解算器的其他Nucleus对象。

- 动力学权重：可用于调整场、碰撞、弹簧和目标对粒子产生的效果。值为 0 将使连接至粒子对象的场、碰撞、弹簧和目标没有效果。值为 1 将提供全效。输入小于 1 的值将设定比例效果。
- 保持：用于控制粒子对象的速率在帧与帧之间的保持程度。
- 阻力：指定施加于当前 n粒子对象的阻力大小。
- 阻尼：指定当前 n粒子的运动的阻尼量。
- 质量：指定当前 n粒子对象的基本质量。

11.2.7 “液体模拟”卷展栏

“液体模拟”卷展栏内的命令参数如图11-21所示。

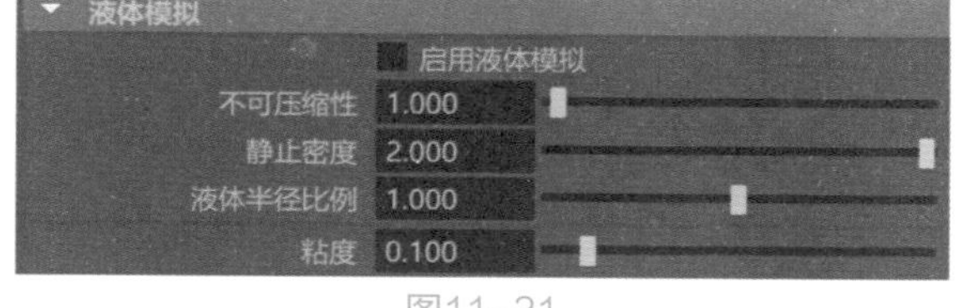

图11-21

常用参数解析

- 启用液体模拟：启用该选项时，“液体模拟”属性将添加到 n粒子对象。这样 n粒子就可以重叠，从而形成液体的连续曲面。
- 不可压缩性：指定液体 n粒子抗压缩的量。
- 静止密度：设定 n粒子对象处于静止状态时液体中的 n粒子的排列情况。
- 液体半径比例：指定基于 n粒子“半径”的 n粒子重叠量。较低的值将增加 n粒子之间的重叠。对于多数液体而言，0.5 这个值可以取得良好结果。
- 粘度：代表液体流动的阻力，或材质的厚度和不流动程度。如果该值很大，液体将像柏油一样流动。如果该值很小，液体将更像水一样流动。

11.2.8 “输出网格”卷展栏

“输出网格”卷展栏内的命令参数如图11-22所示。

图11-22

常用参数解析

- 阈值：用于调整n粒子创建的曲面的平滑度，图11-23所示分别是该值为0.05和0.1的液体曲面模型效果对比。

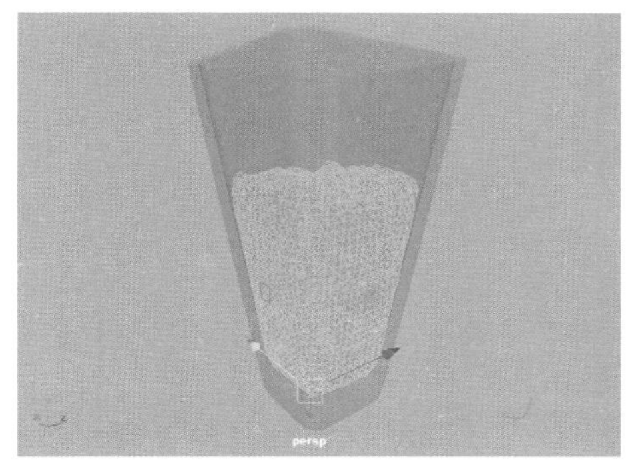

图11-23

- 滴状半径比例：指定n粒子“半径”的比例缩放量，以便在n粒子上创建适当平滑的曲面。
- 运动条纹：根据n粒子运动的方向及其在一个时间步内移动的距离拉长单个n粒子。
- 网格三角形大小：决定创建n粒子输出网格所使用的三角形的尺寸，图11-24所示分别为该值是0.2和0.4的n粒子液体效果对比。

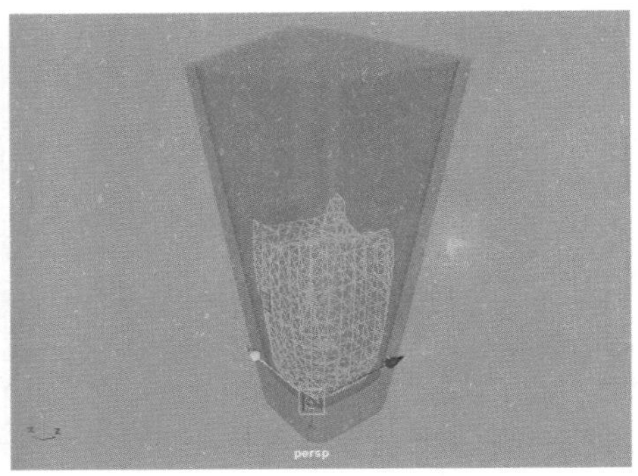

图11-24

- 最大三角形分辨率：指定创建输出网格所使用的栅格大小。
- 网格方法：指定生成n粒子输出网格等值面所使用的多边形网格的类型，有“Triangle Mesh（三角形网格）”“Tetrahedra（四面体）”“Acute Tetrahedra（锐角四面体）”和“Quad Mesh（四边形网格）”这4种可选，如图11-25所示。图11-26~图11-29分别为这4种方法的液体输出网格形态。

Triangle Mesh
Tetrahedra
Acute Tetrahedra
Quad Mesh

图11-25

图11-26

图11-27

图11-28

图11-29

- 网格平滑迭代次数：指定应用于n粒子输出网格的平滑度。平滑迭代次数可增加三角形各边的长度，使拓扑更均匀，并生成更为平滑的等值面。输出网格的平滑度随着“网格平滑迭代次数”值的增大而增加，但计算时间也将随之增加。图11-30所示为该值分别是0和2的液体平滑结果对比。

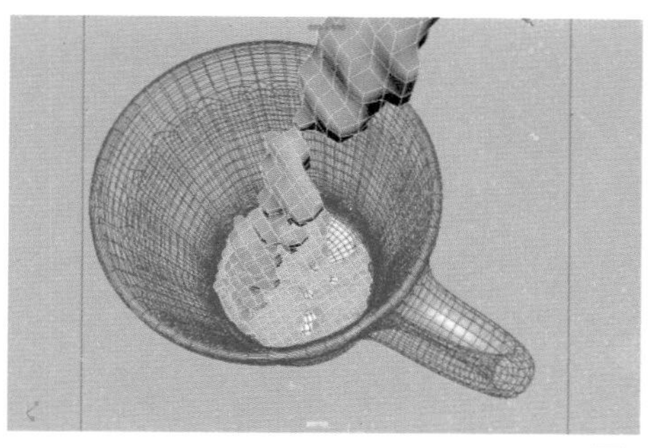
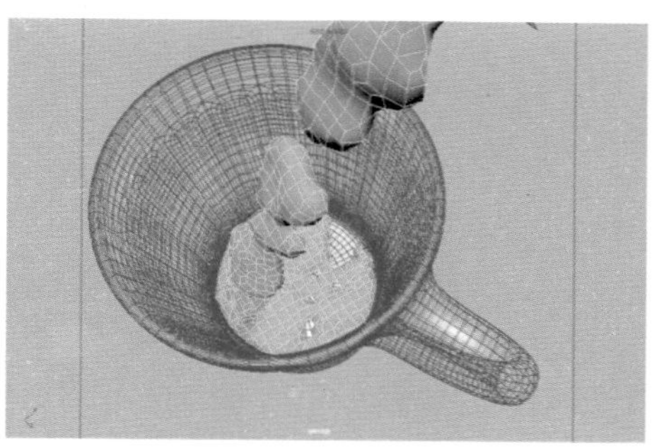

图11-30

11.2.9　“着色”卷展栏

“着色”卷展栏内的命令参数如图11-31所示。

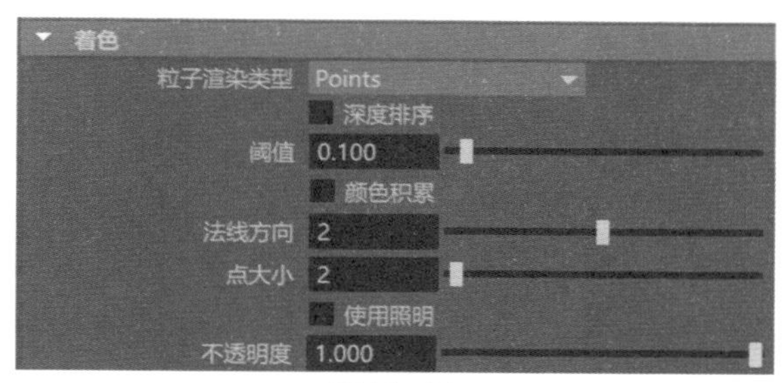

图11-31

常用参数解析

- 粒子渲染类型：用于设置Maya使用何种类型来渲染n粒子，在这里，Maya提供了多达10种类型供用户选择，如图11-32所示。使用不同的粒子渲染类型，n粒子在场景中的显示也不尽相同，图11-33～图11-42分别为n粒子类型为“MultiPoint（多点）”“MultiStreak（多条纹）”“Numeric（数值）”“Points（点）”“Spheres（球体）”“Sprites（精灵）”“Streak（条纹）”“Blobby Surface（滴状曲面）”“Cloud（云）”和“Tube（管状体）”的显示效果。

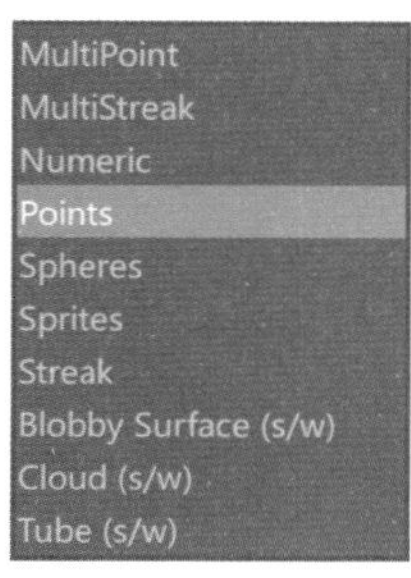

图11-32

图11-33

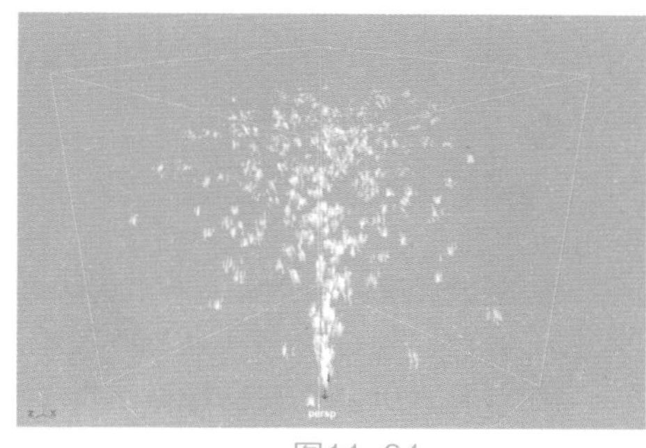

图11-34

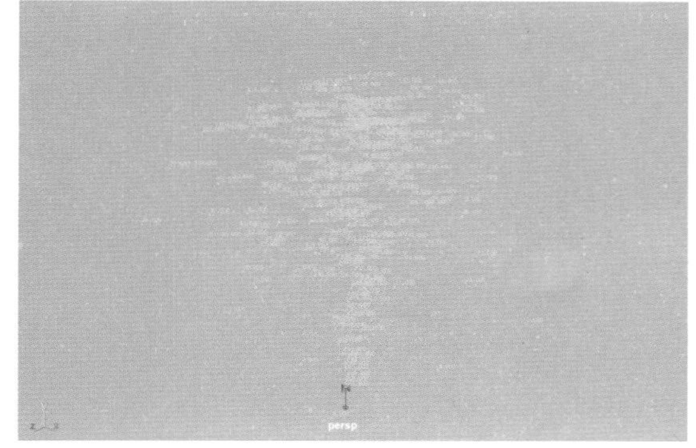

图11-35

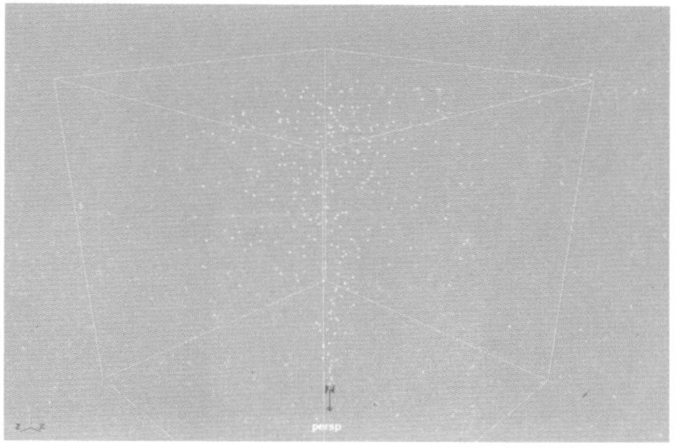

图11-36

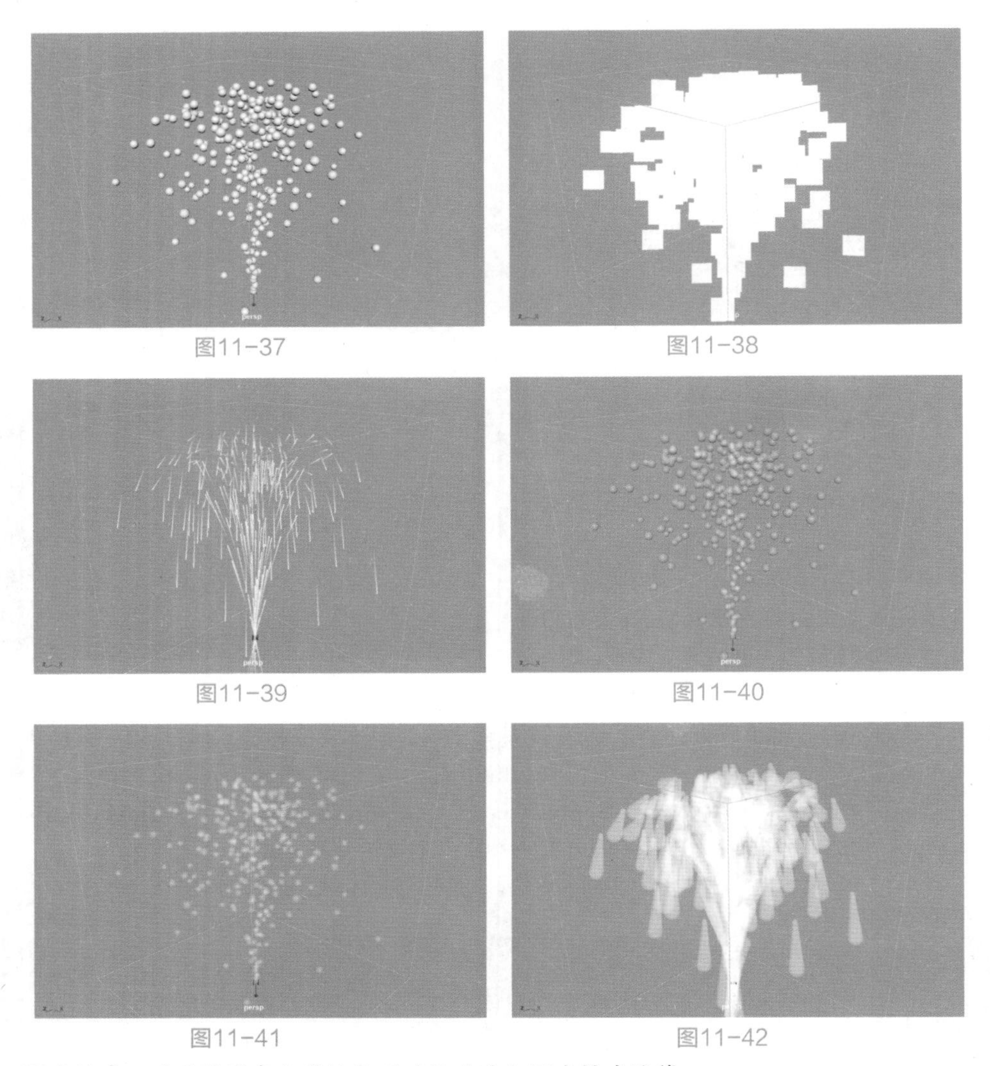

图11-37　图11-38

图11-39　图11-40

图11-41　图11-42

- 深度排序：用于设置布尔属性是否对粒子进行深度排序计算。
- 阈值：控制n粒子生成曲面的平滑度。
- 法线方向：用于更改n粒子的法线方向。
- 点大小：用于控制n粒子的显示大小，图11-43所示为该值分别是6和16的显示结果对比。

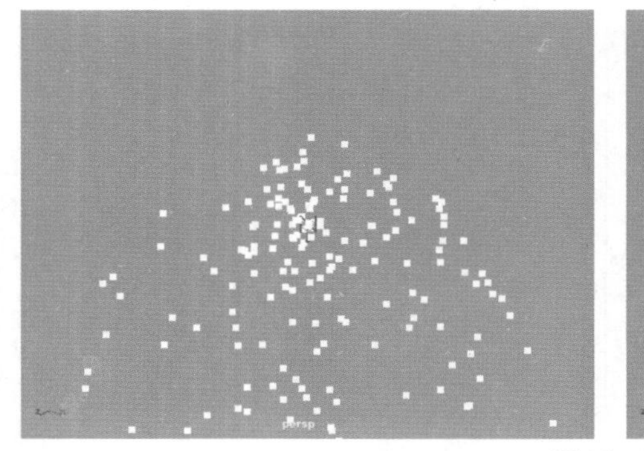

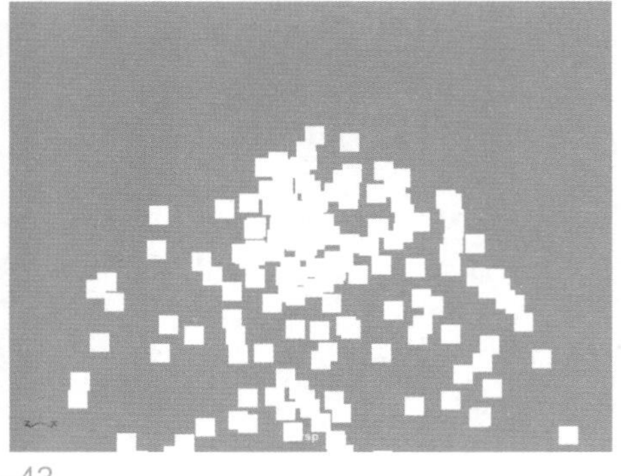

图11-43

- 不透明度：用于控制n粒子的不透明程度，图11-44所示为该值分别是1和0.3的显示结果对比。

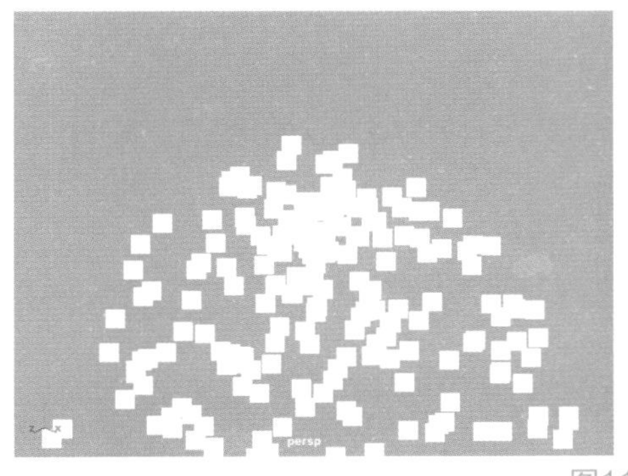
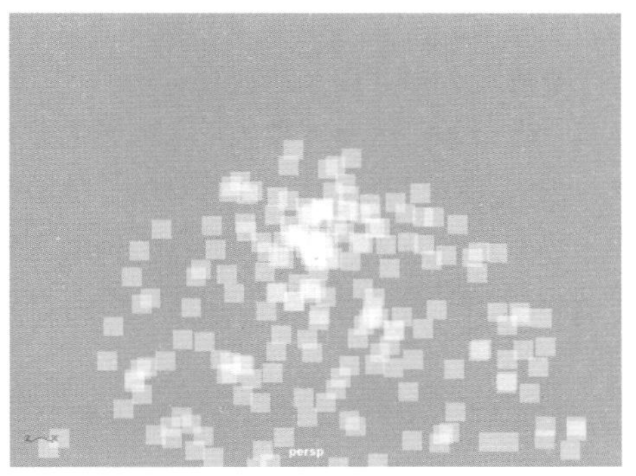

图11-44

11.3 场

“场”是为调整动力学对象（如流体、柔体、nParticle 和 nCloth）的运动效果而设置出来的力。例如，可以将漩涡场连接到发射的n粒子以创建漩涡运动；使用空气场可以吹动场景中的n粒子以创建飘散运动。

11.3.1 空气

“空气”场主要用来模拟风对场景中的粒子或者nCloth对象所产生的影响运动，其命令参数如图11-45所示。

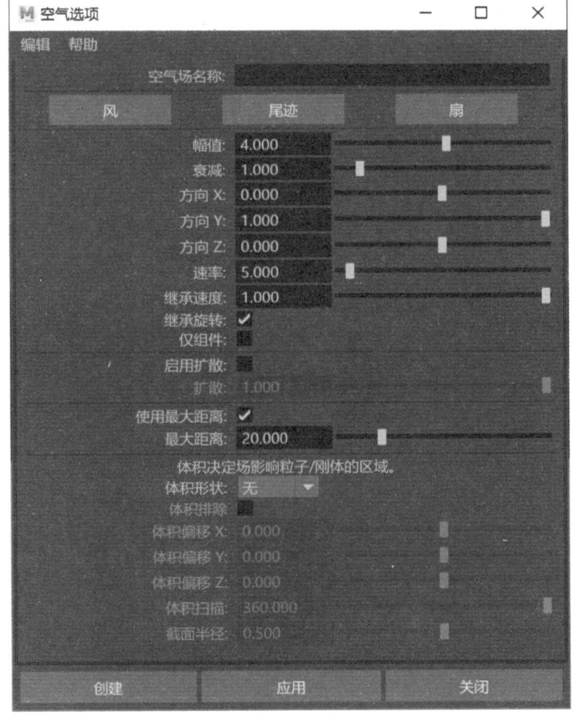

图11-45

常用参数解析

- “风”按钮：将“空气”场属性设定为与风的效果近似的一种预设。
- “尾迹”按钮：将“空气”场属性设定为模拟尾迹运动的一种预设。
- “扇”按钮：将“空气”场属性设定为与本地风扇效果近似的一种预设。
- 幅值：设定空气场的强度，该选项设定沿空气移动方向的速度。
- 衰减：设定场的强度随着到受影响对象的距离增加而减小的量。
- 方向X/方向Y/方向Z：用于设置空气吹动的方向。
- 速率：控制连接的对象与空气场速度匹配的快慢。
- 继承速度：当空气场移动或以移动对象作为父对象时，其速率受父对象速率的影响。
- 继承旋转：空气场正在旋转或以旋转对象作为父对象时，则气流会经历同样的旋转。空气场旋转中的任何更改都会更改空气场指向的方向。
- 仅组件：用于设置空气场仅在其“方向”“速率”和“继承速度”中所指定的方向应用力。

- 启用扩散：指定是否使用“扩散”角度。如果“启用扩散”选项被勾选，空气场将只影响“扩散”设置指定的区域内的连接对象。
- 扩散：表示与“方向”设置所成的角度，只有该角度内的对象才会受到空气场的影响。
- 使用最大距离：用于设置空气场所影响的范围。
- 最大距离：设定空气场能够施加影响的与该场之间的最大距离。
- 体积形状：Maya提供了多达6种的空气场形状以供用户选择，如图11-46所示。这6种形状的空气场如图11-47所示。

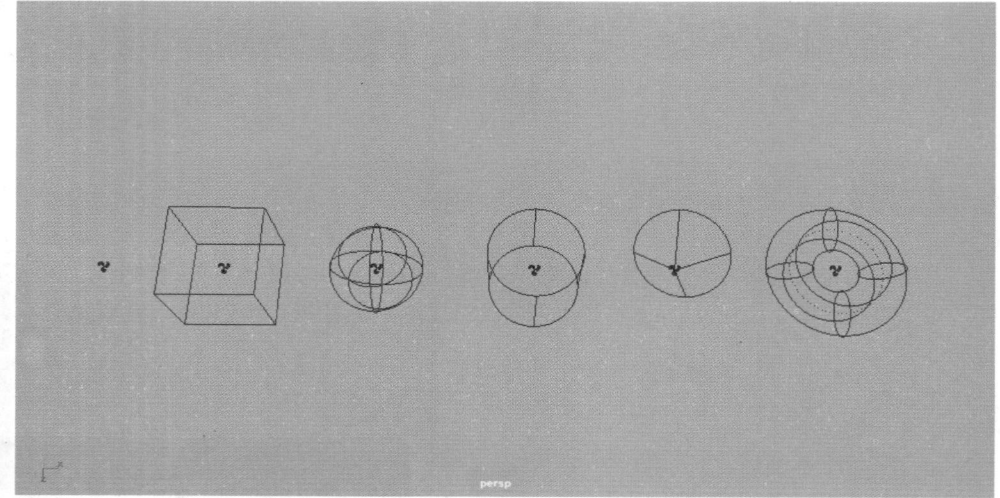

图11-46　　图11-47

- 体积排除：勾选该选项时，体积定义空间中场对粒子或刚体没有任何影响。
- 体积偏移X/体积偏移Y/体积偏移Z：设置从场的不同方向上来偏移体积。
- 体积扫描：定义除立方体外的所有体积的旋转范围。该值可以是介于 0 和 360 度之间的值。
- 截面半径：定义圆环体的实体部分的厚度（相对于圆环体的中心环的半径）。中心环的半径由场的比例确定。

11.3.2　阻力

“阻力”场主要用来设置阻力效果，其命令参数如图11-48所示。

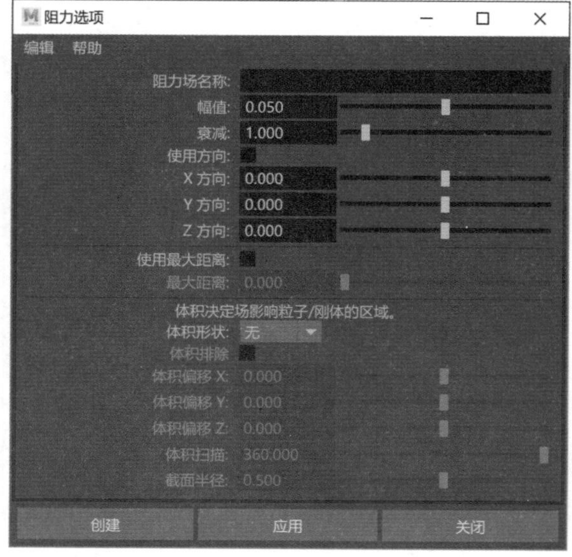

图11-48

常用参数解析

- 幅值：设定阻力场的强度。幅值越大，对移动对象的阻力就越大。
- 衰减：设定场的强度随着到受影响对象的距离增加而减小的量。
- 使用方向：根据方向设置阻力。
- X方向/Y方向/Z方向：用于设置阻力的方向。

11.3.3　重力

“重力”场主要用来模拟重力效果，其命令参数如图11-49所示。

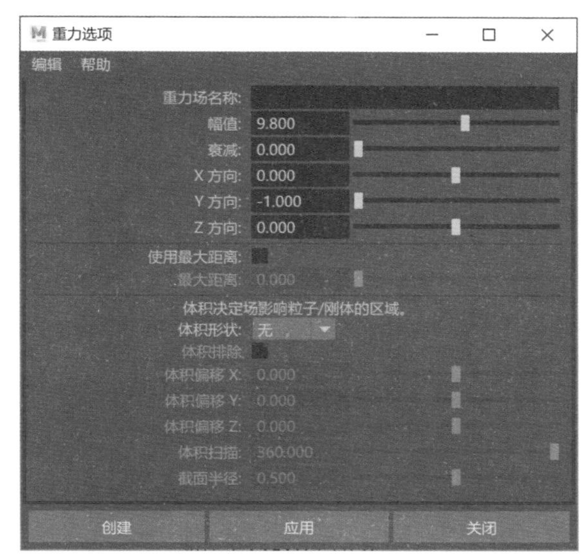

图11-49

常用参数解析

- 幅值：设置重力场的强度。
- 衰减：设定场的强度随着到受影响对象的距离增加而减小的量。
- X方向/Y方向/Z方向：用来设置重力的方向。

11.3.4　牛顿

“牛顿”场主要用来模拟拉力效果，其命令参数如图11-50所示。

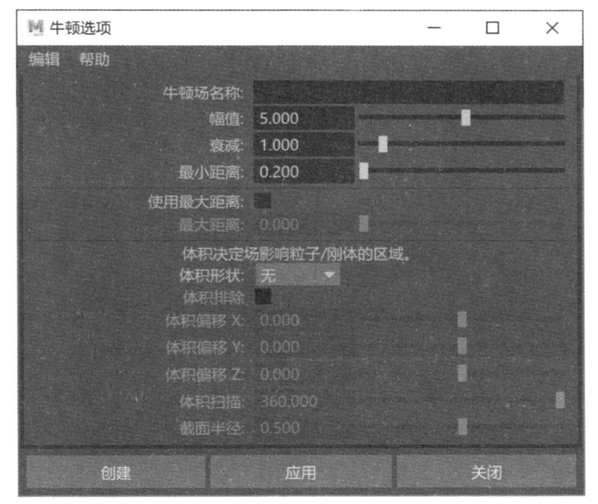

图11-50

常用参数解析

- 幅值：设定牛顿场的强度。该数值越大，力就越强。如果为正数，则会向场的方向拉动对象；如果为负数，则会向场的相反方向推动对象。
- 衰减：设定场的强度随着到受影响对象的距离增加而减小的量。
- 最小距离：设定牛顿场中能够施加场的最小距离。

11.3.5　径向

“径向”场与“牛顿”场有点相似，也是用来模拟推力及拉力，其命令参数如图11-51所示。

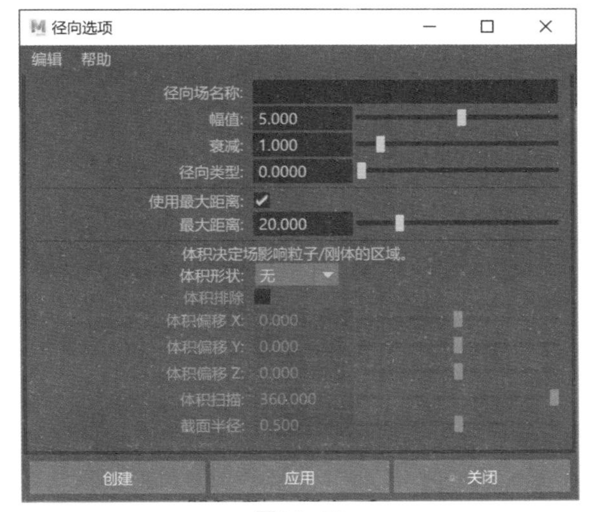

图11-51

常用参数解析

- 幅值：设定径向场的强度。数值越大，受力越强。正数会推离对象。负数会向指向场的方向拉近对象。
- 衰减：设定场随与受影响对象的距离的增加而减小的强度。
- 径向类型：指定径向场的影响如何随着“衰减”减小。如果值为1，当对象接近与场之间的“最大距离”时，将导致径向场的影响会快速降到零。

11.3.6 湍流

“湍流”场主要用来模拟混乱气流对n粒子或nCloth对象所产生的随机运动效果，其命令参数如图11-52所示。

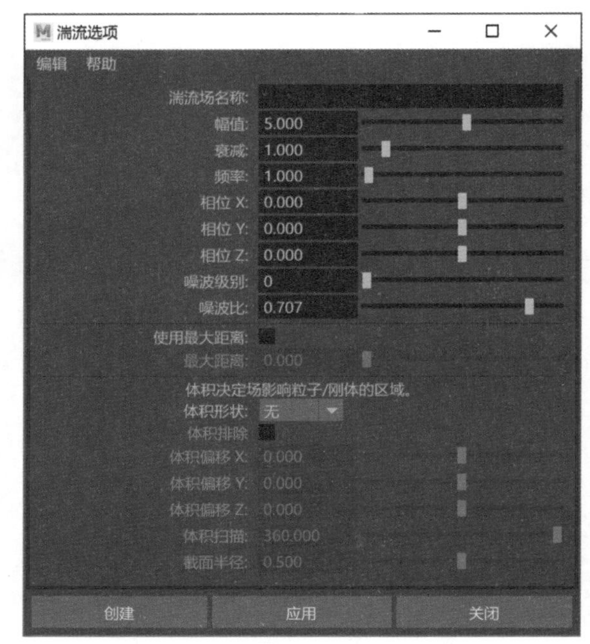

图11-52

常用参数解析

- 幅值：设定湍流场的强度。数值越大，力越强。可以使用正值或负值，在随机方向上移动受影响对象。
- 衰减：设定场的强度随着到受影响对象的距离增加而减小的量。
- 频率：设定湍流场的频率。较高的值会产生更频繁的不规则运动。
- 相位X/相位Y/相位Z：设定湍流场的相位移。这决定了中断的方向。
- 噪波级别：该数值越大，湍流越不规则。
- 噪波比：用于指定噪波连续查找的权重。

11.3.7 统一

“统一”场也可以用来模拟推力及拉力，其命令参数如图11-53所示。

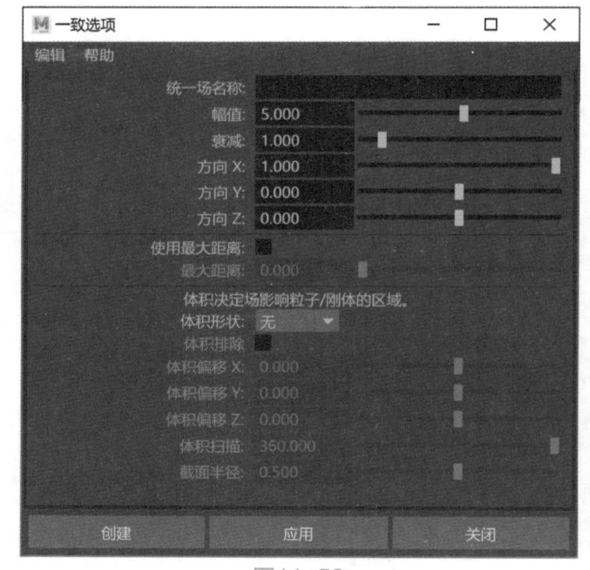

图11-53

常用参数解析

- 幅值：设定统一场的强度。数值越大，力越大。正值会推开受影响的对象。负值会将对象拉向场。
- 衰减：设定场的强度随着到受影响对象的距离增加而减小的量。
- 方向X/方向Y/方向Z：指定统一场推动对象的方向。

11.3.8 漩涡

“漩涡”场用来模拟类似漩涡的旋转力，其命令参数如图11-54所示。

常用参数解析

- 幅值：设定漩涡场的强度。该数值越大，强度越大。正值会按逆时针方向移动受影响的对象。而负值会按顺时针方向移动对象。
- 衰减：设定场的强度随着到受影响对象的距离的增加而减少的量。
- 轴X/轴Y/轴Z：用于指定漩涡场对其周围施加力的轴。

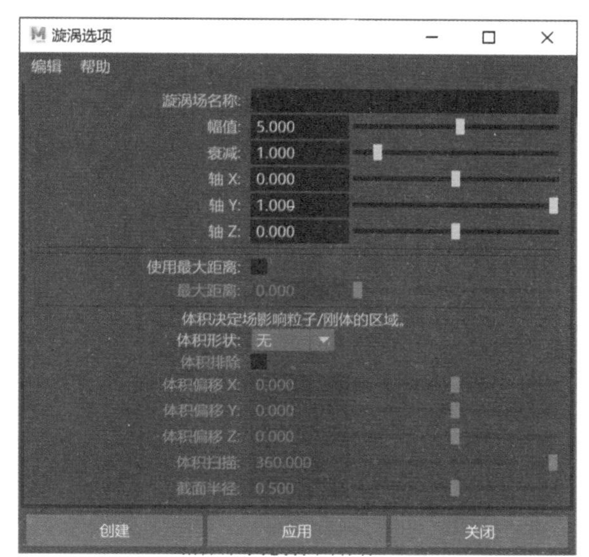

图11-54

实例操作：使用“n粒子”制作喷泉动画

本实例主要讲解如何使用n粒子来模拟喷泉运动的动画效果，最终渲染效果如图11-55所示。

图11-55

01 启动中文版Maya 2020软件，单击FX工具架上的“发射器”图标，即可在场景中创建出一个基本的n粒子系统装置，如图11-56所示。

02 创建完成后，拖动时间帧，n粒子的默认反射状态为泛方向发射状态，同时还受重力的影响产生下落的运动效果，如图11-57所示。

图11-56

图11-57

03 由于喷泉大多是由一个点向上喷射出水花，受重力影响，当水花到达一定高度时，会产生下落的运动过程。那么，这需要我们来改变n粒子发射器的发射状态来得到这一效果。单击展开n粒子发射器的“基本发射器属性”卷展栏，调整“发射器类型”的选项为“Directional（方向）”，如图11-58所示。

04 调整完成后，单击动画播放按钮，可以看到现在粒子的发射状态如图11-59所示。

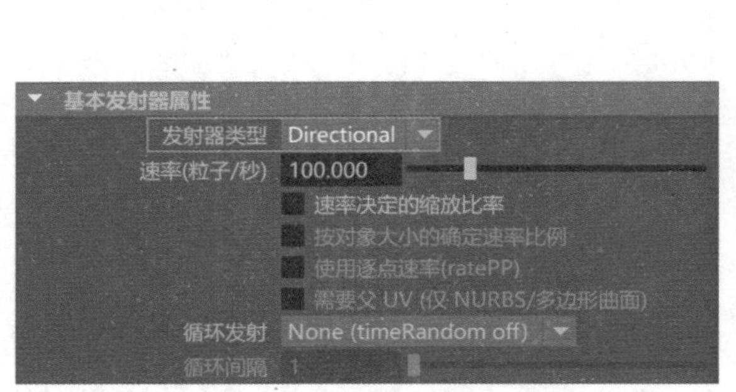

图10-58

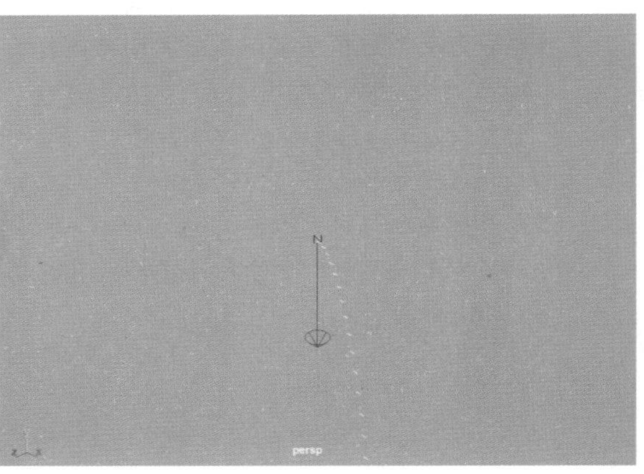

图11-59

05 展开“距离/方向属性”卷展栏，将“方向X”的值设置为0，“方向Y”的值设置为1，将“扩散”的值设置为0.35，如图11-60所示。

06 设置完成后，再次拖动时间滑块，观察n粒子的动画效果，如图11-61所示。

图11-60

图11-61

07 展开“基本发射速率属性”卷展栏，调整n粒子的“速率”的值为10，提高粒子向上的发射速度，如图11-62所示。

08 展开“基本发射器属性”卷展栏，调整“速率（粒子/秒）”的值为600，提高n粒子单位时间的发射数量，如图11-63所示。

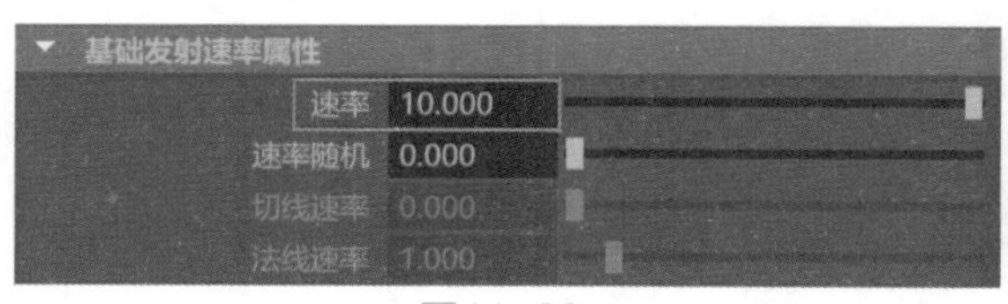

图11-62

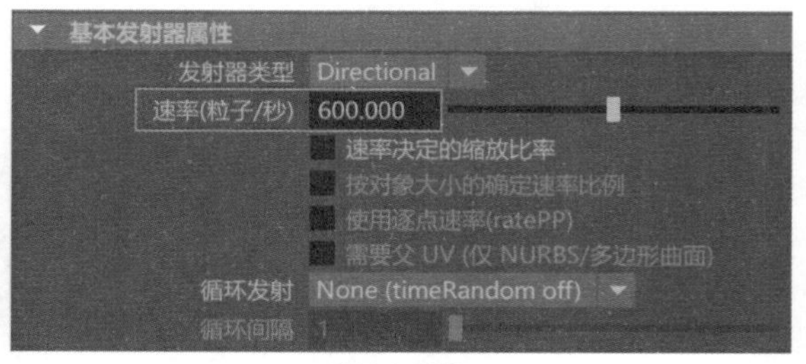

图11-63

09 设置完成后，再次观察场景，n粒子的动画效果如图11-64所示。

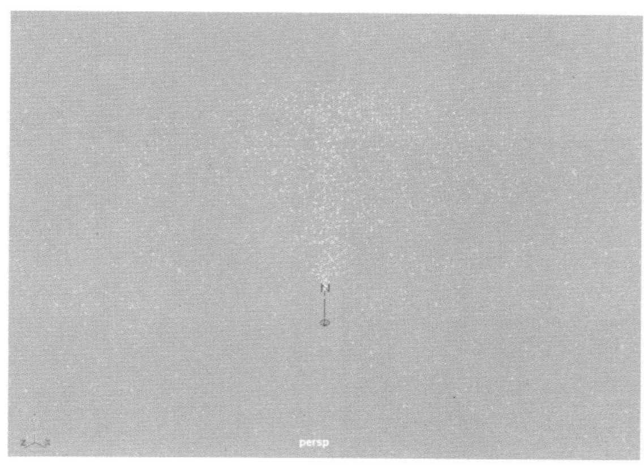

图11-64

10 在nParticleShape1选项卡中，展开“寿命”卷展栏，设置n粒子的“寿命模式”为“Constant（恒定）”，设置“寿命”的值为1.5，如图11-65所示。这样，n粒子在下落的过程中随着时间的变化会逐渐消亡，节省了Maya软件不必要的n粒子动画计算，如图11-66所示。

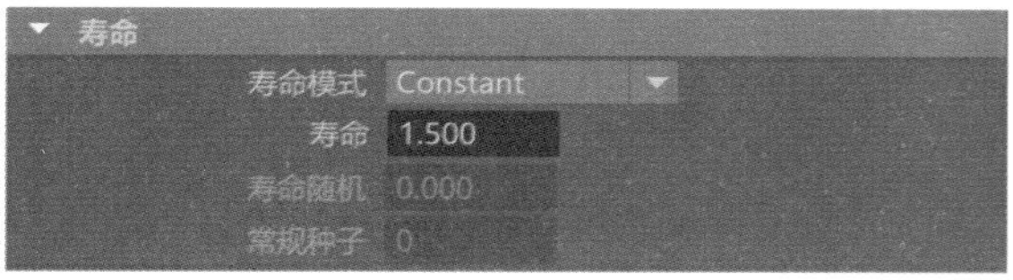

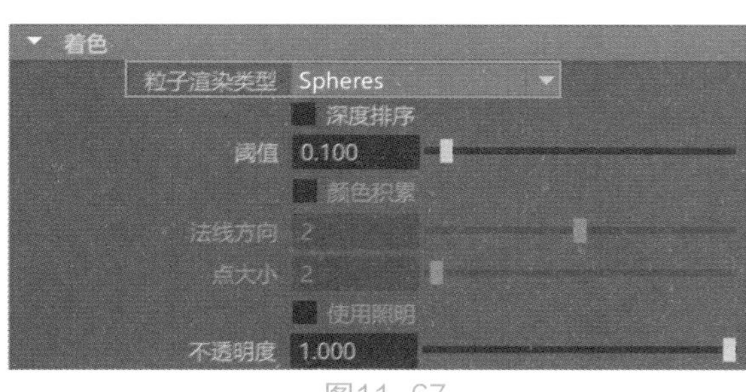

图11-65

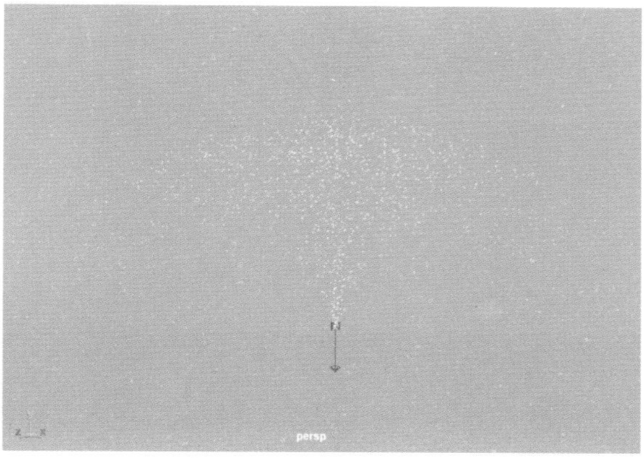

图11-66

11 展开“着色”卷展栏，设置“粒子渲染类型”为“Sphere（球体）”，如图11-67所示。在场景中观察n粒子的形态，如图11-68所示。

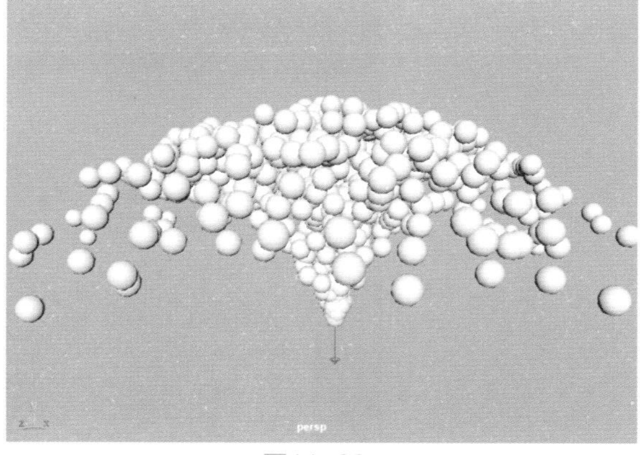

图11-67

图11-68

12 展开“粒子大小”卷展栏，设置n粒子的“半径比例”控制图，如图11-69所示，将“半径比例输入”的选项设置为“年龄”。拖动时间帧，观察n粒子的动画形态，如图11-70所示，随着n粒子年龄的变化，n粒子的大小也跟着出现了大小不同的形态变化。

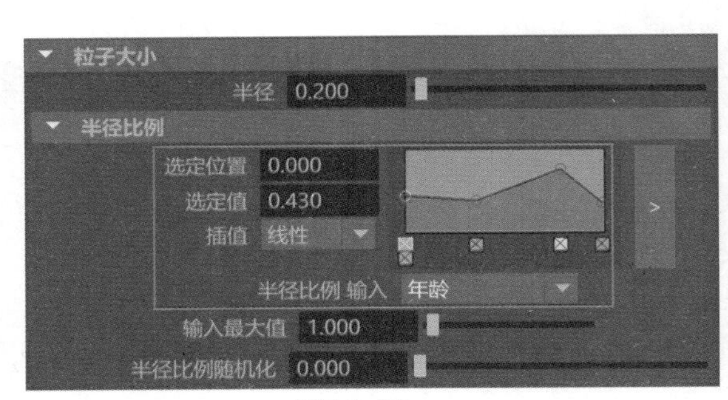

图11-69

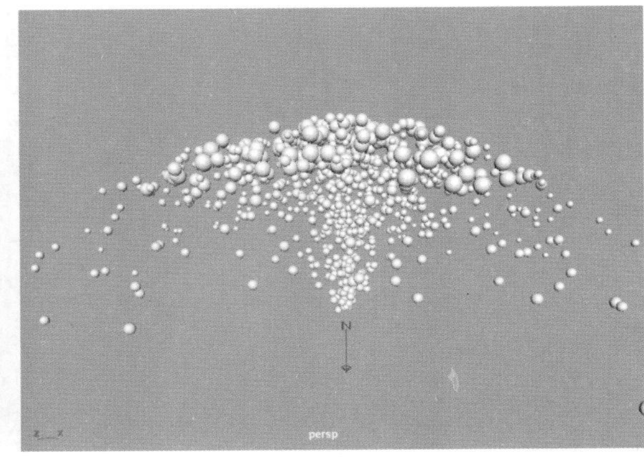

图11-70

13 单击Arnold工具架上的“Create Physical Sky（创建物理天空）”图标，为场景添加灯光，如图11-71所示。

14 在“属性编辑器”中，展开“Physical Sky Attributes（物理天空属性）”卷展栏，设置Elevation的值为40，调整太阳的高度；设置Azimuth的值为200，调整太阳的角度；设置Intensity的值为3，提高太阳灯光的强度，如图11-72所示。

图11-71

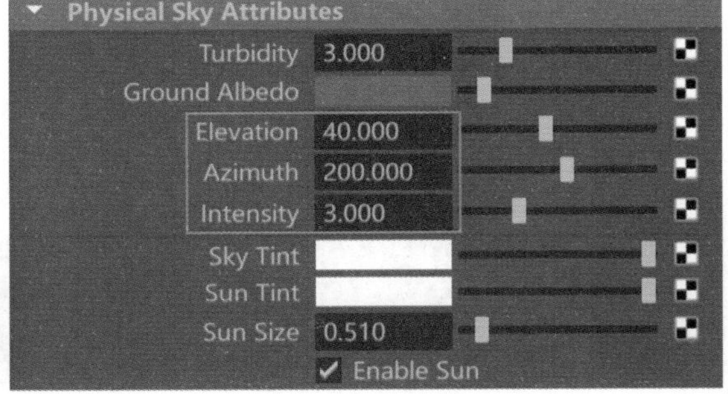

图11-72

15 设置完成后，渲染场景，渲染结果如图11-73所示。

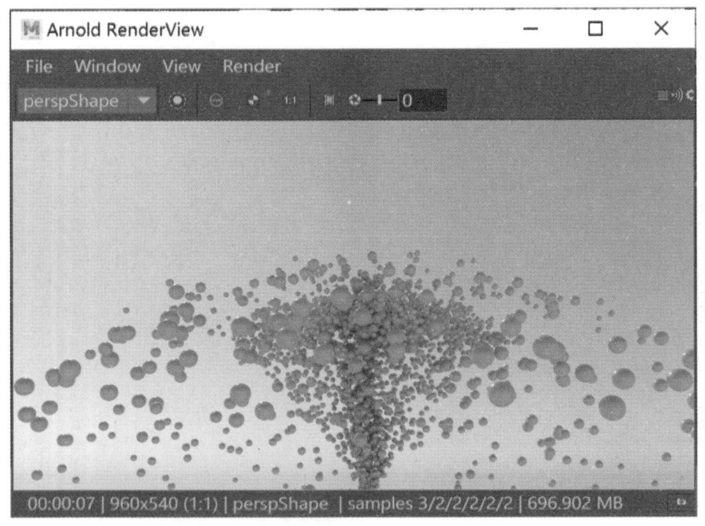

图11-73

16 打开“渲染设置”面板，在Arnold Renderer选项卡中，展开“Motion Blur（运动模糊）”卷展栏，勾选“Enable（启用）”复选项，如图11-74所示，可以开启Arnold渲染器的运动模糊计算，这样喷泉动画中速度越快的粒子，渲染出来的效果就越模糊。

17 设置完成后，本实例的最终动画效果如图11-75所示。

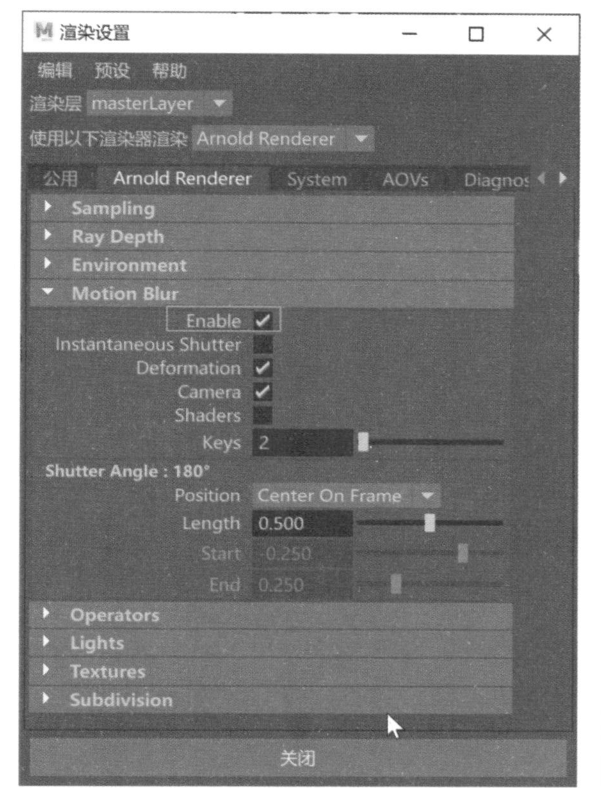

图11-74

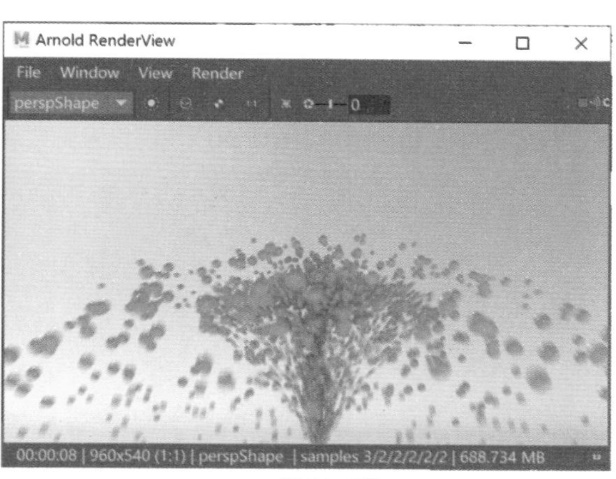

图11-75

实例操作：使用“n粒子”制作光带特效

本实例主要讲解如何使用n粒子来模拟光带运动的特殊效果，最终渲染效果如图11-76所示。

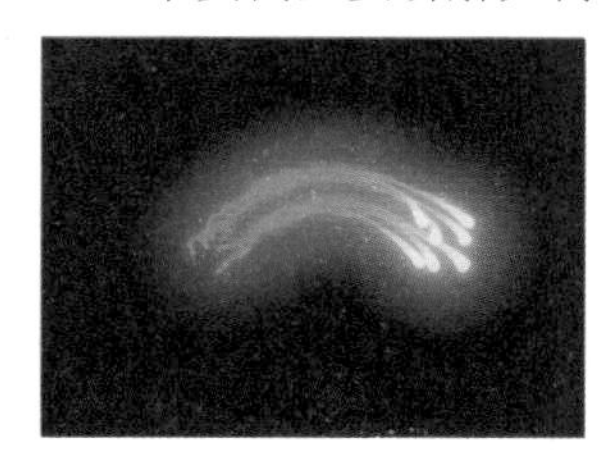
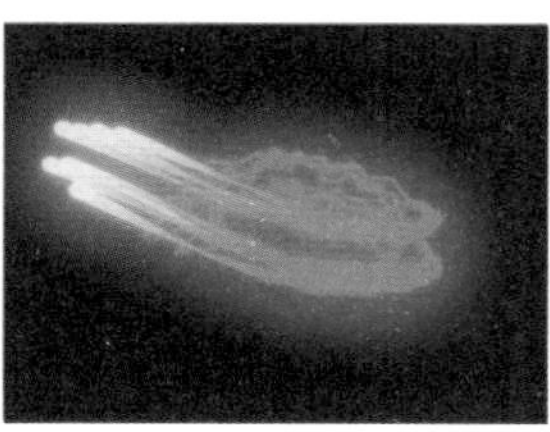
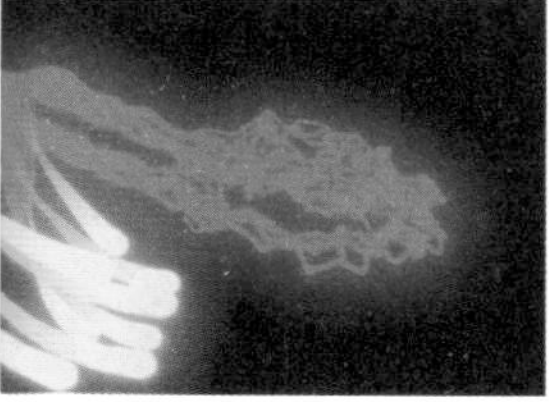
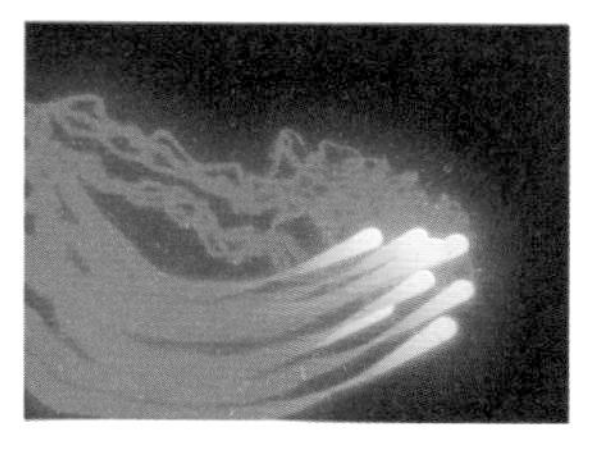

图11-76

01 启动Maya 2020，使用“EP曲线工具”在场景中绘制一条曲线，单击“多边形立方体”图标，在场景中创建一个立方体模型，如图11-77所示。

02 将Maya的菜单栏切换至“动画”。先选择场景中的立方体模型，按下Shift键，加选场景中的曲线，执行菜单栏“约束”|“运动路径”|“连接到运动路径”命令，将立方体的运动约束到场景中的曲线上，如图11-78所示。

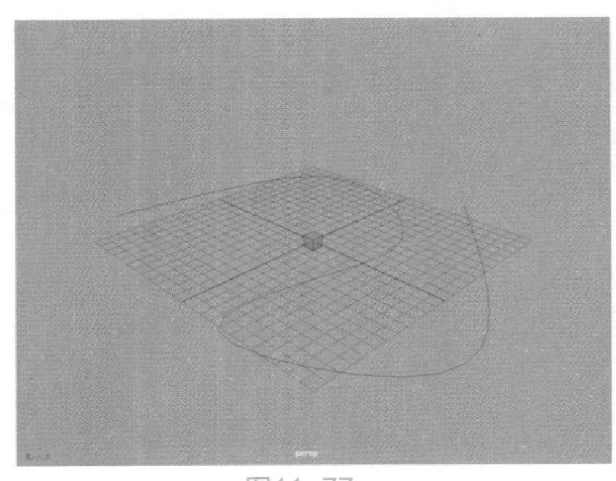
图11-77

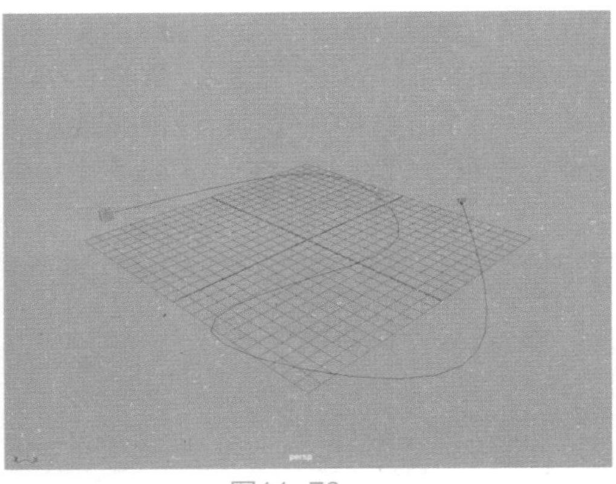
图11-78

03 将时间帧设置为第1帧，使用缩放工具缩放图11-79所示立方体的一个面。

04 将Maya的菜单栏切换至“FX”。选择场景中的立方体模型，执行菜单栏nParticle|“从对象发射”命令，将立方体设置为可以发射n粒子的发射器。设置完成后，播放场景动画，可以看到在默认状态下，立方体上的8个顶点开始发射n粒子，如图11-80所示。

05 选择场景中的n粒子对象，在“属性编辑器”面板中，展开“基础发射速率属性”卷展栏，设置n粒子的“速率”值为0，如图11-81所示。设置完成后，播放场景动画，n粒子的运动效果如图11-82所示。

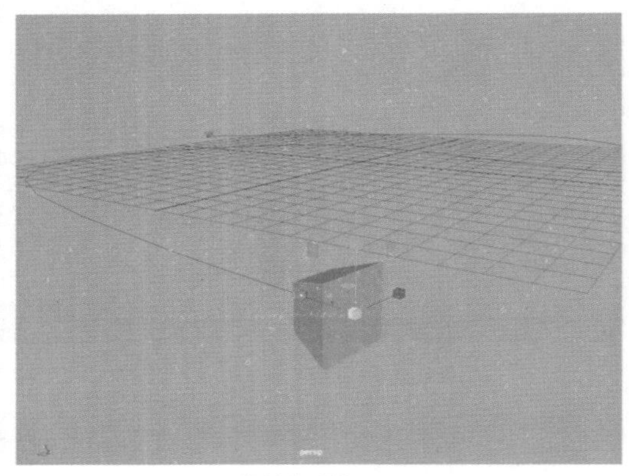
图11-79

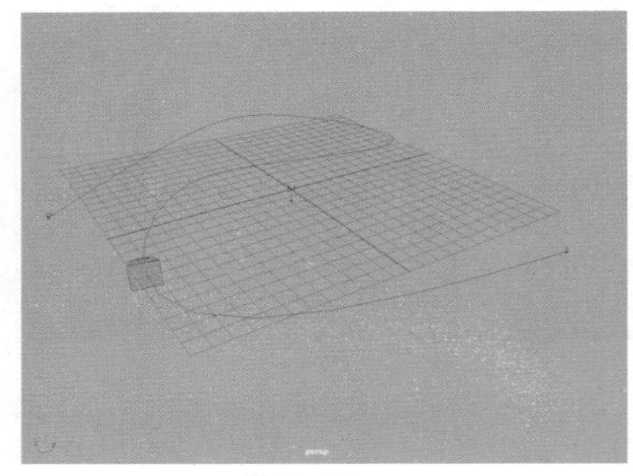
图11-80

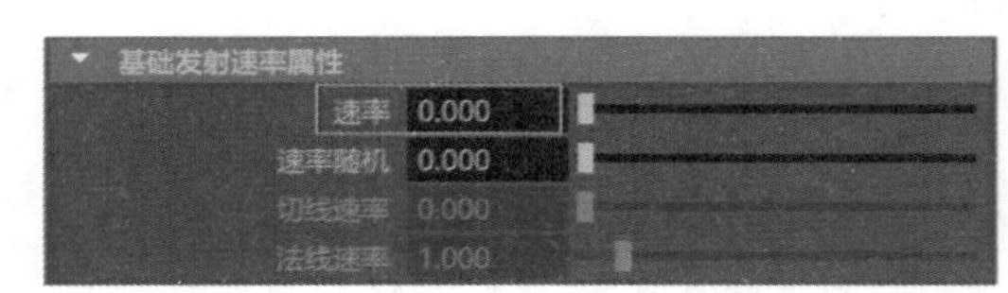

图11-81

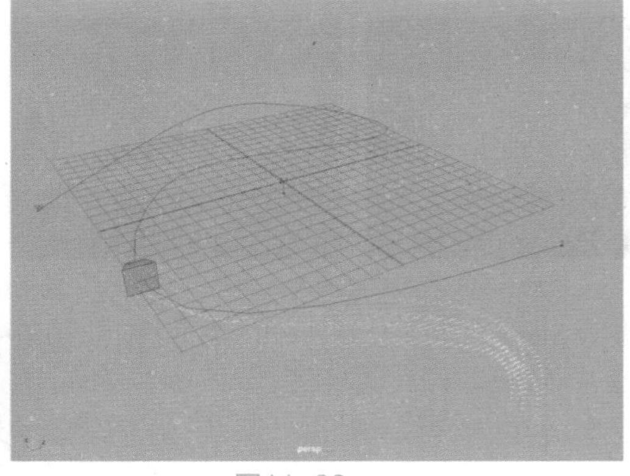
图11-82

06 将“属性编辑器”面板切换至nParticleShape选项卡，展开“动力学特性”卷展栏，勾选“忽略解算器重力”复选项，如图11-83所示。设置完成后，播放场景动画，n粒子的运动效果如图11-84所示。

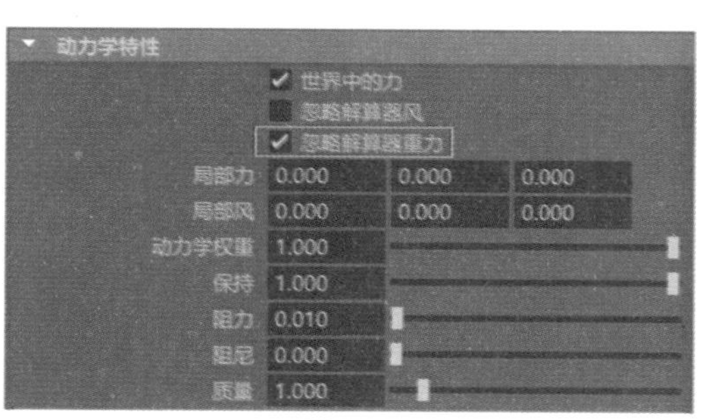

图11-83

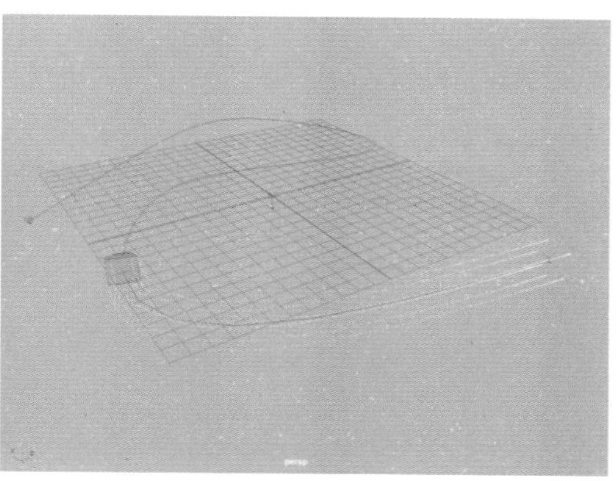

图11-84

07 展开“寿命”卷展栏，设置n粒子的“寿命模式”为“恒定”，设置“寿命”的值为3，如图11-85所示。这样每个n粒子在场景中所存在的时间为3秒，播放场景动画，如图11-86所示。

图11-85

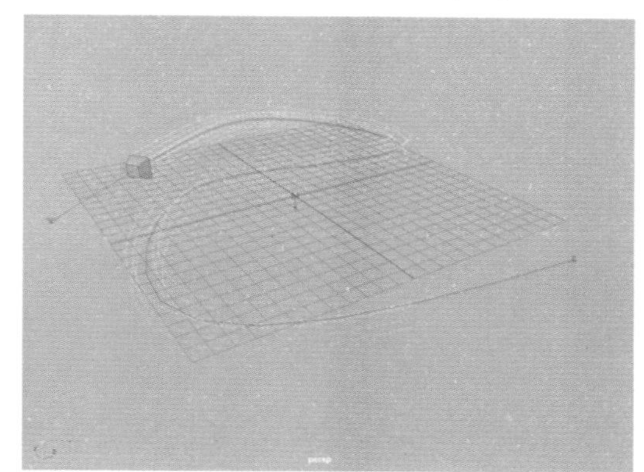

图11-86

08 展开“着色”卷展栏，设置“粒子渲染类型”为“Cloud（云）”，如图11-87所示。设置完成后观察场景，会发现n粒子的粒子形态转变为图11-88所示效果。

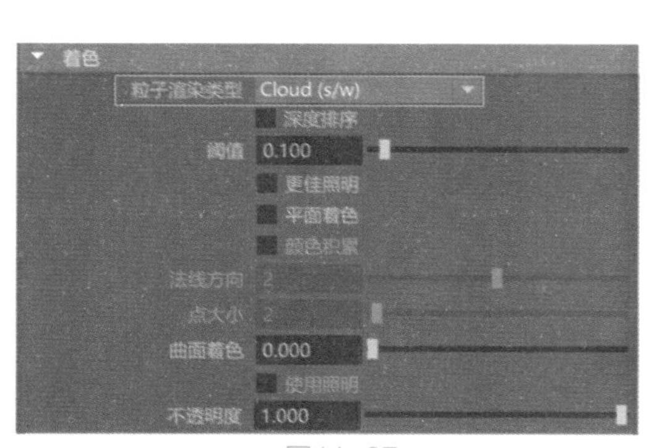

图11-87

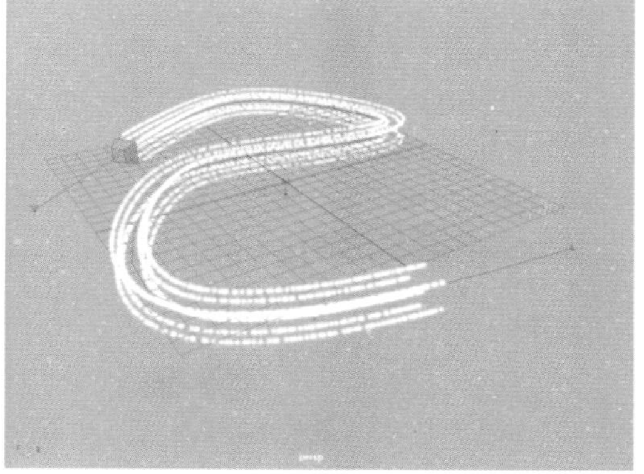

图11-88

09 展开“粒子大小”卷展栏，设置n粒子的“半径”值为0.5。在“半径比例”卷展栏中，调整n粒子的半径比例图，如图11-89所示，并设置“半径比例输入”的选项为“年龄”。这样，n粒子的大小将随着场景中n粒子的年龄变化而发生相应的变化，如图11-90所示。

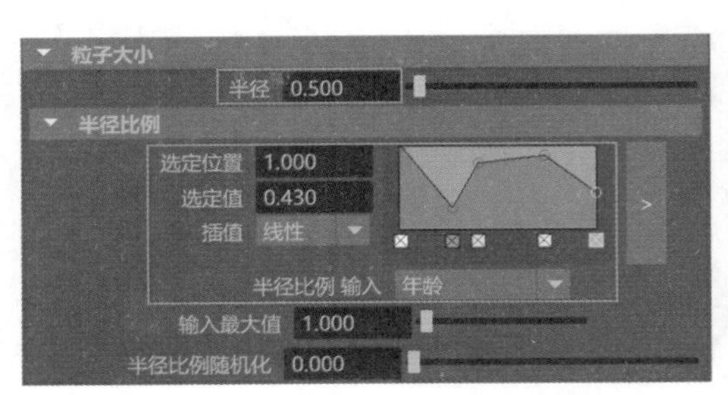

图11-89

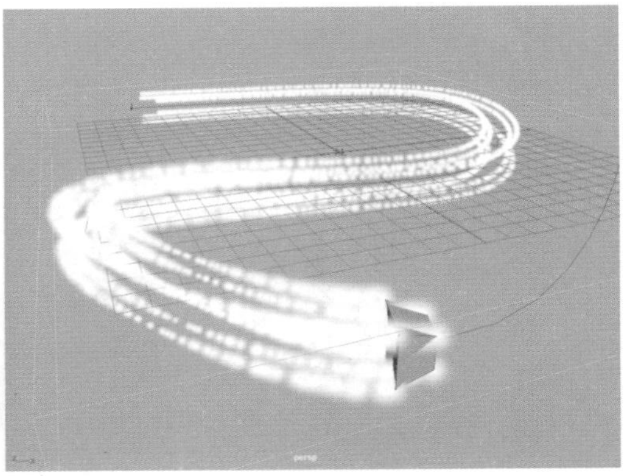

图11-90

10 展开“基本发射器属性”卷展栏，设置“速率（粒子/秒）”的值为500，提高粒子的发射速率，这样可以得到更多的粒子，如图11-91所示。设置完成后，播放场景动画，可以看到粒子的数量明显增多了，如图11-92所示。

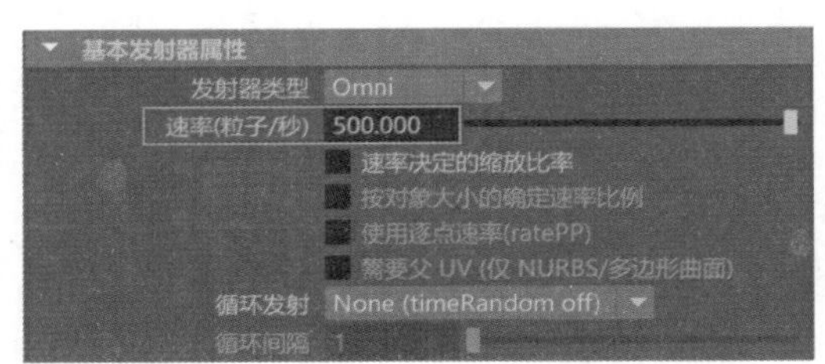

图11-91

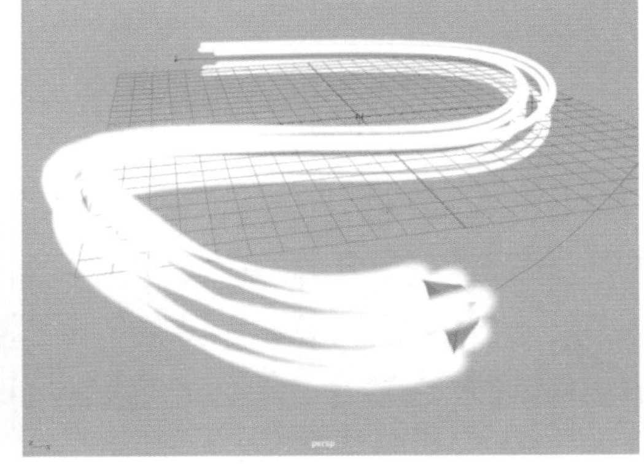
图11-92

11 展开“颜色”卷展栏，设置n粒子的颜色为黑色，如图11-93所示。

12 展开“白炽度”卷展栏，设置n粒子的白炽度颜色图如图11-94所示，并设置“白炽度输入”的选项为“年龄”。设置完成后，可以看到随着场景中n粒子年龄的变化，其自身颜色也会随之变化，如图11-95所示。

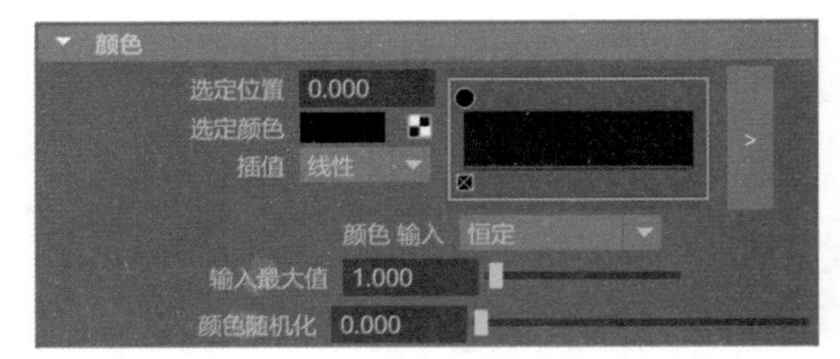

图11-93

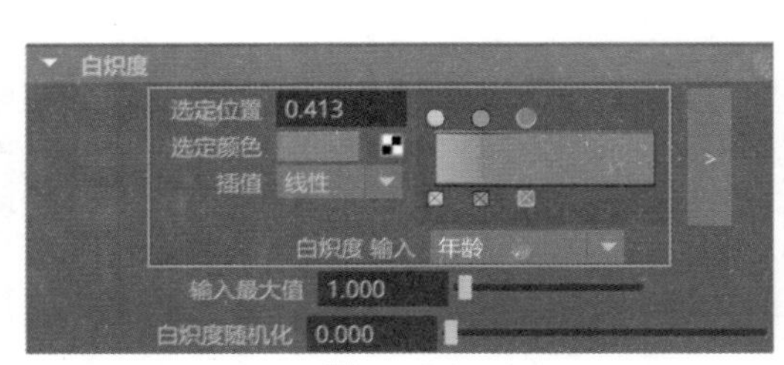

图11-94

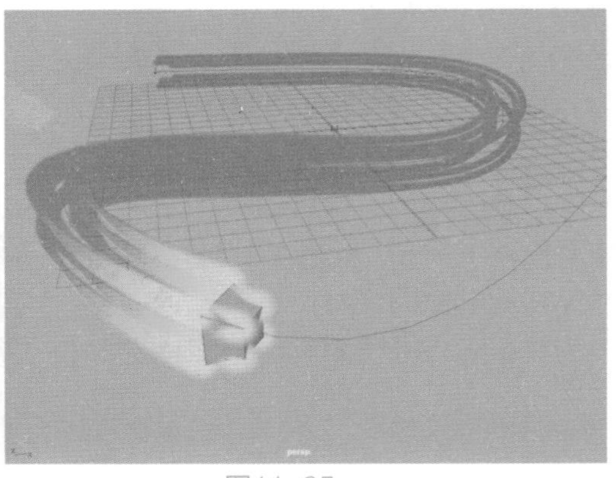
图11-95

13 选择场景中的n粒子，执行菜单栏“字段”|“/解算器”|“湍流”命令，为n粒子的运动增加细节，如图11-96所示。

14 在“属性编辑器”面板中，展开“湍流场属性”卷展栏，设置“幅值”为3，“衰减”的值为0.3，如图11-97所示。播放场景动画，可以看到n粒子的运动形态受到湍流场所产生的变化，如图11-98所示。

15 选择场景中的立方体模型，使用“缩放”工具微调一下立方体模型的大小，这样可以调整一下光线之间的距离，如图11-99所示。

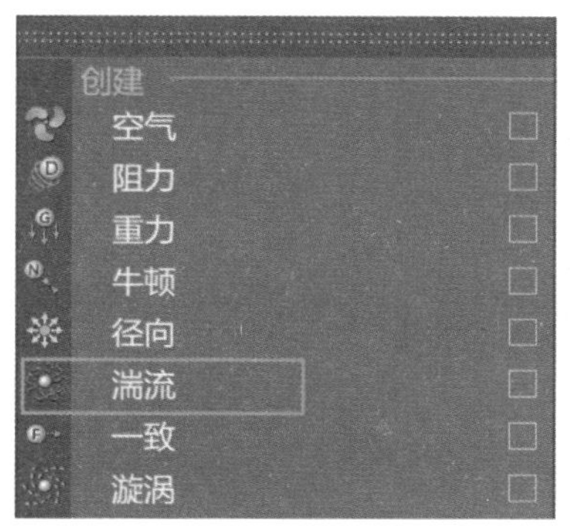

图11-96

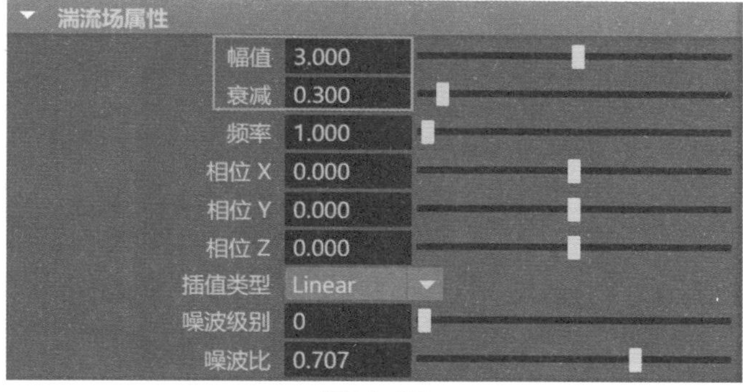

图11-97

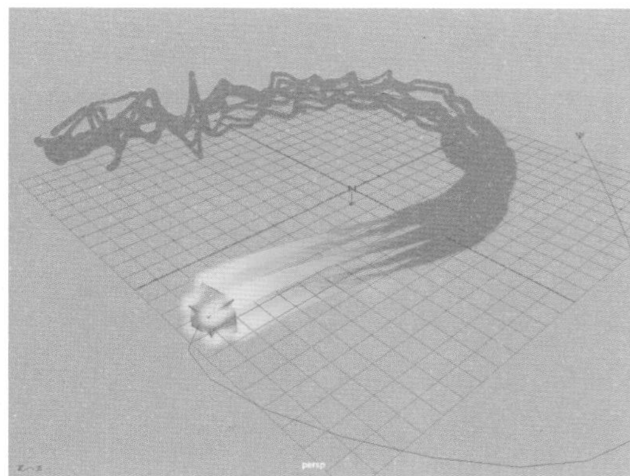

图11-98

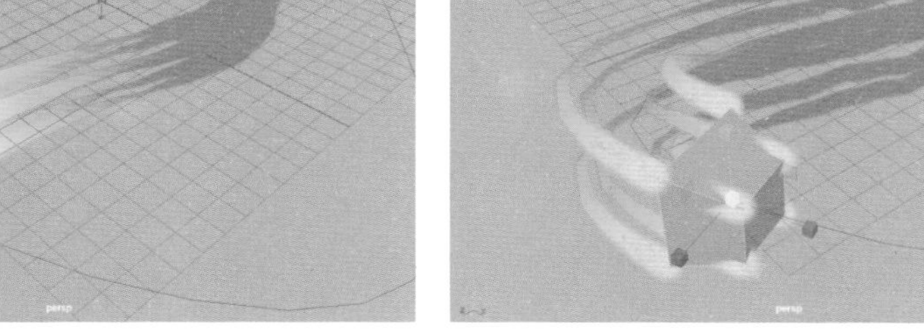

图11-99

16 在场景中选择立方体模型，在其“属性编辑器”中，展开“显示”卷展栏，取消勾选“可见性”复选项，如图11-100所示。这样立方体模型将不会被渲染出来。播放场景动画，可以看到光带特效的动画设置已经基本完成了，如图11-101所示。

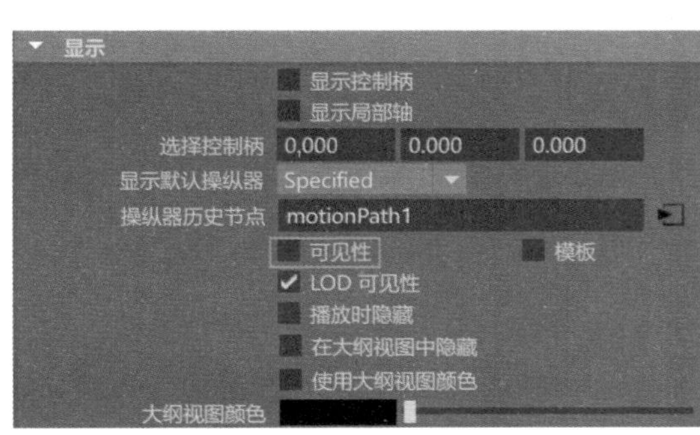

图11-100

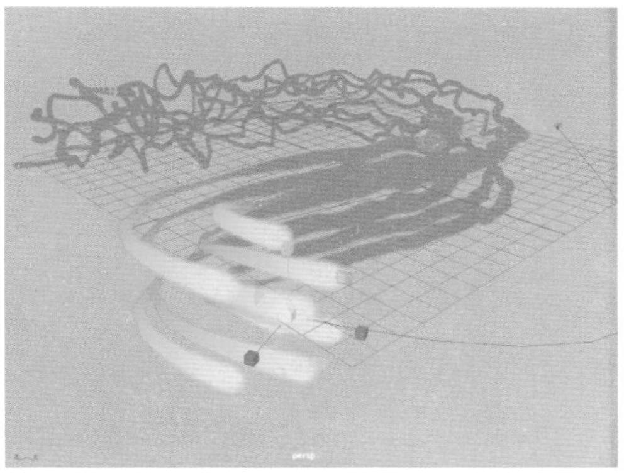

图11-101

17 在“渲染视图”面板中使用“Maya软件”来渲染场景，光带的渲染结果如图11-102所示。

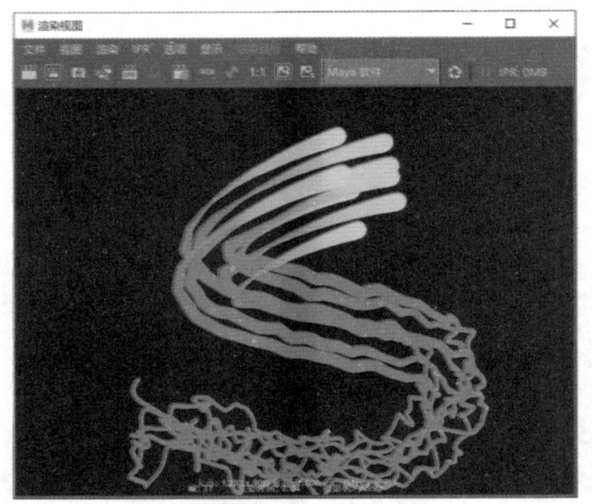

图11-102

18 通过该渲染结果来看，n粒子所模拟的光带还缺少一个发光的特效。选择n粒子对象，在其“属性编辑器”中找到npPointsVolume选项卡，展开“公用材质属性”卷展栏，设置“辉光强度”的值为0.5，如图11-103所示。

19 设置完成后，再次渲染场景，可以看到光带已经产生了发光的特效，如图11-104所示。

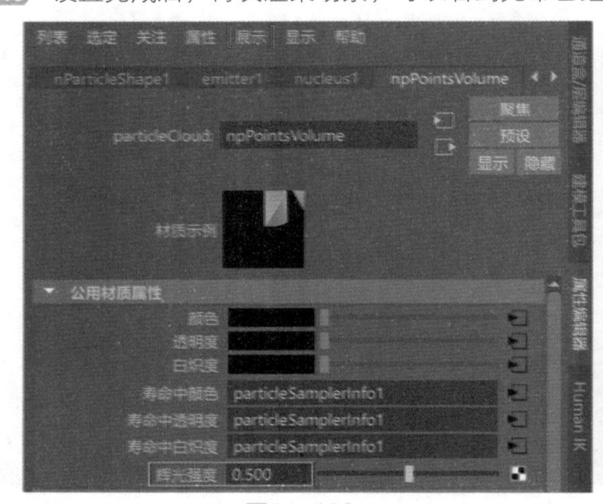

图11-103

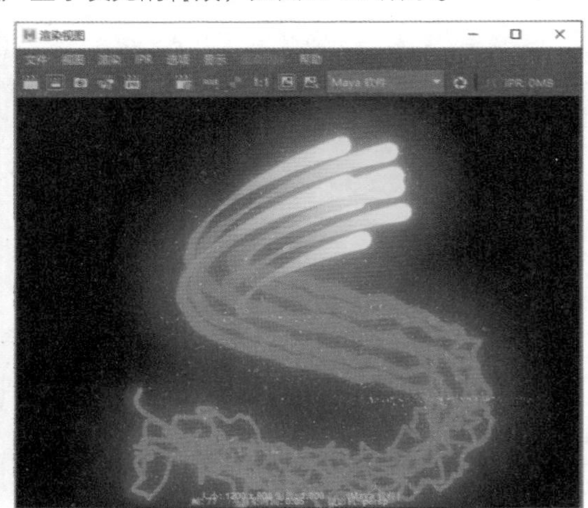

图11-104

20 本实例的最终动画效果如图11-105所示。

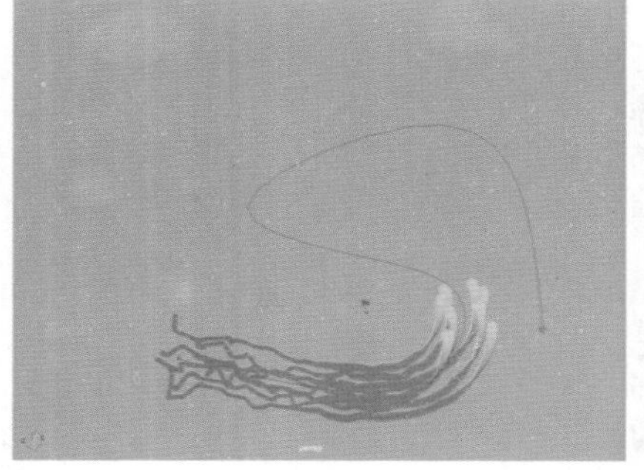

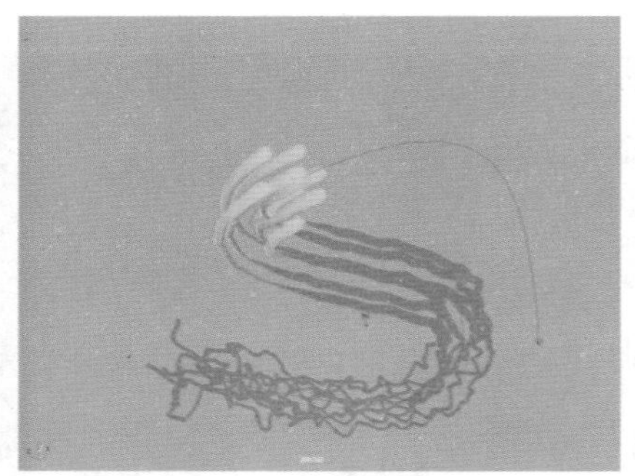

图11-105

实例操作：使用“n粒子”制作文字特效

本实例主要讲解如何使用n粒子来模拟光带运动的特殊效果，最终渲染效果如图11-106所示。

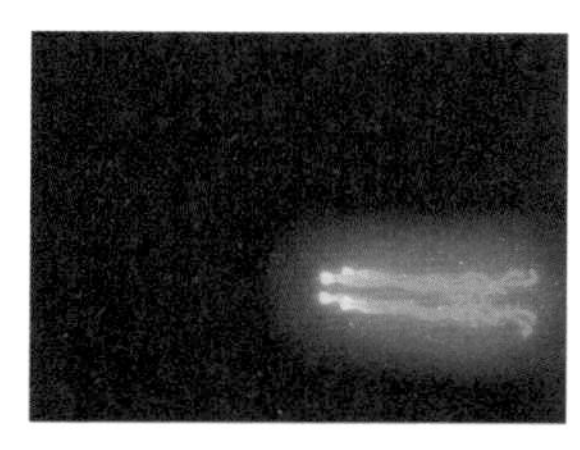
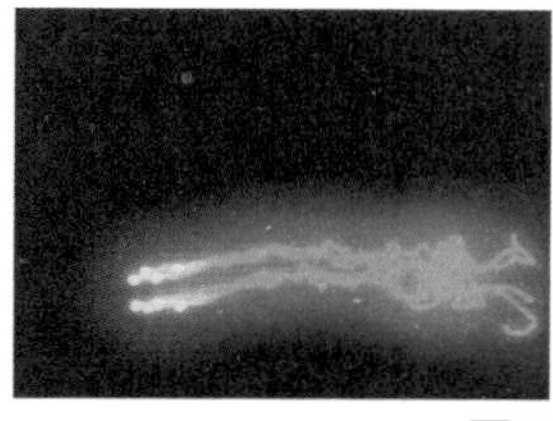
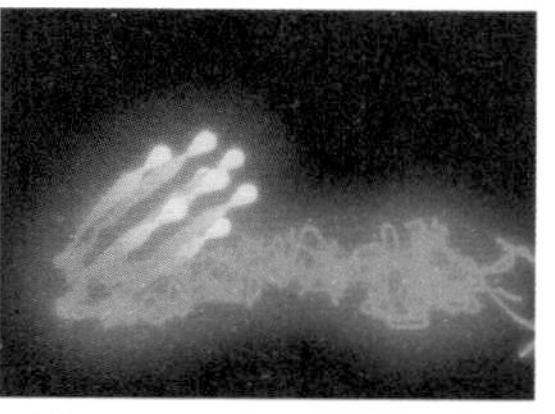
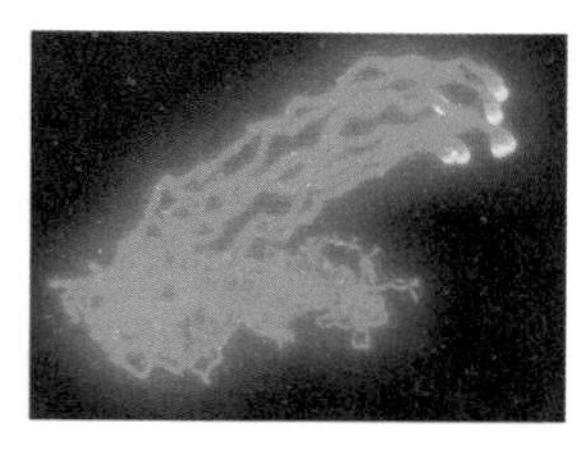

图11-106

01 启动中文版Maya 2020软件，在“多边形建模”工具架上单击“多边形类型”按钮，在场景中创建一个文字模型，如图11-107所示。

02 在“属性编辑器”中，在“输入一些类型”文本框内，将其内容更改为Maya，如图11-108所示。

图11-107

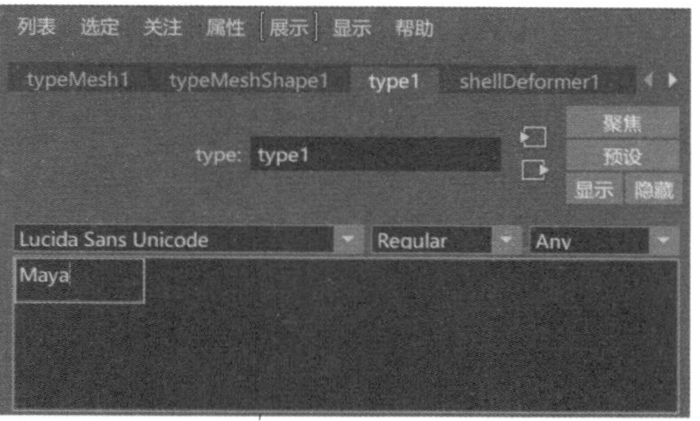

图11-108

03 观察场景，现在可以看到文字模型的内容已经发生了变化，如图11-109所示。

04 在“可变形类型”卷展栏中勾选“可变形类型”复选项，在“挤出”卷展栏中取消勾选“启用挤出”复选项，如图11-110所示。

图11-109

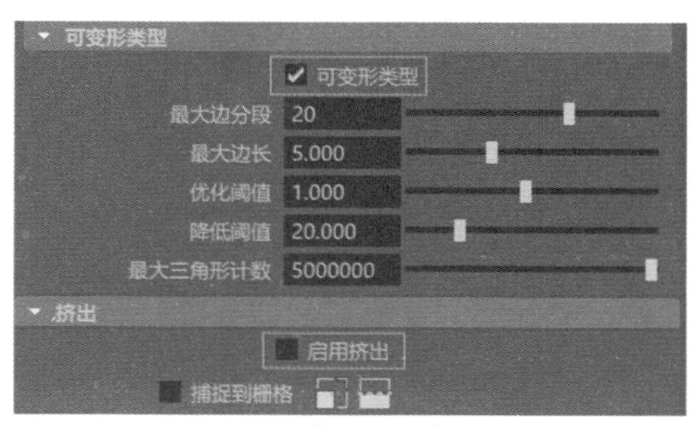

图11-110

05 在场景中观察文字模型，如图11-111所示。

06 选择文字模型，在FX工具架上单击“添加发射器”图标，如图11-112所示，将所选择的对象设置为粒子发射器。

图11-111

图11-112

07 播放场景动画，可以看到在默认情况下，文字模型上的每一个顶点都会发射粒子，并受重力的影响向场景下方掉落，如图11-113所示。

08 在“基本发射器属性”卷展栏中，设置n粒子的“发射器类型”为“Surface（表面）”，如图11-114所示。

图11-113

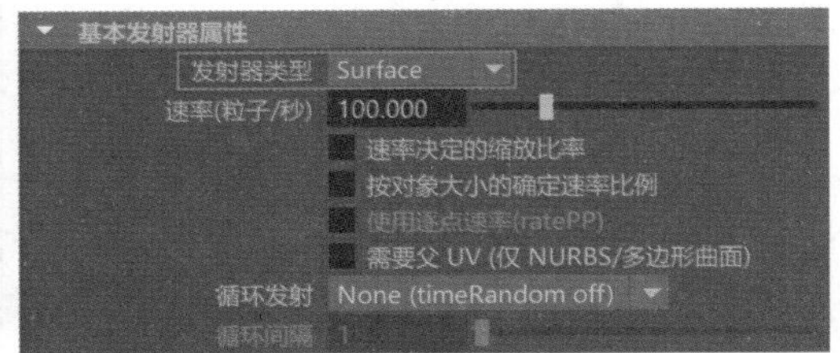

图11-114

09 在“基础发射速率属性”卷展栏中，设置“速率”的值为0，如图11-115所示。

10 在“动力学特性”卷展栏中，取消勾选“忽略解算器重力”复选项，如图11-116所示。

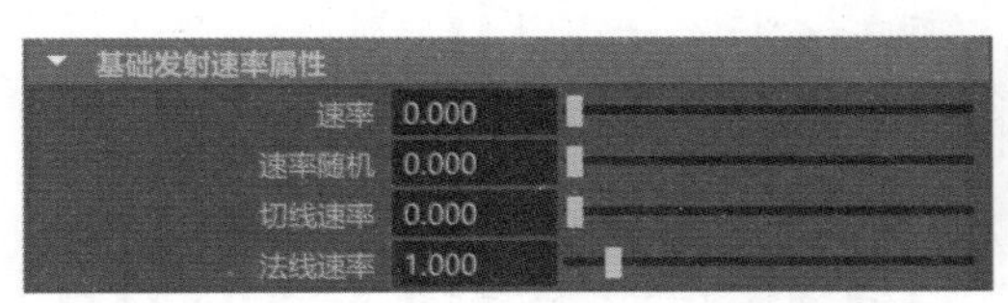

图11-115

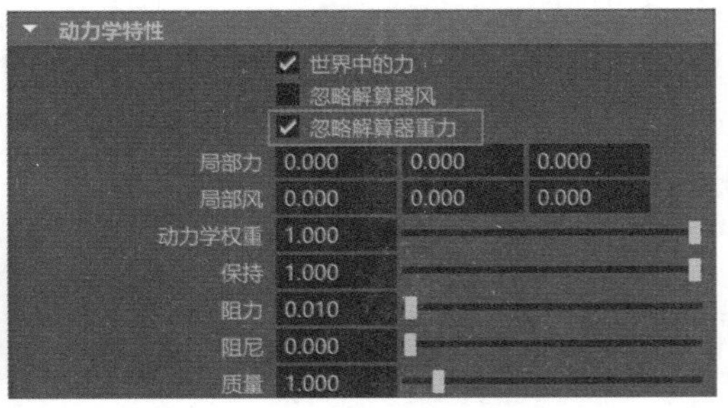

图11-116

11 在“着色”卷展栏中，设置“粒子渲染类型”为“Sphere（球体）”，如图11-117所示。

12 设置完成后，播放场景动画，可以看到现在文字模型上会不断生成新的粒子，并依附在文字模型表面，如图11-118所示。

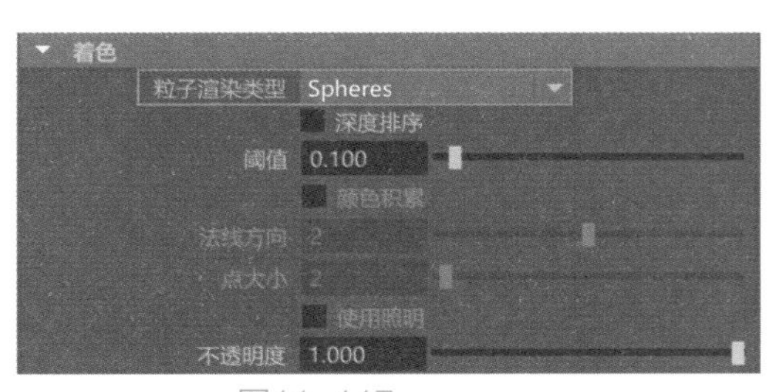

图11-117

图11-118

13 在“粒子大小”卷展栏中，设置n粒子的“半径”值为0.05，降低n粒子的半径，如图11-119所示。

14 在“基本发射器属性”卷展栏中，设置“速率（粒子/秒）”的值为900 000，并在第3帧为该属性设置关键帧，设置完成后，该属性背景色呈红色显示，如图11-120所示。

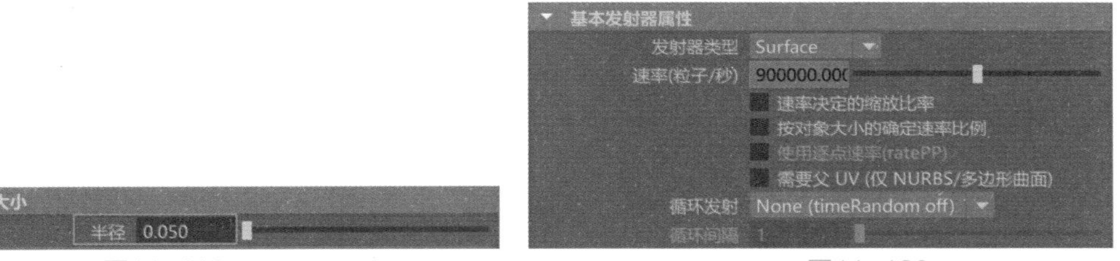

图11-119　图11-120

15 将“时间滑块”移动至第4帧，设置“速率（粒子/秒）”的值为0，并为该属性设置关键帧，如图11-121所示。

16 设置完成后，将场景中的文字模型隐藏起来，拖动时间滑块，我们就得到了一个由许多粒子所组成的文字模型，如图11-122所示。

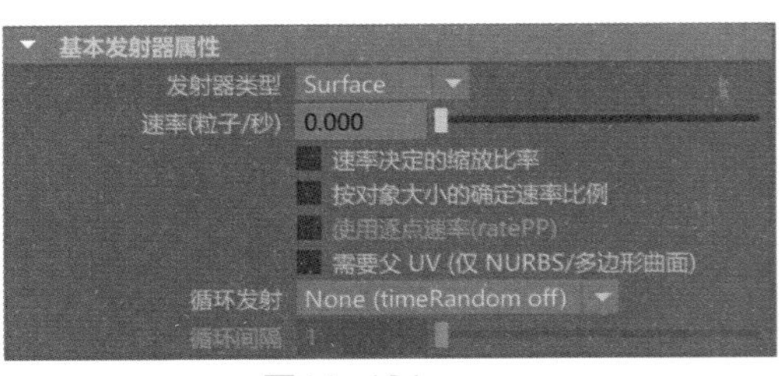

图11-121

图11-122

17 选择场景中的n粒子，执行“场/解算器”|“湍流”命令，为n粒子添加湍流场，如图11-123所示。

18 展开“体积控制属性”卷展栏，设置“体积形状”的选项为“Sphere（球体）”，如图11-124所示。

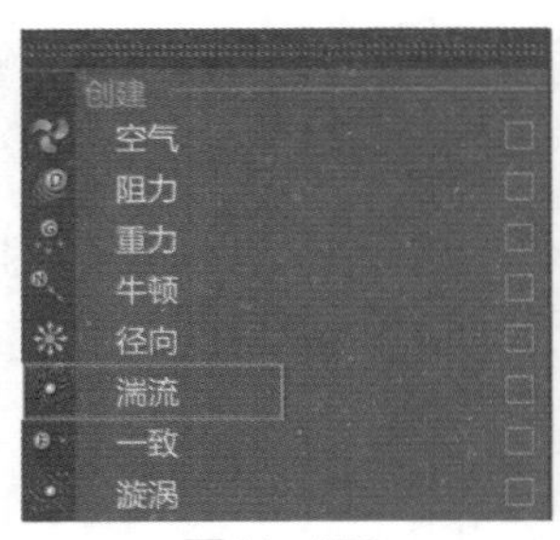

图11-123

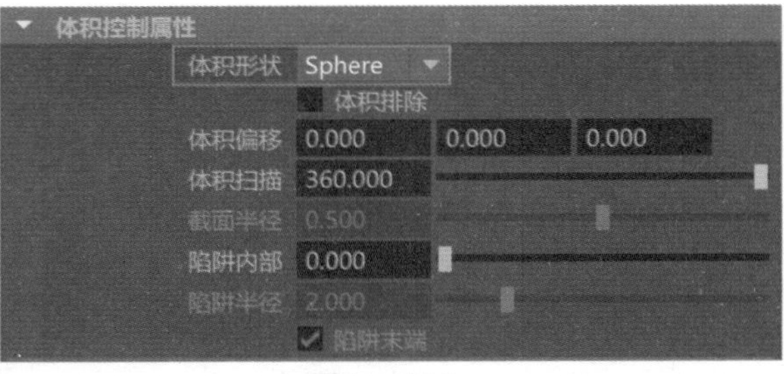

图11-124

19 将时间滑块移动至第16帧，为湍流场的“缩放X/缩放Y/缩放Z”属性设置关键帧，如图11-125所示。

20 将“时间滑块”移动至第80帧，将湍流场的“缩放X/缩放Y/缩放Z”属性设置为30，并设置关键帧，如图11-126所示。

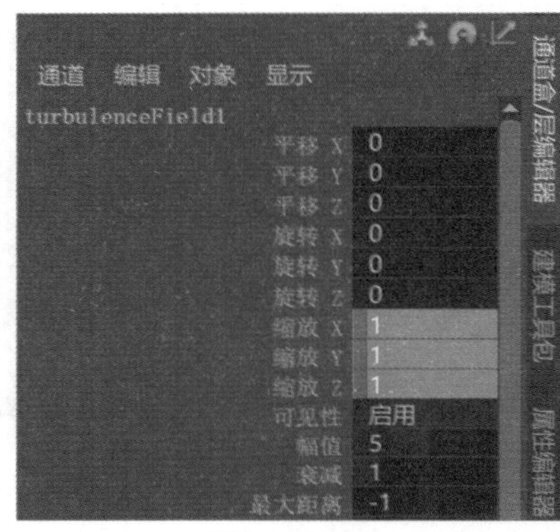

图11-125

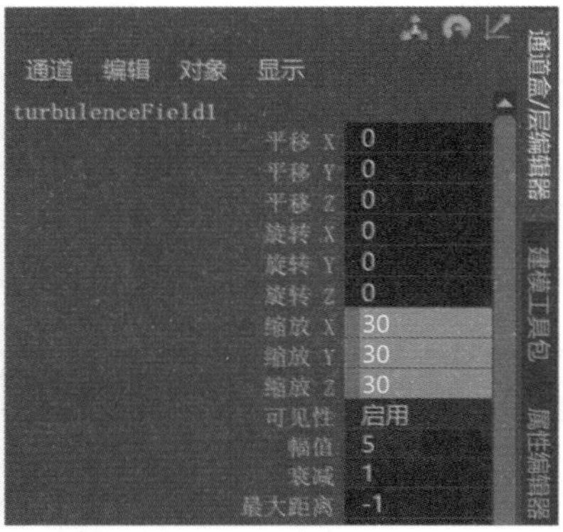

图11-126

21 设置完成后，播放场景动画，会看到粒子所组成的文字受到湍流场的影响产生了形变效果，如图11-127所示。

22 选择场景中的n粒子，执行“场/解算器”|“牛顿”命令，为n粒子添加牛顿场，如图11-128所示。

图11-127

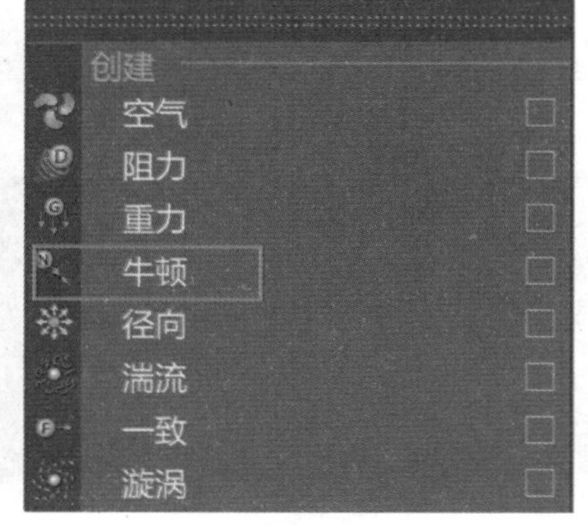

图11-128

23 展开“体积控制属性”卷展栏，设置牛顿场的“体积形状”选项也为“Sphere（球体）”，并移动其位置至图11-129所示。

24 将“时间滑块”移动至第16帧，为牛顿场的“缩放X/缩放Y/缩放Z”属性设置关键帧，如图11-130所示。

图11-129

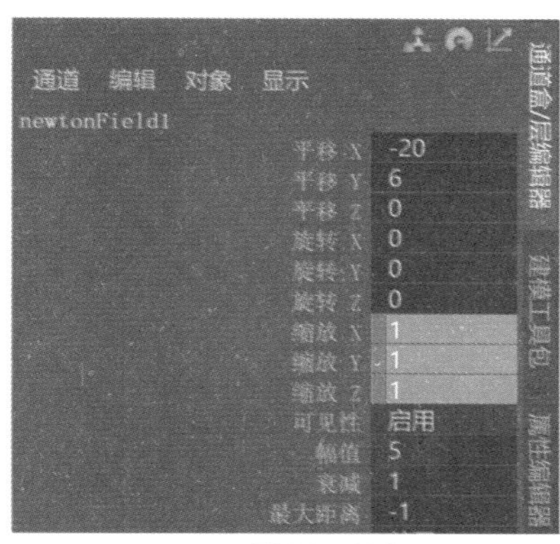

图11-130

25 将“时间滑块”移动至第80帧，将牛顿场的“缩放X/缩放Y/缩放Z”属性设置为30，并设置关键帧，如图11-131所示。

26 在“牛顿场属性”卷展栏中，设置“幅值”为200，加强牛顿场的影响效果，如图11-132所示。

27 在“湍流场属性”卷展栏中，设置“幅值”为20，加强湍流场的影响效果，如图11-133所示。

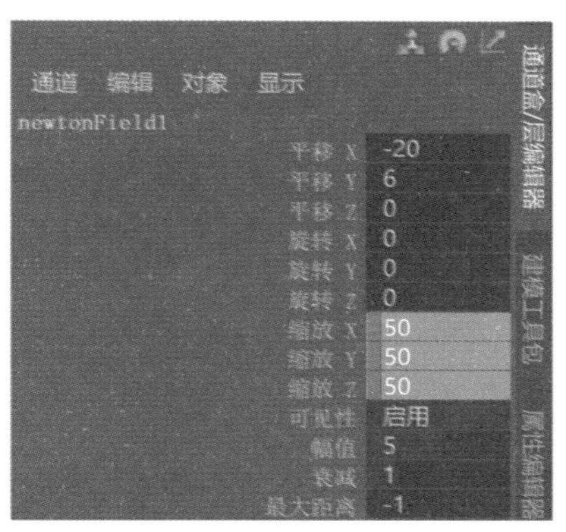

图11-131

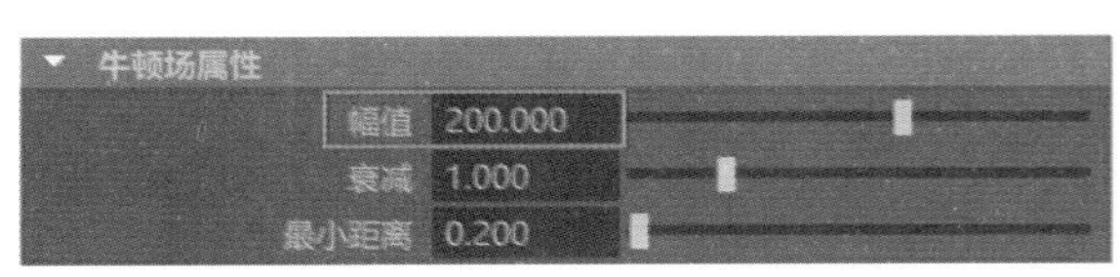

图11-132

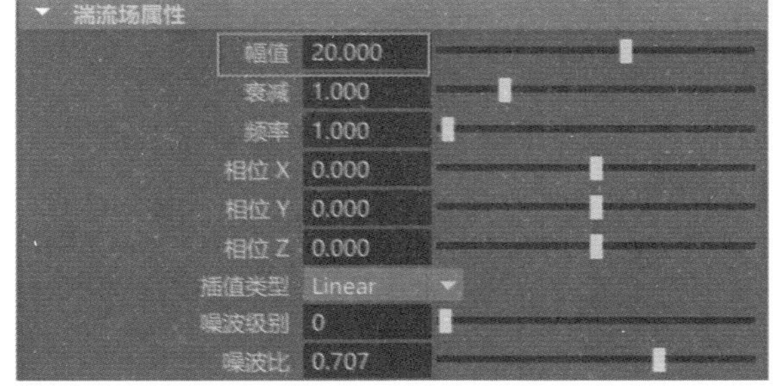

图11-133

28 设置完成后，播放动画，本实例的最终动画完成效果如图11-134所示。

图11-134

11.4 创建n粒子液体

使用Maya的n粒子系统还可以用于模拟高质量的液体运动动画，具体操作如下。

11.4.1 液体填充

在进行液体动画制作时，Maya允许用户先对液体容器模型进行液体填充操作，选择场景中的液体容器模型，单击菜单栏nParticle|“填充对象”命令后面的小方块图标，即可打开“粒子填充选项”对话框，如图11-135所示。

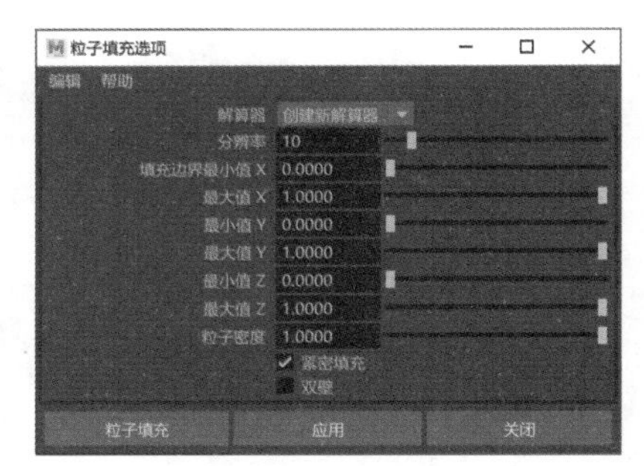

图11-135

常用参数解析

- 解算器：指定n粒子所使用的动力学解算器。
- 分辨率：用于设置液体填充的精度，值越大，粒子越多，模拟的效果越好。图11-136所示分别是该值为10和20的粒子填充效果对比。

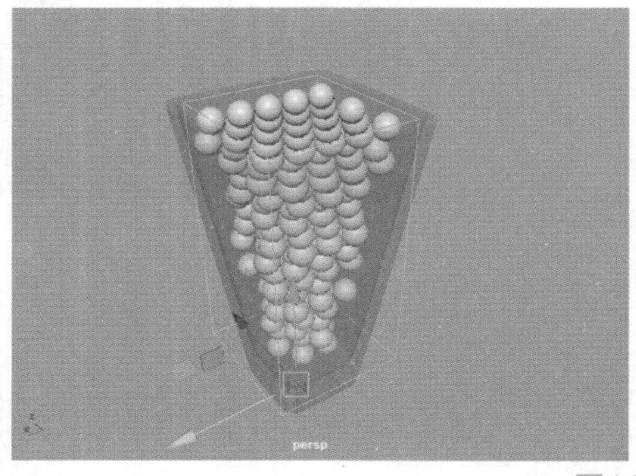

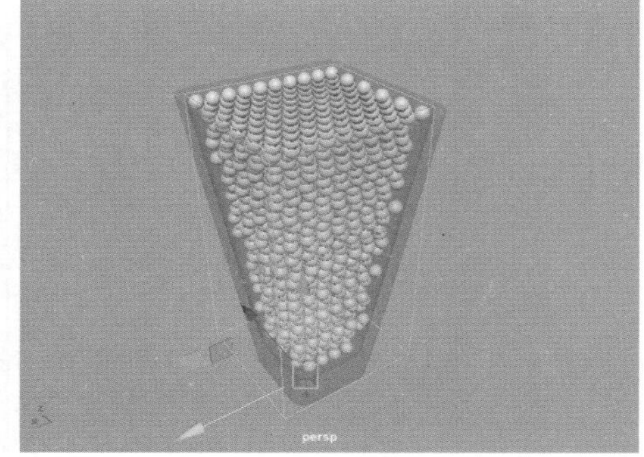

图11-136

- 填充边界最小值X/Y/Z：设定沿相对于填充对象边界的X/Y/Z轴填充的n粒子填充下边界。值为0时表示填满；为1时则为空。
- 填充边界最大值X/Y/Z：设定沿相对于填充对象边界的X/Y/Z轴填充的n粒子填充上边界。值为0时表示填满；为1时则为空。图11-137分别是“填充边界最大值Y”是1和0.6时的液体填充效果对比。

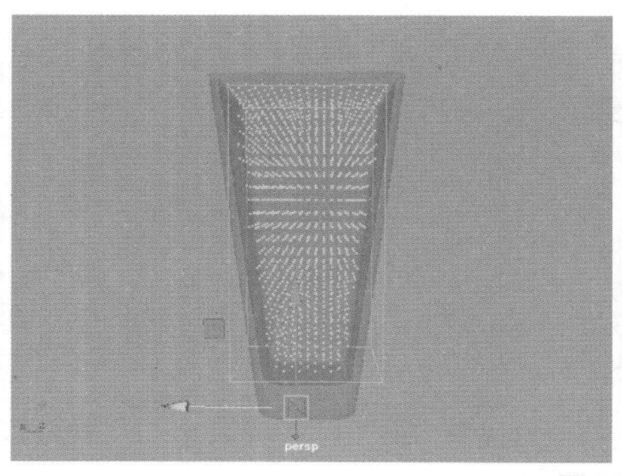

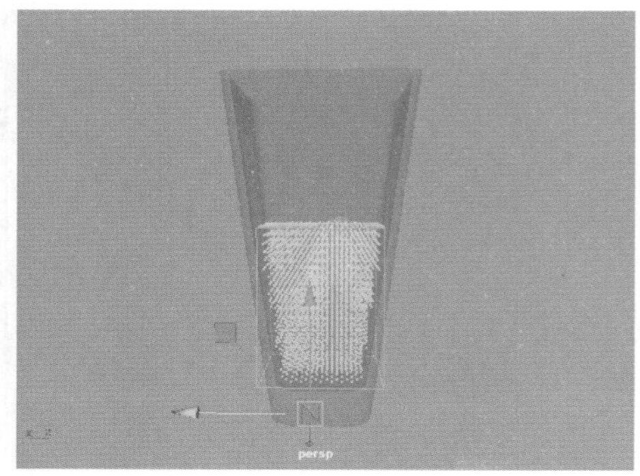

图11-137

- 粒子密度：用于设定n粒子的大小。
- 紧密填充：勾选该选项，将以六角形填充排列尽可能紧密地定位n粒子。否则就以一致栅格晶格排列填充 n粒子。
- 双壁：如果要填充对象的厚度已经建模，则勾选该选项。

11.4.2 碰撞设置

n粒子填充完成后，首先要进行的操作就是对盛放n粒子的容器模型进行碰撞设置，这样n粒子所模拟的液体才会被容器模型纳入其中。具体操作如下。

01 选择n粒子，在其“属性编辑器”中，展开“液体模拟”卷展栏，勾选“启用液体模拟”复选项，设置“液体半径比例”的值为1.5，使得液体在接下来的动画模拟中压缩的效果不会太大，如图11-138所示。

02 选择场景中的容器模型，执行菜单栏nCloth|“创建被动碰撞对象”命令，如图11-139所示。

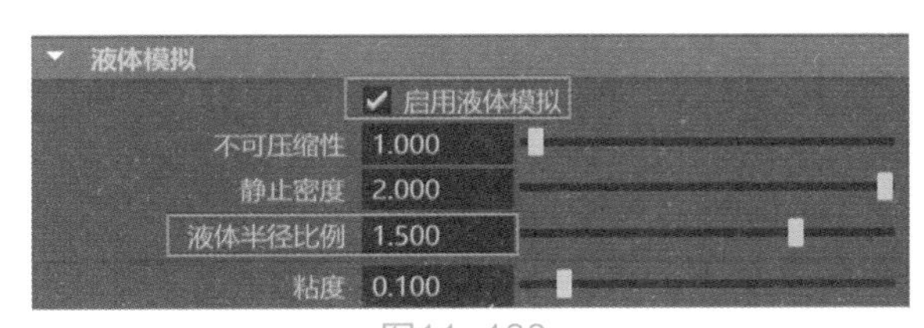

图11-138

图11-139

03 播放动画，即可看见n粒子所模拟的液体填充效果，如图11-140所示。

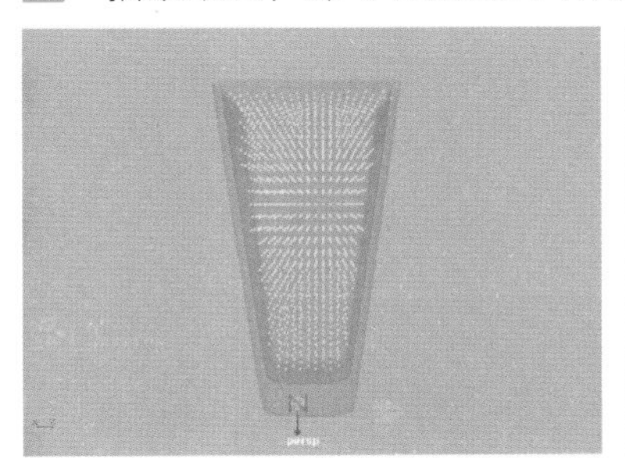

图11-140

实例操作：使用“n粒子”制作倒水动画

本实例主要讲解如何使用n粒子来模拟液体倾倒的特殊动画效果，最终渲染效果如图11-141所示。

图11-141

01 启动Maya 2020软件，打开本书配套场景资源文件“杯子场景.mb”，如图11-142所示。

02 播放场景动画，可以看到本场景已经设置好了杯子的基本旋转动画，以保证液体可以顺利地从一个杯子倒入另一个杯子中，如图11-143所示。

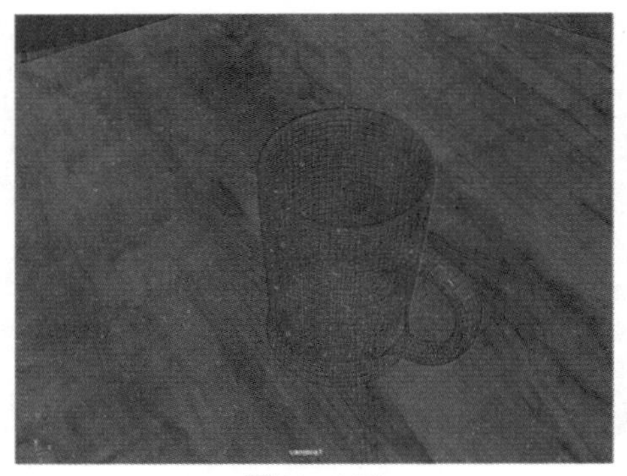

图11-142

图11-143

03 选择场景中的细杯子模型，单击菜单栏nParticle|“填充对象”命令后面的方块图标，如图11-144所示。

04 在弹出的“粒子填充选项”对话框中，设置“分辨率”的值为30，并勾选“双壁”复选项，如图11-145所示。

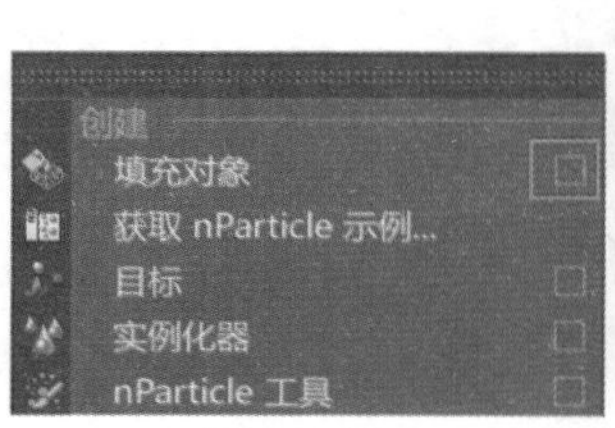

图11-144

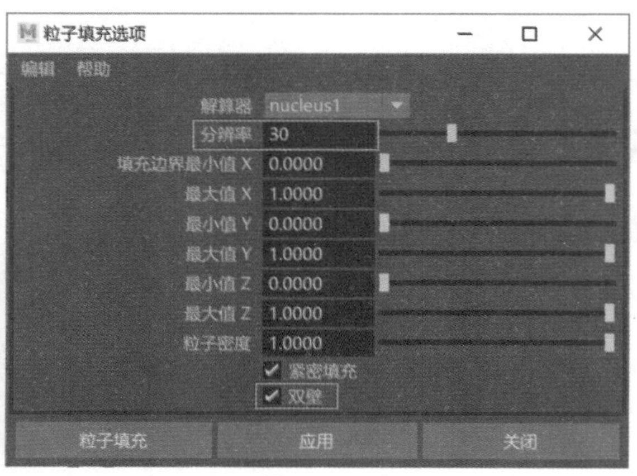

图11-145

05 设置完成后，单击“粒子填充”按钮，为细杯子填充n粒子，如图11-146所示。

06 选择场景中的n粒子，在其“属性编辑器”中找到nParticleShape选项卡，展开“液体模拟”卷展栏，勾选“启用液体模拟”复选项，并设置“液体半径比例”的值为1.2，如图11-147所示。

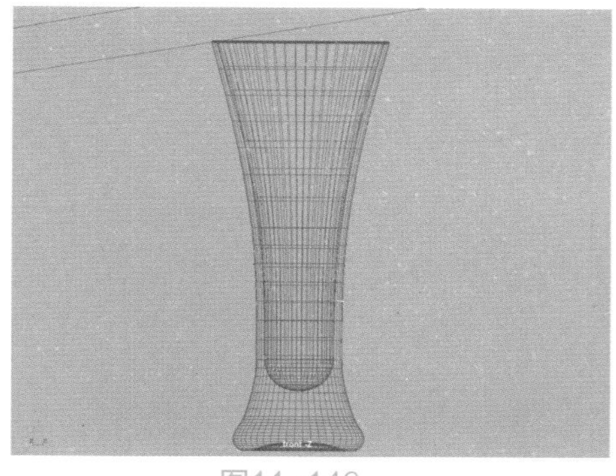
图11-146

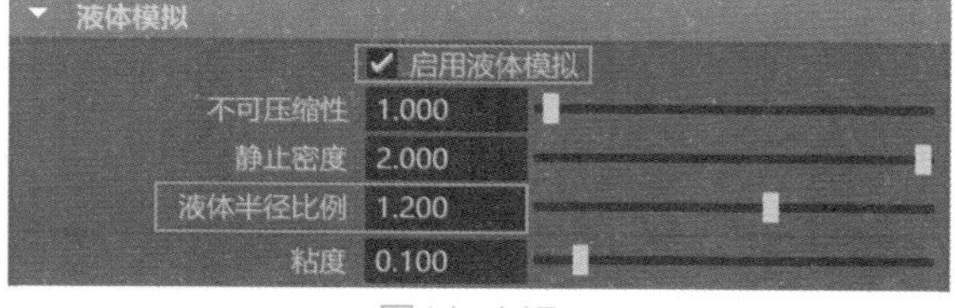

图11-147

07 现在播放场景动画，可以看到由于没有设置n粒子碰撞，n粒子由于受到自身重力影响，会产生下落并穿出模型的情况，如图11-148所示。

08 选择场景中的两个杯子模型，执行nCloth|“创建被动碰撞对象”命令，将这两个模型设置为可以与n粒子产生碰撞，如图11-149所示。

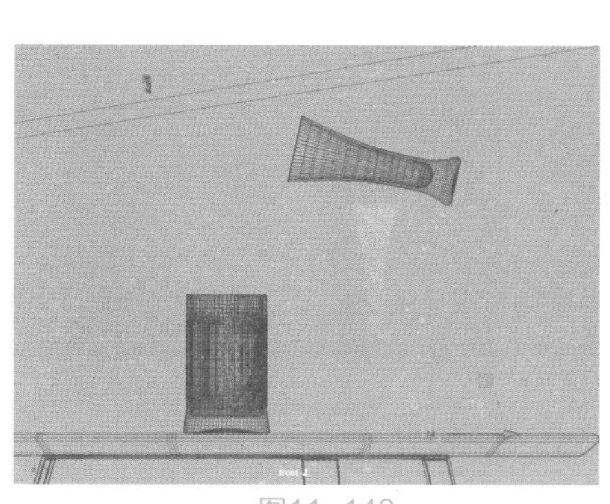

图11-148

图11-149

09 设置完成后，播放动画，可以看到n粒子的动画形态如图11-150所示。

10 在场景中选择n粒子，执行“修改”|“转化”|“nParticle到多边形”命令，将当前所选择的n粒子转化为多边形，如图11-151所示。

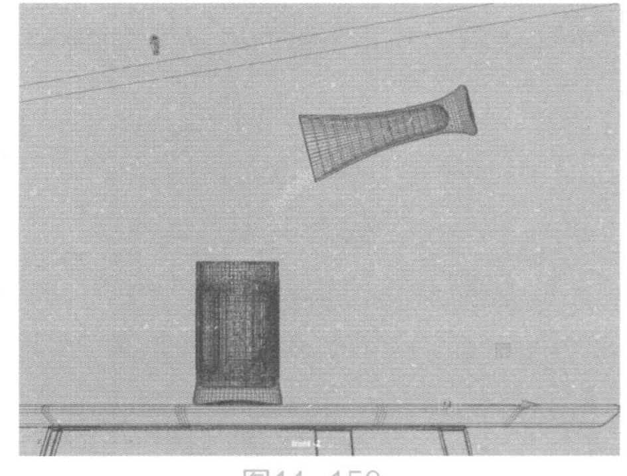
图11-150

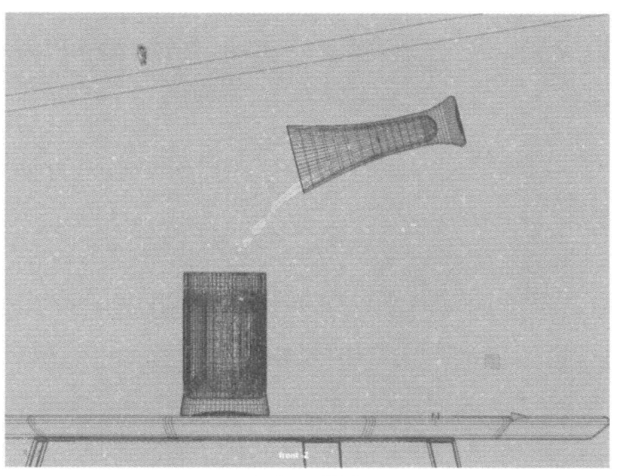
图11-151

11 在“属性编辑器”面板中，展开“输出网格”卷展栏，调整“滴状半径比例”的值为1.3，设置“网格方法”为“Quad Mesh（四边形网格）”，设置“网格平滑迭代次数”的值为2，如图11-152所示。在视图中观察液体的形状，如图11-153所示。

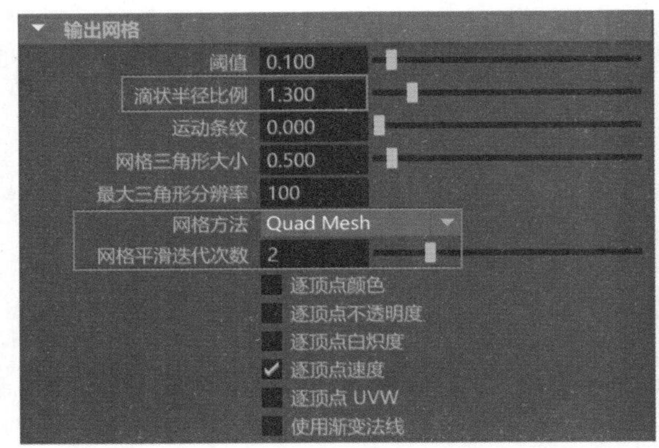

图11-152

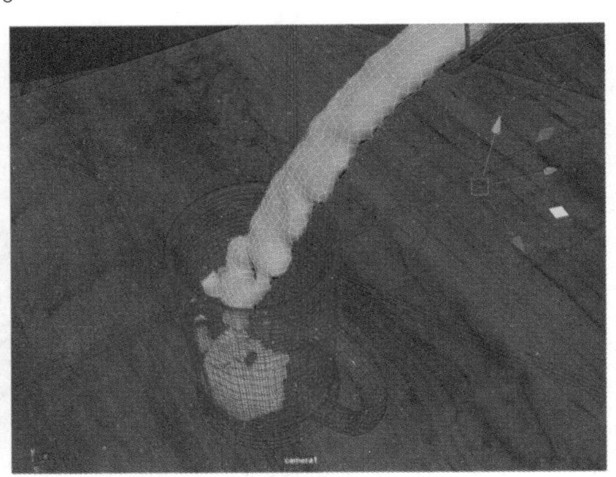

图11-153

12 设置完成后，播放场景动画。本实例最终液体动画的制作效果如图11-154所示。

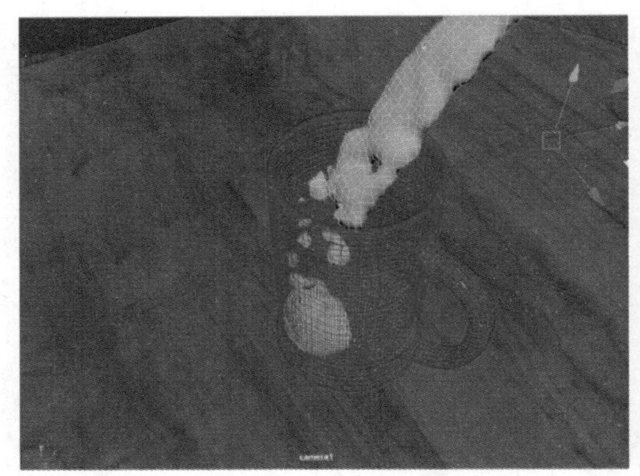

图11-154

11.5 综合实例：制作蝴蝶飞舞群组动画

本章节主要讲解如何使用n粒子来制作群组动画，以及使用简单的表达式来控制粒子的随机大小和方向。当我们使用粒子来模拟群组动画时，首先要考虑的一个问题就是模型的精细程度。通常为了保证动画的流畅效果，常常将群组中的单个物体面数降到尽可能的低，模型不足的地方使用材质来适当提高画面的细节。本实例的具体操作步骤如下。

11.5.1 制作蝴蝶模型

本例中，我们就使用两个平面配合相应的材质来制作一只扇动翅膀的蝴蝶。

01 新建场景，展开“多边形建模”工具架，单击“多边形平面”图标，在场景中创建一个平面，并调整其位置为场景中坐标原点处，如图11-155所示。

02 在“属性编辑器”面板中，展开“多边形平面历史”卷展栏，设置“宽度”和“高度”的值为2，设置“高度细分数”的值为2，如图11-156所示。

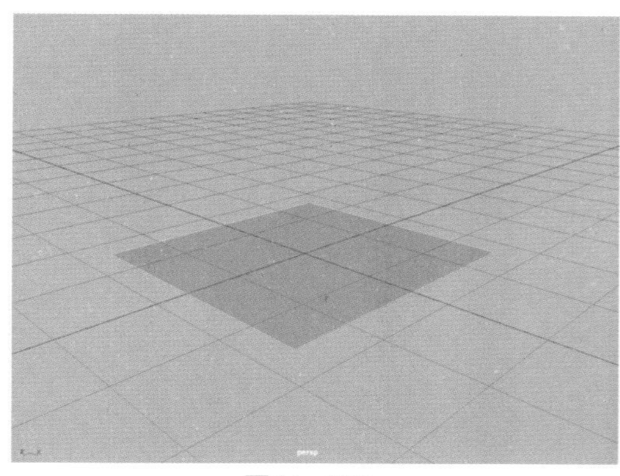

图11-155

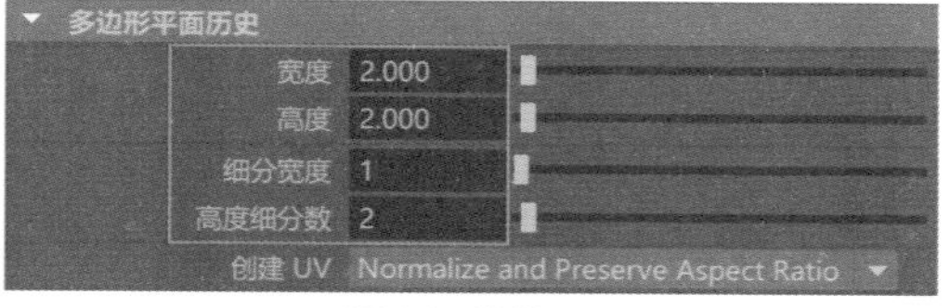

图11-156

03 选择平面模型，选择图11-157所示的面，并对其进行删除，如图11-158所示。

图11-157

图11-158

04 给平面模型添加“标准曲面材质”，在“属性编辑器”中展开“基础”卷展栏，为“颜色”属性添加“蝴蝶翅膀.jpg”贴图文件，如图11-159所示。

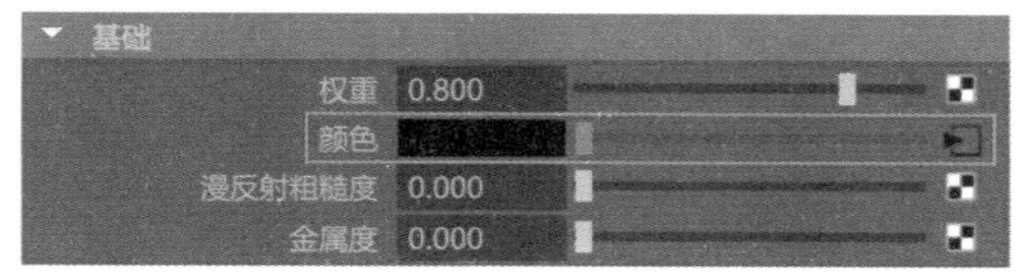

图11-159

05 单击“带纹理”按钮，将蝴蝶的贴图效果在视图中显示出来，如图11-160所示。

06 选择蝴蝶模型，执行UV|“平面”命令，为其添加平面贴图坐标，如图11-161所示。

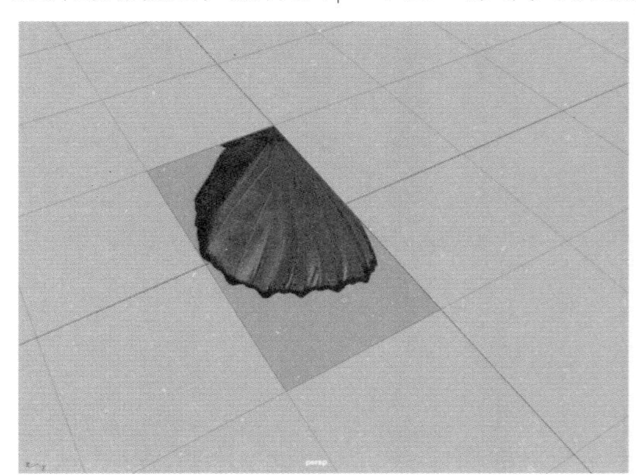

图11-160

图11-161

07 展开“投影属性”卷展栏，设置“旋转”的值为（90，-90，0），设置“投影宽度”的值为1，“投影高度”的值为2，如图11-162所示。

08 调试完成后，场景中蝴蝶模型的贴图效果如图11-163所示。

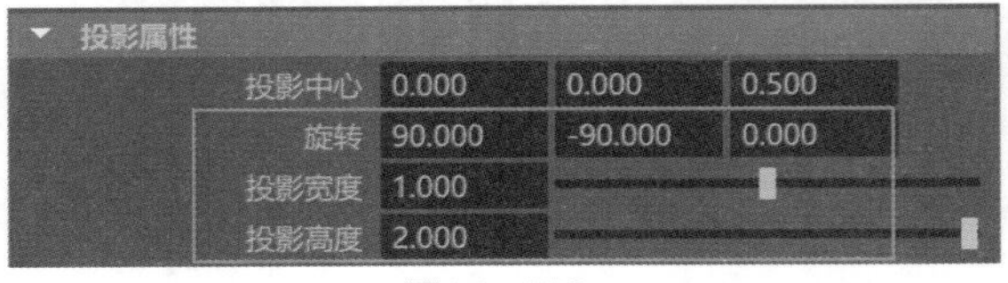

图11-162

图11-163

09 展开“几何体”卷展栏，为“不透明度”属性添加“蝴蝶翅膀-透明.jpg”贴图文件，如图11-164所示。

10 展开“发射”卷展栏，为“颜色”属性添加“蝴蝶翅膀.jpg”贴图文件，并设置“权重”的值为1，如图11-165所示。

图11-164

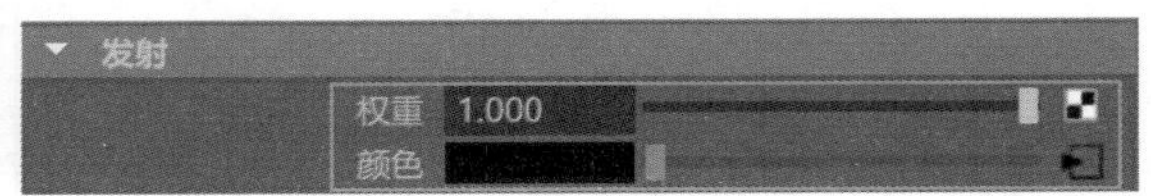

图11-165

11 设置完成后，蝴蝶模型的视图显示结果如图11-166所示。

12 选择场景中的蝴蝶模型，按下快捷键Ctrl+D，并对其进行缩放操作，复制出蝴蝶模型的另一个翅膀，如图11-167所示，完成蝴蝶模型的制作。

图11-166

图11-167

11.5.2 为蝴蝶模型设置关键帧动画

01 将场景中的时间滑块移动到第1帧，使用旋转工具调整蝴蝶翅膀扇动的角度至图11-168所示，并为其“旋转X”属性设置关键帧，如图11-169所示。

图11-168

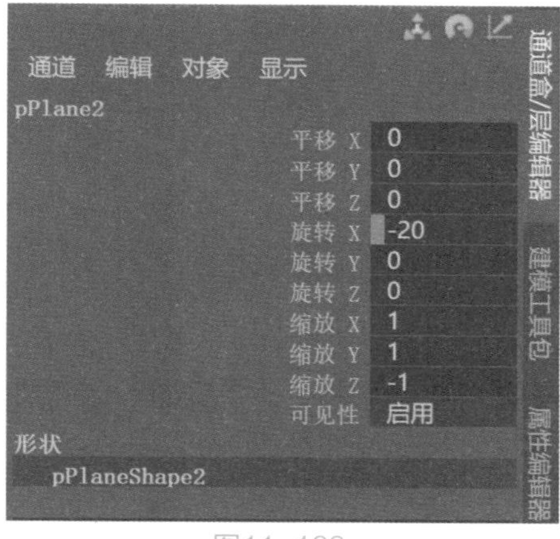

图11-169

02 在第12帧位置处，调整蝴蝶翅膀扇动的角度至图11-170所示，再次为其“旋转X”属性设置关键帧，如图11-171所示。

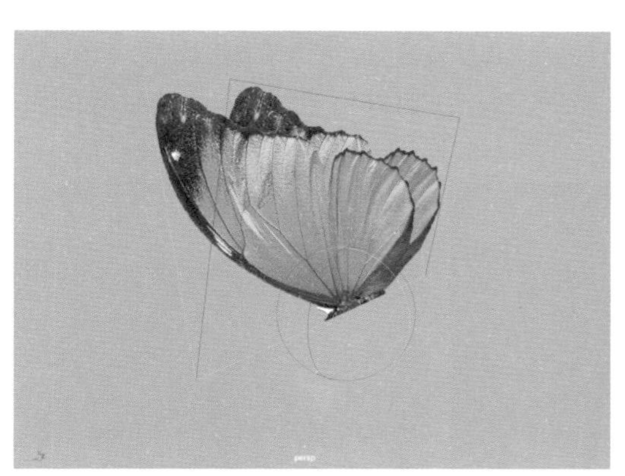

图11-170

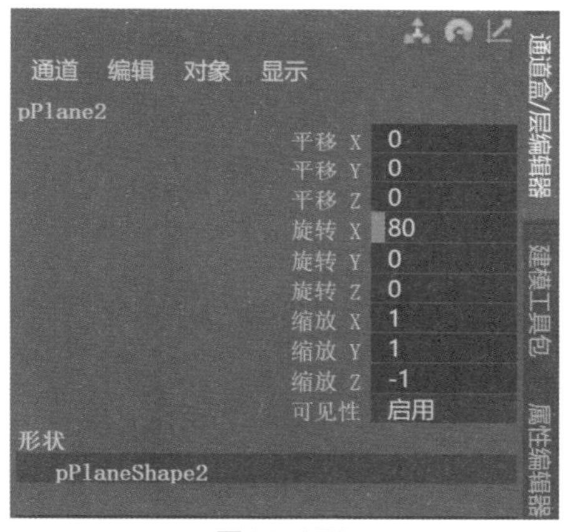

图11-171

03 执行“窗口”|“动画编辑器”|“曲线图编辑器”命令，打开“曲线图编辑器”，分别为两个蝴蝶翅膀模型的动画关键帧设置“往返”循环模式，如图11-172所示。

04 设置完成后，选择场景中的两个蝴蝶翅膀模型，按下快捷键Ctrl+G，将其设置为一个组合，并在“大纲视图”中更改组合的名称，如图11-173所示。

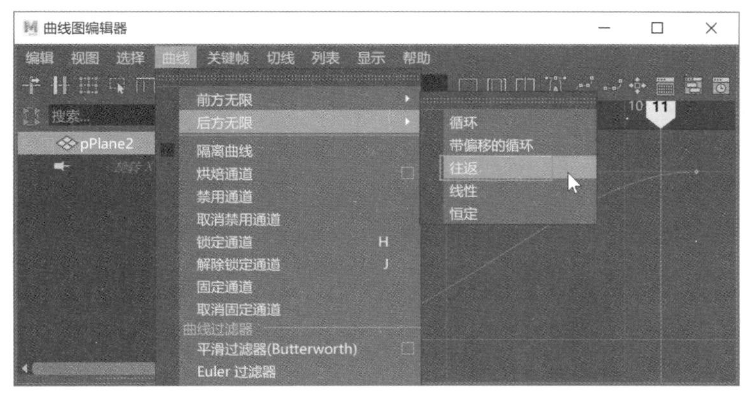

图11-172

图11-173

05 播放场景动画，在视图中观察蝴蝶模型的动画效果如图11-174所示。

图11-174

11.5.3 创建“体积曲线”及“n粒子”

01 单击“曲线/曲面”工具架上的“EP曲线工具”图标，在场景中绘制一条曲线，如图11-175所示。

02 选择曲线，执行“场/解算器”|“体积曲线”命令，如图11-176所示，即可根据曲线的形态创建一个体积曲线场，如图11-177所示。

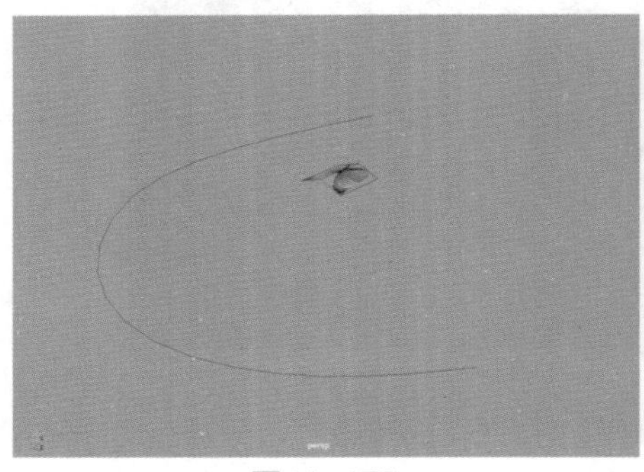

图11-175

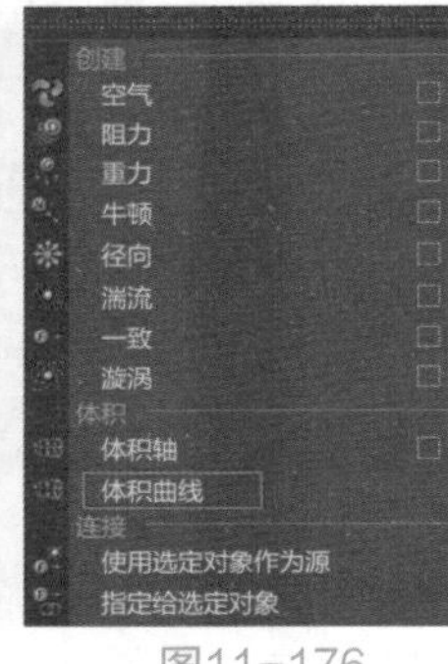

图11-176

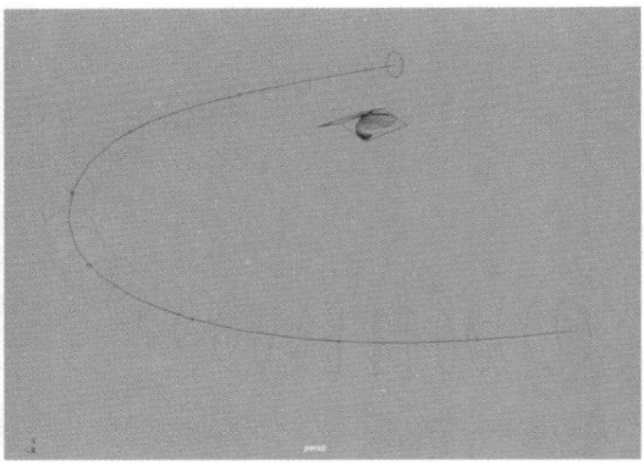

图11-177

03 在“属性编辑器”中，展开“体积控制属性”卷展栏，设置“截面半径”的值为3，如图11-178所示。

04 单击FX工具架上的“发射器”图标，在场景中创建n粒子系统，如图11-179所示。

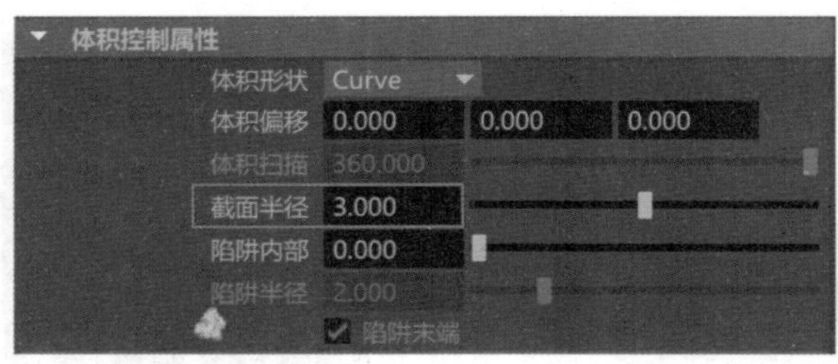

图11-178

图11-179

05 在“属性编辑器”中，展开“基本发射器属性”卷展栏，设置“发射器类型”为“Volume（体积）”，如图11-180所示。

06 在视图中，将发射器的位置移动至曲线的起始点，如图11-181所示。

07 在“大纲视图”中选择n粒子和体积曲线场，如图11-182所示，执行“场/解算器”|“指定给选定对象”命令，使得体积曲线场开始对场景中的n粒子产生影响。

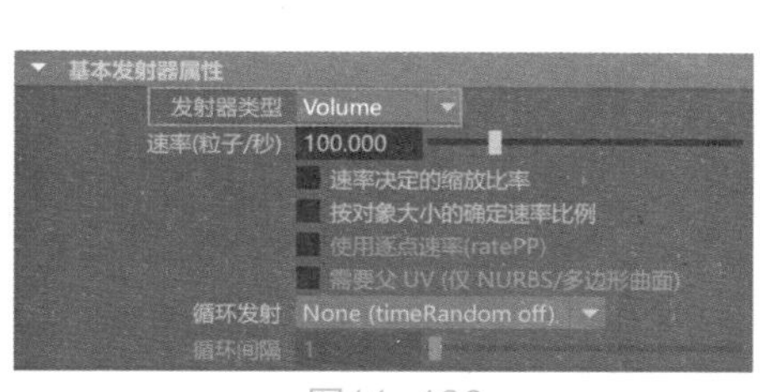

图11-180

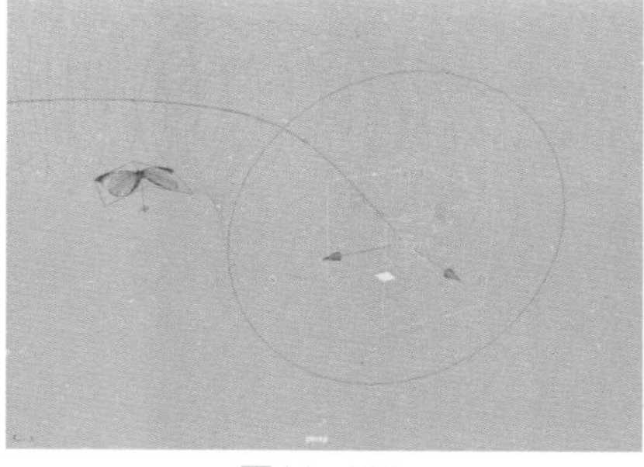

图11-181

图11-182

08 选择n粒子，在“属性编辑器”中，展开“动力学特性”卷展栏，勾选“忽略解算器重力”复选项，如图11-183所示。设置完成后，播放动画，n粒子的动画效果如图11-184所示。

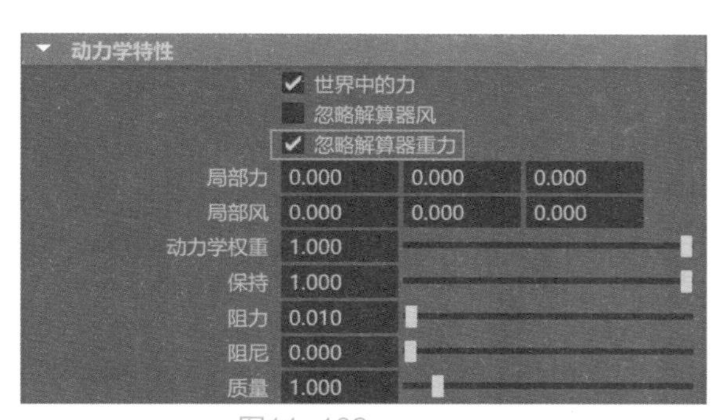

图11-183

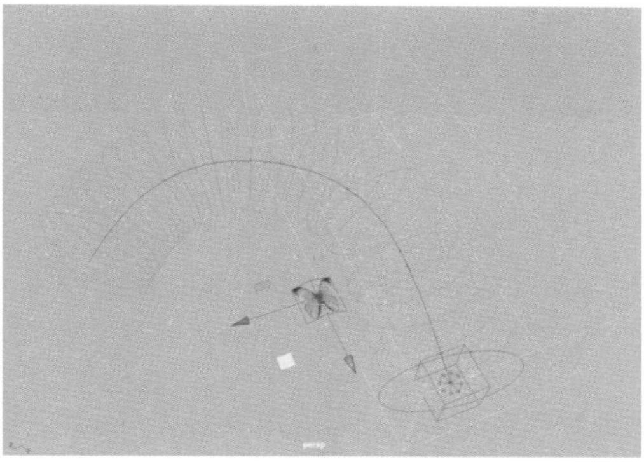

图11-184

09 为了使n粒子显示得清楚一些，可以先将场景中的蝴蝶模型设置为n粒子的形状。在“大纲视图”中选择蝴蝶模型组合，单击菜单栏nParticle|“实例化器”命令后面的方块图标，如图11-185所示。

10 在弹出的“粒子实例化器选项”对话框中，单击“创建”按钮，如图11-186所示，即可将每个粒子的形态都设置为蝴蝶模型，如图11-187所示。

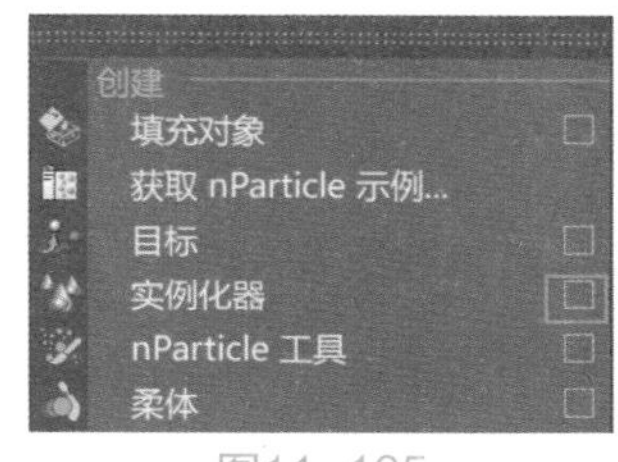

图11-185

图11-186

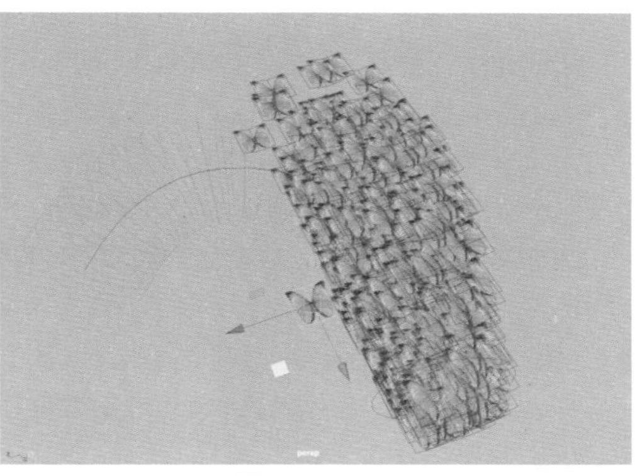

图11-187

11 在场景中选择体积曲线场，展开“体积速率属性”卷展栏，设置“远离轴”的值为-10，如图11-188所示。设置完成后，再次播放场景动画，可以看到现在场景中生成的n粒子基本上都在体积曲线场的内部进行移动，如图11-189所示。

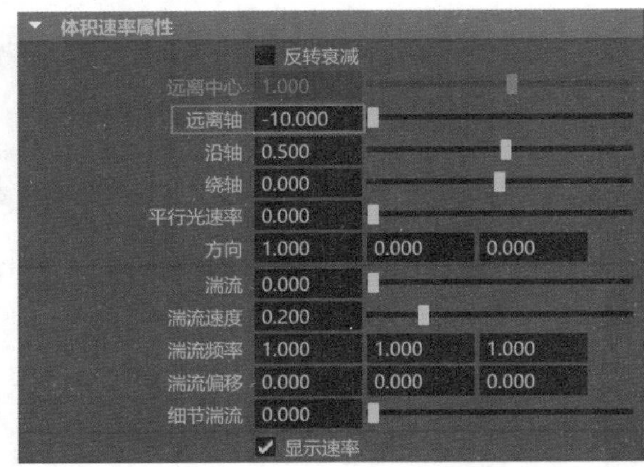

图11-188

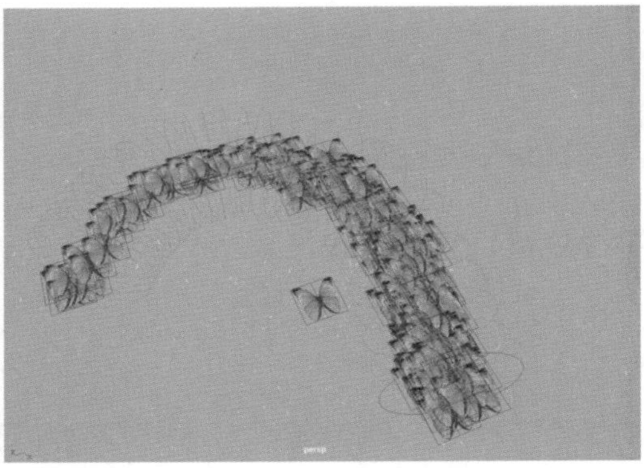

图11-189

12 在“大纲视图”中选择n粒子，展开“基本发射器属性”卷展栏，设置“速率（粒子/秒）”的值为5，降低发射器在场景中生成的n粒子数量，如图11-190所示。

13 设置完成后，播放场景动画，现在看到场景中生成的n粒子数量已经大幅减少了，但是每只蝴蝶的方向都是一样的，没有跟随路径的弧度而发生改变，看起来不太自然，如图11-191所示。

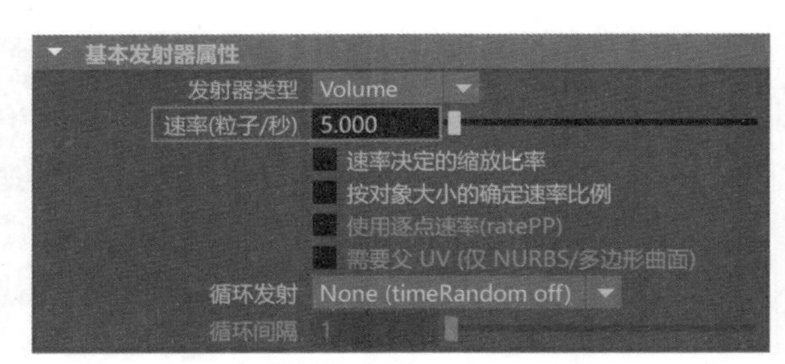

图11-190

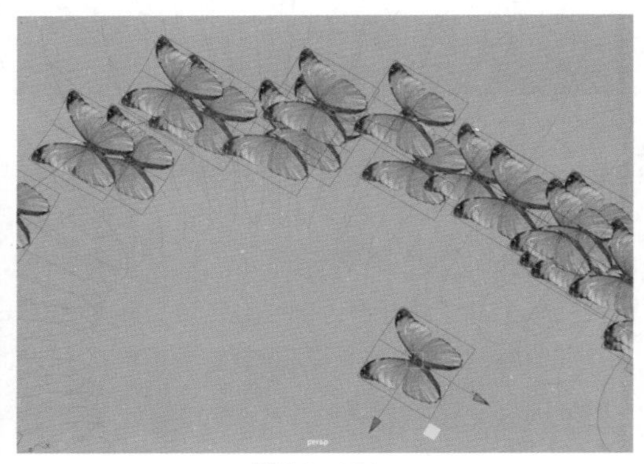

图11-191

14 展开“实例化器（几何体替换）”卷展栏中的“旋转选项”卷展栏，设置“目标方向”的选项为“速度”，如图11-192所示。

15 设置完成后，观察场景，可以看到现在蝴蝶的方向随着曲线的弧度产生了相应的变化，但是蝴蝶的方向与其运动的方向相反，感觉上蝴蝶是一边飞舞一边在后退，如图11-193所示。

16 选择我们最初创建的蝴蝶模型，对其进行“缩放”操作，就可以更改n粒子的方向了，如图11-194所示。

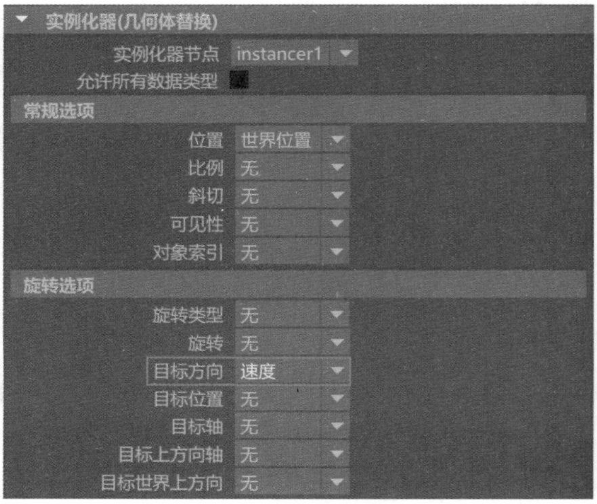

实例化器(几何体替换)
实例化器节点 instancer1
允许所有数据类型
常规选项
位置 世界位置
比例 无
斜切 无
可见性 无
对象索引 无
旋转选项
旋转类型 无
旋转 无
目标方向 速度
目标位置 无
目标轴 无
目标上方向轴 无
目标世界上方向 无

图11-192

图11-193

图11-194

11.5.4 使用表达式完善动画细节

01 现在场景中每一只蝴蝶的大小都是一样的，为了让发射器生成的每一只蝴蝶都大小随机，需要使用表达式技术来得到这一效果。

02 展开“每粒子（数组）属性”卷展栏和“添加动态属性”卷展栏，为了给n粒子添加新属性，需要先单击“添加动态属性”卷展栏中的“常规”按钮，如图11-195所示。

03 在系统自动弹出的“添加属性：nParticleShape1”对话框中，在“长名称”文本框内为新建属性创建名称“suijiPP”，并勾选“覆盖易读名称”复选项，在“易读名称”文本框内输入“随机”，这样，新创建的属性则可以以中文“随机”进行显示；设置“数据类型”为“向量”，设置“属性类型”为“每粒子（数组）”，如图11-196所示。

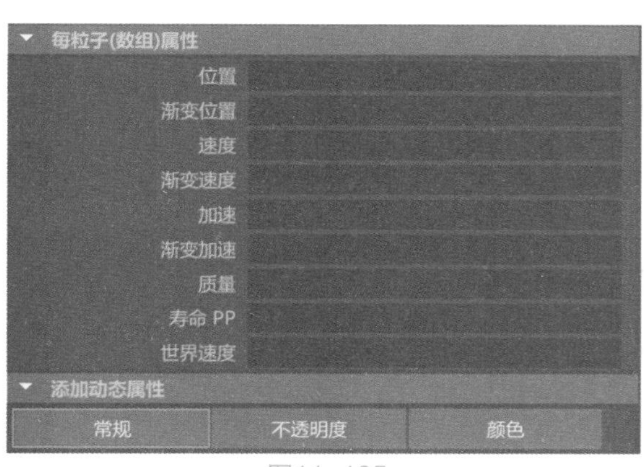

图11-195

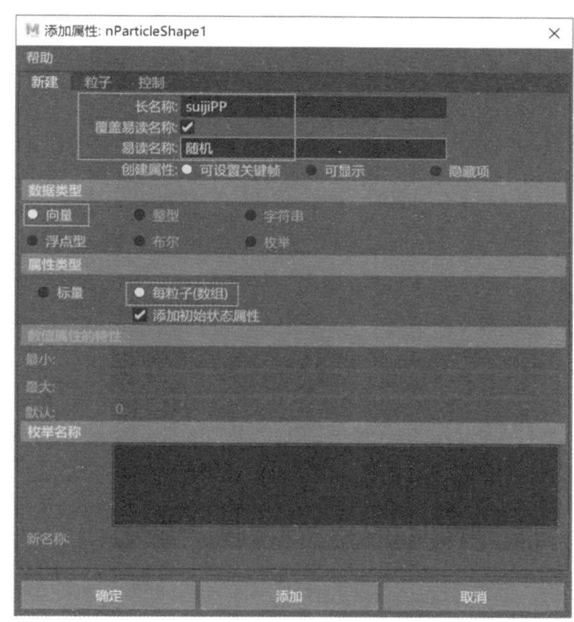

图11-196

04 设置完成后，单击“确定”按钮，即可在“每粒子（数组）属性”卷展栏中查看刚刚创建的新属性名称，如图11-197所示。

05 在“随机”属性上右击，在弹出的菜单中执行“创建表达式”命令，如图11-198所示。

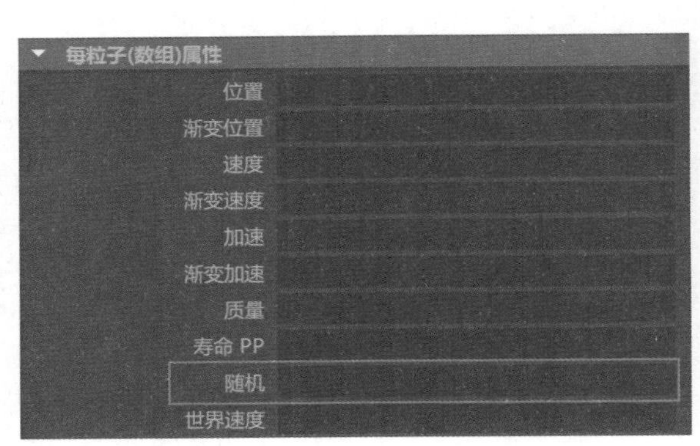

图11-197

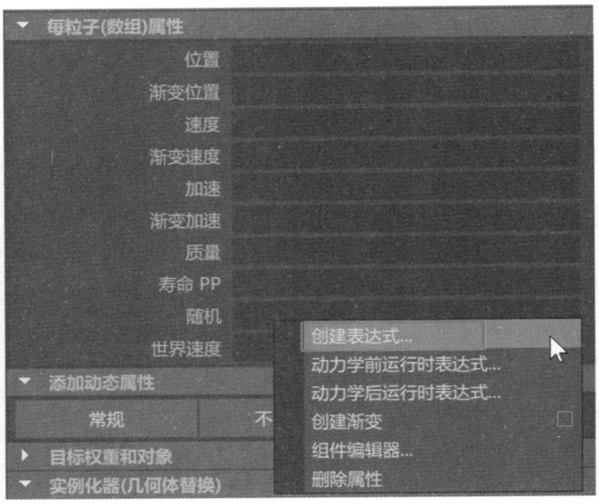

图11-198

06 在弹出的“表达式编辑器”中，在“表达式”文本框内输入：“nParticleShape1.suijiPP=nParticleShape1.radius*rand(0.5,1.5);”然后单击“创建”按钮，如图11-199所示。

07 关闭“表达式编辑器”后，观察“每粒子（数组）属性”卷展栏，可以看到“随机”属性后面出现了“表达式”的字样，说明该属性中设置了表达式来控制该属性，如图11-200所示。

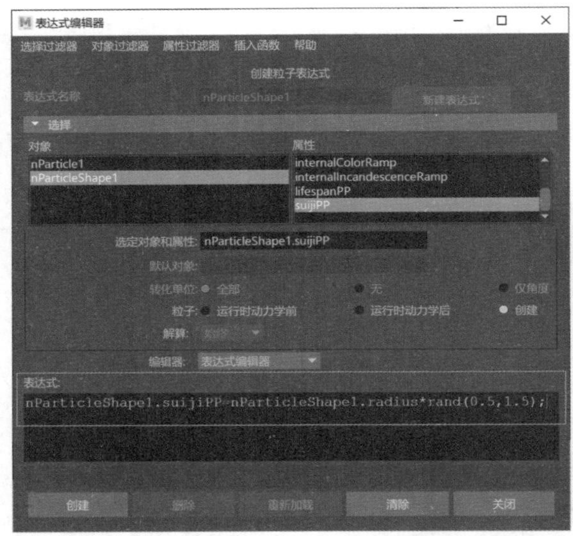

图11-199

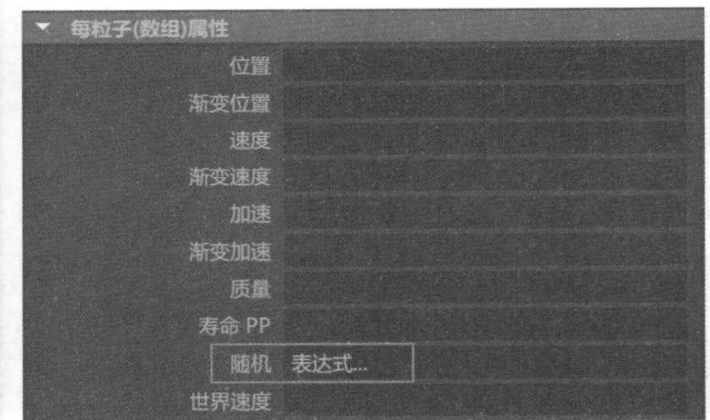

图11-200

08 展开“实例化器（几何体替换）”卷展栏中的“常规选项”卷展栏，将“比例”的选项设置为刚刚创建的新属性“suijiPP”，如图11-201所示。

09 设置完成后，需要重新播放场景动画，才能更新设置了表达式之后的蝴蝶大小，如图11-202所示。

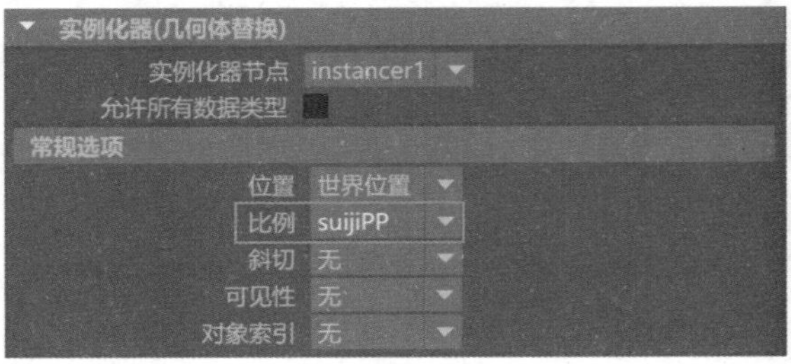

图11-201

10 现在看到n粒子的大小已经发生了变化，但是总体的感觉很小，这是为什么呢？因为n粒子的“半径”值默认为0.2，所以需要展开“粒子大小”卷展栏，将“半径”值设置为1，如图11-203所示。

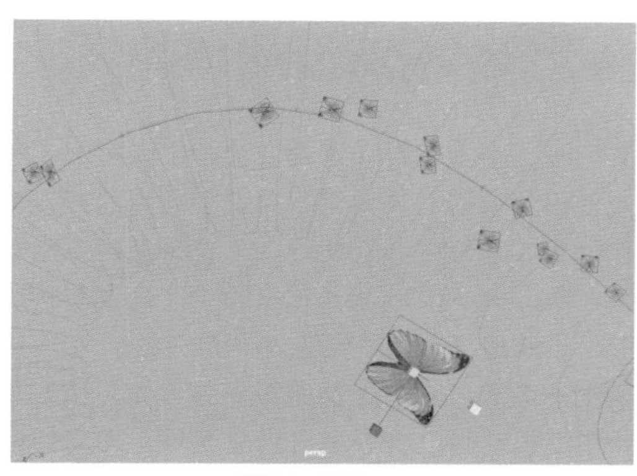
图11-202

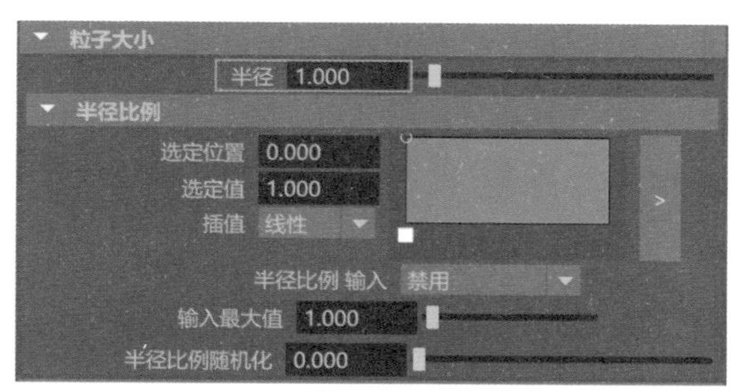

图11-203

11 设置完成后，再次播放场景动画，本实例的最终动画效果如图11-204所示。

图11-204

第12章

布料动画技术

12.1 nCloth概述

布料的运动属于一类很特殊的动画。由于布料在运动中会产生大量的各种形态的随机褶皱，使得动画师们很难使用传统的对物体设置关键帧动画的方式来制作布料运动的动画。所以如何制作出真实自然的布料动画，一直是众多三维软件生产商共同面对的一项技术难题。在Maya中使用nCloth是一项生产真实布料运动特效的高级技术。nCloth可以稳定、迅速地模拟产生动态布料的形态，主要应用于模拟布料和环境产生交互作用的动态效果，其中包括碰撞对象（如角色）和力学（如重力和风）。并且，nCloth在模拟动画上有着很大的灵活性，在动画的制作上还可以用于解决其他类型的动画制作，如树叶飘落或是彩带飞舞这样的动画效果。图12-1~图12-4皆是优秀的三维布料动画效果展示。

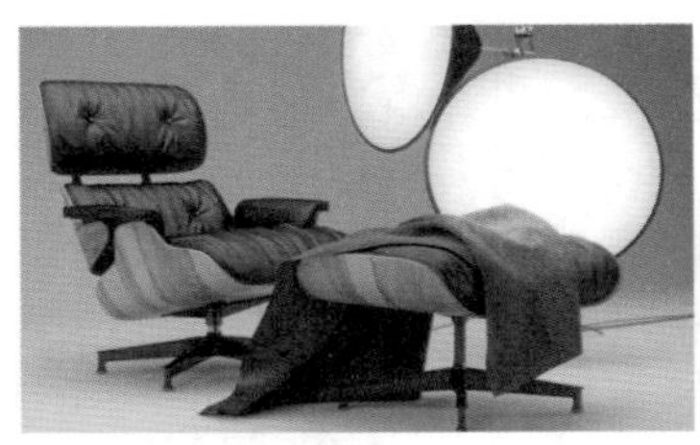

图12-1

图12-2

图12-3

图12-4

12.2 布料装置设置

将Maya的模块切换至FX，即可在菜单栏上的nCloth和nConstraint命令内找到与布料动画设置相关的命令集合，如图12-5所示。

在FX工具架的后半部分也可以找到几个最常用的与nCloth相关的命令图标，如图12-6所示。

图12-5

图12-6

常用工具解析

- 从选定网格nCloth：将场景中选定的模型设置为nCloth对象。
- 创建被动碰撞对象：将场景中选定的模型设置为可以被nCloth或n粒子碰撞的对象。
- 移除nCloth：将场景中的nCloth对象还原设置为普通模型。
- 显示输入网格：将nCloth对象在视图中恢复为布料动画计算之前的几何形态。
- 显示当前网格：将nCloth对象在视图中恢复为布料动画计算之后的当前几何形态。

12.2.1 布料创建

在Maya中将物体设置为布料非常简单，只需少量的操作即可完成对布料的创建。具体操作步骤如下。

（1）新建一个场景，在场景中创建一个多边形平面模型，并在“属性编辑器”中调整该平面模型具有一定的分段数，如图12-7所示。

（2）在场景中创建一个多边形圆柱体模型，使之作为一个在场景中与布料发生碰撞的几何对象，如图12-8所示。

（3）调整一下平面模型的位置，如图12-9所示。

图12-7

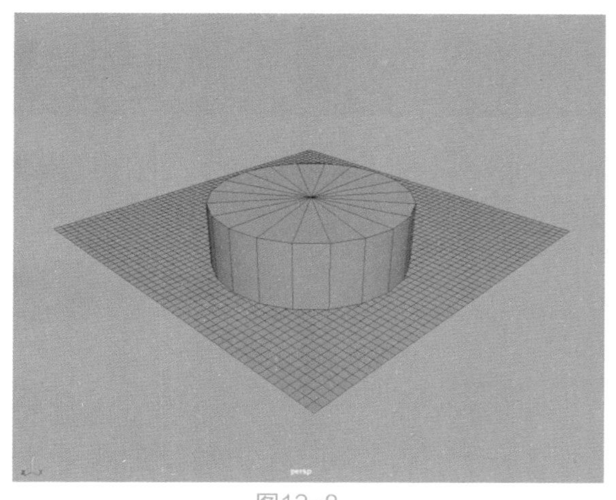

图12-8

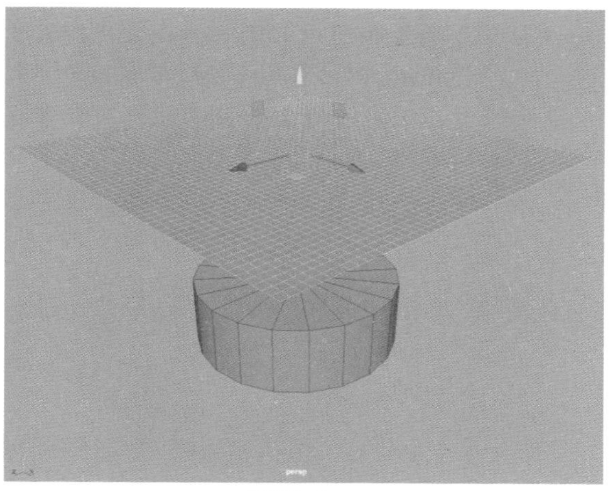

图12-9

（4）选择当前场景中的平面模型，在FX工具架上单击“创建nCloth”图标，将平面模型设置为nCloth对象。接下来选择圆柱体模型，在FX工具架上单击“创建被动碰撞对象”图标，将圆柱体模型设置为可以被nCloth对象碰撞的物体。设置完成后，在“大纲视图”中观察场景中的对象数量，如图12-10所示。

（5）播放场景动画，可以看到在默认状态下，平面模型受到重力的影响自由下落，被圆柱体模型接住所产生的一个造型自然的桌布效果，如图12-11所示。

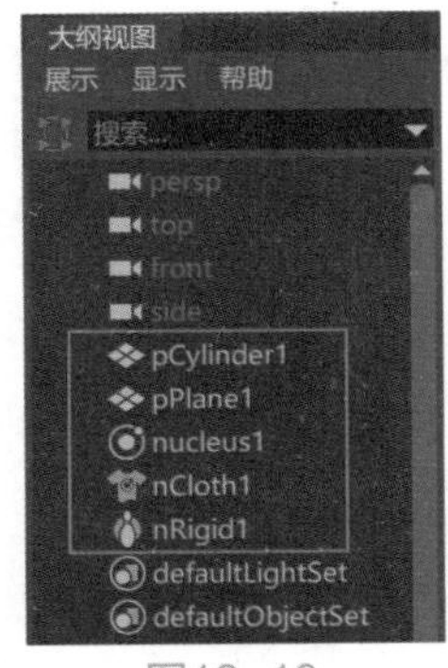

图12-10

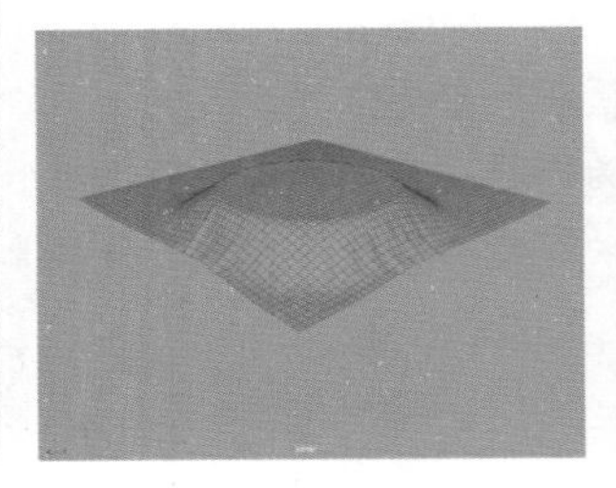
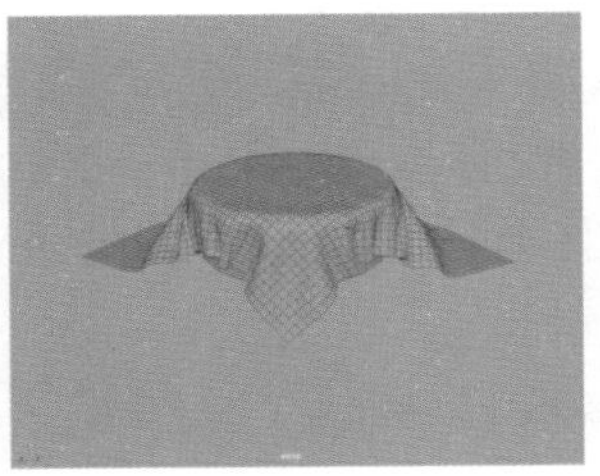
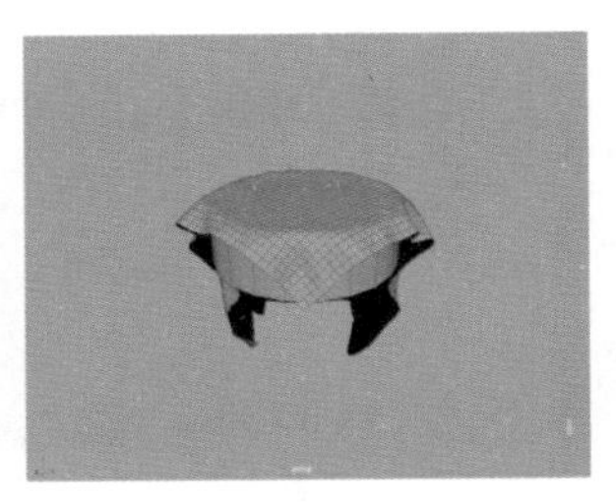
图12-11

有关布料的详细设置，需要在其“属性编辑器”的nClothShape选项卡中调试完成，下面我们分几个小节来介绍一下nClothShape选项卡中常用的卷展栏命令设置。

12.2.2 “碰撞”卷展栏

展开“碰撞”卷展栏，其中的命令参数如图12-12所示。

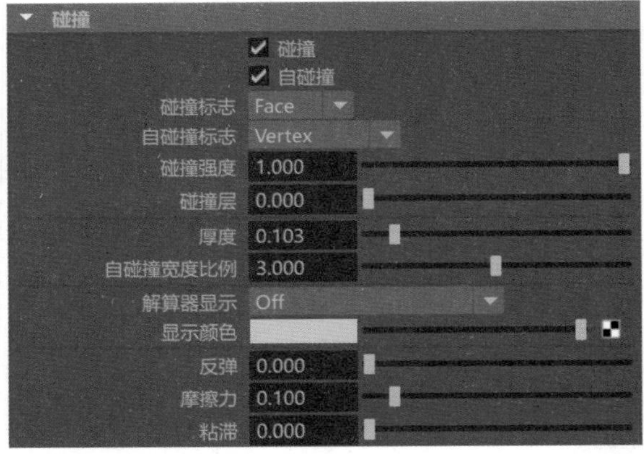

图12-12

常用参数解析

- 碰撞：如果勾选该选项，那么当前 nCloth 对象会与被动对象、nParticle 对象以及共享相同的 Maya Nucleus 解算器的其他 nCloth 对象发生碰撞。如果取消选择该项，那么当前 nCloth 对象不会与被动对象、nParticle 对象或任何其他 nCloth 对象发生碰撞。图12-13分别为该选项勾选前后的布料动画计算结果对比。

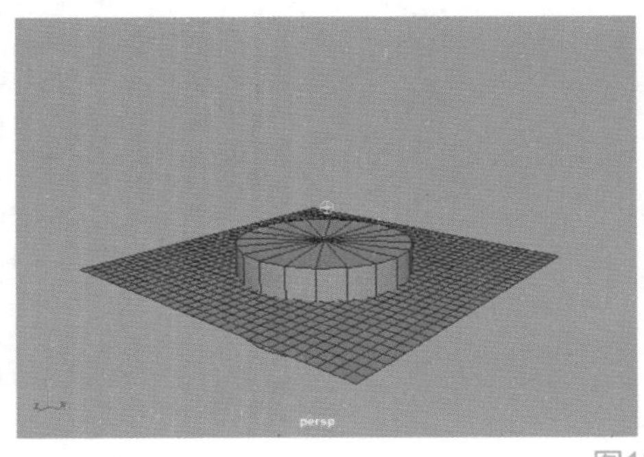
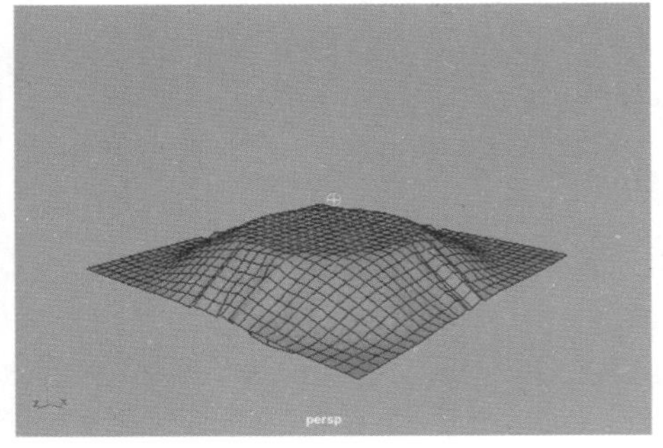
图12-13

- 自碰撞：如果勾选该选项，那么当前 nCloth 对象会与它自己的输出网格发生碰撞。如果取消勾选该项，那么当前 nCloth 不会与它自己的输出网格发生碰撞。图12-14所示分别为该选项勾选前后的布料动画计算结果对比。通过对比可以看出，“自碰撞”选项在未勾选的情况下所计算出来的布料动画有明显的穿帮现象。

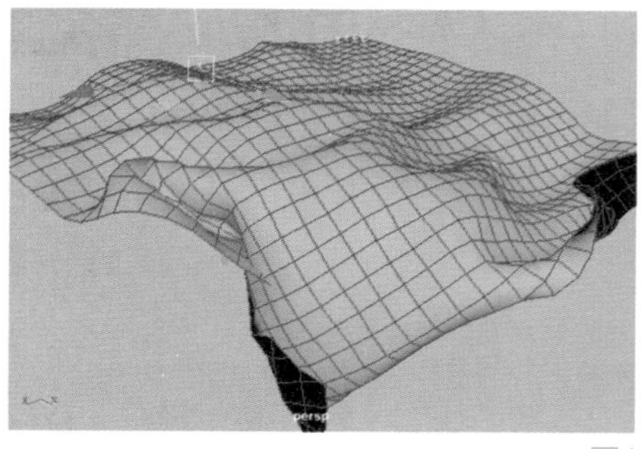
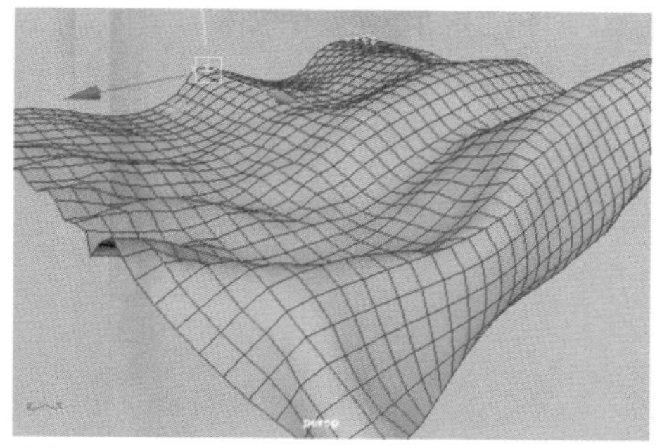

图12-14

- 碰撞标志：指定当前 nCloth 对象的哪个组件会参与其碰撞。
- 自碰撞标志：指定当前 nCloth 对象的哪个组件会参与其自碰撞。
- 碰撞强度：指定 nCloth 对象与其他 Nucleus 对象之间的碰撞强度。在使用默认值1时，对象与自身或其他 Nucleus 对象发生完全碰撞。"碰撞强度"值处于0和1之间会减弱完全碰撞，而该值为0会禁用对象的碰撞。图12-15分别是该值为1和0的布料动画碰撞结果对比。

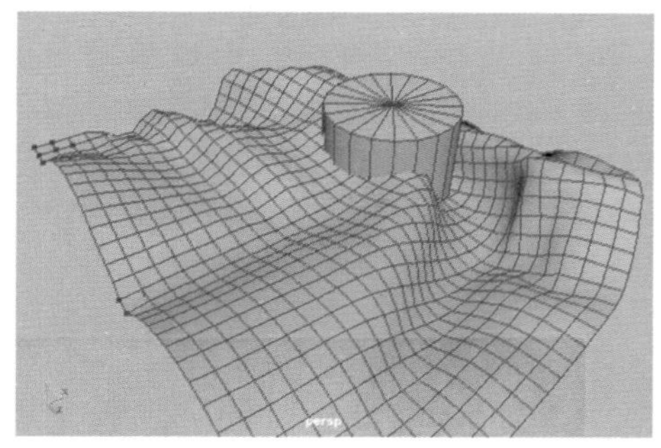
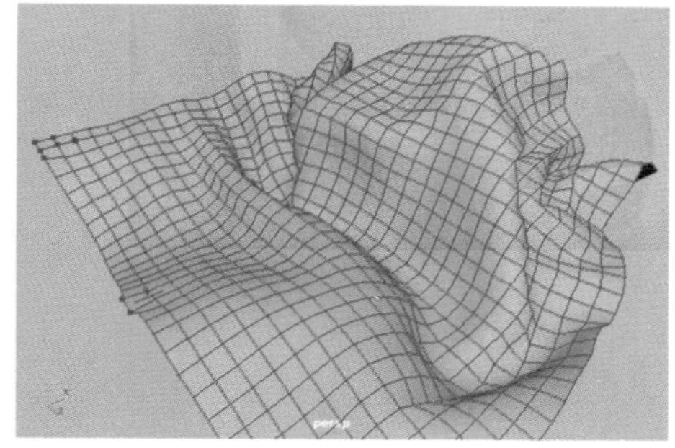

图12-15

- 碰撞层：将当前 nCloth 对象指定给某个特定碰撞层。
- 厚度：指定当前 nCloth 对象的碰撞体积的半径或深度。nCloth 碰撞体积是与 nCloth 的顶点、边和面的不可渲染的曲面偏移，Maya Nucleus 解算器在计算自碰撞或被动对象碰撞时，会使用这些顶点、边和面。厚度越大，nCloth对象所模拟的布料越厚实，布料运动越缓慢，如图12-16所示分别是该值为0.1和0.5的布料模拟动画效果对比。

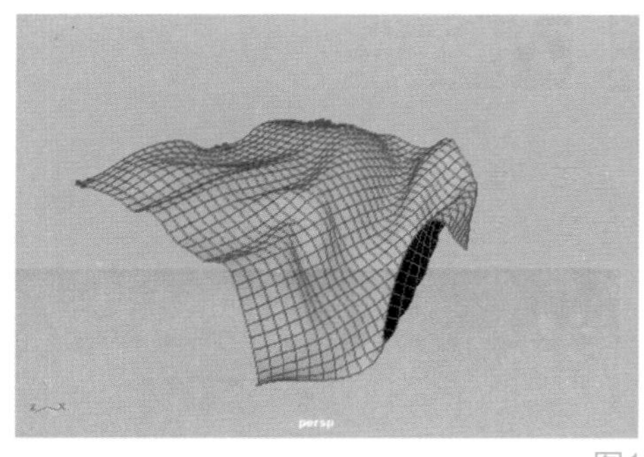
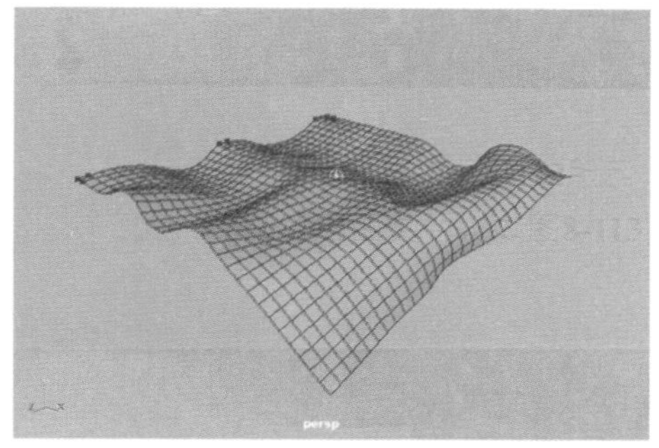

图12-16

- 自碰撞宽度比例：为当前 nCloth 对象指定自碰撞比例值。
- 解算器显示：指定会在场景视图中为当前 nCloth 对象显示哪些 Maya Nucleus 解算器信息，有"Off（禁用）""Collision Thickness（碰撞厚度）""Self Collision Thickness（自碰撞厚

度）”“Stretch Links（拉伸链接）”“Bend Links（弯曲链接）”和“Weighting（权重）”这6个选项，如图12-17所示。图12-18~图12-23分别为“解算器显示”使用了这6个选项后，nCloth对象在视图中的显示结果。

图12-17

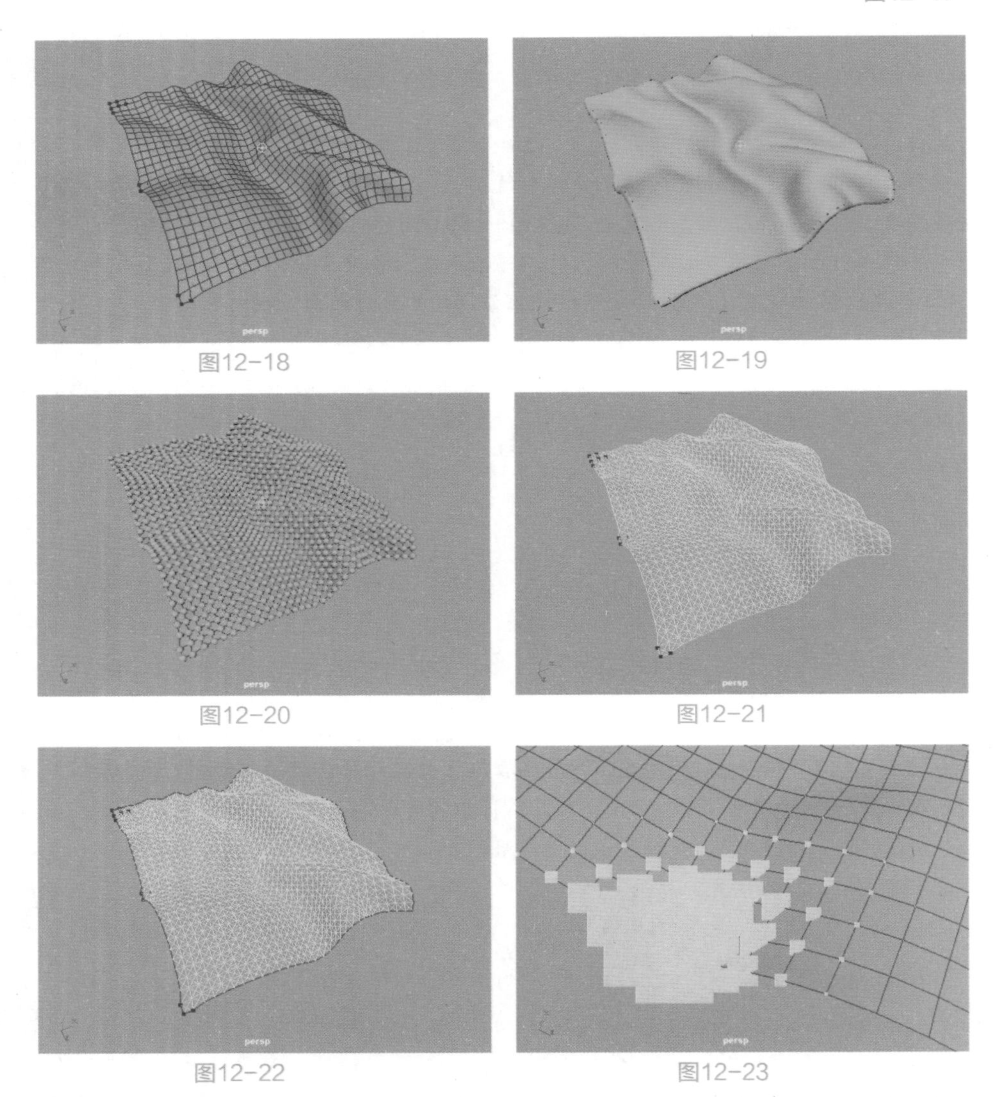

图12-18 图12-19 图12-20 图12-21 图12-22 图12-23

- 显示颜色：为当前 nCloth 对象指定解算器显示的颜色，默认为黄色，也可以将此颜色设置为其他色彩，如图12-24所示。
- 反弹：指定当前 nCloth 对象的弹性或反弹度。
- 摩擦力：指定当前 nCloth 对象的摩擦力的量。
- 粘滞：指定当 nCloth、nParticle 和被动对象发生碰撞时，nCloth 对象粘滞到其他 Nucleus 对象的倾向性。

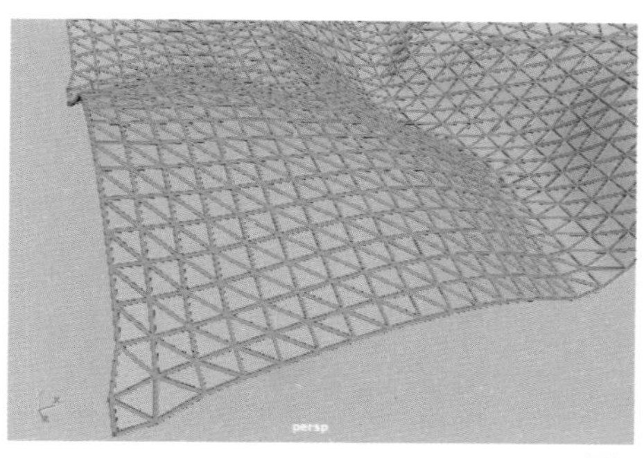
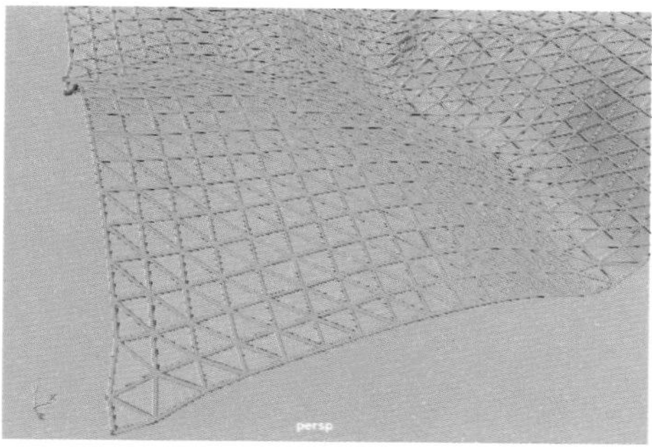

图12-24

12.2.3 “动力学特性”卷展栏

展开“动力学特性”卷展栏，其中的命令参数如图12-25所示。

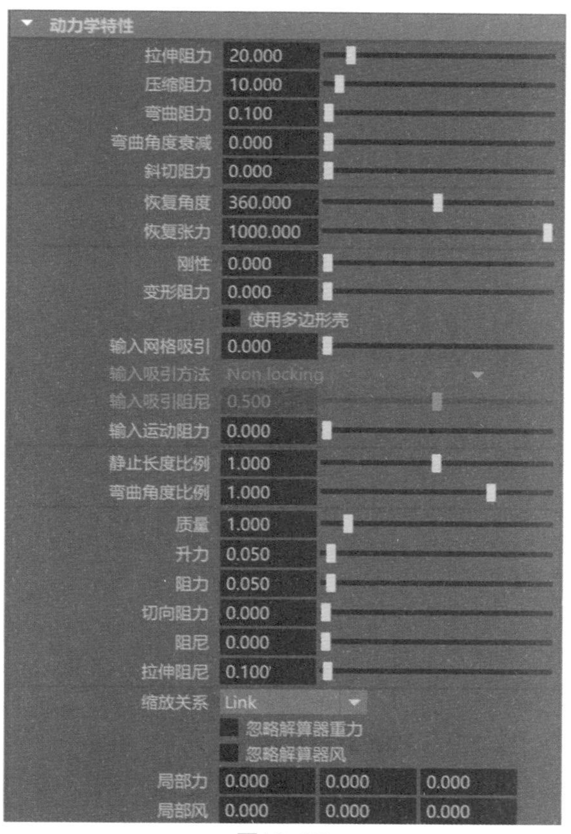

图12-25

常用参数解析

- 拉伸阻力：指定当前nCloth对象在受到张力时抵制拉伸的量。
- 压缩阻力：指定当前nCloth对象抵制压缩的量。
- 弯曲阻力：指定在处于应力下时nCloth对象在边上抵制弯曲的量。高弯曲阻力使nCloth变得僵硬，这样它就不会弯曲，也不会从曲面的边悬垂下去，而低弯曲阻力使nCloth的行为就像是悬挂在下方的桌子边缘上的一块桌布。
- 弯曲角度衰减：指定“弯曲阻力”如何随当前nCloth对象的弯曲角度而变化。
- 斜切阻力：指定当前nCloth对象抵制斜切的量。
- 恢复角度：没有力作用在nCloth上时，指定在当前nCloth对象无法再返回到其静止角度之前，可以在边上弯曲的程度。
- 恢复张力：在没有力作用在nCloth上时，指定当前nCloth对象中的链接无法再返回到其静止角度之前，可以拉伸的程度。
- 刚性：指定当前nCloth对象希望充当刚体的程度。值为1使nCloth充当一个刚体，而值在0到1之间会使nCloth成为介于布料和刚体之间的一种混合。图12-26所示为“刚性”值分别是0和0.1的布料模拟动画结果对比。

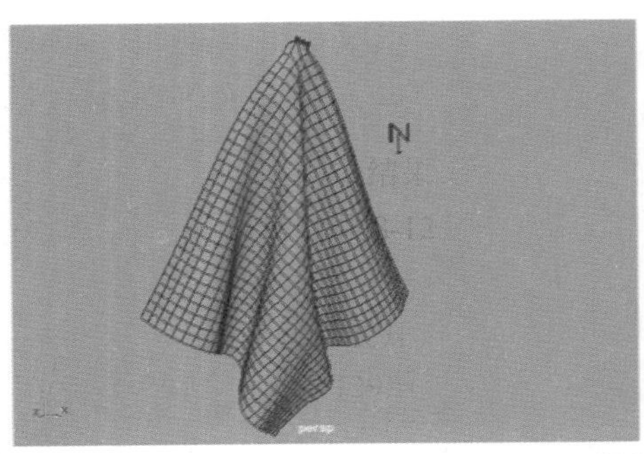
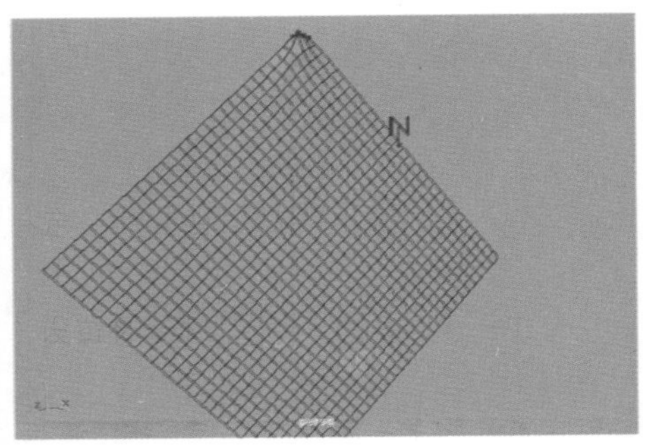

图12-26

- 变形阻力：指定当前 nCloth 对象希望保持其当前形状的程度。图12-27所示为该值分别是0和0.2时的布料动画计算结果对比。

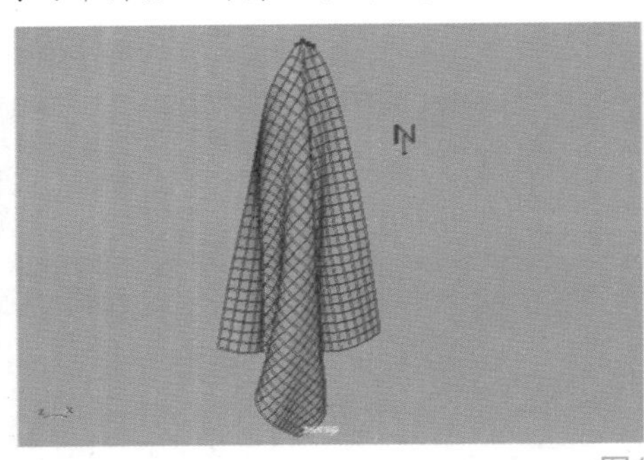
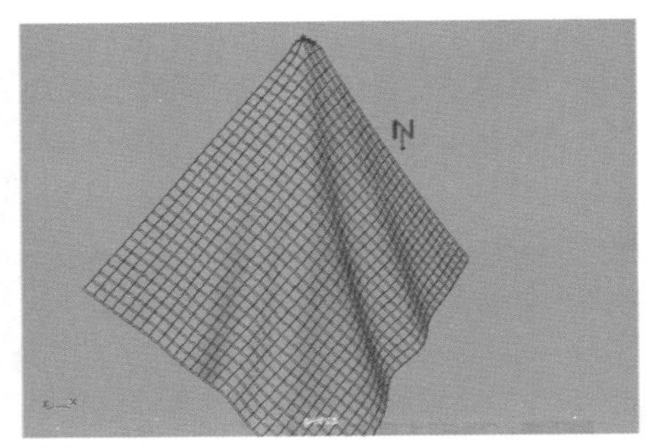

图12-27

- 使用多边形壳：如果勾选该选项，则会将“刚性”和“变形阻力”应用到 nCloth 网格的各个多边形壳。
- 输入网格吸引：指定将当前 nCloth 吸引到其输入网格的形状的程度。较大的值可确保在模拟过程中 nCloth 变形和碰撞时，nCloth 会尽可能接近地返回到其输入网格形状。反之，较小的值表示 nCloth 不会返回到其输入网格形状。
- 输入吸引阻尼：指定“输入网格吸引”的效果的弹性。较大的值会导致 nCloth 弹性降低，因为阻尼会消耗能量。较小的值会导致 nCloth 弹性更大，因为阻尼影响不大。
- 输入运动阻力：指定应用于 nCloth 对象的运动力的强度，该对象被吸引到其动画输入网格的运动。
- 静止长度比例：确定如何基于在开始帧处确定的长度动态缩放静止长度。
- 弯曲角度比例：确定如何基于在开始帧处确定的弯曲角度动态缩放弯曲角度。
- 质量：指定当前 nCloth 对象的基础质量。
- 升力：指定应用于当前 nCloth 对象的升力的量。
- 阻力：指定应用于当前 nCloth 对象的阻力的量。
- 切向阻力：偏移阻力相对于当前 nCloth 对象的曲面切线的效果。
- 阻尼：指定减慢当前 nCloth 对象的运动的量。通过消耗能量，阻尼会逐渐减弱 nCloth 的移动和振动。

12.2.4 “力场生成”卷展栏

展开“力场生成”卷展栏，其中的命令参数如图12-28所示。

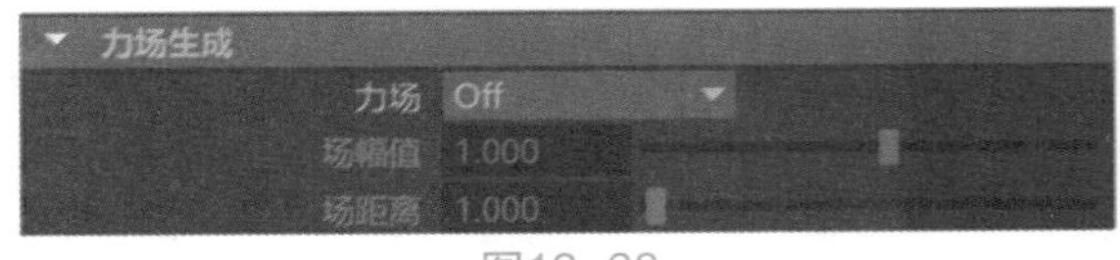

图12-28

常用参数解析

- 力场：设定“力场”的方向，表示力是从 nCloth 对象的哪一部分生成的。
- 场幅值：设定“力场”的强度。
- 场距离：设定与力的曲面的距离。

12.2.5　“风场生成”卷展栏

展开“风场生成”卷展栏，其中的命令参数如图12-29所示。

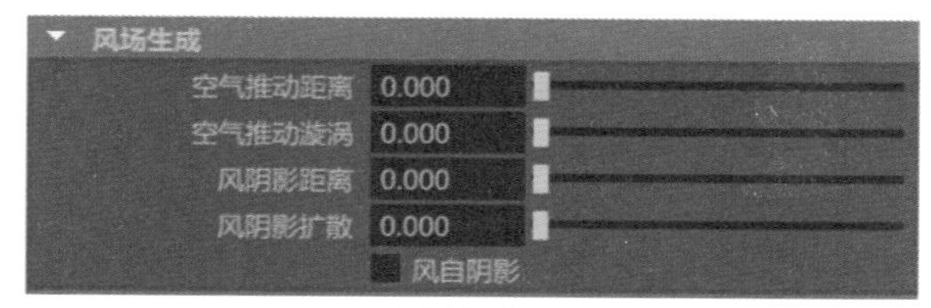

图12-29

常用参数解析

- 空气推动距离：指定一个距离，在该距离内，当前 nCloth 对象的运动创建的风会影响处于同一 Nucleus 系统中的其他 nCloth 对象。
- 空气推动漩涡：指定在由当前 nCloth 对象推动的空气流动中循环或旋转的量，以及在由当前 nCloth 对象的运动创建的风的流动中卷曲的量。
- 风阴影距离：指定一个距离，在该距离内，当前 nCloth 对象会从其系统中的其他 nCloth、nParticle 和被动对象阻止其 Nucleus 系统的动力学风。
- 风阴影扩散：指定当前 nCloth 对象在阻止其 Nucleus 系统中的动力学风时，动力学风围绕当前 nCloth 对象卷曲的量。

12.2.6　“压力”卷展栏

展开“压力”卷展栏，其中的命令参数如图12-30所示。

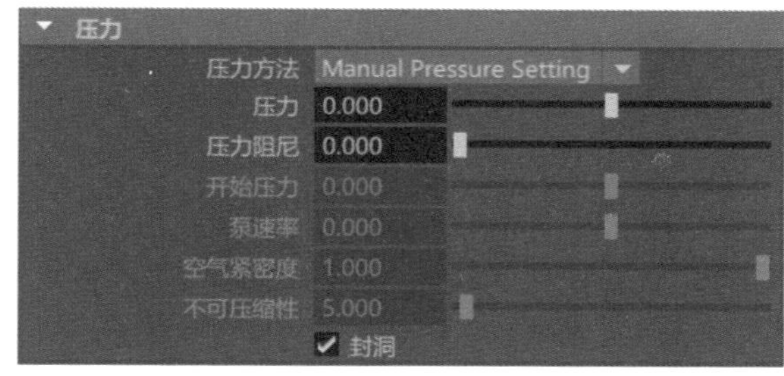

图12-30

常用参数解析

- 压力方法：用于设置使用何种方式来计算压力。
- 压力：用于计算压力对当前nCloth对象的曲面法线方向应用力。
- 压力阻尼：指定为当前 nCloth 对象减弱空气压力的量。
- 开始压力：指定在当前 nCloth 对象的模拟的开始帧处，当前 nCloth 对象内部的相对空气压力。
- 泵速率：指定将空气压力添加到当前 nCloth 对象的速率。
- 空气紧密度：指定空气可以从当前 nCloth 对象漏出的速率，或当前 nCloth 对象的表面的可渗透程度。
- 不可压缩性：指定当前 nCloth 对象的内部空气体积的不可压缩性。

12.2.7　“质量设置”卷展栏

展开“质量设置”卷展栏，其中的命令参数如图12-31所示。

常用参数解析

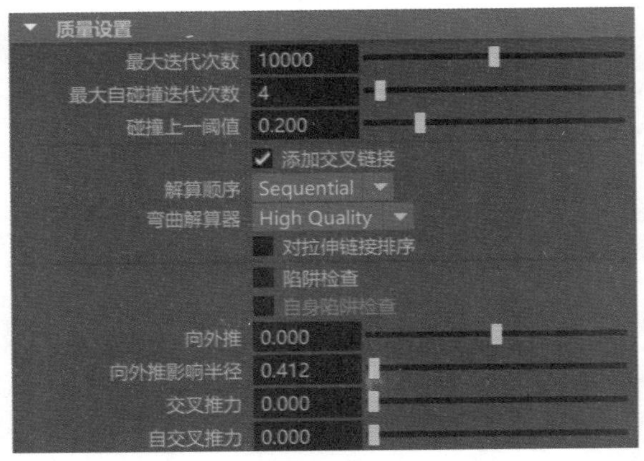

图12-31

- 最大迭代次数：为当前 nCloth 对象的动力学特性指定每个模拟步骤的最大迭代次数。
- 最大自碰撞迭代次数：为当前 nCloth 对象指定每个模拟步骤的最大自碰撞迭代次数。迭代次数是在一个模拟步长内发生的计算次数。随着迭代次数增加，精确度会提高，但计算时间也会增加。
- 碰撞上一阈值：设定碰撞迭代次数是否为每个模拟步长中执行的最后一个计算。
- 添加交叉链接：向当前 nCloth 对象添加交叉链接。对于包含 3 个以上顶点的面，这样会创建链接，从而使每个顶点连接到每个其他顶点。与对四边形进行三角化相比，使用交叉链接对四边形进行平衡会更好。
- 求值顺序：指定是否以“Sequential（顺序）”或“Parallel（平行）”的方式，对当前 nCloth 对象的链接求值，如图12-32所示。
- 弯曲解算器：设定用于计算“弯曲阻力”的解算器方法，如图12-33所示，有“Simple（简单）”“High Quality（高质量）”和“Flip Tracking（翻转跟踪）”这3个选项。

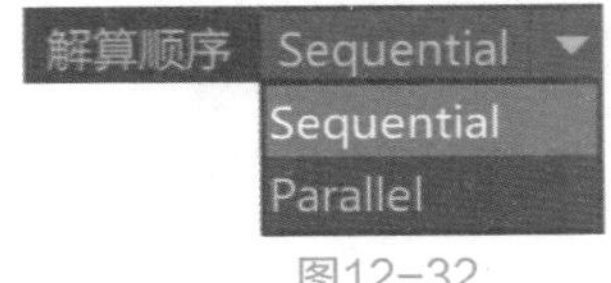

图12-32

图12-33

- 向外推：是指将相交或穿透的对象向外推，直至达到当前 nCloth 对象曲面中最近点的力。如果值为 1，则将对象向外推一个步长；如果值较小，则会将其向外推更多步长，但结果会更平滑。
- 向外推影响半径：指定当前 nCloth 对象的“向外推”属性所影响的半径范围。
- 交叉推力：指沿着与当前 nCloth 对象交叉的轮廓应用于对象的力。
- 自交叉推力：沿当前 nCloth 对象与其自身交叉的轮廓应用力。

12.2.8 获取nCloth示例

Maya软件提供了多个完整的布料动画场景文件，供用户打开学习，并应用于具体的动画项目中。执行菜单栏“nCloth”|“获取nCloth示例”命令，如图12-34所示，即可在“内容浏览器”中快速找到这些布料动画的工程文件，如图12-35所示。

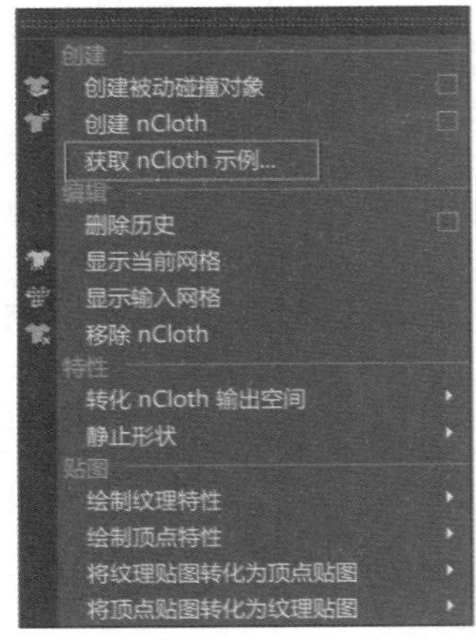

图12-34

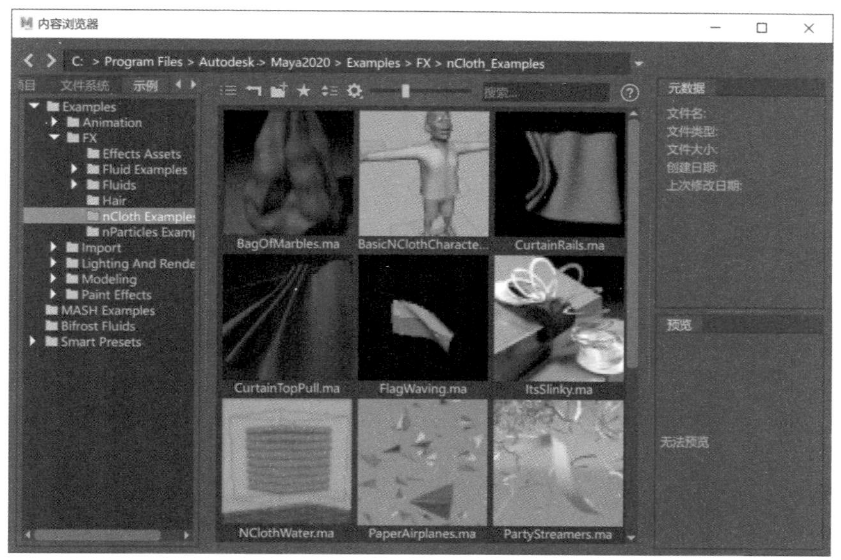

图12-35

实例操作：使用nCloth制作小旗飘动动画

本例中，我们将制作一个红色小旗被风吹动的动画效果，图12-36所示为本实例的最终完成效果。

图12-36

01 启动Maya 2020软件，打开本书配套资源文件“小旗.mb”，如图12-37所示。里面是一个简单的小旗模型，并且场景中已经设置好了材质及灯光。

02 选择旗模型，在FX工具架上单击“创建nCloth”图标，将小旗模型设置为nCloth对象，如图12-38所示。

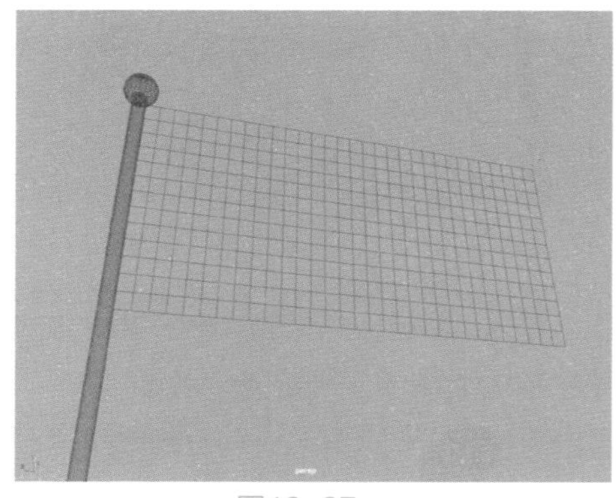
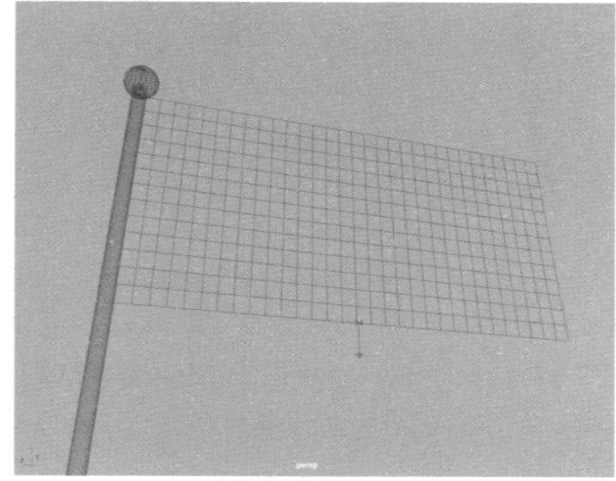

图12-37　　图12-38

03 单击鼠标右键，在弹出的菜单命令中，进入其“顶点”节点，如图12-39所示。

04 选择图12-40所示的两处顶点，执行nConstraint|“变换约束”命令，将所选择的点约束到世界空间中，设置完成后效果如图12-41所示。

05 选择小旗模型，在其“属性编辑器”中选择nucleus选项卡，展开“重力和风”卷展栏，设置“风速”的值为30，并设置风向为（0，0，-1），如图12-42所示。

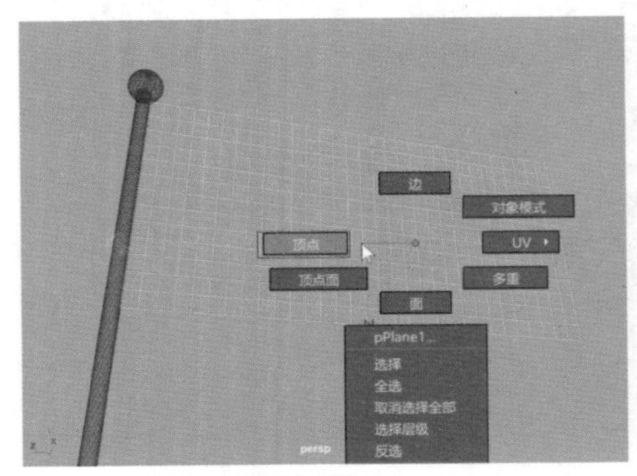

图12-39

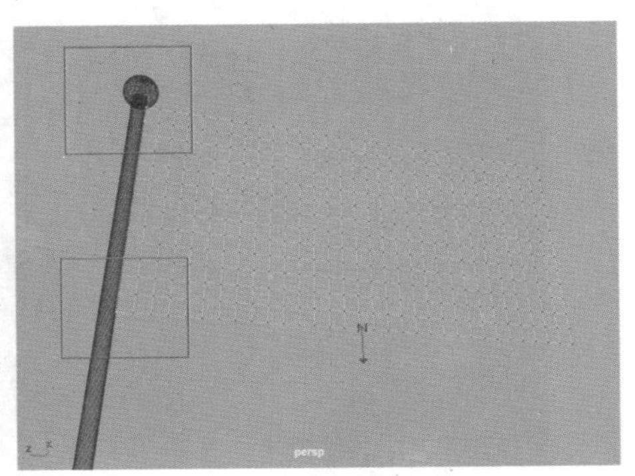

图12-40

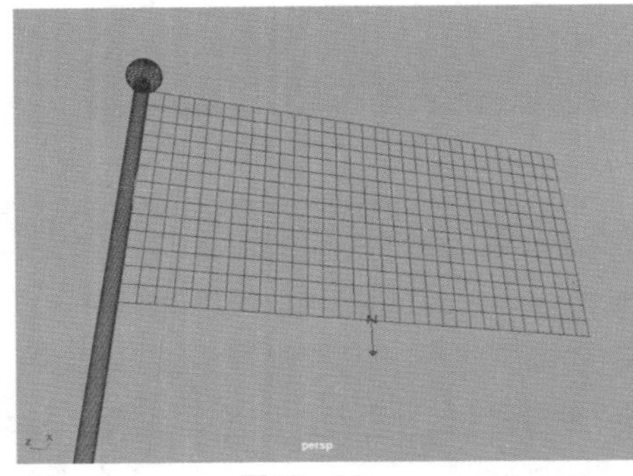

图12-41

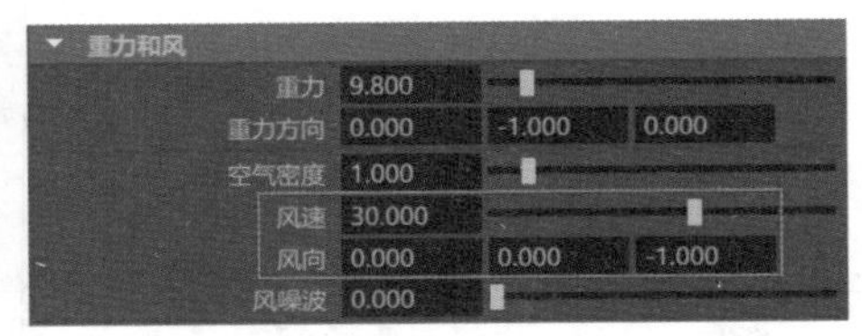

图12-42

06 设置完成后，播放场景动画，即可看到小旗随风飘动的景象。最终动画效果如图12-43所示。

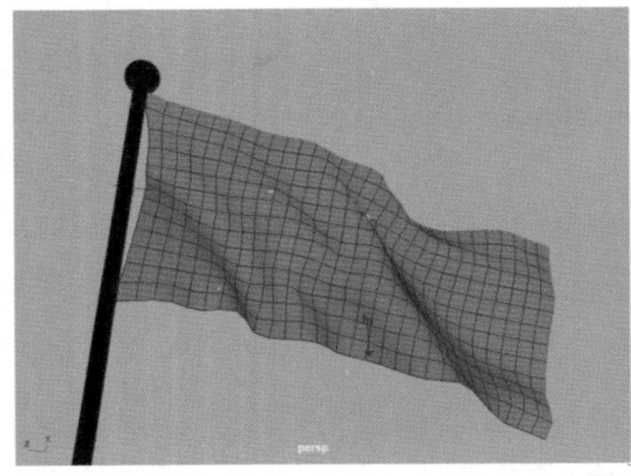

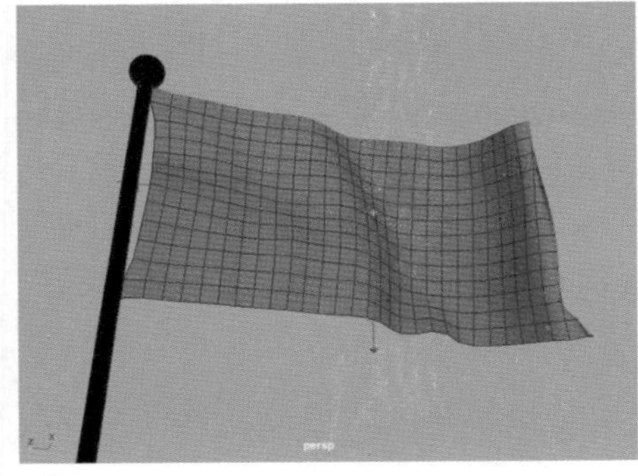

图12-43

实例操作：使用nCloth制作树叶飘落动画

本例中，我们将制作一个叶片飘落的场景动画，图12-44所示为本实例的最终完成效果。

图12-44

01 启动Maya 2020软件，打开本书配套场景资源文件“植物.mb”，如图12-45所示。

02 在场景中选择植物的叶片模型，单击鼠标右键进入其面节点，选择图12-46所示的植物叶片，在“多边形”工具架中，单击“提取”图标，如图12-47所示，将所选择的叶片单独提取出来。

03 在“大纲视图”中，选择被提取出来的所有叶片模型，在“多边形”工具架上单击“结合”图标，将所选择的叶片模型结合成一个模型，如图12-48所示。

图12-45

图12-46

图12-47

图12-48

04 观察“大纲视图”，可以看到由于之前的操作，在“大纲视图”中生成了很多无用的多余节点，如图12-49所示。

图12-49

05 在场景中选择植物叶片模型，执行“编辑”|“按类型删除”|“历史”命令，可以看到“大纲视图”里的对象被清空了许多，如图12-50所示。

06 “大纲视图”中余下的两个组，则可以执行“编辑”|“解组”命令将其删除，整理完成后的“大纲视图”如图12-51所示。

07 选择场景中被提取的叶片模型，单击FX工具架上的“创建nCloth”图标，将其设置为nCloth对象，如图12-52所示。

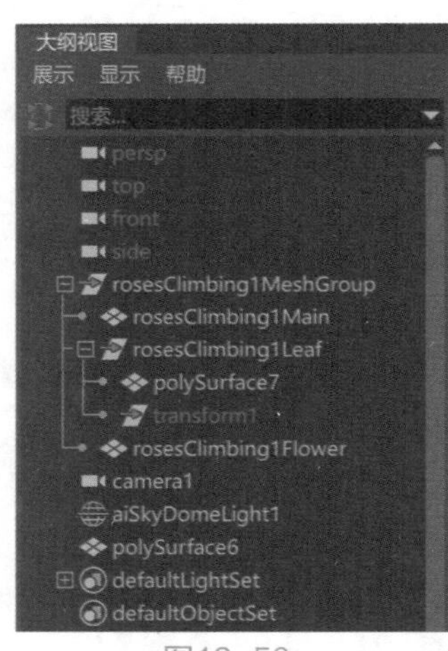

图12-50

图12-51

图12-52

08 在“属性编辑器”中找到nucleus选项卡，展开“重力和风”卷展栏，设置“风速”的值为25，如图12-53所示。

09 设置完成后，播放场景动画，可以看到植物模型上被提取的叶片缓缓飘落下来。本实例的场景动画完成效果如图12-54所示。

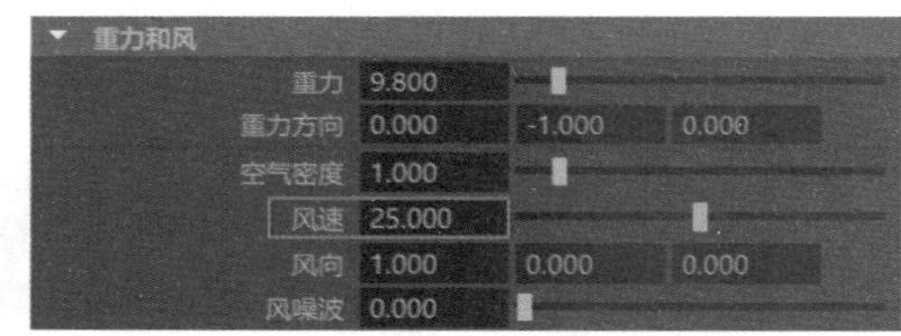

图12-53

图12-54

实例操作：使用nCloth制作窗帘装置

本例中，我们将制作一个可以来回打开闭合的用于设置动画效果的窗帘装置，图12-55所示为本实例的最终完成效果。

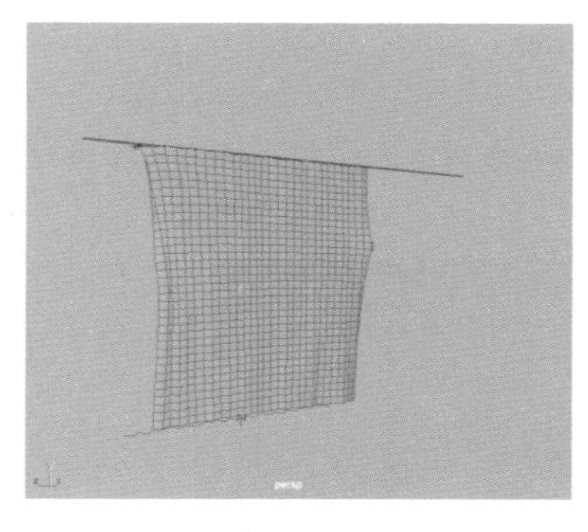
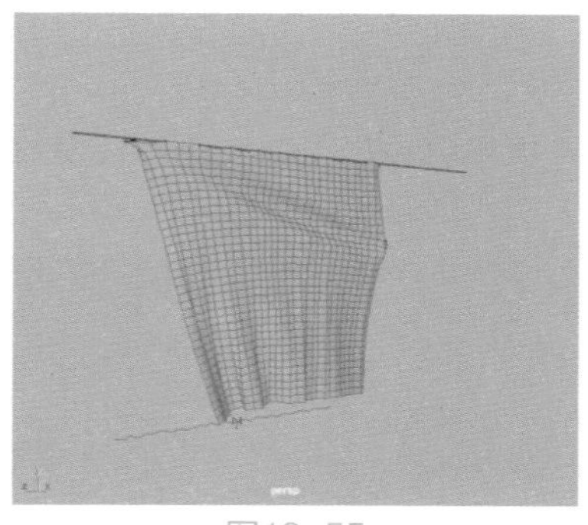
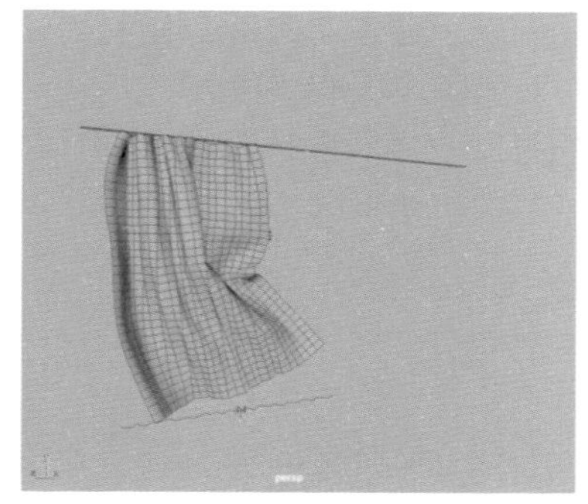

图12-55

01 启动中文版Maya 2020软件，单击“曲线/曲面”工具架上的“EP曲线工具”图标，在场景中绘制一条曲线，如图12-56所示。

02 选择场景中的曲线，在“曲线/曲面”工具架中，双击“挤出”图标，打开“挤出选项”对话框。设置曲线挤出的“样式”为“距离”，设置“挤出长度”为35。将“输出几何体”选项设置为“多边形”，并设置“类型”为“四边形”，设置“细分方法”为“计数”，设置“计数”的值为1000，如图12-57所示。

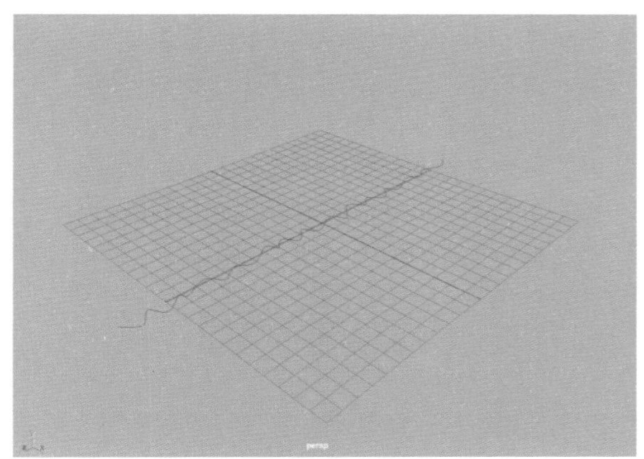

图12-56

图12-57

03 设置完成后，单击“挤出”按钮，完成对曲线的挤出操作，制作出窗帘模型，如图12-58所示。

04 在场景中创建一个“多边形平面”模型，用来当作固定窗帘的装置，创建完成后，调整其位置及形态至图12-59所示。

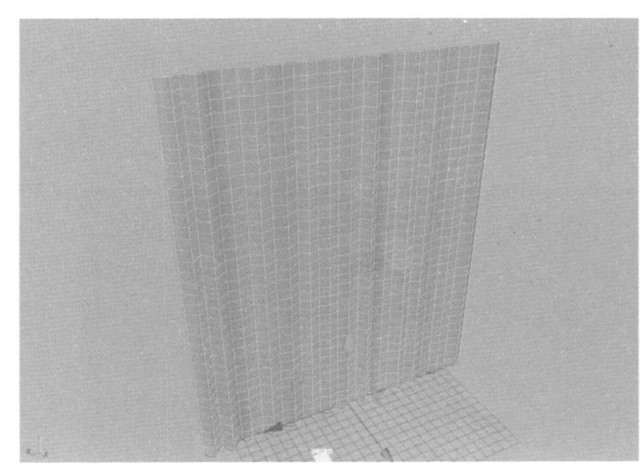
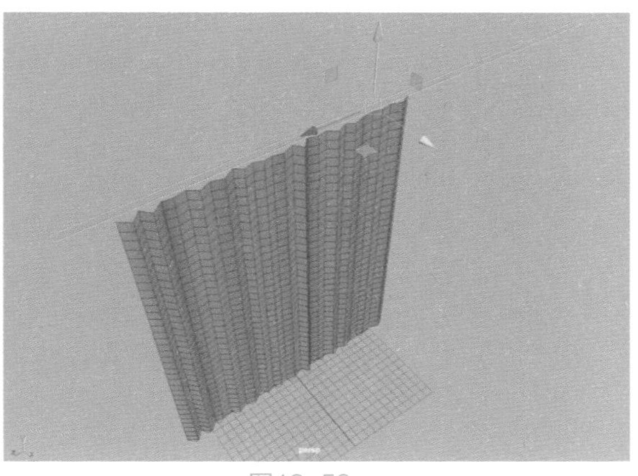

图12-58

图12-59

05 选择场景中的窗帘模型，在FX工具架上单击“从选定网格创建nCloth”图标，将其设置为nCloth对象，如图12-60所示。

06 选择场景中的多边形平面模型，执行菜单栏“nCloth”|“创建被动碰撞对象”命令，将其设置为可以与nCloth对象产生交互影响的对象，如图12-61所示。

图12-60

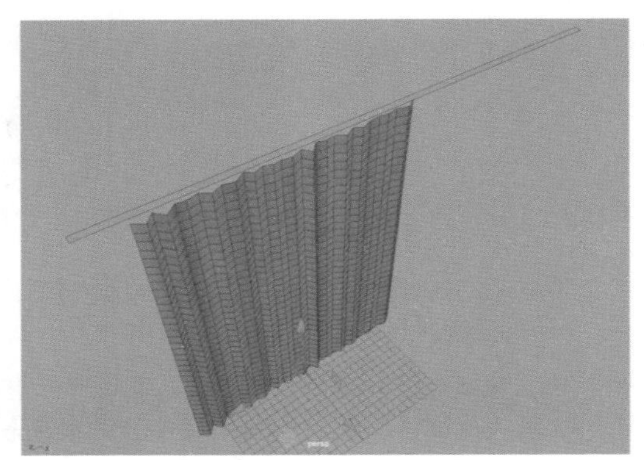

图12-61

07 选择场景中的窗帘模型，单击鼠标右键，进入其“顶点”命令节点，如图12-62所示，并选择图12-63所示的顶点。

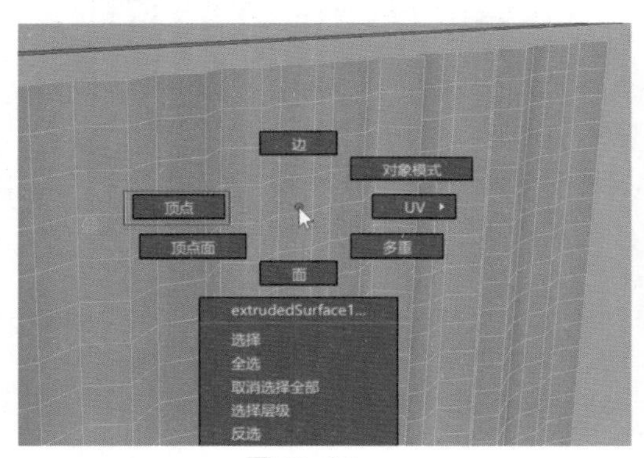

图12-62

图12-63

08 按下Shift键，加选场景中的多边形平面模型后，执行菜单栏nConstraint|“在曲面上滑动”命令，将窗帘模型上选定的顶点与场景中的多边形平面模型连接起来，如图12-64所示。

09 在自动弹出的“属性编辑器”中，展开“动态约束属性”卷展栏，设置“约束方法”的选项为“Weld（焊接）”，如图12-65所示。

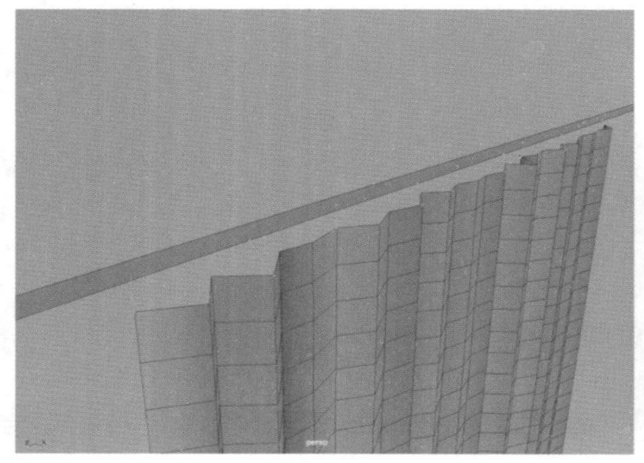

图12-64

图12-65

10 以类似的方式选择窗帘模型上图12-66所示的顶点，执行nConstraint|“变换约束”命令，将窗帘的一角固定至场景空间中。

11 以类似的方式，选择窗帘模型上图12-67所示的顶点，执行菜单栏nConstraint|“变换约束”命令，对窗帘的另一边进行变换约束设置。

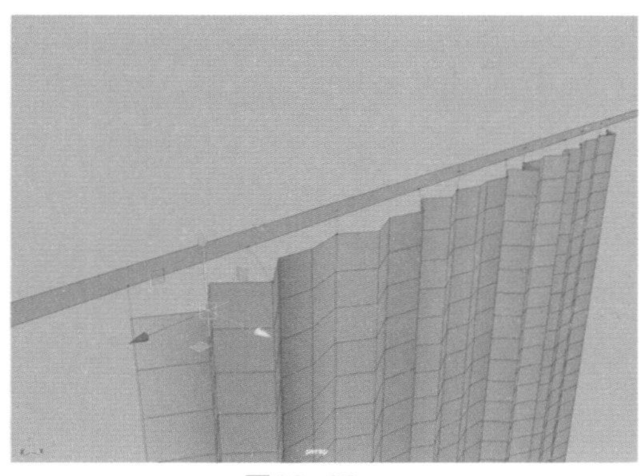

图12-66

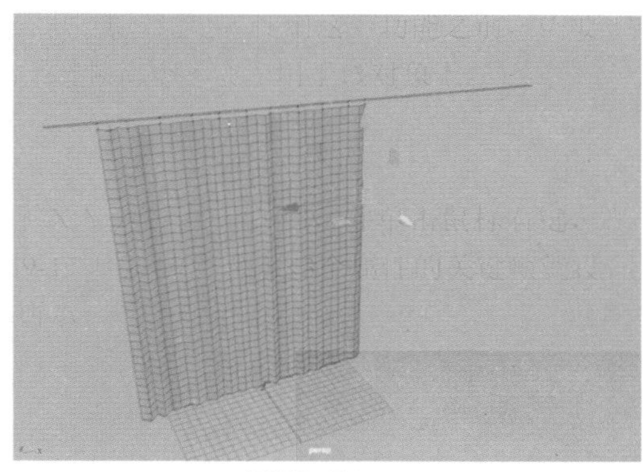

图12-67

12 设置完成后，观察“大纲视图”，可以看到本实例中创建了3个动力学约束，从而制作完成了可以设置动画的窗帘装置，如图12-68所示。

13 接下来，我们通过对窗帘上的动力学约束设置动画，来检查一下窗帘装置有没有问题。

14 将时间帧设置为第1帧，对“大纲视图”中的dynamicConstrain3的位移属性设置关键帧，如图12-69所示。

15 将时间帧设置为第70帧，移动dynamicConstrain3的位置至图12-70所示，并对其位移属性设置关键帧。

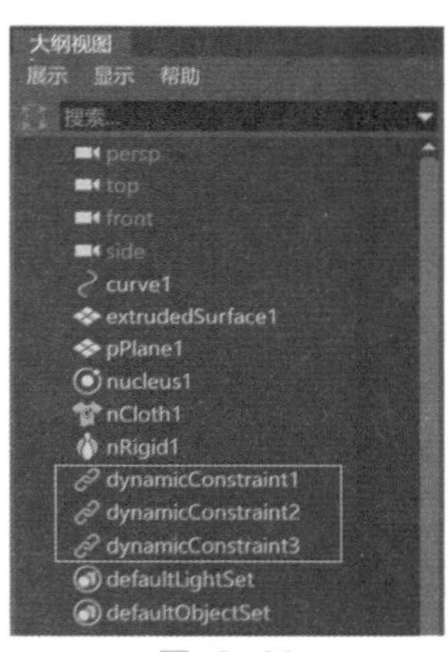

图12-68

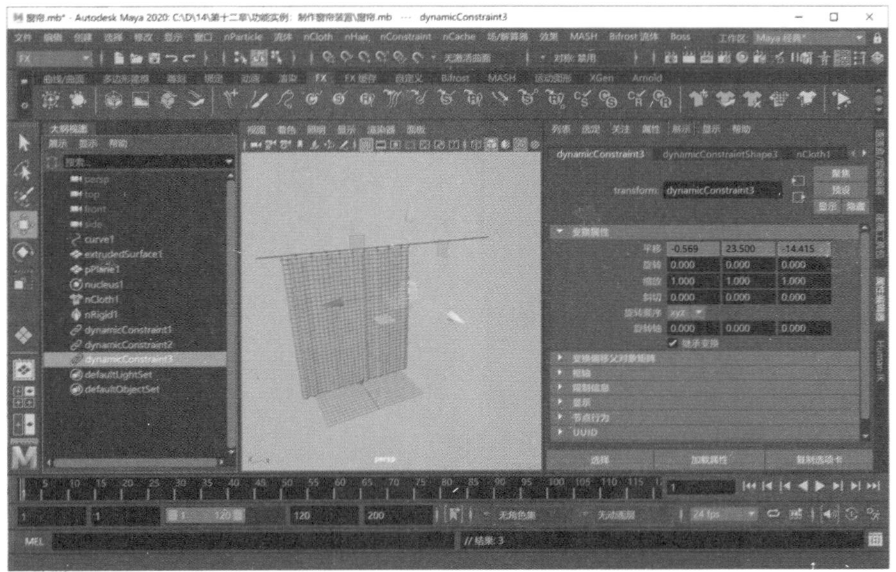

图12-69

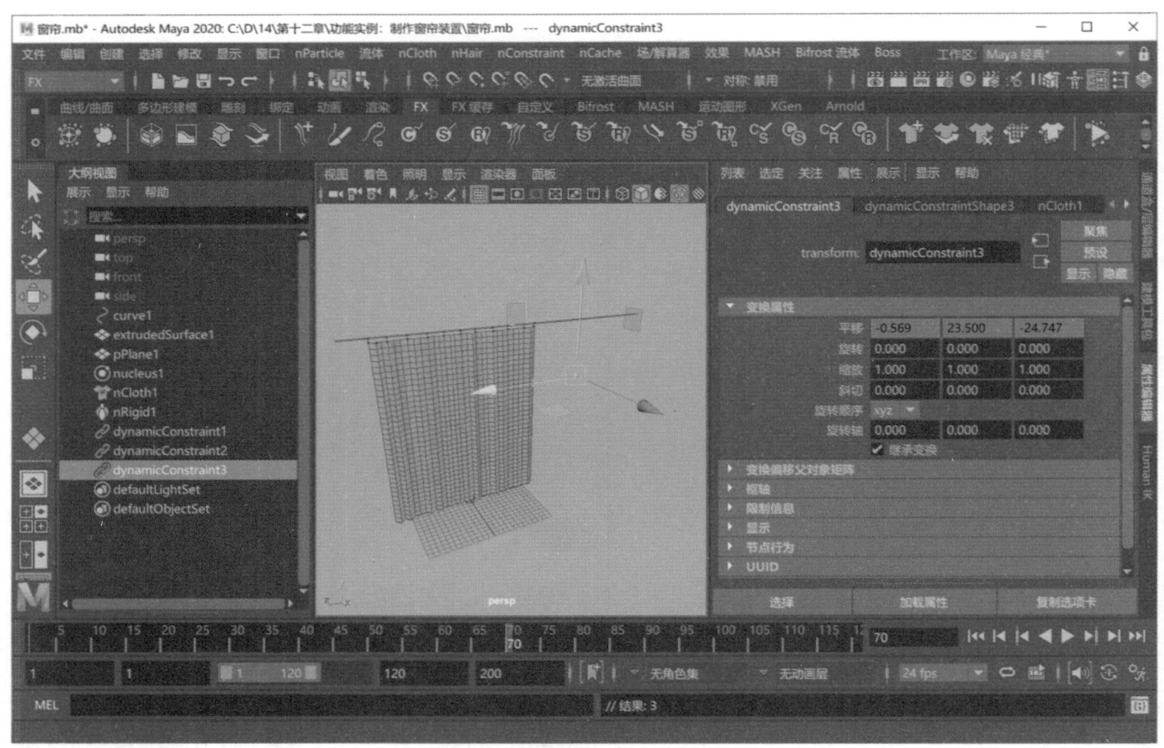

图12-70

16 将时间帧设置为第180帧，移动dynamicConstrain3的位置至图12-71所示，并对其位移属性设置关键帧。

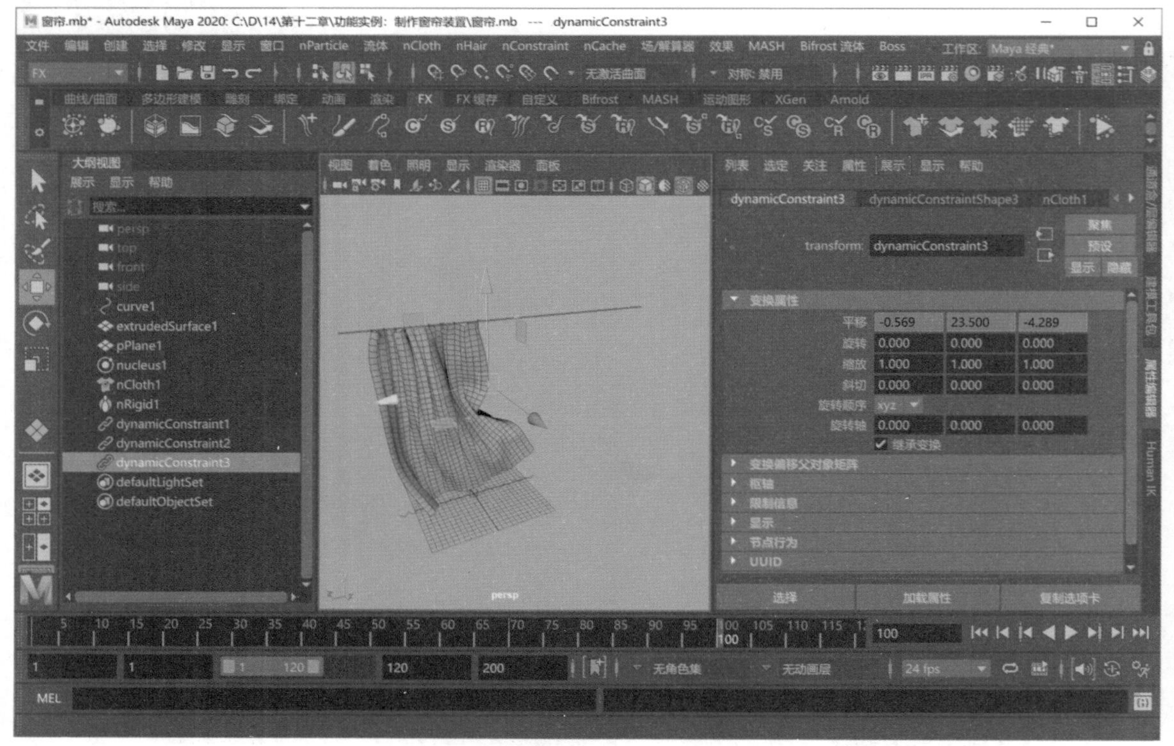

图12-71

17 动画设置完成后，播放场景动画，即可看到窗帘随着dynamicConstrain3的位置改变，而产生拉动的动画效果。本实例的最终动画完成效果如图12-72所示。

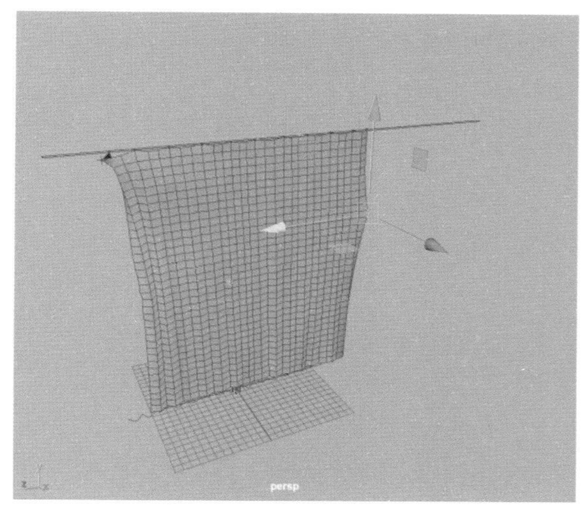

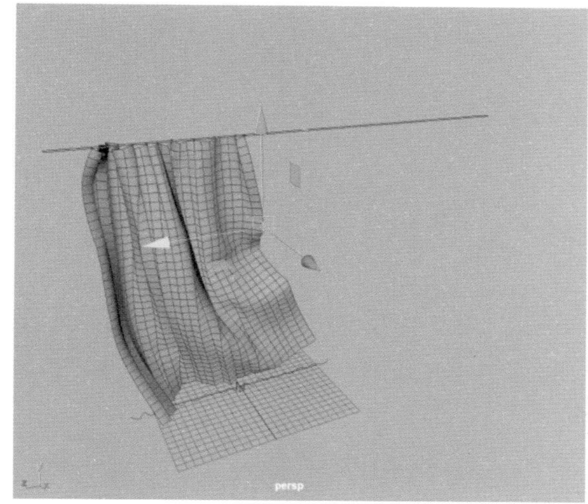

图12-72